"十二五"国家重点图书出版规划项目

SEMICONDUCTOR DEVICES
Physics and Technology
(3rd Edition)

半导体器件
物理与工艺

[美]施 敏 李明逵 著
王明湘 赵鹤鸣 译

第三版

苏州大学出版社
Soochow University Press

图书在版编目(CIP)数据

半导体器件物理与工艺/(美)施敏,李明逵著;
王明湘,赵鹤鸣译. —3版. —苏州:苏州大学出版社,
2014.4(2024.1重印)
"十二五"国家重点图书出版规划项目
ISBN 978-7-5672-0554-3

Ⅰ.①半… Ⅱ.①施…②李…③王…④赵… Ⅲ.
①半导体器件—半导体物理②半导体器件—半导体工艺
Ⅳ.①TN303

中国版本图书馆CIP数据核字(2014)第061567号

半导体器件物理与工艺(第三版)

[美] 施 敏　李明逵 著
王明湘　赵鹤鸣 译
责任编辑　苏　秦　周建兰

苏州大学出版社出版发行
(地址:苏州市十梓街1号　邮编:215006)
镇江文苑制版印刷有限责任公司印装
(地址:镇江市黄山南路18号润州花园6-1号　邮编:212000)

开本 787 mm×1 092 mm　1/16　印张 35.75　字数 830千
2014年4月第1版　2024年1月第9次印刷
ISBN 978-7-5672-0554-3　　定价:99.00元

若有印装错误,本社负责调换
苏州大学出版社营销部　电话:0512-67481020
苏州大学出版社网址　http://www.sudapress.com
苏州大学出版社邮箱　sdcbs@suda.edu.cn

纪念 John L. Moll 教授(1921—2011)

是他引入了硅作为半导体器件最重要的材料

致　谢

在写作本书时,承很多人给予我们宝贵的协助.首先,我们要对台湾交通大学、台湾孙逸仙大学表示感谢,没有这两所学校的支持,我们将无法完成本书的写作.作者施敏想感谢台湾Etron科技公司资助的杰出讲座教授席位为本书的写作提供了条件.

在修订本书时,我们得到了很多人的帮助,我们从本书评阅人的意见中受益良多,他们分别是:台湾海洋大学的C.C.Chang教授;长庚大学的L.B.Chang和赖朝松教授;UMC公司的O.Cheng博士和T.Kao先生;TSMC公司的S.C.Chang博士和Y.L.Wang博士;台湾孙逸仙大学的T.C.Chang教授;台湾交通大学的T.S.Chao、H.C.Lin、P.T.Liu和T.Wang教授;东海大学的J.Gong教授;台湾"清华大学"的C.F.Huang和M.C.Wu教授;台湾高雄大学的C.J.Huang和W.K.Yeh教授;台湾大学的J.G.Hwu、C.Liu和L.H.Peng教授;台湾"中央大学"的J.W.Hong教授;台湾成功大学的W.C.Hsu和W.C.Liu教授;台湾中兴大学的Y.L.Jiang和D.S.Wuu教授;台湾中正大学的C.W.Wang教授;Transcom公司的C.L.Wu博士和原相科技公司的Y.H.Yang博士.

令我们受惠良多的还有协助我们编辑书稿的N.Erdos先生.书中所有来源于其他出版机构的图片,都经版权所有者的同意,即使所有图片都经过调整和重绘,我们仍然非常感激他们的授权.在John Wiley & Sons出版社方面,我们想感谢D.Sayre和G.Telecki两位先生,他们鼓励我们这个再版计划.作者李明逵想感谢他的女儿Ko-Hui为本书提供课后习题及解答.最后,我们想感谢各自的妻子Therese Sze和Amanda Lee在本书写作中的支持和协助.

施　敏　李明逵
于台湾新竹、高雄
2010 年 8 月

译者序

本书作者施敏先生是国际著名的半导体器件专家和教育家,他早年任职于美国贝尔实验室,发明并实现了世界上第一个非挥发半导体存储器(Non-Volatile Semiconductor Memory, NVSM). 1991年,因在电子器件领域做出的基础性及前瞻性贡献,他荣获IEEE电子器件最高荣誉奖(J. J. Ebers奖). 作为一名教育家,施先生著述丰厚,特别是《半导体器件物理》(Physics of Semiconductor Devices)是全世界工程及应用科学领域最畅销的书籍之一,被翻译成六种语言,发行超过百万册,被引用两万多次,有"半导体界圣经"的美誉. 译者本人在科研和教学工作中,也常常参考施先生的著述.

《半导体器件物理与工艺》(Semiconductor Devices Physics and Technology)是施先生为大学本科微电子相关专业的学生所著的一本教科书,同时也适合于从事微电子技术研发的人员作为参考书,主要介绍半导体器件的工作原理和集成电路的制造工艺. 第一版成书于1985年,1992年曾由北京大学王阳元院士主持翻译出版. 第二版成书于2002年,由苏州大学翻译出版. 中文第二版自2002年出版以来,经历了多次重印,被国内高等院校广泛采用,得到了读者极高的评价. 2013年,本书的英文第三版问世,此次简体中文版仍由苏州大学翻译出版. 相比于第二版,内容又有了很大的增删和更新,以适应本领域的最新进展.

译者长期担任半导体器件和集成电路工艺的教学工作,并且在薄膜晶体管的器件研究方面有丰富的积累,此次承担施先生书稿的翻译工作,是一份荣幸更是一份责任. 在本书的翻译工作中,为了力求完美,做到行文风格和内容的统一,在中文第二版的基础上,对全书进行了重译,对正文、习题、图表、公式、物理记号、附录、索引等内容都做了详尽细致的修订,在反复的校对和修订中,真正做到了咬文嚼字和字斟句酌. 对于原著中个别或有商榷之处,以译者注的形式作了标注. 译者倾尽全力,力求为广大读者展现出施先生原著的风采.

本书出版之际,正值我国建设创新型国家的决定性阶段. 作为信息社会基础的微电子技术,带动了一批战略新兴产业的崛起,助准着世界科技革命和产业变革. 半导体器件和工艺的相关知识是微电子技术的基础,掌握该知识对于从事相关专业的工作至关重要. 若本书的翻译出版能够帮助有志于从事微电子技术研发工作的朋友们,那将是我们最大的荣幸.

最后,要感谢苏州大学出版社为本书出版所做的大量细致的工作. 译者的研究生参与了翻译初稿的准备工作,他们是陈威、陈杰、周晓梁、徐杰、王佳佳、王明、龚祯宁、何荣华和吕萍,译者的同事张冬利博士和陈俊博士参与了译稿的初校工作,在此也对他们的帮助表示感谢. 本书的出版,凝集着大家的辛勤汗水,但仍难免有疏失之处,敬请广大读者予以批评指正,谢谢!

译者于苏州大学
2014年1月15日

前　言

　　本书介绍了现代半导体器件的物理原理和其先进的制造工艺技术。它可以作为应用物理、电机工程、电子工程和材料科学领域的本科学生的教材，也可以作为研究生、工程师、科学家们了解最新器件和工艺技术发展的参考资料。

第三版的更新内容

- 改写并更新了35%的篇幅，增加了许多章节内容讨论当今的热门议题，如CMOS图像传感器、FinFET、第三代太阳能电池和原子层淀积技术（atomic layer deposition）。另外，我们删除或减少了某些不重要的章节，以维持全书的篇幅。
- 鉴于MOSFET及其相关器件在电子领域的重要性，我们将该部分内容扩展为两个章节。我们也将光电器件相关内容扩展为两个章节，因为它们对通信和新能源领域具有重要意义。
- 为了改善每个主题的易读性，含有研究生程度的数学或物理概念的章节被省略或移至附录之中。

章节主要内容

- 首先，第0章对主要半导体器件和关键工艺技术的发展作一个简短的历史回顾。接着，本书分为三个部分。
- 第1部分（第1、2章）描述半导体的基本特性和它的传导过程，尤其着重在硅和砷化镓两种最重要的半导体材料上。第1部分的概念将贯穿于全书，了解这些概念需要现代物理和微积分的基本知识。
- 第2部分（第3～10章）讨论所有主要半导体器件的物理过程和特性。从对大部分半导体器件而言最关键的p-n结开始，接下来讨论双极型和场效应器件，最后讨论微波、量子效应、热电子和光电子器件。
- 第3部分（第11～15章）则介绍从晶体生长到掺杂等工艺技术。我们介绍了制造器件时的各个主要步骤，包含理论和实际两个方面，并以集成器件的工艺技术为重点。

主要特色

每一章包含下列特色：

- 以对主要内容的概括开头，并列出主要的学习目标。
- 第三版包含了许多例题，以演示在特定问题中基本概念的应用。

- 每章最后有总结,阐述重要的概念并帮助学生在做作业前复习该章内容.
- 本书有约 250 个课外作业问题.各章部分习题的参考答案在本书后面的附录 L 中.

课程设计选择

第三版对课程设计提供了极大的弹性.本书涵括了足够的内容,可以提供一整年的器件物理及工艺技术课程.以每周三节课,两个学期的课程为例,可以在第一学期教授第 0～7 章,第二学期教授剩下的第 8～15 章.对三学期的课程而言,则可以将课程分为第 0～5 章、第 6～10 章和第 11～15 章.

一个两学期的课程则可以在第一学期时教授第 0～5 章,第二学期时教师可以有数种选择.例如,选第 6、12～15 章来专门介绍金氧半晶体管(MOSFET)和它的工艺技术;或选择第 6～10 章来介绍所有主要的半导体器件.对一学期的半导体器件制造工艺课程而言,教师可以选择第 0.2 节和第 11～15 章.

一个一学期的课程可以用第 0～7 章来教授基础半导体物理和器件;或用第 0～3、7～10 章来教授微波和光电子器件;如果学生已经对半导体有一些初步的认识,第 0、5～6、11～15 章可以用来教授亚微米金氧半场效应晶体管的物理和工艺技术.当然还有很多其他的课程设计,可以随教学进度和教师的选择而定.

教材提供

- 教师手册:其中有完整的作业解答可提供给大专院校采用本书作为教材的教师.
- 可以提供本书中使用的图表的电子版,更多信息可以参考出版社网址:www.sudapress.com.

目 录

第 0 章 引 言
- 0.1 半导体器件 ··· (1)
- 0.2 半导体工艺技术 ··· (6)
- 总 结 ··· (13)
- 参考文献 ··· (13)

第 1 部分 半导体物理

第 1 章 能带和热平衡载流子浓度
- 1.1 半导体材料 ··· (16)
- 1.2 基本晶体结构 ··· (19)
- 1.3 共价键 ··· (23)
- 1.4 能带 ··· (24)
- 1.5 本征载流子浓度 ·· (29)
- 1.6 施主与受主 ·· (33)
- 总 结 ··· (38)
- 参考文献 ··· (39)
- 习 题 ··· (39)

第 2 章 载流子输运现象
- 2.1 载流子漂移 ·· (43)
- 2.2 载流子扩散 ·· (50)
- 2.3 产生与复合过程 ·· (53)
- 2.4 连续性方程 ·· (58)
- 2.5 热离化发射过程 ·· (63)
- 2.6 隧穿过程 ·· (64)
- 2.7 空间电荷效应 ··· (65)
- 2.8 强电场效应 ·· (67)
- 总 结 ··· (71)
- 参考文献 ··· (72)
- 习 题 ··· (73)

第 2 部分 半导体器件

第 3 章 p-n 结
- 3.1 热平衡状态 ·· (77)
- 3.2 耗尽区 ··· (81)
- 3.3 耗尽电容 ·· (86)
- 3.4 电流-电压特性 ··· (90)
- 3.5 电荷存储与瞬态响应 ··· (99)
- 3.6 结击穿 ··· (101)

3.7　异质结 ……………………………………………………… (107)
总　结 ……………………………………………………………… (109)
参考文献 …………………………………………………………… (109)
习　题 ……………………………………………………………… (110)

第 4 章　双极型晶体管及相关器件

4.1　晶体管的工作原理 …………………………………………… (113)
4.2　双极型晶体管的静态特性 …………………………………… (118)
4.3　双极型晶体管的频率响应与开关特性 ……………………… (125)
4.4　非理想效应 …………………………………………………… (130)
4.5　异质结双极型晶体管 ………………………………………… (133)
4.6　可控硅器件及相关功率器件 ………………………………… (137)
总　结 ……………………………………………………………… (144)
参考文献 …………………………………………………………… (144)
习　题 ……………………………………………………………… (145)

第 5 章　MOS 电容器及 MOSFET

5.1　理想的 MOS 电容器 ………………………………………… (150)
5.2　SiO_2-Si MOS 电容器 ………………………………………… (157)
5.3　MOS 电容器中的载流子输运 ……………………………… (163)
5.4　电荷耦合器件 ………………………………………………… (165)
5.5　MOSFET 基本原理 …………………………………………… (169)
总　结 ……………………………………………………………… (180)
参考文献 …………………………………………………………… (180)
习　题 ……………………………………………………………… (181)

第 6 章　先进的 MOSFET 及相关器件

6.1　MOSFET 按比例缩小 ………………………………………… (183)
6.2　CMOS 与 BiCMOS …………………………………………… (194)
6.3　绝缘层上 MOSFET（SOI 器件） ……………………………… (199)
6.4　MOS 存储器结构 ……………………………………………… (203)
6.5　功率 MOSFET ………………………………………………… (211)
总　结 ……………………………………………………………… (212)
参考文献 …………………………………………………………… (213)
习　题 ……………………………………………………………… (214)

第 7 章　MESFET 及相关器件

7.1　金属-半导体接触 ……………………………………………… (218)
7.2　金半场效应晶体管（MESFET） ……………………………… (228)
7.3　调制掺杂场效应晶体管（MODFET） ………………………… (235)
总　结 ……………………………………………………………… (240)
参考文献 …………………………………………………………… (241)

习　题 ………………………………………………………………………… (242)

第 8 章　微波二极管、量子效应和热电子器件

8.1　微波频段 ……………………………………………………………… (245)
8.2　隧道二极管 …………………………………………………………… (246)
8.3　碰撞离化雪崩渡越时间二极管 ……………………………………… (248)
8.4　转移电子器件 ………………………………………………………… (251)
8.5　量子效应器件 ………………………………………………………… (256)
8.6　热电子器件 …………………………………………………………… (260)
总　结 ……………………………………………………………………… (263)
参考文献 …………………………………………………………………… (264)
习　题 ……………………………………………………………………… (265)

第 9 章　发光二极管和激光器

9.1　辐射跃迁和光吸收 …………………………………………………… (267)
9.2　发光二极管 …………………………………………………………… (272)
9.3　发光二极管种类 ……………………………………………………… (277)
9.4　半导体激光器 ………………………………………………………… (288)
总　结 ……………………………………………………………………… (304)
参考文献 …………………………………………………………………… (305)
习　题 ……………………………………………………………………… (306)

第 10 章　光电探测器和太阳能电池

10.1　光电探测器 ………………………………………………………… (309)
10.2　太阳能电池 ………………………………………………………… (322)
10.3　硅及化合物半导体太阳能电池 …………………………………… (328)
10.4　第三代太阳能电池 ………………………………………………… (333)
10.5　聚光 ………………………………………………………………… (337)
总　结 ……………………………………………………………………… (338)
参考文献 …………………………………………………………………… (338)
习　题 ……………………………………………………………………… (340)

第 3 部分　半导体工艺

第 11 章　晶体生长和外延

11.1　融体中单晶硅的生长 ……………………………………………… (343)
11.2　硅的悬浮区熔工艺 ………………………………………………… (349)
11.3　砷化镓晶体的生长技术 …………………………………………… (352)
11.4　材料特性表征 ……………………………………………………… (356)
11.5　外延生长技术 ……………………………………………………… (362)
11.6　外延层的结构和缺陷 ……………………………………………… (369)
总　结 ……………………………………………………………………… (373)

参考文献……………………………………………………………(374)
习　题……………………………………………………………(375)

第12章　薄膜淀积

12.1　热氧化……………………………………………………(378)
12.2　化学气相淀积介质………………………………………(384)
12.3　化学气相淀积多晶硅……………………………………(393)
12.4　原子层淀积………………………………………………(396)
12.5　金属化……………………………………………………(398)
总　结……………………………………………………………(408)
参考文献…………………………………………………………(408)
习　题……………………………………………………………(409)

第13章　光刻与刻蚀

13.1　光学光刻…………………………………………………(412)
13.2　下一代光刻技术…………………………………………(424)
13.3　湿法化学腐蚀……………………………………………(429)
13.4　干法刻蚀…………………………………………………(432)
总　结……………………………………………………………(444)
参考文献…………………………………………………………(444)
习　题……………………………………………………………(446)

第14章　杂质掺杂

14.1　基本扩散工艺……………………………………………(449)
14.2　非本征扩散………………………………………………(456)
14.3　扩散相关过程……………………………………………(460)
14.4　注入离子的分布…………………………………………(462)
14.5　注入损伤与退火…………………………………………(469)
14.6　注入相关工艺……………………………………………(474)
总　结……………………………………………………………(479)
参考文献…………………………………………………………(480)
习　题……………………………………………………………(481)

第15章　集成器件

15.1　无源元件…………………………………………………(486)
15.2　双极型晶体管技术………………………………………(490)
15.3　MOSFET技术……………………………………………(497)
15.4　MESFET技术……………………………………………(510)
15.5　纳电子学的挑战…………………………………………(513)
总　结……………………………………………………………(517)
参考文献…………………………………………………………(518)

习　题 ……………………………………………………… (519)

附录
　　附录 A　符号列表 …………………………………………… (522)
　　附录 B　国际单位制(SI Units) …………………………… (524)
　　附录 C　单位前缀 …………………………………………… (525)
　　附录 D　希腊字符表 ………………………………………… (526)
　　附录 E　物理常数 …………………………………………… (527)
　　附录 F　重要元素及二元化合物半导体材料的特性(300K 时)
　　　　　　……………………………………………………… (528)
　　附录 G　硅和砷化镓的特性(300K 时) …………………… (529)
　　附录 H　半导体中态密度的推导 …………………………… (530)
　　附录 I　间接复合的复合率推导 …………………………… (533)
　　附录 J　对称共振隧穿二极管透射系数的计算 …………… (535)
　　附录 K　气体的基本动力学理论 …………………………… (537)
　　附录 L　各章部分习题的参考答案 ………………………… (539)

索引 ……………………………………………………………… (541)

第 0 章

引 言

- 0.1 半导体器件
- 0.2 半导体工艺技术
- 总结

身为应用物理、电气工程、电子工程或材料科学领域的一名学生,你可能会自问,"为什么要学习半导体器件".理由是,电子产业是世界上规模最大的产业,而半导体器件正是这个产业的基础.要更深入地了解电子学的相关课程,拥有半导体器件的基础知识是很有必要的.此外,这些知识还可以使你对基于电子技术的信息时代(information age)有所贡献.

本章将包括以下主题:

- 半导体器件的 4 种基本结构(building block)
- 18 种重要的半导体器件以及它们在电子应用中所扮演的角色
- 23 种重要的半导体技术以及它们在器件制造工艺中所扮演的角色
- 半导体器件向高密度、高速、低功耗和非挥发性(nonvolatility)发展的技术趋势

0.1 半导体器件

图 0.1 显示了以半导体器件为基础的电子产业在过去 30 年内的销售额以及到 2020 年为止的预期销售额.另外,全球国民生产总值(gross world product,GWP)以及汽车、钢铁和半导体产业的销售额也列在图中[1,2].我们可以看出,从 1998 年开始,电子产业的销售额已超过汽车产业的销售额.如果这种趋势持续下去,电子产业的销售额将于 2020 年达到 2 万亿美元,并占全球国民生产总值的 3%.可以预期,在整个 21 世纪,电子产业将始终是世界上规模最大的产业.作为电子产业的核心,半导体产业在 21 世纪初超越了钢铁产业,并将于 2020 年占电子产业销售额的 25%.

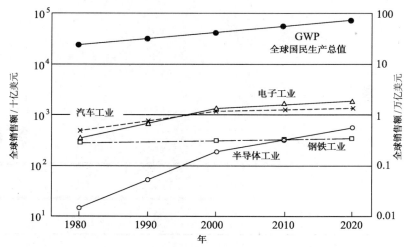

图 0.1　1980～2010 年的全球国民生产总值(GWP)及电子、汽车、半导体和钢铁产业的销售额,并外插至 2020 年[1,2]

0.1.1　器件的基本结构

人类研究半导体器件已经超过 135 年[3]. 至今大约有 18 种主要的器件类型以及 140 种与其相关的器件[4]. 然而,所有这些器件均可由少数几种基本结构组成.

图 0.2(a)所示的结构是由金属和半导体两种材料紧密接触所形成的金属-半导体(metal-semiconductor)界面(interface). 早在 1874 年即有人研究这种基本结构,开创了半导体器件研究的先河. 这种界面可以用作整流接触(rectifying contact),使电流只能沿单一方向流过;或者也可以用作欧姆接触(ohmic contact),使电流可以双向通过,且落在接触界面上的压降很小,甚至可以忽略. 我们可以利用这种结构制作很多有用的器件. 例如,利用整流接触作为栅极(gate)、利用欧姆接触作为源极(source)和漏极(drain),我们可以得到一种很重要的微波器件(microwave device),即金半场效应晶体管(metal-semiconductor field-effect transistor,MESFET).

第二种基本结构是由 p 型(带正电的载流子)和 n 型(带负电的载流子)半导体接触形成的 p-n 结(junction),如图 0.2(b)所示. p-n 结是大部分半导体器件的关键结构,其理论模型是半导体器件物理的基础. 如果我们结合两个 p-n 结,亦即加上另一个 p 型半导体,就可以形成一个 p-n-p 双极型晶体管(bipolar transistor). 它发明于 1947 年,为整个电子产业带来了空前的冲击. 而如果我们结合三个 p-n 结就可以形成 p-n-p-n 结构,这是一种叫作可控硅(thyristor)的开关器件(switching device).

第三种基本结构是由两种不同半导体材料形成的异质结界面(heterojunction interface),如图 0.2(c)所示. 例如,我们可以用砷化镓(GaAs)和砷化铝(AlAs)接触来形成一个异质结. 异质结是高速器件和光电器件的关键组成部分.

图 0.2(d)所示为金属-氧化物-半导体(metal-oxide-semiconductor,MOS)结构,这种结构可以看作是金属-氧化物界面和氧化物-半导体界面的结合. 用 MOS 结构作为**栅极**,再用两个 p-n 结分别作为**源极**和**漏极**,我们就可以制作出金氧半场效应晶体管(metal-oxide-semiconductor field-effect transistor,MOSFET). 对于集成电路而言,要将数以万计的器件整合于同一个集成电路芯片(chip)中,MOSFET 是最重要的器件.

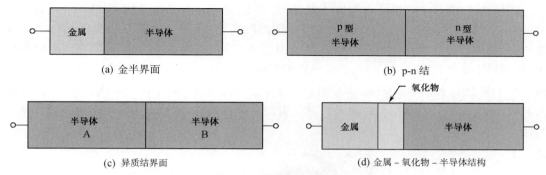

图 0.2 器件基本结构

▶ 0.1.2 主要的半导体器件

表 0.1 按时间先后顺序,列出了一些主要的半导体器件.其中,加上标 b 的是两端器件,其他的是三端或四端器件[3].最早开始系统研究半导体器件(金属-半导体接触)的是 Braun[5].1874年,他发现金属和金属硫化物(如铜铁矿 copper pyrite)的接触电阻与外加电压的大小及极性有关.1907 年,Round[6]发现了电致发光效应(用于**发光二极管**,light-emitting diode,LED).他观察到,在碳化硅晶体两端外加 10V 的电压时,晶体会发出黄色的光.

表 0.1 主要半导体器件

公元	半导体元件[a]	作者/发明者	参考文献
1874	金属半导体接触[b]	Braun	5
1907	发光二极管(LED)[b]	Round	6
1947	双极型晶体管(BJT)	Bardeen、Brattain 及 Shockley	7
1949	p-n 结[b]	Shockley	8
1952	可控硅器件(Thyristor)	Ebers	9
1954	太阳能电池[b]	Chapin、Fuller 及 Pearson	10
1957	异质结双极型晶体管(HBT)	Kroemer	11
1958	隧道二极管(Tunnel Diode)[b]	Esaki	12
1960	金氧半场效应晶体管(MOSFET)	Kahng 及 Atalla	13
1962	激光器[b]	Hall 等	15
1963	异质结激光器[b]	Kroemer、Alferov 及 Kazarinov	16、17
1963	转移电子二极管(TED)[b]	Gunn	18
1965	雪崩渡越时间二极管(IMPATT Diode)[b]	Johnston、Deloach 及 Cohen	19
1966	金半场效应晶体管(MESFET)	Mead	20
1967	非挥发半导体存储器(NVSM)	Kahng 及施敏	21
1970	电荷耦合器件(CCD)	Boyle 及 Smith	23
1974	共振隧穿二极管[b]	张立纲、Esaki 及 Tsu	24
1980	调制掺杂场效应晶体管(MODFET)	Mimura 等	25
2004	5nm 金氧半场效应晶体管	Yang 等	14

注:上标 a 表示:
 MOSFET:Metal-Oxide-Semiconductor Field-Effect Transistor;
 MESFET:Metal-Semiconductor Field-Effect Transistor;
 MODFET:Modulation-Doped Field-Effect Transistor.
 上标 b 表示的是两端(two-terminal)器件,其他的是三端或四端器件[3].

1947 年，Bardeen 和 Brattain[7]发明了点接触（point-contact）晶体管.1949 年，Shockley[8]发表了关于 p-n 结和双极型晶体管的经典论文.图 0.3 就是历史上第一个晶体管，在三角形石英晶体底部的两个点接触是由两条相隔 $50\mu m$ 的金箔压到半导体表面做成的，所用的半导体材料为锗.当一个接触正偏（forward biased，即相对于第三端加正电压），而另一个接触反偏（reverse biased）时，我们可以观察到把输入信号放大的晶体管效应（transistor action）.双极型晶体管是一种关键的半导体器件，它把人类文明带进了现代电子时代.

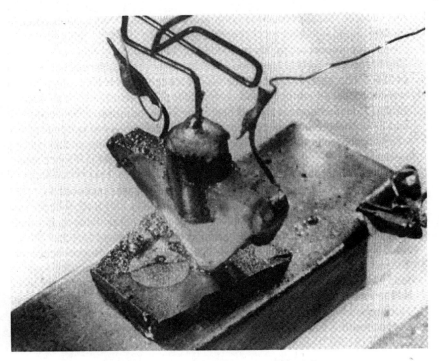

图 0.3　历史上第一个晶体管[7]（由贝尔实验室提供照片）

1952 年，Ebers[9]为用途广泛的开关器件，即可控硅器件（thyristor），提出了一个基本模型. 1954 年，Chapin 等人[10]发明了以硅 p-n 结制成的**太阳能电池**（solar cell）.太阳能电池是目前获得太阳能最主要的技术之一，它可以将太阳光直接转换成电能，且对环境无害. 1957 年，Kroemer[11]提出了用异质结双极型晶体管（heterojunction bipolar transistor，HBT）来改善晶体管的特性，这种器件有可能成为最高速的半导体器件. 1958 年，Esaki[12]观察到重掺杂（heavily doped）的 p-n 结具有负阻特性，这个发现促成了**隧道二极管**（tunnel diode）的问世.隧道二极管以及相关的**隧穿现象**（tunneling phenomenon）对欧姆接触和穿过薄膜的载流子输运很重要.

1960 年，Kahng 及 Atalla[13]发明了 MOSFET.对于先进的集成电路而言，MOSFET 是最重要的器件.图 0.4 就是第一个用热氧化硅衬底做成的器件.它的栅长（gate length）是 $20\mu m$，栅氧化层（gate oxide）厚度是 100nm，两个小孔是源极和漏极的接触孔（contact hole），而中间狭长的区域是由铝蒸发穿过金属掩模版（metal mask）形成的铝栅电极（aluminum gate）.虽然目前 MOSFET 已经缩小（scaled down）到纳米尺度，但是当初第一个 MOSFET 所采用的硅衬底和热氧化生长的氧化硅，仍然是目前最常用的组合.MOSFET 及其相关的集成电路占有半导体器件市场 95% 的份额.最近，沟道长度只有 5nm 的

MOSFET 已经制造出来[14],被应用于含有超过 1 万亿($>10^{12}$)个器件的先进集成电路芯片上.

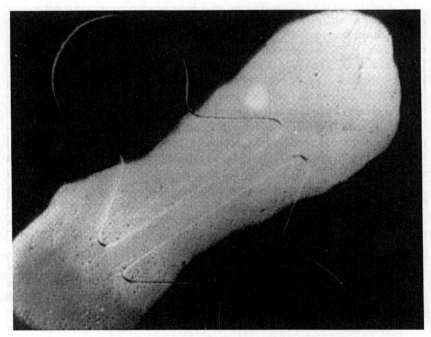

图 0.4 历史上第一个 MOSFET[13](由贝尔实验室提供照片)

1962 年,Hall 等人[15]第一次基于半导体实现了激光发射(lasing);到 1963 年,Kroemer[16]、Alferov 和 Kazarinov[17]提出了异质结激光器(heterostructure laser).这些工作奠定了现代激光二极管的基础,使激光可以在室温下连续工作.激光二极管为光电子技术带来了革命性的变革,被广泛应用于数字光碟、光纤通信、激光影印和空气污染侦测等方面.

接下来三年,三种重要的微波器件相继问世.第一种器件是 Gunn[18]在 1963 年提出的转移电子二极管(transferred-electron diode,TED),又称为耿氏二极管(Gunn diode).这种器件被广泛应用于侦测系统(detection system)、远程控制(remote control)和微波测试仪器等毫米波应用中.第二种器件是 1965 年由 Johnston[19]等人发明的雪崩渡越时间二极管(IMPATT diode).它是目前可以在毫米波段产生最高连续波(continuous wave,CW)功率输出的器件,被应用于雷达预警系统中.第三种器件就是 Mead[20]在 1966 年发明的金半场效应晶体管(MESFET),它是单片微波集成电路(monolithic microwave integrated circuit,MMIC)的关键器件.

1967 年,Kahng 和施敏[21]发明了一种重要的半导体存储器件,即非挥发半导体存储器(non-volatile semiconductor memory,NVSM).它在电源关掉以后,其储存的信息仍然可以保持长达 10 到 100 年.图 0.5 是第一个非挥发半导体存储器的示意图.它跟常规的MOSFET 非常相似,主要区别在于,它比常规的 MOSFET 多一个**浮栅**(floating gate),可以用来半永久性地储存电荷.非挥发半导体存储器为信息存储技术带来了革命性的变革,推动了几乎所有电子产品的发展,尤其是便携式电子系统,如手机、数码相机、笔记本电脑,以及全球定位系统等[22].

1970 年,Boyle 和 Smith[23]发明了电荷耦合器件(charge-coupled device,CCD).它被大

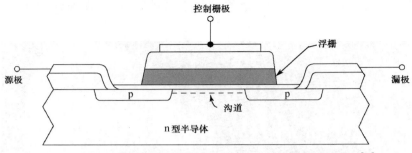

图 0.5　第一个带浮栅的非挥发半导体(NVSM)存储器示意图[21]

量应用于数码相机和光检测系统中. 1974 年,张立纲等人[24]发明了共振隧穿二极管(resonant tunneling diode,RTD). 它是大部分量子器件的基础. 量子效应器件可以以少得多的器件数量实现给定的电路功能,具有超高密度、超高速度及更强的功能. 1980 年,Mimura 等人[25]发展了调制掺杂场效应晶体管(modulation-doped field-effect transistor,MODFET). 如果选择适当的异质结材料,它预期可以成为速度最快的场效应晶体管.

从 1947 年发明双极型晶体管以来,随着先进技术、新材料和更深入的理论被发明或提出,新型半导体器件的数量和种类在不断增加. 在本书的第二部分,我们将详述所有列在表 0.1 中的器件. 同时,我们希望本书能成为读者了解其他没有被包括进来或甚至目前尚未发明的器件的良好基础.

0.2　半导体工艺技术

▶ 0.2.1　一些关键的半导体技术

很多重要的半导体技术其实是由好几个世纪以前就发明的工艺技术延伸而来的. 例如,1798 年就已经发明了图形曝光(lithography)工艺[26],只是当初影像图形是从石片(lith,在希腊语中指石头)转移过来的. 在这一节里,我们将介绍具有里程碑意义的各种首次被应用于半导体制造的工艺技术或是为制作半导体器件而被研发出来的技术.

一些关键的半导体技术按照其问世时间的先后顺序列于表 0.2 中.

表 0.2　关键的半导体技术

年	技　术	作者/发明者	参考文献
1918	柴可拉斯基晶体生长	Czochralski(柴可拉斯基)	27
1925	布理吉曼晶体生长	Bridgman(布理吉曼)	28
1952	Ⅲ-Ⅴ族化合物	Welker	29
1952	扩散	Pfann	31
1957	光刻胶	Andrus	32
1957	氧化物掩蔽层	Frosch 及 Derrick	33
1957	化学气相沉积(CVD)外延生长	Sheftal、Kokorish 及 Krasilov	34
1958	离子注入	Shockley	35
1958	混合集成电路	Kilby	36

续表

年	技术	作者/发明者	参考文献
1959	单片集成电路	Noyce	37
1960	平面工艺	Hoerni	38
1963	互补金氧半场效应晶体管（CMOS）	Wanlass 及 Sah	39
1967	动态随机存储器（DRAM）	Dennard	40
1969	多晶硅自对准栅极	Kerwin、Klein 及 Sarace	41
1969	金属有机化学气相淀积（MOCVD）	Manasevit 及 Simpson	42
1971	干法刻蚀	Irving、Lemons 及 Bobos	43
1971	分子束外延	Cho	44
1971	微处理器（4004）	Hoff 等	45
1981	原子层淀积	Suntola	46
1982	沟槽隔离	Rung、Momose 及 Nagakubo	47
1989	化学机械抛光	Davari 等	48
1993	铜互连	Paraszczak 等	49
2001	3D 集成	Banerjee 等	50
2003	浸没式光刻	Owa、Nagasaka	51

注：CVD：Chemical Vapor Deposition；CMOS：Complementary Metal-Oxide-Semiconductor Field-Effect Transistor；DRAM：Dynamic Random Access Memory；MOCVD：Metal-Organic CVD.

1918 年，柴可拉斯基（Czochralski）[27]发明了一种液态-固态单晶生长的技术. 柴可拉斯基法被广泛应用于大部分硅单晶和硅晶圆（silicon wafer）的生长. 1925 年，Bridgman[28]发明了另一种晶体生长技术，它被大量应用于砷化镓及其相关的化合物半导体的晶体生长. 虽然硅的半导体特性早在 20 世纪 40 年代初期就已被广泛研究，但化合物半导体的研究却被忽略了很久. 直到 1952 年，Welker[29]发现砷化镓及其相关的 Ⅲ-Ⅴ 族化合物（Ⅲ-Ⅴ compound）也是半导体材料，并以实验证明这些材料的半导体特性之后，与这些化合物半导体相关的技术和器件才陆续被深入研究.

对于半导体工艺而言，杂质原子（dopant）的扩散（diffusion）是很重要的一种现象. 1855 年，Fick[30]提出了基本的扩散理论. 1952 年，Pfann[31]在其专利中提出了利用扩散技术来改变硅的导电类型的想法. 1957 年，Andrus[32]首次把图形曝光技术应用于半导体器件的制作中. 他利用一些感光而且抗刻蚀的聚合物（即光刻胶）来实现图形转移. 图形曝光是半导体产业中的一个关键性技术. 半导体产业之所以能够持续快速成长，要归功于不断改进的图形曝光技术. 从经济角度看，图形曝光也扮演着一个重要的角色. 在目前集成电路的制造成本中，图形曝光的成本占了 35% 以上.

1957 年，Frosch 和 Derrick[33]提出了氧化层掩蔽方法（oxide masking method）. 他们发现氧化层可以防止大部分杂质的扩散穿透. 同年，Sheftal 等人[34]提出基于化学气相淀积（chemical vapor deposition，CVD）的外延生长（epitaxial growth）技术. 外延生长的词根来自于希腊字 EPI（即 on，上方）和 TAXIS（arrangement，安排），它用来描述一种可以在给定的晶体表面上生长出与其晶格匹配的半导体晶体薄膜的技术. 这种技术对改善器件特性或制造新颖结构的器件非常重要.

1958 年，Shockley[35]提出了用离子注入（ion implantation）实现半导体掺杂的方法. 这种技术可以精确地控制掺杂原子的数量. 从此，扩散和离子注入两种技术可以相辅相成，实现各种杂质的掺杂. 例如，扩散可以用在高温的深结（deep-junction）工艺中，而离子注入则可用于低温的浅结（shallow-junction）工艺中.

1959 年,Kilby[36] 提出了一种集成电路的原型.它是由引线相连(wire bonding)的一个混合电路,包含了一个双极晶体管、三个电阻和一个电容,所有器件都基于锗.同年,Noyce[37] 将所有器件做在同一半导体衬底上,并用铝金属化实现所有器件的互连,制成了有史以来的第一个单片(monolithic)集成电路.如图 0.6 所示,它是一个包含了六个器件的触发器(flip-flop)电路.其中,铝互连线是通过先在整个氧化层表面蒸镀铝层,再利用光刻和刻蚀铝层形成的.这两项发明奠定了微电子产业快速成长的基础.

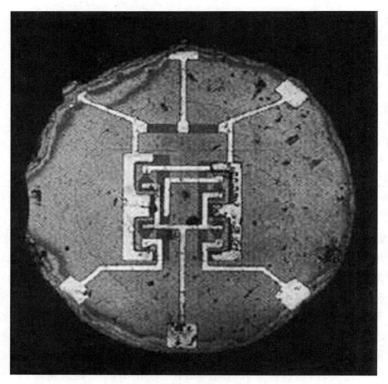

图 0.6 第一个单片集成电路[37](照片由 G. Moore 博士提供)

1960 年,Hoerni[38] 提出了平面(planar)工艺.在这项技术中,先将整个半导体表面氧化,再利用光刻与刻蚀工艺将部分的氧化层移除,形成窗口(window),于是杂质原子仅能透过窗口掺杂到半导体表层,在窗口区域形成 p-n 结.

随着集成电路复杂度的增加,由 NMOS(n 沟道 MOSFET)技术发展为 CMOS(complementary MOSFET)技术,也就是将 NMOS 和 PMOS(p 沟道 MOSFET)组合形成逻辑单元(logic element).CMOS 的概念是在 1963 年由 Wanlass 和 Sah[39] 提出的.CMOS 的优点是,它只有在逻辑状态转换时(如从 0 到 1)才会产生大电流,而在稳态时只有极小的电流流过,所以逻辑电路的功耗可以大幅减小.对于先进集成电路而言,CMOS 技术是当前最主要的技术.

1967 年,Dennard[40] 发明了由两个器件组成的极重要的电路,即**动态随机存储器**(dynamic random access memory,DRAM).这种存储单元包含一个 MOSFET 和一个储存电荷的电容.其中,MOSFET 是控制电容充电或放电的开关.虽然动态随机存储器是挥发性的,而且会消耗较大的功率,但在可预见的未来,它仍然会应用于大多数电子系统中,作为信息长久储存(如 NVSM)之前的缓存.

为了改善器件的特性，Kerwin[41]等人在1969年提出了多晶硅自对准栅极工艺. 这个工艺不但改善了器件的可靠性，还减小了寄生电容. 同年，Manasevit和Simpson[42]提出了金属有机化学气相淀积技术（metal-organic chemical vapor deposition，MOCVD）. 对于化合物半导体（如砷化镓）而言，这是一种非常重要的外延生长技术.

随着器件的尺寸不断减小，为了实现高保真的图形转移，发展出干法刻蚀（dry etching）技术取代了湿法腐蚀技术. 1971年，Irving等人[43]首次提出，可以利用CF_4-O_2的混合气体来刻蚀硅晶圆. 同年，Cho[44]提出了另一项重要的技术，即分子束外延（molecular beam epitaxy，MBE）技术，该技术可以近乎完美地控制原子的排列，精确控制外延层在垂直方向的组分和掺杂浓度. 这项技术带来了许多光子器件和量子器件的发明.

1971年，Hoff等人[45]制造出了第一个微处理器（microprocessor）. 他们将一个电脑的中央处理单元（central processing unit，CPU）放在一个芯片上，即图0.7所示的四位微处理器（Intel 4004）. 该芯片的大小是3mm×4mm，包含了2300个MOSFET，运算速度可达0.1百万指令每秒（million instructions per second，MIPS）. 它由p型沟道多晶硅栅工艺做成，设计规则（design rule）为$8\mu m$. 该微处理器的功能可与20世纪60年代早期IBM价值300000美元的电脑相当，而这些早期的电脑需要一个书桌大小的中央处理单元. 微处理器是半导体产业上一个重大的突破，它已成为这个产业的重要支柱.

图0.7 第一个微处理器[45]（照片由Intel公司提供）

从 20 世纪 80 年代早期起,很多新技术陆续发展起来,以满足特征尺寸不断缩小的需求. 1981 年,Suntola[46]为实现纳米级介质层淀积开发了一项重要技术,即原子层淀积(ALD)技术. 该淀积技术可以将化学前驱体(precursor)一次一种地顺序暴露于生长面,膜厚可以可靠地控制在原子尺度的水平.

1982 年,Rung 等人[47]为隔离 CMOS 器件提出了沟槽隔离技术. 这项技术已几乎取代了之前其他的隔离技术. 1989 年,Davari 等人[48]为得到层间介质的全面平坦化(global planarization)提出了化学机械抛光方法,这是多层金属化(multi-level metallization)的关键技术.

在亚微米器件中,有一种很常见的失效机制,即电致迁移(electro-migration). 具体来说,就是当电流通过导线时,导线的金属离子会发生迁移. 自 20 世纪 60 年代早期起,铝就已经被用做互连线材料,但它在大电流下会发生严重的电致迁移现象. 1993 年,Paraszczak 等人[49]提出了在特征尺寸小于 100 nm 时用铜布线取代铝布线.

元件密度的增加以及工艺技术的改进,使片上系统(system-on-a-chip,SOC)得以实现. 所谓片上系统,就是将整个电子系统做在同一块集成电路芯片上. 2001 年,Banerjee[50]将片上系统集成在了三维系统中,并改善了系统性能.

为了将光学图形曝光技术扩展到纳米级,2003 年,Owa 等人[51]提出了浸没式光刻技术(immersion lithography),即在曝光镜头与晶圆表面之间填满水. 浸没式光刻技术利用液体的折射率进一步提高光刻的分辨率,其最小特征尺寸可小于 45nm. 本书的第三部分将介绍表 0.2 中列举的所有技术.

▶ 0.2.2 技术趋势

自从进入微电子时代以来,集成电路的最小线宽或最小特征尺寸(feature length)就以每年 13% 的速度缩小[52]. 按照这个速度推算,2020 年时最小特征尺寸将会缩小到 10 nm. 图 0.8 展示了从 1978 年到 2010 年的最小特征尺寸的变化曲线,并按照趋势外推至 2020 年. 在 2002 年,最小特征尺寸已经减小到 100nm 以下,从此人类步入了纳米技术时代.

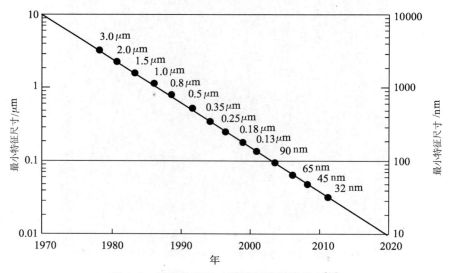

图 0.8　最小特征尺寸随时间呈指数减小[52]

器件微小化的结果是,降低了每电路功能的单位成本(unit cost).例如,对于持续推进的新一代动态随机存储器而言,每个存储位的成本每两年减为一半.当器件尺寸缩小时,本征开关时间(intrinsic switching time)也随之减少.1959年以来,器件速度已上升了五个数量级.持续上升的器件速度也扩展了集成电路的处理能力(functional throughput rate).未来数字集成电路将可以以每秒兆兆位(10^{12} bps)的速率进行数据处理和计算.随着器件尺寸持续减小,其所消耗的功率也会降低.因此,器件微小化还降低了单次开关操作所需的能量.从1959年至今,每个逻辑门的能量耗损已经减少了超过1000万倍.

图0.9为过去30年间实际存储密度随着初次量产年份呈指数增长.我们注意到,从1978年至2000年,动态随机存储器的密度每18个月增加一倍.2000年后,动态随机存储器密度的上升速率显著减缓.但另一方面,我们可以看到,非挥发半导体存储器延续了动态随机存储器原先的增长速率,即每18个月密度翻一番.如果这个趋势延续下去,我们可以预见,非挥发半导体存储器的密度将在2015年左右达到一兆兆位(10^{12} bits).

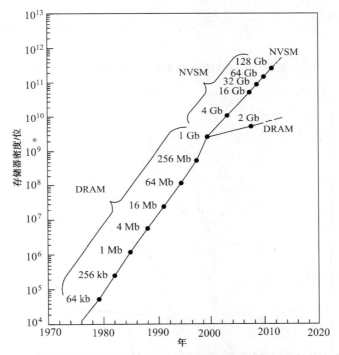

图0.9　动态随机存储器密度和非挥发存储器密度随年份的指数上升[52]

如图0.10所示,微处理器运算能力随时间呈指数增加,同样是每18个月翻一番.目前,一台奔腾(Pentium)系列的个人电脑比20世纪60年代晚期的超级电脑克莱一型(CRAY 1)具有更强的运算能力,但它的体积却为原先的万分之一.按照这个趋势,我们预期10^7 MIPS的微处理器将于2015年问世.

图0.11绘出了不同技术驱动者(technology drivers)的成长曲线[53].在现代电子时代初期(1950~1970年),双极型晶体管是技术的驱动者;1970~1990年,由于个人电脑和先进电子系统的快速成长,动态随机存储器和基于MOS器件的微处理器扮演了技术驱动的角色;1990年以后,主要因为便携式电子系统的快速成长,非挥发半导体存储器已成为技术驱动者.

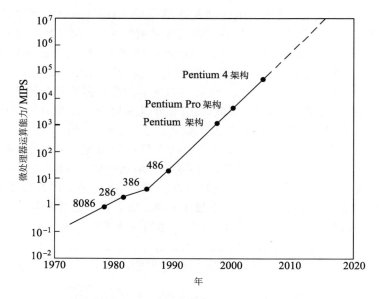

图 0.10　微处理器运算能力每年呈指数增加

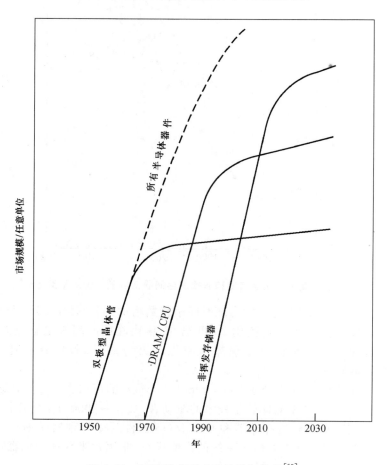

图 0.11　不同技术驱动者的成长曲线[53]

总　结

虽然半导体器件是相对较新的研究领域*，但它对我们的社会和全球经济却有着巨大的影响。这是因为，半导体器件构成了世界上最大的产业——电子产业的基础。

本章回顾了几个主要半导体器件的发展历史：从 1874 年第一个金属-半导体接触的研究，到 2004 年 5nm MOSFET 的制造。其中，最重要的是 1947 年双极型晶体管的发明，它将人类带进了现代电子时代；1960 年提出的 MOSFET 则成为集成电路最重要的器件；还有 1967 年发明的非挥发存储器，它从 1990 年以后就成为电子产业的技术驱动者。

我们还介绍了一些关键的半导体技术，许多技术的起源可以追溯至 18 世纪末和 19 世纪初。其中，最重要的是 1957 年光刻胶的发明，建立了半导体器件基本的图形转移工艺；1959 年集成电路的发明，促进了微电子产业的快速成长；1967 年动态随机存储器和 1971 年微处理器的发明，构成了半导体产业的两大支柱。

阐述半导体器件物理和工艺[54]的相关文献是相当多的。目前，这个领域已有超过 50 万篇的论文。本书中，每个章节讨论一个主要器件或关键工艺，对其来龙去脉交代清楚。因此，读者并不需要过多依赖于早期文献。在每章的结尾，我们选择了一些重要的文献，以供读者参考或进一步研读。

参考文献

[1] *2009 Semiconductor Industry Report*，Ind. Technol. Res. Inst.，Hsinchu，Taiwan，2009.

[2] Data from IC Insights，2009.

[3] Most of the classic device papers are collected in S. M. Sze，Ed.，*Semiconductor Devices*：*Pioneering Papers*，World Sci.，Singapore，1991.

[4] K. K. Ng，*Complete Guide to Semiconductor Devices*，2nd Ed.，Wiley Interscience，New York，2002.

[5] F. Braun，"Uber die Stromleitung durch Schwefelmetalle，" *Ann. Phys. Chem*，153，556 (1874).

[6] H. J. Round，"A Note On Carborundum，" *Electron. World*，19，309 (1907).

[7] J. Bardeen，and W. H. Brattain，"The Transistor, a Semiconductor Triode，" *Phys. Rev.*，71，230 (1948).

[8] W. Shockley，"The Theory of p-n Junction in Semiconductors and p-n Junction Transistors，" *Bell Syst. Tech. J.*，28，435 (1949).

[9] J. J. Ebers，"Four Terminal p-n-p-n Transistors，" *Proc. IRE*，40，1361 (1952).

[10] D. M. Chapin，C. S. Fuller，and G. L. Pearson，"A New Silicon p-n Junction Photocell For Converting Solar Radiation Into Electrical Power，" *J. Appl. Phys.*，25，676 (1954).

[11] H. Kroemer，"Theory of a Wide-gap Emitter for Transistors，" *Proc. IRE*，45，1535 (1957).

[12] L. Esaki，"New Phenomenon in Narrow Germanium p-n Junctions，" *Phys. Rev.*，109，603

---

* 自 19 世纪早期，人们已经开始研究半导体器件和材料，但对很多传统器件和材料的研究要久远得多。例如，人类在公元前 1200 年（即距今 3000 多年前）就已经开始研究钢了。

(1958).

[13] D. Kahng, and M. M. Atalla, "Silicon-silicon Dioxide Surface Device," *IRE Device Research Conference*, Pittsburgh, 1960. (这篇文章可于文献 3 中找到)

[14] F. L. Yang et al., "5 nm Gate Nanowire FinFET," *Symp. VLSI Tech.*, June 15, 2004.

[15] R. N. Hall et al., "Coherent Light Emission from GaAs Junctions," *Phys. Rev. Lett.*, 9, 366 (1962).

[16] H. Kroemer, "A Proposed Class of Heterojunction Injection Lasers," *Proc. IEEE*, 51, 1782 (1963).

[17] I. Alferov, and R. F. Kazarinov, "Semiconductor Laser with Electrical Pumping," *U. S. S. R. Patent*, 181,737 (1963).

[18] J. B. Gunn, "Microwave Oscillations of Current in III-V Semiconductors," *Solid State Commun.*, 1, 88 (1963).

[19] R. L. Johnston, B. C. DeLoach, Jr., and B. G. Cohen, "A Silicon Diode Microwave Oscillator," *Bell Syst. Tech. J.*, 44, 369 (1965).

[20] C. A. Mead, "Schottky Barrier Gate Field Effect Transistor," *Proc. IEEE*, 54, 307 (1966).

[21] D. Kahng, and S. M. Sze, "A Floating Gate and Its Application to Memory Devices," *Bell Syst. Tech. J.*, 46, 1288 (1967).

[22] C. Y, T. Lu, and H. Kuan, "Nonvolatile Semiconductor Memory Revolutionizing Information Storage," *IEEE Nanotechnology Mag.*, 3, 4 (2009).

[23] W. S. Boyle, and G. E. Smith, "Charge Coupled Semiconductor Devices," *Bell Syst. Tech. J.*, 49, 587 (1970).

[24] L. L. Chang, L. Esaki, and R. Tsu, "Resonant Tunneling in Semiconductor Double Barriers," *Appl. Phys. Lett.*, 24, 593 (1974).

[25] T. Mimura et al., "A New Field-effect Transistor with Selectively Doped GaAs/n-Al$_x$Ga$_{1-x}$As Heterojunction," *Jpn. J. Appl. Phys.*, 19, L225 (1980).

[26] M. Hepher, "The Photoresist Story," *J. Photo. Sci.*, 12, 181 (1964).

[27] J. Czochralski, "Ein neues Verfahren zur Messung der Kristallisationsgeschwindigkeit der Metalle," *Z. Phys. Chem.*, 92, 219 (1918).

[28] P. W. Bridgman, "Certain Physical Properties of Single Crystals of Tungsten, Antimony, Bismuth, Tellurium, Cadmium, Zinc, and Tin," *Proc. Am. Acad. Arts Sci.*, 60, 303 (1925).

[29] H. Welker, "Über Neue Halbleitende Verbindungen," *Z. Naturforsch.*, 7a, 744 (1952).

[30] A. Fick, "Ueber Diffusion," *Ann. Phys. Lpz.*, 170, 59 (1855).

[31] W. G. Pfann, "Semiconductor Signal Translating Device," *U. S. Patent* 2, 597, 028 (1952).

[32] J. Andrus, "Fabrication of Semiconductor Devices," *U. S. Patent* 3, 122, 817 (申请于 1957 年, 授权于 1964 年).

[33] C. J. Frosch, and L. Derrick, "Surface Protection and Selective Masking during Diffusion in Silicon," *J. Electrochem. Soc.*, 104, 547 (1957).

[34] N. N. Sheftal, N. P. Kokorish, and A. V. Krasilov, "Growth of Single-Crystal Layers of Silicon and Germanium from the Vapor Phase," *Bull. Acad. Sci. U. S. S. R.*, *Phys. Ser.*, 21, 140 (1957).

[35] W. Shockley, "Forming Semiconductor Device by Ionic Bombardment," *U. S. Patent* 2, 787, 564 (1958).

[36] J. S. Kilby, "Invention of the Integrated Circuit," *IEEE Trans. Electron Devices*, ED-23, 648 (1976), *U. S. Patent* 3, 138, 743 (申请于 1959 年, 授权于 1964 年).

[37] R. N. Noyce, "Semiconductor Device-and-Lead Structure," *U. S. Patent* 2,981,877（申请于 1959 年,授权于 1961 年）.

[38] J. A. Hoerni, "Planar Silicon Transistors and Diodes," *IRE Int. Electron Devices Meet.*, Washington D. C. (1960).

[39] F. M. Wanlass, and C. T. Sah, "Nanowatt Logics Using Field-Effect Metal-Oxide Semiconductor Triodes," *Tech. Dig. IEEE Int. Solid-State Circuit Conf.*, 32 (1963).

[40] R. M. Dennard, "Field Effect Transistor Memory," *U. S. Patent* 3,387,286（申请于 1967 年, 授权于 1968 年）.

[41] R. E. Kerwin, D. L. Klein, and J. C. Sarace, "Method for Making MIS Structure," *U. S. Patent* 3,475,234 (1969).

[42] H. M. Manasevit, and W. I. Simpson, "The Use of Metal-Organic in the Preparation of Semiconductor Materials, I. Epitaxial Gallium-V Compounds," *J. Electrochem. Soc.*, 116, 1725 (1969).

[43] S. M. Irving, K. E. Lemons, and G. E. Bobos, "Gas Plasma Vapor Etching Process," *U. S. Patent* 3,615,956 (1971).

[44] A. Y. Cho, "Film Deposition by Molecular Beam Technique," *J. Vac. Sci. Technol.*, 8, S 31 (1971).

[45] The inventors of the microprocessor are M. E. Hoff, F. Faggin, S. Mazor, and M. Shima. For a profile of M. E. Hoff, see *Portraits in Silicon* by R. Slater, P. 175, MIT Press, Cambridge, 1987.

[46] T. Suntola, "Atomic Layer Epitaxy," *Tech. Digest of ICVGE-*5, San Diego, 1981.

[47] R. Rung, H. Momose, and Y. Nagakubo, "Deep Trench Isolated CMOS Devices," *Tech. Dig. IEEE Int. Electron Device Meet.*, 237 (1982).

[48] B. Davari et al., "A New Planarization Technique, Using a Combination of RIE and Chemical Mechanical Polish (CMP)," *Tech. Dig. IEEE Int. Electron Device Meet.*, 61 (1989).

[49] J. Paraszczak et al., "High Performance Dielectrics and Processes for ULSI Interconnection Technologies," *Tech. Dig. IEEE Int. Electron Devices Meet.*, 261 (1993).

[50] K. Banerjee et al., "3-D ICs: A Novel Chip Design for Improving Deep-Submicrometer Interconnect Performance and Systems-on-Chip Integration," *Proc. IEEE.*, 89, 602 (2001).

[51] S. Owa, and H. Nagasaka, "Immersion Lithography: Its Potential Performance and Issues," *Proc. SPIE*, 5040, 724—733(2003).

[52] *The International Technology Roadmap for Semiconductor*, Semiconductor Ind. Assoc., San Jose, 2010.

[53] F. Masuoka, "Flash Memory Technology," *Proc. Int. Electron Devices Mater. Symp.*, 83, Hsinchu, Taiwan (1996).

[54] From *INSPEC* database, National Chaio Tung University, Hsinchu, Taiwan, 2010.

第1部分 半导体物理

第1章
能带和热平衡载流子浓度

- 1.1 半导体材料
- 1.2 基本晶体结构
- 1.3 共价键
- 1.4 能带
- 1.5 本征载流子浓度
- 1.6 施主与受主
- 总结

本章将探讨半导体的一些基本特性. 首先, 我们将讨论晶体结构, 也就是固体中的原子排列; 然后, 我们将介绍与半导体导电相关的概念, 包括共价键及能带; 最后, 我们将讨论热平衡状态下的载流子浓度. 这些基本概念将贯穿整本书.

具体地说, 本章将包括以下主题:

- 元素(element)及化合物(compound)半导体及其基本特性
- 金刚石结构及相关晶面
- 带隙及其对电导率的影响
- 本征载流子浓度及其温度依赖关系
- 费米能级及载流子浓度对它的影响

1.1 半导体材料

固态材料可分为三类, 即绝缘体、半导体及导体. 图 1.1 列出这三类中一些重要材料的电导率 σ(electrical conductivities)*(及对应电阻率 $\rho = 1/\sigma$)的范围. 绝缘体如融熔石英

---

* 参考附录 A 中的符号表.

及玻璃的电导率很低,大约介于 10^{-18} S/cm 到 10^{-8} S/cm 之间;导体如铝及银有高的电导率,一般介于 10^4 S/cm 到 10^6 S/cm* 之间. 半导体的电导率介于这些绝缘体和导体之间,它通常易受温度、光照、磁场及微量杂质原子(典型地,1kg 的半导体材料中,含有约 1μg~1g 的杂质原子)的影响. 电导率的高敏感特性,使半导体成为各种电子应用中最重要的材料之一.

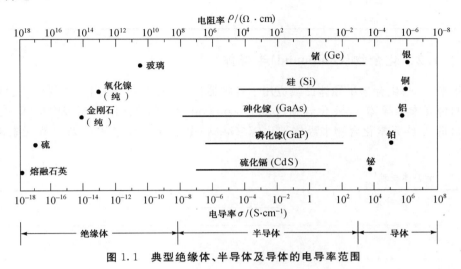

图 1.1 典型绝缘体、半导体及导体的电导率范围

▶ 1.1.1 元素(Element)半导体

有关半导体材料的研究开始于 19 世纪初[1],至今很多半导体已被研究. 表 1.1 列出周期表中与半导体相关的部分. 单一原子所组成的元素半导体,如硅(Si)、锗(Ge),都是周期表中第Ⅳ族元素. 在 20 世纪 50 年代初期,锗曾是最主要的半导体材料. 但自 20 世纪 60 年代初期以来,硅逐渐取而代之,现已成为半导体制造的主要材料. 现今我们使用硅的主要原因是,硅器件在室温下有较佳的特性,且高品质的硅氧化层可由热氧化的方式生长. 另外,经济上的原因也是考虑因素之一,可用于器件级制造的硅材料远比其他半导体材料价格低廉. 硅以二氧化硅及硅酸盐的形式存在于地壳中,其含量占地壳的 25%,其丰度仅次于氧. 到目前为止,硅可以说是周期表中被研究最多的元素,而硅工艺则是所有半导体工艺中发展最为完善的.

表 1.1 周期表中与半导体相关的部分

周期	Ⅱ	Ⅲ	Ⅳ	Ⅴ	Ⅵ
2		B 硼	C 碳	N 氮	O 氧
3	Mg 镁	Al 铝	Si 硅	P 磷	S 硫
4	Zn 锌	Ga 镓	Ge 锗	As 砷	Se 硒

---

* 参考附录 B 中的国际单位制.

续表

周期	II	III	IV	V	VI
5	Cd 镉	In 铟	Sn 锡	Sb 锑	Te 碲
6	Hg 汞		Pb 铅		

▶ 1.1.2 化合物(compound)半导体

近年来,一些化合物半导体已被应用于各种器件中. 表1.2[2]列出了重要的化合物半导体以及两种元素半导体. 二元化合物(binary compounds)半导体由周期表中的两种元素组成. 例如,Ⅲ-Ⅴ族元素化合物半导体砷化镓(GaAs)由Ⅲ族元素镓(Ga)及Ⅴ族元素砷(As)组成.

表1.2 半导体材料[2]

总体分类	半导体 符号	名称
元素半导体	Si	硅
	Ge	锗
二元化合物半导体		
Ⅳ-Ⅳ ————————————	SiC	碳化硅
Ⅲ-Ⅴ ————————————	AlP	磷化铝
	AlAs	砷化铝
	AlSb	锑化铝
	GaN	氮化镓
	GaP	磷化镓
	GaAs	砷化镓
	GaSb	锑化镓
	InP	磷化铟
	InAs	砷化铟
	InSb	锑化铟
Ⅱ-Ⅵ ————————————	ZnO	氧化锌
	ZnS	硫化锌
	ZnSe	硒化锌
	ZnTe	碲化锌
	CdS	硫化镉
	CdSe	硒化镉
	CdTe	碲化镉
	HgS	硫化汞
Ⅳ-Ⅵ ————————————	PbS	硫化铅
	PbSe	硒化铅
	PbTe	碲化铅

续表

总 体 分 类	半 导 体	
	符 号	名 称
三元化合物半导体	$Al_xGa_{1-x}As$	砷化镓铝
	$Al_xIn_{1-x}As$	砷化铟铝
	$GaAs_{1-x}P_x$	磷化砷镓
	$Ga_xIn_{1-x}N$	氮化铟镓
	$Ga_xIn_{1-x}As$	砷化铟镓
	$Ga_xIn_{1-x}P$	磷化铟镓
四元化合物半导体	$Al_xGa_{1-x}As_ySb_{1-y}$	锑化砷镓铝
	$Ga_xIn_{1-x}As_{1-y}P_y$	磷化砷铟镓

除了二元化合物半导体外,三元化合物(ternary compounds)及四元化合物(quaternary compounds)半导体也各有其特殊用途. 由Ⅲ族元素铝(Al)、镓(Ga)及Ⅴ族元素砷(As)所组成的合金半导体 $Al_xGa_{x-1}As$ 即是一种三元化合物半导体,而具有 $A_xB_{1-x}C_yD_{1-y}$ 形式的四元化合物半导体则可由许多二元及三元化合物半导体组成. 例如,合金半导体 $Ga_xIn_{1-x}As_yP_{1-y}$ 由磷化镓(GaP)、磷化铟(InP)、砷化铟(InAs)及砷化镓组成. 与元素半导体相比,制作单晶形式的化合物半导体通常需要复杂得多的工艺.

许多化合物半导体具有与硅不同的电学特性和光学特性. 这些半导体,特别是砷化镓,主要用于高速和光电器件. 虽然化合物半导体技术不如硅半导体技术成熟,但硅半导体技术的快速发展,也会同时带动化合物半导体技术的成长. 在本书中,我们主要介绍的是硅及砷化镓的器件物理及制造技术. 关于硅和砷化镓的晶体生长技术将在第11章中详述.

1.2 基本晶体结构

我们将探讨的半导体材料是单晶结构,也就是说,它的原子在三维空间是周期性排列的. 晶体中原子的周期性排列称为晶格(lattice). 在晶体中,原子不会偏离其晶格位置太远,原子的热振动是以此为中心位置的微幅振动. 对于给定的半导体,我们通常会以一个单胞(unit cell)来代表整个晶体. 将此单胞向晶体的四面八方延伸,即可得到完整的晶格.

▶ 1.2.1 单胞

图1.2是一个广义的基本单胞的三维示意图. 单胞与晶格的关系可用三个向量 a、b 和 c 来表示,它们不需彼此正交,而且在长度上不一定相等. 在三维结构的晶体中,任意等价晶格点可用下面的向量组表示:

$$\boldsymbol{R} = m\boldsymbol{a} + n\boldsymbol{b} + p\boldsymbol{c}. \tag{1}$$

其中 m、n 和 p 是整数.

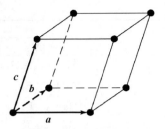

图 1.2 一个广义的基本单胞

图 1.3 是一些立方晶体单胞示意图. 图 1.3(a) 是一个简立方晶体 (simple cubic, sc),它的每个顶角各有一个原子,且每个原子都有六个等距的最邻近原子. 长度 a 称为晶格常数. 在周期表中,只有钋 (polonium) 属于简立方结构. 图 1.3(b) 是一个体心立方晶体 (body-centered cubic, bcc),除了顶角的八个原子外,在立方体中心还有一个原子. 在体心立方晶格中,每一个原子有八个最邻近原子. 钠 (sodium) 和钨 (tungsten) 的晶体属于体心立方结构. 图 1.3(c) 是面心立方晶体 (face-centered cubic, fcc),除了顶角的八个原子外,在六个面中心还各有一个原子. 在面心立方晶格中,每个原子有 12 个最邻近原子. 具有面心立方结构的元素很多,包括铝 (aluminum)、铜 (copper)、金 (gold) 和铂 (platinum).

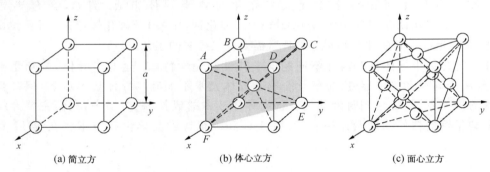

(a) 简立方　　　(b) 体心立方　　　(c) 面心立方

图 1.3 三个立方晶体单胞

▶ **例 1**

如果我们将硬球放入一个体心立方晶格中,并使体心硬球与顶角的八个硬球紧密接触,试算出体心立方单胞内的空间被这些硬球填充的比例.

解 在体心立方单胞中,每个顶角的硬球与邻近的八个单胞共用,因此单胞的每个顶角占有 1/8 个硬球. 此外,单胞的体心占有 1 个完整的硬球. 我们可以得到以下结果:

每个单胞中的硬球(原子)数 $= \dfrac{1}{8} \times 8 (\text{顶角}) + 1 (\text{体心}) = 2$;

相邻两个硬球的距离[沿图 1.3(b) 中的对角线 AE] $= \dfrac{a\sqrt{3}}{2}$;

每个硬球的半径 $= \dfrac{a\sqrt{3}}{4}$;

每个硬球的体积 $= \dfrac{4\pi}{3} \times \left(\dfrac{a\sqrt{3}}{4}\right)^3 = \dfrac{\pi a^3 \sqrt{3}}{16}$;

单胞中所能填充的最大空间比例＝硬球数×每个硬球体积/每个单胞总体积＝

$$\frac{2\frac{\pi a^3 \sqrt{3}}{16}}{a^3} = \frac{\pi\sqrt{3}}{8} \approx 0.68;$$

因此,整个体心立方单胞内的空间有68%被硬球填充,32%是空的.

▶ 1.2.2 金刚石结构

元素半导体硅和锗具有金刚石结构,如图1.4(a)所示.金刚石结构也属于面心立方晶体家族,它可以看作由两个面心立方晶格(子晶格)相互套构形成.将其中的一个子晶格沿着另一个子晶格的体对角线方向平移,平移的距离为体对角线的1/4($a\sqrt{3}/4$),即可得到金刚石晶格.虽然分别属于两个子晶格的两组原子在化学上是相同的,但从晶格的角度来看却是不同的.由图1.4(a)可以看出,如果一顶角原子在体对角线方向上有一个最邻近原子,那么在相反方向则没有.因此,需要两组这样的原子才能构成一个单胞.换个角度,一个金刚石晶格的单胞包含一个正四面体,并且,其中每个原子都被位于四个顶角的等距的最邻近原子所包围[如图1.4(a)中由黑键所连接的球体].

大部分的Ⅲ-Ⅴ族化合物半导体(如GaAs)具有闪锌矿晶体结构(zincblende lattice),如图1.4(b)所示.它与金刚石晶格类似,只是相互套构的两个面心立方子晶格中的原子分别为Ⅲ族原子(Ga)和Ⅴ族原子(As).本书后的附录F列出了一些重要元素半导体和二元化合物半导体的晶格常数及其他特性.

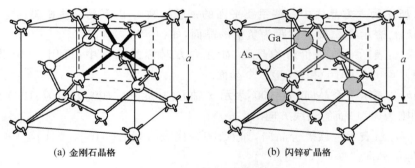

(a) 金刚石晶格　　　　　　(b) 闪锌矿晶格

图1.4　闪锌矿结构

▶ 例2

硅在300K时的晶格常数为5.43Å.请计算出常温下每立方厘米体积中的硅原子数及硅的密度.

解 每个单胞中有8个原子.因此,每立方厘米体积中的硅原子数为

$$\frac{8}{a^3} = \frac{8}{(5.43\times 10^{-8})^3} \approx 5\times 10^{22}(个原子/立方厘米),$$

密度＝每立方厘米中的原子数×每摩尔原子质量/阿伏伽德罗常数
＝$5\times 10^{22}\times 28.09/(6.02\times 10^{23})$
＝2.33(g/cm³).

▶ 1.2.3 晶面及密勒指数

在图1.3(b)中,我们可以发现在ABCD晶面中有四个原子,而在ACEF晶面中有五个

原子(四个原子在顶角,一个原子在中心),且这两个晶面的原子间距不同.因此,晶体沿着不同晶面的特性不同,其电特性及其他器件特性都与晶向有关.晶体中通常采用密勒指数[3](Miller indices)来定义晶体中的不同晶面.密勒指数可由下列步骤确定:

(1) 找出晶面在直角坐标系中三个坐标轴上的截距(以晶格常数为单位).

(2) 取这三个截距值的倒数,并将其化为最小的整数比.

(3) 将此结果以"(hkl)"表示,即为这个晶面的密勒指数.

▶ 例3

如图1.5所示的晶面在三个坐标轴上的截距分别为 a、$3a$ 和 $2a$. 取这些截距的倒数可得 1、1/3 和 1/2. 这三个数的最小整数比为 6∶2∶3(每个分数乘6所得).因此,这个晶面可以表示为(623)晶面.

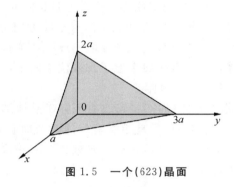

图 1.5 一个(623)晶面

图1.6所示为立方晶体中一些重要平面的密勒指数*,以下是一些相关约定记号:

(1) $(\bar{h}kl)$:表示在 x 轴上截距为负值的晶面,如 $(\bar{1}00)$.

(2) $\{hkl\}$:表示一族等价对称晶面,如在立方对称的晶体中,可用$\{100\}$代表(100),(010),(001),$(\bar{1}00)$,$(0\bar{1}0)$ 和 $(00\bar{1})$ 六个晶面.

(3) $[hkl]$:表示一个晶向,如$[100]$表示 x 轴方向.此外,$[100]$方向为(100)面的法线方向,而$[111]$则为(111)面的法线方向.

(4) $<hkl>$:表示一族等价晶向,如$<100>$代表$[100]$,$[010]$,$[001]$,$[\bar{1}00]$,$[0\bar{1}0]$ 和 $[00\bar{1}]$ 六个等价晶向.

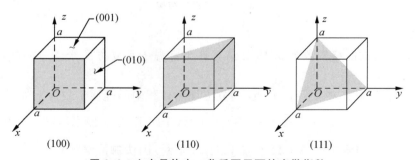

图 1.6 立方晶体中一些重要平面的密勒指数

---

* 在第5章中,我们将解释为何$<100>$方向更适合于硅金属氧化物半导体场效应晶体管(MOSFET).

1.3 共价键

如 1.2 节所述,在金刚石晶格中,每个原子被四个最邻近原子所包围.图 1.7(a)是一个金刚石晶格的正四面体价键结构示意图;图 1.7(b)则是该四面体简化的二维空间价键结构示意图.每个原子的最外层轨道有四个电子,且与四个最邻近原子共用这四个价电子,这种共用电子的结构称为共价键(covalent bonding).每个电子对组成一个共价键.共价键存在于两个相同元素的原子间,或最外层电子结构相似的不同元素原子之间.每个原子核拥有共用电子的时间相同,但在大部分的时间里,这些电子存在于两原子核之间.两个原子核对电子的吸引力使得两个原子结合在一起.

以闪锌矿(zincblende)结构结晶的砷化镓也有正四面体价键结构.砷化镓中的主要结合力也是共价键.但在砷化镓中存在少量离子键成分,即 Ga^+ 离子与其四个邻近 As^- 离子或 As^- 离子与其四个邻近 Ga^+ 离子间的静电引力.从电子的角度来说,这意味着每对共用电子存在于 As 原子内的时间比在 Ga 原子内的时间稍长.

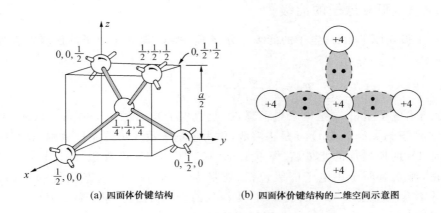

(a) 四面体价键结构　　(b) 四面体价键结构的二维空间示意图

图 1.7　四面体价键结构及其二维空间示意图

低温时,电子分别被束缚于四面体晶格中的相应位置,因此它们无法用于导电.但在高温时,热振动可以打断少许共价键(从共价键中离化出一个电子).共价键被打断所产生的自由电子即可参与导电.图 1.8(a)所示为硅中的一个价电子变成自由电子的情形.一个自由电子产生的同时,会在共价键中留下一个空位.这个空位可由邻近的一个价电子填充,从而产生空位的移动,如图 1.8(b)中由位置 A 到位置 B.因此,我们可以把这个空位抽象成类似于电子的一种粒子.这种虚构的粒子称为空穴(hole),带正电,在电场中的移动方向与电子相反.电子与空穴都对总电流有贡献.空穴的概念类似于液体中的气泡,虽然实际上是液体在流动,但将其看成气泡在相反方向的移动要容易得多.

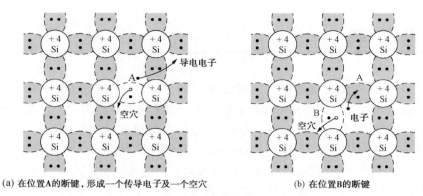

(a) 在位置A的断键,形成一个传导电子及一个空穴   (b) 在位置B的断键

图1.8 本征硅的基本价键示意图

1.4 能 带

1.4.1 孤立原子的能级

对于一个孤立原子而言,电子的能级是分立的.例如,孤立氢原子的能级符合玻尔模型(Bohr model)[4]:

$$E_H = -\frac{m_0 q^4}{8\varepsilon_0^2 h^2 n^2} = -\frac{13.6}{n^2} \text{ eV}. \tag{2}$$

其中 m_0 是自由电子质量,q 是电子电荷量,ε_0 是真空介电常数(free-space permittivity),h 是普朗克常数(Plank constant),n 是正整数,称为主量子数.eV是能量单位,相当于一个电子电位增加1V时所增加的能量,它等于 1.6×10^{-19} C 与 1V 的乘积,即 1.6×10^{-19} J.由玻尔模型可得,孤立氢原子中电子能级包括,能量为 -13.6 eV 的基态能级($n=1$),能量为 -3.4 eV 的第一激发态($n=2$),如此等等.更深入的研究指出,主量子数高时($n \geqslant 2$),能级将根据角量子数($l=0,1,2,\cdots,n-1$)的不同而分裂.

我们先考虑两个相同原子.当它们彼此距离很远时,对于一个确定的主量子数(如 $n=1$)而言,其能级为双重简并(degenerate),亦即两个原子具有相同的能量.但当它们彼此靠近时,由于两原子间的相互作用,会使得双重简并能级一分为二.这种分裂可用泡利不相容原理(Pauli exclusion principle)解释,即在一个给定的系统中,同一能态上不能同时容纳超过两个电子.当 N 个原子互相靠近并结合成固体时,不同原子的外层电子的轨道发生交叠且相互作用.这种相互作用包括任意两个原子间的引力和斥力.与只有两个原子时的情形类似,这种相互作用也将造成能级的移动.区别在于,当只有两个彼此靠近的原子时,其能级只是一分为二;而当 N 个原子结合成晶体后,其能级将分裂成 N 个彼此接近的能级.当 N 很大时,这些能级实际上将形成连续的能带.视晶体内原子间距的不同,这 N 个能级形成的能带可能延展至几个电子伏特.这些电子不应再视为仅属于它们的母原子,而应作为一个整体,属于整个晶体.图1.9为能级分裂效应的示意图,其中参数 a 代表平衡状态下晶体原子的间距.

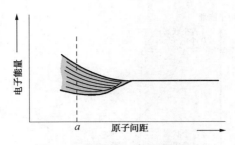

图 1.9 简并能级分裂成允带

半导体中实际的能带分裂要复杂得多. 图 1.10 是拥有 14 个电子的孤立硅原子的示意图. 其中, 10 个电子占据深层能级, 它们的轨道半径比晶体中的原子间距小得多. 其余 4 个价电子的结合较弱, 可以参与化学反应. 因为 2 个内层轨道被完全占据, 且被原子核紧密束缚, 我们只需考虑最外层($n=3$ 能级)的价电子. 每个原子的 3s 亚层(即 $n=3$, 且 $l=0$)有 2 个允许的量子态. $T=0$ K 时, 3s 亚层将容纳 2 个价电子. 而 3p(即 $n=3$, 且 $l=1$)亚层则有 6 个允许的量子态. 对于硅原子而言, 3p 亚层将容纳剩下的 2 个价电子.

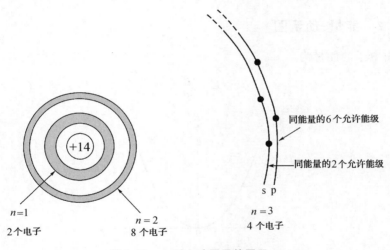

图 1.10 一孤立硅原子的图示

图 1.11 是 N 个孤立硅原子形成硅晶体的示意图. 当原子间距减小时, N 个硅原子的 3s 及 3p 亚层将发生相互作用和交叠, 以形成能带. 随着 3s 和 3p 能带不断扩展, 最终将融合成一个包含 $8N$ 个量子态的能带. 在由能量最低原理所确定的平衡态原子间距下, 能带将再度分裂, 在较低能带有 $4N$ 个量子态, 而在较高能带也有 $4N$ 个量子态.

在绝对零度时, 电子占据最低能态, 因此较低能带(即价带)的所有能态将被电子填满, 而较高能带(即导带)的所有能态都未被占据. 导带的底部称为 E_c, 价带的顶部称为 E_v. 导带底部与价带顶部之间没有能级, 称为禁带(forbidden gap), 其宽度(E_c-E_v)称为禁带宽度 E_g(bandgap energy), 如图 1.11 最左边所示. 从物理意义上, E_g 代表将半导体中价键断裂, 从而释放一个导带电子, 并在价带中留下一个空穴所需的能量.

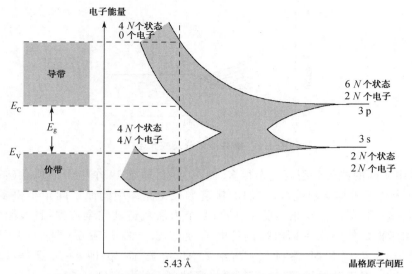

图 1.11 孤立硅原子聚集形成金刚石结构晶体的能带形成图

1.4.2 能量-动量图

一个自由电子的能量为

$$E = \frac{p^2}{2m_0}. \tag{3}$$

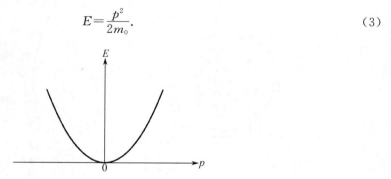

图 1.12 一自由电子的能量(E)与动量(p)的抛物曲线图

其中 p 为动量，m_0 为自由电子的质量．如图 1.12 所示，能量与动量的关系曲线呈抛物线状．在半导体晶体中，导带中的电子类似自由电子，可在晶体中自由移动．但因为晶体的周期性电势，式(3)不再适用．其中的自由电子质量须换成有效质量 m_n（下标符号 n 表示带负电荷的电子），即

$$E = \frac{p^2}{2m_n}, \tag{4}$$

电子有效质量决定于半导体的特性．假使已知式(4)所示的能量与动能关系，则由 E 对 p 的二次微分可以得到有效质量为

$$m_n \equiv \left(\frac{d^2 E}{d p^2}\right)^{-1}. \tag{5}$$

因此，抛物线的线形越狭窄，对应的二次微分越大，则有效质量越小．空穴也可用类似的方法表示（其有效质量为 m_p，下标符号 p 表示带正电的空穴）．引入有效质量的概念非常有

用,它使得我们可以将电子与空穴事实上处理为经典的带电粒子.

图 1.13 是一个特定半导体简化的能量与动量关系图.其中,导带中电子有效质量 $m_n = 0.25m_0$(上抛物线),价带中空穴有效质量 $m_p = m_0$(下抛物线).注意,电子能量越往上方越大,而空穴能量越往下方越大.如前图 1.11 所示,两抛物线在 $p = 0$ 时的间隔为禁带宽度 E_g.

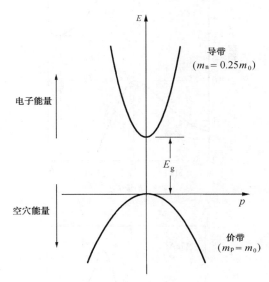

图 1.13 一个特定半导体的能量与动量示意图,$m_n = 0.25m_0$ 且 $m_p = m_0$

硅和砷化镓的实际能量与动量关系式(也称为能带图)更为复杂.在三维空间中,它们的能量与动量关系是一个复杂的曲面.图 1.14 仅绘出了其中两个晶向的能带图.由于大多数情况下,不同晶向上的晶格周期不一样,因此其能量与动量关系也不一样.以金刚石或闪锌矿晶格为例,价带顶和导带底位于 $p = 0$ 处或沿着图 1.14 所示的两个晶向之一.如果导带底位于 $p = 0$ 处,这意味着晶体中电子的有效质量在每个晶向上都是相同的.同时,这也表明电子的运动情况与晶向无关.如果导带底位于 $p \neq 0$ 处,那么晶体中电子的特性在不同晶向上是不同的.一般来说,极性(含部分离子键特性)半导体中,导带底倾向于出现在 $p = 0$ 处,这与晶格结构以及价键的离子性成分所占比例有关.

我们可以看出,图 1.14 的总体特征与图 1.13 类似.首先,价带的能带图比导带的简单,而且对大多数半导体而言价带结构定性上是相近的.这是因为基于金刚石结构和闪锌矿结构的类似,空穴在共价键中输运的环境是类似的.导带底与价带顶之间存在着禁带 E_g.在导带底或价带顶附近,E-p 曲线实际上为抛物线.对于硅而言,图 1.14(a)中价带顶位于 $p = 0$ 处,而导带底则位于沿[100]方向的 $p = p_c$ 处.因此,当硅中的电子从价带顶转移到导带底时,不仅需要能量($\geqslant E_g$),还需要动量($\geqslant p_c$).所以硅被称为间接带隙半导体(indirect semiconductor).而对于砷化镓,如图 1.14(b)所示,价带顶与导带底位于相同动量处($p = 0$).因此,当电子从价带转移到导带时,不涉及动量的变化.所以砷化镓被称为直接带隙半导体(direct semiconductor).直接带隙与间接带隙的结构差异对于发光二极管与半导体激光器来说相当重要.这些器件需要直接带隙半导体高效地产生光子(参考第 9、10 章).

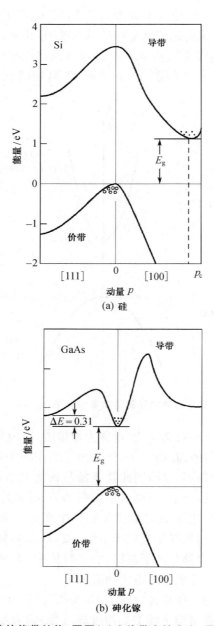

图 1.14 硅及砷化镓的能带结构. 圆圈(o)为价带中的空穴,黑点(·)为导带中的电子

我们利用式(5)可以从图 1.14 中求得有效质量. 举例来说,砷化镓的导带抛物线形非常窄,其电子的有效质量为 $0.063m_0$;而硅的导带抛物线形较宽,其电子的有效质量为 $0.19m_0$.

▶ 1.4.3 金属、半导体及绝缘体的传导

图 1.1 中所示的金属、半导体及绝缘体电导率的巨大差异,可从能带角度作定性解释. 图 1.15 是金属、半导体和绝缘体这三类固体的能带图.

一、金属

金属导体的电阻很低,其导带不是部分填满[如铜(Cu)]就是与价带重叠[如锌(Zn)或铅(Pb)],所以不存在禁带,如图 1.15(a)所示. 因此,部分填满的导带中最上层的电子或价带顶部的电子在获得动能时(如从外加电场),可移动到下一个可占据的较高能级. 在金属中,被电子占据的能态附近有许多未被占据的能态,所以电子可以在很小的外加电场中自由移动. 故金属导体容易传导电流.

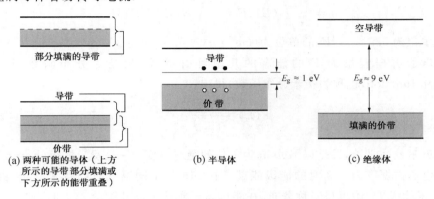

图 1.15 三类材料的能带示意图

二、绝缘体

绝缘体如二氧化硅(SiO_2),相邻原子的价电子间形成很强的键. 在室温或接近室温时,这些键很难被打断,因此没有自由电子可以参与导电. 如图 1.15(c)所示,绝缘体的特征是禁带宽度很大. 从图中可以看出,价带中的能级被电子完全占满,而导带中的能级则是空的. 热能*或外加电场能量并不足以将价带顶端的电子激发到导带. 因此,虽然绝缘体的导带中有许多空的能态可以接受电子,但实际上几乎没有电子可以占据导带的能态. 所以它们对电导率的贡献很小,导致绝缘体具有很大的电阻. 因此,二氧化硅是绝缘体,它无法传导电流.

三、半导体

现在考虑禁带宽度较小(约为 1eV)的材料,如图 1.15(b)所示. 这种材料称为半导体. 在 $T=0K$ 时,所有电子都位于价带,而导带中没有电子. 因此,半导体在低温时是不良导体. 在室温及正常气压下,硅的禁带宽度 E_g 为 1.12eV,而砷化镓为 1.42eV. 室温下的热能 kT 占 E_g 一定比例,因而有可观数量的价带电子可以被热激发到导带. 由于导带中有许多未被占据的空能态,所以只需较小的外加电场,就能轻易移动这些电子,产生可观的电流.

1.5 本征载流子浓度

我们现在推导热平衡状态下的载流子浓度,此状态即给定温度下的稳定状态,且无任何外来扰动,如光照、压力或电场. 在给定温度下,持续的热扰动造成电子从价带被激发到导带,同时在价带留下等量的空穴. 当半导体中的杂质数量远小于由热激发产生的电子和空穴

---

* 热能的量级是 kT. 在室温时, kT 是 0.026eV,远小于绝缘体的禁带宽度.

时,这种半导体称为本征半导体(intrinsic semiconductor).

为求得本征半导体中的电子浓度(即单位体积中的电子数),我们首先需计算能量范围 $E \to E+dE$ 内的电子浓度. 此浓度 $n(E)$ 由单位体积内允许的能态密度 $N(E)^*$ 与电子占据此能量范围的几率 $F(E)$ 的乘积得出. 因此求导带中的电子浓度可将 $N(E)F(E)dE$ 由导带底端(为简单起见,将导带起始处 E_C 视为0)积分到导带顶端 E_{top}:

$$n = \int_0^{E_{top}} n(E)dE = \int_0^{E_{top}} N(E)F(E)dE. \tag{6}$$

其中 n 的单位为 cm^{-3},$N(E)$ 的单位为 $(cm^3 \cdot eV)^{-1}$.

一个电子占据能量为 E 的能态的几率可由费米-狄拉克分布函数(Fermi-Dirac distribution function,也称为费米分布函数)得出:

$$F(E) = \frac{1}{1+e^{\frac{E-E_F}{kT}}}. \tag{7}$$

其中 k 是玻尔兹曼常数,T 是以 Kelvin 为单位的绝对温度,E_F 是费米能级(Fermi level). 费米能级是电子占据率为 1/2 时的能级能量. 图 1.16 是不同温度时的费米分布. 由图可知,$F(E)$ 在费米能级 E_F 附近呈对称分布. 在能量高于或低于费米能量 $3kT$ 时,式(7)的指数部分会大于 20 或小于 0.05,费米分布函数可以近似成

$$F(E) \approx e^{-\frac{E-E_F}{kT}}, \quad E-E_F > 3kT, \tag{8a}$$

和

$$F(E) \approx 1 - e^{-\frac{E-E_F}{kT}}, \quad E-E_F < 3kT. \tag{8b}$$

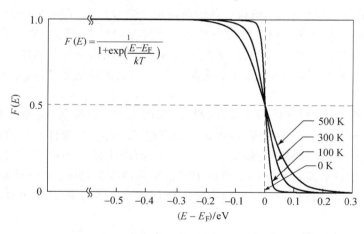

图 1.16 不同温度下费米分布函数 $F(E)$ 对 $(E-E_F)$ 关系图

式(8b)可以看作是能量为 E 的能态被空穴占据的几率.

图 1.17 从左到右分别为本征半导体的能带图、态密度 $N(E)$、费米分布函数及载流子浓度. 电子有效质量一定的条件下,态密度 $N(E)$ 随 $\sqrt{E}$ 改变. 利用式(6),可由图 1.17 求得载流子浓度,亦即由图 1.17(b) 中的 $N(E)$ 与图 1.17(c) 中的 $F(E)$ 的乘积即可得到图 1.17(d) 中的 $n(E)$ 随 E 变化的曲线(上半部的曲线). 图 17(d) 上半部阴影区域面积对应于电子浓度.

---

* 态密度 $N(E)$ 的推导见附录 H.

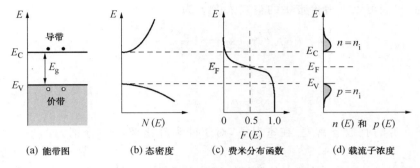

(a) 能带图　　(b) 态密度　　(c) 费米分布函数　　(d) 载流子浓度

图 1.17　本征半导体

在导带中存在大量允许的能态.然而,对本征半导体而言,导带中不会有太多的电子.因此,这些能态被电子占据的几率很小.同时,在价带也存在大量允许的能态.但不同的是,这些能态绝大部分被电子占据.因此,在价带中这些能态被电子占据的几率几乎为 1.少数未被电子占据的能态,就是价带的空穴.从图 1.16 可以看出,$T=0$K 时,所有电子都在价带中,而导带中是没有电子的.费米能级 E_F,即被电子占据的几率为 0.5 的能级,位于价带和导带的中间.在有限温度下,导带中的电子数等于价带中的空穴数.费米分布在费米能级 E_F 附近是对称的.如果导带和价带的态密度相同,那么,为了确保电子和空穴浓度相等,费米能级必须位于带隙中央.换句话说,对于本征半导体而言,E_F 是与温度无关的.由此可见,费米能级的位置接近禁带的中间.将附录 H 中最后一个方程与式(8a)代入式(6)可得*

$$n = \frac{2}{\sqrt{\pi}} N_C (kT)^{-\frac{3}{2}} \int_0^\infty E^{\frac{1}{2}} \exp\left(-\frac{E-E_F}{kT}\right) dE. \tag{9}$$

其中对 Si 而言

$$N_C \equiv 12 \left(\frac{2\pi m_n kT}{h^2}\right)^{\frac{3}{2}}, \tag{10a}$$

对 GaAs 而言

$$N_C \equiv 2 \left(\frac{2\pi m_n kT}{h^2}\right)^{\frac{3}{2}}. \tag{10b}$$

假如我们令 $x \equiv \frac{E}{kT}$,式(9)变成

$$n = \frac{2}{\sqrt{\pi}} N_C \exp\left(\frac{E_F}{kT}\right) \int_0^\infty x^{\frac{1}{2}} e^{-x} dx. \tag{11}$$

式(11)中的积分为标准形式且等于 $\frac{\sqrt{\pi}}{2}$.因此式(11)变成

$$n = N_C \exp\left(\frac{E_F}{kT}\right). \tag{12}$$

假如我们将导带底部定为 E_C 而不是 0,将得到导带的电子浓度为

$$n = N_C \exp\left(-\frac{E_C - E_F}{kT}\right). \tag{13}$$

式(10)所定义的 N_C 是导带的有效态密度.在室温下(300K),对于硅和砷化镓,N_C 分别为 2.86×10^{19} cm^{-3} 和 4.7×10^{17} cm^{-3}.

---

* 我们可以用 ∞ 代替 E_{top},因为当 $(E-E_C) \gg kT$ 时,$F(E)$ 会变得很小.

同样的，我们可以求得价带中的空穴浓度 p 为

$$p = N_V \exp\left(-\frac{E_F - E_V}{kT}\right), \tag{14}$$

且

$$N_V \equiv 2\left(\frac{2\pi m_p kT}{h^2}\right)^{\frac{3}{2}}. \tag{15}$$

其中 N_V 是价带的有效态密度。在室温下，对于硅和砷化镓，N_V 分别为 $2.66 \times 10^{19} \text{cm}^{-3}$ 和 $7.0 \times 10^{18} \text{cm}^{-3}$。

对于本征半导体而言，导带中每单位体积的电子数与价带中每单位体积的空穴数相同；换句话说，$n = p = n_i$，n_i 称为**本征载流子浓度**。电子与空穴的这种相等关系如图 1.17(d) 所示。由图中可看出，价带与导带中的阴影区域面积是相同的。

由式 (13) 与式 (14) 的相等关系，可求得本征半导体的费米能级

$$E_F = E_i = \frac{E_C + E_V}{2} + \frac{kT}{2}\ln\left(\frac{N_V}{N_C}\right). \tag{16}$$

在室温下，第二项比禁带宽度小得多。因此，本征半导体的本征费米能级 E_i 相当靠近禁带的中央。

本征载流子浓度可由式 (13)、式 (14) 及式 (16) 得出：

$$np = n_i^2, \tag{17}$$

$$n_i^2 = N_C N_V \exp\left(-\frac{E_g}{kT}\right), \tag{18}$$

和

$$n_i = \sqrt{N_C N_V} \exp\left(-\frac{E_g}{2kT}\right). \tag{19}$$

其中 $E_g \equiv E_C - E_V$。图 1.18 为硅及砷化镓的 n_i 随温度变化的情形[5]。室温时，对于硅[6] 和

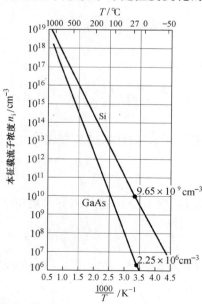

图 1.18　以温度倒数为函数的硅及砷化镓中本征载流子浓度[5-7]

砷化镓[7],n_i 分别为 $9.65 \times 10^9 \text{cm}^{-3}$ 和 $2.25 \times 10^6 \text{cm}^{-3}$. 正如预期,禁带宽度越大,本征载流子浓度越小.

1.6 施主与受主

当半导体被掺入杂质时,半导体变成非本征的(extrinsic),而且被引入了杂质能级. 图 1.19(a)为一个硅原子被带有 5 个价电子的砷原子所取代的示意图. 这个砷原子与邻近的 4 个硅原子形成共价键,而其第 5 个电子具有相对小的束缚能,能在适当温度下被电离成传导电子. 通常我们说这个电子被"施给"了导带. 砷原子因此被称为施主(donor). 由于带负电的载流子的引入,硅变成了 n 型半导体. 同样的,图 1.19(b)为一个带有 3 个价电子的硼原子取代硅原子的示意图. 这个硼原子需要"接受"一个额外的电子,以便与邻近的硅原子形成 4 个共价键,从而在价带中产生一个带正电的空穴. 硅成为 p 型半导体,而硼原子则被称为受主(acceptor).

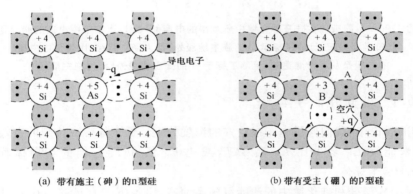

(a) 带有施主(砷)的 n 型硅   (b) 带有受主(硼)的 P 型硅

图 1.19 带有施主(砷)的 n 型硅和带有受主(硼)的 P 型硅的价键示意图

杂质原子成为晶格中的缺陷,破坏了晶格的周期性,带隙内出现了原先被禁止的能级. 换句话说,杂质原子将在带隙中引入一个或多个能级.

我们可以用式(2)所示的氢原子模型来估算施主的电离能(ionization energy)E_D,以电子有效质量 m_n 取代 m_0,并考虑到半导体介电常数为 ε_s,可以得到

$$E_D = \left(\frac{\varepsilon_0}{\varepsilon_s}\right)^2 \left(\frac{m_n}{m_0}\right) E_H \tag{20}$$

由式(20),对于硅和砷化镓,从导带边缘算起的施主电离能分别为 0.025eV 和 0.007eV. 受主电离能的氢原子模型与施主相似. 我们可以将未填满电子的价带看作填满电子的能带加空穴,且每个空穴处于带负电的受主形成的中心力场中. 对于硅和砷化镓,由价带边缘算起的电离能都是 0.05eV.

上述简单的氢原子模型无法精确地解释电离能,尤其是对于半导体中的深能级杂质(即电离能 $\geqslant 3kT$). 然而,由它推算出来的浅能级杂质的电离能在数量级上是正确的. 图 1.20 是硅及砷化镓中不同杂质实测的电离能[8]. 值得一提的是,单一原子有可能形成多个能级. 例如,氧在硅的禁带中引入两个施主能级和两个受主能级.

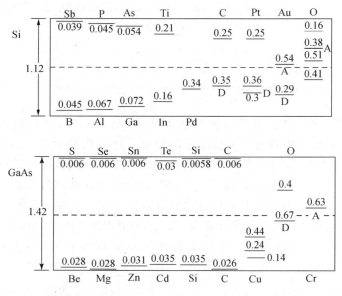

图 1.20 不同杂质在硅及砷化镓中所测得的电离能(eV). 比禁带中央低的能级是从价带顶量起,且除了标示 D 的施主能级外,都为受主能级. 比禁带中央高的能级是从导带底量起,且除了标示 A 的受主能级外,都为施主能级[8]

▶ 1.6.1 非简并半导体

在之前的讨论中,我们假设电子或空穴的浓度分别远低于导带或价带的有效态密度. 换句话说,费米能级 E_F 至少比 E_V 高 $3kT$,或比 E_C 低 $3kT$. 这样的半导体称为非简并(nondegenerate)半导体.

通常,对于 n 型硅和砷化镓中的浅能级施主而言,室温下即有足够的热能,提供施主杂质电离所需的能量 E_D,从而在导带中产生与施主杂质等量的电子. 这种情形称为完全电离. 在完全电离的情形下,电子浓度为

$$n = N_D. \tag{21}$$

其中 N_D 是施主浓度. 图 1.21(a)所示为完全电离的情形,其中施主能级 E_D 的大小由导带底量起,可移动的电子和不可移动的施主离子的浓度相等. 由式(13)及式(21),费米能级为态密度 N_C 及施主浓度 N_D 的函数,

$$E_C - E_F = kT \ln\left(\frac{N_C}{N_D}\right). \tag{22}$$

同样的,如图 1.21(b)所示的 p 型半导体的浅受主能级,假设完全电离,则空穴浓度为

$$p = N_A. \tag{23}$$

其中 N_A 是受主浓度. 由式(14)及式(23)可求得相应的费米能级

$$E_F - E_V = kT \ln\left(\frac{N_V}{N_A}\right). \tag{24}$$

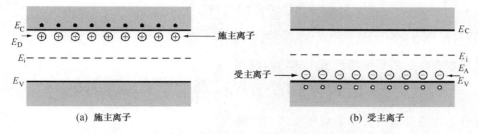

(a) 施主离子   (b) 受主离子

图 1.21 施主离子与受主离子的非本征半导体能带示意图

由式(22)可看出,施主浓度越高,能量差($E_C - E_F$)越小,即费米能级越向导带底靠近.同样地,受主浓度越高,费米能级越向价带顶靠近.图 1.22 以 n 型半导体为例,给出了载流子浓度的求解步骤示意图.图 1.22 与图 1.17 类似.但在图 1.22 中,费米能级接近导带底部,且电子浓度(即上半部分阴影区域面积)远远大于空穴浓度(下半部分阴影区域面积).

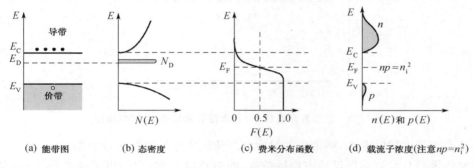

(a) 能带图   (b) 态密度   (c) 费米分布函数   (d) 载流子浓度(注意 $np = n_i^2$)

图 1.22 n 型半导体

以本征载流子浓度 n_i 及本征费米能级 E_i 来表示电子及空穴浓度是很常用的,E_i 常作为讨论非本征半导体时的参考能级.由式(13)可得

$$n = N_C \exp\left(-\frac{E_C - E_F}{kT}\right) = N_C \exp\left(-\frac{E_C - E_i}{kT}\right) \exp\left(\frac{E_F - E_i}{kT}\right),$$

或

$$n = n_i \exp\left(\frac{E_F - E_i}{kT}\right). \tag{25}$$

同样的,

$$p = n_i \exp\left(\frac{E_i - E_F}{kT}\right). \tag{26}$$

注意,式(25)及式(26)中的 n 和 p 乘积等于 n_i^2.这个结果与式(17)中的本征半导体一样.式(17)称为质量作用定律(mass action law),热平衡情况下对于本征与非本征半导体都适用.在非本征半导体中,费米能级不是往导带底移动(对 n 型半导体),就是往价带顶移动(对 p 型半导体).于是,n 型载流子或 p 型载流子将会成为主导,但在给定温度下两种载流子的乘积将保持定值.

▶ **例 4**

一硅晶每立方厘米掺入 10^{16} 个砷原子,求室温下(300K)载流子浓度与费米能级.

解 在 300K 时,我们可以假设杂质原子完全电离.得到

$$n \approx N_D = 10^{16} \, \text{cm}^{-3}.$$

由式(17)，$p \approx \dfrac{n_i^2}{N_D} = \dfrac{(9.65 \times 10^9)^2}{10^{16}} = 9.3 \times 10^3 (\text{cm}^{-3})$.

从导带底算起的费米能级可由式(22)得到

$$E_C - E_F = kT \ln\left(\dfrac{N_C}{N_D}\right) = 0.0259 \ln\left(\dfrac{2.86 \times 10^{19}}{10^{16}}\right) = 0.205(\text{eV}),$$

从本征费米能级算起的费米能级可由式(25)得到

$$E_F - E_i \approx kT \ln\left(\dfrac{n}{n_i}\right) = 0.0259 \ln\left(\dfrac{10^{16}}{9.65 \times 10^9}\right) = 0.358(\text{eV}).$$

图1.23为上述结果的示意图.

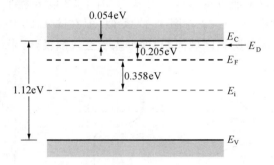

图1.23 显示费米能级 E_F 及本征费米能级 E_i 的能带图

若施主与受主同时存在，则由较高浓度的杂质决定半导体的传导类型.

费米能级必自发调整以保持电中性条件，即总负电荷数（包括电子和电离受主）必须等于总正电荷数（包括空穴和电离施主）. 在完全电离的情况下，我们得到

$$n + N_A = p + N_D. \tag{27}$$

求解式(17)及式(27)可得到n型半导体中平衡电子和空穴的浓度

$$n_n = \dfrac{1}{2}\left[N_D - N_A + \sqrt{(N_D - N_A)^2 + 4n_i^2}\right], \tag{28}$$

$$p_n = \dfrac{n_i^2}{n_n}. \tag{29}$$

其中下标符号n表示n型半导体. 因为电子是支配载流子，所以被称为多数载流子（多子，majority carrier）. n型半导体中的空穴则被称为少数载流子（少子，minority carrier）. 同样地，我们可以得到p型半导体中的空穴浓度（多子）和电子浓度（少子）分别为

$$p_p = \dfrac{1}{2}\left[N_A - N_D + \sqrt{(N_A - N_D)^2 + 4n_i^2}\right], \tag{30}$$

$$n_p = \dfrac{n_i^2}{p_p}. \tag{31}$$

其中下标符号p表示p型半导体.

一般而言，净杂质浓度 $|N_D - N_A|$ 的大小比本征载流子浓度 n_i 大，因此以上的关系式可以简化成

$$n_n \approx N_D - N_A, \quad N_D > N_A, \tag{32}$$

$$p_p \approx N_A - N_D, \quad N_A > N_D. \tag{33}$$

由式(28)~式(31)以及式(13)和式(14),我们可以计算在给定受主或施主浓度下的费米能级随温度的变化关系. 图 1.24 给出了硅[9]及砷化镓的计算结果. 图中,我们还考虑到了禁带宽度随温度的变化(见习题7). 注意,当温度上升时,费米能级接近本征能级,即半导体变得本征化.

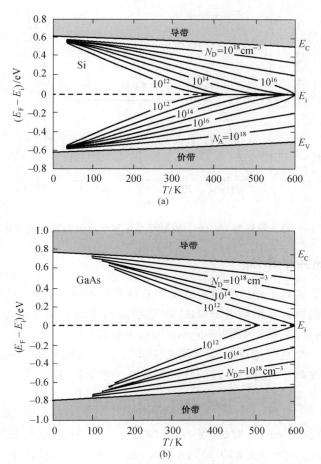

图 1.24 不同杂质浓度下,(a)硅及(b)砷化镓费米能级的温度依赖关系,同时也显示出禁带宽度的温度依赖关系[9]

图 1.25 为施主浓度 $N_D = 10^{15} cm^{-3}$ 的硅样品电子浓度与温度的函数关系. 在低温时,晶体中的热激发不足以电离所有的施主杂质. 有些电子被"冻结(frozen)"在施主能级中,因此电子浓度小于施主浓度. 温度上升后,施主杂质能够完全电离(即 $n_n = N_D$). 当温度继续上升,电子浓度在一段很宽的温度范围内基本保持恒定,这段区域称为非本征区. 然而,当温度再进一步上升至某温度值时,本征载流子浓度将增加得与施主浓度可比. 超过此温度后,半导体将本征化. 半导体本征化时的温度决定于杂质浓度及禁带宽度,可由图 1.18 将杂质浓度相等于 n_i 得到.

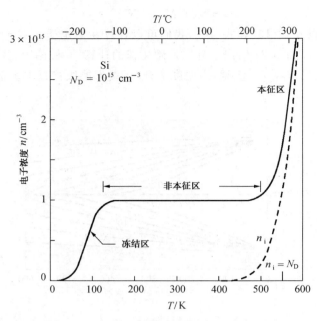

图 1.25 施主浓度为 $10^{15} \mathrm{cm}^{-3}$ 的硅样品中电子浓度随温度的变化关系

▶ 1.6.2 简并半导体

当掺杂浓度等于或高于相应的导带或价带有效态密度时,我们不能再使用式(8)的近似值,需对式(6)作数值积分来得到电子浓度. 对于很高掺杂的 n 型或 p 型半导体,E_F 将高于 E_C,或低于 E_V. 这种半导体称为简并(degenerate)半导体.

有关高掺杂的一个重要特点是禁带宽度变窄效应(bandgap narrowing effect),即高杂质浓度造成禁带宽度减小. 室温下,硅的禁带宽度减小量 ΔE_g 为

$$\Delta E_g = 22 \left(\frac{N}{10^{18}} \right)^{\frac{1}{2}} \mathrm{meV}. \tag{34}$$

其中,杂质浓度的单位为 cm^{-3}. 例如,当 $N_D \leqslant 10^{18} \mathrm{cm}^{-3}$ 时,$\Delta E_g \leqslant 0.022 \mathrm{eV}$,小于原禁带宽度值的 2%. 然而,当 $N_D \geqslant N_C = 2.86 \times 10^{19} \mathrm{cm}^{-3}$ 时,$\Delta E_g \geqslant 0.12 \mathrm{eV}$,已占 E_g 相当大的比例.

总 结

在本章一开始,我们列出了一些重要的半导体材料. 半导体特性受晶体结构很大的影响. 我们定义了密勒指数来描述晶面及晶向. 有关半导体晶体生长的讨论可参阅第 11 章.

半导体的原子价键及电子的能量与动量关系式与其电特性密切相关. 能带图可用于了解为何有些材料是电流的良导体,而有些则不是. 本章也详述了改变温度或杂质数量可大幅改变半导体的电导率.

参考文献

[1] R. A. Smith, *Semiconductors*, 2nd Ed., Cambridge University Press, London, 1979.

[2] R. F. Pierret, *Semiconductor Device Fundamentals*, Addison Wesley, MA, 1996.

[3] C. Kittel, *Introduction to Solid State Physics*, 6th Ed., Wiley, New York, 1986.

[4] D. Halliday and R. Resnick, *Fundamentals of Physics*, 2nd Ed., Wiley, New York, 1981.

[5] C. D. Thurmond, "The Standard Thermodynamic Function of the Formation of Electrons and Holes in Ge, Si, GaAs, and GaP," *J. Electrochem. Soc.*, 122, 1133 (1975).

[6] P. P. Altermatt et al., "The Influence of a New Bandgap Narrowing Model on Measurement of the Intrinsic Carrier Density in Crystalline Silicon," *Tech. Dig.*, *11th Int. Photovoltaic Sci. Eng. Conf.*, Sapporo, 719 (1999).

[7] J. S. Blackmore, "Semiconducting and Other Major Properties of Gallium Arsenide," *J. Appl. Phys.*, 53, 123−181 (1982).

[8] S. M. Sze, and K. K. Ng, *Physics of Semiconductor Devices*, 3rd Ed., Wiley Interscience, Hoboken, 2007.

[9] A. S. Grove, *Physics and Technology of Semiconductor Devices*, Wiley, New York, 1967.

习 题

1.2 基本晶体结构

1. (a) 硅中相邻原子间的最小距离是多少？

(b) 求出硅中(100),(110),(111)三平面上每平方厘米的原子数.

2. 假设简立方、面心立方和金刚石结构的单胞分别被理想实心球体填充,试分别算出这些单胞内的空间被硬球填充的比例.

3. 假如一个平面在直角坐标系中三个方向上的截距分别为$2a$、$3a$和$4a$,其中a为晶格常数,求出这个平面的密勒指数.

4. 假如我们将金刚石晶格中的原子投影到底面,如右图所示,原子的高度以晶格常数为单位表示.求出图中三原子(X,Y,Z)的高度.

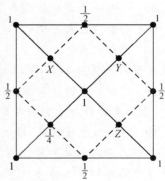

5. 证明:对于一个体心立方结构,其晶格常数a满足关系式$a = \left(\dfrac{4r}{3}\right)^{\frac{1}{2}}$.其中,$r$为原子半径.

6. (a) 计算砷化镓的密度(砷化镓的晶格常数为5.65Å,且每摩尔砷和镓的原子质量分别为69.72g和74.92g);

(b) 在一个掺杂锡的砷化镓样品中,假如锡替代了晶格中镓的位置,那么锡是施主还是受主? 为什么? 此半导体是n型还是p型?

1.4 能带

7. 硅及砷化镓的禁带宽度随温度变化的关系式可表示为 $E_g(T)=E_g(0)-\alpha T^2/(T+\beta)$. 其中,对于硅,$E_g(0)=1.17\text{eV},\alpha=4.73\times10^{-4}\text{eV/K},\beta=636\text{K}$;对于砷化镓,$E_g(0)=1.519\text{eV},\alpha=5.405\times10^{-4}\text{eV/K},\beta=204\text{K}$. 求出硅和砷化镓在100K及600K时的禁带宽度.

8. 如果导带能级满足关系式:$E(1+\alpha E)=p^2/(2m_0)$,其中,α 为常数,m_0 为电子静质量,p 为动量,求其有效质量的表达式.

1.5 本征载流子浓度

*9. 推导式(14). [提示:价带中的状态被空穴占据的几率为 $1-F(E)$.]

10. 在室温下(300K),硅和砷化镓在价带中的有效态密度分别为 $2.66\times10^{19}\text{cm}^{-3}$ 和 $7\times10^{18}\text{cm}^{-3}$. 求出空穴的有效质量,并将其与自由电子质量比较.

11. 计算硅在液态氮温度(77K)、室温(300K)及100℃下的 E_i 位置(令 $m_p=1.0m_0$,$m_n=0.19m_0$). 假设 E_i 在禁带中央是否合理?

12. 求出在 300K 时 n 型非简并半导体中导带电子的动能.

13. (a) 求出一个速度为 10^7cm/s 的自由电子的德布罗意(de Broglie)波长;
(b) 在砷化镓中,导带电子的有效质量为 $0.063m_0$. 假如它们有相同的速度,求其德布罗意波长.

14. 已知一个硅晶片掺杂了 10^{17}cm^{-3} 硼,求其 200K 时的载流子浓度和费米能级位置.

1.6 施主与受主

15. $T=300\text{K}$ 时,在受主杂质浓度 $N_A=10^{16}\text{cm}^{-3}$ 的硅样品中,需要加入多少施主杂质原子,才能使硅变成 n 型,且其费米能级低于导带边缘 0.20eV?

16. 每立方厘米硅中掺杂 10^{16} 个砷原子,画出其在 77K、300K 及 600K 时的简化能带图. 标出其费米能级,并以本征费米能级作为能量参考.

17. 已知一个硅样品的费米能级均匀地位于导带下方 0.2eV 处,计算:
(a) 电子和空穴密度;
(b) 掺杂浓度.
假设硅带隙宽度为 1.12eV,$T=300\text{K}$,导带有效态密度为 $2.86\times10^{19}\text{cm}^{-3}$.

18. 已知一个硅样品掺杂了 10^{16}cm^{-3} 硼和 $8\times10^{16}\text{cm}^{-3}$ 砷,求其 $T=300\text{K}$ 时的费米能级. 假设所有掺杂原子完全电离,且 $n_i=9.65\times10^9\text{cm}^{-3}$,$E_i\sim E_g/2$.

19. 一个 p 型硅样品,掺入了浓度为 N_A 的受主,且受主能级靠近价带边缘. 现在需要向这个样品中掺入某种施主杂质来获得完全的补偿,且施主能级位于本征费米能级的位置. 如果采用简单的费米分布计算,需要掺入多少浓度的施主杂质?进一步地,假设掺入施主杂质后,样品达到了完全补偿的状态,此时,样品中总的离化杂质浓度是多少?

20. 假设杂质完全电离,试计算室温下硅样品中每立方厘米掺入 10^{15}、10^{17}、10^{19} 个磷原

---

* 带此标志的为较难习题,下同.

子时的费米能级. 由求出的费米能级，检验杂质在各种掺杂浓度下完全电离的假设是否正确. 假设电离的施主浓度为

$$n = N_D[1-F(E_D)] = \frac{N_D}{1+e^{\frac{E_F-E_D}{kT}}}.$$

21. 在每立方厘米掺杂 10^{16} 个磷原子的 n 型硅样品中，施主能级 $E_D = 0.045\text{eV}$，求出在 77K 时中性施主浓度与电离施主浓度的比例. 此时，费米能级低于导带底部 0.0459eV，电离施主浓度的表示式见习题 20.

第 2 章
载流子输运现象

- 2.1 载流子漂移
- 2.2 载流子扩散
- 2.3 产生与复合过程
- 2.4 连续性方程
- 2.5 热离化发射过程
- 2.6 隧穿过程
- 2.7 空间电荷效应
- 2.8 强电场效应
- 总结

  本章将研究半导体器件中的各种输运现象. 这些输运的过程包含漂移(drift)、扩散(diffusion)、复合(recombination)、产生(generation)、热离化发射(thermionic emission)、空间电荷效应(space charge effect)、隧穿(tunneling)及碰撞离化(impact ionization)等; 我们将介绍在电场及载流子浓度梯度的影响下, 半导体中带电载流子(电子或空穴)的运动情形; 讨论非平衡状况下, 载流子浓度乘积 pn 将偏离平衡值 n_i^2; 考虑由产生与复合过程而回到平衡状况的情形; 我们还将推导支配半导体器件工作的基本方程, 包括电流密度方程和连续性方程. 紧接着讨论热离化发射、隧穿过程以及空间电荷效应. 最后将对强电场效应作一简短讨论来作为结束, 包括速度饱和及碰撞离化现象.

  本章将包含以下主题:

- 电流密度方程及其漂移与扩散分量
- 连续性方程及其产生与复合分量
- 其他的输运现象, 包括热离化发射、隧穿、空间电荷效应、转移电子效应及碰撞离化
- 测量重要半导体参数的方法, 如电阻率、迁移率、多子浓度及少子寿命(lifetime)

2.1 载流子漂移

▶ 2.1.1 迁移率(mobility)

现在我们考虑热平衡状态下,一个施主浓度均匀分布的 n 型半导体样品. 如第 1 章所讨论,半导体导带中的传导电子并不与任何特定晶格或施主位置相关,因此基本上它们是自由粒子. 晶体周期势的影响被计入传导电子的有效质量中,它与自由电子质量不同. 在热平衡状态下,一个传导电子的平均热能可由能量均分定理得到,即每个自由度的能量为 $\frac{1}{2}kT$,其中 k 为波尔兹曼(Boltzmann)常数,T 为绝对温度. 电子在半导体中有三个自由度,它们可在三维空间活动. 因此,电子的动能为

$$\frac{1}{2}m_n v_{th}^2 = \frac{3}{2}kT. \tag{1}$$

其中 m_n 为电子的有效质量,v_{th} 为平均热运动速度. 在室温下(300K),式(1)中的电子热运动速度在硅及砷化镓中约为 $10^7\,\mathrm{cm/s}$.

由上可知,半导体中电子会在各方向上做快速的移动. 如图 2.1(a)所示,单个电子的热运动可视为其与晶格原子、杂质原子及其他散射中心(scattering centers)碰撞所引发的一连串随机散射. 在足够长时间内,电子随机运动导致的净位移为零. 电子两次碰撞间平均的移动距离称为**平均自由程**(mean free path),碰撞间平均的时间则称为**平均自由时间**(mean free time) τ_c. 平均自由程的典型值为 $10^{-5}\,\mathrm{cm}$,平均自由时间则约为 1 ps (即 $10^{-5}/v_{th}\approx 10^{-12}\,\mathrm{s}$).

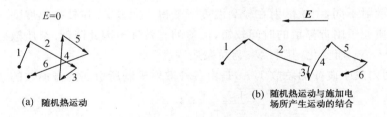

(a) 随机热运动

(b) 随机热运动与施加电场所产生运动的结合

图 2.1 半导体中一个电子的运动路径示意图

当一个小电场 E 施加于半导体样品,每个电子会从电场受到一个 $-qE$ 的作用力,在各次碰撞之间的瞬间,将沿着电场的反方向加速. 因此,一个额外的速度分量将叠加至电子的热运动之上. 此额外的速度分量称为**漂移速度**(drift velocity). 一个电子由于随机热运动与漂移分量两者结合所造成的位移如图 2.1(b)所示. 值得注意的是,电子的净位移不为零而与施加的电场方向相反.

我们可以利用电子在各次碰撞间自由飞行时所受到的冲量(力×时间)等于电子在同一时间内所获得的动量,得到漂移速度 v_n. 由于稳态(steady state)下所有在碰撞间所获得的动量,都会在碰撞时损失于晶格上,因此这个相等的关系是成立的. 施加于电子的冲量为 $-qE\tau_c$,获得的动量为 $m_n v_n$,我们可得到

$$-qE\tau_c = m_n v_n, \tag{2}$$

或

$$v_n = -\frac{q\tau_c E}{m_n}. \tag{2a}$$

式(2a)说明了电子漂移速度正比于所施加的电场,而比例因子则依赖于平均自由程和有效质量。这个比例因子称为**电子迁移率**(electron mobility)μ_n,其单位为 cm^2/(V·s)。于是

$$\mu_n \equiv \frac{q\tau_c}{m_n}, \tag{3}$$

则

$$v_n = -\mu_n E. \tag{4}$$

迁移率是载流子输运的一个重要的参数,它描述了外加电场影响电子运动的强度。对价带中的空穴,相似地有

$$v_p = \mu_p E. \tag{5}$$

其中 v_p 为空穴的漂移速度,而 μ_p 为空穴迁移率。由于空穴的漂移方向和电场相同,因此式(5)中没有负号。

式(3)中,迁移率与碰撞间的平均自由时间直接相关,而平均自由时间则取决于各种散射机制。其中最重要的两个机制为晶格散射(lattice scattering)及杂质散射(impurity scattering)。晶格散射源于任何高于绝对零度时晶格原子的热振动。这些振动扰乱了晶格的周期势,从而允许能量在载流子与晶格之间转移。由于晶格振动随温度增加而增加,高温时晶格散射占据主导,因此迁移率随着温度的增加而减少。理论分析[1]显示晶格散射主导时,迁移率 μ_L 随 $T^{-3/2}$ 而减少。

杂质散射当一个带电载流子经过一个电离杂质(施主或受主)时发生。由于库仑力作用,带电载流子的路径会偏移。杂质散射的几率决定于电离杂质的总浓度,也就是正负离子的总浓度。与晶格散射不同,杂质散射在较高温度下变得不太显著。在较高温度下,载流子移动较快,它们在杂质原子附近停留的时间较短,散射的有效性也因此降低。杂质散射主导时,迁移率 μ_I 随着 $T^{3/2}/N_T$ 而变化,其中 N_T 为总杂质浓度[2]。

单位时间内发生碰撞的总数 $1/\tau_c$,是由各种散射机制所引起的碰撞数的总和:

$$\frac{1}{\tau_c} = \frac{1}{\tau_{c,\text{晶格}}} + \frac{1}{\tau_{c,\text{杂质}}}, \tag{6}$$

或

$$\frac{1}{\mu} = \frac{1}{\mu_L} + \frac{1}{\mu_I}. \tag{6a}$$

图 2.2 所示为测量到的硅中电子迁移率与温度的依赖关系,有五种不同施主浓度[3]。插图则显示理论上由晶格及杂质散射所造成的迁移率对温度的依赖关系。对低杂质浓度的样品(如杂质浓度为 10^{14} cm^{-3}),晶格散射为主导机制,迁移率随温度的增加而减少。对高杂质浓度的样品,杂质散射的效应在低温下最为显著,迁移率随温度的增加而增加,这可由杂质浓度为 10^{19} cm^{-3} 的样品中看出。给定温度下,迁移率随杂质浓度的增加而减少,这是由于杂质散射增加所致。

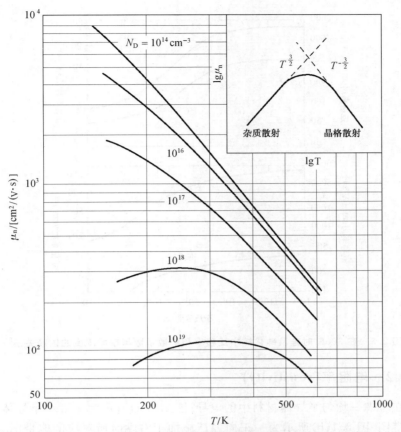

**图 2.2 在硅单晶中,各种施主浓度下电子迁移率对温度的变化情形,
插图为理论上电子迁移率的温度依赖**

图 2.3 所示为室温下硅及砷化镓中测量到的迁移率和扩散系数与杂质浓度的关系[3]. 迁移率在低杂质浓度下达到最大值,这对应于晶格散射的限制. 电子及空穴的迁移率皆随着杂质浓度的增加而减少,并在高浓度下趋于一个最小值. 需要注意的是,电子的迁移率大于空穴的迁移率,这是由于电子较小的有效质量所致.

▶ **例 1**

计算在 300K 下,一迁移率为 $1000\text{cm}^2/(\text{V}\cdot\text{s})$ 的电子的平均自由时间和平均自由程. 计算中假设 $m_n = 0.26 m_0$.

解

从式(3),可得平均自由时间为

$$\tau_c = \frac{m_n \mu_n}{q} = \frac{0.26 \times 0.91 \times 10^{-30} \times 1000 \times 10^{-4}}{1.6 \times 10^{-19}}$$

$$= 1.48 \times 10^{-13}(\text{s}) = 0.148(\text{ps}).$$

从式(1),当 $m_n = 0.26 m_0$ 时,热运动速度为 $2.28 \times 10^7 \text{cm/s}$.

平均自由程则为

$$l = v_{th} \tau_c = \left(\frac{3kT}{m_n}\right)^{\frac{1}{2}} \tau_c = (2.28 \times 10^7) \times (1.48 \times 10^{-13}) = 3.37 \times 10^{-6}(\text{cm})$$

$$= 33.7(\text{nm}).$$

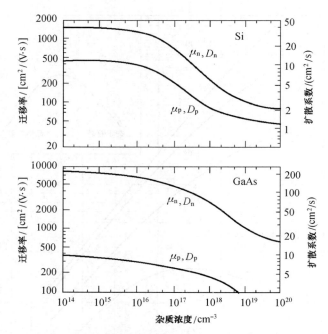

图 2.3 在 300K 时硅及砷化镓中迁移率和扩散系数与杂质浓度的依赖关系[3]

▶ 2.1.2 电阻率(resistivity)

我们现在考虑一均匀半导体材料中的电导. 图 2.4(a) 所示为一 n 型半导体及其热平衡状态下的能带图. 图 2.4(b) 所示为一正向偏压施加于右端时所对应的能带图. 我们假设左端及右端的接触面均为欧姆接触,即每个接触面的压降均可忽略(欧姆接触的性质将在第 7 章中讨论). 如前所述,当一电场 E 施加于半导体上,每个电子将会受到 $-qE$ 的电场力. 这个力应等于电子电势能的负梯度,也就是

$$-qE = -(电子电势能的梯度) = -\frac{dE_C}{dx} \tag{7}$$

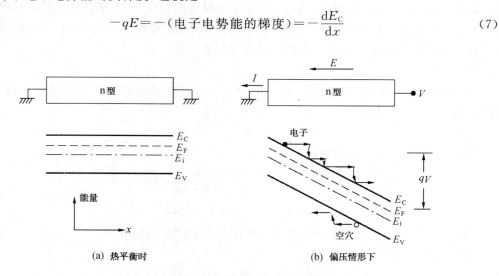

(a) 热平衡时   (b) 偏压情形下

图 2.4 一个 n 型半导体中的电传导过程

回忆第 1 章中提到的导带底部 E_C 对应于电子的电势能. 既然我们只对电势能梯度有兴趣,我们可以利用能带图中平行于 E_C 的任何能级(例如图 2.4(b)中所示 E_F、E_i 或 E_V). 为方便起见,可选用本征费米能级 E_i,在第 3 章中考虑 p-n 结时,也将使用 E_i. 于是,从式(7)可得

$$E = \frac{1}{q} \cdot \frac{dE_C}{dx} = \frac{1}{q} \cdot \frac{dE_i}{dx}. \tag{8}$$

我们可以定义一个相关物理量**静电势**(electrostatic potential)φ,其负梯度等于电场:

$$E \equiv -\frac{d\varphi}{dx}. \tag{9}$$

比较式(8)及式(9)可得

$$\varphi = -\frac{E_i}{q}. \tag{10}$$

它就是静电势与电子电势能间的关系. 对一个均匀半导体而言,如图 2.4(b)所示,电势能与 E_i 随着距离线性地降低,因此电场为一常数并沿负 x 方向,其大小则等于外加电压除以样品长度.

如图 2.4(b)所示,导带的电子向右移动,其动能为与带边(对电子而言为 E_C)的距离. 当电子经历一次碰撞,它将损失部分甚至全部动能(损失的动能耗散于晶格),而趋向于热平衡的位置. 之后它又向右移动并且相同的过程将重复很多次. 空穴的传导亦为类似的方式,不过方向相反.

在外加电场作用下载流子的输运会产生电流,称为**漂移电流**(drift current). 如图 2.5 所示,考虑一个半导体样品,其截面积为 A,长度为 L,载流子浓度为每立方厘米 n 个电子. 我们施加一电场 E 至样品上. 流经样品中的电子电流密度 J_n 等于单位体积内所有电子(n)的电荷($-q$)和电子速度乘积的总和:

$$J_n = \frac{I_n}{A} = \sum_{i=1}^{n}(-qv_i) = -qnv_n = qn\mu_n E. \tag{11}$$

其中 I_n 为电子电流. 上式中我们利用了式(4)中 v_n 与 E 的关系.

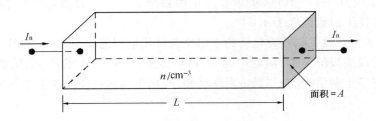

图 2.5　在一个均匀掺杂,长为 L,截面积为 A 的半导体中电流的传导

相似的结论亦适用于空穴,空穴所带的电荷为正,可得

$$J_p = qpv_p = qp\mu_p E. \tag{12}$$

因外加电场而流经半导体样品中的总电流为电子及空穴电流之和:

$$J = J_n + J_p = (qn\mu_n + qp\mu_p)E. \tag{13}$$

括号中的物理量即为**电导率**(conductivity),

$$\sigma = q(n\mu_n + p\mu_p) \tag{14}$$

电子及空穴对电导率的贡献是相加的.

半导体电阻率则为 σ 的倒数：

$$\rho \equiv \frac{1}{\sigma} = \frac{1}{q(n\mu_n + p\mu_p)}. \tag{15}$$

一般说来，非本征半导体中，式(13)或式(14)中只有一项是重要的，这是因为两种载流子浓度相差几个量级。因此式(15)对 n 型半导体而言，可简化为($n \gg p$)

$$\rho = \frac{1}{qn\mu_n}; \tag{15a}$$

对 p 型半导体而言，可简化为($p \gg n$)

$$\rho = \frac{1}{qp\mu_p}. \tag{15b}$$

测量电阻率最常用的方法为四探针法(four-point probe)，如图 2.6 所示，其中探针间的距离相等。一个恒流源提供小电流 I，流经靠外侧的两个探针；而在内侧的两个探针间测量电压差值 V。对一个薄的半导体样品，厚度 W 远小于样品直径 d，其电阻率为

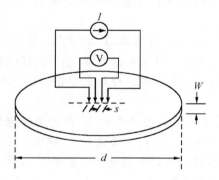

图 2.6　利用四探针法测电阻率[3]

$$\rho = \frac{V}{I} \cdot W \cdot CF(\Omega \cdot cm). \tag{16}$$

其中 CF 为校正因数(correction factor)。校正因数决定于 d/s 比值，其中 s 为探针的间距。当 $d/s > 20$ 时，校正因数趋近于 4.54。

图 2.7 所示为室温下硅及砷化镓的电阻率与杂质浓度的关系[3]。在室温下，对于低杂质浓度，所有位于浅能级的施主(如硅中的磷及砷)或受主(如硅中的硼)杂质都会被电离。于是，载流子浓度等于杂质浓度。如果电阻率已知，我们可从这些曲线获得半导体的杂质浓度，反之亦然。

▶ 例 2

一 n 型硅掺入每立方厘米 10^{16} 个磷原子，求其在室温下的电阻率。

解

在室温下，假设所有的施主皆被电离，因此 $n \approx N_D = 10^{16} cm^{-3}$。

从图 2.7 我们可得 $\rho = 0.5 \Omega \cdot cm$，我们亦可由式(15a)计算电阻率：

$$\rho = \frac{1}{qn\mu_n} = \frac{1}{1.6 \times 10^{-19} \times 10^{16} \times 1300} = 0.48(\Omega \cdot cm).$$

迁移率 μ_n 由图 2.3 获得。

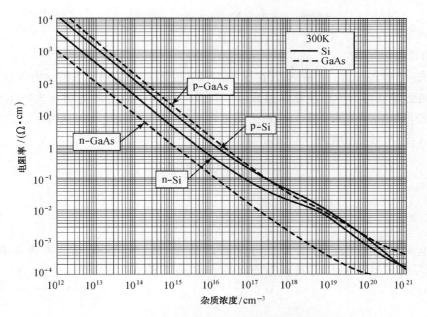

图 2.7 硅及砷化镓的电阻率和杂质浓度的关系[3]

▶ 2.1.3 霍尔效应(Hall effect)

一般而言,半导体中的载流子浓度不同于杂质的浓度,因为电离的杂质浓度决定于温度以及杂质能级的位置.直接测量载流子浓度最常用的方法为霍尔效应.霍尔测量也是能够展现空穴是一种带电载流子的最令人信服的方法之一,因为测量本身即可直接判别出载流子的类型.如图 2.8 所示,在 x 轴方向施加一个电场,在 z 轴方向施加一个磁场.现考虑一个 p 型半导体样品.由于磁场作用产生的洛伦兹力 $q\boldsymbol{v} \times \boldsymbol{B} = qv_xB_z$,将对 x 方向流动的空穴施以一个平均向上的力,这向上的洛伦兹力将造成空穴在样品上方堆积,并因此产生一个向下的电场 E_y.既然在稳态下沿 y 方向不会有净电流,因此沿 y 轴方向的电场会与洛伦兹力平衡,也就是

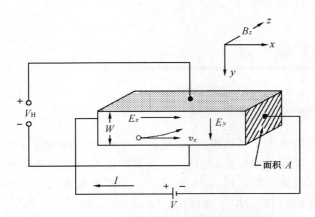

图 2.8 利用霍尔效应测量载流子浓度的基本装置

$$qE_y = qv_x B_z \qquad (17)$$

或

$$E_y = v_x B_z. \qquad (18)$$

一旦电场 E_y 变得与 $v_x B_z$ 相等,空穴在 x 方向漂移时就不会受到一个沿 y 方向的净力.

该电场的建立即为熟知的**霍尔效应**(Hall effect).式(18)中的电场称为**霍尔电场**(Hall field),而端电压 $V_H = E_y W$(图 2.8)称为**霍尔电压**(Hall voltage).以式(12)代入空穴的漂移速度,则式(18)中的霍尔电场 E_y 变为

$$E_y = \left(\frac{J_p}{qp}\right) B_z = R_H J_p B_z. \qquad (19)$$

其中

$$R_H \equiv \frac{1}{qp}. \qquad (20)$$

霍尔电场 E_y 正比于电流密度与磁场的乘积.其比例常数 R_H 为**霍尔系数**(Hall coefficient).对 n 型半导体,亦可获得类似的结果,但其霍尔系数为负:

$$R_H = -\frac{1}{qn}. \qquad (21)$$

对于给定的电流和磁场,通过测量霍尔电压可以得到:

$$p = \frac{1}{qR_H} = \frac{J_p B_z}{qE_y} = \frac{(I/A)B_z}{q(V_H/W)} = \frac{IB_z W}{qV_H A}. \qquad (22)$$

该方程右边的所有量皆可测量.因此,通过霍尔效应实验可直接得到载流子浓度及类型.

▶ **例 3**

一硅样品掺入每立方厘米 10^{16} 个磷原子,若样品的 $W = 500 \mu m$, $A = 2.5 \times 10^{-3} \text{cm}^2$, $I = 1 \text{mA}$, $B_z = 10^{-4} (\text{Wb/cm}^2)$,求其霍尔电压.

解

霍尔系数和霍尔电压分别为

$$R_H = -\frac{1}{qn} = -\frac{1}{1.6 \times 10^{-19} \times 10^{16}} = -625 (\text{cm}^3/\text{C}),$$

$$V_H = E_y W = \left(R_H \frac{I}{A} B_z\right) W = \left(-625 \times \frac{10^{-3}}{2.5 \times 10^{-3}} \times 10^{-4}\right) \times 500 \times 10^{-4} = -1.25 (\text{mV}). \blacktriangleleft$$

2.2 载流子扩散

▶ 2.2.1 扩散过程

在前一小节中我们考虑了漂移电流,也就是外加电场下的载流子输运.在半导体中,若载流子的浓度有一个空间上的变化,则另一个重要的电流分量便会存在.这些载流子倾向于从高浓度的区域移往低浓度的区域,该电流分量称为**扩散电流**(diffusion current).

为理解扩散过程,我们假设电子浓度随 x 方向变化,如图 2.9 所示.半导体处于相同温度下,所以电子的平均热能不随 x 变化,只有浓度 $n(x)$ 的变化.考虑单位时间及单位面积穿过 $x = 0$ 平面的电子数目.由于 $T > 0K$,电子做随机热运动,热速度为 v_{th},平均自由程为 l (注意 $l = v_{th} \tau_c$,其中 τ_c 为平均自由时间).电子在 $x = -l$,即原点左侧一个平均自由程的位

置,其向左或向右移动的几率相等,并且在一个平均自由时间 τ_c 内,有一半的电子会移动并穿过 $x=0$ 平面.因此从左边穿过 $x=0$ 平面的单位面积电子流 F_1 为

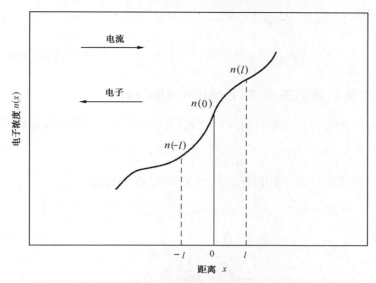

图 2.9　电子浓度随位置的变化情形,其中 l 为平均自由程,
电子流及电流的方向如箭头所示

$$F_1 = \frac{\frac{1}{2}n(-l) \cdot l}{\tau_c} = \frac{1}{2}n(-l) \cdot v_{\text{th}}. \tag{23}$$

同样的,在 $x=l$ 从右边穿过 $x=0$ 平面的单位面积电子流 F_2 为

$$F_2 = \frac{1}{2}n(l) \cdot v_{\text{th}}. \tag{24}$$

因此从左至右的净电子流为

$$F = F_1 - F_2 = \frac{1}{2}v_{\text{th}}[n(-l) - n(l)]. \tag{25}$$

取泰勒级数展开式中的前两项,对 $x=\pm l$ 处的电子浓度作近似,我们可得

$$F = \frac{1}{2}v_{\text{th}}\left\{\left[n(0) - l\frac{dn}{dx}\right] - \left[n(0) + l\frac{dn}{dx}\right]\right\}$$

$$= -v_{\text{th}}l\frac{dn}{dx} \equiv -D_n\frac{dn}{dx}. \tag{26}$$

其中 $D_n \equiv v_{\text{th}}l$ 称为**扩散系数**(diffusion coefficient 或 diffusivity).每一个电子带电 $-q$,因此载流子扩散产生一电流:

$$J_n = -qF = qD_n\frac{dn}{dx}. \tag{27}$$

扩散电流正比于电子浓度的梯度.扩散电流是由于载流子在浓度梯度下的随机热运动造成的.若电子浓度随 x 增加,即梯度为正时,电子将朝负 x 方向扩散,此时电流为正,和电子流动的方向相反,如图 2.9 所示.

▶ 例 4

$T=300\text{K}$,一个 n 型半导体中,假设电子浓度在 0.1cm 的距离内从 $1\times 10^{18}\text{ cm}^{-3}$ 至 $7\times 10^{17}\text{ cm}^{-3}$ 作线性变化,计算扩散电流密度.假设电子扩散系数 $D_n = 22.5\text{cm}^2/\text{s}$.

解

扩散电流密度为

$$J_{n,\text{diff}} = qD_n \frac{dn}{dx} \approx qD_n \frac{\Delta n}{\Delta x}$$

$$= 1.6 \times 10^{-19} \times 22.5 \times \frac{1 \times 10^{18} - 7 \times 10^{17}}{0.1} = 10.8 \, (\text{A/cm}^2).$$

▶ 2.2.2 爱因斯坦关系式（Einstein relation）

式(27)可利用能量均分定律写成一个更有用的形式，就一维情形，我们可写为

$$\frac{1}{2}m_n v_{\text{th}}^2 = \frac{1}{2}kT. \tag{28}$$

从式(3)、式(26)及式(28)，并利用 $l = v_{\text{th}}\tau_c$ 的关系式，我们可得

$$D_n = v_{\text{th}} l = v_{\text{th}}(v_{\text{th}}\tau_c) = v_{\text{th}}^2 \left(\frac{\mu_n m_n}{q}\right) = \left(\frac{kT}{m_n}\right)\left(\frac{\mu_n m_n}{q}\right) \tag{29}$$

或

$$D_n = \left(\frac{kT}{q}\right)\mu_n. \tag{30}$$

式(30)即称为**爱因斯坦关系式**（Einstein relation）。它把描述半导体中载流子扩散及漂移输运特征的两个重要常数(扩散系数及迁移率)联系了起来。爱因斯坦关系式亦适用于 D_p 及 μ_p 之间的关系。硅及砷化镓的扩散系数示于图 2.3 中。

▶ 例 5

少数载流子(空穴)于某一点注入一个均匀的 n 型半导体中。施加一个 50V/cm 的电场于样品上，电场在 $100\mu s$ 内将这些少数载流子移动了 1cm。求少数载流子的漂移速率及扩散系数。

解

$$v_p = \frac{1}{100 \times 10^{-6}} = 10^4 \, (\text{cm/s}),$$

$$\mu_p = \frac{v_p}{E} = \frac{10^4}{50} = 200 \, [\text{cm}^2/(\text{V} \cdot \text{s})],$$

$$D_p = \frac{kT}{q}\mu_p = 0.0259 \times 200 = 5.18 \, (\text{cm}^2/\text{s}).$$

▶ 2.2.3 电流密度方程

当浓度梯度与电场同时存在时，漂移电流及扩散电流同时存在。在任意位置的总电子电流密度即为漂移及扩散分量的总和：

$$J_n = q\mu_n n E + qD_n \frac{dn}{dx}. \tag{31}$$

其中 E 为 x 方向的电场。

总空穴电流密度亦可相似地表示为

$$J_p = q\mu_p p E - qD_p \frac{dp}{dx}. \tag{32}$$

式(32)中的负号是因为对于一个正的空穴梯度，空穴将朝负 x 方向扩散，导致一个同样朝

负 x 方向的空穴电流.

综合式(31)及式(32)可得总传导电流密度

$$J_{\text{cond}} = J_n + J_p. \tag{33}$$

这三个表达式[式(31)～式(33)]组成电流密度方程. 这些方程对于分析器件在低电场下的工作非常重要. 然而在很高的电场下, $\mu_n E$ 及 $\mu_p E$ 应以饱和漂移速度 v_s 替代, 这将在 2.7 节中讨论.

2.3 产生与复合过程

在热平衡下, 关系式 $pn = n_i^2$ 是成立的. 假如过剩载流子(excess carriers)引入半导体, 则有 $pn > n_i^2$, 此时半导体处于**非平衡状态**(nonequilibrium situation). 引入过剩载流子的过程, 称为**载流子注入**(carrier injection). 大部分的半导体器件通过产生过剩载流子来工作. 我们可以用光激发或正偏 p-n 结来引入过剩载流子(将在第 3 章中讨论).

当热平衡状态受到扰动时($pn \neq n_i^2$), 会出现一些使系统回复至平衡($pn = n_i^2$)的机制. 当过剩载流子注入时, 回复平衡的机制是注入少数载流子与多数载流子的复合. 依据复合过程的性质, 复合过程所释放出的能量, 可以以光子形式辐射出或以热能耗散于晶格. 若光子被辐射出, 则此过程称为**辐射复合**(radiative recombination), 否则称为**非辐射复合**.

复合现象可分为直接及间接过程. 直接复合, 亦称为**带间复合**(band-to-band recombination), 通常在直接带隙半导体中主导, 如砷化镓; 而通过禁带复合中心(recombination centers)的间接复合则在间接带隙的半导体中主导, 如硅.

▶ 2.3.1 直接复合(direct recombination)

考虑一个热平衡状态下的直接带隙半导体, 如 GaAs, 从能带图来看, 热能可使得一个价电子向上跃迁至导带, 留下一个价带空穴, 这个过程称为**载流子产生**(carrier generation), 以产生率 G_{th}(每立方厘米每秒产生的电子-空穴对数目)表示, 如图 2.10(a)所示. 当一个电子从导带向下跃迁至价带, 一个电子-空穴对消失, 这个反向的过程称为复合(recombination), 以复合率 R_{th} 表示, 如图 2.10(a)所示. 在热平衡状态下, 产生率 G_{th} 一定等于复合率 R_{th}, 使得载流子浓度保持为常数且满足 $pn = n_i^2$ 关系式.

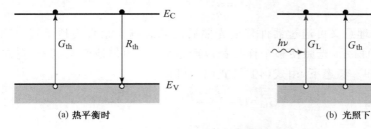

图 2.10 电子-空穴对的直接产生与复合

当过剩载流子引入一个直接带隙半导体中时, 电子与空穴直接复合的几率很高, 因为导带底与价带顶动量相同, 载流子的带间跃迁无须额外的动量. 直接复合率 R 正比于导带中的电子数目及价带中的空穴数目, 即

$$R = \beta n p. \tag{34}$$

其中 β 为比例常数.如之前讨论,热平衡时复合率必定与产生率相等,因此,对一 n 型半导体,可以得到

$$G_{th}=R_{th}=\beta n_{n0} p_{n0}. \tag{35}$$

该式中的载流子浓度,第一个下标是指半导体的类型,下标 0 表示热平衡状态下的量.n_{n0} 及 p_{n0} 分别表示热平衡时 n 型半导体中的电子及空穴浓度.对半导体光照,以 G_L 产生电子-空穴对[图 2.10(b)],载流子浓度将大于其热平衡值,因而复合与产生率变为

$$R=\beta n_n p_n=\beta(n_{n0}+\Delta n)(p_{n0}+\Delta p), \tag{36}$$

$$G=G_L+G_{th}. \tag{37}$$

其中 Δn 及 Δp 为过剩载流子浓度

$$\Delta n=n_n-n_{n0}, \tag{38a}$$

$$\Delta p=p_n-p_{n0}, \tag{38b}$$

且 $\Delta n=\Delta p$,以维持整体电中性.

空穴浓度的净变化率为

$$\frac{dp_n}{dt}=G-R=G_L+G_{th}-R, \tag{39}$$

在稳态下,$\frac{dp_n}{dt}=0$.从式(39)可得

$$G_L=R-G_{th}\equiv U. \tag{40}$$

其中 U 为净复合率.将式(35)及式(36)代入式(40),有

$$U=\beta(n_{n0}+p_{n0}+\Delta p)\Delta p. \tag{41}$$

对于小注入情形,Δp 和 p_{n0} 都远小于 n_{n0},式(41)简化为

$$U\approx \beta n_{n0}\Delta p=\frac{p_n-p_{n0}}{\dfrac{1}{\beta n_{n0}}}. \tag{42}$$

于是,净复合率正比于过剩少数载流子浓度.显然,热平衡时 $U=0$.比例常数 $1/(\beta n_{n0})$ 称为过剩少数载流子的寿命(lifetime,τ_p).或

$$U=\frac{p_n-p_{n0}}{\tau_p}. \tag{43}$$

其中

$$\tau_p\equiv\frac{1}{\beta n_{n0}}. \tag{44}$$

载流子寿命的物理意义可通过器件移去光照后的瞬态响应很直观地呈现.考虑一个 n 型样品,如图 2.11(a)所示,光照使整个样品都以产生率 G_L 均匀地产生电子-空穴对.时间相关的表达式如式(39).稳态下,由式(40)及式(43)可得

$$G_L=U=\frac{p_n-p_{n0}}{\tau_p}, \tag{45}$$

$$p_n=p_{n0}+\tau_p G_L, \tag{45a}$$

$$\Delta n=\Delta p=\tau_p G_L. \tag{45b}$$

在某任意时刻如 $t=0$,光照突然停止,则边界条件由式(45a)给出 $p_n(t=0)=p_{n0}+\tau_p G_L$.式(39)变为

$$\frac{dp_n}{dt}=G_{th}-R=-U=-\frac{p_n-p_{n0}}{\tau_p}, \tag{46}$$

其解为

$$p_n(t) = p_{n0} + \tau_p G_L \exp\left(-\frac{t}{\tau_p}\right) \qquad (47)$$

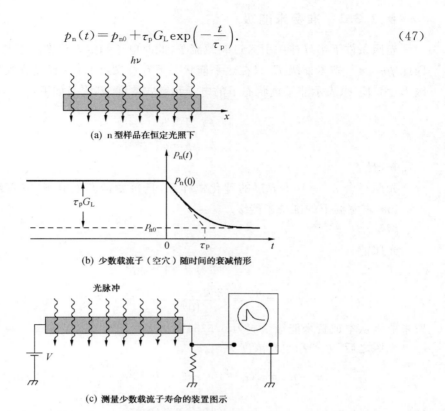

图 2.11 光生载流子的衰减情形

图 2.11(b) 所示为 p_n 随时间的变化. 少数载流子与多数载流子复合并按照式(44)中所定义的寿命 τ_p 作指数衰减. 注意 $p_n(t\to\infty) = p_{n0}$.

这个例子说明了使用光电导方法测量载流子寿命的概念. 图 2.11(c) 所示为一示意装置, 通过光脉冲照射, 整个样品中均匀产生过剩载流子, 造成电导率瞬间增加. 电导率的增加, 可由恒定电流通过样品而从样品两端的电压下降表现出来. 电导率的衰减则可由示波器上观察到, 这是测量过剩少数载流子寿命的一种方法.

▶ 例 6

光照一个 $n_{n0} = 10^{14}\,\mathrm{cm^{-3}}$ 的砷化镓样品, 且每微秒产生电子-空穴对 $10^{13}\,\mathrm{cm^{-3}}$. 若 $\tau_n = \tau_p = 2\,\mu s$, 求少数载流子浓度的变化.

解

光照前

$$p_{n0} = \frac{n_i^2}{n_{n0}} = \frac{(9.65\times 10^9)^2}{10^{14}} \approx 9.31\times 10^5\,(\mathrm{cm^{-3}})\,^*,$$

光照后

$$p_n = p_{n0} + \tau_p G_L = 9.31\times 10^5 + 2\times 10^{-6}\times \frac{10^{13}}{1\times 10^{-6}} \approx 2\times 10^{13}\,(\mathrm{cm^{-3}}),$$

$$\Delta p_n = \tau_p G_L = 2\times 10^{13}\,\mathrm{cm^{-3}}.$$

---

* 译者注: 该式中 n_i 值为硅而非砷化镓的 n_i, 原文如此.

2.3.2 准费米能级

光照条件下半导体中引入过剩载流子,此时电子和空穴浓度高于其热平衡状态下浓度,因此 $pn > n_i^2$。费米能级 E_f 只在热平衡状态下有意义,此时没有过剩载流子。引入准费米能级 E_{Fn} 和 E_{Fp} 来表示非平衡状态下的电子和空穴浓度,其定义如下:

$$n = n_i e^{\frac{E_{Fn}-E_i}{kT}}, \tag{48}$$

$$p = p_i e^{\frac{E_i-E_{Fp}}{kT}}. \tag{49}$$

例 7

光照一个 $n_{n0} = 10^{16} \text{cm}^{-3}$ 的砷化镓样品,且每微秒产生电子-空穴对 $10^{13}/\text{cm}^3$。若 $\tau_n = \tau_p = 2\text{ns}$,求室温下的准费米能级。

解

光照前

$$n_{n0} = 10^{16} \text{cm}^{-3},$$

$$p_{n0} = \frac{n_i^2}{n_{n0}} = \frac{(2.25 \times 10^6)^2}{10^{16}} \approx 5.06 \times 10^{-4} (\text{cm}^{-3}),$$

费米能级从本征费米能级量起为 0.575eV。

光照之后,电子和空穴浓度为

$$n_n = n_{n0} + \tau_n G_L = 10^{16} + 2 \times 10^{-9} \times \frac{10^{13}}{1 \times 10^{-6}} \approx 10^{16} (\text{cm}^{-3}),$$

$$p_n = p_{n0} + \tau_p G_L = 9.31 \times 10^3 + 2 \times 10^{-9} \times \frac{10^{13}}{1 \times 10^{-6}} \approx 2 \times 10^{10} (\text{cm}^{-3})*.$$

室温下的准费米能级由式(48)和式(49)可得

$$E_{Fn} - E_i = kT \ln \frac{n_n}{n_i} = 0.0259 \ln \frac{10^{16}}{2.25 \times 10^6} = 0.575 (\text{eV}),$$

$$E_i - E_{Fp} = kT \ln \frac{p_n}{n_i} = 0.0259 \ln \frac{2 \times 10^{10}}{2.25 \times 10^6} = 0.235 (\text{eV}).$$

结果如图 2.12 所示。

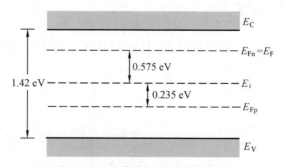

图 2.12 准费米能级能带示意图

从例子中可以看出,光激发引起了少数载流子的巨大变化,然而多数载流子几乎没有变化。准费米能级的分离是偏离热平衡态的直接度量,它对于描述器件内多数载流子和少数载

---

* 译者注:该式中 p_{n0} 值应为 $5.06 \times 10^{-4} \text{cm}^{-3}$。

流子浓度随位置的变化非常有用.

▶ 2.3.3 间接复合(indirect recombination)

对间接带隙半导体而言,如硅,直接复合过程极不可能发生,因为导带底的电子相对于价带顶的空穴有非零的晶格动量(参考第1章).若没有一个同时发生的晶格相互作用,一个直接跃迁要同时遵守能量及动量守恒是不可能的.因此,通过禁带中的局域能态(localized energy states)进行的间接跃迁是此类半导体的主导复合方式,这些能态扮演着导带与价带间的踏脚石.

图 2.13 所示为通过中间能态(也称为复合中心,recombination centers)发生的各种跃迁.我们描述四种基本跃迁发生前后复合中心的荷电情形.图中的箭头代表电子在某一特定过程中的跃迁.此图示针对单一能级的复合中心,并且该能级未被电子占据时为电中性,被电子占据时荷负电.在间接复合中,复合率的推导较为复杂,详细的推导过程可参见附录Ⅰ,复合率为[4]

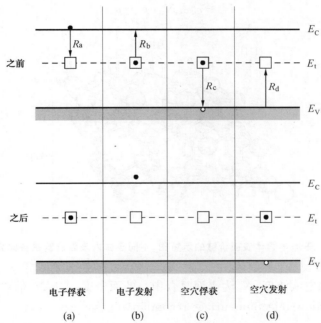

图 2.13 热平衡下的间接产生-复合过程

$$U = \frac{v_{th}\sigma_n\sigma_p N_t(p_n n_n - n_i^2)}{\sigma_p[p_n + n_i e^{\frac{E_i - E_t}{kT}}] + \sigma_n[n_n + n_i e^{\frac{E_t - E_i}{kT}}]}. \tag{50}$$

其中 v_{th} 即式(1)给出的载流子热速度,N_t 是半导体中复合中心的浓度,σ_n 为电子的俘获截面(capture cross section).σ_n 用来描述复合中心俘获一个电子的能力,也就是电子须移至距该复合中心多近的距离才会被俘获的一个度量.σ_p 是空穴的俘获截面.E_t 是复合中心的能级位置.

假设电子与空穴具有相同的俘获截面,也就是 $\sigma_n = \sigma_p = \sigma_0$,我们可将 U 对 E_t 依赖关系简化为

$$U = v_{th}\sigma_0 N_t \frac{(p_n n_n - n_i^2)}{p_n + n_n + 2n_i \cosh\left(\frac{E_t - E_i}{kT}\right)}. \tag{51}$$

对一个小注入情形下的 n 型半导体，$n_n \gg p_n$，复合率可写为

$$U \approx v_{th}\sigma_0 N_t \frac{p_n - p_{n0}}{1 + \left(\dfrac{2n_i}{n_{n0}}\right)\cosh\left(\dfrac{E_t - E_i}{kT}\right)} = \frac{p_n - p_{n0}}{\tau_p}. \tag{52}$$

间接复合的复合率可同样由式(43)给出，不过 τ_p 的值依赖于复合中心的能级位置。

▶ 2.3.4 表面复合(surface recombination)

图 2.14 所示为半导体表面的价键[5]。由于晶体结构在表面突然中断，因此表面区域产生了许多局域的能态或产生-复合中心，这些称为表面态(surface states)的能态，会大幅增加表面区域的复合率。表面复合的机制与之前讨论的体复合中心相似。在表面上，单位面积及单位时间内载流子复合的总数，可以用类似式(50)的形式表示。在小注入条件下，且表面电子浓度等于体内多数载流子浓度的极限情况下，单位面积及单位时间内载流子表面复合的总数可简化为

$$U_s \approx v_{th}\sigma_p N_{st}(p_s - p_{n0}). \tag{53}$$

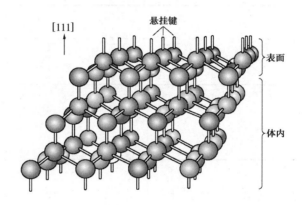

图 2.14 干净半导体表面价键的示意图，不同于体内表面价键是各向异性的[5]

其中 p_s 表示表面的空穴浓度，N_{st} 为表面复合中心的面密度。$v_{th}\sigma_p N_{st}$ 的单位为 cm/s，称为**小注入表面复合速率**(low-injection surface recombination velocity)S_{lr}：

$$S_{lr} \equiv v_{th}\sigma_p N_{st}. \tag{54}$$

2.4 连续性方程

在前些节中，我们已经单独考虑了一些效应，如由电场引起的漂移、由浓度梯度引起的扩散及通过中间能级复合中心的载流子复合。现在考虑半导体内，当漂移、扩散及复合同时发生时的总体效应。这个支配的方程称为**连续性方程**(continuity equation)。

为了在一维情形下推导电子的连续性方程，考虑一个位于 x 的极小薄片，厚度为 dx，如图 2.15 所示。薄片内的电子数会因为净电流流入薄片及薄片内载流子的净产生而增加。总的电子增加率为四个分量的代数和：在 x 处流入薄片的电子数目，减去在 $x + dx$ 处流出的电子数目，加上薄片内电子的产生率，减去薄片内电子与空穴的复合率。

前两个分量可将薄片每一边的电流除以电子电荷量得到，而产生及复合率则分别以 G_n

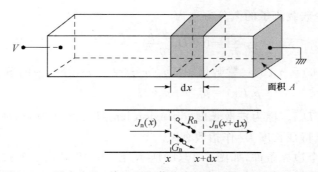

图 2.15 厚度为 dx 的无限小薄片中的电流及产生-复合过程

及 R_n 表示. 薄片内总的电子数目的变化率为

$$\frac{\partial n}{\partial t} A dx = \left[\frac{J_n(x)A}{-q} - \frac{J_n(x+dx)A}{-q}\right] + (G_n - R_n)Adx. \tag{55}$$

其中 A 为截面积,Adx 为薄片的体积. 对于在 $x+dx$ 处的电流以泰勒级数展开,

$$J_n(x+dx) = J_n(x) + \frac{\partial J_n}{\partial x}dx + \cdots. \tag{56}$$

得到基本的电子**连续性方程**

$$\frac{\partial n}{\partial t} = \frac{1}{q} \cdot \frac{\partial J_n}{\partial x} + (G_n - R_n). \tag{57}$$

对空穴可推导出类似的连续性方程,不过式(57)右边第一项的符号必须改变,因为空穴的电荷为正,

$$\frac{\partial p}{\partial t} = -\frac{1}{q} \cdot \frac{\partial J_p}{\partial x} + (G_p - R_p). \tag{58}$$

我们可将式(31)及式(32)的电流和式(43)的复合表达式,代入式(57)及式(58)中. 对一维小注入情形,少数载流子(即 p 型半导体中的 n_p 或 n 型半导体中的 p_n)的连续性方程为

$$\frac{\partial n_p}{\partial t} = n_p \mu_n \frac{\partial E}{\partial x} + \mu_n E \frac{\partial n_p}{\partial x} + D_n \frac{\partial^2 n_p}{\partial x^2} + G_n - \frac{n_p - n_{p0}}{\tau_n}, \tag{59}$$

$$\frac{\partial p_n}{\partial t} = -p_n \mu_p \frac{\partial E}{\partial x} - \mu_p E \frac{\partial p_n}{\partial x} + D_p \frac{\partial^2 p_n}{\partial x^2} + G_p - \frac{p_n - p_{n0}}{\tau_p}. \tag{60}$$

除了连续性方程外,还必须满足泊松方程(Poisson's equation)

$$\frac{dE}{dx} = \frac{\rho_s}{\varepsilon_s}. \tag{61}$$

其中 ε_s 为半导体介电常数,ρ_s 为空间电荷密度. 空间电荷密度为带电载流子浓度及电离杂质浓度的代数和,即 $q(p - n + N_D^+ - N_A^-)$.

原则上,式(59)到式(61),加上适当的边界条件可确定一个唯一解. 由于这组方程数学上的复杂性,大部分情形下,都会对方程先作物理近似加以简化后再求解. 我们将针对三个重要的情形求解连续性方程.

▶ **2.4.1 单边稳态注入**

图 2.16(a)所示为一个 n 型半导体由于光照,过剩载流子由单边注入的情形. 假设光的穿透能力很小(即假设对 $x>0$,电场及产生率为零). 在稳态下,表面附近存在浓度梯度. 由

式(60),半导体内少数载流子的微分方程为

$$\frac{\partial p_n}{\partial t}=0=D_p\frac{\partial^2 p_n}{\partial x^2}-\frac{p_n-p_{n0}}{\tau_p}. \tag{62}$$

边界条件为 $p_n(x=0)=p_n(0)=$ 常数值,且 $p_n(x\to\infty)=p_{n0}$。$p_n(x)$ 的解为

$$p_n(x)=p_{n0}+[p_n(0)-p_{n0}]e^{-x/L_p}. \tag{63}$$

长度 L_p 等于 $\sqrt{D_p\tau_p}$,称为**扩散长度**(diffusion length)。图 2.16(a)所示为少数载流子浓度的变化情形,它以特征长度 L_p 作指数衰减。

假如改变第二个边界条件,如图 2.16(b)所示,使 $x=W$ 处的所有过剩载流子都被抽取出,也就是 $p_n(W)=p_{n0}$,则式(62)可得一个新的解:

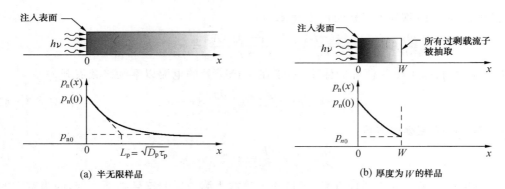

图 2.16 稳态下载流子从一端注入

$$p_n(x)=p_{n0}+[p_n(0)-p_{n0}]\left[\frac{\sinh\left(\frac{W-x}{L_p}\right)}{\sinh(W/L_p)}\right]. \tag{64}$$

在 $x=W$ 处的电流密度为扩散电流,由式(32)中令 $E=0$ 给出

$$J_p=-qD_p\frac{\partial p_n}{\partial x}\bigg|_W=q[p_n(0)-p_{n0}]\frac{D_p}{L_p}\frac{1}{\sinh(W/L_p)}. \tag{65}$$

▶ 2.4.2 表面少数载流子

光照下,当表面复合在半导体样品一端发生时(图 2.17),从半导体内部流至表面的空穴电流密度为 qU_s。在此情况下,假设样品受均匀光照,且载流子均匀产生,表面复合将导致表面处具有较低的少数载流子浓度。这个空穴浓度梯度产生的扩散电流密度等于表面复合电流。因此在 $x=0$ 处的边界条件为

$$qD_p\frac{\mathrm{d}p_n}{\mathrm{d}x}\bigg|_{x=0}=qU_s=qS_{lr}[p_n(0)-p_{n0}]. \tag{66}$$

在 $x=\infty$ 处的边界条件可由式(45a)得到。在稳态下,微分方程为

$$\frac{\partial p_n}{\partial t}=0=D_p\frac{\partial^2 p_n}{\partial x^2}+G_L-\frac{p_n-p_{n0}}{\tau_p}. \tag{67}$$

根据上述边界条件,求得方程解为[6]

$$p_n(x)=p_{n0}+\tau_p G_L\left(1-\frac{\tau_p S_{lr} e^{-x/L_p}}{L_p+\tau_p S_{lr}}\right). \tag{68}$$

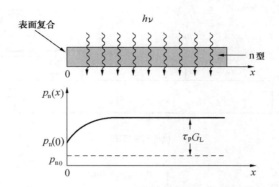

图 2.17 在 $x=0$ 处的表面复合,表面附近少数载流子的分布受到表面复合速率的影响[6]

图 2.17 为对一有限的 S_{lr} 值少子分布的示意图. 当 $S_{lr} \to 0$,则 $p_n(x) \to p_{n0} + \tau_p G_L$,如之前所得[式(45a)]. 当 $S_{lr} \to \infty$,则

$$p_n(x) = p_{n0} + \tau_p G_L (1 - e^{-x/L_p}). \tag{69}$$

从式(69),我们可知表面的少数载流子浓度趋近于它的热平衡值 p_{n0}.

▶ 2.4.3 海恩-肖克莱实验(Haynes-Shockley experiment)

半导体物理的经典实验之一,即实验证实少数载流子的漂移及扩散,最先由海恩(J. R. Haynes)及肖克莱(W. Shockley)做出[7]. 这个实验允许少数载流子迁移率 μ 及扩散系数 D 的独立测量. 海恩-肖克莱实验的基本装置如图 2.18(a)所示. 当外加局部的光脉冲,半导体内产生过剩少数载流子,脉冲之后的输运方程可由式(60)中令 $G_p=0$ 及 $\frac{\partial E}{\partial x}=0$ 得到

$$\frac{\partial p_n}{\partial t} = -\mu_p E \frac{\partial p_n}{\partial x} + D_p \frac{\partial^2 p_n}{\partial x^2} - \frac{p_n - p_{n0}}{\tau_p}. \tag{70}$$

假如没有电场施加于样品,其解为

$$p_n(x,t) = \frac{N}{\sqrt{4\pi D_p t}} \exp\left(-\frac{x^2}{4 D_p t} - \frac{t}{\tau_p}\right) + p_{n0}. \tag{71}$$

其中 N 为每单位面积电子或空穴产生的数目. 图 2.18(b)所示为载流子从注入点扩散出去并同时发生复合的解.

若一个电场施加于样品上,其解也为式(71)的形式,不过须将 x 替换为 $x - \mu_p E t$[图 2.18(c)]. 于是,一群过剩载流子均以漂移速度 $\mu_p E$ 向样品的负端运动,同时,与未加电场时相同,载流子向外扩散并且复合. 对于一个给定的样品长度、给定的漂移电场以及外加电脉冲和被检脉冲(两者都呈现于示波器)之间的时间差,则迁移率 $\mu_p = L/Et$ 可以计算得到.

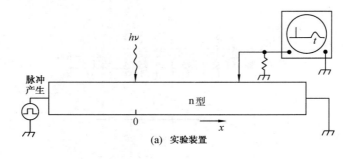

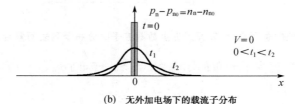

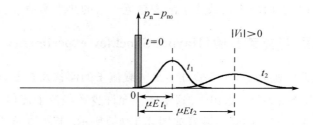

图 2.18 海恩-肖克莱实验[7]

▶ **例 8**

在海恩-肖克莱实验中,在 $t_1=100\mu s$ 及 $t_2=200\mu s$ 时少数载流子信号的最大幅度相差 5 倍. 计算少数载流子的寿命.

解

当施加一电场时,少数载流子的分布为

$$\Delta p \equiv p_n - p_{n0} = \frac{N}{\sqrt{4\pi D_p t}} \exp\left(-\frac{(x-\mu_p E t)^2}{4D_p t} - \frac{t}{\tau_p}\right),$$

最大幅度

$$\Delta p = \frac{N}{\sqrt{4\pi D_p t}} \exp\left(-\frac{t}{\tau_p}\right),$$

因此

$$\frac{\Delta p(t_1)}{\Delta p(t_2)} = \frac{\sqrt{t_2}}{\sqrt{t_1}} \frac{\exp(-t_1/\tau_p)}{\exp(-t_2/\tau_p)} = \sqrt{\frac{200}{100}} \exp\left(\frac{200-100}{\tau_p(\mu s)}\right) = 5,$$

$$\tau_p = \frac{200-100}{\ln(5/\sqrt{2})} = 79(\mu s).$$

2.5 热离化发射过程

在前些节中,我们已考虑半导体内部的载流子输运现象.在半导体表面,由于表面区域的悬挂键(dangling bonds),载流子可能与复合中心复合.此外,假如载流子具有足够的能量,它们可能会被热离化(thermionically)发射至真空能级,这称为**热离化发射过程**(thermionic emission process).

图2.19(a)所示为一孤立的n型半导体能带图.电子亲和势 $q\chi$ 为半导体中导带边与真空能级间的能量差;功函数 $q\phi_s$ 为半导体中费米能级与真空能级间的能量差.由图2.19(b)可知,假如电子能量超过 $q\chi$,它就可以被热离化发射至真空能级.

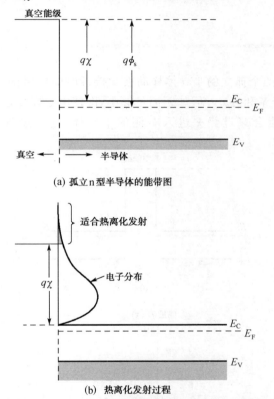

图2.19 孤立n型半导体的能带图及热离化发射过程

能量高于 $q\chi$ 的电子浓度可通过类似于导带电子浓度的表达式来得到[第1章的式(6)及式(13)],但积分的下限为 $q\chi$ 而非 E_C:

$$n_{\mathrm{th}} = \int_{q\chi}^{\infty} n(E)\mathrm{d}E = N_C \exp\left[-\frac{q(\chi+V_n)}{kT}\right]. \tag{72}$$

其中,N_C 为导带有效态密度,而 V_n 为导带底与费米能级的差值.

▶ **例9**

一n型硅,电子亲和势 $q\chi=4.05\text{eV}$,$qV_n=0.2\text{eV}$,计算室温下被热离化发射的电子浓度 n_{th}.假如我们将有效 $q\chi$ 降至 0.6eV,n_{th} 为多少?

解

$$n_{\text{th}}(4.05\text{eV}) = 2.86 \times 10^{19} \exp\left(-\frac{4.05+0.2}{0.0259}\right) = 2.86 \times 10^{19} \exp(-164)$$
$$\approx 10^{-52} \approx 0,$$
$$n_{\text{th}}(0.6\text{eV}) = 2.86 \times 10^{19} \exp\left(-\frac{0.8}{0.0259}\right) = 2.86 \times 10^{19} \exp(-30.9)$$
$$= 1 \times 10^{6} (\text{cm}^{-3}).$$

从上面的例子我们可以看出,在 300K 时若 $q\chi = 4.05\text{eV}$,并没有电子发射至真空能级. 然而,假如我们将有效电子亲和势降至 0.6eV,就会有可观的电子被热离化发射. 热离化发射过程对于第 7 章中考虑的金属-半导体接触尤为重要.

2.6 隧穿过程

图 2.20(a)所示为两个孤立的半导体样品彼此接近时的能带图. 它们之间的距离为 d, 势垒高度 qV_0 等于电子亲和势 $q\chi$. 假如距离足够小,即使电子能量远小于势垒高度,左侧半导体中的电子同样可能会穿过势垒进入右侧的半导体. 这个过程与量子隧穿(quantum tunneling)现象有关.

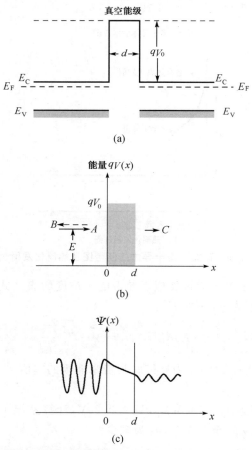

图 2.20 (a) 距离为 d 的两个孤立导体的能带图;(b) 一维势垒;(c) 波函数穿越势垒的示意图

基于图 2.20(a)，我们在图 2.20(b)中画出一维势垒. 首先考虑一个粒子(如电子)穿过这个势垒的隧穿系数. 在经典情况下，假如粒子的能量 E 小于势垒高度 qV_0，则粒子一定会被反射. 而我们将看到在量子情形下，粒子有一定的几率能够穿透这个势垒.

一个粒子(如传导电子)在 $qV(x)=0$ 区域的行为可由薛定谔方程(Schrödinger equation)来描述：

$$-\frac{\hbar^2}{2m_n}\frac{d^2\Psi}{dx^2}=E\Psi, \tag{73}$$

或

$$\frac{d^2\Psi}{dx^2}=-\frac{2m_n E}{\hbar^2}\Psi. \tag{74}$$

其中 m_n 为有效质量，$\hbar$ 为约化普朗克常数(reduced Planck constant)，E 为动能，Ψ 为粒子的波函数(wave function). 其解为

$$\Psi(x)=Ae^{jkx}+Be^{-jkx},\ x\leqslant 0; \tag{75}$$

$$\Psi(x)=Ce^{jkx},\ x\geqslant d. \tag{76}$$

其中，$k\equiv\sqrt{2m_n E/\hbar^2}$. 对于 $x\leqslant 0$，我们有一个入射粒子波函数(振幅为 A)及一个反射的波函数(振幅为 B)；对于 $x\geqslant d$，我们有一个透射波函数(振幅为 C).

在势垒区域，波动方程为

$$-\frac{\hbar^2}{2m_n}\frac{d^2\Psi}{dx^2}+qV_0\Psi=E\Psi, \tag{77}$$

或

$$\frac{d^2\Psi}{dx^2}=\frac{2m_n(qV_0-E)}{\hbar^2}\Psi. \tag{78}$$

对于 $E<qV_0$，其解为

$$\Psi(x)=Fe^{\beta x}+Ge^{-\beta x}. \tag{79}$$

其中 $\beta\equiv\sqrt{2m_n(qV_0-E)/\hbar^2}$. 穿透势垒的波函数示意图如图 2.20(c)所示. 根据在 $x=0$ 及 $x=d$ 处，Ψ 及 $d\Psi/dx$ 的连续性边界条件提供了五个系数(A、B、C、F 及 G)间的四个关系式，我们可解出透射系数(transmission coefficient) $\left(\dfrac{C}{A}\right)^2$：

$$\left(\frac{C}{A}\right)^2=\left\{1+\frac{[qV_0\sinh(\beta d)]^2}{4E(qV_0-E)}\right\}^{-1}. \tag{80}$$

透射系数随着 E 的减小单调递减. 当 $\beta d\gg 1$ 时，隧穿系数变得十分小且有以下关系：

$$\left(\frac{C}{A}\right)^2\sim\exp(-2\beta d)=\exp\left[-2d\sqrt{2m_n(qV_0-E)/\hbar^2}\right]. \tag{81}$$

为了得到有限的隧穿系数，需要小的隧穿距离 d、低的势垒高度 qV_0 和小的有效质量. 这些结果将用于第 8 章中的隧道二极管.

2.7 空间电荷效应

半导体中的空间电荷由离化的杂质浓度(N_D^+ 和 N_A^-)和载流子浓度(n 和 p)决定：

$$\rho=q(p-n+N_D^+-N_A^-). \tag{82}$$

在半导体中的中性区,$n=N_D^+$,$p=N_A^-$,空间电荷密度为零.如果对一 n 型半导体注入电子(其中 $N_D^+ \gg N_A^- \approx p \approx 0$),使得电子浓度 n 远大于 N_D^+,则空间电荷密度不再为零(即 $\rho \approx -qn$).注入的载流子浓度将等效为空间电荷密度,并通过泊松方程决定了电场分布,这就是空间电荷效应(space charge effect).

当存在空间电荷效应时,如果电流由注入载流子的漂移分量主导,那么就称为空间电荷限制电流(space-charge-limited current).图 2.21(a)为电子注入时的能带图,漂移电流为

$$J = qnv. \tag{83}$$

空间电荷由注入载流子决定(假设 $n \gg N_D^+$,$p \approx N_A^- \approx 0$),此时泊松方程为

$$\frac{dE}{dx} = \left| \frac{\rho}{\varepsilon_s} \right| = \frac{qn}{\varepsilon_s}. \tag{84}$$

在迁移率为常数的情形下,

$$v = \mu E. \tag{85}$$

将式(83)和式(85)代入式(84)可得

$$\frac{dE}{dx} = \frac{J}{\varepsilon_s \mu E}, \tag{86}$$

或

$$EdE = \frac{J}{\varepsilon_s \mu} dx. \tag{87}$$

将式(87)积分,由边界条件 $x=0$ 处 $E=0$(假设 $\delta \to 0$),可得

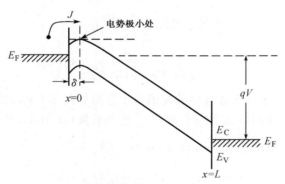

(a) 电子注入的能带图

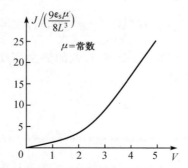

(b) 迁移率为常数电荷限制电流与偏压的平方成正比

图 2.21 空间电荷效应

$$E^2 = \frac{2J}{\varepsilon_s \mu} x. \tag{88}$$

因此

$$|E| = \frac{dV}{dx} = \sqrt{\frac{2Jx}{\varepsilon_s \mu}}, \tag{89}$$

或

$$dV = \sqrt{\frac{2J}{\varepsilon_s \mu}} \sqrt{x}\, dx. \tag{90}$$

将式(90)积分,由边界条件 $x=L$ 处 $V=V$,可得

$$V = \frac{2}{3} \left(\frac{2J}{\varepsilon_s \mu}\right)^{\frac{1}{2}} L^{\frac{3}{2}}. \tag{91}$$

由式(91)可得

$$J = \frac{9\varepsilon_s \mu V^2}{8L^3} \sim V^2. \tag{92}$$

因此,迁移率为常数时空间电荷限制电流与偏压的平方成正比.

在速度饱和情形下,式(83)变为 $J = qnv_s$,其中 v_s 为饱和速度.将 $qn = \frac{J}{v_s}$ 代入式(84),使用相同的边界条件,可以得到空间电荷限制电流

$$J = \frac{2\varepsilon_s v_s}{L^2} V \sim V. \tag{93}$$

因此,速度饱和时,电流随着偏压线性变化.

2.8 强电场效应

在低电场下,漂移速度正比于外加电场,此时我们假设两次碰撞的时间间隔 τ_c 与施加的电场无关.只要漂移速度远小于载流子的热速度,该假设即合理,硅中载流子的热速度在室温下约为 10^7 cm/s.

当漂移速度趋近于热速度时,它与电场的依赖关系开始背离2.1节中给出的线性关系.图 2.22 所示为硅中测量到的电子和空穴的漂移速度与电场的关系.很明显,最初漂移速度

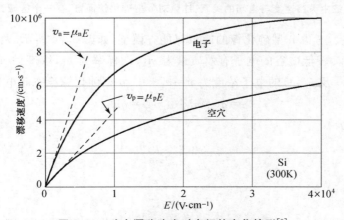

图 2.22 硅中漂移速度对电场的变化情形[8]

与电场间的依赖关系是线性的,即迁移率为常数.当电场持续增加,漂移速度的增加率趋缓.在足够大的电场下,漂移速度趋近于一个饱和速度.实验结果可由以下经验公式近似[8]:

$$v_n, v_p = \frac{v_s}{\left[1 + \left(\frac{E_0}{E}\right)^\gamma\right]^{\frac{1}{\gamma}}}. \tag{94}$$

其中 v_s 为饱和速度(对于硅,300K 时为 10^7 cm/s);E_0 为一常数,在高纯的硅材料中,对于电子,它等于 7×10^3 V/cm,而对于空穴,则为 2×10^4 V/cm;γ 对于电子为 2,对于空穴为 1. 对于沟道非常短的场效应晶体管(FET),强电场下的速度饱和很有可能发生. 即使在一般的电压,也可形成沿沟道的强电场. 此效应将在第 5 章和第 6 章中讨论.

n 型砷化镓中的强电场输运与硅不同[9]. 图 2.23 是 n 型及 p 型砷化镓测量的漂移速度与电场的关系. 硅的测量结果也显示于图中供比较. 对于 n 型砷化镓,漂移速度达到一最大值后,随电场的进一步增加反而会减小. 这个现象由砷化镓的能带结构所致,它允许传导电子从高迁移率的能量最小处(称之为能谷)迁移至低迁移率、能量较高的卫星能谷(satellite valleys)中. 如第 1 章中图 1.14 所述,电子沿着[111]方向从中央能谷迁移至卫星能谷中,被称为转移电子效应(transferred-electron effect).

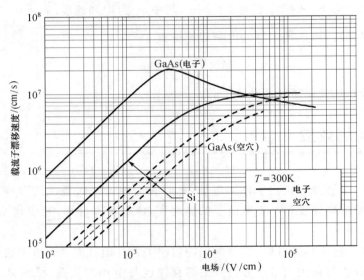

图 2.23 硅及砷化镓中漂移速度与电场的关系,注意对 n 型砷化镓而言,有一个区域为负微分迁移率[8,9]

为了解此现象,考虑 n 型砷化镓的简单双能谷模型,如图 2.24 所示. 两能谷间的能量间隔为 $\Delta E = 0.31$ eV. 较低能谷的电子有效质量为 m_1,迁移率为 μ_1,浓度为 n_1,较高能谷相应的量分别为 m_2、μ_2 及 n_2,总的电子浓度为 $n = n_1 + n_2$. n 型砷化镓稳态时电导率为

$$\sigma = q(\mu_1 n_1 + \mu_2 n_2) = qn\bar{\mu}. \tag{95}$$

其中平均迁移率为

$$\bar{\mu} \equiv \frac{\mu_1 n_1 + \mu_2 n_2}{n_1 + n_2}, \tag{96}$$

漂移速度为

$$v_n = \bar{\mu} E \tag{97}$$

为简单起见,对图 2.24 中各电场范围下的电子浓度作以下假设. 在图 2.24(a)中,电场

很低,所有电子停留在较低的能谷中.在图 2.24(b)中电场较高,部分电子从电场中得到足够能量迁移至较高的能谷中.在图 2.24(c)中,电场高到足以使所有电子移至较高的能谷中.因此我们得到

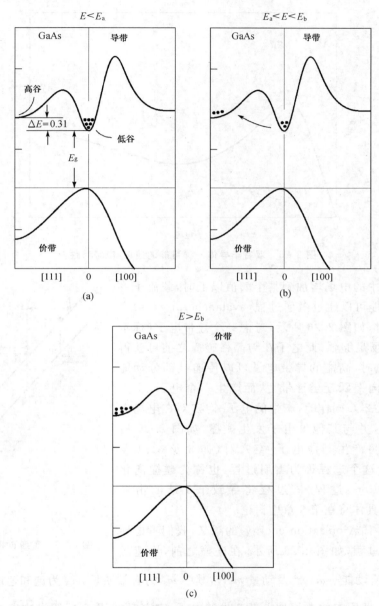

图 2.24 双能谷半导体在各种电场条件下电子的分布情形

$$n_1 \approx n \text{ 及 } n_2 \approx 0 \quad (0 < E < E_a),$$
$$n_1 + n_2 \approx n \quad (E_a < E < E_b), \quad (98)$$
$$n_1 \approx 0 \text{ 及 } n_2 \approx n \quad (E > E_b).$$

利用这些关系,有效的漂移速度有下列近似:

$$v_n \approx \mu_1 E \quad (0 < E < E_a),$$
$$v_n \approx \mu_2 E \quad (E > E_b). \quad (99)$$

假如 $\mu_1 E_a > \mu_2 E_b$,如图 2.25 所示,在 E_a 及 E_b 间会有一个区域漂移速度随电场的增加而减少. 由于 n 型砷化镓的这种特性,它被应用于第 8 章中所讨论的微波转移电子器件 (microwave transferred-electron device).

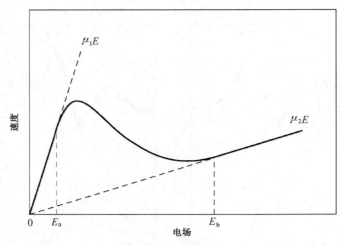

图 2.25 双谷半导体一种可能的速度-电场特性

当半导体中的电场增加到某个阈值以上时,载流子将得到足够的动能可以通过雪崩过程(avalanche process)产生电子-空穴对,如图 2.26 所示. 考虑一个导带电子(标示为 1),假设电场足够强,此电子在与晶格碰撞之前可获得足够动能,碰撞时,高能的导带电子可以传递其部分动能给价电子使之向上跃迁至导带,从而产生一个电子-空穴对(标示为 2 及 2′). 同样的,产生的电子-空穴对在电场中又开始被加速,并与其他价电子发生碰撞,如图 2.26 所示. 于是,它们将产生其他电子-空穴对(如 3 及 3′、4 及 4′),依此类推. 这个过程称为雪崩过程,也称为碰撞离化 (impact ionization) 过程. 该过程将导致 p-n 结的击穿 (breakdown),具体将在第 3 章中讨论.

为了解电离能(ionization energy)的意义,我们考虑导致 2-2′ 产生的过程,如图 2.26 所示. 在碰撞之前,快速运

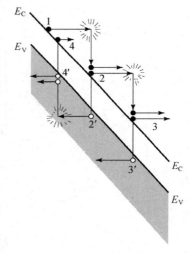

图 2.26 雪崩过程的能带图

动的电子 1 具有动能 $\frac{1}{2}m_1 v_s^2$ 及动量 $m_1 v_s$,其中 m_1 为有效质量,v_s 为饱和速度. 碰撞之后,有三个载流子,即原本的电子加上新产生的电子-空穴对(2 及 2′). 假设这三个载流子有同样的有效质量、动能及动量,总动能为 $\frac{3}{2}m_1 v_f^2$,总动量为 $3m_1 v_f$,其中,v_f 为碰撞后的速度. 为使碰撞前后的能量及动量守恒,需要

$$\frac{1}{2}m_1 v_s^2 = E_g + \frac{3}{2}m_1 v_f^2 \tag{100}$$

且

$$m_1 v_s = 3m_1 v_f. \tag{101}$$

其中式(100)中能量 E_g 为禁带宽度,相当于产生一个电子-空穴对所需的最小能量. 将式(101)代入式(100),可得电离过程所需的动能

$$E_0 = \frac{1}{2}m_1 v_s^2 = 1.5 E_g. \tag{102}$$

显然,为了使电离过程发生, E_0 必须大于禁带宽度. 实际所需的能量依赖于能带结构. 以硅为例, E_0 值对电子为 $1.6 \text{eV}(1.5 E_g)$; 对空穴为 $2.0 \text{eV}(1.8 E_g)$.

一个电子经过单位距离所产生的电子-空穴对数目,称为电子的**离化率**(ionization rate) α_n. 同样的, α_p 为空穴的离化率. 硅及砷化镓测量到的离化率如图 2.27 所示[9]. 注意 α_n 及 α_p 均与电场强度相关. 为达到一个大的离化率(如 10^4cm^{-1}),对硅而言相应的电场应 $\geqslant 3 \times 10^5 \text{V/cm}$; 而对砷化镓则应 $\geqslant 4 \times 10^5 \text{V/cm}$. 由雪崩过程造成的电子-空穴对产生率 G_A 为

$$G_A = \frac{1}{q}(\alpha_n |J_n| + \alpha_p |J_p|). \tag{103}$$

其中 J_n 及 J_p 分别为电子及空穴电流密度. 该表达式可用于器件工作于雪崩情况下的连续性方程.

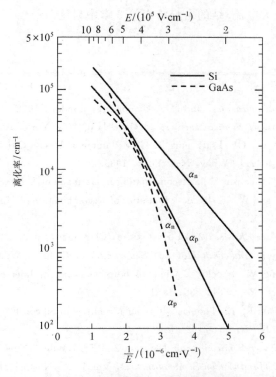

图 2.27 硅及砷化镓测量的离化率与电场倒数的关系[9]

总　结

半导体器件中有各种输运过程,包含漂移、扩散、产生、复合、热离化发射、隧穿、空间电荷效应和碰撞离化. 其中一个关键的输运过程为在电场影响下的载流子漂移. 在低电场下,漂移速度正比于电场,比例常数称为迁移率. 另外一个关键的输运过程为载流子浓度梯度影

响下的载流子扩散. 总电流为漂移及扩散分量的总和.

半导体中的过剩载流子会导致非平衡状态. 大部分的半导体器件工作于非平衡状态. 载流子可通过各种方法产生,例如正向偏置 p-n 结、光照及碰撞离化. 回复平衡的机制为过剩少数载流子通过直接带间复合或通过禁带中的局域能态与多数载流子复合. 带电载流子浓度变化率的支配方程为连续性方程.

其他的输运过程中,热离化发射发生在当表面的载流子获得足够的能量发射至真空能级;而隧穿过程则是基于量子隧穿现象,即使电子能量低于势垒高度,仍可穿过势垒而输运;当半导体中注入载流子未被离化杂质补偿时,则发生空间电荷限制电流.

当电场变得更高,漂移速度将背离它与外加电场的线性关系,趋近一饱和速度. 该效应对于第 5 章和第 6 章中讨论的短沟道场效应晶体管特别重要. n 型砷化镓中的漂移速度达到最大值后会随着电场的继续增大而减小,这是由于转移电子效应. 该材料被应用于第 8 章中讨论的微波器件中. 当电场超过一定值,载流子将获得足够的动能,并通过库仑相互作用产生电子-空穴对. 该效应对于研究 p-n 结特性特别重要. 高电场加速这些新的电子-空穴对,它们与晶格碰撞从而产生更多的电子-空穴对. 若雪崩或碰撞离化的过程持续进行,p-n 结将被击穿并传导一个大电流. 结的击穿将于第 3 章中讨论.

参考文献

[1] R. A. Smith, *Semiconductors*, 2nd Ed., Cambridge, London, 1978.

[2] J. L. Moll, *Physics of Semiconductors*, McGraw-Hill, New York, 1964.

[3] W. F. Beadle, J. C. C. Tsai, and R. D. Plummer, Eds., *Quick Reference Manual for Semiconductor Engineers*, Wiley, New York, 1985.

[4] (a) R. N. Hall, "Electron-Hole Recombination in Germanium," *Phys. Rev.*, 87, 387 (1952). (b) W. Shockley, and W. T. Read, "Statistics of Recombination of Holes and Electrons," *Phys. Rev.*, 87, 835 (1952).

[5] M. Prutton, *Surface Physics*, 2nd Ed., Oxford, Clarendon, 1983.

[6] A. S. Grove, *Physics and Technology of Semiconductor Devices*, Wiley, New York, 1967.

[7] J. R. Haynes, and W. Shockley, "The Mobility and Life of Injected Holes and Electrons in Germanium," *Phys. Rev.*, 81, 835 (1951).

[8] D. M. Caughey, and R. E. Thomas, "Carrier Mobilities in Silicon Empirically Related to Doping and Field," *Proc. IEEE*, 55, 2192 (1967).

[9] S. M. Sze, *Physics of Semiconductor Devices*, 2nd Ed., Wiley, New York, 1981.

[10] T. S. Moss, Ed., *Handbook on Semiconductors*, Vol. 1—4, North-Holland, Amsterdam, 1980.

习 题

2.1 载流子漂移

1. 求出本征硅及本征砷化镓在 300K 时的电阻率.

2. 300K 时一半导体的电子迁移率为 $1000 cm^2/(V·s)$,如果电子有效质量为 $0.26×9.1×10^{-31} kg$,计算其平均自由程、扩散系数和热速度.

3. 计算以下杂质浓度下的硅样品在 300K 时的电子和空穴浓度、迁移率、电阻率.
    (a) $5×10^{15}$ 个硼/立方厘米;
    (b) $2×10^{16}$ 个硼/立方厘米和 $1.5×10^{16}$ 个砷/立方厘米;
    (c) $5×10^{15}$ 个硼/立方厘米、10^{17} 个砷/立方厘米和 10^{17} 个镓/立方厘米.

4. 在一半导体中存在两个散射机制. 若只有第一种机制存在,迁移率为 $250 cm^2/(V·s)$;若只有第二种机制存在,迁移率为 $500 cm^2/(V·s)$. 求当两种散射机制同时存在时的迁移率.

5. 对一未掺杂的半导体,$n_i=10^{10}/cc$,$T=300K$,$N_C=3×10^{19}/cc$,$N_V=2.5×10^{19}/cc$,$m_e=9.1×10^{-32} kg$,求:
    (a) 价带中空穴的有效质量;
    (b) 半导体的禁带宽度;
    (c) 费米能级相对导带的 eV 值;
    (d) 空穴的热速度.

6. 给定一个未知掺杂的硅样品,霍尔测量提供了以下的信息:$W=0.05cm$,$A=1.6×10^{-3} cm^2$(参考图 2.8),$I=2.5mA$,且磁场为 $30nT(1T=10^{-4} Wb/cm^2)$. 若测量出的霍尔电压为 $+10mV$,求半导体样品的霍尔系数、导体型态、多数载流子浓度、电阻率及迁移率.

7. 利用一个四探针(探针间距为 0.5mm)来测量一个 p 型硅样品的电阻率. 若样品的直径为 200mm,厚度为 $50\mu m$,求其电阻率. 其中接触电流为 1mA,内侧两探针间所测量到的电压值为 10mV.

8. 对一个半导体而言,其具有一固定的迁移率比 $b \equiv \mu_n/\mu_p > 1$,且与杂质浓度无关,求其最大的电阻率 ρ_m 并以本征电阻率 ρ_i 及迁移率比表示.

9. 一个半导体掺杂了浓度为 $N_D(N_D \gg n_i)$ 的杂质,且具有一电阻 R_1. 之后又掺杂了一个未知量的受主 $N_A(N_A \gg N_D)$,而产生了一个 $0.5 R_1$ 的电阻. 若 $D_n/D_p=50$,求 N_A 并以 N_D 表示之.

10. 考虑一个长度为 L,截面为矩形的半导体,处于平衡状态,没有外加偏压,没有外部电场,没有外加辐射或者光源,是否可能在其两端存在电势差,如果存在,有何条件.

2.2 载流子扩散

11. 一个本征硅样品从一端掺杂了施主,而使得 $N_D=N_0 \exp(-ax)$.
    (a) 在 $N_D \gg n_i$ 的范围中,求在平衡状态下内建电场 $E(x)$ 的表示法;
    (b) 计算出当 $a=1\mu m^{-1}$ 时的 $E(x)$.

12. 一个厚度为 L 的 n 型硅薄片被不均匀地掺杂了施主磷,其中浓度分布给定为

$N_D(x) = N_0 + (N_L - N_0)(x/L)$. 当样品在热及电平衡状态下且不考虑迁移率及扩散系数随位置的变化,前后表面间电势能差异的公式是什么? 对一个固定的扩散系数及迁移率,在距前表面 x 的平面上的平衡电场公式是什么?

2.3 产生与复合过程

13. 一 n 型硅在稳态光照下,其 $G_L = 10^{16}$ cm^{-3}/s,$N_D = 10^{15}$ cm^{-3},且 $\tau_n = \tau_p = 10\mu$s,计算电子及空穴的浓度.

14. 一 n 型硅样品具有每立方厘米 2×10^{16} 个砷原子,每立方厘米 2×10^{15} 个的本体复合中心,及每平方厘米 10^{10} 个的表面复合中心.

(a) 求在小注入情况下的本体少数载流子寿命、扩散长度及表面复合速率,σ_p 及 σ_s 的值分别为 5×10^{-15} cm^2 及 2×10^{-16} cm^2;

(b) 若样品照光,且均匀地吸收光线,而产生 10^{17} 电子-空穴对/(平方厘米·秒),则表面的空穴浓度为多少?

15. 对于一 n 型硅样品($N_D = 10^{-17}$ cm^{-3}),过剩空穴从 5×10^{14}($x = 0$)线性地衰减至 0($x = 2\mu$m),少数载流子的寿命为 10^{-4} s,空穴迁移率为 640cm^2/(V·s),截面均匀且为 10^{-14} cm^2,求:

(a) 总的过剩载流子;

(b) 样品中的总的空穴复合率.

16. 假定一 n 型半导体均匀地照光,而造成一均匀的过剩产生速率 G. 证明在稳态下,半导体电导率的改变为

$$\Delta\sigma = q(\mu_n + \mu_p)\tau_p G$$

2.4 连续性方程

17. 一半导体中的总电流不变,且为电子漂移电流及空穴扩散电流所组成. 电子浓度不变,且等于 10^{16} cm^{-3}. 空穴浓度为

$$p(x) = 10^{15} \exp\left(\frac{-x}{L}\right) \text{ cm}^{-3} \ (x \geq 0)$$

其中,$L = 12\mu$m. 空穴扩散系数 $D_p = 12$cm^2/s,且电子迁移率 $\mu_n = 1000$ cm^2/(V·s). 总电流密度 $J = 4.8$ A/cm^2. 计算:

(a) 空穴扩散电流密度对 x 的变化情形;

(b) 电子电流密度对 x 的变化情形;

(c) 电场对 x 的变化情形.

18. 对于一硅样品,如果在 $x = 0$ 处电子浓度为 10^{16} cm^{-3},在 $x = 1\mu$m 处降低至 0,计算将产生的扩散电流密度. 想要在另一均匀 n 型掺杂($N_D = 10^{16}$ cm^{-3})的半导体中产生相同的电流密度,需要多大的电场. 假设电子迁移率为 1500cm^2/(V·s),且为室温条件(300K).

*19. 一 n 型半导体具有过剩载流子空穴 10^{14} cm^{-3},其本体内少数载流子寿命为 10^{-6}s,且在表面上的少数载流子寿命为 10^{-7} s. 假定无施加电场,且令 $D_p = 10$ cm^2/s. 求半导体稳态过剩载流子浓度对距表面($x = 0$)距离的函数关系.

20. (a) 一金属,其功函数 $\varphi_m = 4.2$V,淀积到一 n 型硅半导体,其亲和能为 $\chi = 4.0$V 且 $E_g = 1.12$eV,当电子从金属中移动到半导体中时的势垒高度为多少?

(b) 在(a)中，若载流子寿命为 $50\mu s$，且 $W=0.1mm$，计算扩散到达另一表面的注入电流部分($D=50cm^2/s$).

21. 对于一厚度为 $W=0.1\mu m$ 的 n 型硅样品，过剩载流子在一表面产生($x=0$)，没有外加电场，且过剩载流子在反面($x=W$)被抽取，以满足 $p_n(W)=p_{n0}$，如果少数载流子的寿命为 $50\mu s$，且扩散系数为 $50cm^2/s$，试计算到达反面的注入电流的百分数。

2.5 热离化发射过程

22. 一个金属功函数 $\phi_m=4.2V$，淀积在一个电子亲和力 $\chi=4.0V$ 且 $E_g=1.12\ eV$ 的 n 型硅上. 当金属中的电子移入半导体时，电子所看到的势垒高为多少？

23. 考虑一个金属功函数为 ϕ_m 的钨灯丝置于一个高真空的腔体中. 假如一电流通过此灯丝并足以使其变热，证明拥有足够热能的电子将会逃脱至真空中，且造成的热电子电流密度为

$$J = A^* T^2 \exp\left(\frac{-q\phi_m}{kT}\right)$$

其中，A^* 为 $4\pi qmk^2/h^3$ 且 m 为自由电子质量. 定积分

$$\int_{-\infty}^{\infty} e^{-ax^2} dx = \left(\frac{\pi}{a}\right)^{\frac{1}{2}}.$$

2.6 隧穿过程

24. 考虑一个具有 2eV 能量的电子撞击在一个具有 20eV 且宽为 3Å 的电势势垒，其隧穿几率为多少？

25. 对一个能量为 2.2eV 的电子撞击在一个具有 6.0eV 且厚为 10^{-10}m 的电势势垒，估计其隧穿系数. 若势垒厚度改为 10^{-9}m，试重复计算之.

2.8 强电场效应

26. 假定硅中的一个传导电子[$\mu_n=1350cm^2/(V\cdot s)$]具有热能 kT，并与其平均热速度相关，其中 $E_{th}=m_0 v_{th}^2/2$. 这个电子被置于 $100\ V/cm$ 的电场中. 证明在此情况下，相对于其热速度，电子的漂移速度是很小的. 若电场改为 $10^4 V/cm$，使用相同的 μ_n 值，试再重做一次. 最后请评价在此较高的电场下真实的迁移率效应.

27. 利用图 2.23 中硅及砷化镓的速度-电场关系，求出电子在下列电场下，在这些物质中移动 $1\mu m$ 距离所需的通行时间. 其中电场分别为 (a) 1kV/cm 及 (b) 50kV/cm.

第 2 部分　半导体器件

第 3 章
p-n 结

- 3.1　热平衡状态
- 3.2　耗尽区
- 3.3　耗尽电容
- 3.4　电流-电压特性
- 3.5　电荷存储与瞬态响应
- 3.6　结击穿
- 3.7　异质结
- 总结

在前面章节，我们已讨论了均质半导体材料中的载流子浓度和输运现象. 在本章中我们接着讨论包含 p 型和 n 型区域的单晶半导体材料所形成的 p-n 结的特性.

p-n 结不仅在现代电子应用中扮演着重要角色，也对理解其他的半导体器件十分重要. 它广泛应用于整流、开关以及其他的电子电路中，也是双极型晶体管和可控硅器件（thyristor）（第 4 章）以及 MOSFET（第 5 章和第 6 章）的重要构成组件. 在适当的偏压或光照条件下，p-n 结也可作为微波（microwave）（第 8 章）或光电（photonic）器件（第 9 章和第 10 章）.

我们也将考虑另一相关的器件——异质结（heterojunction），它是由两种不同的半导体所形成的结，具有很多传统 p-n 结无法轻易获得的独特特性. 异质结是构成异质结双极型晶体管（heterojunction bipolar transistor）（第 4 章）、调制掺杂场效应晶体管（modulation doped field-effect transistor）（第 7 章）、量子效应器件（quantum-effect device）（第 8 章）和光电（photonic）器件（第 9 章和第 10 章）的重要构成组件.

具体地说，我们的讨论包含以下几个主题：

- 热平衡状态下 p-n 结能带图
- 在偏压下结耗尽区（depletion layer）的特性
- 电流在 p-n 结的输运以及产生（generation）和复合（recombination）的影响
- p-n 结的电荷储存及其对瞬态响应的影响

- p-n 结的雪崩倍增(avalanche multiplication)及其对最大反向电压的影响
- 异质结及其基本特性

3.1 热平衡状态

如今,平面工艺在 p-n 结与集成电路(integrated circuit)的制造中被广泛应用.平面工艺包括氧化(oxidation)、光刻(lithography)、离子注入(ion implantation)以及金属化(metallization),这些将会在第 11 章～15 章中讨论.p-n 结最重要的特性是整流特性,即只容许电流单向导通.图 3.1 显示一典型硅 p-n 结的电流-电压特性.当我们对 p-n 结施以正向偏压(正电压在 p 端),随着电压的增加电流会快速增加.然而,当我们施以反向偏压(reverse bias),刚开始时,几乎没有任何电流.随着反向偏压的增加,电流仍然很小,直到一临界电压后电流才突然增加.这种电流突然增加的现象称为**结击穿**(junction breakdown).外加的正向电压通常小于 1 V,但是反向临界电压或击穿电压可以是几伏到几千伏,取决于掺杂浓度和其他器件参数.

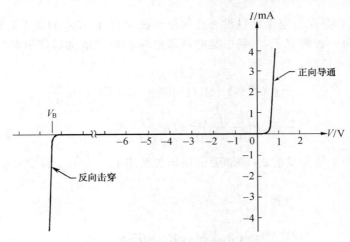

图 3.1 典型硅 p-n 结的电流-电压特性

▶ 3.1.1 能带图(band diagram)

在图 3.2(a) 中我们看到结形成之前两个均匀掺杂且彼此分离的 p 型和 n 型半导体材料.注意费米能级(Fermi level)在 p 型材料中接近价带边缘,而在 n 型材料中接近导带边缘.p 型材料包含高浓度的空穴而仅有少量电子,n 型材料则相反.

当 p 型和 n 型半导体紧密结合时,在结上存在大的载流子浓度梯度,引起载流子的扩散.p 侧的空穴扩散进入 n 侧,而 n 侧的电子则扩散进入 p 侧.当空穴持续离开 p 侧,结附近的部分负受主离子(N_A^-)未能补偿,这是因为受主固定于半导体晶格,而空穴则可移动.类似地,结附近的部分正施主离子(N_D^+)当电子离开 n 侧后也未能补偿.因此,负的空间电荷在结 p 侧形成,而正的空间电荷在结 n 侧形成.该空间电荷区产生了一电场,其方向由正空间电荷指向负空间电荷,如图 3.2(b)上半部所示.

对于每种带电载流子,电场的方向都和扩散电流的方向相反.图 3.2(b) 下方显示,空穴扩散电流由左至右流动,而电场引起的空穴漂移电流由右至左流动.电子扩散电流同样由左至右流动,而电子漂移电流的方向刚好相反.应注意由于电子带负电,电子由右至左扩散,恰与电子电流的方向相反.

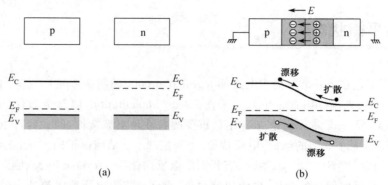

图 3.2 (a) 形成结前均匀掺杂的 p 型和 n 型半导体;(b) 热平衡时,耗尽区的电场及 p-n 结的能带图

▶ 3.1.2 平衡费米能级(equilibrium Fermi levels)

热平衡下,也就是在给定温度且没有任何外加扰动时,流经结的电子电流和空穴电流都为零.因此,对于每一种载流子,电场引起的漂移电流必须与浓度梯度引起的扩散电流完全抵消.由第 2 章的式(32),

$$J_p = J_p(漂移) + J_p(扩散) = q\mu_p p E - q D_p \frac{dp}{dx}$$
$$= q\mu_p p \left(\frac{1}{q}\frac{dE_i}{dx}\right) - kT\mu_p \frac{dp}{dx} = 0. \tag{1}$$

其中我们对电场用了第 2 章的式(8)和爱因斯坦关系式 $D_p = \frac{kT}{q}\mu_p$. 将空穴浓度的关系式

$$p = n_i e^{\frac{E_i - E_F}{kT}} \tag{2}$$

和其导数

$$\frac{dp}{dx} = \frac{p}{kT}\left(\frac{dE_i}{dx} - \frac{dE_F}{dx}\right) \tag{3}$$

代入式(1),得到净空穴电流密度为

$$J_p = \mu_p p \frac{dE_F}{dx} = 0 \tag{4}$$

或

$$\frac{dE_F}{dx} = 0. \tag{5}$$

类似地,我们得到净电子电流密度为

$$J_n = J_n(漂移) + J_n(扩散)$$
$$= q\mu_n n E + q D_n \frac{dn}{dx} = \mu_n n \frac{dE_F}{dx} = 0. \tag{6}$$

或

$$\frac{dE_F}{dx} = 0.$$

因此，对于净电子电流和空穴电流密度为零的情况，整个样品上的费米能级必须是常数（即与 x 无关），如图 3.2(b) 所绘的能带图。

热平衡下，恒定费米能级导致在结处形成独特的空间电荷分布。我们分别在图 3.3(a) 及图 3.3(b) 再次画出一维的 p-n 结和相应的热平衡能带图。空间电荷分布和静电势 ψ 的关系可由泊松方程（Poisson's equation）得到：

$$\frac{d^2\psi}{dx^2} \equiv -\frac{dE}{dx} = -\frac{\rho_s}{\varepsilon_s} = -\frac{q}{\varepsilon_s}(N_D - N_A + p - n). \tag{7}$$

此处我们假设所有的施主和受主已电离。

在远离冶金结（metallurgical junction）的区域，电荷保持中性，即总空间电荷密度为零。对这些中性区域，我们可将式(7)简化为

$$\frac{d^2\psi}{dx^2} = 0 \tag{8}$$

和

$$N_D - N_A + p - n = 0. \tag{9}$$

对于 p 型中性区，我们假设 $N_D = 0$ 和 $p \gg n$。p 型中性区相对于费米能级的静电势，在图 3.3(b) 标示为 ψ_p，令式(9) $N_D = n = 0$ 并将结果 $p = N_A$ 代入式(2)可得到 ψ_p：

$$\psi_p \equiv -\frac{1}{q}(E_i - E_F)\bigg|_{x \leqslant -x_p} = -\frac{kT}{q}\ln\left(\frac{N_A}{n_i}\right) \tag{10}$$

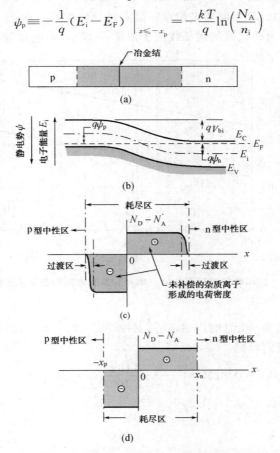

图 3.3 (a) 冶金结中突变掺杂的 p-n 结；(b) 热平衡下突变结的能带图；
(c) 空间电荷分布；(d) 空间电荷的矩形近似

类似地,可得 n 型中性区相对于费米能级的静电势

$$\psi_n \equiv -\frac{1}{q}(E_i - E_F)\bigg|_{x \geq x_n} = \frac{kT}{q}\ln\left(\frac{N_D}{n_i}\right). \tag{11}$$

热平衡时,p 型和 n 型中性区的静电势差被称为**内建电势**(built-in potential)V_{bi}:

$$V_{bi} = \psi_n - \psi_p = \frac{kT}{q}\ln\left(\frac{N_A N_D}{n_i^2}\right). \tag{12}$$

▶ 3.1.3 空间电荷(space charge)

由中性区到结区,会有一窄小的过渡区,如图 3.3(c) 所示. 此处掺杂离子的空间电荷部分被可动载流子补偿. 越过了过渡区域,即进入可动载流子浓度为零的完全耗尽区. 这个区域称为**耗尽区**(depletion region),或**空间电荷区**(space-charge region). 对于一般硅和砷化镓的 p-n 结,过渡区的宽度远比耗尽区的宽度要小. 因此,我们可以忽略过渡区,以矩形分布来表示耗尽区,如图 3.3(d) 所示,其中 x_p 和 x_n 分别代表 p 型和 n 型完全耗尽区的宽度. 在耗尽区内 $p = n = 0$,式(7)变成

$$\frac{d^2\psi}{dx^2} = \frac{q}{\varepsilon_s}(N_A - N_D). \tag{13}$$

由式(10)和式(11)计算不同掺杂浓度时硅和砷化镓的 $|\psi_p|$ 和 ψ_n 值,如图 3.4 所示. 对于一给定掺杂浓度,因为砷化镓的本征载流子浓度 n_i 较小,静电势较高.

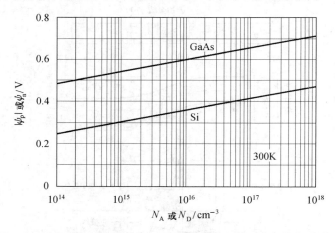

图 3.4　硅和砷化镓突变结中 p 端和 n 端静电势和杂质浓度的关系

▶ 例 1

计算一硅 p-n 结在 300K 时的内建电势,其中 $N_A = 10^{18}\,\text{cm}^{-3}$ 且 $N_D = 10^{15}\,\text{cm}^{-3}$.

解　由式(12),我们得到

$$V_{bi} = 0.0259\ln\left[\frac{10^{18} \times 10^{15}}{(9.65 \times 10^9)^2}\right] = 0.774\,(\text{V}).$$

由图 3.4 知,$V_{bi} = \psi_n + |\psi_p| = 0.30 + 0.47 = 0.77\,(\text{V})$.

3.2 耗尽区

为了求解式(13)的泊松方程,必须知道杂质浓度分布. 在本节中,我们将考虑两种重要的情形,即**突变结**(abrupt junction)和**线性缓变结**(linearly graded junction). 图 3.5(a) 所示为一突变结,是浅扩散或低能离子注入形成的 p-n 结. 结的杂质分布可以近似为掺杂浓度在 n 区和 p 区间的突变. 图 3.5(b) 所示为一线性缓变结. 对于深扩散或高能离子注入,杂质浓度分布可以近似为线性缓变结,即浓度分布在结区呈线性变化. 我们将考虑这两种情形下结的耗尽区.

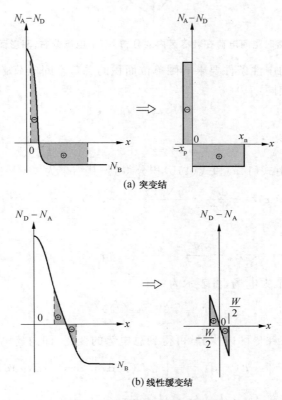

图 3.5　杂质浓度分布的近似

▶ 3.2.1 突变结(abrupt junction)

突变结的空间电荷分布如图 3.6(a) 所示. 耗尽区内,自由载流子完全耗尽,因此式(13)的泊松方程可简化为

$$\frac{\mathrm{d}^2\psi}{\mathrm{d}x^2} = +\frac{qN_\mathrm{A}}{\varepsilon_\mathrm{s}}, \quad -x_\mathrm{p} \leqslant x < 0, \tag{14a}$$

$$\frac{\mathrm{d}^2\psi}{\mathrm{d}x^2} = -\frac{qN_\mathrm{D}}{\varepsilon_\mathrm{s}}, \quad 0 < x \leqslant x_\mathrm{n}. \tag{14b}$$

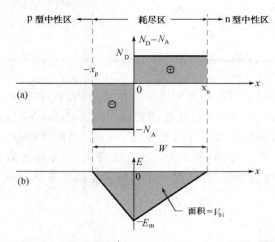

图 3.6(a) 热平衡时空间电荷在耗尽区内的分布；(b) 电场分布，阴影面积为内建电势

半导体内总电荷的中性条件要求 p 侧单位面积的总负空间电荷必须精确地和 n 侧单位面积的总正空间电荷相同：

$$N_A x_p = N_D x_n. \tag{15}$$

总耗尽区宽度 W 为

$$W = x_p + x_n. \tag{16}$$

图 3.6(b) 的电场分布由式(14a)和式(14b)积分得到，其结果为

$$E(x) = -\frac{d\varphi}{dx} = -\frac{qN_A(x+x_p)}{\varepsilon_s}, \quad -x_p \leqslant x < 0 \tag{17a}$$

和

$$E(x) = -E_m + \frac{qN_D x}{\varepsilon_s} = \frac{qN_D}{\varepsilon_s}(x-x_n), \quad 0 < x \leqslant x_n. \tag{17b}$$

其中 E_m 是 $x=0$ 处的最大电场，可表示为

$$E_m = \frac{qN_D x_n}{\varepsilon_s} = \frac{qN_A x_p}{\varepsilon_s}. \tag{18}$$

将式(17a)和式(17b)在耗尽区内积分，可得到总电势的变化，即内建电势 V_{bi}：

$$V_{bi} = -\int_{-x_p}^{x_n} E(x)dx = -\int_{-x_p}^{0} E(x)dx \bigg|_{p侧} - \int_{0}^{x_n} E(x)dx \bigg|_{n侧}$$

$$= \frac{qN_A x_p^2}{2\varepsilon_s} + \frac{qN_D x_n^2}{2\varepsilon_s} = \frac{1}{2}E_m W. \tag{19}$$

因此，图 3.6(b) 的电场三角形面积即为内建电势。

结合式(15)~式(19)得到总耗尽区宽度与内建电势的关系

$$W = \sqrt{\frac{2\varepsilon_s}{q}\left(\frac{N_A+N_D}{N_A N_D}\right)V_{bi}}. \tag{20}$$

当突变结一侧的掺杂浓度远比另一侧高时，称为**单边突变结**（one-side abrupt junction）[图 3.7(a)]．图 3.7(b) 所示为单边突变 p^+-n 结的空间电荷分布，其中 $N_A \gg N_D$。在此例中，p 侧耗尽区宽度较 n 侧小很多（即 $x_p \ll x_n$），W 的表示式可以简化为

$$W \approx x_n = \sqrt{\frac{2\varepsilon_s V_{bi}}{qN_D}}. \tag{21}$$

电场分布的表达式和式(17b)相同：

$$E(x) = -E_m + \frac{qN_B x}{\varepsilon_s}. \tag{22}$$

其中 N_B 是轻掺杂的衬底浓度(即 p$^+$-n 结的 N_D). 电场在 $x = W$ 处降为零，因此

$$\boxed{E_m = \frac{qN_B W}{\varepsilon_s}} \tag{23}$$

且

$$E(x) = \frac{qN_B}{\varepsilon_s}(-W + x) = -E_m\left(1 - \frac{x}{W}\right), \tag{24}$$

如图 3.7(c) 所示.

对泊松方程再积分一次，可得到电势分布

$$\psi(x) = -\int_0^x E dx = E_m\left(x - \frac{x^2}{2W}\right) + 常量, \tag{25}$$

以中性 p 区作为参考零电势，即 $\psi(0) = 0$，并利用式(19)可得

$$\boxed{\psi(x) = \frac{V_{bi} x}{W}\left(2 - \frac{x}{W}\right).} \tag{26}$$

电势分布如图 3.7(d) 所示.

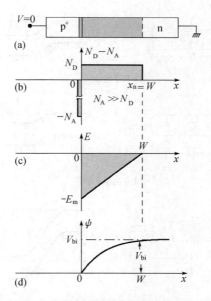

图 3.7 (a) 热平衡时的单边突变结(其中 $N_A \gg N_D$)；(b) 空间电荷分布；(c) 电场分布；(d) 随距离改变的电势分布，其中 V_{bi} 为内建电势

▶ **例 2**

一硅单边突变结，其 $N_A = 10^{19}\,\text{cm}^{-3}$，$N_D = 10^{16}\,\text{cm}^{-3}$，计算在零偏压时的耗尽区宽度和最大电场($T = 300\text{K}$).

解 由式(12)、式(21)和式(23)可得

$$V_{bi} = 0.0259\ln\left[\frac{10^{19} \times 10^{16}}{(9.65 \times 10^9)^2}\right] = 0.895(\text{V}),$$

$$W \approx \sqrt{\frac{2\varepsilon_s V_{bi}}{qN_D}} = 3.41 \times 10^{-5} \text{cm} = 0.341 \mu\text{m},$$

$$E_m = \frac{qN_B W}{\varepsilon_s} = 0.52 \times 10^4 \text{V/cm}.$$

前面的讨论针对无外加偏压的热平衡 p-n 结. 如图 3.8(a)所示,其热平衡能带图显示横跨结的总静电势为 V_{bi},相应地,从 p 端到 n 端的电势能差为 qV_{bi}. 假如我们在 p 端施加一相对于 n 端的正电压 V_F,p-n 结变为正向偏置,如图 3.8(b) 所示,则跨过结的总静电势减少 V_F,即为 $V_{bi} - V_F$. 因此,正向偏压会减少耗尽区宽度.

反之,如图 3.8(c)所示,如果我们在 n 端施加相对于 p 端的正电压 V_R,p-n 结成为反向偏置,则跨过结的总静电势增加 V_R,即为 $V_{bi} + V_R$. 我们发现反向偏压会增加耗尽区宽度. 将这些电压值代入式(21),得到单边突变结耗尽区宽度与偏压的函数:

$$W = \sqrt{\frac{2\varepsilon_s (V_{bi} - V)}{qN_B}}. \tag{27}$$

其中,N_B 是轻掺杂的衬底浓度,对于正向偏压 V 是正值,对于负向偏压 V 是负值. 可以看到,耗尽区宽度随跨过结的总静电势差的平方根变化.

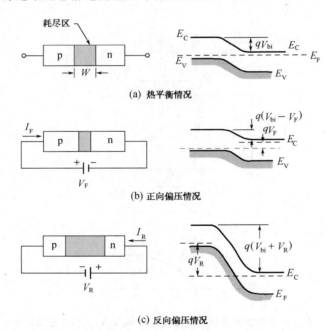

(a) 热平衡情况

(b) 正向偏压情况

(c) 反向偏压情况

图 3.8 不同偏压情况下 p-n 结的耗尽区宽度和能带示意图

▶ 3.2.2 线性缓变结(linearly graded junction)

首先考虑热平衡情形,线性缓变结的杂质分布如图 3.9(a)所示. 此时泊松方程为

$$\frac{d^2\psi}{dx^2} = -\frac{dE}{dx} = -\frac{\rho_s}{\varepsilon_s} = -\frac{q}{\varepsilon_s} ax, \quad -\frac{W}{2} \leqslant x \leqslant \frac{W}{2}. \tag{28}$$

其中 a 为浓度梯度(单位是 cm^{-4}),W 为耗尽区宽度.

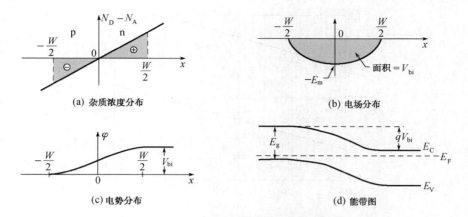

图 3.9 热平衡时的线性缓变结

我们假设可动载流子在耗尽区内是可忽略的,利用电场在 $\pm\frac{W}{2}$ 处为零的边界条件,对式(28)积分一次可得到电场分布,如图 3.9(b) 所示.

$$E(x) = -\frac{qa}{\varepsilon_s}\left[\frac{\left(\frac{W}{2}\right)^2 - x^2}{2}\right]. \tag{29}$$

在 $x=0$ 处的最大电场为

$$E_m = \frac{qaW^2}{8\varepsilon_s}. \tag{29a}$$

对式(28)积分两次,可得到电势分布和相应的能带图,分别如图 3.9(c) 和图 3.9(d) 所示. 内建电势和耗尽层宽度为

$$V_{bi} = \frac{qaW^3}{12\varepsilon_s} \tag{30}$$

和

$$W = \left(\frac{12\varepsilon_s V_{bi}}{qa}\right)^{\frac{1}{3}}. \tag{31}$$

在耗尽区边缘 $\left(-\frac{W}{2} \text{ 和 } \frac{W}{2}\right)$ 的杂质浓度相同,且都等于 $\frac{aW}{2}$,线性缓变结的内建电势可以和式(12)类似表示为*:

$$V_{bi} = \frac{kT}{q}\ln\left(\frac{\frac{aW}{2} \cdot \frac{aW}{2}}{n_i^2}\right) = \frac{2kT}{q}\ln\left(\frac{aW}{2n_i}\right). \tag{32}$$

由式(31)和式(32)消去 W,求解内建电势与 a 的超越方程(transcendental equation),硅和砷化镓线性缓变结的结果如图 3.10 所示.

当正向或反向偏压施加于线性缓变结时,耗尽区的宽度变化和能带图与图 3.8 所示的突变结情形相似. 然而,耗尽区宽度随 $(V_{bi}-V)^{\frac{1}{3}}$ 变化,对于正向偏压 V 是正值,对于反向偏压 V 是负值.

---

* 基于精确的数值计算,内建电势 $V_{bi} = \frac{2}{3}\frac{kT}{q}\ln\left(\frac{a^2\varepsilon_s kT/q}{8qn_i^3}\right)$. 对一给定浓度梯度,$V_{bi}$ 比由式(32)计算得到的值小 0.05~1 V.

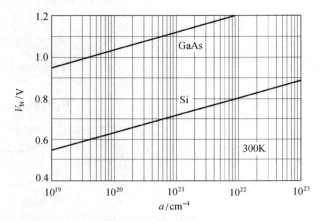

图 3.10 硅和砷化镓线性结的内建电势和杂质浓度梯度的依赖关系

▶ **例 3**

对于一浓度梯度为 10^{20}cm^{-4} 的硅线性缓变结，计算耗尽区宽度、最大电场和内建电势（$T=300\text{K}$）。

解 为了计算超越方程(32)，我们可以用一个简单的数值方法同时得到内建电势 V_{bi} 和耗尽区宽度 W。从一个合理的 V_{bi} 开始，如 0.3V，由式(31)计算 W 为 $0.619\mu\text{m}$。然后将 W 和 a 代入式(32)可得 V_{bi} 为 0.657V。再将这个 V_{bi} 代入式(31)得到新的 W，然后反过来计算新的 V_{bi} 值。经过几次迭代后，我们得到的最终 V_{bi} 值为 0.671V，W 为 $0.809\mu\text{m}$。

迭代次数	1	2	3	4	5
V_{bi}/V	0.3	0.657	0.670	0.671	0.671
$W/\mu\text{m}$	0.619	0.804	0.809	0.809	0.809

$$E_m = \frac{qaW^2}{8\varepsilon_s} = \frac{1.6\times10^{-19}\times10^{20}\times(0.809\times10^{-4})^2}{8\times11.9\times8.85\times10^{-14}} = 1.24\times10^4 \text{ (V/cm)}.$$

3.3 耗尽电容

单位面积的结耗尽区电容(depletion layer capacitance)定义为 $C_j = \dfrac{dQ}{dV}$，其中 dQ 为当外加偏压变化 dV 时，单位面积耗尽区电荷的增量[*]。

图 3.11 为任意掺杂浓度分布的 p-n 结耗尽电容。实线代表电压 V 加在 n 侧时对应的电荷和电场分布。如果该电压增加了 dV，电荷和电场分布将会扩张到虚线的范围。

在图 3.11(b) 中，位于耗尽区两侧的两电荷分布曲线之间的阴影部分面积对应于电荷增量 dQ。n 侧和 p 侧的空间电荷增量相等，但电荷极性相反，因此总体电荷仍然维持电中性。该电荷增量 dQ 引起电场增加 $dE = \dfrac{dQ}{\varepsilon_s}$（根据泊松方程）。图 3.11(c) 中阴影区域的面积

---

[*] 此电容也被称为转换区电容(transition region capacitance)。

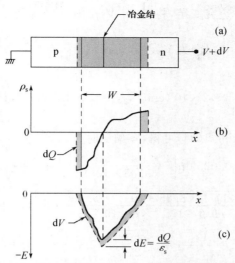

图 3.11 (a) 反向偏压下任意杂质分布的 p-n 结;(b) 空间电荷分布随外加偏压改变的影响;(c) 相应电场分布变化

表示相应的外加电压增量 dV,约为 WdE,即 $\dfrac{WdQ}{\varepsilon_s}$. 因此,单位面积的耗尽电容为

$$C_j \equiv \frac{dQ}{dV} = \frac{dQ}{W\dfrac{dQ}{\varepsilon_s}} = \frac{\varepsilon_s}{W} \tag{33}$$

或

$$C_j = \frac{\varepsilon_s}{W}, \tag{33a}$$

单位为 F/cm^2.

▶ 3.3.1 电容-电压特性

式(33)的单位面积耗尽电容和平行板电容的标准表达式相同,其中两平板间的距离为耗尽区的宽度. 此方程对任意杂质浓度分布都适用.

在推导式(33)时,假设只有耗尽区空间电荷的变化对电容有贡献. 这对反向偏压的情况是很好的假设,然而对于正向偏压情况,大量电流可以流过结,中性区有大量的可动载流子. 这些随正向偏压增加而引起的可动载流子增量将会贡献出一项额外的电容,称为扩散电容 (diffusion capacitance),这一内容将会在 3.5 节讨论.

对于一单边突变结,我们由式(27)和式(33)得到

$$C_j = \frac{\varepsilon_s}{W} = \sqrt{\frac{q\varepsilon_s N_B}{2(V_{bi}-V)}} \tag{34}$$

或

$$\frac{1}{C_j^2} = \frac{2(V_{bi}-V)}{q\varepsilon_s N_B}. \tag{35}$$

显然由式(35),对于单边突变结,将 $\frac{1}{C_j^2}$ 对 V 作图可以得到一直线.其斜率为衬底的杂质浓度 N_B,其截距(在 $\frac{1}{C_j^2}=0$ 处)为 V_{bi}.

▶ **例 4**

对一硅突变结,其中 $N_A=2\times10^{19}\,\mathrm{cm}^{-3}$,$N_D=8\times10^{15}\,\mathrm{cm}^{-3}$,计算零偏压和反向偏压 4V 时的结电容($T=300\mathrm{K}$).

解 由式(12)、式(27)和式(34)可得,零偏压时

$$V_{bi}=0.0259\ln\left[\frac{2\times10^{19}\times8\times10^{15}}{(9.65\times10^9)^2}\right]=0.906(\mathrm{V}),$$

$$W\bigg|_{V=0}\approx\sqrt{\frac{2\varepsilon_s V_{bi}}{qN_D}}=\sqrt{\frac{2\times11.9\times8.85\times10^{-14}\times0.906}{1.6\times10^{-19}\times8\times10^{15}}}=3.86\times10^{-5}(\mathrm{cm})=0.386(\mu\mathrm{m}),$$

$$C_j\bigg|_{V=0}=\frac{\varepsilon_s}{W}\bigg|_{V=0}=\sqrt{\frac{q\varepsilon_s N_B}{2V_{bi}}}=2.728\times10^{-8}\,\mathrm{F/cm^2}.$$

由式(27)和式(34)可得,在反向偏压 4V 时

$$W\bigg|_{V=-4}\approx\sqrt{\frac{2\varepsilon_s(V_{bi}-V)}{qN_D}}=\sqrt{\frac{2\times11.9\times8.85\times10^{-14}\times(0.906+4)}{1.6\times10^{-19}\times8\times10^{15}}}$$
$$=8.99\times10^{-5}(\mathrm{cm})=0.899(\mu\mathrm{m}),$$

$$C_j\bigg|_{V=-4}=\frac{\varepsilon_s}{W}\bigg|_{V=-4}=\sqrt{\frac{q\varepsilon_s N_B}{2(V_{bi}-V)}}=1.172\times10^{-8}\,\mathrm{F/cm^2}.$$ ◀

▶ **3.3.2 杂质分布估算(evaluation of impurity distribution)**

电容-电压特性可用来估算任意杂质的分布.我们考虑 p^+-n 结的情形,其 n 侧的掺杂分布(doping profile)如图 3.12(a) 所示.如前所述,对于外加电压增量 $\mathrm{d}V$,单位面积耗尽区电荷的增量 $\mathrm{d}Q$ 为 $qN(W)\mathrm{d}W$[即图 3.12(b) 的阴影区域面积],相应的偏压变化为[图 3.12(c) 的阴影区域面积]

$$\mathrm{d}V\approx(\mathrm{d}E)W=\left(\frac{\mathrm{d}Q}{\varepsilon_s}\right)W=\frac{qN(W)\mathrm{d}(W^2)}{2\varepsilon_s}. \tag{36}$$

由式(33)代入 W 至上式,我们得到耗尽区边缘的杂质浓度表达式为

$$N(W)=\frac{2}{q\varepsilon_s}\left[\frac{1}{\mathrm{d}\left(\frac{1}{C_j^2}\right)/\mathrm{d}V}\right]. \tag{37}$$

因此,我们可以测量单位面积的电容值和反向偏压的关系.对 $\frac{1}{C_j^2}$ 和 V 作图,由其斜率 $\mathrm{d}\left(\frac{1}{C_j^2}\right)/\mathrm{d}V$,可得到 $N(W)$.同时,W 可由式(33)得到.一系列这样的计算可以得到一完整的杂质分布.这种方法称为**测量杂质分布的 C-V 法**.

对于一线性缓变结,耗尽区电容由式(31)和式(33)得到,

$$C_j=\frac{\varepsilon_s}{W}=\left[\frac{qa\varepsilon_s^2}{12(V_{bi}-V)}\right]^{\frac{1}{3}}\mathrm{F/cm^2}. \tag{38}$$

对于这种结,我们将 $\frac{1}{C^3}$ 对 V 作图,由其斜率和截距得到杂质梯度和 V_{bi}.

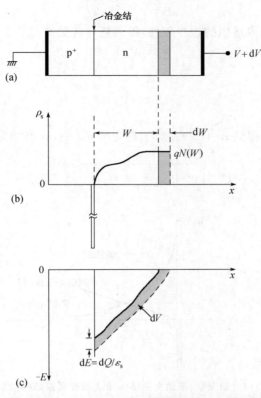

图 3.12 (a) 任意杂质分布的 p^+-n 结;(b) 在轻掺杂侧,外加偏压的变化引起的空间电荷变化;(c) 相对应的电场分布变化

▶ 3.3.3 变容器(varactor)

许多电路应用利用 p-n 结在反向偏压时的电压可调特性.为此而设计的 p-n 结称为**变容器**(varactor,即 variable reactor).由前面推导的结果[式(34)为单边突变结,式(38)为线性缓变结],反向偏压耗尽电容为

$$C_j \propto (V_{bi} + V_R)^{-n} \tag{39}$$

或

$$C_j \propto (V_R)^{-n}, V_R \gg V_{bi}. \tag{39a}$$

其中,对于线性缓变结 $n=\frac{1}{3}$,对于突变结 $n=\frac{1}{2}$.因此,对于 C 的电压灵敏度(即 C 对 V_R 的变化),突变结比线性缓变结大.使用指数 n 大于 $\frac{1}{2}$ 的超变结(hyperabrupt),我们可以进一步增加电压灵敏度.

图 3.13 显示三种 p^+-n 结的掺杂分布,其施主分布 $N_D(x)$ 可表示为 $B(\frac{x}{x_0})^m$,其中 B 和 x_0 是常数,对线性缓变结 $m=1$,对突变结 $m=0$,对超变结 $m=-\frac{3}{2}$.超变结掺杂分布可

由第 11 章中介绍的外延生长技术实现. 为了得到电容-电压关系, 我们求解泊松方程:

$$\frac{d^2 \varphi}{dx^2} = -B \left(\frac{x}{x_0}\right)^m. \tag{40}$$

对式(40)积分两次并选取适当的边界条件, 得到耗尽区宽度和反向偏压的依赖关系:

$$W \propto (V_R)^{1/(m+2)}. \tag{41}$$

因此

$$C_j = \frac{\varepsilon_s}{W} \propto (V_R)^{-1/(m+2)}. \tag{42}$$

比较式(42)和式(39a), 得到 $n = \frac{1}{m+2}$. 对于超变结 $n > \frac{1}{2}$, m 必须是负值.

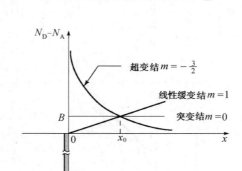

图 3.13　超变结、单边突变结和单边线性缓变结的杂质分布

选取不同的 m 值, 可以得到各种不同的 C_j 对 V_R 的依赖关系, 应用于各种特定场合. 一个有趣的 $m = -\frac{3}{2}$ 的例子, 如图 3.13 所示. 在这个例子中, $n = 2$. 当变容器被接到一振荡电路的电感 L 上时, 其振荡频率与变容器的偏压呈线性变化:

$$\omega_r = \frac{1}{\sqrt{LC_j}} \propto \frac{1}{\sqrt{V_R^{-n}}} = V_R, \quad n = 2. \tag{43}$$

3.4　电流-电压特性

外加于 p-n 结的电压将会打破电子以及空穴的扩散和漂移电流间的平衡. 如图3.14(a)中间所示, 正向偏压时, 外加偏压降低跨过耗尽区的静电势. 如第 1 章图 1.22(d)所示, 更多的位于高能量带尾的 n 区导带电子有足够的能量克服较小的势垒, 从 n 侧扩散至 p 侧. 相似地, p 侧价带中的空穴也跨过较小的势垒扩散至 n 侧. 因此, 发生少数载流子注入, 即电子注入 p 端, 而空穴注入 n 端. 反向偏压时, 外加偏压增加跨过耗尽区的静电势, 如图 3.14(b) 中间所示. 这将大大减少扩散电流. 然而, 漂移电流几乎不随势垒变化. 低浓度的 p 区少子电子或者 n 区少子空穴, 一旦随机运动至过渡区边缘, 将几乎以饱和速度漂移至 n 区或者 p 区. 因此, 漂移电流主要依赖于少子的数目. 漂移电流和扩散电流在耗尽区中共同存在, 使得

推导电流方程变得更加困难.因此,我们在耗尽区外仅考虑扩散方程来推导电流方程.本节中,我们首先考虑理想的电流-电压特性,然后讨论因产生(generation)和复合(recombination)以及其他效应而导致偏离理想特性的情况.

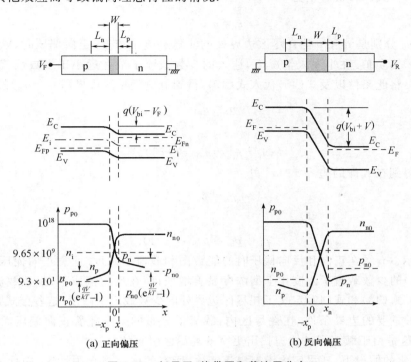

图 3.14　耗尽区、能带图和载流子分布

▶ 3.4.1　理想特性

我们推导理想电流-电压特性时,将基于以下假设:① 耗尽区为突变边界,且在边界外半导体为电中性;② 边界处的载流子浓度和跨过结的静电势相关;③ 小注入(low-level injection)情况,即注入的少数载流子浓度远小于多数载流子浓度(换句话说,在中性区的边界,多数载流子的浓度因偏压的改变可忽略);④ 在耗尽区内无产生和复合电流,电子和空穴电流在耗尽区内为常数.至于偏离理想假设的情况,将在下节中讨论.

热平衡时,中性区的多数载流子浓度与杂质浓度基本相等.我们用下标 n 和 p 来表示半导体类型,下标 0 表示热平衡条件.因此,n_{n0} 和 n_{p0} 分别表示 n 侧和 p 侧的热平衡电子浓度.式(12)的内建电势可重新写为

$$V_{bi} = \frac{kT}{q}\ln\frac{p_{p0}n_{n0}}{n_i^2} = \frac{kT}{q}\ln\frac{n_{n0}}{n_{p0}}. \tag{44}$$

上式应用了质量作用定律(mass action law) $p_{p0}n_{p0} = n_i^2$. 重新整理式(44),得到

$$n_{n0} = n_{p0} e^{\frac{qV_{bi}}{kT}}. \tag{45}$$

同理,我们得到

$$p_{p0} = p_{n0} e^{\frac{qV_{bi}}{kT}}. \tag{46}$$

由式(45)和式(46),我们注意到耗尽区两个边界处的电子和空穴浓度通过热平衡时的静电势差 V_{bi} 相联系.由第二个假设,我们预期当外加电压改变静电势差时,仍然保持相同的关

系式.

当施加一正向偏压时,静电势差减为 $V_{bi}-V_F$;当施加一反向偏压时,静电势差增为 $V_{bi}+V_R$. 于是,式(45)被修正为

$$n_n = n_p e^{\frac{q(V_{bi}-V)}{kT}} \tag{47}$$

其中 n_n 和 n_p 分别是 n 和 p 侧耗尽区边界处的非稳态电子浓度. 正向偏压时, V 为正值;反向偏压时, V 为负值. 在小注入情况下,注入的少数载流子浓度远小于多数载流子浓度,因此, $n_n \approx n_{n0}$. 将此条件以及式(45)代入式(47),得到 p 侧耗尽区边界($x=-x_p$)的电子浓度

$$n_p = n_{p0} e^{\frac{qV}{kT}} \tag{48}$$

或

$$n_p - n_{p0} = n_{p0}(e^{\frac{qV}{kT}} - 1). \tag{48a}$$

同理,我们得到在 n 侧的边界 $x=x_n$ 处

$$p_n = p_{n0} e^{\frac{qV}{kT}} \tag{49}$$

或

$$p_n - p_{n0} = p_{n0}(e^{\frac{qV}{kT}} - 1). \tag{49a}$$

图 3.14 显示 p-n 结在正向和反向偏压时的能带图和载流子浓度. 注意正向偏压下,边界处($-x_p$ 和 x_n)的少数载流子浓度比平衡浓度显著增加;而在反向偏压下,少数载流子浓度比平衡时要小. 式(48)和式(49)定义了耗尽区边界处的少数载流子浓度. 这些公式是理想电流-电压特性最重要的边界条件. 在耗尽区内,载流子分布的斜率随着正向偏压而减小,如图 3.14 所示. 这是由于载流子被快速扫出更窄的耗尽区引起的.

在理想化的假设下,耗尽区内没有电流产生,所有的电流来自中性区. 中性 n 区没有电场,因此稳态连续方程(continuity equation)简化为

$$\frac{d^2 p_n}{dx^2} - \frac{p_n - p_{n0}}{D_p \tau_p} = 0. \tag{50}$$

以式(49)和 $p_n(x=\infty)=p_{n0}$ 为边界条件,式(50)的解为

$$p_n - p_{n0} = p_{n0}(e^{\frac{qV}{kT}} - 1) e^{\frac{-(x-x_n)}{L_p}}. \tag{51}$$

其中 $L_p = \sqrt{D_p \tau_p}$,为 n 区空穴(少数载流子)的扩散长度(diffusion length). 在 $x=x_n$ 处,

$$J_p(x_n) = -qD_p \frac{dp_n}{dx}\bigg|_{x_n} = \frac{qD_p p_{n0}}{L_p}(e^{\frac{qV}{kT}} - 1). \tag{52}$$

类似地,我们得到电中性 p 区

$$n_p - n_{p0} = n_{p0}(e^{\frac{qV}{kT}} - 1) e^{\frac{x+x_p}{L_n}} \tag{53}$$

和

$$J_n(-x_p) = qD_n \frac{dn_p}{dx}\bigg|_{-x_p} = \frac{qD_n n_{p0}}{L_n}(e^{\frac{qV}{kT}} - 1). \tag{54}$$

其中 $L_n = \sqrt{D_n \tau_n}$,为电子的扩散长度. 少数载流子浓度[式(51)和式(53)]如图 3.15 中间所示.

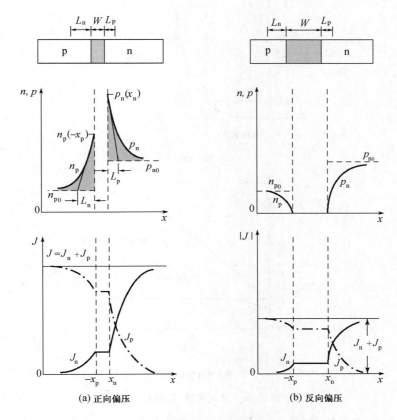

图 3.15 注入的少数载流子分布和电子及空穴电流
(此图示为理想电流,对于实际器件,这些电流在耗尽区并非常数)

图中说明当注入的少数载流子离开边界时,会和多数载流子复合. 电子和空穴电流如图 3.15 下方所示. 边界处的空穴和电子电流由式(52)和式(54)给出. 在 n 区,空穴扩散电流以扩散长度 L_p 呈指数衰减; 而在 p 区, 电子扩散电流以扩散长度 L_n 呈指数衰减.

通过器件各处的总电流为一常数,它是式(52)和式(54)的和:

$$J = J_p(x_n) + J_n(-x_p) = J_s(e^{\frac{qV}{kT}} - 1), \tag{55}$$

$$J_s \equiv \frac{qD_p p_{n0}}{L_p} + \frac{qD_n n_{p0}}{L_n}. \tag{55a}$$

其中 J_s 是饱和电流密度. 式(55)为**理想二极管方程**(ideal diode equation)[1]. 图 3.16(a) 和图 3.16(b) 分别为以直角坐标(Cartesian)和半对数图(semilog plot)表示的理想电流-电压特性. 当 p 侧正向偏压 $V \geqslant \frac{3kT}{q}$ 时,正向电流的增加率为常数,如图 3.16(b) 所示. 在 300K,电流每变化 10 倍,一个理想二极管的电压改变量为 60mV($= 2.3kT/q$). 在反向偏压时,电流密度在 $-J_s$ 达到饱和.

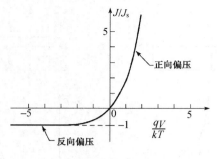

(a) 直角坐标

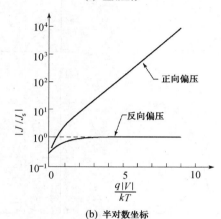

(b) 半对数坐标

图 3.16 理想电流-电压特性

对于 p^+-n 结，总电流为

$$J = \frac{qD_p p_{n0}}{L_p}(e^{\frac{qV}{kT}} - 1) = \frac{qD_p}{L_p} N_V (e^{\frac{qV - (E_F - E_V)}{kT}} - 1). \quad (55b)$$

当正向偏压小于 $(E_F - E_V)/q$ 时电流很小．当正向偏压略大于 $(E_F - E_V)/q$ 时，电流快速增加．该电压为切入电压（cut-involtage），它略小于禁带宽度值（以电子伏为单位）．通常切入电压随着禁带宽度增加而增加．

▶ **例 5**

计算硅 p-n 结二极管的理想反向饱和电流，其截面积为 $2 \times 10^{-4}\,\mathrm{cm}^2$．二极管的参数是：$N_A = 5 \times 10^{16}\,\mathrm{cm}^{-3}$，$N_D = 10^{16}\,\mathrm{cm}^{-3}$，$n_i = 9.65 \times 10^9\,\mathrm{cm}^{-3}$，$D_n = 21\,\mathrm{cm}^2/\mathrm{s}$，$D_p = 10\,\mathrm{cm}^2/\mathrm{s}$，$\tau_p = \tau_n = 5 \times 10^{-7}\,\mathrm{s}$．

解 由式(55a) 和 $L_p = \sqrt{D_p \tau_p}$ 得到

$$J_s = \frac{qD_p p_{n0}}{L_p} + \frac{qD_n n_{p0}}{L_n} = qn_i^2 \left(\frac{1}{N_D} \sqrt{\frac{D_p}{\tau_p}} + \frac{1}{N_A} \sqrt{\frac{D_n}{\tau_n}} \right)$$

$$= 1.6 \times 10^{-19} \times (9.65 \times 10^9)^2 \left(\frac{1}{10^{16}} \sqrt{\frac{10}{5 \times 10^{-7}}} + \frac{1}{5 \times 10^{16}} \sqrt{\frac{21}{5 \times 10^{-7}}} \right)$$

$$= 8.58 \times 10^{-12}\,(\mathrm{A/cm^2}).$$

截面积 $A = 2 \times 10^{-4}\,\mathrm{cm}^2$，得到

$$I_s = A \times J_s = 2 \times 10^{-4} \times 8.58 \times 10^{-12} = 1.72 \times 10^{-15}\,(\mathrm{A}).$$

▶ 3.4.2 产生-复合和大注入效应(high-injection effects)

理想二极管方程式(55),可以恰当描述锗 p-n 结在低电流密度时的电流-电压特性.然而对于硅和砷化镓 p-n 结,理想方程只能定性地吻合,这是因为耗尽区内有载流子的产生及复合存在.

首先考虑反向偏压条件.在反向偏压下,耗尽区内的载流子浓度远低于热平衡浓度.第2章所讨论的主要的产生和复合过程是通过禁带中产生-复合中心的电子和空穴发射.俘获过程并不重要,因为俘获速率和自由载流子的浓度成正比,而在反向偏压下耗尽区内的自由载流子非常少.

在稳态时,这两种发射过程交替地发射电子和空穴.电子-空穴对的产生率可以由第2章的式(50)得到,在 $p_n < n_i$ 及 $n_n < n_i$ 的情况下,

$$G = -U = \left[\frac{\sigma_p \sigma_n v_{th} N_t}{\sigma_n \exp\left(\frac{E_t - E_i}{kT}\right) + \sigma_p \exp\left(\frac{E_i - E_t}{kT}\right)} \right] n_i \equiv \frac{n_i}{\tau_g}. \tag{56}$$

其中 τ_g 为产生时间(generation lifetime),是中括号里表达式的倒数.可由此表达式得到关于电子-空穴产生的重要结论.考虑一简单的例子,其中 $\sigma_n = \sigma_p = \sigma_0$,式(56)简化成

$$G = \frac{\sigma_0 v_{th} N_t n_i}{2\cosh\left(\frac{E_t - E_i}{kT}\right)}. \tag{57}$$

在 $E_t = E_i$ 时,产生率达到最大值,随 E_t 由禁带中间向两边偏离,产生率呈指数下降.因此,只有那些靠近本征费米能级的产生中心能级 E_t,对产生率才有显著贡献.

耗尽区的产生电流为

$$J_{gen} = \int_0^W qG dx \approx qGW = \frac{qn_i W}{\tau_g}. \tag{58}$$

其中,W 为耗尽区宽度.当 $N_A \gg N_D$ 和 $V_R > \frac{3kT}{q}$ 时,p^+-n 结的总反向电流可以近似为中性区的扩散电流和耗尽区的产生电流之和,

$$J_R \approx q\sqrt{\frac{D_p}{\tau_p}} \frac{n_i^2}{N_D} + \frac{qn_i W}{\tau_g}. \tag{59}$$

对于 n_i 较大的半导体如锗,在室温下扩散电流占主导,反向电流符合理想二极管方程.但如果 n_i 很小,如硅和砷化镓,则耗尽区的产生电流可以占主导.

▶ 例 6

考虑例5的硅 p-n 结二极管,且假设 $\tau_g = \tau_p = \tau_n$,计算在 4V 的反向偏压时其产生电流密度.

解 由式(20),我们得到

$$W = \sqrt{\frac{2\varepsilon_s}{q}\left(\frac{N_A + N_D}{N_A N_D}\right)(V_{bi} + V)} = \sqrt{\frac{2\varepsilon_s}{q}\left(\frac{N_A + N_D}{N_A N_D}\right)\left(\frac{kT}{q}\ln\frac{N_A N_D}{n_i^2} + V\right)}$$

$$= \sqrt{\frac{2 \times 11.9 \times 8.85 \times 10^{-14}}{1.6 \times 10^{-19}}\left(\frac{5 \times 10^{16} + 10^{16}}{5 \times 10^{16} \times 10^{16}}\right)\left(0.0259 \ln \frac{5 \times 10^{16} \times 10^{16}}{(9.65 \times 10^9)^2} + V\right)}$$

$$= 3.97 \times \sqrt{0.758 + V} \times 10^{-5} \text{(cm)}.$$

于是产生电流密度为

$$J_{\text{gen}} = \frac{qn_i W}{\tau_g} = \frac{1.6 \times 10^{-19} \times 9.65 \times 10^9}{5 \times 10^{-7}} \times 3.97 \times \sqrt{0.758+V} \times 10^{-5}$$

$$= 1.22 \times \sqrt{0.758+V} \times 10^{-7} (\text{A/cm}^2).$$

假如我们外加 4V 的反向偏压,其产生电流密度为 $2.66 \times 10^{-7} \text{A/cm}^2$.

正向偏压下,电子和空穴的浓度皆超过平衡值. 载流子会倾向于通过复合回到平衡值. 因此,耗尽区内主要的产生-复合过程为俘获过程(capture process). 由式(49),我们得到

$$p_n n_n \approx p_{n0} n_{n0} e^{\frac{qV}{kT}} = n_i^2 e^{\frac{qV}{kT}}. \tag{60}$$

将式(60)代入第 2 章的式(50),且假设 $\sigma_n = \sigma_p = \sigma_0$,

$$U = \frac{\sigma_0 v_{\text{th}} N_t n_i^2 (e^{\frac{qV}{kT}} - 1)}{n_n + p_n + 2n_i \cosh\frac{E_i - E_t}{kT}}. \tag{61}$$

不论是复合还是产生,最有效的中心皆位于接近 E_i 的地方. 举例来说,金和铜在硅中形成有效的产生-复合中心,金的 $E_t - E_i$ 为 0.02eV,而铜为 -0.02eV. 在砷化镓中,铬形成一有效的产生-复合中心,其 $E_t - E_i$ 为 0.08eV.

在 $E_t = E_i$ 的条件下,式(61)可以被简化成

$$U = \sigma_0 v_{\text{th}} N_t \frac{n_i^2 (e^{\frac{qV}{kT}} - 1)}{n_n + p_n + 2n_i}. \tag{62}$$

对于给定的正向偏压,当分母 $n_n + p_n + 2n_i$ 为最小值或者电子和空穴浓度的和 $n_n + p_n$ 为最小值时,U 在耗尽区内某处可以达到最大值. 由式(60)可知两个浓度的乘积为定值,由 $d(p_n + n_n) = 0$ 的条件可导出

$$dp_n = -dn_n = \frac{p_n n_n}{p_n^2} dp_n \tag{63}$$

或

$$p_n = n_n \tag{64}$$

为最小值的条件. 该条件存在于耗尽区内某处,当 E_i 恰位于 E_{Fp} 和 E_{Fn} 的中间位置,如图 3.14(a)中间所示. 此处载流子浓度为

$$p_n = n_n = n_i e^{\frac{qV}{2kT}}, \tag{65}$$

于是

$$U_{\text{max}} = \sigma_0 v_{\text{th}} N_t \frac{n_i^2 (e^{\frac{qV}{kT}} - 1)}{2n_i (e^{\frac{qV}{2kT}} + 1)}. \tag{66}$$

对于 $V > \frac{3kT}{q}$,

$$U_{\text{max}} \approx \frac{1}{2} \sigma_0 v_{\text{th}} N_t n_i e^{\frac{qV}{2kT}}. \tag{67}$$

因此复合电流为

$$J_{\text{rec}} = \int_0^W qU dx \approx \frac{qW}{2} \sigma_0 v_{\text{th}} N_t n_i e^{\frac{qV}{2kT}} = \frac{qWn_i}{2\tau_r} e^{\frac{qV}{2kT}}. \tag{68}$$

其中 τ_r 等于 $\frac{1}{\sigma_0 v_{\text{th}} N_t}$ 为有效复合寿命(effective recombination lifetime). 总正向电流可以近似为式(55)和式(68)之和. 对于 $p_{n0} \gg n_{p0}$ 和 $V > \frac{3kT}{q}$,我们得到

$$J_F = q\sqrt{\frac{D_p}{\tau_p}}\frac{n_i^2}{N_D}e^{\frac{qV}{kT}} + \frac{qWn_i}{2\tau_r}e^{\frac{qV}{2kT}}. \tag{69}$$

一般而言,实验结果可以经验地表示成

$$J_F \propto \exp\left(\frac{qV}{\eta kT}\right), \tag{70}$$

其中 η 称为**理想系数**(ideality factor). 当理想扩散电流占主导时 $\eta=1$;而当复合电流占主导时 $\eta=2$. 当两者电流可比时,η 介于 1 和 2 之间.

图 3.17 所示为室温下硅和砷化镓 p-n 结测量的正向特性[2]. 在低电流区域,复合电流占主导,$\eta=2$;在电流较高的区域,扩散电流占主导,η 接近于 1.

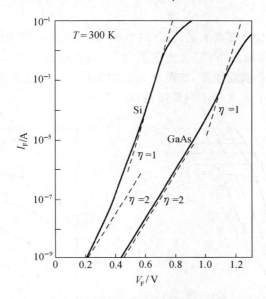

图 3.17　300K 时硅和砷化镓二极管[2]的正向电流-电压特性比较,虚线表示不同理想系数 η 下的斜率

在电流更高的区域,我们注意到电流偏离 $\eta=1$ 的理想情况,且随正向电压增加的速率变得缓慢. 该现象和两种效应有关:串联电阻和大注入效应. 我们先讨论串联电阻效应. 在低及中电流区域,中性区的 IR 电压降通常比 $\frac{kT}{q}$(在 300K 时为 26mV)小,其中 I 为正向电流,R 为串联电阻. 例如,对于 $R=1.5\Omega$ 的硅二极管,IR 在 1mA 时仅有 1.5mV. 然而,在 100mA 时,IR 压降变成 0.15V,比 $\frac{kT}{q}$ 大 6 倍. 该 IR 压降降低了跨过耗尽区的偏压. 因此,电流变成

$$I \approx I_s \exp\left[\frac{q(V-IR)}{kT}\right] = \frac{I_s \exp\left(\frac{qV}{kT}\right)}{\exp\left(\frac{qIR}{kT}\right)}. \tag{71}$$

理想扩散电流降低了一个因子 $\exp\left(\frac{qIR}{kT}\right)$.

在高电流密度的大注入条件下,注入的少数载流子浓度和多数载流子浓度相当,即在结的

n端 $p_n(x=x_n) \approx n_n$,这就是大注入条件. 将大注入条件代入式(60),我们得到 $p_n(x=x_n) \approx n_i \exp\left(\dfrac{qV}{2kT}\right)$. 以此作为边界条件,则电流大致变成和 $\exp\left(\dfrac{qV}{2kT}\right)$ 成正比. 因此在大注入条件下,电流增加趋缓.

▶ 3.4.3 温度影响

工作温度对器件特性有很大的影响. 在正向和反向偏压两种情况下,扩散和复合-产生电流的大小都与温度有强烈的依赖关系. 我们先考虑正向偏压的情况. 空穴扩散电流和复合电流的比值为

$$\frac{I_{扩散}}{I_{复合}} = 2\,\frac{n_i}{N_D}\frac{L_p}{W}\frac{\tau_r}{\tau_p}e^{\frac{qV}{2kT}} \propto \exp\left(-\frac{E_g - qV}{2kT}\right) \tag{72}$$

该比值和温度及半导体禁带宽度有关. 图 3.18(a) 显示硅二极管的正向特性和温度的依赖关系. 在室温及小的正向偏压下,复合电流占主导,而在较高的正向偏压下,扩散电流占主导. 给定一正向偏压,随着温度增加,扩散电流的增加比复合电流更快. 因此,当温度升高时,理想二极管方程将适用于更宽的正向偏压范围.

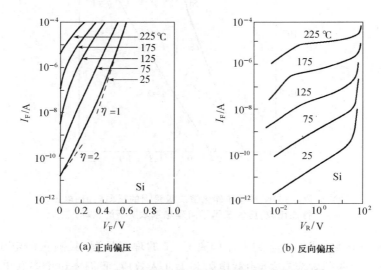

(a) 正向偏压　　(b) 反向偏压

图 3.18　硅二极管电流-电压特性和温度的关系[2]

对于扩散电流占主导的单边 p^+-n 结,饱和电流密度 J_s[式(55a)]和温度的依赖关系为

$$J_s \approx \frac{qD_p p_{n0}}{L_p} \propto n_i^2 \propto \exp\left(-\frac{E_g}{kT}\right). \tag{73}$$

因此,由 J_s 对 $\dfrac{1}{T}$ 的斜率得到的激活能对应于禁带宽度 E_g.

对于反偏的 p^+-n 结,扩散电流和产生电流的比值为

$$\frac{I_{扩散}}{I_{产生}} = \frac{n_i}{N_D}\frac{L_p}{W}\frac{\tau_g}{\tau_p}, \tag{74}$$

该比值和本征载流子浓度 n_i 成正比. 当温度增加时,最终扩散电流会占主导. 图 3.18(b) 显示温度对硅二极管反向特性的影响. 在低温时,产生电流占主导,且反向电流随 $\sqrt{V_R}$ 变化,这和突变结的式(58)一致(即 $W \sim \sqrt{V_R}$). 当温度上升超过 175℃ 且 $V_R \geqslant \dfrac{3kT}{q}$ 时,反向电流

呈现饱和的趋势,此时扩散电流占主导.

3.5 电荷存储与瞬态响应

在正向偏压下,电子由 n 区注入 p 区,而空穴由 p 区注入 n 区. 少数载流子一旦越过结,就会和多数载流子复合,且随距离呈指数衰减,如图 3.15(a) 所示. 这些少数载流子的分布导致 p-n 结的电流及电荷储存. 我们将考虑电荷储存及其对结电容的影响,和偏压突然改变时 p-n 结的瞬态反应.

▶ 3.5.1 少数载流子的存储

注入的少数载流子存储于中性 n 区,单位面积的存储电荷可由中性区的过剩空穴积分得到,如图 3.15(a)中所示的阴影面积,由式(51)可得

$$\begin{aligned}
Q_p &= q\int_{x_n}^{\infty} (p_n - p_{n0}) \mathrm{d}x \\
&= q\int_{x_n}^{\infty} p_{n0}(e^{\frac{qV}{kT}} - 1) e^{-\frac{x-x_n}{L_p}} \mathrm{d}x \\
&= qL_p p_{n0}(e^{\frac{qV}{kT}} - 1).
\end{aligned} \tag{75}$$

L_p 为空穴复合前的平均扩散长度. 存储的电荷可视为空穴从耗尽区边界扩散了一个平均长度 L_p. 存储的少数载流子数量与扩散长度以及耗尽区边界的电荷密度有关. 类似的表达式也可以表示中性 p 区储存的电子. 我们还可以用注入电流来表示存储电荷. 由式(52)和式(75)得到

$$\boxed{Q_p = \frac{L_p^2}{D_p} J_p(x_n) = \tau_p J_p(x_n).} \tag{76}$$

式(76)说明电荷储存量是电流和少数载流子寿命的乘积. n 区空穴的平均寿命为 τ_p,则存储电荷 Q_p 必须每隔 τ_p 秒存满一次.

▶ **例 7**

对于一理想硅 p^+-n 突变结,其 $N_D = 8 \times 10^{15} \mathrm{cm}^{-3}$,计算当外加 1V 正向偏压时,储存在中性区的少数载流子每单位面积的数目. 空穴的扩散长度是 $5\mu m$.

解 由式(75),得到

$$\begin{aligned}
Q_p &= qL_p p_{n0}(e^{\frac{qV}{kT}} - 1) = 1.6 \times 10^{-19} \times 5 \times 10^{-4} \times \frac{(9.65 \times 10^9)^2}{8 \times 10^{15}} \times (e^{\frac{1}{0.0259}} - 1) \\
&= 4.69 \times 10^{-2} (\mathrm{C/cm^2}).
\end{aligned}$$

▶ 3.5.2 扩散电容

当结处于反向偏压时,前面讨论的耗尽区电容为主要的结电容. 当结处于正向偏压时,中性区储存电荷的重排会对结电容产生一个显著的附加电容,称为**扩散电容**(diffusion capacitance),用 C_d 表示. 这个名称由理想二极管的情形推导而来,即少数载流子通过扩散在中性区运动.

因此,储存于中性 n 区的空穴形成的扩散电容,可由定义 $C_d \equiv \dfrac{A\mathrm{d}Q_p}{\mathrm{d}V}$ 从式(75)得到,

$$C_d = \frac{Aq^2 L_p p_{n0}}{kT} e^{\frac{qV}{kT}}. \tag{77}$$

其中 A 为器件横截面积.我们也可将中性 p 区所储存的电子的贡献计入 C_d.然而对于 p^+-n 结,$n_{p0} \ll p_{n0}$,储存电子对 C_d 的作用并不重要.在反向偏压下(即 V 为负值),因为少数载流子储存可忽略,式(77)表明 C_d 并不重要.

在许多应用中,我们常用等效电路来表示 p-n 结.除了扩散电容 C_d 和耗尽电容 C_j 外,还必须加入电导以计入电流流经器件.在理想二极管中,电导可由式(55)得到,

$$G = \frac{AdJ}{dV} = \frac{qA}{kT} J_s e^{\frac{qV}{kT}} = \frac{qA}{kT}(J + J_s) \approx \frac{qI}{kT}. \tag{78}$$

二极管的等效电路如图 3.19 所示,其中 C_j 代表总耗尽电容[即式(33)结果乘以器件面积 A].在静态偏压(即直流 dc)的二极管上施加一正弦激发(sinusoidal excitation)低电压,图 3.19 所示的电路已足够精确.因此,我们称它为二极管的小信号等效电路.

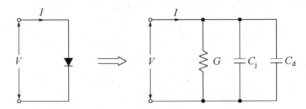

图 3.19 p-n 结的小信号等效电路

▶ 3.5.3 瞬态响应(transient behavior)

在开关应用中,正偏到反偏的切换必须接近于突变,并且切换时间必须很短.图 3.20(a) 所示为正向电流 I_F 流经 p-n 结的简单电路.在 $t=0$ 时刻开关 S 突然转向右边,一起始反向电流 $I_R \approx \frac{V}{R}$ 开始流动.如图 3.20(b) 所示,瞬态时间 t_{off} 是指电流降低到只有起始反向电流 I_R 10% 时所需的时间.

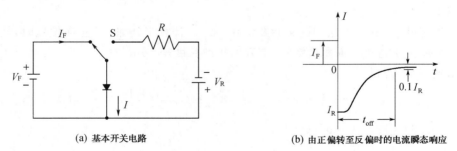

(a) 基本开关电路   (b) 由正偏转至反偏时的电流瞬态响应

图 3.20 p-n 结的瞬态响应

该瞬态时间可以估算如下:在正偏条件下,p^+-n 结的 n 区存储的少数载流子由式(76)得到,

$$Q_p = \tau_p J_p = \tau_p \frac{I_F}{A}. \tag{79}$$

其中 I_F 为正向电流,A 为器件面积.如果关断期间的平均电流为 $I_{R,ave}$,关断时间(turn-off time)是移除总储存电荷 Q_p 所需的时间,

$$t_{\text{off}} \approx \frac{Q_p A}{I_{R,\text{ave}}} = \tau_p \left(\frac{I_F}{I_{R,\text{ave}}} \right). \tag{80}$$

因此关断时间和正反向电流的比值以及少数载流子寿命有关. 图 3.21 所示为考虑时间相关的少数载流子扩散问题, 而得到的更精确的关断时间. 对于快速开关器件, 我们必须降低少数载流子的寿命. 因此, 那些能级靠近禁带中央的复合-产生中心经常被引入, 如硅中引入金掺杂.

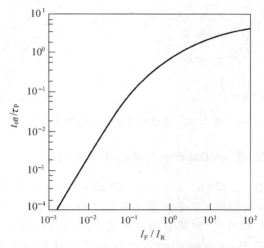

图 3.21 归一化的瞬态时间 t_{off}/τ_p 对正向电流和反向电流比值的关系[3]

3.6 结击穿

当一足够大的反向电压加在 p-n 结上时, 会发生结击穿而且会导通一非常大的电流. 虽然击穿过程并非一定是破坏性的, 但是最大电流必须被外部电路限制, 以避免结过热. 两种重要的击穿机制为隧穿效应(tunneling effect)和雪崩倍增(avalanche multiplication). 我们将简略地讨论第一种机制, 然后详细地讨论雪崩倍增, 因为对于大部分的二极管, 雪崩击穿限制了反向偏压的上限. 雪崩击穿也限制了双极型晶体管(bipolar transistor)的集电极电压(第 4 章)和 MOSFET 的漏极电压(第 5 章和第 6 章). 此外, 雪崩倍增机制可用来产生微波功率, 如碰撞离化雪崩渡越时间二极管(IMPATT diode)(第 8 章)和检测光信号, 如雪崩光电探测器(avalanche photodetector)(第 10 章).

3.6.1 隧穿效应(tunneling effect)

当一反向强电场加在 p-n 结时, 价电子可以由价带跃迁到导带, 如图 3.22(a)所示. 这种电子穿过禁带的过程称为**隧穿**(tunneling).

隧穿过程在第 2 章中已进行了讨论. 隧穿只发生在电场很高的时候. 对硅和砷化镓, 其典型电场大约为 10^6 V/cm 或更高. 为了实现如此高的电场, p 区和 n 区的掺杂浓度都必须相当高($> 5 \times 10^{17}$ cm^{-3}). 对于硅和砷化镓结, 若击穿电压小于约 $\frac{4E_g}{q}$ 时(其中 E_g 为禁带宽度), 击穿机制归因于隧穿效应. 若击穿电压超过 $\frac{6E_g}{q}$, 击穿机制归因于雪崩倍增. 当电压在

$\frac{4E_g}{q}$ 和 $\frac{6E_g}{q}$ 之间，击穿则为雪崩倍增和隧穿二者的混合[4]。

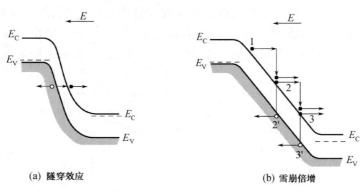

(a) 隧穿效应　　(b) 雪崩倍增

图 3.22　在结击穿条件下的能带图

▶ 3.6.2　雪崩倍增（avalanche multiplication）

雪崩倍增的过程如图 3.22(b) 所示，p-n 结如 p^+-n 单边突变结，掺杂浓度为 $N_D \approx 10^{17}\,\text{cm}^{-3}$ 或更少，处于反向偏压。这张图基本和第 2 章的图 2.26 一样。耗尽区内因热产生的电子（标示 1）由电场得到动能。如果电场足够大，电子可以获得足够的动能，以至于当和原子撞击时能破坏晶格价键，产生电子-空穴对（2 和 2′）。这些新产生的电子和空穴，可由电场获得动能，并产生额外的电子-空穴对（譬如 3 和 3′）。该过程一直持续，继续产生其他的电子-空穴对。这个过程称为**雪崩倍增**（avalanche multiplication）。

为了推导击穿状况，我们假设电流 I_{n0} 由宽度为 W 的耗尽区左侧注入，如图 3.23 所示。假如耗尽区内的电场高到可以让雪崩倍增开始，通过耗尽区时电子电流 I_n 随距离的增大而增加，并在 W 处达到 $M_n I_{n0}$，其中 M_n 为倍增因子（multiplication factor），定义为

$$M_n \equiv \frac{I_n(W)}{I_{n0}}. \tag{81}$$

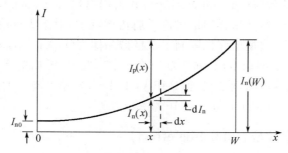

图 3.23　p-n 结耗尽区中入射电流的倍增

类似地，空穴电流 I_p 从 $x=W$ 增加到 $x=0$。总电流 $I=I_p+I_n$ 在稳态时为常数。在 x 处的电子电流增量等于在距离 $\mathrm{d}x$ 以内每秒产生的电子-空穴对数目：

$$\mathrm{d}\left(\frac{I_n}{q}\right) = \left(\frac{I_n}{q}\right)(\alpha_n \mathrm{d}x) + \left(\frac{I_p}{q}\right)(\alpha_p \mathrm{d}x) \tag{82}$$

或

$$\frac{\mathrm{d}I_n}{\mathrm{d}x} + (\alpha_p - \alpha_n)I_n = \alpha_p I. \tag{82a}$$

其中，α_n 和 α_p 分别为电子和空穴电离率. 若我们使用简化的假设 $\alpha_n = \alpha_p = \alpha$，则式（82a）的解为

$$\frac{I_n(W) - I_n(0)}{I} = \int_0^W \alpha \mathrm{d}x. \tag{83}$$

由式（81）和式（83）得到

$$1 - \frac{1}{M_n} = \int_0^W \alpha \mathrm{d}x. \tag{83a}$$

雪崩击穿电压定义为当 M_n 接近无限大时的电压. 因此，击穿条件由下式给出：

$$\int_0^W \alpha \mathrm{d}x = 1. \tag{84}$$

由上述的击穿条件以及电离率的电场依赖关系，我们可以计算雪崩倍增发生时的临界电场（也就是击穿时的最大电场）. 利用测量得的 α_n 和 α_p（如第 2 章的图 2.27），可求得硅和砷化镓单边突变结的临界电场 E_c，其与衬底掺杂浓度的关系如图 3.24 所示. 图中亦标示出隧穿效应的临界电场. 显然，隧穿只发生在高掺杂浓度的半导体中.

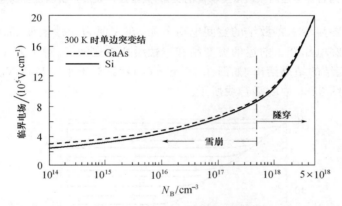

图 3.24　硅和砷化镓单边突变结的击穿临界电场与背景掺杂的关系[5]

在临界电场确定后，我们可以计算击穿电压. 如前面讨论，耗尽区的电压由泊松方程的解来决定，对于单边突变结而言，

$$V_B(\text{击穿电压}) = \frac{E_c W}{2} = \frac{\varepsilon_s E_c^2}{2q} N_B^{-1}. \tag{85}$$

对于线性缓变结，

$$V_B = \frac{2E_c W}{3} = \frac{4E_c^{\frac{3}{2}}}{3}\left(\frac{2\varepsilon_s}{q}\right)^{\frac{1}{2}} a^{-\frac{1}{2}}. \tag{86}$$

其中 N_B 为轻掺杂侧的浓度，ε_s 为半导体介电常数，a 为杂质浓度梯度. 因为临界电场是 N_B 或 a 的缓变函数，作为一阶近似，突变结的击穿电压随着 N_B^{-1} 变化，而线性缓变结的击穿电压则随着 $a^{-\frac{1}{2}}$ 变化.

图 3.25 所示为硅和砷化镓结的雪崩击穿电压的计算值[5]. 在高掺杂浓度或高杂质梯度区域的点画线（在右方）表示隧穿效应的开始. 对于给定的 N_B 或 a，砷化镓比硅有更高的击穿电压，主要因为其较大的禁带宽度. 禁带宽度越大，临界电场就必须越大，载流子才能在碰撞之间从电场中获得足够的动能. 如式（85）和式（86）所示，临界电场越大，击穿电压就越大.

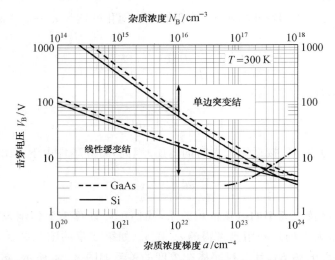

图 3.25 硅和砷化镓中,单边突变结的雪崩击穿电压和杂质浓度的关系,以及线性缓变结的雪崩击穿电压与杂质浓度梯度的关系,点画线代表隧穿机制发生的起始点[5]

图 3.26 的插图显示一扩散结的空间电荷分布,在表面为线性缓变,而在半导体内部则为恒定掺杂. 其击穿电压介于前述的突变结和线性缓变结之间[6]. 对于大 a 和低 N_B,扩散结的击穿电压由突变结的结果给出,如图 3.26 下方的斜线;对于小 a 和高 N_B,V_B 由线性缓变结的结果得到,如图 3.26 中的平行线所示.

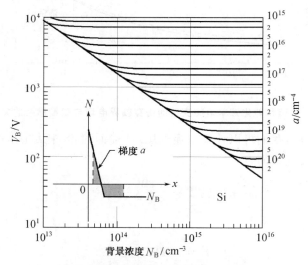

图 3.26 扩散结的击穿电压,插图表示空间电荷分布[6].

▶ **例 8**

计算硅单边 p^+-n 突变结的击穿电压,其 $N_D = 5 \times 10^{16} \text{cm}^{-3}$.

解 由图 3.24,我们得到硅单边 p^+-n 突变结的临界电场大约为 $5.7 \times 10^5 \text{V/cm}$. 然后由式(85),我们得到

$$V_B(\text{击穿电压}) = \frac{E_c W}{2} = \frac{\varepsilon_s E_c^2}{2q} N_B^{-1}$$

$$= \frac{11.9 \times 8.85 \times 10^{-14} \times (5.7 \times 10^5)^2}{2 \times 1.6 \times 10^{-19}} (5 \times 10^{16})^{-1}$$

$$= 21.4(V).$$

在图 3.25 和图 3.26 中,我们假设半导体足够厚,可以提供击穿时的反偏耗尽区宽度 W_m. 如果半导体厚度小于 W_m,如图 3.27 内插图所示,器件会发生穿通(punch through);即在击穿之前耗尽层已碰到 n-n$^+$ 界面. 继续增加反向偏压则会使器件击穿. 临界电场 E_c 大致和图 3.24 所示相同. 因此,二极管穿通的击穿电压 V_B' 为

$$\frac{V_B'}{V_B} = \frac{A}{\frac{E_c W_m}{2}} = \left(\frac{W}{W_m}\right)\left(2 - \frac{W}{W_m}\right). \tag{87}$$

其中,A 为插图中阴影区域的面积. 穿通发生在当掺杂浓度 N_B 足够小时,如 p$^+$-π-n$^+$ 或 p$^+$-ν-n$^+$ 二极管,其中 π 代表轻掺杂 p 型半导体,ν 表示轻掺杂 n 型半导体. 对这种二极管,由式(85)和式(87)计算的击穿电压如图 3.27 所示. 对于一给定的厚度,随着掺杂浓度的减少,击穿电压趋于一常数.

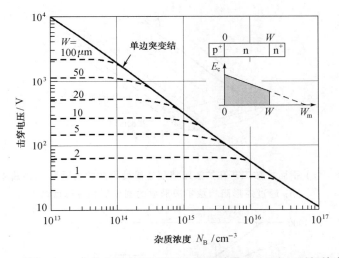

图 3.27 p$^+$-π-n$^+$ 和 p$^+$-ν-n$^+$ 的击穿电压,W 为 p 型轻掺杂区(π)或 n 型轻掺杂区(ν)的厚度

▶ **例 9**

对于 GaAs p$^+$-n 单边突变结,其 $N_D = 8 \times 10^{14}$ cm^{-3},计算发生击穿时耗尽区的宽度. 如果结的 n 型区减少至 20μm,计算其击穿电压.

解 由图 3.25,我们可以找到击穿电压(V_B)大约在 500V,此值要远大于内建电势(V_{bi}). 由式(27),我们得到

$$W = \sqrt{\frac{2\varepsilon_s(V_{bi} - V)}{qN_B}} \approx \sqrt{\frac{2 \times 12.4 \times 8.85 \times 10^{-14} \times 500}{1.6 \times 10^{-19} \times 8 \times 10^{14}}} = 2.93 \times 10^{-3}(\text{cm}) = 29.3(\mu m).$$

当 n 型区减少至 20μm,穿通将会先发生. 由式(87),我们可以得到

$$\frac{V_B'}{V_B} = \frac{A}{\frac{E_c W_m}{2}} = \left(\frac{W}{W_m}\right)\left(2 - \frac{W}{W_m}\right),$$

$$V_B' = V_B \left(\frac{W}{W_m}\right)\left(2 - \frac{W}{W_m}\right) = 500 \times \left(\frac{20}{29.3}\right)\left(2 - \frac{20}{29.3}\right) = 449(V).$$

研究击穿电压的另一重要效应为结的曲面效应(curvature effect)[7]。当 p-n 结通过半导体上绝缘层窗口通过扩散形成时,杂质将往下和两侧扩散(参考第 14 章)。因此,结平面还包括两侧近似圆柱形边缘,如图 3.28(a) 所示。如果扩散阻挡层包含尖锐角,结的角将得到如图 3.28(b) 所示的近似球形。因为球形或圆柱的区域有较高的电场强度,所以这些区域决定了结雪崩击穿的电压。硅单边突变结的计算结果如图 3.29 所示。实线代表前面讨论的平面结(plane junction)。注意,若结半径 r_j 变小,击穿电压将急剧降低,尤其是对低杂质浓度的球形结更为显著。

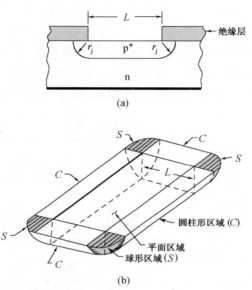

图 3.28 (a) 平面扩散工艺在扩散阻挡层边缘处形成的曲面结,r_j 为曲率半径;
(b) 通过矩形阻挡层扩散形成的圆柱形和球形区域

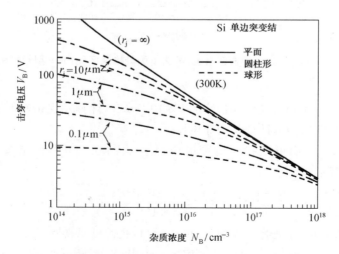

图 3.29 有圆柱和球形结构的单边突变结,其击穿电压和杂质浓度的关系[7],其中 r_j 为曲率半径,如图 3.28 所示

3.7 异质结

异质结定义为由两种不同半导体所形成的结. 图 3.30(a)所示为形成异质结前的两块独立半导体的能带图. 这两个半导体有不同的禁带宽度 E_g、介电常数 ε_s、功函数(work function)$q\varphi_s$ 和电子亲和势(electron affinity)$q\chi$. 功函数定义为将一电子由费米能级 E_F 移到材料外(真空能级, vacuum level)所需的能量. 电子亲和势定义为将一电子由导带 E_C 底移到真空能级所需的能量. 两半导体导带边的能量差为 ΔE_C, 价带边的能量差为 ΔE_V. 观察图 3.30(a), ΔE_C 和 ΔE_V 可表为

$$\Delta E_C = q(\chi_2 - \chi_1) \tag{88a}$$

和

$$\Delta E_V = E_{g1} + q\chi_1 - (E_{g2} + q\chi_2) = \Delta E_g - \Delta E_C. \tag{88b}$$

其中 ΔE_g 是禁带宽度差, 且 $\Delta E_g = E_{g1} - E_{g2}$.

图 3.30(b)所示为热平衡状态下, 两个半导体形成的理想突变异质结的能带图[8]. 在此图中, 假设两种不同半导体的界面(interface)几乎没有陷阱(trap)或产生-复合中心. 注意此假设仅当两个晶格常数(lattice constant)很接近的半导体形成异质结时才成立. 因此我们必须选择晶格匹配的材料以满足此假设*. 例如, $Al_xGa_{1-x}As$ 材料(x 从 0 到 1)为最重要的形成异质结的材料. 当 $x=0$, GaAs 的禁带宽度为 1.42eV, 晶格常数在 300K 时为 5.6533Å. 当 $x=1$, AlAs 的禁带宽度为 2.17eV, 晶格常数为 5.6605Å. $Al_xGa_{1-x}As$ 的禁带宽度随着 x 增大而增大; 而晶格常数几乎保持定值. 即使在 $x=0$ 和 $x=1$ 的极端情况, 晶格常数失配(mismatch)只有 0.1%.

构建能带图有两个基本的要求: ① 热平衡下, 界面两端的费米能级必须相同; ② 真空能级必须连续且平行于能带边. 由于这些要求, 只要禁带宽度 E_g 和电子亲和势 $q\chi$ 都不依赖于杂质浓度(即非简并半导体), 则导带边的不连续 ΔE_C 和价带边的不连续 ΔE_V 和杂质浓度无关. 总内建电势 V_{bi} 可以表示为

$$V_{bi} = V_{b1} + V_{b2}. \tag{89}$$

其中 V_{b1} 和 V_{b2} 分别为热平衡时半导体 1 和 2 的静电势.

在异质界面上电势和自由载流子流密度(free-carrier flux density, 定义为单位面积的自由载流子流)为连续的条件下, 我们可以利用传统的耗尽近似方法, 由泊松方程推导耗尽区宽度和电容. 其中一个边界条件为电位移连续, 也就是 $\varepsilon_1 E_1 = \varepsilon_2 E_2$, E_1 和 E_2 分别为半导体 1 和 2 在界面($x=0$)处的电场. V_{b1} 和 V_{b2} 为

$$V_{b1} = \frac{\varepsilon_2 N_2 (V_{bi} - V)}{\varepsilon_1 N_1 + \varepsilon_2 N_2}, \tag{90a}$$

$$V_{b2} = \frac{\varepsilon_1 N_1 (V_{bi} - V)}{\varepsilon_1 N_1 + \varepsilon_2 N_2}. \tag{90b}$$

其中 N_1 和 N_2 分别为半导体 1 和 2 的杂质浓度. 耗尽区宽度 x_1 和 x_2 为

$$x_1 = \sqrt{\frac{2\varepsilon_1 \varepsilon_2 N_2 (V_{bi} - V)}{qN_1(\varepsilon_1 N_1 + \varepsilon_2 N_2)}} \tag{91a}$$

---

* 晶格失配(lattice-mismatched)外延, 也称形变层(strained-layer, 或应变层)外延, 会在 11.6 节讨论.

和

$$x_2 = \sqrt{\frac{2\varepsilon_1\varepsilon_2 N_1(V_{bi}-V)}{qN_2(\varepsilon_1 N_1+\varepsilon_2 N_2)}}. \tag{91b}$$

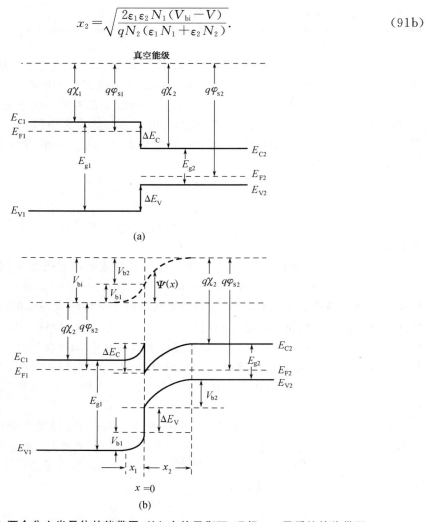

图 3.30 (a) 两个分立半导体的能带图；(b) 在热平衡下，理想 p-n 异质结的能带图

▶ **例 10**

考虑一理想突变异质结,其内建电势为 1.6V. 在半导体 1 和 2 的掺杂浓度为施主 $1 \times 10^{16}/cm^3$ 和受主 $3 \times 10^{19}/cm^3$，相对介电常数分别为 12 和 13. 求热平衡时各个材料的静电势和耗尽区宽度.

解 由式(90)，热平衡时(或 $V=0$)异质结的静电势为

$$V_{b1} = \frac{13 \times (3 \times 10^{19}) \times 1.6}{12 \times (1 \times 10^{16}) + 13 \times (3 \times 10^{19})} = 1.6(V)$$

以及

$$V_{b2} = \frac{12 \times (1 \times 10^{16}) \times 1.6}{12 \times (1 \times 10^{16}) + 13 \times (3 \times 10^{19})} = 4.9 \times 10^{-4}(V).$$

耗尽区宽度可由式(91)计算：

$$x_1 = \sqrt{\frac{2 \times 12 \times 13 \times (8.85 \times 10^{-14}) \times (3 \times 10^{19}) \times 1.6}{(1.6 \times 10^{-19}) \times (1 \times 10^{16}) \times (12 \times 1 \times 10^{16} + 13 \times 3 \times 10^{19})}} = 4.608 \times 10^{-5}(cm),$$

$$x_2 = \sqrt{\frac{2 \times 12 \times 13 \times (8.85 \times 10^{-14}) \times (1 \times 10^{16}) \times 1.6}{(1.6 \times 10^{-19}) \times (3 \times 10^{19}) \times (12 \times 1 \times 10^{16} + 13 \times 3 \times 10^{19})}} = 1.536 \times 10^{-8} (\text{cm}).$$

我们看到大部分的内建电势在较低掺杂浓度的半导体上,其耗尽区宽度也较宽.

总 结

p-n结通过p型和n型半导体紧密接触而形成. p-n结除作为半导体器件的许多应用外,也是其他半导体器件的基本构成部件. 因此,了解结的原理是理解其他半导体器件的基础.

当p-n结形成后,在p侧有未被补偿的负离子(N_A^-)及在n侧有未被补偿的正离子(N_D^+). 因此,耗尽区(即可动载流子的耗尽)在结处形成. 这个区域产生电场. 热平衡时,电场引起的漂移电流完全被结两端可动载流子浓度梯度引起的扩散电流平衡. 当相对于n端加正偏压于p端时,大电流会流过结. 然而,当加上负偏压时几乎没有电流流过. 这种整流(rectifying)特性是p-n结最重要的特性.

利用第1章及第2章所提出的基本公式,推出理想p-n结静态和动态的特性. 我们推导了耗尽区、耗尽电容和p-n结的理想电流-电压特性的表达式. 然而,实际的器件会因为耗尽区载流子的产生和复合、正偏时的大注入和串联电阻效应而偏离理想特性. 有关计算这些偏离理想特性的理论和方法已详细讨论. 我们也考虑了其他影响p-n结的因素,譬如少数载流子存储、扩散电容和高频及开关应用中的瞬态行为.

限制p-n结工作的一个主要因素为结击穿,尤其是雪崩倍增导致的击穿. 当一足够大的反向偏压加在p-n结时,结击穿且导通非常大的电流. 因此,击穿电压设定了p-n结反向偏压的上限. 我们推导了p-n结的击穿条件,并讨论了器件结构和杂质浓度对击穿电压的影响.

一个相关的器件是由两种不同半导体形成的异质结. 我们推导了静电势和耗尽区宽度的表达式. 当两个半导体相同时,这些表达式简化成常见p-n结的公式.

参考文献

[1] W. Shockley, *Electrons and Holes in Semiconductors*, Van Nostrand, Princeton, 1950.

[2] A. S. Grove, *Physics and Technology of Semiconductor Device*, Wiley, New York, 1967.

[3] R. H. Kingston, "Switching Time in Junction Diodes and Junction Transistors," *Proc. IRE*, 42, 829 (1954).

[4] J. L. Moll, *Physics of Semiconductors*, McGraw-Hill, New York, 1964.

[5] S. M. Sze, and G. Gibbons, "Avalanche Breakdown Voltages of Abrupt and Linearly Graded p-n Junctions in Ge, Si, GaAs and GaP," *Appl. Phys. Lett.*, 8, 111 (1966).

[6] S. K. Ghandhi, *Semiconductor Power Devices*, Wiley, New York, 1977.

[7] S. M. Sze, and G. Gibbons, "Effect of Junction Curvature on Breakdown Voltages in Semiconductors," *Solid State Electron*, 9, 831 (1966).

[8] H. Kroemer, "Critique of Two Recent Theories of Heterojunction Lineups," *IEEE Electron Device Lett.*, EDL-4, 259 (1983).

习 题

3.2 耗尽区

1. 一突变 p-n 结,其 $N_A=2\times10^{18}\,\text{cm}^{-3}$,$N_D=2\times10^{15}\,\text{cm}^{-3}$,截面积为 $10^{-4}\,\text{cm}^2$. 使用耗尽近似,若 $V_T=25.8\,\text{mV}$,$n_i=1.45\times10^{10}\,\text{cm}^{-3}$,$\varepsilon_{si}=11.9\times8.85\times10^{-14}\,\text{F/cm}$,计算 V_{bi}、x_n、x_p 以及最大电场.

*2. 一扩散的 p-n 硅结在 p 侧为线性缓变结,其 $a=10^{19}\,\text{cm}^{-4}$,而 n 侧为均匀掺杂,浓度为 $3\times10^{14}\,\text{cm}^{-3}$. 如果在零偏压时,p 侧耗尽层宽度为 $0.8\,\mu\text{m}$,求出在零偏压时的总耗尽层宽度、内建电势和最大电场.

*3. 绘出习题 1 的 p-n 结电势分布.

4. 对于一理想 p-n 突变结,其 $N_A=10^{17}\,\text{cm}^{-3}$,$N_D=10^{15}\,\text{cm}^{-3}$.
   (a) 计算在 250K、300K、350K、400K、450K 和 500K 时的 V_{bi};并画出 V_{bi} 和 T 的关系;
   (b) 用能带图来评价所求得的结果;
   (c) 求出 $T=300\text{K}$ 时耗尽区宽度和在零偏压时最大电场.

5. 求出符合下列 p-n 硅结规格的 n 型掺杂浓度:$N_A=10^{18}\,\text{cm}^{-3}$,且在 $V_R=30\text{V}$ 和 $T=300\text{K}$ 时,$E_{\max}=4\times10^5\,\text{V/cm}$.

6. 一突变硅 p-n 结($n_i=10^{10}\,\text{cm}^{-3}$),p 区的受主掺杂浓度为 $N_A=10^{16}\,\text{cm}^{-3}$,n 区的施主掺杂浓度为 $N_D=5\times10^{16}\,\text{cm}^{-3}$.
   (a) 计算此 p-n 结的内建电势;
   (b) 当 V_a 为 0、0.5 以及 -2.5V 时,分别计算整个耗尽区的宽度;
   (c) 当 V_a 为 0、0.5 以及 -2.5V 时,分别计算耗尽区内的最大电场;
   (d) 当 V_a 为 0、0.5 以及 -2.5V 时,分别计算降落在 n 区一侧的电势.

3.3 耗尽电容

*7. 一突变 p-n 结在轻掺杂质 n 侧的掺杂浓度为 $10^{15}\,\text{cm}^{-3}$、$10^{16}\,\text{cm}^{-3}$ 或 $10^{17}\,\text{cm}^{-3}$ 而重掺杂质 p 侧为 $10^{19}\,\text{cm}^{-3}$. 求出一系列的 $1/C^2$ 对 V 的曲线,其中 V 范围从 -4V 到 0,以 0.5V 为间距. 对于这些曲线的斜率及电压轴的交点提出注释.

8. 对于一反向偏置的单边硅 p^+-n 结,结面积为 $7.9\times10^{-3}\,\text{cm}^2$,对于其耗尽电容而言,假设介电常数为 $11.7\varepsilon_0$,$T=300\text{K}$,计算其施主掺杂分布 $N_D(x)$.

9. 300K 单边 p^+-n 硅结掺杂浓度为 $N_A=10^{19}\,\text{cm}^{-3}$. 设计结使得在 $V_R=4.0\text{V}$ 时,$C_j=0.85\text{pF}$.

3.4 电流-电压特性

10. 假设习题 4 的 p-n 结包含了 $10^{15}\,\text{cm}^{-3}$ 的产生-复合中心,位于硅本征费米能级上方 0.02eV 处,其 $\sigma_n=\sigma_p=10^{-15}\,\text{cm}^2$. 假如 $v_{th}\approx10^7\,\text{cm/s}$,计算 -0.5V 时的产生-复合电流.

11. 一 p-n 结二极管的 I-V 特性中,出现了一个缓坡区域,随后又出现了电流急剧增加的区域,导致这两个区域出现此特性的可能原因是什么.

12. $T=300$K,计算理想 p-n 结二极管在反向电流达到反向饱和电流值时,需要外加的反向电压.

13. 一理想硅 p-n 二极管,$N_D=10^{18}\text{cm}^{-3}$,$N_A=10^{16}\text{cm}^{-3}$,$\tau_p=\tau_n=10^{-6}$s,且器件面积为 $1.2\times10^{-5}\text{cm}^2$.

(a) 计算在 300K 时饱和电流理论值;
(b) 计算在 ±0.7V 时的正向和反向电流.

14. 当光束撞击二极管的整个空间电荷区,使得光生电子-空穴对立刻被内建电场分离时,p-n 结二极管用于光检测是很有效的. 若在 $T=300$K 时,一硅二极管的 $N_A=10^{16}\text{cm}^{-3}$,$N_D=10^{18}\text{cm}^{-3}$,计算当光束宽度为 2μm 时,需要加多大的偏压与之相匹配.($\varepsilon_{si}=11.8\varepsilon_0$,$n_i=1.5\times10^{10}\text{cm}^{-3}$)

15. 一硅 p^+-n 结在 300K 有下列参数:$\tau_p=\tau_g=10^{-6}$s,$N_D=10^{15}\text{cm}^{-3}$,$N_A=10^{19}\text{cm}^{-3}$.

(a) 绘出扩散电流密度、J_{gen} 及总电流密度对外加反向电压的关系;
(b) 若 $N_D=10^{17}\text{cm}^{-3}$,重复上述的作图.

16. 在习题 13 中,假设结两侧的宽度比其少数载流子扩散长度大很多,计算在 300K、正向电流为 1mA 时的外加电压.

3.5 电荷存储与瞬态响应

17. 对一理想突变 p^+-n 硅结,其 $N_D=10^{16}\text{cm}^{-3}$,当外加正向电压为 1V 时,找出中性 n 区每单位面积储存的少数载流子. 中性区的长度为 1μm,且空穴扩散长度为 5μm.

3.6 结击穿

18. 一硅 p^+-n 单边突变结,其 $N_D=10^{15}\text{cm}^{-3}$,找出在击穿时的耗尽区宽度. 如果 n 区减少至 5μm,试计算击穿电压,并将结果和图 3.27 比较.

19. 设计一 p^+-n 硅突变结二极管,其反向击穿电压为 130V,且正向偏压电流在 $V_a=0.7$V 时为 2.2mA. 假设 $\tau_{p0}=10^{-7}$s.

20. $T=300$K,一硅 p-n 结的线性掺杂分布在 2μm 距离内从 $N_A=10^{18}\text{cm}^{-3}$ 改变到 $N_D=10^{18}\text{cm}^{-3}$,计算击穿电压.

21. 假如砷化镓 $\alpha_n=\alpha_p=10^4\left(\dfrac{E}{4\times10^5}\right)^6\text{cm}^{-1}$,其中 E 的单位为 V/cm,求下列情况下的击穿电压.

(a) p-i-n 二极管,其本征层宽度为 10μm;
(b) p^+-n 结,其轻掺杂端杂质浓度为 $2\times10^{16}\text{cm}^{-3}$.

3.7 异质结

22. 对例 10 的理想异质结,当外加偏压为 0.5V 和 -5V 时,求出各个材料的静电电势和耗尽区宽度.

23. 在室温下,一 n 型 GaAs/p 型 $\text{Al}_{0.3}\text{Ga}_{0.7}\text{As}$ 异质结,$\Delta E_C=0.21$eV. 在热平衡时,两边杂质浓度为 $5\times10^{15}\text{cm}^{-3}$,找出其总耗尽层宽度.[提示:$\text{Al}_x\text{Ga}_{1-x}\text{As}$ 的禁带宽度为 $E_g(x)=(1.424+1.247x)$eV,且介电常数为 $12.4-3.12x$. 对于 $0<x<0.4$ 的 $\text{Al}_x\text{Ga}_{1-x}\text{As}$,假设其 N_C 和 N_V 相同.]

第 4 章
双极型晶体管及相关器件

- 4.1 晶体管的工作原理
- 4.2 双极型晶体管的静态特性
- 4.3 双极型晶体管的频率响应与开关特性
- 4.4 非理想效应
- 4.5 异质结双极型晶体管
- 4.6 可控硅器件及相关功率器件
- 总结

晶体管(transistor, transfer resistor 的缩写)是一个多结半导体器件. 通常晶体管会与其他电路元件结合在一起, 以获得电压、电流或信号功率的增益. 双极型晶体管(bipolar transistor), 或称双极型结晶体管(bipolar junction transistor, BJT), 是最重要的半导体器件之一, 在高速电路、模拟电路、功率放大等方面有广泛的应用. 双极型器件是电子与空穴都参与传导过程的半导体器件, 这与只有一种载流子参与传导的场效应器件完全不同. 场效应器件将在第 5、6 和 7 章讨论.

双极型晶体管于 1947 年由贝尔实验室[1](Bell Laboratory)的一个研究团队发明, 第一个晶体管有两条具有尖锐触点的金属线与锗衬底形成点接触(point contact, 参阅第 0 章图 0.3). 以今天的标准来看, 这个晶体管非常简陋, 但它却革命性地改变了整个电子工业及人类的生活方式.

现代的双极型晶体管, 锗衬底已由硅取代, 点接触由两个相邻耦合(coupled)的 p-n 结取代, 其结构为 p-n-p 或 n-p-n 形式. 在本章中我们将讨论耦合结的晶体管工作原理, 并由各区域的少数载流子分布推导出晶体管的静态特性. 我们也将讨论晶体管的频率响应和开关特性, 简单地介绍异质结双极型晶体管, 它的一个或两个 p-n 结是由不同半导体材料构成的异质结.

在本章最后将介绍一种与双极型器件相关, 名为可控硅(thyristor)的器件, 基本的可控硅器件具有三个相邻的耦合结, 其结构为 p-n-p-n[2], 该器件具有双稳态(bistable)的特性, 可在高阻抗"关"与低阻抗"开"的状态间转换[可控硅器件的名称源于具有类似双稳特性的气体闸流管(gas thyratron)].由于双稳态特性及两个稳态下的低功耗特点,可控硅器件适合于很多的应用.我们将讨论可控硅器件以及一些相关开关器件的工作原理,而对各种可控硅器件的形式及其应用也将作简单介绍.

具体而言,我们将涵盖下列几个主题:

- 双极型晶体管的电流增益和工作模式
- 双极型晶体管的截止频率(cutoff frequency)与开关时间(switching time)
- 异质结双极型晶体管的优点
- 可控硅器件与相关双极型器件的功率处理能力

4.1 晶体管的工作原理

图 4.1 为一分立 p-n-p 双极型晶体管的透视图,其制造过程以 p 型半导体为衬底,利用热扩散,通过氧化层窗口在 p 型衬底上形成一 n 型区域,再在此 n 型区域上以扩散形成一高浓度的 p^+ 型区域,接着通过氧化层窗口形成 p^+ 和 n 型区域,以及底部 p 型区域的金属接触.详细的晶体管工艺将于后面的章节讨论.

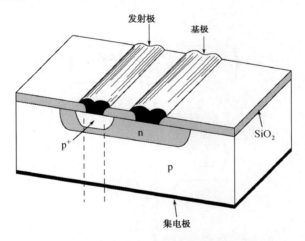

图 4.1 一个硅 p-n-p 双极型晶体管的透视图

图 4.2(a)为理想的一维结构 p-n-p 双极型晶体管(图 4.1 虚线之间的部分),它具有三段不同掺杂浓度的区域和两个 p-n 结.浓度最高的 p^+ 区域称为**发射区**(emitter,图中以 E 标示);中间较窄的 n 型区域,其杂质浓度中等,称为**基区**(base,标示为 B),基区的宽度需小于少数载流子的扩散长度;轻掺杂的 p 型区域称为**集电区**(collector,标示为 C).各区域的掺杂浓度假设为均匀分布.p-n 结的概念可直接应用于晶体管.

图 4.2(b)是 p-n-p 双极型晶体管的电路符号,图中显示了各电流分量和电压极性,箭头表示晶体管在一般工作模式(或称**放大模式**,active mode)下各电流的方向,而"+"、"-"符号表示电压的极性,我们也可用双下标的方式来表示电压的极性.在放大模式下,射基结为正偏($V_{EB} > 0$),而集基结为反偏($V_{CB} < 0$).根据基尔霍夫电路定律(Kirchhoff's circuit law),对此三端器件只有两个独立电流,若任意两电流已知,第三端电流即可求得.

n-p-n 双极型晶体管与 p-n-p 双极型晶体管是结构互补的,图 4.2(c)与图 4.2(d)分别是理想 n-p-n 晶体管的结构与电路符号.将 p-n-p 晶体管结构中的 p 和 n 互换,即为n-p-n 双极型晶体管的结构,因此其电流方向和电压极性也都相反.在以下的小节中,我们将仔细讨论 p-n-p 双极型晶体管,其少数载流子(空穴)的流动方向与电流方向相同,可使我们更直观地了解电荷输运的机制,理解了 p-n-p 晶体管,我们只要将极性和导电类型调换,即可描述 n-p-n 晶体管.

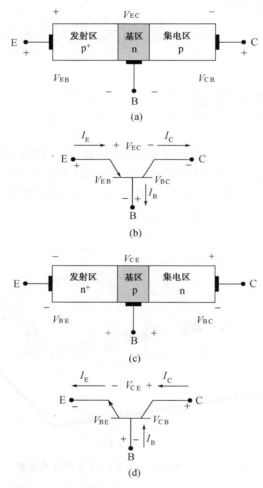

图 4.2 (a) 理想一维 p-n-p 双极型晶体管;(b) p-n-p 双极型晶体管的电路符号;
(c) 理想一维 n-p-n 双极型晶体管;(d) n-p-n 双极型晶体管的电路符号

▶ 4.1.1 放大工作模式

图 4.3(a)是一热平衡状态下的理想 p-n-p 双极型晶体管,其三端点都接地,阴影区域表示结附近的耗尽区.图 4.3(b)显示三段掺杂区域的杂质浓度,发射区的掺杂浓度远比集电区大,基区的掺杂比发射区低但高于集电区掺杂.图 4.3(c)表示出两个耗尽区的电场强度分布.

图 4.3(d)是晶体管的能带图,它只是将热平衡状态下的 p-n 结能带直接延伸应用于两

个相邻的耦合 p^+-n 结与 n-p 结。第 3 章中得到的 p-n 结的结果可以直接用于射基结与基集结上。热平衡时净电流为零,各区域的费米能级为常数。

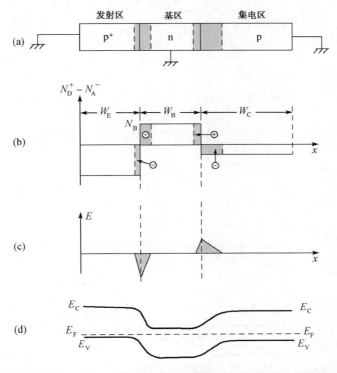

图 4.3 (a) 所有引脚接地的 p-n-p 晶体管(热平衡状态);(b) 突变掺杂晶体管的掺杂浓度分布;
(c) 电场分布;(d) 热平衡状态下的能带图

图 4.4 是图 4.3 所示的晶体管偏置于放大模式下相对应的图。图 4.4(a)所示为晶体管连接成共基组态(common-base configuration)放大器,即基区引脚被输入与输出电路共用[3]。图 4.4(b) 与图 4.4(c) 分别为加偏压状态下电荷密度与电场强度的分布情形,与图 4.3 的热平衡状态比较,射基结的耗尽区宽度变窄,而集基结耗尽区变宽。

图 4.4(d)是晶体管工作在放大模式下的能带图,射基结为正偏,因此空穴由 p^+ 发射区注入(或发射)进入基区,而电子则由 n 基区注入发射区。在理想二极管中,耗尽区不会有产生-复合电流,所以前述的两种电流成分组成了发射极电流。而集基结处于反偏状态,因此有一反向饱和电流流过此结。然而,当基区宽度足够小时,由发射区注入基区的空穴能够扩散通过基区到达集基结的耗尽区边缘,然后"浮上"进入集电区(类比于气泡)。这种输运机制便是发射或注入载流子的"**发射极**"以及收集由邻近结注入的载流子的"**集电极**"这两个名称的由来。如果大部分注入的空穴都没有与基区中的电子复合而能到达集电极,则集电极的空穴电流将非常接近发射极的空穴电流。

于是,由邻近的发射结注入的载流子可在反偏的集电结造成大电流,这就是**晶体管的作用**(transistor action)。该作用只有当这两结足够接近时才会发生,因此,这两个结被称为**互作用 p-n 结**(interacting p-n junctions)。相反地,如果这两个 p-n 结相距太远,所有注入的空穴将在基区中复合而无法到达集基结,则不会产生晶体管作用,此时的 p-n-p 结构仅仅只是两个背对背连接的 p-n 二极管。

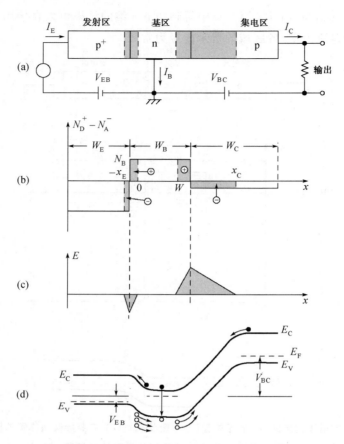

图 4.4 (a) 图 4.3 的晶体管工作在放大模式[3];(b) 加偏压状态下的掺杂浓度分布和耗尽区;(c) 电场分布;(d) 能带图

▶ 4.1.2 电流增益

图 4.5 中显示出一理想 p-n-p 晶体管偏置在放大模式下的各电流分量. 假设此时耗尽区中无产生-复合电流,对于设计良好的晶体管,由发射区注入的空穴构成最大的电流分量 I_{Ep}. 大部分注入的空穴将会到达集电结而形成 I_{Cp}. 基极电流有三个分量,分别以 I_{BB}、I_{En} 以

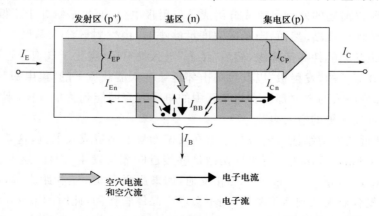

图 4.5 p-n-p 晶体管工作于在放大模式下的各电流分量,电子流方向与电子电流方向相反

及 I_{Cn} 表示. 其中, I_{BB} 代表必须由基极提供的电子电流, 它用以补充被注入空穴所复合的那部分电子(即 $I_{BB}=I_{Ep}-I_{Cp}$); I_{En} 代表由基区注入发射区的电子电流, 它是不希望有的电流分量, 在稍后章节会详述理由. I_{En} 可利用发射区重掺杂(4.2节)或异质结(4.5节)来减少; I_{Cn} 代表集基结边缘附近因热产生、由集电区向基区漂移的电子电流, 如图中箭头所示, 电子流的方向与电子电流方向相反.

晶体管各端点的电流可由上述电流分量来表示:

$$I_E = I_{Ep} + I_{En}, \tag{1}$$

$$I_C = I_{Cp} + I_{Cn}, \tag{2}$$

$$I_B = I_E - I_C = I_{En} + (I_{Ep} - I_{Cp}) - I_{Cn}. \tag{3}$$

表征晶体管的一项重要参数是**共基电流增益** α_0 (common base current gain), 定义为

$$\alpha_0 \equiv \frac{I_{Cp}}{I_E}. \tag{4}$$

将式(1)代入式(4)可得

$$\alpha_0 = \frac{I_{Cp}}{I_{Ep}+I_{En}} = \left[\frac{I_{Ep}}{I_{Ep}+I_{En}}\right]\left[\frac{I_{Cp}}{I_{Ep}}\right]. \tag{5}$$

式(5)等号右边第一项称为**发射极效率** γ (emitter efficency), 是注入空穴电流与总发射极电流的比:

$$\gamma \equiv \frac{I_{Ep}}{I_E} = \frac{I_{Ep}}{I_{Ep}+I_{En}}. \tag{6}$$

第二项称为**基区输运系数** α_T (base transport factor), 是到达集电极的空穴电流与由发射极注入的空穴电流之比:

$$\alpha_T \equiv \frac{I_{Cp}}{I_{Ep}}. \tag{7}$$

所以式(5)可以写成

$$\alpha_0 = \gamma \alpha_T. \tag{8}$$

对设计良好的晶体管, I_{En} 远比 I_{Ep} 小, 且 I_{Cp} 与 I_{Ep} 非常接近, α_T 与 γ 都趋近于1, 因此 α_0 也趋近于1.

集电极电流可用 α_0 表示, 将式(6)、式(7)代入式(2):

$$I_C = I_{Cp} + I_{Cn} = \alpha_T I_{Ep} + I_{Cn} = \gamma \alpha_T \left(\frac{I_{Ep}}{\gamma}\right) + I_{Cn} = \alpha_0 I_E + I_{Cn}. \tag{9}$$

其中 I_{Cn} 对应于发射极断路时(即 $I_E=0$)的集基极电流, 记为 I_{CBO}, 前两个下标 CB 表示集、基极二端, 第三个下标 O 表示第三端发射极相对于第二端的状态(即断路), 所以 I_{CBO} 代表当射基极断路时集、基极之间的漏电流. 于是, 共基组态下的集电极电流表示为

$$I_C = \alpha_0 I_E + I_{CBO}. \tag{10}$$

▶ **例1**

一理想 p-n-p 晶体管中, 已知各电流分量如下: $I_{Ep}=3$ mA、$I_{En}=0.01$ mA、$I_{Cp}=2.99$ mA、$I_{Cn}=0.001$ mA. 请求出下列各值: (a) 发射极效率 γ; (b) 基区输运系数 α_T; (c) 共基电流增益 α_0; (d) I_{CBO}.

解

(a) 由式(6), 发射极效率为

$$\gamma = \frac{I_{Ep}}{I_{Ep}+I_{En}} = \frac{3}{3+0.01} \approx 0.9967.$$

(b) 基区输运系数可以由式(7)得到：

$$\alpha_T = \frac{I_{Cp}}{I_{Ep}} = \frac{2.99}{3} \approx 0.9967.$$

(c) 根据式(8)，共基电流增益为

$$\alpha_0 = \gamma \alpha_T = 0.9967 \times 0.9967 \approx 0.9934.$$

(d)
$$I_E = I_{Ep} + I_{En} = 3 + 0.01 = 3.01 \text{(mA)},$$
$$I_C = I_{Cp} + I_{Cn} = 2.99 + 0.001 = 2.991 \text{(mA)}.$$

由式(10)可得

$$I_{CBO} = I_C - \alpha_0 I_E = 2.991 - 0.9934 \times 3.01 = 0.001 \text{(mA)}.$$

4.2 双极型晶体管的静态特性

在本节中，我们将讨论理想晶体管的静态电流-电压特性，推导各端电流方程. 电流方程与各区域的少数载流子浓度有关，可用掺杂浓度和少数载流子寿命等半导体参数表示.

▶ 4.2.1 各区域的载流子分布

为了推导理想晶体管的电流电压方程，我们做下列五点假设：
(1) 晶体管中各区域为均匀掺杂.
(2) 基区中的空穴漂移电流和集基极反向饱和电流可以忽略.
(3) 载流子注入属于小注入(low-level injection).
(4) 耗尽区中没有产生-复合电流.
(5) 晶体管中无串联电阻.

通常，我们假设在正偏情况下空穴由发射区注入基区，然后这些空穴以扩散的方式穿过基区到达集基结，一旦我们确定了少数载流子的分布(n型基区中的空穴)，就可以由少数载流子的浓度梯度得出电流.

一、基极区域

图 4.4(c)显示结耗尽区上的电场强度分布，中性基区的少数载流子分布可由无电场的稳态连续性方程描述：

$$D_p \left(\frac{d^2 p_n}{dx^2} \right) - \frac{p_n - p_{n0}}{\tau_p} = 0. \tag{11}$$

其中 D_p 和 τ_p 分别表示少数载流子的扩散系数(diffusion constant)和寿命. 式(11)的通解为

$$p_n(x) = p_{n0} + C_1 e^{\frac{x}{L_p}} + C_2 e^{-\frac{x}{L_p}}. \tag{12}$$

其中 $L_p = \sqrt{D_p \tau_p}$ 为空穴的扩散长度，常数 C_1 和 C_2 可由放大模式下的边界条件决定：

$$p_n(0) = p_{n0} e^{\frac{qV_{EB}}{kT}}, \tag{13a}$$
$$p_n(W) = 0. \tag{13b}$$

其中 p_{n0} 是热平衡状态基区的少数载流子浓度，即 $p_{n0} = \frac{n_i^2}{N_B}$，$N_B$ 为基区中均匀的施主浓度.

第一个边界条件[式(13a)]表示在正向偏压下,射基结耗尽区边缘($x=0$)处的少数载流子浓度是热平衡状态值乘上 $e^{\frac{qV_{EB}}{kT}}$. 第二个边界条件[式(13b)]表示在反向偏压下,集基结耗尽区边缘($x=W$)处的少数载流子浓度为零.

将式(13)代入式(12)可得

$$p_n(x) = p_{n0}(e^{\frac{qV_{EB}}{kT}} - 1)\left[\frac{\sinh\left(\frac{W-x}{L_p}\right)}{\sinh\left(\frac{W}{L_p}\right)}\right] + p_{n0}\left[1 - \frac{\sinh\left(\frac{x}{L_p}\right)}{\sinh\left(\frac{W}{L_p}\right)}\right]. \tag{14}$$

对于 $\sinh(\Lambda)$ 函数,当 $\Lambda \ll 1$ 时,$\sinh(\Lambda)$ 可近似为 Λ. 例如 $\Lambda < 0.3$,$\sinh(\Lambda)$ 与 Λ 相差小于 1.5%. 所以当 $\frac{W}{L_p} \ll 1$ 时,式(14)可简化为

$$p_n(x) = p_{n0}\exp\left(\frac{qV_{EB}}{kT}\right)\left(1 - \frac{x}{W}\right) = p_n(0)\left(1 - \frac{x}{W}\right). \tag{15}$$

即少数载流子分布趋近于一直线. 该近似是合理的,因为在晶体管的设计中,基区宽度远小于少数载流子的扩散长度. 图 4.6 所示为工作在放大模式下,一典型晶体管的线性少数载流子分布. 线性少数载流子分布的合理假设,可简化电流-电压特性的推导过程,以下我们都利用此假设以推导电流-电压特性的方程.

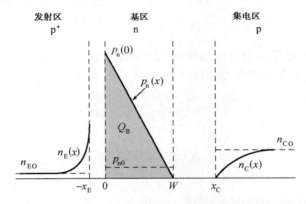

图 4.6 放大模式下 p-n-p 晶体管中各区域的少数载流子分布

二、发射极和集电极区域

发射区和集电区中的少数载流子分布可以用类似基区的方法求得. 在图 4.6 中,发射区与集电区中性区的边界条件为

$$n_E(x=-x_E) = n_{EO}\exp\left(\frac{qV_{EB}}{kT}\right), \tag{16}$$

和

$$n_C(x=x_C) = n_{CO}\exp\left(-\frac{q|V_{CB}|}{kT}\right) = 0. \tag{17}$$

其中 n_{EO} 和 n_{CO} 分别为发射区和集电区热平衡状态下的电子浓度. 我们假设发射区和集电区的深度分别远大于扩散长度 L_E 和 L_C,将边界条件代入与式(12)类似的表达式中可以得出:

$$n_E(x) = n_{EO} + n_{EO}(e^{\frac{qV_{EB}}{kT}} - 1)\exp\left(\frac{x+x_E}{L_E}\right), \quad x \leqslant -x_E, \tag{18}$$

$$n_C(x) = n_{CO} - n_{CO}\exp\left(-\frac{x-x_C}{L_C}\right), \quad x \geqslant x_C. \tag{19}$$

4.2.2 放大模式下理想晶体管的电流

一旦已知少数载流子分布,即可计算出图4.6中的各电流分量。由发射区在 $x=0$ 处注入基区的空穴电流 I_{Ep} 与少数载流子浓度分布的梯度成正比,当 $\frac{W}{L_p} \ll 1$,空穴电流 I_{Ep} 可以由式(15)得到:

$$I_{Ep} = A\left(-qD_p \frac{dp_n}{dx}\bigg|_{x=0}\right) \approx \frac{qAD_p p_{n0}}{W}\exp\left(\frac{qV_{EB}}{kT}\right). \tag{20}$$

同理,在 $x=W$ 处由集电极所收集的空穴电流为

$$I_{Cp} = A\left(-qD_p \frac{dp_n}{dx}\bigg|_{x=W}\right)$$
$$\approx \frac{qAD_p p_{n0}}{W}\exp\left(\frac{qV_{EB}}{kT}\right). \tag{21}$$

注意当 $\frac{W}{L_p} \ll 1$ 时, I_{Ep} 等于 I_{Cp} 。 I_{En} 是由基区流向发射区的电子流, I_{Cn} 是由集电区流向基区的电子流,分别为

$$I_{En} = A\left(-qD_E \frac{dn_E}{dx}\bigg|_{x=-x_E}\right) = \frac{qAD_E n_{E0}}{L_E}\left(e^{\frac{qV_{EB}}{kT}}-1\right), \tag{22}$$

$$I_{Cn} = A\left(-qD_C \frac{dn_C}{dx}\bigg|_{x=x_C}\right) = \frac{qAD_C n_{C0}}{L_C}. \tag{23}$$

其中 D_E 和 D_C 分别为电子在发射区和集电区的扩散系数。

各端电流可由以上方程得出。发射极电流为式(20)和式(22)之和:

$$I_E = a_{11}\left(e^{\frac{qV_{EB}}{kT}}-1\right) + a_{12}. \tag{24}$$

其中

$$a_{11} \equiv qA\left(\frac{D_p p_{n0}}{W} + \frac{D_E n_{E0}}{L_E}\right), \tag{25}$$

$$a_{12} \equiv \frac{qAD_p p_{n0}}{W}. \tag{26}$$

集电极电流是式(21)和式(23)之和:

$$I_C = a_{21}\left(\exp\left(\frac{qV_{EB}}{kT}\right)-1\right) + a_{22}. \tag{27}$$

其中

$$a_{21} \equiv \frac{qAD_p p_{n0}}{W}, \tag{28}$$

$$a_{22} \equiv qA\left(\frac{D_p p_{n0}}{W} + \frac{D_C n_{C0}}{L_C}\right). \tag{29}$$

注意 $a_{12} = a_{21}$ 。理想晶体管的基极电流是发射极电流(I_E)与集电极电流(I_C)之差,所以将式(24)与式(27)相减可以得出基极电流为

$$I_B = (a_{11}-a_{21})\left(e^{\frac{qV_{EB}}{kT}}-1\right) + (a_{12}-a_{22}). \tag{30}$$

由以上讨论,我们可知晶体管三端电流主要由基区中的少数载流子分布来决定,一旦我们推导出各电流分量,即可由式(6)到式(8)得出共基电流增益 α_0 。

例2

一个理想 p$^+$-n-p 晶体管的发射区、基区和集电区的掺杂浓度分别为 $10^{19}\,\text{cm}^{-3}$、$10^{17}\,\text{cm}^{-3}$ 和 $5\times 10^{15}\,\text{cm}^{-3}$；少子寿命分别为 $10^{-8}\,\text{s}$，$10^{-7}\,\text{s}$ 和 $10^{-6}\,\text{s}$，假设有效横截面面积 A 为 $0.05\,\text{mm}^2$，且射基结正向偏压为 $0.6\,\text{V}$，求晶体管的共基电流增益。其他晶体管的参数如下： $D_E=1\,\text{cm}^2/\text{s}$，$D_p=10\,\text{cm}^2/\text{s}$，$D_C=2\,\text{cm}^2/\text{s}$，$W=0.5\,\mu\text{m}$。

解 在基区

$$L_p=\sqrt{D_p\tau_p}=\sqrt{10\times 10^{-7}}=10^{-3}\,(\text{cm}),$$

$$p_{n0}=\frac{n_i^2}{N_B}=\frac{(9.65\times 10^9)^2}{10^{17}}=9.31\times 10^2\,(\text{cm}^{-3}).$$

同理，在发射区，

$$L_E=\sqrt{D_E\tau_E}=10^{-4}\,\text{cm},$$

$$n_{E0}=\frac{n_i^2}{N_E}=9.31\,\text{cm}^{-3}.$$

因为 $\dfrac{W}{L_p}=0.05\ll 1$，各电流分量如下：

$$I_{Ep}=\frac{1.6\times 10^{-19}\times 5\times 10^{-4}\times 10\times 9.31\times 10^2}{0.5\times 10^{-4}}\times e^{\frac{0.6}{0.0259}}\times 10^{-4}$$

$$=1.7137\times 10^{-4}\,(\text{A}),$$

$$I_{Cp}=1.7137\times 10^{-4}\,\text{A},$$

$$I_{En}=\frac{1.6\times 10^{-19}\times 5\times 10^{-4}\times 1\times 9.31}{10^{-4}}(e^{\frac{0.6}{0.0259}}-1)=8.5687\times 10^{-8}\,(\text{A}).$$

共基电流增益 α_0 为

$$\alpha_0=\frac{I_{Cp}}{I_{Ep}+I_{En}}=\frac{1.7137\times 10^{-4}}{1.7137\times 10^{-4}+8.5687\times 10^{-8}}=0.9995$$

在 $\dfrac{W}{L_p}\ll 1$ 的情况下，由式(20)和式(22)可将发射极效率简化为

$$\gamma\equiv\frac{I_{Ep}}{I_{Ep}+I_{En}}\approx\frac{\dfrac{D_p p_{n0}}{W}}{\dfrac{D_p p_{n0}}{W}+\dfrac{D_E n_{E0}}{L_E}}=\frac{1}{1+\dfrac{D_E}{D_p}\dfrac{n_{E0}}{p_{n0}}\dfrac{W}{L_E}} \tag{31}$$

或

$$\gamma=\frac{1}{1+\dfrac{D_E}{D_p}\cdot\dfrac{N_B}{N_E}\cdot\dfrac{W}{L_E}}. \tag{31a}$$

其中 $N_B\left(=\dfrac{n_i^2}{p_{n0}}\right)$ 是基区掺杂浓度，$N_E\left(=\dfrac{n_i^2}{n_{E0}}\right)$ 是发射区掺杂浓度。由此可知，欲改善 γ，必须减少 $\dfrac{N_B}{N_E}$，也就是发射区的掺杂必须远大于基区的掺杂，这也是发射区用 p$^+$ 重掺杂的原因。

▶ 4.2.3 工作模式

双极型晶体管有四种工作模式，由射基结(emitter-base junction)与集基结(collector-base junction)的偏压而定。图4.7显示了 p-n-p 晶体管的四种工作模式与 V_{EB} 和 V_{CB} 的关系，每种工作模式的少数载流子分布也显示于图中。本章中已考虑晶体管工作的**放大模式**，

其射基结是正向偏压,集基结是反向偏压.

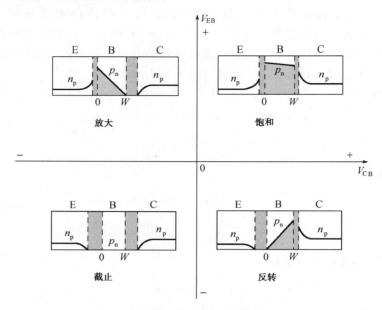

图 4.7　p-n-p 晶体管在四种工作模式下的结极性与少数载流子分布

在**饱和模式**(saturation mode)下,晶体管的两个结都是正向偏置,两个结耗尽区边界处的少数载流子分布都不为零. 在 $x=W$ 处的边界条件变为 $p_n(W) = p_{n0} \exp\left(\dfrac{qV_{CB}}{kT}\right)$,而不是式(13b). 在饱和模式下,小的电压就产生了大的输出电流,也就是晶体管处于导通状态,类似于开关闭合(即开启)的状态.

在**截止模式**(cutoff mode)下,晶体管的两个结均为反向偏置,式(13)的边界条件变为 $p_n(0) = p_n(W) = 0$,截止模式下的晶体管可视为开关断路(或关闭)的状态.

晶体管的第四种工作模式称为**反转模式**(inverted mode),也称为**反向放大模式**. 在此模式下,射基结是反向偏压,集基结是正向偏压. 在反转模式下晶体管的集电极用作发射极,而发射极用作集电极,相当于晶体管被倒过来用;但在反转模式下的电流增益通常比放大模式小得多,因为集电区掺杂浓度较基区浓度小,造成低的"发射极效率"[式(31)].

其他模式的电流-电压关系都可用类似放大模式下的步骤推导得到,但要适当地修正式(13)的边界条件,各模式下都适用的一般方程可写为

$$I_E = a_{11}\left[\exp\left(\frac{qV_{EB}}{kT}\right) - 1\right] - a_{12}\left[\exp\left(\frac{qV_{CB}}{kT}\right) - 1\right] \tag{32a}$$

以及

$$I_C = a_{21}\left[\exp\left(\frac{qV_{EB}}{kT}\right) - 1\right] - a_{22}\left[\exp\left(\frac{qV_{CB}}{kT}\right) - 1\right]. \tag{32b}$$

其中,系数 a_{11}、a_{12}、a_{21} 和 a_{22} 由式(25)、式(26)、式(28)和式(29)分别给出. 注意在式(32a)和式(32b)中,各结的偏压视晶体管的工作模式而定,既可为正也可为负.

▶ **4.2.4　共基与共射组态下的电流-电压特性**

式(32)给出了共基组态晶体管的电流-电压特性,在此须注意,V_{EB} 和 V_{BC} 分别是输入与

输出电压,而 I_E 和 I_C 分别为输入与输出电流.

而在电路应用中,共射组态是最常用到的,其中发射极引脚为输入与输出端电路所共用.式(32)的电流一般表达式也可用于共射组态,此时 V_{EB} 和 I_B 是输入参数,而 V_{EC} 和 I_C 是输出参数.

一、共基组态

图 4.8(a)是一个共基组态下的 p-n-p 晶体管,图 4.8(b)显示共基组态下输出电流-电压特性的测量结果,图中也标示出不同工作模式的对应区域.请注意集电极与发射极电流几乎相同($\alpha_0 \approx 1$),而且几乎与 V_{BC} 无关,这与式(10)和式(27)中理想晶体管的特性相符.即使 V_{BC} 降到零,空穴依然能被集电极抽取,因此集电极电流仍维持一固定值.图 4.9(a)中的空穴浓度分布也显示出这一特性,从 $V_{BC}>0$ 变为 $V_{BC}=0$,$x=W$ 处的空穴浓度梯度仅有稍许的变化,使得集电极电流在整个放大模式区域内几乎相同.若要将集电极电流降为零,必须加一正偏电压至集基结(饱和模式),对于硅材料约 1V 左右,如图 4.9(b)所示.正向偏置使 $x=W$ 处的空穴浓度大增,与 $x=0$ 处相等[图 4.9(b)中的水平线],于是 $x=W$ 处的空穴浓度梯度以及集电极电流都将降为零.

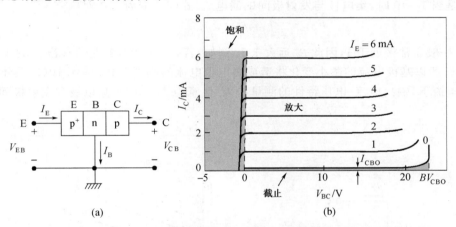

图 4.8 (a) p-n-p 晶体管的共基组态;(b) 其输出电流-电压特性

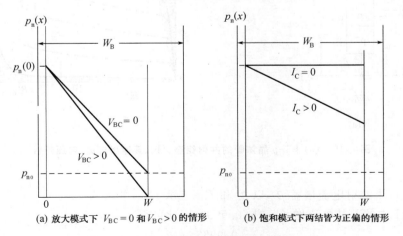

(a) 放大模式下 $V_{BC}=0$ 和 $V_{BC}>0$ 的情形 (b) 饱和模式下两结皆为正偏的情形

图 4.9 p-n-p 晶体管基区的少数载流子分布

二、共射组态

图 4.10(a)是一个共射组态下的 p-n-p 晶体管，将式(3)代入式(10)中可得出共射组态下的集电极电流：

$$I_C = \alpha_0 (I_B + I_C) + I_{CBO}. \tag{33}$$

解出 I_C，可得

$$I_C = \frac{\alpha_0}{1-\alpha_0} I_B + \frac{I_{CBO}}{1-\alpha_0}. \tag{34}$$

定义 β_0 为**共射电流增益**(common-emitter current gain)，是 I_C 增量对 I_B 增量的比值。由式(34)，可得出

$$\beta_0 \equiv \frac{\Delta I_C}{\Delta I_B} = \frac{\alpha_0}{1-\alpha_0}. \tag{35}$$

可定义 I_{CEO} 为

$$I_{CEO} \equiv \frac{I_{CBO}}{1-\alpha_0}. \tag{36}$$

该电流是当 $I_B = 0$ 时，集电极与发射极间的漏电流。式(34)变为

$$I_C = \beta_0 I_B + I_{CEO}. \tag{37}$$

因为 α_0 一般非常接近于1，因此 β_0 远大于1。例如，若 $\alpha_0 = 0.99$，β_0 是 99；若 α_0 是 0.998，β_0 变为 499。所以基极电流的微小变化将造成集电极电流的剧烈变化。图 4.10(b)是不同输入端基极电流下，输出电流-电压特性的测量结果。注意当 $I_B = 0$ 时，集电极和发射极间存在非零的 I_{CEO}。

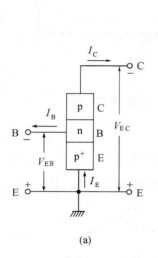 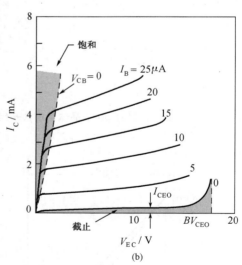

图 4.10 (a) p-n-p 晶体管的共射组态；(b) 其输出电流-电压特性

▶ **例 3**

参考例1，求共射电流增益 β_0，以 β_0 和 I_{CBO} 表示 I_{CEO}，并求 I_{CEO}。

解 例1中的共基电流增益 α_0 是 0.9933，因此可得

$$\beta_0 = \frac{0.9933}{1-0.9933} = 148.3.$$

式(36)可表示为

$$I_{\text{CEO}} = \left(\frac{\alpha_0}{1-\alpha_0} + 1\right) I_{\text{CBO}} = (\beta_0 + 1) I_{\text{CBO}},$$

所以 $I_{\text{CEO}} = (148.3 + 1) \times 1 \times 10^{-6} \approx 1.49 \times 10^{-4}$ (A).

在共射组态的理想晶体管中，当 $V_{\text{EC}} > 0$ 时，对于给定的 I_{B} 集电极电流期望与 V_{EC} 不相关。当我们假设中性基区宽度（W）为定值时，上述特性成立。然而，延伸至基区的空间电荷区随着集基结电压而改变，使得基区宽度是集基偏压的函数，于是，集电极电流与 V_{EC} 相关。当集基极间的反向偏压增加时，基区的宽度将减少，如图 4.11(a) 所示。导致基区的少数载流子浓度梯度增加，使得扩散电流增加，因此 β_0 也会增加。图 4.11(b) 中 I_{C} 随着 V_{EC} 的增加而增加并呈现出明显的斜率。这种电流变化称为**厄雷效应**[4]（Early effect）或**基区宽度调制效应**（base width modulation），将集电极电流外延与 V_{EC} 轴相交，得到交点电压 V_{A}，称为**厄雷电压**（Early voltage）。

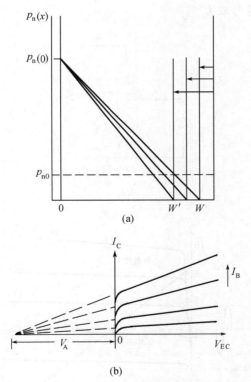

图 4.11　(a) 厄雷效应；(b) 厄雷电压 V_{A} 的示意图，不同基极电流下的集电极电流相交于 $-V_{\text{A}}$

4.3　双极型晶体管的频率响应与开关特性

在 4.2 节中，我们讨论了与射基结及集基结偏压状态相关的晶体管的四种工作模式，一般来说，在模拟电路或线性电路中晶体管只工作在放大模式下，但在数字电路中四种工作模式都可能涉及。在这一节我们将讨论双极型晶体管的频率响应与开关特性。

4.3.1 频率响应

一、高频等效电路

在先前的讨论中,我们关注双极型晶体管的静态特性(直流特性),现在我们要讨论它的交流特性,也就是当一小信号电压或电流叠加在直流偏置的情况. 小信号指交流电压和电流的峰值小于直流电压和电流值. 图 4.12(a)是共射组态晶体管构成的放大器电路,在给定的直流输入电压 V_{EB} 下,会有直流基极电流 I_B 和直流集电极电流 I_C 流过晶体管,这些电流对应于图 4.12(b)中的工作点. 由外加电压 V_{CC} 以及负载电阻 R_L 决定的负载线(load line),以 $-\dfrac{1}{R_L}$ 的斜率与 V_{EC} 轴相交于 V_{CC}. 当交流小信号叠加于输入电压时,基极电流 i_B 将随时间变化,如图 4.12(b)所示. 基极电流的变化使得输出电流 i_C 随之变化,而其变化是 i_B 变化的 β_0 倍. 因此,晶体管将输入信号放大了.

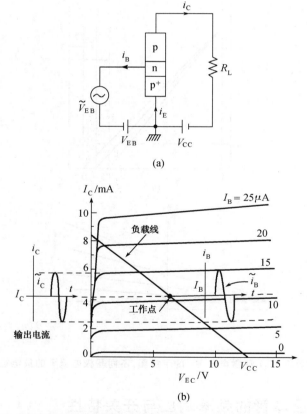

图 4.12 (a) 连接成共射组态的双极型晶体管;(b) 晶体管电路的小信号工作状态

图 4.13(a)是该放大器的低频等效电路,在更高频率下,我们必须在等效电路中加入适当的电容. 与正偏的 p-n 结类似,正偏的射基结会有一耗尽电容 C_{EB} 和一扩散电容 C_d,而反偏的集基结只有耗尽电容 C_{CB}. 图 4.13(b)为加上这三个电容的高频等效电路.

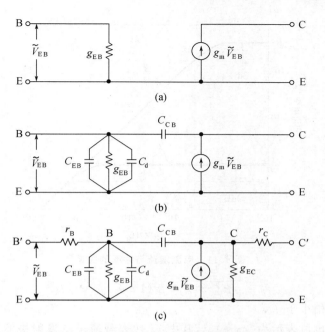

图 4.13 (a) 晶体管基本等效电路;(b) 基本等效电路加上耗尽和扩散电容;
(c) 基本等效电路再加上电阻和电导

其中 $g_m\left(\equiv\dfrac{\tilde{i}_C}{\tilde{v}_{EB}}\right)$ 称为**跨导**(transconductance),$g_{EB}\left(\equiv\dfrac{\tilde{i}_B}{\tilde{v}_{EB}}\right)$ 称为**输入电导**(input conductance),考虑基区宽度调制效应存在一个有限的输出电导 $g_{EC}\equiv\dfrac{\tilde{i}_C}{\tilde{v}_{EC}}$. 另外,基区电阻 r_B 和集电区电阻 r_C 也考虑在内. 图 4.13(c)是考虑上述各因素后的高频等效电路.

二、截止频率

在图 4.13(c)中,跨导 g_m 和输入电导 g_{EB} 依赖于晶体管的共基电流增益. 低频时,共基电流增益是一固定值,不因工作频率而改变,然而当频率升高至临界点后,共基电流增益将会降低. 图 4.14 是典型的共基电流增益与工作频率之间的关系图. 加入频率的影响后,共基电流增益为

$$\alpha=\dfrac{\alpha_0}{1+\mathrm{j}\left(\dfrac{f}{f_\alpha}\right)}. \tag{38}$$

其中 α_0 是低频(或直流)共基电流增益,f_α 是**共基截止频率**(common-base cutoff frequency),工作频率 $f=f_\alpha$ 时,α 的大小为 $0.707\alpha_0$(下降 3dB).

图 4.14 中也显示了共射电流增益 β,由式(38)可得

$$\beta\equiv\dfrac{\alpha}{1-\alpha}=\dfrac{\beta_0}{1+\mathrm{j}\left(\dfrac{f}{f_\beta}\right)}. \tag{39}$$

其中 f_β 称为**共射截止频率**(common-emitter cutoff frequency)

$$f_\beta=(1-\alpha_0)f_\alpha. \tag{40}$$

由于 $\alpha_0\approx 1$,f_β 远小于 f_α. 另外,截止频率(cutoff frequency)f_T 定义为 $|\beta|=1$ 时的频率,将式(39)等号右边的幅度定为 1,可得

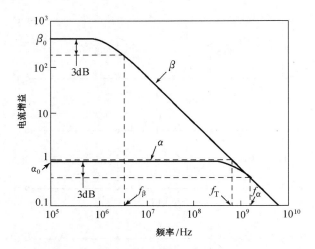

图 4.14　电流增益与频率的关系

$$f_T = \sqrt{\beta_0^2-1}\, f_\beta \approx \beta_0(1-\alpha_0)f_\alpha \approx \alpha_0 f_\alpha. \tag{41}$$

因此 f_T 很接近但稍小于 f_α.

截止频率 f_T 也可表示为 $(2\pi\tau_T)^{-1}$，其中 τ_T 代表载流子从发射极渡越到集电极所需的时间. τ_T 包含了发射区延迟时间(emitter delay time)τ_E、基区渡越时间(base transit time)τ_B 以及集电区渡越时间(collector transit time)τ_C，其中最主要的延迟时间是 τ_B. 基区中，少数载流子在 dt 时间间隔内移动的距离为 $dx=v(x)dt$，其中 $v(x)$ 是基区中的少数载流子有效速度，该速度与电流的关系为

$$I_p = qv(x)p(x)A. \tag{42}$$

其中 A 是器件的截面积，$p(x)$ 是少数载流子的分布，空穴渡越基区所需的时间 τ_B 为

$$\tau_B = \int_0^W \frac{dx}{v(x)} = \int_0^W \frac{qp(x)A}{I_p}dx. \tag{43}$$

以式(15)中的直线空穴浓度分布为例，利用式(21)的 I_p 由式(43)积分得到

$$\boxed{\tau_B = \frac{W^2}{2D_p}.} \tag{44}$$

要改善频率响应，必须缩短少数载流子穿越基区的时间，所以高频晶体管都设计为窄基区宽度. 由于硅材料中电子的扩散系数是空穴的三倍，所有的高频硅晶体管都是 n-p-n 类型(基区的少数载流子是电子). 另一个降低基区渡越时间的方法是利用有内建电场的缓变掺杂基区，掺杂浓度变化(基区靠近发射极端高掺杂，靠近集电极端低掺杂)产生的内建电场有助于载流子往集电极移动，从而缩短基区渡越时间.

▶ 4.3.2　开关瞬态过程

在数字电路中，晶体管设计为开关. 在这些应用中我们利用小的基极电流在很短时间内改变集电极电流由关(off)态到开(on)态(或反之)；关是高电压低电流的状态，开是低电压高电流的状态. 图 4.15(a)是一个基本的开关电路，其中射基电压 V_{EB} 瞬间由负值变为正值. 图 4.15(b)是晶体管的输出电流，起初集电极电流非常低，因为射基结与集基结都是反偏，当射基电压由负变正后，集电极电流沿着负载线经过放大区最后到达高电流状态，此时射基结与集基结都变为正偏. 因此晶体管在关态时，即截止模式时，发射极与集电极之间几乎为

断路；而在开态时，即饱和模式时，发射极与集电极之间几乎为短路.因此以上述方式工作的晶体管可近似于一理想的开关.

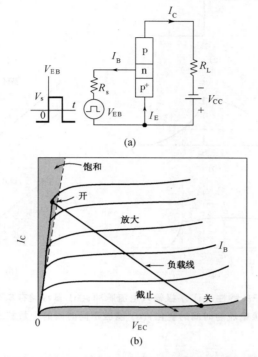

图 4.15 (a) 晶体管开关电路；(b) 晶体管由截止模式切换到饱和模式

开关时间是指晶体管从关变为开态或从开变为关态所需的时间，图 4.16(a) 显示一个正的输入电流脉冲在 $t=0$ 时加于射基端，晶体管开始导通，在 $t=t_2$ 时，电流瞬间关断至零，晶体管开始关断.集电极电流的瞬态行为可由储存于基区的总剩余少数载流子电荷 $Q_B(t)$ 的变化来决定.图 4.16(b) 是 Q_B 与时间 t 的关系图，在导通过程中，基区储存电荷由零增加到 $Q_B(t_2)$；在关断瞬态过程中，基区储存电荷由 $Q_B(t_2)$ 降至零.当 $Q_B(t) < Q_S$ 时，晶体管处于放大模式. Q_S 是 $V_{CB}=0$ 时基区的电荷量[如图 4.16(d) 所示，在饱和区的边缘].

I_C 随时间的变化显示于图 4.16(c) 中.在导通过程中，基区储存电荷量在 $t=t_1$ 时达到 Q_S（即饱和区边缘的电荷量），当 $Q_B > Q_S$ 时晶体管进入饱和模式，发射极和集电极电流大致维持于定值.图 4.16(d) 显示 $t > t_1$ 的任意时刻（如 $t=t_a$），空穴分布 $p_n(x)$ 与 $t=t_1$ 时平行，于是 $x=0$ 和 $x=W$ 处的空穴浓度梯度以及电流保持相同.在关断的过程中，器件起初处于饱和模式，集电极电流大致维持不变，直到 Q_B 降至 Q_S[见图 4.16(d)].由 t_2 到 $Q_B = Q_S$ 时的 t_3 这段时间称为**存储时间延迟**（storage time delay）t_s. 当 $Q_B = Q_S$ 即 $t=t_3$ 时，器件进入放大模式，之后集电极电流将以指数衰减到零.

导通所需的时间取决于我们能如何迅速地将空穴（p-n-p 晶体管中的少数载流子）加入基区，而关断所需的时间则取决于能如何迅速地通过复合将空穴移除.晶体管开关特性最重要的参数是少数载流子寿命 τ_p，一个有效降低 τ_p 使开关变快的方法是引入接近禁带中央的高效产生-复合中心.

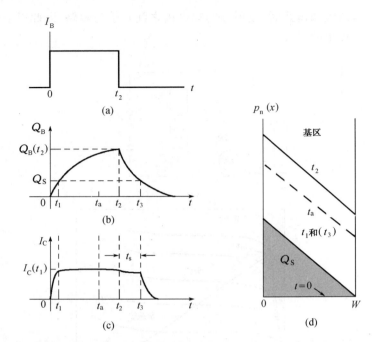

图 4.16 晶体管开关特性,(a) 基极输入电流脉冲;(b) 基极储存电荷随时间的变化;
(c) 集电极电流随时间的变化;(d) 基区不同时间的少数载流子分布

4.4 非理想效应

由上述讨论可知,为了得到高的电流增益,发射区的掺杂应远高于基区. 如果发射区简并掺杂会怎样呢? 在理想的晶体管中,基区的杂质分布是均匀的,但在现实的器件中是怎样的呢? 在之前的章节中,电流限制在小注入下,但在高注入条件下会怎样呢?

▶ 4.4.1 发射区禁带宽度变窄

为了提高电流增益,发射极掺杂应该远大于基极,即 $N_E \gg N_B$. 然而,当发射区掺杂浓度非常高时,我们必须考虑禁带宽度变窄效应[3]. 基于第 1 章 1.6.2 节的导带和价带的展宽,重掺杂硅中的禁带宽度变窄效应已被研究. 图 4.17 所示为硅的禁带宽度变窄的实验数据和经验拟合[5]. 它可近似类比于随后章节讨论的 HBT,其电流增益随发射区禁带宽度的减小而降低,

$$\beta_0 \sim \frac{N_E}{N_B} \exp\left(-\frac{\Delta E_g}{kT}\right). \tag{45}$$

其中 ΔE_g 为发射区禁带宽度的减小量.

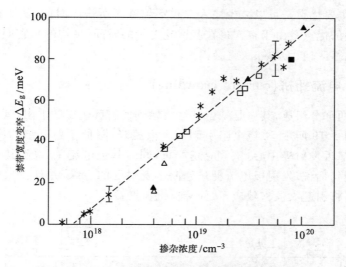

图 4.17 硅禁带宽度变窄的实验数据和经验拟合[5]

▶ 4.4.2 基区梯度分布

一个实际的在外延衬底上通过扩散或者离子注入工艺制造的 p-n-p 晶体管,其基区杂质分布并非是均匀的,而是存在较大的梯度分布,如图 4.18(a)所示. 对应的能带图如图 4.18(b)所示. 由于杂质浓度梯度,基区内的电子倾向于向集电极扩散. 然而,在热平衡状态下,中性基区存在着内建电场以反向平衡此扩散电流,也就是说,该电场将电子驱向发射极,最终没有净电流流动. 同样这个电场也会帮助注入空穴的运动. 在放大模式的偏置条件下,注入的少数载流子(空穴)不仅会通过扩散而移动,还会通过由基区的内建电场引起的漂移而移动.

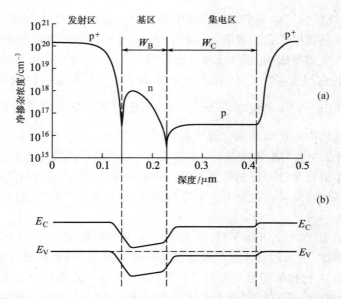

图 4.18 (a) 扩散形成的 p-n-p 双极型晶体管的杂质分布;(b) 对应的热平衡状态下的能带图

内建电场的主要优点是可以减少注入空穴穿越基区所需的时间,从而提高晶体管的高频响应.另一相关的优点是由于空穴将在基区花更少的时间(平均的),它们与基区电子复合可能性更小,因此基区输运系数 α_T 将会提高.

4.4.3 电流拥挤(current crowding)

基区电阻由两部分组成,其一是从由基区接触到发射区边缘的电阻,其二是发射极下方区域的电阻,如图 4.19 所示[3].该电阻引起一个电压降,降低了射基结的净压降 V_{BE}.沿着发射区的边缘越靠近发射极中心,该效应越严重,同时基极电流 I_B 也随其位置越靠近发射极中心而减少.换句话说,发射极电流拥挤趋向于发射区的边缘,并且在大电流下电流拥挤更显著.电流拥挤将引起大注入效应,从而降低电流增益.

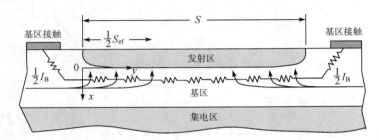

图 4.19 双边基区接触剖面图,显示大基区电流下的电流拥挤,S_{ef} 为发射极有效宽度

电流拥挤为发射极条宽的设计提出了一些限制.在现代晶体管中,发射极条宽可以做得很小,电流拥挤并不是一个主要的问题.对于功率晶体管,双基区甚至叉指型结构(interdigitated structure)被用于降低基区电阻,从而减小电流拥挤效应.

4.4.4 产生-复合电流和大电流效应

实际器件中,反向偏置的基集结耗尽区中存在产生电流,这个电流将加到漏电流上.正向偏置的射基结耗尽区中存在复合电流,因此一个电流分量将加到基极电流上,这个复合电流对于电流增益产生重要影响.图 4.20(a)所示为一工作于放大模式下的双极型晶体管集电极电流和基极电流与 V_{EB} 的关系.在电流较小时,复合电流是主导成分,且基极电流以 $\exp\dfrac{qV_{EB}}{\eta kT}$ 变化,其中 $\eta \approx 2$.注意集电极电流 I_C 并不受射基结复合电流的影响,这是因为 I_C 主要是由注入基区的空穴扩散至集电极引起的.

图 4.20(b)所示为共射电流增益 β_0 [由图 4.20(a)得到].当集电极电流较小时,射基结耗尽区中的复合电流比穿过基区的少子扩散电流贡献更大,因此发射极效率低.通过降低器件中的产生-复合中心,β_0 可以在小电流下得到提高.随着基区扩散电流变成主导,β_0 上升至高且平稳的值.

当集电极电流更大时,β_0 开始下降.这是由大注入效应引起的,基区内注入的少子浓度(空穴)接近杂质浓度,注入的载流子等效地提高了基区掺杂,从而降低了发射极效率.另一个在大电流下引起 β_0 退化的因素是发射极电流拥挤,引起了发射极下方电流密度的不均匀分布.发射区边缘的电流密度可以远大于平均电流密度.因此,大注入效应发生于发射区边缘,引起了 β_0 的降低.另外,大电流情形下基区电阻上可观的压降也加剧了电流增益的下降.

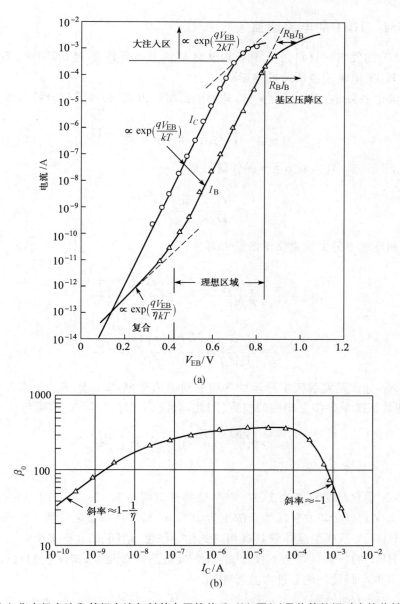

图 4.20 (a) 集电极电流和基极电流与射基电压的关系;(b) 图(a)晶体管数据对应的共射电流增益

4.5 异质结双极型晶体管

在 3.7 节中,我们已讨论过异质结,异质结双极型晶体管(HBT)是指晶体管中的一个结或两个结都由不同的半导体材料所构成. HBT 主要的优点是发射极效率(γ)高,其电路应用基本上与双极型晶体管相同,但 HBT 具有更高的速度,可以工作在更高的频率. 因为具有这些特性,HBT 在光电、微波和数字应用上非常受欢迎. 例如,在微波应用方面,HBT 常被用来制造固态微波及毫米波功率放大器、振荡器和混频器.

4.5.1 HBT 的电流增益

假设 HBT 的发射区材料是半导体 1,基区材料是半导体 2,考虑不同半导体材料的禁带宽度差对 HBT 电流增益所造成的影响.

当基区输运系数 α_T 非常接近 1 时,共射电流增益由式(8)和式(35)可以表示为

$$\beta_0 \equiv \frac{\alpha_0}{1-\alpha_0} \equiv \frac{\gamma\alpha_T}{1-\gamma\alpha_T} = \frac{\gamma}{1-\gamma}(当\ \alpha_T=1). \tag{46}$$

将式(31)的 γ 代入式(46),对 n-p-n 晶体管可得

$$\beta_0 = \frac{1}{\frac{D_E}{D_n}\frac{p_{p0}}{n_{p0}}\frac{W}{L_E}} \approx \frac{n_{p0}}{p_{p0}}. \tag{47}$$

发射区和基区中的少数载流子浓度可写为

$$p_{p0} = \frac{n_i^2(发射区)}{N_E(发射区)} = \frac{N_C N_V \exp\left(-\frac{E_{gE}}{kT}\right)}{N_E}, \tag{48}$$

$$n_{p0} = \frac{n_i^2(基区)}{N_B(基区)} = \frac{N_C' N_V' \exp\left(-\frac{E_{gB}}{kT}\right)}{N_B}. \tag{49}$$

其中 N_C 和 N_V 分别是发射区半导体的导带和价带有效状态密度,E_{gE} 是其禁带宽度,N_C'、N_V' 和 E_{gB} 则是基区半导体上相应的参数.因此,假设 $N_C N_V = N_C' N_V'$,得到

$$\beta_0 \sim \frac{N_E}{N_B}\exp\left(\frac{E_{gE}-E_{gB}}{kT}\right) = \frac{N_E}{N_B}\exp\left(\frac{\Delta E_g}{kT}\right). \tag{50}$$

▶ 例 4

一 HBT 发射区禁带宽度为 1.62eV,基区禁带宽度为 1.42eV,一 BJT 发射区和基区禁带宽度皆为 1.42eV;而其发射区掺杂浓度为 10^{18}cm^{-3},基区掺杂浓度为 10^{15}cm^{-3}.

(a) 若 HBT 与双极型晶体管具有相同的掺杂浓度,请问 β_0 改善多少?

(b) 若 HBT 的发射区掺杂浓度和 β_0 与双极型晶体管相同,请问我们可以将基区掺杂浓度提高到多少?假设其他器件参数皆相同.

解

(a) $$\frac{\beta_0(\text{HBT})}{\beta_0(\text{BJT})} = \frac{\exp\left(\frac{E_{gE}-E_{gB}}{kT}\right)}{1} = \exp\left(\frac{1.62-1.42}{0.0259}\right) = \exp\left(\frac{0.2}{0.0259}\right)$$
$$= \exp(7.722) = 2257.$$

β_0 增加为 2257 倍.

(b) $$\beta_0(\text{HBT}) = \frac{N_E}{N_B'}\exp(7.722) = \beta_0(\text{BJT}) = \frac{N_E}{N_B},$$

所以 $N_B' = N_B\exp(7.722) = 2257\times 10^{15} = 2.26\times 10^{18}(\text{cm}^{-3})$.

异质结的基区浓度可增加到 $2.26\times 10^{18}\text{cm}^{-3}$,而维持相同的 β_0.

4.5.2 基本 HBT 结构

HBT 技术的大部分发展都是基于 $Al_xGa_{1-x}As/GaAs$ 材料系的,图 4.21(a)是一个基本 n-p-n HBT 结构,在此器件中,n 型发射区以宽禁带的 $Al_xGa_{1-x}As$ 组成,而 p 型基区以禁带宽度较窄的 GaAs 组成,n 型集电区和 n 型次集电区(sub-collector)分别以低掺杂和高掺杂的砷化镓组成;为了形成欧姆接触,发射区接触和层之间加了一层高掺杂的 n 型砷化镓.因为发射区和基区材料间有很大的禁带宽度差,共射电流增益可以非常高.而同质结的双极型晶体管并无禁带宽度差存在,必须将发射区和基区的掺杂比提到很高,这是同质结与异质结双极型晶体管最基本的差异(见例4).

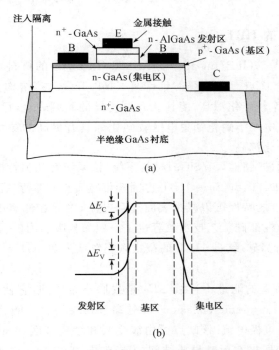

图 4.21 (a) n-p-n HBT 结构的截面图示;(b) 放大模式下 HBT 的能带图

图 4.21(b)是 HBT 在放大模式下的能带图,发射区和基区的能带差在异质结界面上造成了能带偏移.事实上,HBT 优异的特性与在异质界面处的价带不连续 ΔE_V 直接相关. ΔE_V 增加了射基异质结处价带势垒的高度,减少了从基区到发射区的空穴注入,该效应使得 HBT 可以使用高掺杂浓度的基区,而同时维持高的发射极效率和电流增益;高掺杂基区可降低基区的方块电阻[6],且基区可以做得很窄而无须担心**穿通效应**(punch through).穿通效应是指集基结的耗尽层完全穿透基区并到达射基结耗尽层的现象.窄基区宽度可以降低基区渡越时间,提高截止频率[7],这是我们期望的特性.

HBT 的一个缺点是共射组态下的偏移电压(offset voltage),如图 4.22 所示.偏移电压 ΔV_{CE} 定义为集电极电流为零时的集射极电压.它是由于射基结之间的导带势垒阻碍载流子流入基区引起的,于是产生了偏移电压,即射基结上的一个额外压降.这个偏移电压的影响可以通过组分缓变的射基结来降低,该方法将在后面的章节中讨论.它也可以通过引入另一个异质结作为集基结来消除.

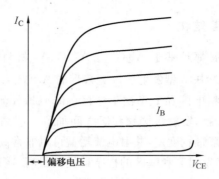

图 4.22 I_C-V_{CE} 特性中显示了一个偏移电压

4.5.3 先进的 HBT

近年来磷化铟（InP）基（InP/InGaAs 或 AlInAs/InGaAs）的材料系被广泛地研究，磷化铟基的异质结构有多个优点[8]. 磷化铟/铟镓砷（InP/InGaAs）结构具有非常低的表面复合，铟镓砷的电子迁移率较砷化镓高，使其具有更优异的高频表现，已获得高达 550GHz 的截止频率[9]. 此外，在强电场下磷化铟集电区较砷化镓具有更高的漂移速度，并且磷化铟集电极的击穿电压也比砷化镓高.

另一种异质结采用硅/锗硅（Si/SiGe）材料系统，该系统有几项特性在 HBT 的应用中具有吸引力. 如同/GaAs HBT，Si/SiGe HBT 也因禁带宽度差可实现基区重掺杂而具有高速能力；硅表面低陷阱密度的特性可以减少表面复合电流，确保在低集电极电流时，仍可维持高的电流增益. 另外，与标准硅工艺技术兼容也是一项深具吸引力的特性. 然而，与砷化镓基和磷化铟基的 HBT 相比，硅/锗硅 HBT 的截止频率较低为 300GHz[10]，这是因为硅的载流子迁移率较低.

图 4.21(b)中，导带上的能带不连续 ΔE_C 是我们不希望的，它使得异质结中的载流子必须通过热离化发射（thermionic emission）或隧穿（tunneling）才能跨过或穿过势垒，因而降低了发射极效率和集电极电流. 该缺点可由缓变层和缓变基区（graded-base）异质结来改善. 图 4.23 显示一缓变层夹在射基异质结间的能带图，其中 ΔE_C 已被消除，缓变层的厚度为 W_g.

基区也可采用缓变分布，使得基区的带隙由发射极一侧到集电极一侧逐步减小，图 4.23（虚线）显示缓变基区 HBT 的能带图，存在一内建电场 E_{bi} 于准中性基区（quasi-neutral base），少数载流子渡越时间降低，增加了 HBT 的共射电流增益与截止频率. 将基区 $Al_xGa_{1-x}As$ 中铝的摩尔比率 x 由 0.1 到 0 作线性变化，就可以建立 E_{bi}.

在设计集电区时，必须考虑集电区渡越时间延迟以及击穿电压的要求，厚集电区可以使集基结具有较高的击穿电压但却相应地增加其渡越时间. 在大部分的高功率应用上，集电区中会维持很大的电场，载流子会以饱和速率穿越集电区.

然而，我们可采用特定的集电区掺杂分布来降低区内的电场，并增加载流子速度. 例如，具有 p^- 集电区和一层邻近次集电极的 p^+ 脉冲掺杂（pulse-doped）结构的 n-p-n HBT，于是，电子进入集电区后，在大部分集电区渡越时间内可以维持导带低能谷（lower valley）的高迁移率，这种器件称为**弹道集电区晶体管**[11]（ballistic collector transistor，BCT）. 图 4.24 是 BCT 的能带图，BCT 已证实在小的偏压范围内，有较传统 HBT 更优异的频率响应. 基于在低集电极电压和电流条件下的优点,BCT 被用于开关和微波功率放大等方面的应用.

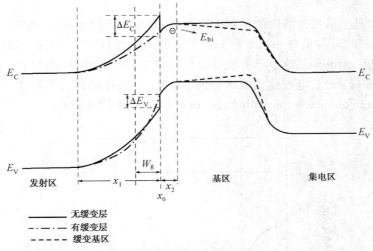

图 4.23 有或无缓变层和有或无缓变基区的 HBT 能带图

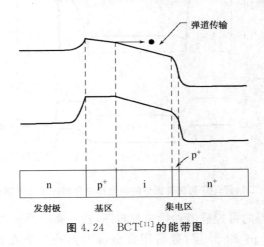

图 4.24 BCT[11]的能带图

4.6 可控硅器件及相关功率器件

可控硅器件(thyristor)是一种非常重要的功率器件,用于高电压和大电流的控制.它主要用于开关,使器件从关闭或是阻断的状态转换为开启或是导通的状态,反之亦然[12].我们已经讨论过双极型晶体管的开关应用,利用基极电流驱动晶体管,从截止模式转变为饱和模式的开启,或从饱和模式转变为截止模式的关断.可控硅器件的工作原理与双极型晶体管有密切关系,输运过程同时牵涉到电子和空穴,但可控硅器件的开关机制和双极型晶体管是不同的.因为器件结构不同,可控硅器件有极宽广的电流、电压处理能力.现今的可控硅器件[13]的额定电流可由几毫安到超过 5000A;额定电压可超过 10000V. 下面我们先讨论基本可控硅器件的工作原理,然后讨论一些高功率和高频的可控硅器件.

4.6.1 基本特性

图 4.25(a)是一可控硅器件的横截面示意图,是一个四层 p-n-p-n 器件,包括三个串接的 p-n 结:J_1、J_2 和 J_3. 与最外一层 p 层相连的接触电极称为**阳极**(anode),而与最外侧 n 层相连的称为**阴极**(cathode),这个没有额外电极的结构是二端器件,称为 p-n-p-n **二极管**. 若一额外的称为栅(gate)的电极连接到内部的 p 层(p_2),所构成的三端器件一般称为**半导体控制整流器**(semiconductor-controlled rectifier,SCR)或**可控硅器件**.

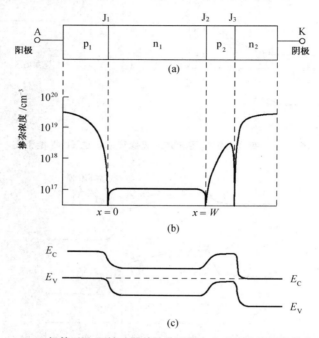

图 4.25　(a) 四层的 p-n-p-n **二极管**;(b) 可控硅器件的典型掺杂分布;(c) 热平衡状态下可控硅器件的能带图

图 4.25(b)是一典型的可控硅器件掺杂分布图,选一高阻的 n 型硅片作为起始材料(n_1 层),通过扩散同时形成 p_1 和 p_2 层,最后用合金(alloy)或扩散在硅片的一侧形成 n_2 层. 图 4.25(c)是可控硅器件在热平衡状态下的能带图,其中每一个结都有耗尽区,其内建电势由掺杂分布决定.

图 4.26 是基本的 p-n-p-n 二极管电流-电压特性,展现出五个显著不同的区域:

(0)—(1):器件处于正向阻断(forward-blocking)或关态,具有很高的阻抗;正向转折(forward breakover)或切换发生于 $\frac{dV}{dI}=0$ 处;在点(1)处定义正向转折电压(forward-breakover voltage)V_{BF} 和切换电流 I_s(switching current).

(1)—(2):器件处于负阻区,也就是电流随电压急剧降低而增加.

(2)—(3):器件处于正向导通(forward-conducting)或开态,具有低阻抗,在点(2)处 $\frac{dV}{dI}=0$,定义了保持电流(holding current)I_h 和保持电压(holding voltage)V_h.

(0)—(4):器件处于反向阻断(reverse-blocking)状态.

(4)—(5):器件处于反向击穿(reverse-breakdown)区域.

因此,p-n-p-n 二极管在正向区域是个双稳态(bistable)器件,可以在高阻抗低电流的关态和低阻抗高电流的开态之间切换.

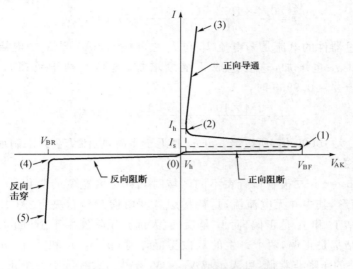

图 4.26 p-n-p-n 二极管的电流电压特性

为了解正向阻断特性,我们先将该器件视为以特殊方式相连的一个 p-n-p 晶体管和一个 n-p-n 晶体管,如图 4.27 所示.一个晶体管的基区连接至另一个晶体管的集电区,反之亦然.式(3)和式(10)给出了射、集、基极电流的关系以及和直流共基电流增益的关系,p-n-p 晶体管(晶体管 1,电流增益 α_1)的基极电流为

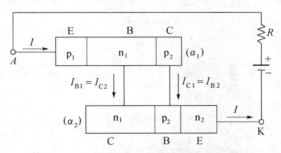

图 4.27 可控硅器件的双晶体管示意图[2]

$$I_{B1} = I_{E1} - I_{C1} = (1-\alpha_1)I_{E1} - I_1 = (1-\alpha_1)I - I_1. \tag{51}$$

其中 I_1 是晶体管 1 的漏电流 I_{CBO},该基极电流由 n-p-n 晶体管(晶体管 2,电流增益 α_2)的集电极供应,n-p-n 晶体管的集电极电流为

$$I_{C2} = \alpha_2 I_{E2} + I_2 = \alpha_2 I + I_2. \tag{52}$$

其中 I_2 是晶体管 2 的漏电流 I_{CBO},由 I_{B1} 等于 I_{C2},可得

$$I = \frac{I_1 + I_2}{1-(\alpha_1+\alpha_2)}. \tag{53}$$

▶ 例 5

一可控硅器件的漏电流 I_1 和 I_2 分别为 0.4mA 和 0.6mA,请解释当 $\alpha_1+\alpha_2$ 为 0.01 和 0.9999时的正向阻断特性.

解

电流增益是电流 I 的函数,且一般随电流增加而增加,在低电流时 α_1 和 α_2 远小于 1,可

以得出

$$I = \frac{0.4 \times 10^{-3} + 0.6 \times 10^{-3}}{1 - 0.01} = 1.01 \text{(mA)}.$$

在此情形下，流过器件的电流是漏电流 I_1 和 I_2 之和（≈1mA）。当外加电压增加，电流 I 也增加，于是 α_1 和 α_2 也增加，这会造成 I 继续增加，这是一种正反馈行为（regenerative behavior）。当 $\alpha_1 + \alpha_2 = 0.9999$ 时，

$$I = \frac{0.4 \times 10^{-3} + 0.6 \times 10^{-3}}{1 - 0.9999} = 10 \text{(A)}.$$

这个值比 $I_1 + I_2$ 大 10000 倍，所以当 $\alpha_1 + \alpha_2$ 趋近于 1 时，电流 I 会无限制地增加，亦即器件处于正向导通状态。

图 4.28 是 p-n-p-n 二极管偏置在不同区域时其耗尽区宽度的变化。图 4.28(a) 显示热平衡状态下的情形，其中并无电流流通，耗尽层宽度由掺杂分布决定。图 4.28(b) 显示了正向阻断的情形，结 J_1 和 J_3 是正偏，而 J_2 是反偏，大部分压降发生于 J_2。图 4.28(c) 是正向导通的状况，三个结都是正偏，两个寄生的双极型晶体管（p_1-n_1-p_2 和 n_1-p_2-n_2）都处于饱和模式，因此整个器件的压降非常低，可表示成 $V_1 - |V_2| + V_3$，大约等于一个正偏 p-n 结的压降。图 4.28(d) 是反向阻断的状态，结 J_2 是正偏，J_1 和 J_3 都是反偏。对于图 4.25(b) 中的掺杂分布，由于 n_1 区域的低掺杂浓度，反向击穿电压主要由 J_1 决定。

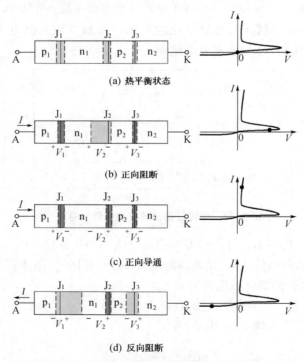

图 4.28　可控硅器件工作在各区域的耗尽区宽度与压降

图 4.29(a) 是一个以平面工艺制造，栅极连接到 p_2 区域的可控硅器件，图 4.29(b) 是沿着虚线切开的横截面图。可控硅器件的电流-电压特性与 p-n-p-n 二极管类似，但栅电流 I_g 可以增加 $\alpha_1 + \alpha_2$，使得正向转折电压降低。图 4.30 显示了栅极电流对可控硅器件电流-电压特性的影响，当栅极电流增加时，正向转折电压降低。

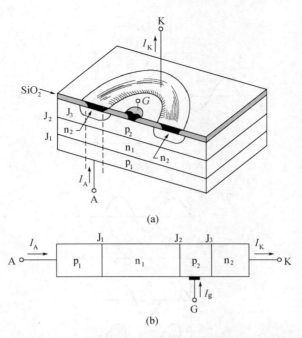

图 4.29 (a) 平面三端可控硅器件示意图;(b) 平面可控硅器件的横截面

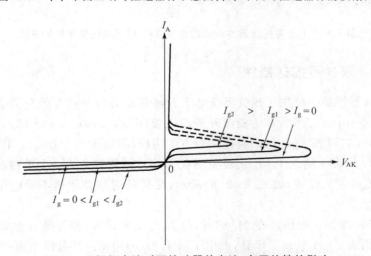

图 4.30 栅极电流对可控硅器件电流-电压特性的影响

图 4.31(a)是一可控硅器件的简单应用,由恒定线源传输至负载的功率可调控,负载 R_L 可以是灯泡或加热器. 每个周期传输至负载的功率由可控硅器件的栅极电流脉冲控制[图 4.31(b)]. 若电流脉冲在接近每个周期开始时就加入栅极,就会有较多的功率传送至负载. 相反,如果将栅电流脉冲延迟,则可控硅器件在同一周期的较晚时刻才能导通,传送至负载的功率将会显著下降.

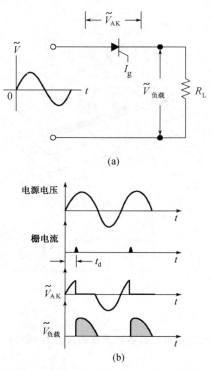

图 4.31 (a) 可控硅器件的应用电路;(b) 电压与栅极电流的波形

▶ 4.6.2 双向可控硅器件

双向可控硅器件是一种在正或负阳极电压下都有开关两种状态的开关器件,适合于交流的应用. 双向 p-n-p-n 二极管称为**交流开关二极管**(diac, diode ac switch),其行为类似两个典型的 p-n-p-n 二极管,彼此的阳极连到对方的阴极,阴极连到对方阳极. 图 4.32(a)即为此结构,这里 M_1 代表主端点 1,M_2 代表主端点 2. 将该结构整合为一个单独的二端器件后,就成了一个交流开关二极管,如图 4.32(b)所示,结构的对称性使得不管电压极性如何,都会有相同的特性.

当一相对 M_2 端的正电压加在 M_1 端时,结 J_4 为反向偏置,器件的 n_2' 区域没有作用,因此 p_1-n_1-p_2-n_2 构成了 p-n-p-n 二极管,产生了图 4.32(c)中正向部分的电流-电压特性;如果正电压加在 M_2 端,电流以相反方向流通,结 J_3 被反向偏置,于是 p_1'-n_1'-p_2'-n_2' 二极管产生了图 4.32(c)中反向部分的电流-电压特性.

一个双向三端的可控硅器件称为**交流开关三极管**(triac, triode ac switch). 它可以将任意极性的低电压低电流脉冲施加于栅极和一个主端点(M_1 或 M_2)之间,从而实现任意方向电流的开关动作,如图 4.33 所示. 交流开关三极管的工作原理以及电流-电压特性与交流开关二极管类似,通过调节栅极电流,可以改变任一极性的转折电压.

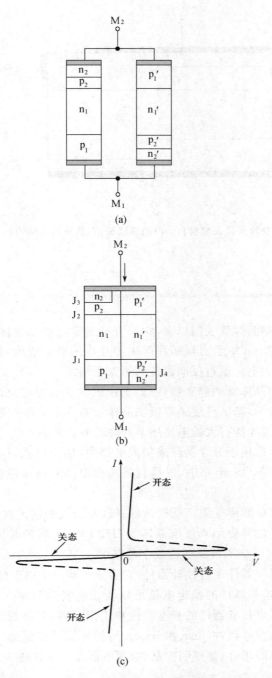

图 4.32 (a) 二个反接的 p-n-p-n 二极管;(b) 将二极管整合为一个单独的二端交流开关二极管;
(c) 交流开关二极管的电流-电压特性

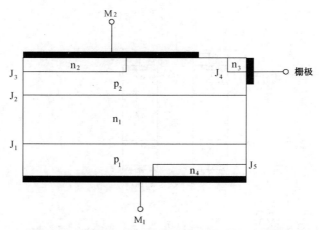

图 4.33 交流开关三极管(triac)的横截面,它具有六层结构和五个 p-n 结

总　结

自从 1947 年双极型晶体管发明以来,它一直是最重要的半导体器件之一,双极型晶体管是由两个相同材料的 p-n 结紧密相邻并产生相互作用而形成的,荷电载流子由正向偏置的第一个结注入,造成大电流流过反向偏置的第二个结.

我们讨论了双极型晶体管的静态特性,如工作模式和共射组态的电流-电压特性,也讨论了频率响应和开关行为. 基区宽度是双极型晶体管的一个关键参数,它必须比少数载流子扩散长度小很多,晶体管才能有大的电流增益和高的截止频率.

双极型晶体管大量应用于分立器件或集成电路中,用于电流、电压或功率放大,它们也用于双极型 CMOS(BiCMOS)电路中,以得到高密度电路和高速性能,在第 6 和第 15 章中将会讨论到.

传统双极型晶体管的频率受限于低掺杂的基区和较大的基区宽度. 为了克服这些限制,以不同半导体材料形成的异质结双极型晶体管(HBT)具有高的基区掺杂和很窄的基区宽度. 所以 HBT 普遍应用于毫米波及高速数字电路中.

另一个重要的双极型器件是可控硅器件,它由三个或三个以上的 p-n 结构成. 可控硅器件主要用于开关方面,这些器件的额定电流可以从几毫安到 5000A 以上,额定电压可以超过 10000V. 我们讨论了可控硅器件的基本特性和工作原理,此外我们也讨论了不论端电压极性皆可开关的双向可控硅器件(diac 和 triac). 可控硅器件广泛地应用于从低频高电流的电源管理到高频低功率的场合,如照明控制、家用电器及工业设备等.

参考文献

[1] (a) J. Bardeen, and W. H. Brattain, "The Transistor, A Semiconductor Triode," *Phys. Rev.*, **74**, 230 (1948).

(b) W. Shockley, "The Theory of p-n Junction in Semiconductors and p-n Junction Transistor,"

Bell Syst. Tech. J., 28, 435 (1949).

[2] J. J. Ebers, "Four-Terminal p-n-p-n Transistor," *Proc. IEEE*, 40, 1361 (1952).

[3] S. M. Sze, and K. K. Ng, *Physics of Semiconductor Devices*, 3rd Ed., Wiley Interscience, Hoboken, 2007.

[4] J. M. Early, "Effects of Space-Charge Layer Widening in Junction Transistors," *Proc. IRE.*, 40, 1401 (1952).

[5] J. del Alamo, S. Swirhum, and R. M. Swanson, "Simultaneous Measurement of Hole Lifetime, Hole Mobility and Bandgap Narrowing in Heavily Doped n-Type Silicon," *Tech. Dig. IEEE IEDM*, 290 (1985).

[6] J. S. Yuan, and J. J. Liou, "Circuit Modeling for Transient Emitter Crowding and Two-Dimensional Current and Charge Distribution Effects," *Solid-State Electron*, 32, 623 (1989).

[7] J. J. Liou, "Modeling the Cutoff Frequency of Heterojunction Bipolar Transistors Subjected to High Collector-Layer Currents," *J. Appl. Phys.*, 67, 7125 (1990).

[8] B. Jalali, and S. J. Pearton, Eds., *InP HBTs: Growth, Processing, and Application*, Artech House, Norwood, 1995.

[9] W. Hafez, and M. Feng, "0.25μm Emitter InP SHBTs with f_T = 550GHz and BV_{CEO} > 2V," *Tech. Dig. IEEE Int. Electron Devices Meet.*, 549 (2004).

[10] N. Zerounian et al., "500GHz Cutoff Frequency SiGe HBTs," *Electron. Lett.*, 43, 774 (2007).

[11] T. Ishibashi, and Y. Yamauchi, "A Possible Near-Ballistic Collection in an AlGaAa/GaAs HBT with a Modified Collector Structure," *IEEE Trans. Electron Devices*, ED-35, 401 (1988).

[12] P. D. Taylor, *Thyristor Design and Realization*, Wiley, New York, NY, 1993.

[13] H. P. Lips, "Technology Trends for HVDC Thyristor Valves," 1998 *Intl. Conf. Power System Tech. Proc.*, 1, 446 (1998).

习 题

4.2 双极型晶体管的静态特性

1. 一 n-p-n 晶体管的基区输运效率 α_T 为 0.998,发射极效率为 0.997,I_{CP} 为 10nA。

(a) 计算晶体管的 α_0 和 β_0;

(b) 若 I_B = 0,发射极电流为多少?

2. 一理想晶体管的发射极效率为 0.999,集电极-基极漏电流为 10μA,假设 I_B = 0,请计算由空穴所形成的放大模式下的发射极电流。

3. 一 p-n-p 双极型晶体管放置在一个正在执行任务的空间飞行器上,因为受到太阳风和宇宙射线的影响,电离辐射会产生原子缺陷、内部错位和陷阱。请预测一下双极型晶体管的增益 α_0 是增加、减少还是保持不变?请给出合理的或定量的分析加以解释。

4. 一个硅 p-n-p 晶体管的发射区、基区、集电区掺杂浓度分别为 5×10^{18} cm^{-3}、2×10^{17} cm^{-3} 和 10^{16} cm^{-3},基区宽度为 1.0μm,器件截面积为 0.2mm^2。当射基结正向偏置在 0.5V 且集基结反向偏置在 5V 时,计算:

(a) 中性基区宽度;

(b) 射基结处的少数载流子浓度。

5. 对习题 4 中的晶体管，其发射区、基区、集电区中少数载流子的扩散系数分别为 $52\text{cm}^2/\text{s}$、$40\text{cm}^2/\text{s}$ 和 $115\text{cm}^2/\text{s}$，对应各区寿命分别为 10^{-8}s、10^{-7}s 和 10^{-6}s。求出图 4.5 中的各电流分量 (I_{Ep}、I_{Cp}、I_{En}、I_{Cn} 和 I_{BB})。

6. 利用习题 4 和习题 5 所得到的结果，
   (a) 求出晶体管的端电流 I_E、I_C 和 I_B；
   (b) 计算发射极效率、基区输运系数、共基电流增益和共射电流增益；
   (c) 讨论如何改善发射极效率以及基区输运系数。

7. 参考式(14)的少数载流子浓度，画出在不同 $\frac{W}{L_\text{p}}$ 下，$\frac{p_\text{n}(x)}{p_\text{n}(0)}$ 对 x 的曲线。解释为何 $\frac{W}{L_\text{p}}$ 足够小时，分布曲线会趋近于直线 $\left(\text{如}\frac{W}{L_\text{p}}<0.1\right)$。

8. 一 n-p-n 晶体管的集电极悬空，对射基结加一正向偏压 V_a。在此情况下，晶体管的集基结是正偏还是反偏？并给出合理解释。

9. 假设晶体管工作在放大模式且 $p_\text{n}(0) \gg p_\text{n0}$，推导总的过剩少数载流子电荷 Q_B 的表达式。请解释为何电荷量可以近似于图 4.6 中所示基极中的三角形面积，此外请利用习题 4 的参数求出 Q_B。

10. 利用习题 9 所推导出的 Q_B 的表达式，证明式(27)的集电极电流可以近似为 $I_\text{C} \approx \left(\frac{2D_\text{p}}{W^2}\right)Q_\text{B}$。

11. 证明基区输运系数 α_T 可以简化为 $1-\left(\frac{W^2}{2L_\text{p}^2}\right)$。

12. 一 p-n-p 晶体管有如下特性。掺杂：$N_\text{E}=10N_\text{B}$，$N_\text{B}=10N_\text{C}$，$N_\text{C}=10^{16}\text{cm}^{-3}$；中性区宽度：$W_\text{E}=W_\text{B}=0.1L_\text{B}=5\times10^{-5}\text{cm}$，$W_\text{C}=500W_\text{B}$；少子扩散系数：$D_\text{E}=D_\text{B}=0.25D_\text{C}=50\text{cm}^2/\text{s}$；少子扩散长度：$L_\text{E}=0.5L_\text{B}=10L_\text{C}$。基于以上数据，计算：
   (a) 发射效率；
   (b) 基区输运系数；
   (c) 截止频率 f_T。

13. 若发射极效率非常接近1，请证明共射电流增益 β_0 可表示为 $\frac{2L_\text{p}^2}{W^2}$。（提示：利用习题 11 的 α_T）

14. 一具有高发射极效率的 p$^+$-n-p 晶体管，求出其共射电流增益 β_0。假设基区宽度为 $2\mu\text{m}$，基区中的少数载流子扩散系数为 $100\text{cm}^2/\text{s}$，基区中少数载流子寿命为 3×10^{-7}s。（提示：参考习题 13 推导的 β_0）

15. 一 n-p-n 硅双极型晶体管，其发射区、基区、集电区掺杂浓度分别为 $3\times10^{18}\text{cm}^{-3}$、$2\times10^{16}\text{cm}^{-3}$ 和 $5\times10^{15}\text{cm}^{-3}$，利用爱因斯坦关系 $D=\left(\frac{kT}{q}\right)\mu$ 求出这三个区域中的少数载流子扩散系数。假设电子和空穴的迁移率 μ_n 和 μ_p 在 $T=300\text{K}$ 可以表示为
$$\mu_\text{n}=88+\frac{1252}{(1+0.698\times10^{-17}N)}, \mu_\text{p}=54.3+\frac{407}{(1+0.374\times10^{-17}N)}.$$

16. 一利用离子注入形成的 n-p-n 晶体管，其中性基区的净掺杂浓度为 $N(x)=N_{\text{AO}}e^{-\frac{x}{l}}$，其中 $N_{\text{AO}}=2\times10^{18}\text{cm}^{-3}$，$l=0.3\mu\text{m}$。

(a) 求出中性基区单位面积上的杂质;

(b) 若中性基区宽度为 $0.8\mu m$,求出中性基区的平均掺杂浓度.

17. 参考习题 16,若 $L_E=1\mu m$, $N_E=10^{19}\,cm^{-3}$, $D_E=1\,cm^2/s$,基区中的平均寿命为 $10^{-6}\,s$,基区中的平均扩散系数由习题 16 中的掺杂浓度决定,求出共射电流增益.

18. 估算习题 16 和习题 17 的发射极电流水平,已知发射极面积为 $10^{-4}\,cm^2$,基区电阻可表示为 $10^{-3}\dfrac{\overline{\rho_B}}{W}$,其中 W 是中性基区宽度,$\overline{\rho_B}$ 是基区的平均电阻率.

*19. 对课本中图 4.10(b) 所示的晶体管,以 I_B 为变量,画出不同 I_B 条件下的共射电流增益,I_B 由 0 到 $25\mu A$,V_{EC} 固定为 5V.请解释电流增益为何不是常数.

20. 根据基本的埃伯斯-摩尔模型(Ebers-Moll model)[J. J. Ebers and J. L. Moll, "Large-Single Behavior of Junction Transistors," *Proc. IRE.*, 42, 1761, 1954],发射极和集电极电流的一般性方程为

$$I_E = I_{FO}(e^{\frac{qV_{EB}}{kT}}-1) - \alpha_R I_{RO}(e^{\frac{qV_{CB}}{kT}}-1),$$

$$I_C = \alpha_F I_{FO}(e^{\frac{qV_{EB}}{kT}}-1) - I_{RO}(e^{\frac{qV_{CB}}{kT}}-1).$$

其中 α_F 和 α_R 分别为正向共基电流增益(forward common-base current gain)和反向共基电流增益(reverse common-base current gain),I_{FO} 和 I_{RO} 分别为正常正向和反向偏压二极管饱和电流.请以式(25)、式(26)、式(28)、式(29)中的常数来表示 α_F 和 α_R.

*21. 参考课本例 2 中的晶体管,利用习题 20 所推导出的方程求出 I_E 和 I_C.

22. 请以无电场的稳态连续性方程推导出式(32b)的集电极电流.(提示:考虑集电极中的少数载流子分布)

23. 一 p^+-n-p 晶体管相关数据如下:

	发射极	基极	集电极
掺杂/cm^{-3}	5×10^{18}	10^{16}	10^{15}
宽度/μm	1.0	1.0	500.0
少子扩散系数/(cm^2/s)	2.0	10.0	35.0
少子寿命/s	10^{-8}	10^{-7}	10^{-6}
横截面积/cm^2	0.03	0.03	0.03

若器件工作温度为 300K,平衡载流子浓度 $n_i=10^{10}\,cm^{-3}$,相对介电常数 $\varepsilon=11.9\varepsilon_0$.假设 $V_T=25.9\,mV$,若在射基结加 0.5V 正向偏压,在集基结加 5.0V 反向偏压,请计算:

(a) 中性区宽度;

(b) 发射效率和基区输运系数;

(c) 共基和共发射极电流增益;

(d) 晶体管参数 a_{11}、a_{12}、a_{21} 和 a_{22}.

4.3 双极型晶体管的频率响应与开关特性

24. 一硅晶体管,其 $D_p=10\,cm^2/s$,$W=0.5\mu m$,共基电流增益 α_0 为 0.998,试求出其截止频率.可忽略发射极和集电极延迟.

25. 若要设计一截止频率 f_T 为 5GHz 的双极型晶体管,请问中性基区宽度 W 需为多

少? 假设 $D_p=10\text{cm}^2/\text{s}$,并且忽略发射极和集电极延迟.

26. 一开关晶体管的基区宽度为 $0.5\mu\text{m}$,扩散系数为 $10\text{cm}^2/\text{s}$. 基区少数载流子寿命为 10^{-7}s. 晶体管外加电压 $V_{CC}=5\text{V}$,负载电阻为 $10\text{k}\Omega$. 如果给基极电流一个 $2\mu\text{A}$ 的脉冲电流,持续 $1\mu\text{s}$,求出基区存储电荷和存储时间延迟.

4.5 异质结双极型晶体管

27. 一 $\text{Si}_{1-x}\text{Ge}_x/\text{Si}$ HBT,其基区中 $x=10\%$(发射区和集电区中 $x=0\%$),基区的禁带宽度比硅禁带宽度小 9.8%. 若基极电流只源于发射极注入效率,请问当温度在 0 和 100℃ 间,共射电流增益会有何变化?

28. 有一 $\text{Al}_x\text{Ga}_{1-x}\text{As}/\text{Si}$ HBT,其中 $\text{Al}_x\text{Ga}_{1-x}\text{As}$ 的禁带宽度为 x 的函数,可表示为 $1.424+1.247x(\text{eV})$(当 $x\leqslant 0.45$)以及 $1.9+0.125x+0.143x^2(\text{eV})$(当 $0.45\leqslant x\leqslant 1$). 请以 x 为变量画出 $\beta_0(\text{HBT})/\beta_0(\text{BJT})$ 的图形.

4.6 可控硅器件及相关功率器件

29. 根据课本图 4.25 的掺杂分布,求出使可控硅器件的反向阻断电压达到 120V 的 n_1 区域宽度 $W(>10\mu\text{m})$. 若晶体管 $n_1\text{-}p_2\text{-}n_2$ 的电流增益 α_2 为 0.4 且与电流不相关,$p_1\text{-}n_1\text{-}p_2$ 晶体管的 α_1 可以表示为 $0.5\sqrt{\dfrac{L_p}{W}}\ln\left(\dfrac{J}{J_0}\right)$,其中 $L_p=25\mu\text{m}$,$J_0=5\times 10^{-6}\text{A}/\text{cm}^2$,求出可控硅器件的截面积,使其在 $I_s=1\text{mA}$ 时发生转换.

第5章
MOS 电容器及 MOSFET

- ▶ 5.1 理想的 MOS 电容器
- ▶ 5.2 SiO₂-Si MOS 电容器
- ▶ 5.3 MOS 电容器中的载流子输运
- ▶ 5.4 电荷耦合器件
- ▶ 5.5 MOSFET 基本原理
- ▶ 总结

MOS(metal-oxide-semiconductor)电容器被广泛应用于半导体表面的研究*，对于半导体器件物理至关重要. 在集成电路中，MOS 电容器用作存储电容并且是电荷耦合器件(charge-coupled devices，CCD)的基本结构单元. MOS 场效应晶体管（metal-oxide-semiconductor field-effect transistor，MOSFET)是由一个 MOS 电容器与两个和其紧邻的 p-n 结组成的[1]. 自从 1960 年研制成功，MOSFET 快速地发展，成为制造微处理器与半导体存储器等先进集成电路的最重要的器件. 这是因为 MOSFET 具有很多前所未有的独特性能，包括低功耗和高良率. 本章将涵盖以下几个主题：

- 理想 MOS 电容器与实际 MOS 电容器
- MOS 电容器的反型(inversion)条件与阈值电压(threshold voltage)
- MOS 电容器的 C-V 和 I-V 特性
- 电荷耦合器件(charge-coupled devices，CCD)
- MOSFET 的基本特性

---

* 更普遍的一类器件是 MIS(metal-insulator-semiconductor)电容器，然而，在大多数实验研究中绝缘层是二氧化硅，因此本文中的术语"MOS 电容器"和"MIS 电容器"是可以互换使用的.

5.1 理想的 MOS 电容器

MOS 电容器的透视结构如图 5.1(a)所示,图 5.1(b)为其剖面结构,其中 d 为氧化层厚度,V 为施加于金属板上的电压. 在本节中,我们采用如下约定:当金属板相对于欧姆接触为正偏压时,V 为正值;而当金属板相对于欧姆接触为负偏压时,V 为负值.

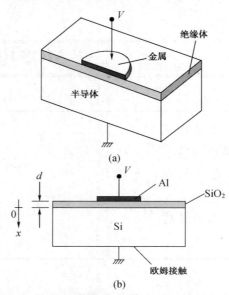

图 5.1 (a) MOS 二极管的透视图;(b) MOS 二极管的剖面图

图 5.2 为 $V=0$ 时理想 p 型半导体 MOS 电容器的能带图[1]. 功函数(work function)为费米能级与真空能级之间的能量差(金属功函数为 $q\varphi_m$,半导体功函数为 $q\varphi_s$),图中的 $q\chi$ 为电子亲和势(electron affinity),即半导体中导带边与真空能级的差值,$q\chi_i$ 为氧化层电子亲和势,$q\varphi_B$ 为金属与氧化层间的势垒,而 $q\psi_B$ 为费米能级 E_F 与本征费米能级 E_i 的差值.

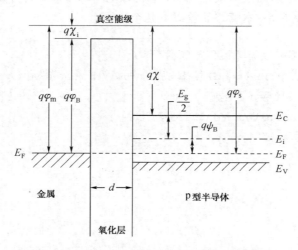

图 5.2 $V=0$ 时理想 MOS 电容器的能带图

一理想 MOS 电容器定义为：① 在零偏压时，金属功函数 $q\varphi_m$ 与半导体功函数 $q\varphi_s$ 的差值为零，或功函数差 $q\varphi_{ms}$ 为零.

$$q\varphi_{ms} \equiv q\varphi_m - q\varphi_s$$
$$= q\varphi_m - \left(q\chi + \frac{E_g}{2} + q\psi_B\right) = 0 *. \qquad (1)$$

括号中的三项之和为 $q\varphi_s$. 换言之，在无外加偏压之下能带是平坦的（称为平带条件，flat band condition）. ② 在任意偏压下，电容器中的电荷仅为半导体内电荷以及邻近氧化层的金属表面电荷，它们大小相等，但极性相反. ③ 在直流偏压下，无载流子输运通过氧化层，即氧化层电阻为无穷大. 理想 MOS 电容器原理将提供了解实际 MOS 器件的基础.

当一理想 MOS 电容器偏压为正或负时，半导体表面会出现三种状况. 对于 p 型半导体，当一负电压（$V<0$）施加于金属板上时，SiO_2-Si 界面处将诱导过剩的正载流子（空穴），在这种情形之下，半导体表面附近的能带向上弯曲，如图 5.3(a) 所示. 对于一个理想的 MOS 电容器，不论外加电压多大，器件内部无电流流动，所以半导体内的费米能级将维持恒定. 先前已知，半导体内的载流子浓度与能级差 $E_i - E_F$ 成指数关系，即

$$p_p = n_i e^{\frac{E_i - E_F}{kT}}. \qquad (2)$$

半导体表面向上弯曲的能带使得 $E_i - E_F$ 的能级差变大，进而提高了氧化层与半导体界面处的空穴浓度，或者说空穴堆积，这种情况称为**积累**（accumulation）. 相应的电荷分布如图 5.3(a) 右半部所示，其中 Q_s 为半导体内单位面积的正电荷，而 Q_m 为金属中单位面积的负电荷（$|Q_m| = Q_s$）. 当外加一小正电压（$V>0$）于理想 MOS 电容器时，靠近半导体表面的能带将向下弯曲，多数载流子（空穴）被耗尽[图 5.3(b)]，这种情况称为**耗尽**（depletion）. 半导体内单位面积的空间电荷 Q_{sc} 为 $-qN_AW$，其中 W 为表面耗尽区的宽度.

当外加一更大的正电压时，能带向下弯曲更多，使得表面的本征费米能级 E_i 穿过费米能级，如图 5.3(c) 所示. 这意味着，正栅极电压开始在 SiO_2-Si 界面处诱导过剩的负载流子（电子）. 半导体中电子的浓度与能差 $E_F - E_i$ 成指数关系，如下式：

$$n_p = n_i e^{\frac{E_F - E_i}{kT}}. \qquad (3)$$

图 5.3(c) 的情况为 $E_F - E_i > 0$，因此表面处的电子浓度 n_p 大于 n_i，而式(2)给出的空穴浓度小于 n_i. 表面的电子（少数载流子）数目大于空穴（多数载流子）时，表面呈现反型，这种情况称为**反型**（inversion）.

起初，因电子浓度较小表面处于弱反型（weak inversion）状态，当能带持续弯曲，最终使得导带边接近费米能级. 当靠近 SiO_2-Si 界面的电子浓度等于衬底掺杂水平时，开始发生强反型（strong inversion）. 在此之后，绝大部分半导体中额外的负电荷由电子电荷 Q_n 组成，它们位于很窄的 n 型反型层（$0 \leqslant x \leqslant x_i$）中[图 5.3(c)]，其中 x_i 为反型层厚度. x_i 典型值为 1~10 nm，远小于表面耗尽层的宽度.

---

* 这针对 p 型半导体. 对 n 型半导体，$q\psi_B$ 项要改为 $-q\psi_B$.

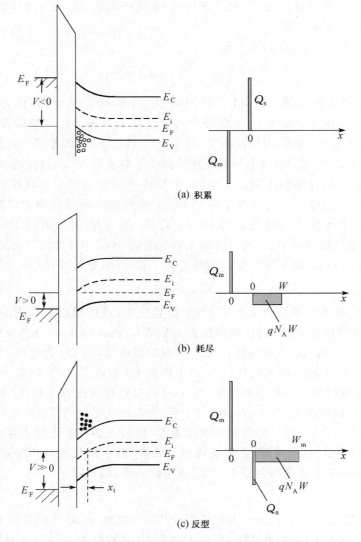

图 5.3 理想 MOS 电容器的能带图及电荷分布

一旦强反型发生，表面耗尽层的宽度将达到最大值，这是因为当能带向下弯曲量足以发生强反型时，即使稍微增加能带弯曲的程度（对应于耗尽区宽度的微量增加），也会造成反型层中电荷 Q_n 的大量增加。因此在强反型情况下，半导体中单位面积电荷 Q_s 为反型层电荷 Q_n 与耗尽区电荷 Q_{sc} 之和：

$$Q_s = Q_n + Q_{sc} = Q_n - qN_AW_m. \tag{4}$$

其中 W_m 为表面耗尽区的最大宽度.

一、表面耗尽区

图 5.4 为 p 型半导体表面更为详细的能带图. 半导体体内的静电势 ψ 定义为零，在半导体表面 $\psi = \psi_s$，ψ_s 称为表面势（surface potential）. 我们可以将式(2)与式(3)中的电子与空穴的浓度表示为 ψ 的函数：

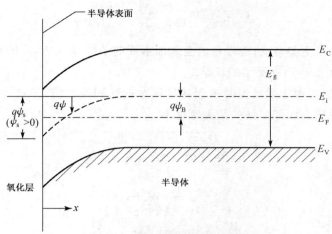

图 5.4　p 型半导体表面的能带图

$$n_p = n_i e^{\frac{q(\psi - \psi_B)}{kT}}, \tag{5a}$$

$$p_p = n_i e^{\frac{q(\psi_B - \psi)}{kT}}. \tag{5b}$$

当能带如图 5.4 所示向下弯曲时，ψ 为正值。表面载流子浓度为

$$n_s = n_i e^{\frac{q(\psi_s - \psi_B)}{kT}}, \tag{6a}$$

$$p_s = n_i e^{\frac{q(\psi_B - \psi_s)}{kT}}. \tag{6b}$$

由式(6)及以上的讨论，表面势可以分为以下情形：

　　$\psi_s < 0$　　空穴积累（能带向上弯曲）；

　　$\psi_s = 0$　　平带情况；

　　$\psi_B > \psi_s > 0$　　空穴耗尽（能带向下弯曲）；

　　$\psi_s = \psi_B$　　带中(midgap)情况，满足 $n_s = p_s = n_i$（本征浓度）；

　　$\psi_s > \psi_B$　　反型（能带向下弯曲）．

电势 φ 为距离的函数，可由一维泊松方程式(Poisson's equation)求得：

$$\frac{d^2 \psi}{dx^2} = \frac{-\rho_s(x)}{\varepsilon_s}. \tag{7}$$

其中 $\rho_s(x)$ 为 x 处的单位体积电荷密度，ε_s 为介电常数。我们使用前文分析 p-n 结时的耗尽近似(depletion approximation)．当半导体耗尽宽度为 W，半导体内的电荷为 $\rho_s = -qN_A W$，两次积分泊松方程可得距离为 x 的表面耗尽区静电势分布：

$$\psi = \psi_s \left(1 - \frac{x}{W}\right)^2. \tag{8}$$

表面势 ψ_s 为

$$\psi_s = \frac{qN_A W^2}{2\varepsilon_s}. \tag{9}$$

注意此电势分布与单边 n^+-p 结相同．

当 ψ_s 大于 ψ_B 时表面即发生反型，然而，我们需要一个判据来判断强反型的起点，在此之后则反型层中的电荷变得相当显著．表面电子浓度等于衬底杂质浓度是一个简单的判据，即 $n_s = N_A$．因为 $N_A = n_i e^{\frac{q\psi_B}{kT}}$，由式(6a)我们可得

$$\psi_s(\text{inv}) \approx 2\psi_B = \frac{2kT}{q}\ln\left(\frac{N_A}{n_i}\right). \tag{10}$$

式(10)表明需要一个电势 ψ_B 将能带弯曲至表面本征的条件($E_i = E_F$),接着能带还需要再弯曲一个 $q\psi_B$,以使表面达到强反型的状态.

如之前讨论,当表面为强反型时表面耗尽区宽度达到最大值,于是,当 ψ_s 等于 $\psi_s(\text{inv})$ 时,由式(9)可以得到表面耗尽区的最大宽度 W_m.

$$W_m = \sqrt{\frac{2\varepsilon_s \psi_s(\text{inv})}{qN_A}} \approx \sqrt{\frac{2\varepsilon_s(2\psi_B)}{qN_A}} \tag{11a}$$

或

$$W_m = 2\sqrt{\frac{\varepsilon_s kT \ln\left(\frac{N_A}{n_i}\right)}{q^2 N_A}}, \tag{11b}$$

且

$$Q_{sc} = -qN_A W_m \approx -\sqrt{2q\varepsilon_s N_A(2\psi_B)}. \tag{12}$$

▶ **例1**

一 $N_A = 10^{17}\,\text{cm}^{-3}$ 的理想 MOS 电容器,计算其表面耗尽区的最大宽度.

解 室温下 $\frac{kT}{q} = 0.026\,\text{V}$ 且 $n_i = 9.65 \times 10^9\,\text{cm}^{-3}$,Si 的介电常数为 $11.9 \times 8.85 \times 10^{-14}\,\text{F/cm}$,由式(11b)可得

$$W_m = 2\sqrt{\frac{11.9 \times 8.85 \times 10^{-14} \times 0.026 \ln\left(\frac{10^{17}}{9.65 \times 10^9}\right)}{1.6 \times 10^{-19} \times 10^{17}}}$$

$$= 10^{-5}(\text{cm}) = 0.1(\mu\text{m}). \blacktriangleleft$$

在硅与砷化镓中,W_m 与杂质浓度的关系如图 5.5 所示,其中对于 p 型半导体 N_B 等于 N_A;对于 n 型半导体 N_B 等于 N_D.

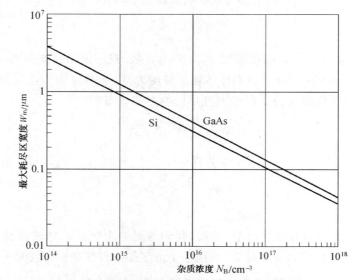

图 5.5 强反型下硅与砷化镓(GaAs)的最大耗尽区宽度与杂质浓度的关系

二、理想 MOS 曲线

图 5.6(a)为一理想 MOS 电容器的能带图,其能带弯曲情形与图 5.4 相同,电荷的分布情形如图 5.6(b)所示. 在没有功函数差时,外加的电压部分降落于氧化层,部分降落于半导体,因此

$$V = V_o + \psi_s. \tag{13}$$

其中 V_o 为氧化层的电压降,由图 5.6(c)可得

$$V_o = E_o d = \frac{|Q_s|d}{\varepsilon_{ox}} \equiv \frac{|Q_s|}{C_o}. \tag{14}$$

其中 E_o 为氧化层中的电场,Q_s 为半导体中单位面积的电荷,而 $C_o (= \frac{\varepsilon_{ox}}{d})$ 为单位面积的氧化层电容,相应的静电势分布如图 5.6(d)所示.

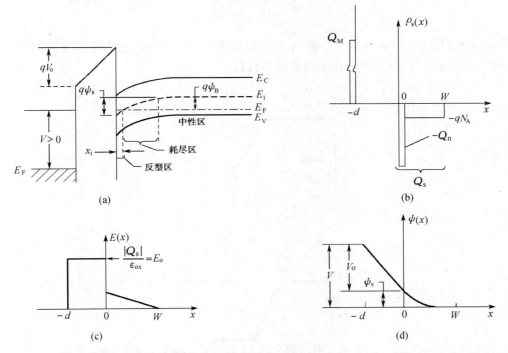

图 5.6 (a) 理想 MOS 电容器的能带图;(b) 反型时的电荷分布;(c) 电场分布;(d) 电势分布

MOS 电容器的总电容 C 为氧化层电容 C_o 与半导体中的耗尽层电容 C_j 的串联[图 5.7(a)]:

$$C = \frac{C_o C_j}{C_o + C_j} (\text{F/cm}^2). \tag{15}$$

其中 $C_j = \frac{\varepsilon_s}{W}$,如同突变 p-n 结一样.

由式(9)、式(13)、式(14)与式(15),我们可以消去 W 得到电容的公式:

$$\frac{C}{C_o} = \frac{1}{\sqrt{1 + \frac{2\varepsilon_{ox}^2 V}{q N_A \varepsilon_s d^2}}}. \tag{16}$$

该公式指出,当表面开始耗尽时电容将随着金属极板上电压的增加而下降.当外加电压为负时无耗尽区,在半导体表面得到积累的空穴,因此,总电容将很接近氧化层电容$\frac{\varepsilon_{ox}}{d}$.

反之,当强反型发生时,耗尽区宽度将不再随偏压的增加而增加,该情况发生于金属极板电压使表面势ψ_s达到式(10)所定义的$\psi_s(\text{inv})$时.将$\psi_s(\text{inv})$代入式(13),注意单位面积的电荷为qN_AW_m,可得强反型刚发生时的金属板电压,该电压称为阈值电压(threshold voltage):

$$V_T = \frac{qN_AW_m}{C_o} + \psi_s(\text{inv}) \approx \frac{\sqrt{2\varepsilon_s qN_A(2\psi_B)}}{C_o} + 2\psi_B. \tag{17}$$

一旦强反型发生,总电容将保持在式(15)的最小值,此时有$C_j = \varepsilon_s/W_m$.

$$C_{\min} = \frac{\varepsilon_{ox}}{d + \left(\frac{\varepsilon_{ox}}{\varepsilon_s}\right)W_m}. \tag{18}$$

一理想MOS电容器的典型电容-电压特性如图5.7(a)所示,包含耗尽近似[式(16)~式(18)]与精确计算值(实线),注意两者相当接近.

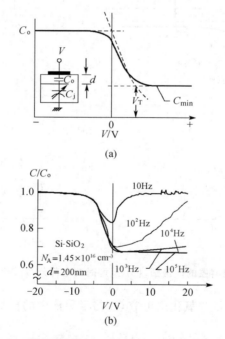

图5.7 (a) 高频MOS C-V 图,虚线为耗尽近似,插图为电容的串联模型;(b) C-V 曲线的频率效应

尽管我们仅考虑了p型衬底,但对n型衬底所有的结论,只要适当变更相应的正负符号和记号(如将Q_p换成Q_n),都同样适用.其电容-电压特性也有相同的形状,不过彼此将成镜像对称.对于n型衬底的理想MOS电容器,其阈值电压将为负值.

在图5.7(a)中,我们假设当金属极板电压发生变化时,所有的电荷增量出现于耗尽区的边缘.事实上,只有当测量频率相当高时该假设成立.然而,当测量频率足够低,使得表面耗尽区内的产生-复合率(generation-recombination rate)与电压变化率相当或更快时,电子浓度(少数载流子)就可以跟随交流信号的变化,导致耗尽区与反型层的电荷交换可以与测量信号的变化实时同步. 于是,强反型时的电容仅有氧化层电容 C_o. 图 5.7(b) 为不同频率下测得的 MOS 的 C-V 曲线[2],注意低频曲线发生于 $f \leqslant 100 \mathrm{Hz}$ 时.

▶ **例 2**

一理想 MOS 电容器的 $N_A = 10^{17} \mathrm{cm}^{-3}$ 且 $d = 5 \mathrm{nm}$,计算图 5.7(a) C-V 曲线的最小电容值. SiO_2 的相对介电常数为 3.9.

解
$$C_o = \frac{\varepsilon_{ox}}{d} = \frac{3.9 \times 8.85 \times 10^{-14}}{5 \times 10^{-7}} = 6.90 \times 10^{-7} (\mathrm{F/cm^2}),$$
$$Q_{sc} = -qN_A W_m = -1.6 \times 10^{-19} \times 10^{17} \times (1 \times 10^{-5})$$
$$= -1.6 \times 10^{-7} (\mathrm{C/cm^2}).$$

W_m 可由例 1 中得到.
$$\psi_s(\mathrm{inv}) \approx 2\psi_B = \frac{2kT}{q} \ln\left(\frac{N_A}{n_i}\right)$$
$$= 2 \times 0.026 \times \ln\left(\frac{10^{17}}{9.65 \times 10^9}\right) = 0.84 (\mathrm{V}).$$

在 V_T 时的最小电容 $C_{\min}$ 为
$$C_{\min} = \frac{\varepsilon_{ox}}{d + \left(\frac{\varepsilon_{ox}}{\varepsilon_s}\right) W_m} = \frac{3.9 \times 8.85 \times 10^{-14}}{5 \times 10^{-7} + \frac{3.9}{11.9} \times 1 \times 10^{-5}}$$
$$= 9.1 \times 10^{-8} (\mathrm{F/cm^2}).$$

因此, $C_{\min}$ 约为 C_o 的 13%.

5.2 SiO_2-Si MOS 电容器

所有的 MOS 电容器中,金属-SiO_2-Si 受到最为广泛的研究. SiO_2-Si 系统的电特性接近于理想的 MOS 电容器. 然而,对于常用的金属电极,功函数差 $q\varphi_{ms}$ 一般不为零,而且氧化层内部或 SiO_2-Si 界面处存在着各种电荷,将以不同的方式影响理想 MOS 的特性.

一、功函数差

半导体的功函数 $q\varphi_s$ 为费米能级至真空能级之间的能量差(图 5.2),它随掺杂浓度而有所变化. 对于具有确定功函数 $q\varphi_m$ 的给定金属,我们预期功函数差 $q\varphi_{ms} \equiv q\varphi_m - q\varphi_s$ 也随着半导体的掺杂浓度而改变. 铝为最常用的金属电极,其 $q\varphi_m = 4.1 \mathrm{eV}$. 另一种广泛使用的材料为重掺杂多晶硅(polycrystalline silicon,亦称 polysilicon). n^+ 与 p^+ 多晶硅的功函数分别为 4.05eV 与 5.05eV. 图 5.8 表示随掺杂浓度变化的铝、n^+ 多晶硅和 p^+ 多晶硅与硅的功函数差. 值得注意的是,随着电极材料与硅衬底掺杂浓度的不同, φ_{ms} 会有超过 2V 的变化.

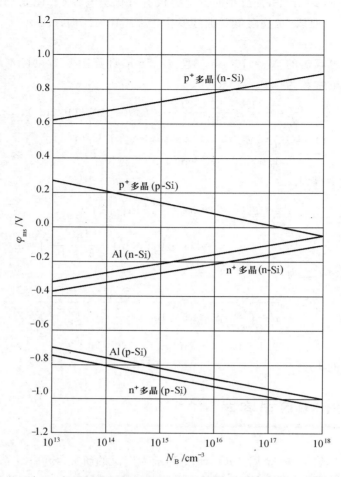

图 5.8 铝、n^+ 及 p^+ 多晶硅栅极材料与硅的功函数差随衬底杂质浓度的变化关系

欲构建 MOS 电容器的能带图,我们由独立金属、独立半导体以及两者之间的氧化层结构开始[图 5.9(a)]. 在独立的状态下,所有的能带均保持水平,即平带状况. 在热平衡状态下,费米能级必为定值且真空能级必为连续. 为容纳功函数差,半导体能带须向下弯曲,如图 5.9(b)所示. 于是在热平衡状态下,金属荷正电,而半导体表面荷负电. 为使半导体实现如图 5.2 中的理想平带状况,必须外加一相当于功函数差 $q\varphi_{ms}$ 的电压. 对于图 5.9(a)的状况,需在金属外加一负电压 V_{FB}($V_{FB} = \varphi_{ms}$),该电压称为平带电压(flat-band voltage).

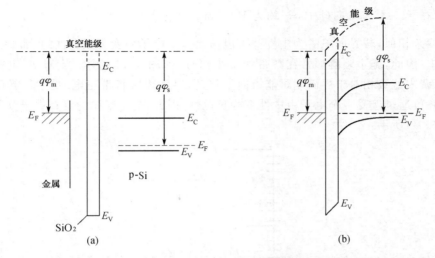

图 5.9 (a) 独立金属与独立半导体之间夹一氧化层的能带图;(b) 热平衡下 MOS 电容器的能带图

二、界面陷阱(interface trap)与氧化层电荷(oxide charge)

除了功函数差,MOS 电容器还受氧化层内的电荷以及 SiO_2-Si 界面陷阱的影响. 这些陷阱与电荷的基本分类如图 5.10 所示,包括界面陷阱电荷、氧化层固定电荷(fixed oxide charge)、氧化层陷阱电荷以及可动离子电荷[3].

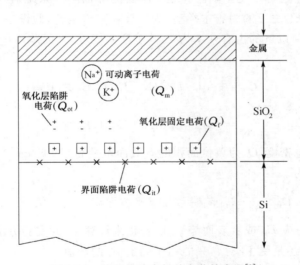

图 5.10 热氧化硅中相关电荷的术语[3]

界面陷阱电荷 Q_{it} 是指界面陷阱[也称界面态(interface states)、快态(fast states)或表面态(surface states)]中的电荷. 界面陷阱是由于晶格周期性中断于 SiO_2-Si 界面所造成的,且与界面处的化学成分有关. 这些陷阱位于 SiO_2-Si 界面处,而其能态则位于硅的禁带(forbidden bandgap)中. 界面陷阱密度(即单位面积单位电子伏特的界面陷阱数目)与晶体方向有关. 在 <100> 方向,界面陷阱密度约比 <111> 方向少一个数量级. 目前采用硅热氧化生成二氧化硅的 MOS 电容器,大部分界面陷阱电荷可用低温 450℃ 的氢退火加以钝化. 硅<100> 方向的 $\frac{Q_{it}}{q}$ 值可以低至 10^{10} cm^{-2},相当于约每 10^5 个硅表面原子存在一个界面陷阱电荷. 在 <111> 方向硅中，$\frac{Q_{it}}{q}$ 约为 10^{11} cm^{-2}.

与体掺杂相似，若界面陷阱为中性并可以给出一个电子而变为正电性的，那么该陷阱被认为是施主. 因此，施主陷阱通常在禁带的下半部分，如图 5.11 所示. 当 MOS 电容施加一负偏压时，费米能级相对于界面陷阱能级向下移动，界面陷阱将带正电. 受主型界面陷阱起初为中性并可通过接受一个电子由中性变为负电性，因此，受主陷阱通常存在于禁带的上半部分，如图 5.11 所示.

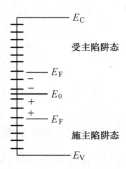

图 5.11 任何一个包含了受主态和施主态的界面陷阱系统，其能级分布可以等效为某个中性能级 E_0 之上为受主型陷阱，E_0 之下为施主型陷阱，当 E_F 在 E_0 之上（之下）时，净电荷为负（正）

图 5.11 所示为一包含了受主陷阱和施主陷阱的界面陷阱系统，在中性能级 E_0 之上的陷阱为受主类型，而 E_0 之下的为施主类型. 为了计算陷阱电荷，假设在室温下，E_F 以上能级的占有几率为 0 而 E_F 以下的占有几率为 1. 基于这些假设，界面陷阱电荷 Q_{it} 可以简单地计算得到：

$$\begin{aligned} Q_{it} &= -q\int_{E_0}^{E_F} D_{it}\,dE, \quad E_F \text{ 在 } E_0 \text{ 之上}, \\ &= +q\int_{E_F}^{E_0} D_{it}\,dE, \quad E_F \text{ 在 } E_0 \text{ 之下}. \end{aligned} \tag{19}$$

其中 D_{it} 为界面陷阱态密度，Q_{it} 为单位面积的有效净电荷量（即 C/cm^2）. 界面陷阱能级分布在禁带中，其态密度为

$$D_{it} = \frac{1}{q}\frac{dQ_{it}}{dE} \text{[陷阱数目/（平方厘米·电子伏）]}. \tag{20}$$

这就是通过 Q_{it} 对应 E_F 或者表面势 ψ_S 的变化来计算 D_{it} 的实验方法，然而，式（20）不能区分界面陷阱是施主还是受主类型，只能用于确定 D_{it} 的数值.

当施加一偏压时，费米能级相对于界面陷阱能级向上或者向下移动，界面陷阱电荷将发生改变. 这个电荷的变化将会影响 MOS 电容并改变理想的 MOS 曲线.

氧化层固定电荷 Q_f 位于距离 SiO$_2$-Si 界面约 3nm 以内，该电荷固定不动，即使表面势 φ_s 有大范围的变化仍不会充电或放电. 一般来说，Q_f 为正值且与氧化、退火条件以及硅的晶向有关. 一般认为当氧化停止时，一些离化的硅留在界面处，这些离子以及表面未完成的硅键（如 Si-Si 或 Si-O 键），可能导致正的界面电荷 Q_f. Q_f 可视为 SiO$_2$-Si 界面处的片电荷层. 对小心处理的 SiO$_2$-Si 界面系统，氧化层固定电荷的典型值在 <100> 表面约为 10^{10} cm^{-2}，而在 <111> 表面约为 5×10^{10} cm^{-2}. 由于 <100> 方向具有较低的 Q_{it} 与 Q_f，所以更常用于硅基 MOSFET.

氧化层陷阱电荷 Q_{ot} 与二氧化硅的缺陷相关，这些电荷可由如 X 射线辐射或高能量电子轰击而产生。这些陷阱分布于氧化层内部，大部分与工艺相关的 Q_{ot} 可以通过低温退火加以去除。

如钠或其他碱金属离子的可动离子电荷 Q_m，在高温（如大于 100℃）和强电场条件下可在氧化层内移动。在高偏压及高温的工作条件下，由碱金属离子所造成的痕量污染，可能引发半导体器件的稳定性（stability）问题。在这些情况下，可动离子电荷可以在氧化层内来回地移动，造成 C-V 曲线沿着电压轴产生相应的平移。因此，在器件制作的过程中须特别注意消除可动离子。

上述电荷均为单位面积的有效净电荷（C/cm^2），我们将评估这些电荷对平带电压的影响。考虑如图 5.12 中位于氧化层内的单位面积正片电荷 Q_o，这些正的片电荷将在金属与半导体内感应一些负电荷，如图 5.12(a)上半部所示。对泊松方程积分一次得到电场的分布情形，如图 5.12(a)下半部所示，此处我们假设没有功函数差，即 $q\varphi_{ms}=0$。

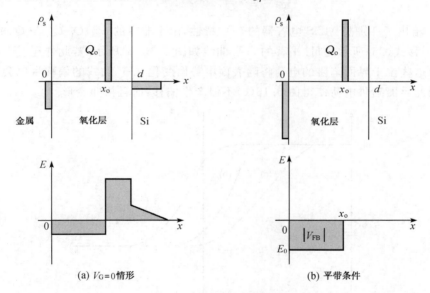

(a) $V_G=0$ 情形   (b) 平带条件

图 5.12　氧化层中片电荷的影响[2]

为达到平带状态（即半导体内无感应电荷），我们必须在金属上施加一负电压，如图 5.12(b)所示。当负电压增加时，金属上有更多的负电荷，因此电场向下平移，直到半导体表面的电场为零。在此条件之下，电场分布所包围的面积即为平带电压 V_{FB}：

$$V_{FB}=-E_o x_o=-\frac{Q_o}{\varepsilon_{ox}}x_o=-\frac{Q_o}{C_o}\frac{x_o}{d}. \tag{21}$$

因此，平带电压既与片电荷密度 Q_o 有关，也与其氧化层中的位置 x_o 有关。当片电荷非常靠近金属时，即 $x_o=0$，将无法在硅中感应电荷，就不会对平带电压造成影响。反之，当片电荷非常靠近半导体时，即 $x_o=d$，就如同氧化层固定电荷一样，将具有最大的影响。此时，平带电压为

$$V_{FB}=-\frac{Q_o}{C_o}\frac{d}{d}=-\frac{Q_o}{C_o}. \tag{22}$$

对于一般任意分布的氧化层空间电荷,平带电压可表示为

$$V_{FB} = -\frac{1}{C_o}\left[\frac{1}{d}\int_0^d x\rho(x)\mathrm{d}x\right]. \tag{23}$$

其中 $\rho(x)$ 为氧化层中的体电荷密度。若已知氧化层陷阱电荷的体电荷密度 $\rho_{ot}(x)$,以及可动离子电荷的体电荷密度 $\rho_m(x)$,我们可以得到 Q_{ot} 与 Q_m 以及它们对于平带电压的贡献:

$$Q_{ot} \equiv \frac{1}{d}\int_0^d x\rho_{ot}(x)\mathrm{d}x, \tag{24a}$$

$$Q_m \equiv \frac{1}{d}\int_0^d x\rho_m(x)\mathrm{d}x. \tag{24b}$$

假使功函数差 $q\varphi_{ms}$ 不为零,且界面陷阱电荷可以忽略不计,实际的电容-电压曲线将较理想理论曲线平移一个量:

$$V_{FB} = \varphi_{ms} - \frac{Q_f + Q_m + Q_{ot}}{C_o}. \tag{25}$$

图 5.13(a)给出了一理想 MOS 电容器的 C-V 特性,由于非零的 φ_{ms}、Q_f、Q_m 与 Q_{ot} 的影响,C-V 曲线将平移式(25)所示之量。平移的 C-V 曲线如图 5.13(b)所示。若此外还有大量的界面陷阱电荷,这些位于界面陷阱的电荷将随表面电势而变化,C-V 曲线的偏移量也会随表面势而改变,因此界面陷阱电荷使得图 5.13(c)不但产生偏移,而且扭曲变形。

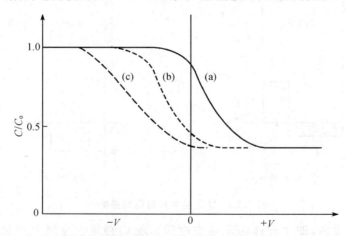

图 5.13 MOS 电容器中固定氧化层电荷与界面陷阱对 C-V 特性的影响。(a) 理想 MOS 电容器的 C-V 特性; (b) 因固定氧化层正电荷而产生的沿电压轴平移;(c) 因为界面陷阱而产生的沿电压轴"非平行"移动

▶ **例 3**

计算一 $N_A = 10^{17}\mathrm{cm}^{-3}$ 及 $d = 5\mathrm{nm}$ 的 n$^+$ 多晶硅-SiO$_2$-Si 电容器的平带电压。假设氧化层中 Q_t 与 Q_m 可忽略,且 $\frac{Q_f}{q}$ 为 $5\times 10^{11}\mathrm{cm}^{-2}$。

解 由图 5.8 可知,在 $N_A = 10^{17}\mathrm{cm}^{-3}$ 时,对于 n$^+$ 多晶硅 p-Si 系统,φ_{ms} 为 $-0.98\mathrm{eV}$,由例 2 可得出 C_o。

$$V_{FB} = \varphi_{ms} - \frac{Q_f + Q_m + Q_{ot}}{C_o}$$

$$= -0.98 - \frac{1.6\times 10^{-19}\times 5\times 10^{11}}{6.9\times 10^{-7}} = -1.10(\mathrm{V}).$$

▶ 例 4

假设氧化层中的氧化层陷阱电荷 Q_{ot} 的体电荷密度 $\rho_{ot}(x)$ 为一三角形分布,此分布可用函数 $(10^{18} - 5 \times 10^{23} \times x) \text{cm}^{-3}$ 加以描述,其中 x 为所在位置与金属-氧化层界面的距离。氧化层厚度为 20nm。计算因 Q_{ot} 所造成的平带电压的变化量。

解 由式(23)与式(24a)可得

$$\Delta V_{FB} = \frac{Q_{ot}}{C_o} = \frac{d}{\varepsilon_{ox}} \cdot \frac{1}{d} \int_0^{2 \times 10^{-6}} x \rho_{ot}(x) \, dx$$

$$= \frac{1.6 \times 10^{-19}}{3.9 \times 8.85 \times 10^{-14}} \left[\frac{1}{2} \times 10^{18} \times (2 \times 10^{-6})^2 - \frac{1}{3} \times 5 \times 10^{23} \times (2 \times 10^{-6})^3 \right]$$

$$= 0.31 \, (\text{V}).$$

5.3 MOS 电容器中的载流子输运

在理想 MOS 电容器中,绝缘层的电导假设为零,然而对于实际的绝缘层,在大电场和高温下具有一定程度的载流子传导。

▶ 5.3.1 绝缘层基本的传导过程

隧穿是大电场下载流子穿过绝缘层的传导机制。隧穿发射是一种量子力学效应,电子波函数可以穿透某个势垒。由第 2 章的 2.6 节可知,隧穿电流正比于穿透系数 $\exp(-2\beta d)$,其中 d 是绝缘层厚度,而 $\beta \sim (qV_0 - E)^{1/2} \sim \{[E_1 + (E_2 - qV)]/2\}^{1/2}$。$[E_1 + (E_2 - qV)]/2$ 项为平均势垒高度,E_1 和 E_2 为图 5.14(a) 所示的势垒高度,V 为施加的偏压。当 V 升高时,β 将会减小,穿透系数和隧穿电流都将增加。因此,电流与外加偏压有关而与温度无关。图 5.14(a) 为直接隧穿,即隧穿过整个绝缘层厚度。图 5.14(b) 为 FN 隧穿(Fowler-Nordheim tunneling),其中载流子只隧穿势垒的一部分宽度,在这种情况下,平均势垒高度和隧穿距离与直接隧穿相比都减小了。

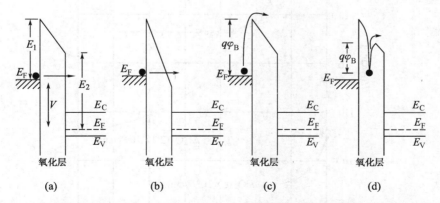

图 5.14 不同传导机制下的能带图,(a) 直接隧穿;(b) FN 隧穿;(c) 热离化发射;(d) FP 发射

热离化发射(thermionic emission,或称肖特基发射)过程是指当电子能量足够克服金属-绝缘层势垒或者绝缘层-半导体势垒时的载流子输运,如图 5.14(c) 所示。由第 2 章的 2.5 节可知,热离化发射电流与能量高于势垒(对于真空-半导体界面为 $q\chi$,对于金属-绝缘层界

面为 $q\varphi_B$ 的电子浓度成正比. 因此, 对于 MOS 电容器, 该电流和 $\exp\left(\dfrac{q\varphi_B}{kT}\right)$ 成比例, 它随着势垒高度的降低和温度的升高呈指数增加.

FP 发射(Frenkel-Poole emission)是由被陷阱俘获的电子通过热激发发射至导带产生的, 如图 5.14(d)所示. 这种发射与肖特基发射相似. 然而其势垒高度为陷阱势阱的深度.

在低电压和高温下, 电流是由热激发的电子从一个孤立的态跳跃(hopping)至另一孤立的态而产生的. 这种机制导致一种欧姆特性并与温度指数依赖.

离子性的传导和扩散过程相似. 通常, 直流离子电导率在电场施加的过程中随时间下降, 这是因为离子不易被注入绝缘层或者从绝缘层中抽出. 在初始电流之后, 在金属-绝缘层和半导体-绝缘层界面附近会分别建立正和负的空间电荷, 使得电势分布扭曲. 当外加电场移去后, 将留下这个大的内电场, 使部分但并非全部离子流回其平衡位置. 这会导致 I-V 曲线的滞回特性(hystersis).

空间电荷限制电流(space-charge-limited current)是由载流子注入轻掺杂半导体或者绝缘层产生的, 其中不存在补偿电荷. 该电流大小与外加电压的平方成正比.

对于给定的绝缘层, 每一种传导过程都可能在特定的温度和电压范围内起主导作用. 图 5.15 所示为三种不同的绝缘材料 Si_3N_4、Al_2O_3 和 SiO_2[4] 的电流密度与 $1/T$ 的关系. 这里的传导可以被划分为三个温度范围, 高温时(以及高电场), 电流 J_1 是由 FP 发射引起的; 在中间温度, 电流 J_3 具有欧姆特性; 低温时, 传导受限于隧穿机制, 并且电流 J_2 对温度不敏感. 同样可以观察到, 隧穿电流与势垒高度有很强的依赖关系, 势垒高度与绝缘层带隙相关 [Si_3N_4(4.7eV) < Al_2O_3(8.8eV) < SiO_2(9eV)]. 带隙越宽, 电流越小. SiO_2 中隧穿电流比 Si_3N_4 中小了 3 个数量级.

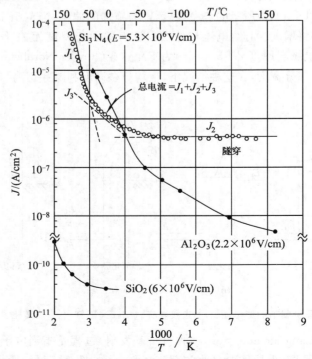

图 5.15 Si_3N_4、Al_2O_3 和 SiO_2 膜的电流密度与 $1/T$ 的关系

5.3.2 电介质击穿

微观上,图 5.16 所示的渗流理论(percolation theory)被用于解释击穿[4]. 在大偏置电压下,一些电流将会流过绝缘层,最常见的是隧穿电流. 当高能的载流子穿过绝缘层时,绝缘层中会随机地产生缺陷. 当缺陷足够密以形成连续的链路连接栅极和半导体时,形成了一条传导路径并且引发破坏性的击穿.

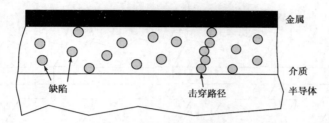

图 5.16　渗流理论:当随机的缺陷在栅极和半导体之间形成链时,击穿发生

一个量化可靠性的测量方法是击穿时间 t_{BD},它是直到介质击穿发生前的总应力时间. 图 5.17 举例说明了一个对于不同的氧化层厚度的 t_{BD} 与氧化层电场的关系[4]. 从图中可以注意到一些关键点. 首先,t_{BD} 是偏压的函数. 即使是一个很小的偏压,在很长的一段时间后,氧化层最终仍会被击穿. 相反,一个很大的电场只能承受很短的时间而不发生击穿. 另外,随着氧化层厚度的增加,击穿电场下降. 这是由于对于一个给定的电场,膜厚越大需要施加的电压就越高. 更高的电压提供了载流子更高的能量,导致氧化层中更多的损伤并降低了 t_{BD}.

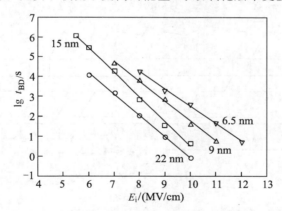

图 5.17　对于不同的氧化层厚度,其 t_{BD} 与氧化层电场的关系

5.4　电荷耦合器件

电荷耦合器件(charge-coupled devices,CCD)的结构如图 5.18 所示[5],在覆盖于半导体衬底的连续绝缘层(氧化层)之上,紧密排列的 MOS 电容器阵列组成了器件的基本结构. CCD 可以实现包括影像传感以及信号处理等广泛的电子功能,CCD 的工作原理涉及栅电极控制下的电荷存储和传输机制.

图 5.18(a)显示一 CCD 器件,一足够大的正脉冲偏压施加于所有的电极之上,使其

表面发生耗尽,一更高的偏压施加于中央的电极上,使中央的 MOS 结构有更深的耗尽区并形成势阱(potential well)。由于中央电极下方耗尽层更深,会产生一个中央呈阱状的电势分布。此时若引入少数载流子(电子),会被收集至势阱中。假使右侧电极的电压增加并超过中央电极,我们可以得到如图 5.18(b)所示的电势分布,在此情况下,少数载流子将由中央电极转移至右侧电极。随后,电极电压可重新调整,使得静态储存单元位于右侧的电极。继续这一过程,我们可以沿着一线性阵列逐级地传输载流子。

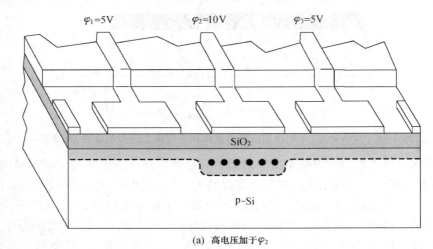

(a) 高电压加于 φ_2

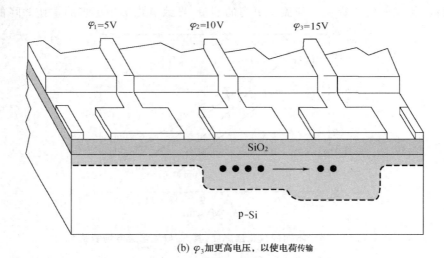

(b) φ_3 加更高电压,以使电荷传输

图 5.18 三相电荷耦合器件的剖面图[5]

一、CCD 移位寄存器

图 5.19 详细展示了三相 n 型沟道 CCD 阵列电荷转移的基本原理。电极分别被连接至 φ_1、φ_2、φ_3 时钟线。图 5.19(b)展示了时钟的波形图,图 5.19(c)为对应的势阱以及电荷分布。

在 $t=t_1$ 时刻,时钟 φ_1 为高电平,而 φ_2 和 φ_3 为低电平,φ_1 下的势阱将更深。假设第一个 φ_1 电极下存有一信号电荷。在 $t=t_2$ 时刻,φ_1 和 φ_2 都为高电平,电荷开始转移。在 $t=t_3$ 时刻,φ_1 电极上的电压正降回至低电平,而 φ_2 电极仍然保持高电平。φ_1 电极下存有的电荷在这一阶段被清空。在 $t=t_4$ 时刻,电荷转移过程完成,初始的电荷包被转移至第一个 φ_2 电极下。这样的过程被不断重复,电荷包则连续地向右侧转移.CCD 在不同的设计架构下,可以二相、三相或者四相的方式工作,多重的电极结构和时钟方案也已经被提出和实现[6].

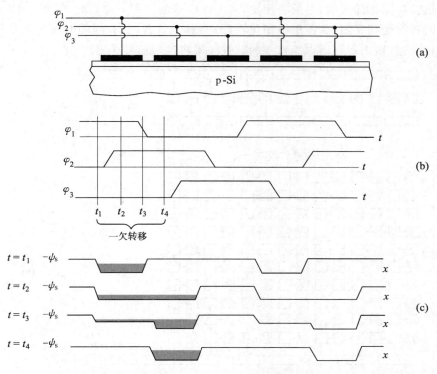

图 5.19　CCD 电荷转移的示意图,(a) 外加三相栅极电压;(b) 时钟波形;
(c) 不同时刻的表面势(及电荷)与距离的关系[6]

二、CCD 图像传感器

对于模拟器件和存储器件,电荷包由邻近 CCD 的 p-n 结以注入的方式引入.对于光学成像应用,电荷包则由入射光产生的电子-空穴对形成.

当 CCD 应用于如照相机或者录像机等成像阵列系统时,每个 CCD 图像传感器必须在空间上彼此靠近成链,像移位寄存器一样工作以传输信号.表面沟道 CCD 图像传感器的结构除了栅极半透明以允许光线透过外,其余与 CCD 移位寄存器相似.常见的栅极材料有金属、多晶硅和硅化物.或者,CCD 可以采用光线从衬底背入射的方式以避免栅极对光的吸收.在这种架构中,半导体必须减薄以使大多数的光线能被上表面的耗尽层吸收.

CCD 本身可以用作移位寄存器,这使得用 CCD 作为成像阵列的光电探测器有很大的好处,因为使用 CCD 可以从单一信号节点处顺序地读取信号,而不需要对每一个像素单元进行复杂的 x-y 寻址.光生载流子在曝光过程中被累积,信号以电荷包的形式储存、传输和检测.在一个较长的时间间隔内累积电荷的探测模式,使得检测微弱的光信号成为可能.另外,CCD 还有低的暗电流、低噪声、低工作电压、高线性度和高动态范围等优点.其结构简单、紧凑、稳定和坚固,并且和 MOS 工艺兼容.这些因素使得 CCD 有高的良率,很适合于消费类电子产品.

图 5.20 所示为线成像器和面成像器的不同读出机制[4].具有双输出寄存器的线成像器可以提高读出速度[图 5.20(a)].最常用的面成像器使用行间传输[图 5.20(b)]或者帧传输

[图 5.20(c)]读出架构. 对于行间传输读出架构, 信号被转移至相邻的像素, 随后沿着输出寄存器链顺序传递, 同时光敏像素又开始收集下一个数据电荷. 对于帧传输读出架构, 信号从感应区域转移至存储区域, 与前者相比, 其光敏区域的使用更加高效, 但由于 CCD 在信号电荷传输时持续受到光照, 其图形模糊化更严重. 对于两者, 所有列同时将电荷信号送至横向的输出寄存器, 输出寄存器以高得多的时钟频率将这些信号送出.

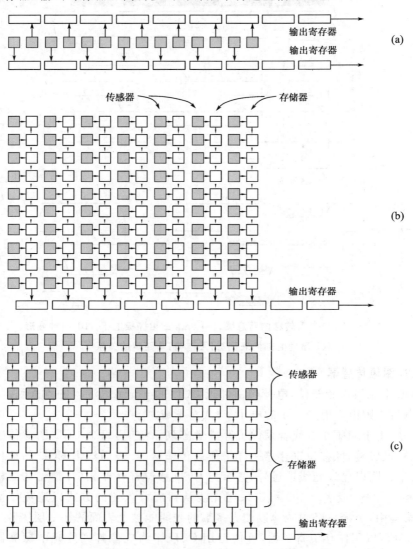

图 5.20 CCD 成像器读出机制的示意图, (a) 使用双输出寄存器的线成像器; (b) 使用行间传输读出架构的面成像器; (c) 使用帧传输读出架构的面成像器
(灰色像素代表作为光电探测的 CCD, 输出寄存器的时钟频率高于内部传输的频率)

5.5 MOSFET 基本原理

MOSFET 有许多缩写,包括 IGFET(insulating-gate field-effect transistor,绝缘栅场效应晶体管)、MISFET(metal-insulator-semiconductor field-effect transistor,金属-绝缘体-半导体晶体管)以及 MOST(metal-oxide-semiconductor transistor,金属-氧化层-半导体晶体管). n 沟道 MOSFET 的透视如图 5.21 所示. 它是一个四端器件,包括一个 p 型半导体衬底以及在其上形成的两个 n^+ 区域(源和漏). 氧化层上方的金属极板称为栅极(gate),重掺杂多晶硅或 WSi_2 等金属硅化物与多晶硅的复合层可作为栅电极,第四端为连接至衬底的欧姆接触(ohmic contact). 基本的器件参数有沟道长度 L(为两个 n^+-p 冶金结之间的距离)、沟道宽度 Z、氧化层厚度 d、结深 r_j 以及衬底掺杂浓度 N_A*. 值得注意的是,器件中央部分即为 5.1 节所讨论的 MOS 电容器.

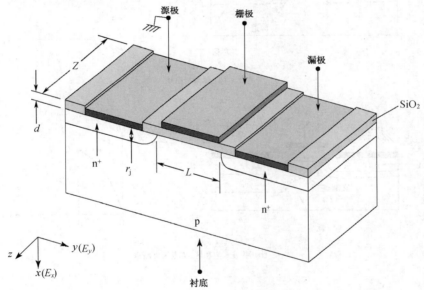

图 5.21 MOSFET 透视图

第一个 MOSFET 于 1960 年制成,采用热氧化硅衬底[7],器件沟道长度为 $20\mu m$,栅氧化层厚度为 100nm§. 虽然目前 MOSFET 尺寸已大幅缩减,然而第一个 MOSFET 所采用的硅和热氧化二氧化硅仍然是最重要的组合[8]. 因此,本节中所讨论的结果多来自于 Si-SiO_2 系统.

▶ 5.5.1 基本特性

在本节中,源极接触作为电压的参考点. 当栅极无外加偏压时,源极和漏极间可视为两个背对背相接的 p-n 结,由源极流向漏极的电流仅有反向漏电流†(reverse leakage

---

* 对于 p 沟道 MOSFET,衬底和源漏区的掺杂类型分别变为 n 和 p^+.
§ 第一个 MOSFET 的照片如第 0 章中的图 0.4 所示.
† 此叙述适用于增强型(normally-off)n 沟道 MOSFET,其他类型的 MOSFET 将在 5.5.2 节中讨论.

current). 当外加一足够大的正电压于栅极时,MOS 结构将被反型,在两个 n^+ 区域之间将形成表面反型层(或沟道). 源极与漏极通过该导电的表面 n 型沟道互连,并允许大电流流过. 沟道电导(conductance)可通过栅极电压的变化加以调节. 衬底端可连接至参考电压,或相对于源极反偏. 衬底偏压亦会影响沟道电导.

一、线性区与饱和区

现在定性讨论 MOSFET 的工作原理. 首先考虑栅极外加一偏压,在半导体表面形成反型(图 5.22). 若在漏极外加一小正电压,电子将由源极经沟道流向漏极(对应电流为由漏极流向源极). 因此,沟道就如同一电阻,漏极电流 I_D 与漏极电压成正比,这就是图 5.22(a)右侧恒定电阻直线所示的**线性区**(linear region).

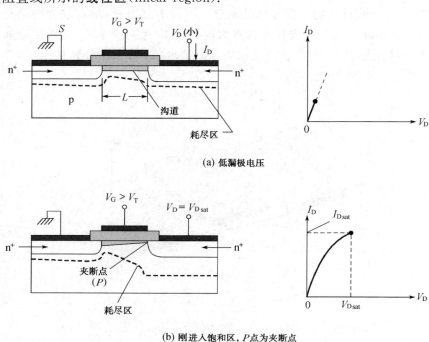

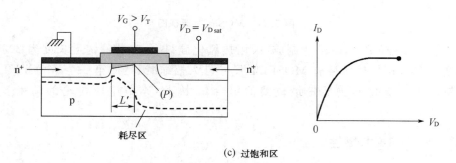

图 5.22 MOSFET 工作方式及其输出 I-V 特性

当漏极电压持续增加达到 V_{Dsat} 时,$y=L$ 处的反型层厚度 x_i 将降低至零. 该处称为夹断点 P(pinch-off point)[图 5.22(b)]. 超过夹断点后,漏极电流基本维持不变,因为当 $V_D > V_{Dsat}$ 时,P 点的电压 V_{Dsat} 保持不变. 于是,由源极流到 P 点的载流子数量或由漏极流向源极的电流维持不变. 这就是饱和区(saturation region),即漏极电压增加 I_D 保持为常数. 主要

的变化是 L 缩减为 L',如图 5.22(c)所示.载流子由 P 点注入漏极耗尽区,与双极型晶体管中载流子由射基结注入集基结耗尽区相似.

我们在下列理想条件下,推导基本的 MOSFET 特性:① 栅极结构如 5.1 节定义的理想 MOS 电容,即无界面陷阱、固定氧化层电荷或功函数差.② 仅考虑漂移电流.③ 反型层中载流子迁移率为常数.④ 沟道内杂质浓度均匀分布.⑤ 反向漏电流很小可忽略.⑥ 沟道中由栅极电压所产生的横向电场(如图 5.21 所示,电场 E_x 沿 x 方向并垂直于电流方向)远大于由漏极电压所产生的纵向电场(电场 E_y 沿 y 方向并平行于电流方向).最后一个条件称为缓变沟道近似(gradual-channel approximation),通常可适用于长沟道的 MOSFET.基于该近似,衬底表面耗尽区包含的电荷仅由栅极电压产生的电场感生.

图 5.23(a)为工作于线性区的 MOSFET.根据上述理想条件,在距离源极 y 处,半导体中单位面积感应的电荷 Q_s 如图 5.23(b)[即图 5.23(a)中间部分的放大]所示,由式(13)与式(14)给出

$$Q_s(y) = -[V_G - \psi_s(y)]C_o. \tag{26}$$

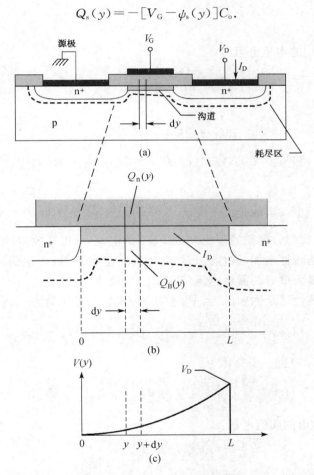

图 5.23 (a) 工作于线性区的 MOSFET;(b) 沟道的放大图;(c) 沿沟道的漏极电压压降

其中 $\psi_s(y)$ 为 y 处的表面势,而 $C_o = \varepsilon_{ox}/d$ 为单位面积的栅电容.由于 Q_s 为反型层中单位面积电荷量 Q_n 与表面耗尽区中单位面积电荷量 Q_{sc} 之和,我们可以得到 Q_n:

$$Q_n(y) = Q_s(y) - Q_{sc}(y) = -[V_G - \psi_s(y)]C_o - Q_{sc}(y). \tag{27}$$

反型层的表面势 $\psi_s(y)$ 可以近似为 $2\psi_B + V(y)$，如图 5.23(c) 所示，$V(y)$ 为 y 点与源极（视为接地）间的反向偏压. 表面耗尽区内的电荷 $Q_{sc}(y)$ 如前所述为

$$Q_{sc}(y) = -qN_AW_m \approx -\sqrt{2\varepsilon_s qN_A[2\psi_B + V(y)]}. \tag{28}$$

将式(28)代入式(27)可得

$$Q_n(y) \approx -[V_G - V(y) - 2\psi_B]C_o + \sqrt{2\varepsilon_s qN_A[2\psi_B + V(y)]}. \tag{29}$$

沟道中 y 处的电导率可近似为

$$\sigma(x) = qn(x)\mu_n(x). \tag{30}$$

对于固定的迁移率，沟道电导可表示为

$$g = \frac{Z}{L}\int_0^{x_i}\sigma(x)dx = \frac{Z\mu_n}{L}\int_0^{x_i}qn(x)dx. \tag{31}$$

积分项 $\int_0^{x_i} qn(x)dx$ 为反型层中单位面积的总电荷量，等于 $|Q_n|$，则

$$g = \frac{Z\mu_n}{L}|Q_n|. \tag{32}$$

微元 dy[图 5.23(b)] 的沟道电阻为

$$dR = \frac{dy}{gL} = \frac{dy}{Z\mu_n|Q_n(y)|}. \tag{33}$$

该微元上压降为

$$dV = I_D dR = \frac{I_D dy}{Z\mu_n|Q_n(y)|}. \tag{34}$$

其中 I_D 为漏极电流，它与 y 无关，将式(29)代入式(34)，并由源($y=0, V=0$) 积分至漏($y=L, V=V_D$)可得

$$I_D \approx \frac{Z}{L}\mu_n C_o\left\{\left(V_G - 2\psi_B - \frac{V_D}{2}\right)V_D - \frac{2}{3}\frac{\sqrt{2\varepsilon_s qN_A}}{C_o}\left[(V_D+2\psi_B)^{\frac{3}{2}} - (2\psi_B)^{\frac{3}{2}}\right]\right\}. \tag{35}$$

图 5.24 为根据式(35)得到的理想 MOSFET 的电流-电压特性. 对于给定的 V_G，漏极电流一开始随漏极电压线性增加（线性区），然后逐渐趋于水平，最后达到一饱和值（饱和区）. 虚线指示电流达到最大值时的漏极电压（即 V_{Dsat}）的轨迹.

下面我们考虑线性区及饱和区. 当 V_D 较小时，式(35)可化简为

$$I_D \approx \frac{Z}{L}\mu_n C_o\left(V_G - V_T - \frac{V_D}{2}\right)V_D, \quad V_D < (V_G - V_T). \tag{36}$$

当 V_D 非常小时，式(35)进一步简化为

$$I_D \approx \frac{Z}{L}\mu_n C_o(V_G - V_T)V_D, \quad V_D \ll (V_G - V_T). \tag{36a}$$

其中 V_T 为式(17)给出的阈值电压：

$$V_T = \frac{\sqrt{2\varepsilon_s qN_A(2\psi_B)}}{C_o} + 2\psi_B. \tag{37}$$

画出 I_D 对 V_G 的关系曲线（对给定的小 V_D），阈值电压可由该直线对 V_G 轴的线性外插值得到. 在式(36)的线性区，沟道电导 g_D 和跨导（transconductance）g_m 可表示为

$$g_D \equiv \frac{\partial I_D}{\partial V_D}\bigg|_{V_G=常数} \approx \frac{Z}{L}\mu_n C_o(V_G - V_T - V_D), \tag{38}$$

$$g_m \equiv \frac{\partial I_D}{\partial V_G}\bigg|_{V_D=\text{常数}} \approx \frac{Z}{L}\mu_n C_o V_D. \tag{39}$$

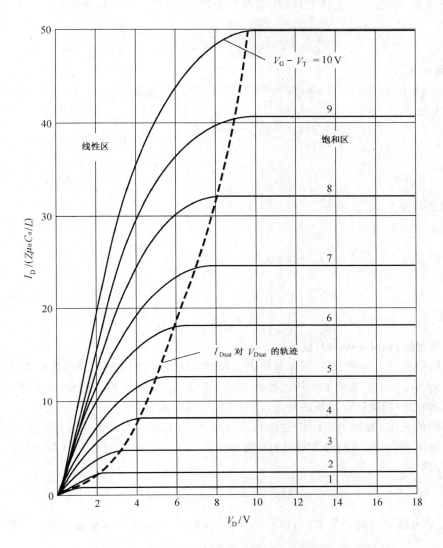

图 5.24　理想 MOSFET 的漏极特性，$V_D \geqslant V_{Dsat}$ 时漏极电流为一常数

当漏极电压增加使得反型层电荷 $Q_n(y)$ 在 $y=L$ 处为零时，漏极处的可动电子数目将剧烈减少，该点称为夹断点. 此处的漏极电压与漏极电流分别表示为 V_{Dsat} 和 I_{Dsat}. 当漏极电压大于 V_{Dsat} 时，进入饱和区. 利用 $Q_n(L)=0$ 的条件，由式(29)我们可以得到 V_{Dsat}：

$$V_{Dsat} \approx V_G - 2\psi_B + K^2\left(1 - \sqrt{1+\frac{2V_G}{K^2}}\right) \tag{40}$$

其中 $K \equiv \frac{\sqrt{\varepsilon_s q N_A}}{C_o}$. 将式(40)代入式(35)可得饱和电流

$$I_{Dsat} \approx \left(\frac{Z\mu_n C_o}{2L}\right)(V_G - V_T)^2. \tag{41}$$

对于低衬底掺杂与薄氧化层,饱和区的阈值电压 V_T 与式(37)相同,而在高掺杂情况下 V_T 与 V_G 有关.

对于理想 MOSFET 的饱和区,沟道电导为零. 而跨导由式(41)可得:

$$g_m \equiv \frac{\partial I_D}{\partial V_G}\bigg|_{V_D=\text{常数}} = \frac{Z\mu_n \varepsilon_{ox}}{dL}(V_G - V_T). \tag{42}$$

▶ **例 5**

对一 n 沟道 n^+ 多晶硅-SiO_2-Si 的 MOSFET,栅极氧化层厚 8nm,$N_A = 10^{17} \text{cm}^{-3}$ 且 $V_G = 3V$,计算 V_{Dsat}.

解

$$C_o = \frac{\varepsilon_{ox}}{d} = \frac{3.9 \times 8.85 \times 10^{-14}}{8 \times 10^{-7}} = 4.32 \times 10^{-7}(\text{F/cm}^2),$$

$$K = \frac{\sqrt{\varepsilon_s q N_A}}{C_o} = \frac{\sqrt{11.9 \times 8.85 \times 10^{-14} \times 1.6 \times 10^{-19} \times 10^{17}}}{4.32 \times 10^{-7}} = 0.3.$$

由例 2 可得 $2\psi_B = 0.84\text{V}$.

于是由式(40)可得

$$V_{Dsat} \approx V_G - 2\psi_B + K^2\left(1 - \sqrt{1 + \frac{2V_G}{K^2}}\right)$$

$$= 3 - 0.84 + (0.3)^2\left[1 - \sqrt{1 + \frac{2 \times 3}{(0.3)^2}}\right]$$

$$= 3 - 0.84 - 0.65 = 1.51(\text{V}).$$

◀

二、亚阈值(subthreshold)区

当栅极电压小于阈值电压,且半导体表面仅为弱反型时,相应的漏极电流称为**亚阈值电流**(subthreshold current). 亚阈值区描述器件如何开启和关闭,所以当 MOSFET 用于低压、低功耗器件时,如数字逻辑或存储器的开关,亚阈值区显得特别重要.

在亚阈值区内,漏极电流由扩散而非漂移所主导,其推导和均匀基区浓度的双极型晶体管的集电极电流一样. 我们将 MOSFET 视为如图 5.23(b)所示的 n-p-n(源-衬底-漏)双极型晶体管,则

$$I_D = -qAD_n \frac{\partial n}{\partial y} = -qAD_n \frac{n(0) - n(L)}{L}. \tag{43}$$

其中 A 为电流流动的沟道截面积,$n(0)$ 与 $n(L)$ 分别为沟道源端与漏端处的电子浓度. 由式(5a)给出:

$$n(0) = n_i e^{\frac{q(\psi_s - \psi_B)}{kT}}, \tag{44a}$$

$$n(L) = n_i e^{\frac{q(\psi_s - \psi_B - V_D)}{kT}}. \tag{44b}$$

其中 ψ_s 为源端的表面势. 将式(44)代入式(43)可得

$$I_D = \frac{qAD_n n_i e^{-\frac{q\psi_B}{kT}}}{L}(1 - e^{\frac{-qV_D}{kT}})e^{\frac{q\psi_s}{kT}}. \tag{45}$$

表面势 ψ_s 近似等于 $V_G - V_T$,当 V_G 变得小于 V_T 时,漏极电流随 V_G 呈指数衰减:

$$I_D \sim e^{\frac{q(V_G - V_T)}{kT}}. \tag{46}$$

一典型亚阈值区的特性曲线如图 5.25 所示. 注意当 $V_G < V_T$ 时,I_D 与 $V_G - V_T$ 呈指数依赖关系. **亚阈值摆幅**(subthreshold swing,S)是该区的一个重要参数,定义为

$\ln 10 [dV_G/d(\ln I_D)]$. 该参数量化了晶体管受栅压调制关断的陡峭程度,其值为漏极电流改变一个数量级所需的栅压变化量. 室温时 S 的典型值为 $70\sim100\mathrm{mV/decade}$. 为了将亚阈值电流减少至可忽略,我们必须使 MOSFET 的栅压比 V_T 小 $0.5\mathrm{V}$ 或以上.

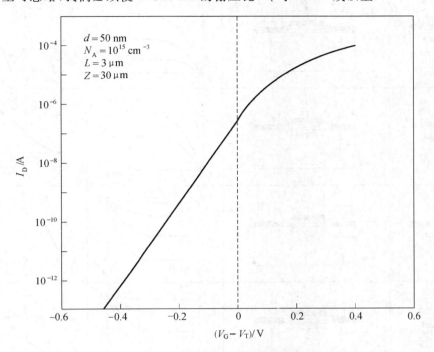

图 5.25 MOSFET 的亚阈值特性

▶ 5.5.2 MOSFET 的种类

依据反型层的类型,MOSFET 有四种基本类型. 若在零栅压下,沟道电导值非常低,我们必须在栅极外加一正电压以形成 n 沟道,则此器件为增强型(enhancement,或常关型 normally-off) n 沟道 MOSFET. 若在零栅压下已有 n 沟道存在,而我们必须外加一负栅压来耗尽沟道中的载流子以降低沟道电导,则此器件为耗尽型(depletion,或常开型 normally-on) n 沟道 MOSFET. 同样的,也有 p 沟道增强型(常关型)与耗尽型(常开型)MOSFET.

四种形式器件的剖面图、输出特性(即 I_D-V_D 特性)以及转移特性(即 I_D-V_G 特性)如图 5.26 所示. 注意,对增强型 n 沟道器件,必须外加一大于阈值电压 V_T 的正栅压,才有显著的漏极电流. 而对耗尽型 n 沟道器件,在 $V_G = 0$ 时已有大电流流通,改变栅压可以增减该电流. 以上的讨论在改变极性后,亦可适用于 p 沟道器件.

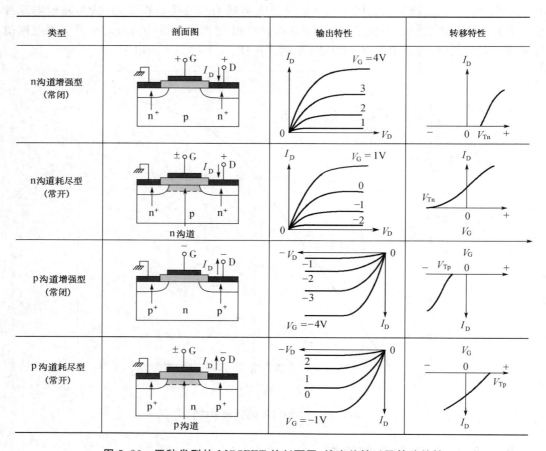

图 5.26 四种类型的 MOSFET 的剖面图、输出特性以及转移特性

▶ 5.5.3 阈值电压控制

阈值电压是 MOSFET 最重要的参数之一,理想的阈值电压如式(37)所示. 然而,当我们考虑氧化层固定电荷以及功函数差时,将会有一平带电压偏移. 除此之外,衬底偏压同样也能影响阈值电压. 当一反向偏压加于衬底与源极之间时,耗尽区将会变宽,要达到反型所需的阈值电压必须增大,以提供更大的 Q_{sc}. 这些因素均可改变阈值电压:

$$V_T \approx V_{FB} + 2\psi_B + \frac{\sqrt{2\varepsilon_s q N_A(2\psi_B + V_{BS})}}{C_o}. \tag{47}$$

其中 V_{BS} 为衬底-源极反向偏压.

图 5.27 显示栅极材料为 n^+、p^+ 多晶硅及功函数位于带中(Midgap)的材料时,n 沟道与 p 沟道 MOSFET 阈值电压(V_{Tn} 与 V_{Tp})计算值与衬底掺杂浓度的关系. 计算时假设 $d = 5nm$,$V_{BS}=0$ 与 $Q_f=0$;功函数位于带中的栅极材料的功函数为 4.61eV,为电子亲和势 $q\chi$ 与硅的 $E_g/2$ 之和(参考图 5.2).

精确控制集成电路中 MOSFET 的阈值电压,对电路的可靠工作是不可或缺的. 典型地,阈值电压可通过将离子注入沟道区来加以调整. 举例来说,穿过表面氧化层的硼离子注入常用来调整 n 沟道 MOSFET(p 型衬底)的阈值电压. 通过这种方法,可以精确控制注入杂质的数量,阈值电压可得到严格的控制.带负电的硼受主增加了沟道内的掺杂水平,因此 V_T 将随之增加.相似地,浅的硼注入可降低 p 沟道 MOSFET 的 V_T(绝对值).

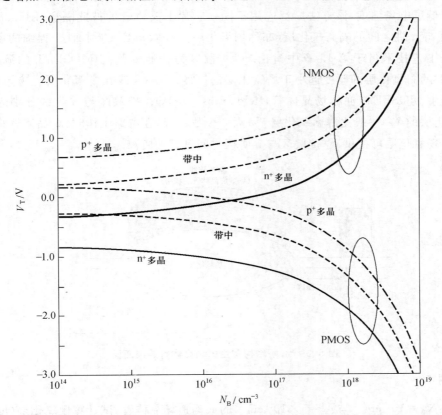

图 5.27 n 沟道与 p 沟道 MOSFET 的阈值电压(V_{T_n} 和 V_{T_p})计算值与杂质浓度的关系,栅极材料分别为 n^+、p^+ 多晶硅及功函数位于带中的材料,假设没有固定电荷、栅极氧化层厚度为 5nm

▶ **例 6**

对于一个 $N_A = 10^{17} \text{cm}^{-3}$ 与 $Q_f/q = 5 \times 10^{11} \text{cm}^{-2}$ 的 n 沟道 n^+ 多晶硅-SiO_2-Si MOSFET,栅氧化层为 5nm,计算 V_T 值.需要多少的硼离子剂量,方能使 V_T 增加至 0.6V?假设注入的受主在 Si-SiO_2 界面处形成一薄层负电荷.

解 由 5.1 节的例子,我们得到 $C_o = 6.9 \times 10^{-7} \text{F/cm}^2$, $2\psi_B = 0.84\text{V}$ 和 $V_{FB} = -1.1\text{V}$,由式(47)(设 $V_{BS} = 0$)得

$$V_T = V_{FB} + 2\psi_B + \frac{\sqrt{2\varepsilon_s q N_A (2\psi_B)}}{C_o}$$

$$= -1.1 + 0.84 + \frac{\sqrt{2 \times 11.9 \times 8.85 \times 10^{-14} \times 1.6 \times 10^{-19} \times 10^{17} \times 0.84}}{6.9 \times 10^{-7}}$$

$$= -0.02(\text{V}).$$

硼电荷造成平带电压平移为 qF_B/C_o,因此

$$0.6 = -0.02 + \frac{qF_B}{6.9 \times 10^{-7}},$$

$$F_B = \frac{0.62 \times 6.9 \times 10^{-7}}{1.6 \times 10^{-19}} = 2.67 \times 10^{12} (\text{cm}^2).$$

我们也可通过改变氧化层厚度来控制 V_T. 随着氧化层厚度的增加, n 沟道 MOSFET 的阈值电压变得更正, 而 p 沟道 MOSFET 将变得更负. 这是因为对于一固定的栅压, 较厚的氧化层降低了电场强度, 该方法广泛应用于同一芯片上晶体管的彼此隔离. 图 5.28 为位于 n^+ 扩散区与 n 阱之间的隔离氧化层(亦称场氧化层, field oxide)的剖面图, 详细的场氧化层以及阱的工艺技术将于第 15 章中讨论. n^+ 扩散区为普通 n 沟道 MOSFET 的源或漏区, MOSFET 的栅氧化层的厚度远小于场氧化层的厚度. 当一导线在场氧化层上方形成时, 将形成一寄生 MOSFET(亦称场晶体管, field transistor), n^+ 扩散区与 n 阱区分别为其源和漏. 场氧化层的 V_T 一般比薄栅氧化层 V_T 大一个数量级, 在电路工作时, 场晶体管将不会导通. 因此, 场氧化层可提供 n^+ 扩散区与 n 阱区之间良好的隔离.

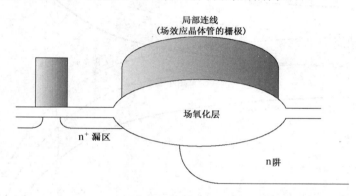

图 5.28 n 阱结构寄生的场晶体管的剖面图

▶ **例 7**

对一 $N_A = 10^{17} \text{cm}^{-3}$ 与 $\dfrac{Q_f}{q} = 5 \times 10^{11} \text{cm}^{-2}$ 的 n 沟道场晶体管, 试计算栅氧化层(即场氧化层)为 500nm 时的 V_T 值.

解
$$C_o = \frac{\varepsilon_{ox}}{d} = 6.9 \times 10^{-9} \text{F/cm}^2,$$

由例 2 与例 3, 我们得到 $2\psi_B = 0.84\text{V}$,

$$V_{FB} = \varphi_{ms} - \frac{Q_f + Q_m + Q_{ot}}{C_o} = -0.98 - \frac{1.6 \times 10^{-19} \times 5 \times 10^{11}}{6.9 \times 10^{-9}} = -12.98(\text{V}).$$

于是, 由式(47)($V_{BS}=0$)得

$$V_T = V_{FB} + 2\psi_B + \frac{\sqrt{2\varepsilon_s q N_A (2\psi_B)}}{C_o}$$

$$= -12.98 + 0.84 + \frac{\sqrt{2 \times 11.9 \times 8.85 \times 10^{-14} \times 1.6 \times 10^{-19} \times 10^{17} \times 0.84}}{6.9 \times 10^{-9}}$$

$$= 12.24(\text{V}).$$

衬底偏压亦可用来调整阈值电压. 源极和衬底可以有不同的电势, 源与衬底之间的 p-n 结必须为零偏或者反偏. 如果 V_{BS} 为零, 栅极电压为式(47)中的阈值电压, 那么衬底的表面势为 $2\psi_B$. 当外加一衬底-源极反向偏压时($V_{BS} > 0$), 沟道中电子的电势被升高得比源极电势还高. 沟道中电子将被侧向地推至源极. 若要保持强反型条件下沟道中电子浓度不变, 栅极电压必须升高至 $2\psi_B + V_{BS}$. 根据式(47), 则衬底偏压所导致阈值电压的变化为

$$\Delta V_T = \frac{\sqrt{2\varepsilon_s q N_A}}{C_o}(\sqrt{2\psi_B + V_{BS}} - \sqrt{2\psi_B}). \tag{48}$$

假如我们画出漏极电流对 V_G 的曲线,则 V_G 轴的截距即为式(37)的阈值电压. 图5.29 为三种不同衬底电压下所作图形,随着衬底电压 V_{BS} 由 0V 增至 2V,阈值电压亦由 0.56V 增至 1.03V. 可利用衬底偏置效应,将弱增强型器件($V_T \sim 0$)的阈值电压提升至较大值.

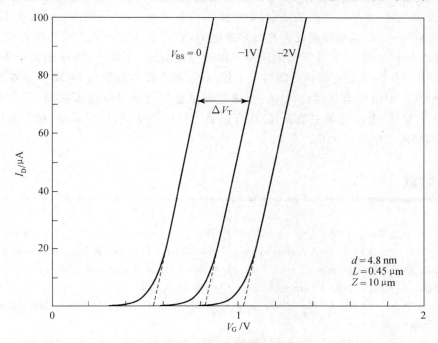

图 5.29　使用衬底偏压调整阈值电压

▶ **例 8**

针对例 6 中阈值电压 V_T 为 −0.02V 的 MOSFET,假如衬底反向偏压由 0V 增加至 2V,计算阈值电压的变化量.

解　由式(48)可得

$$\Delta V_T = \frac{\sqrt{2\varepsilon_s q N_A}}{C_o}(\sqrt{2\psi_B + V_{BS}} - \sqrt{2\psi_B})$$

$$= \frac{\sqrt{2 \times 11.9 \times 8.85 \times 10^{-14} \times 1.6 \times 10^{-19} \times 10^{17}}}{6.9 \times 10^{-7}}(\sqrt{0.84 + 2} - \sqrt{0.84})$$

$$= 0.27 \times (1.69 - 0.92) = 0.21(\text{V}).$$

◀

另一种控制 V_T 的方法是选择适当的栅极材料来调整功函数差,一些如 W、TiN 以及重掺杂多晶锗硅层[9]等导电材料已被采用. 对于深亚微米器件的制造,受到器件按比例缩小导致的几何效应的影响,阈值电压以及器件特性的控制越来越困难(参阅下章的讨论). 采用其他栅极材料取代传统的 n^+ 多晶硅,可使器件设计更具灵活性.

总　结

　　本章首先介绍了 MOSFET 中的核心部件 MOS 电容器．MOS 器件中氧化物-半导体界面处的电荷分布（积累、耗尽和反型）可以通过栅极电压来控制．MOS 电容器的品质取决于氧化层以及氧化物-半导体界面的质量．对于常用的金属电极，功函数差 $q\varphi_{ms}$ 通常不等于零，氧化物内部和硅-二氧化硅界面处存在着多种电荷，它们会通过不同方式影响理想 MOS 特性．氧化层以及氧化物-半导体界面的质量可以通过电容-电压和电流-电压关系来评估．接着我们介绍了 MOSFET 的基本特性以及工作原理．将源极和漏极与 MOS 电容器相接即可形成 MOSFET．输出电流（即漏极电流）可通过调整栅极与漏极电压来控制．阈值电压是决定 MOSFET 导通-关断的最主要参数．选择适当的衬底掺杂、氧化层厚度、衬底偏压以及栅极材料可调整阈值电压的大小．

参考文献

[1] E. H. Nicollian, and J. R. Brews, *MOS Physics and Technology*, Wiley, New York, 1982.

[2] A. S. Grove, *Physics and Technology of Semiconductor Devices*, Wiley, New York, 1967.

[3] B. E. Deal, "Standardized Terminology for Oxide Charge Associated with Thermally Oxidized Silicon," *IEEE Trans. Electron Devices*, ED-27, 606 (1980).

[4] S. M. Sze, and K. K. Ng, *Physics of Semiconductor Devices*, 3rd Ed., Wiley Interscience, Hoboken, 2007.

[5] W. S. Boyle, and G. E. Smith, "Charge Couple Semiconductor Device," *Bell Syst. Tech. J.*, 49, 587 (1970).

[6] M. F. Tompsett, "Video-Signal Generation," in T. P. McLean and P. Schagen, Eds., *Electronic Imaging*, Academic, New York, 55 (1979).

[7] (a) D. Kahng, and M. M. Atalla, "Silicon-Silicon Dioxide Field Induced Surface Devices," *IRE Solid State Device Res. Conf.*, Pittsburgh, Pa., 1960.
(b) D. Kahng, "A Historical Perspective on the Development of MOS Transistors and Related Devices," *IEEE Trans. Electron Devices*, ED-23, 65 (1976).

[8] C. C. Hu, *Modern Semiconductor Devices for Integrated Circuits*, Prentice Hall, Upper Saddle River, 2009.

[9] Y. V. Ponomarev et al., "Gate-Work Function Engineering Using Poly-(Si, Ge) for High Performance 0.18μm CMOS Technology," *Tech. Dig. International Electron Device Meeting (IEDM)*, 829 (1997).

习 题

5.1 理想的 MOS 电容器

1. 试画出 $V_G = V_T$ 时,n 型衬底理想 MOS 电容器的能带图.

2. 试画出 $V_G = 0$ 时,由 p 型衬底和 n^+ 多晶硅栅极构成的 MOS 电容器的能带图.

3. 考虑一硅 n-MOS 电容器,包括掺杂浓度为 $N_A = 10^{17} \text{cm}^{-3}$ 的衬底和铝栅($F_M = 4.1\text{V}$),假设氧化层和硅-二氧化硅界面处均无固定电荷,计算其平带电压.

4. 考虑一 n 型衬底理想 MOS 电容器在反型状态下,请画出:
   (a) 电荷分布;
   (b) 电场分布;
   (c) 电势分布.

5. 一金属-SiO_2-Si 电容器,衬底掺杂浓度为 $N_A = 5 \times 10^{16} \text{cm}^{-3}$,请计算表面耗尽区的最大宽度.

6. 一理想 Si-SiO_2 MOS 电容器参数如下:$d = 30\text{nm}$,$n_i = 1.45 \times 10^{10} \text{cm}^{-3}$,$\varepsilon_{si} = 11.9\varepsilon_0$,$\varepsilon_{ox} = 3.9\varepsilon_0$,$N_A = 5 \times 10^{15} \text{cm}^{-3}$,求在 $T = 300\text{K}$ 时,发生强反型时界面处所需要的电场.

7. 一金属-SiO_2-Si 电容器,衬底掺杂浓度为 $N_A = 5 \times 10^{16} \text{cm}^{-3}$,$d = 8\text{nm}$,请计算 C-V 曲线中最小的电容值.

*8. 一理想 Si-SiO_2 MOS 电容器,$d = 5\text{nm}$,$N_A = 10^{17} \text{cm}^{-3}$,计算使硅表面成为本征状态所需的外加偏压以及此时在界面处的电场强度.

5.2 SiO_2-Si MOS 电容器

9. 考虑两个 MOS 器件,除了氧化层厚度以外,其余均相同.高频 C-V 测量产生的 C_{max}/C_{min} 比分别为 3 和 2.基于这个数据,若 $\varepsilon_{si} = 11.9\varepsilon_0$,$\varepsilon_{ox} = 3.9\varepsilon_0$,求这两种器件的氧化层厚度的比值.

*10. 假设氧化层中的陷阱电荷 Q_{ot} 具有均匀的单位体积电荷密度 $\rho_{ot}(y) = q \times 10^{17} \text{cm}^{-3}$,其中 y 为电荷所在的位置与金属-氧化层界面间的距离,氧化层的厚度为 10nm.试计算由于 Q_{ot} 引起的平带电压的变化.

11. 假设氧化层陷阱电荷 Q_{ot} 为薄层电荷,仅分布在 $y = 5\text{nm}$ 处,面密度为 $5 \times 10^{11} \text{cm}^{-2}$,氧化层的厚度为 10nm.试计算因 Q_{ot} 所导致的平带电压变化.

12. 假设初始有一薄层可动离子位于金属-SiO_2 界面,经过一高温条件下长时间的正向的高电压应力后,可移动离子全部漂移至 SiO_2-Si 界面处,并造成平带电压有 0.3 V 的变化.氧化层的厚度为 10nm,计算 Q_m 的面密度.

13. 假设氧化层中的陷阱电荷呈三角形分布,$\rho_{ot}(y) = q \times (5 \times 10^{23} \times y) \text{cm}^{-3}$,氧化层的厚度为 10nm.试计算因 Q_{ot} 所导致的平带电压变化.

5.5 MOSFET 基本原理

14. 假设 $V_D \ll V_G - V_T$,试根据课本中公式(35)推导公式(36).

15. 计算由掺杂浓度为 $N_A = 10^{17} \text{cm}^{-3}$ 的衬底,厚度为 20nm 的氧化层($\varepsilon_{ox} = 3.9\varepsilon_0$)及

铝栅($F_M=4.1V$)构成的硅 nMOS 电容器的阈值电压。假设氧化层中和硅-二氧化硅界面处均无固定电荷。

16. 对于一长沟道 MOSFET，$L=1\mu m$，$Z=10\mu m$，$N_A=5\times 10^{16} cm^{-3}$，$\mu_n=800 cm^2/(V\cdot s)$，$C_o=3.45\times 10^{-7} F/cm^2$ 且 $V_T=0.7V$，计算 $V_G=5V$ 时的 V_{Dsat} 与 I_{Dsat}。

17. 对于一亚微米 MOSFET，$L=0.25\mu m$，$Z=5\mu m$，$N_A=10^{17} cm^{-3}$，$\mu_n=500 cm^2/(V\cdot s)$，$C_o=3.45\times 10^{-7} F/cm^2$ 且 $V_T=0.5V$，计算 $V_G=1V$ 与 $V_D=0.1V$ 时的沟道电导。

18. 对习题 17 中的器件，计算其跨导。

19. 一 n 沟道的 n^+ 多晶硅-SiO_2-Si MOSFET，其中 $N_A=10^{17} cm^{-3}$，$Q_f/q=5\times 10^{10} cm^{-2}$ 且 $d=10nm$，计算其阈值电压。

20. 对习题 19 中的器件，注入硼离子使阈值电压增加至 $+0.7V$，假设注入的离子在 Si-SiO_2 的界面处形成一薄层负电荷，计算注入的硼离子剂量。

21. 一个由掺杂浓度为 $N_A=10^{17} cm^{-3}$ 的衬底，厚度为 20nm 的氧化层（$\varepsilon_{ox}=3.9\varepsilon_0$）及铝栅($F_M=4.1V$)构成的硅 nMOSFET，对其衬底加偏压 $V_{BS}=-2.5V$，计算其阈值电压。假设氧化层和硅-二氧化硅界面处均无固定电荷。

22. 一 p 沟道的 n^+ 多晶硅-SiO_2-Si MOSFET，其中 $N_D=10^{17} cm^{-3}$，$Q_f/q=5\times 10^{10} cm^{-2}$ 且 $d=10nm$，计算其阈值电压。

23. 对习题 22 中的器件，注入硼离子使阈值电压减少至 $-0.7V$，假设注入的离子在 Si-SiO_2 的界面处形成一薄层负电荷，计算注入的硼离子剂量。

24. 考虑结构如本章图 5.28 所示的场晶体管，其中 $N_A=10^{17} cm^{-3}$，$Q_f/q=10^{11} cm^{-2}$，且以 n^+ 多晶硅局部连线作为其栅极。假如充分地隔绝器件和阱区需要满足 $V_T>20V$，计算所需的最小氧化层厚度。

25. 针对习题 24 中的器件，为使漏电流降低 1 个数量级，计算在衬底-源极间所需施加的反向电压。（$N_A=5\times 10^{17} cm^{-3}$，$d=5nm$）

26. 一 MOSFET 的阈值电压 $V_T=0.5V$，亚阈值摆幅为 100mV/decade，且在栅极偏压为 V_T 时漏极电流为 $0.1\mu A$。请问在 $V_G=0$ 时的亚阈值漏电流为多少？

第 6 章
先进的 MOSFET 及相关器件

- 6.1 MOSFET 按比例缩小
- 6.2 CMOS 与 BiCMOS
- 6.3 绝缘层上 MOSFET（SOI 器件）
- 6.4 MOS 存储器结构
- 6.5 功率 MOSFET
- 总结

MOSFET（metal-oxide-semiconductor field-effect transistor）是先进集成电路中最重要的器件. 我们已经在前面的章节中讨论了长沟道 MOSFET 的基本特性. 自 1970 年以来,集成电路产业中 MOSFET 的栅极长度按每年 13% 按比例缩小（scaled down）,在可预见的将来仍将持续缩减. 器件尺寸的缩减源于对器件高性能以及高密度的持续追求. 本章中,我们将会讨论 MOSFET 按比例缩小的一些前沿问题、新颖的器件结构以及逻辑和存储器件.

本章将涵盖以下几个主题:

- MOSFET 按比例缩小及相关的短沟道效应（short-channel effect）
- CMOS（互补 complementary MOS）逻辑电路
- 绝缘层上硅器件（silicon-on-insulator devices）
- MOS 存储器结构
- 功率 MOSFET

6.1 MOSFET 按比例缩小

MOSFET 尺寸的缩减从一开始就成为持续性的趋势. 在集成电路中,较小的器件尺寸可实现较高的器件密度. 此外,较短的沟道长度可改善驱动电流（$I_D \sim 1/L$）及工作性能. 然而,由于器件尺寸的缩减,沟道边缘区域（如源极、漏极及隔离区边缘）的影响将变得更加重要.因此,器件特性将偏离基于长沟道 MOSFET 的缓变沟道近似(gradual channel approximation)的预期.

▶ 6.1.1 短沟道效应(short channel effect)

第 5 章中式(47)中的阈值电压是基于 5.5.1 节的缓变沟道近似推导得到的,即衬底表面耗尽区内的电荷仅由栅极电压产生的电场所感应.也就是说,第 5 章中式(47)中右侧第三项与源极和漏极的横向电场无关.然而随着沟道长度的缩减,源于源极和漏极的电场将会影响到电荷分布以及器件特性,如阈值电压控制和器件漏电流等.当源和漏耗尽区占据沟道长度中可观的一部分时,短沟道效应开始产生.

一、线性区阈值电压下跌(V_{th} roll-off)

当短沟道效应不可忽略时,随着沟道长度减小,n 沟道 MOSFET 的线性区阈值电压通常变得不那么正,而 p 沟道 MOSFET 则变得不像原先那么负.图 6.1 所示为 $|V_{DS}|=0.05$ V 和 1.8V 时 V_T 下跌的现象[1].

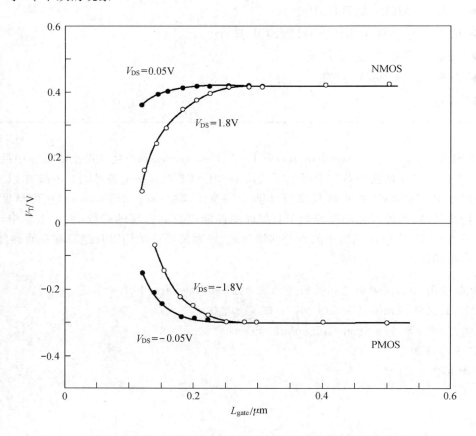

图 6.1 0.15μm CMOS 场效应晶体管中的阈值电压下跌特性[1]

阈值电压下跌可以用电荷共享(charge sharing)模型[2]解释.对沟道两端二维的观察显示,部分耗尽电荷受到源和漏区电场的平衡,如图 6.2(a)所示. W_{Dm} 为耗尽区最大宽度, W_S 和 W_D 为源和漏下方耗尽区的纵向宽度, y_S 和 y_D 为源端和漏端耗尽区的横向宽度.当 $V_D>0$ 时, $W_D>W_S$ 且 $y_D>y_S$.当漏端偏压很小时,可以近似认为 $W_{Dm}≈W_D≈W_S$,如图 6.2(b)所示. 沟道的耗尽区与源漏的耗尽区有交叠,由栅压产生的电场所感应的电荷可以近似等于图 6.2(c)中所示梯形区域内的电荷.

阈值电压漂移量 ΔV_T 是因为沟道耗尽区由矩形区域 $L \times W_m$ 变为梯形区域 $(L+L')W_m/2$ 使得电荷减少造成的,ΔV_T 为(参考习题 2):

$$\Delta V_T = -\frac{qN_A W_m r_j}{C_o L}\left(\sqrt{1+\frac{2W_m}{r_j}}-1\right). \tag{1}$$

其中 N_A 为衬底掺杂浓度,W_m 为耗尽区宽度,r_j 为结深度,L 为沟道长度,C_o 为单位面积的栅氧化层电容.

对长沟道器件,Δ 远小于 L [图 6.2(c)],所以电荷减少很小. 然而对于短沟道器件,由于 Δ 与 L 可比,开启器件所需的电荷量大幅减小. 由式(1)可知,对给定的 N_A、W_m、r_j 以及 C_o,阈值电压随沟道长度的减小而下降.

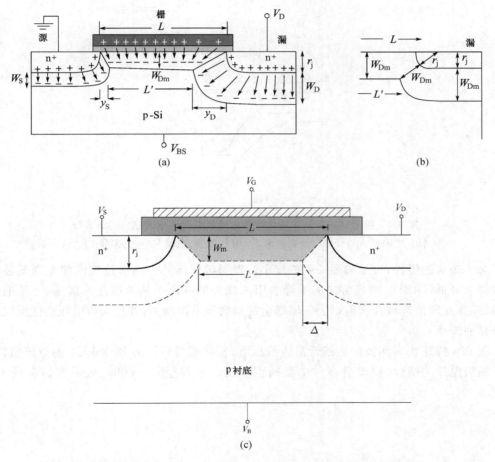

图 6.2 电荷守恒模型,(a) $V_D>0$;(b) $V_D=0$;(c) 电荷共享模型[2]

二、漏致势垒降低(drain-induced barrier lowering, DIBL)

对于 n 沟道 MOSFET，p 型衬底在 n⁺ 源极与漏极间形成一个势垒，限制电子由源极流向漏极。对于工作于饱和区的长沟道器件，漏端结耗尽区宽度的增加不会影响源端的势垒高度，如图 6.3(a)所示。换句话说，对于长沟道器件，漏端偏压可以改变沟道的有效长度，但是源端的势垒保持不变。当漏和源靠近时，如短沟道 MOSFET，漏端偏压将改变源端势垒高度，这是由于从漏端到源端表面区域的电场渗透造成的。图 6.3(b)所示为沿半导体表面的能带图。

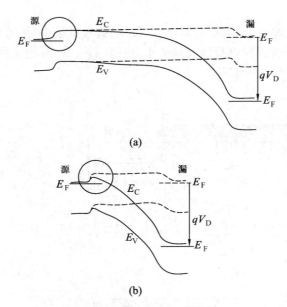

图 6.3　半导体表面从源端到漏端的能带图，(a) 长沟道 MOSFET；(b) 短沟道 MOSFET，后者显示了 DIBL 效应，虚线 $V_D=0$，实线 $V_D>0$

对于短沟道器件，由于沟道长度的减小或者漏极偏压的升高所造成的势垒变低被称为漏致势垒降低(DIBL)。源端势垒的下降会引入额外的载流子从源端注入漏端，于是电流显著增加。在亚阈值区域和阈值以上区域都会观察到该电流增加，并且阈值电压会随漏极偏压的升高而减小。

图 6.4 描述在高漏极偏压或低漏极偏压下，长沟道与短沟道 MOSFET 的亚阈值特性。随着漏极电压的增加，短沟道器件中亚阈值电流的平移[图 6.4(b)]表示有显著的 DIBL 效应。

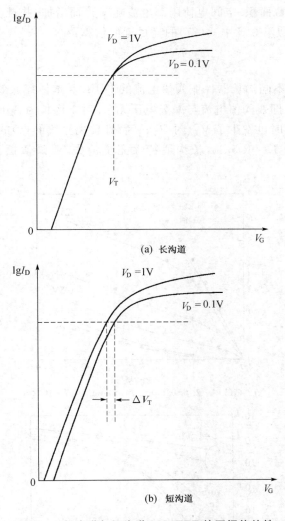

图 6.4 长沟道与短沟道 MOSFET 的亚阈值特性

三、本体穿通(bulk punch-through)

DIBL 造成 SiO_2/Si 界面处漏电路径的形成. 对于短沟道 MOSFET,当漏极电压足够大时,显著的漏电流也可能经衬底的本体由漏极流至源极. 这也归因于漏极结耗尽区的宽度随着漏极电压的增加而增大.

在极端情况下的短沟道 MOSFET,源极结与漏极结耗尽区宽度之和与沟道长度相当 $(y_S + y_D \approx L)$. 当漏极电压增加时,漏极结的耗尽区逐渐与源极结合并. 图 6.5(a) 所示为一个阈值以上区域存在严重穿通效应的例子. 对于该器件,在 $V_D = 0$ 时,y_S 和 y_D 之和为 $0.26\mu m$,大于沟道长度 $0.23\mu m$. 因此,漏端耗尽区已经延伸至源端耗尽区. 对于图示的漏电压范围,器件都工作在穿通条件下. 源极的电子可以注入耗尽的沟道区,在电场的作用下被扫至漏端收集. 该漏电流(leakage current)对漏极电压有很强的依赖. 此漏电流将由耗尽区中的空间电荷限制电流主导:

$$I_D \approx \frac{9\varepsilon_s \mu_n A V_D^2}{8L^3}, \tag{2}$$

其中 A 为穿通路径的截面积。空间电荷限制电流随 V_D^2 而增加，并且与反型层电流平行。漏极穿通电压可以由类似第 3 章中式(27)的耗尽近似估算：

$$V_{pt} \approx \frac{9N_A(L-y_S)^2}{2\varepsilon_s} - V_{bi}, \tag{3}$$

图 6.5(b) 所示为不同沟长器件亚阈值电流的 DIBL 和本体穿通效应。沟长为 $7\mu m$ 的器件展示了长沟道特性，即亚阈值电流与漏极电压无关。对于沟长为 $3\mu m$ 的器件，电流对漏极电压有较强的依赖，同时也发生了 V_T (对应 I-V 特性偏离直线的点)的平移和亚阈值摆幅的增加。对于更短的沟长 $L=1.5\mu m$，长沟道特性完全消失，亚阈值摆幅更差并且器件无法关断。

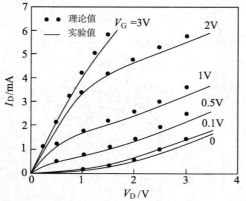

(a) 阈值以上区域, $L=0.23\mu m$, $d=25.8nm$, $N_A=7\times 10^{16}cm^{-3}$

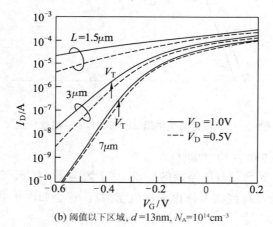

(b) 阈值以下区域, $d=13nm$, $N_A=10^{14}cm^{-3}$

图 6.5 本体穿通效应下 MOSFET 的漏极电流特性

图 6.6 为一短沟道 MOSFET($L=0.23\mu m$) 的亚阈值特性。当漏极电压由 0.1V 增加至 1V 时，DIBL 造成亚阈值特性的平移与图 6.4(b) 所示相似。当漏极电压增加至 4V 时，其亚阈值摆幅远大于低漏极偏压时的值。因此，器件有非常大的漏电流，这显示了本体穿通效应已相当显著，此时栅极无法将器件完全关断，也无法控制漏极电流。

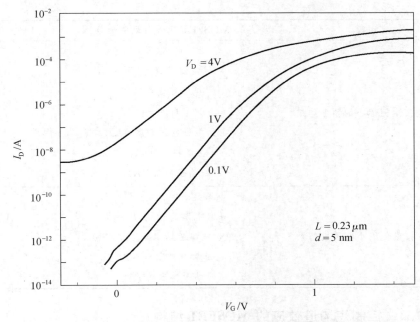

图 6.6　一个 n 沟道 MOSFET 在 $V_{DS}=0.1V$、1V 与 4V 时的亚阈值特性

6.1.2　按比例缩小规范(scaling rule)

当器件尺寸缩减时,必须将短沟道效应降至最低,以确保器件特性及电路正常工作. 在器件按比例缩小时需要一些准则,一个简单的维持器件长沟道特性的方法是将所有尺寸及电压缩小一比例因子 $\kappa(>1)$,这样,器件内部电场将和长沟道 MOSFET 一样,该方法称为**定电场按比例缩小**(constant-field scaling)[3].

表 6.1 概括了不同器件和电路参数定电场按比例缩小的规范[4]. 随着器件尺寸的缩减,电路性能(速度以及开态时的功耗)得到加强*. 然而,在实际的 IC 制造中,较小器件的内部电场往往很难维持恒定而必须有所增加,这主要是因为一些电压因子(如电源、阈值电压等)无法任意缩减. 亚阈值摆幅也是无法被按比例缩小的,如果阈值电压过低,则关态($V_G=0$)的漏电流会显著增加. 于是,待机功耗(standby power)将随之上升[5]. 通过按比例缩小规范,已能制造出沟长短至 5nm、极短栅极延迟($CV/I>0.22ps$)、高开/关电流比($>5\times10^4$)以及合理亚阈值摆幅(约 75mV/decade)[6] 的 MOSFET.

表 6.1　MOSFET 器件与电路参数的按比例缩小

决定因数	MOSFET 器件与电路参数	乘积因子($\kappa>1$)
按比例缩小假设	器件尺寸(d, L, W, x_j)	$1/\kappa$
	掺杂浓度(N_A, N_D)	κ
	电压(V)	$1/\kappa$

---

* 不同场效应晶体管(包括 MOSFET)截止频率的比较,请参阅第 7 章图 7.19.

续表

决定因数	MOSFET 元件与电路参数	乘积因子($\kappa>1$)
器件参数按比例缩小的预期结果	电场(E)	1
	载流子速度(v)	1
	耗尽层宽度(W)	$1/\kappa$
	电容($C=\varepsilon A/d$)	$1/\kappa$
	反型层电荷密度(Q_n)	1
	漂移电流(I)	$1/\kappa$
	沟道阻值(R)	1
电路参数按比例缩小的预期结果	电路延迟时间($\tau \sim CV/I$)	$1/\kappa$
	单位电路的功耗($P\sim VI$)	$1/\kappa^2$
	单位电路的功率延迟积($P\tau$)	$1/\kappa^3$
	电路密度($\sim 1/A$)	κ^2
	功率密度(P/A)	1

▶ 6.1.3 控制短沟道效应的 MOSFET 结构

人们已经提出许多器件结构来控制短沟道效应,以提高 MOSFET 性能[5]. MOSFET 结构的改进可以从以下三个独立的部分进行:沟道掺杂、栅叠层、源/漏设计.

一、沟道掺杂分布(channel doping profile)

图 6.7 所示为典型的基于平面工艺的高性能 MOSFET 结构示意图,沟道掺杂分布在略低于半导体表面处有一个峰,这种倒退的分布(retrograde profile)由离子注入形成,通常需要多种注入剂量和能量. 表面处浓度较低的好处是迁移率较高,一方面因为阈值电压降低导致垂直方向电场降低,表面散射得到缓和;另一方面沟道中杂质散射也减少了. 表面下方的高掺杂浓度用来控制穿通效应和其他短沟道效应. 结深下方通常为更低的掺杂浓度,用于减小结电容以及衬底偏压对阈值电压的影响.

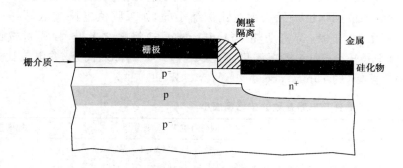

图 6.7 高性能 MOSFET 平面结构,具有倒退沟道掺杂分布,双台阶源漏结和自对准硅化物源漏接触

二、栅叠层(gate stack)

栅叠层由栅极电介质和栅极接触材料组成. 当栅介质 SiO_2 层厚度降低至 2nm 以下时,需要一种替代技术来克服隧穿和缺陷控制方面的基本困难. 高介电材料或 high-k 电介质在

相同电容下具有更厚的物理厚度,因而会降低电场.一个常用的术语为等效氧化层厚度 EOT(equivalent oxide thickness, EOT = 物理厚度 $\times k_{SiO_2}/k$).已经研究过的候选材料有 Al_2O_3、HfO_2、ZrO_2、La_2O_3、Ta_2O_5 和 TiO_2,它们的 EOT 可以轻易地达到 1nm 以内.

长期以来多晶硅都作为栅极接触材料.多晶硅的优势在于它与硅工艺的兼容性,以及自对准源漏注入后所需的高温退火.自对准工艺可以消除栅极与源漏间对准误差引起的寄生电容.另一个重要因素是多晶硅功函数会随其 n 型或 p 型掺杂而变化,如图 5.8 所示,这一灵活性对于对称 CMOS 技术非常重要.多晶硅栅极的一个限制因素是其相对较高的电阻,这会增加输入阻抗从而降低高频特性.另一个缺点是它的耗尽效应(depletion effect),以偏置于反型条件下的 n^+ 多晶硅栅 n 沟 MOS 电容器为例,如图 6.8(a)所示.图中的氧化层电场会排斥多晶硅-氧化层界面上 n^+ 多晶硅中的电子,导致 n^+ 多晶硅能带朝着氧化层界面稍微向上弯曲,形成一个耗尽层.栅极耗尽层将引入额外的电容与氧化层电容串联,从而降低了等效栅极电容和反型层电荷密度,导致 MOSFET 跨导降低.这种效应对于薄的氧化层更为严重,如图 6.8(b)所示.为了避免电阻和耗尽效应等问题,必须采用硅化物和金属作为栅极接触材料,可能的材料有 TiN、TaN、W、Mo 和 NiSi.

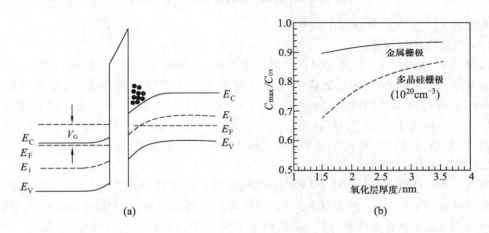

图 6.8 (a) 偏置在反型条件下的 n^+ 多晶硅 n 沟道 MOS 电容器的多晶硅栅极耗尽效应能带图;
(b) 金属和多晶硅栅极 MOS 电容器氧化层电容的退化

三、源漏设计

随着沟道长度的不断缩短,所加的偏压也必须相应地降低.否则,漏端电场的增强会引起雪崩击穿.图 6.7 所示的源漏结构包含两个部分,沟道两端延伸的部分结深较浅,以降低短沟道效应.该部分通常掺杂不太重,称为轻掺杂漏区(lightly doped drain, LDD),以减小横向的峰值电场和栅漏交叠区中热载流子引起的碰撞离化.距沟道较远处结深较深的部分可以减小串联电阻.LDD 结构有工艺复杂和较高漏区电阻两个缺点,但 LDD 结构可以提高器件性能.

在 MOSFET 电流特性的讨论中,我们假设源漏区域理想导电,由于有限的硅电阻率和金属接触电阻,源漏区域将有一小的电压降.对于长沟道 MOSFET,源漏寄生电阻相对于沟道电阻可以忽略.对于短沟道 MOSFET,源漏串联电阻可以占沟道电阻可观的一部分,从而造成显著的电流退化.

图 6.9 为电流流过源漏区域的示意图,源漏总电阻可分为几个部分:R_{ac} 为栅源(或栅

漏)交叠区域的积累层电阻,该区域电流主要流经表面附近;R_{sp}为扩展电阻(spreading resistance),与电流从表面层扩展至均匀流过整个源漏深度相关;R_{sh}为源漏区的薄层电阻(sheet resistance),该区域电流均匀流过;R_{co}为电流流入金属的接触电阻.铝的电阻率很低,电流流入铝导线后的附加电阻将非常小.

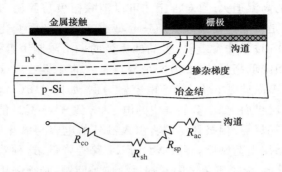

图 6.9　源漏区寄生电阻不同分量的详细分析,R_{ac}为积累层电阻,R_{sp}为扩展电阻,R_{sh}为薄膜电阻,R_{co}为接触电阻

有三种方法用以降低源漏串联电阻:
(1) 硅化物接触技术.

硅化物接触技术的发展是源漏设计的一个里程碑.如图 6.7 所示,在自对准工艺中,由侧壁隔离隔开的栅极和源漏区表面形成了一层高导电性的硅化物薄膜[又称自对准硅化(salicide)].硅化物形成的详细过程将会在第 12 章中讨论(12.5.6 节).由于硅化物的薄层电阻率比源漏区低 1~2 个数量级,电流实际上几乎全部从硅化物层流过.R_{sh}和R_{co}将大大减小,只有在栅极侧壁隔离下方的没有形成硅化物的区域才对R_{sh}有显著贡献.

(2) 肖特基势垒源漏极.

如图 6.10(a)所示,如果 MOSFET 源漏接触用肖特基接触代替 p-n 结,可在工艺和性能上获得一些优势.对于肖特基接触,结深可以等效地降低至零,最大限度减小短沟道效应.由于不存在 n-p-n 双极晶体管,可以避免 COMS 电路中的双极型击穿和闩锁(见 6.2.2 节)等寄生效应.此外,高温注入的消除可以提高氧化层质量和器件控制能力.

如图 6.10(b)所示,热平衡时$V_G = V_D = 0$,空穴从金属到 p 型衬底的势垒高度为$q\varphi_{Bp}$(如 ErSi-Si 接触的势垒高度为 0.84eV).当栅压高于阈值电压使沟道表面由 p 型反型为 n 型时,源极与反型层(电子)间的势垒高度为$q\varphi_{Bn} = 0.28$eV,如图 6.10(c)所示.在工作条件下[图 6.10(d)],源极接触为反向偏置.对于 0.28eV 的势垒,室温下热离化发射引起的反向饱和电流密度只有10^3 A/cm^{2}的数量级.为了增加电流密度,应选择金属使多子势垒尽可能最大而使少子势垒最小,参考第 7 章式(3).由隧穿势垒引起的额外电流有利于沟道载流子的补给.目前,在 p 型硅衬底的 n 沟道 MOSFET 上形成该结构比在 n 型硅衬底的 p 沟道 MOSFET 上要困难,因为 p 型硅上具有高势垒的金属或硅化物并不常见.

肖特基源漏区的缺点在于有限"势垒高度"造成较高的串联电阻和较大的泄漏电流.如图 6.10 所示,金属或硅化物接触必须延伸至栅极的底部以保证电流连续,这个工艺比自对准注入扩散形成源漏结要困难得多.

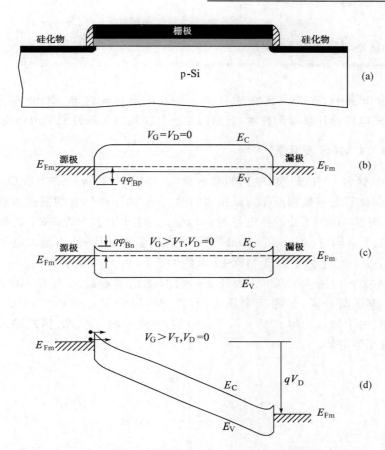

图 6.10 具有肖特基势垒源漏的 MOSFET，(a)器件的截面图；
(b)~(d)不同偏压下的半导体表面能带图

(3) 抬升型源漏区(raised source/drain).

一种先进的设计是抬升源极和漏极,即在源漏区域上方生长一层重掺杂的外延层,如图 6.11 所示,目的是减小结深以控制短沟道效应.注意源漏区向沟道延伸的部分仍是必需的,以保证电流连续.

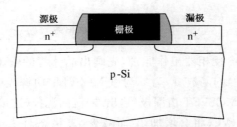

图 6.11 抬升型源漏区降低结深和串联电阻

6.2 CMOS 与 BiCMOS

CMOS(complementary MOS)由成对的互补 p 沟道与 n 沟道 MOSFET 组成. CMOS 逻辑是目前集成电路设计最常用技术,其原因在于低功耗以及较好的噪声免疫能力.

▶ 6.2.1 CMOS 反相器

CMOS 反相器为 CMOS 逻辑电路的基本单元,如图 6.12 所示. 在 CMOS 反相器中,p 沟道与 n 沟道晶体管的栅极相连作为反相器的输入端,两个晶体管的漏极也相连作为反相器的输出端. n 沟道 MOSFET 的源极与衬底均接地,而 p 沟道 MOSFET 的源极与衬底则连接至电源(V_{DD}),p 沟道与 n 沟道 MOSFET 均为增强型晶体管. 当输入电压为低电压时(即 $V_{in}=0, V_{GSn}=0 < V_{Tn}$),n 沟道 MOSFET 为关态*,由于 $|V_{GSp}| \approx V_{DD} > |V_{Tp}|$($V_{GSp}$ 与 V_{Tp} 为负值),所以 p 沟道 MOSFET 为开态. 因此,输出端通过 p 沟道 MOSFET 充电至 V_{DD}. 当输入电压逐渐升高,使栅极电压等于 V_{DD} 时,因为 $V_{GSn}=V_{DD}>V_{Tn}$,所以 n 沟道 MOSFET 导通,由于 $|V_{GSp}| \approx 0 < |V_{Tp}|$,所以 p 沟道 MOSFET 关断. 因此输出端经 n 沟道 MOSFET 放电至零电势.

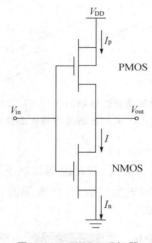

图 6.12 CMOS 反相器

为更深入地了解 CMOS 反相器工作原理,先画出晶体管的输出特性,如图 6.13 所示,其中 I_p 和 I_n 为输出电压(V_{out})的函数. I_p 为 p 沟道 MOSFET 由源极(连接至 V_{DD})流向漏极(输出端)的电流;I_n 为 n 沟道 MOSFET 由漏极(输出端)流向源极(连接至接地端)的电流. 注意在固定 V_{out} 下,增加输入电压(V_{in})将会增加 I_n 而减少 I_p. 稳态时 I_n 应与 I_p 相同. 对于给定的 V_{in},我们可由 $I_n(V_{in})$ 与 $I_p(V_{in})$ 的交点计算出对应的 V_{out},如图 6.13 所示. 图 6.14 所示的 V_{in}-V_{out} 曲线称为 CMOS 反相器的传输曲线(transfer curve)[4].

---

* V_{GSn} 与 V_{GSp} 分别表示 n 沟道与 p 沟道 MOSFET 栅极与源极间的电压差.

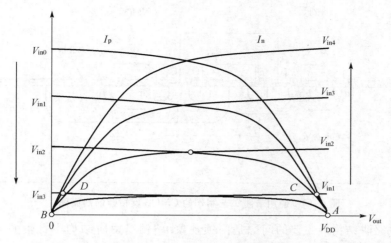

图 6.13　I_p 与 I_n 与 V_{out} 的函数关系曲线，I_p 与 I_n 的交点(圆点)为 CMOS 反相器的稳态工作点[4]，曲线依输入电压来标示，$0 = V_{in0} < V_{in1} < V_{in2} < V_{in3} < V_{in4} = V_{DD}$

CMOS 反相器的一个重要特性是当输出处于逻辑稳态，即 $V_{out} = 0$ 或 V_{DD} 时，仅有一个晶体管导通，因此从电源流到地的电流非常小，等于关态器件的漏电流．事实上，只有在两个器件暂时导通的极短瞬态时间内，才有大电流流过．因此与其他类型的逻辑电路相比，如 n 沟道 MOSFET 和双极型等，其稳态的功耗很低．

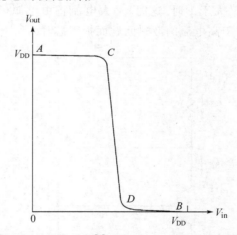

图 6.14　CMOS 反相器的传输特性[4]，标示为 A、B、C 与 D 的点与图 6.13 相对应

▶ 6.2.2　闩锁(latch-up)

为了在 CMOS 应用中能同时将 p 沟道与 n 沟道 MOSFET 制作于同一片芯片上，需要额外的掺杂及扩散步骤，以便在衬底中形成"阱(well)"或"盆(tub)"．阱中的掺杂类型与衬底不同．阱的典型种类有 p 阱、n 阱以及双阱．有关阱工艺技术的详细内容将于第 15 章中讨论．图 6.15 为使用 p 阱工艺制作的 CMOS 反相器的剖面图．图中 p 沟道和 n 沟道 MOSFET 分别制作于 n 型硅衬底和 p 阱中．

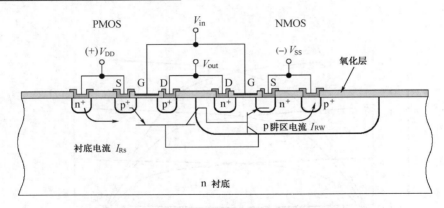

图 6.15　使用 p 阱工艺制作的 CMOS 反相器的剖面图

CMOS 电路阱结构最主要的问题是闩锁现象. 闩锁是由阱结构中寄生的 p-n-p-n 二极管作用引起的. 如图 6.15 所示, 寄生的 p-n-p-n 二极管由一横向的 p-n-p 和一纵向的 n-p-n 双极型晶体管组成. p 沟道 MOSFET 的源极、n 型衬底及 p 阱分别为横向 p-n-p 双极型晶体管的发射极、基极及集电极; n 沟道 MOSFET 的源极、p 阱及 n 型衬底分别为纵向 n-p-n 双极型晶体管的发射极、基极及集电极. 寄生组件的等效电路如图 6.16 所示. R_S 及 R_W 分别为衬底及阱的串联电阻. 每个晶体管的基极由另一晶体管的集电极所驱动, 形成一正反馈回路, 其架构与第 4 章中讨论的可控硅器件 (thyristor) 相似. 闩锁发生于两个双极型晶体管的电流增益积 $\alpha_{npn}\alpha_{pnp}$ 大于 1 时. 这时, 一大电流将由电源 (V_{DD}) 流向接地端, 导致正常电路工作中断, 甚至会由于高电流的散热问题而损毁芯片.

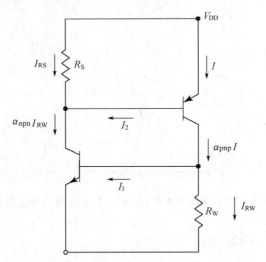

图 6.16　图 6.15 中 p 阱结构的等效电路

为避免闩锁效应, 必须减少寄生双极型晶体管的电流增益. 一种方法是使用金掺杂或中子辐射以降低少数载流子的寿命, 但此方法不易控制且会导致漏电流的增加. 深阱结构或高能量注入形成的倒退阱 (retrograde well), 可以提升基区杂质浓度, 从而降低纵向双极型晶体管的电流增益. 在倒退阱中, 阱掺杂浓度的峰值位于远离表面的衬底中.

另一种减少闩锁效应的方法, 是将器件制作于高掺杂衬底上的低掺杂外延层中, 如图 6.17 所示[7]. 高掺杂衬底提供一个收集电流的高传导路径, 电流会由表面接触端 (V_{sub}) 流出.

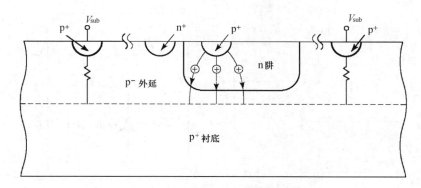

图 6.17 避免闩锁的重掺杂衬底[7]

闩锁也可利用沟槽隔离(trench isolation)结构来避免.制作沟槽隔离的工艺将于第 15 章讨论.这种方法可以抑制闩锁.因为 n 沟道与 p 沟道 MOSFET 被沟槽隔离开.

▶ 6.2.3 CMOS 图像传感器

对于消费类的成像产品如数码相机和摄像机,第 5 章 5.4 节讨论的 CCD 图像传感器占据着主流市场.但是自 20 世纪 90 年代末[8],这个巨大的市场逐渐受到利用标准 CMOS 工艺制造的 CMOS 图像传感器的侵蚀.

如图 6.18[9]为 COMS 图像传感器的原理图,它与半导体存储器的构架非常相似.它由相同的像素阵列组成,每个像素都含一个将入射光转换为光电流的光电二极管(p-n 结光电二极管[10])和一个作为开关的寻址晶体管,如图 6.19(a)所示. Y 寻址器或扫描寄存器通过驱动内置于像素的寻址晶体管对传感器逐行寻址,X 寻址器或扫描寄存器则只对同一行上的像素逐个寻址.某些读出电路需要将光电流转换成电荷或电压并从阵列上读出.

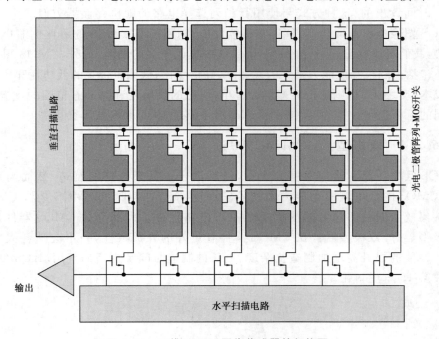

图 6.18 二维 CMOS 图像传感器的架构图

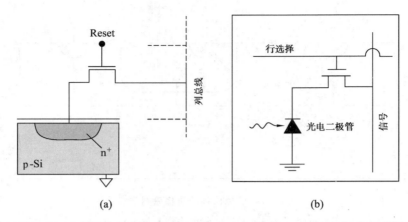

图 6.19 (a) 基于单一内置晶体管的被动 CMOS 像素；(b) PPS CMOS 图像传感器（被动像素传感器）

单个像素的工作原理如下：① 开始曝光时光电二极管反向偏置于高电压状态. ② 在曝光期间,入射光子将会减小光电管两端的反向偏压. ③ 曝光结束时,测量光电二极管的剩余偏压,它与初始外加偏压之间的电压降可以度量曝光期间入射光电二极管的光子数. ④ 光电二极管复位后即可开始下一次的曝光.

图 6.19(b) 所示为最基本的成像阵列形式,称为被动像素传感器 PPS(passive pixel sensor). 每个像素中一个选择晶体管控制一个光电探测器,其优势在于同一行的许多单元可以像存储阵列一样被同时访问,这比本质上是串行读出的 CCD 速度要快,但缺点是尺寸更大.

CCD 与 COMS 图像传感器的许多不同之处都是因为二者读出电路的架构不同. 在 CCD 中(见第 5 章图 5.20),电荷先通过纵向和横向的 CCD 从阵列移出,再通过一个简单的跟随放大器转换成电压,然后串行读出. 在 CMOS 图像传感器中,电荷和电压信号是同一行同一时间读出的,这种方式与使用行和列选择电路的随机存储器类似.

CMOS 图像传感器取代 CCD 还在持续发展,利用传统 COMS 的等比例缩小和廉价工艺等优势,我们可以在上述讨论的每一个像素中集成更多的功能. 另外,CMOS 图像传感器的优势还包括由随机存取能力带来的高速度、高信噪比,低偏压带来的低功耗和主流技术带来的低成本. 反之,CCD 则保持有像素尺寸小、弱光的灵敏度和高动态范围的优势. 但 CCD 需要不同的工艺优化方案,所以包含了 CMOS 电路的 CCD 系统成本会更高.

▶ 6.2.4 双极型 CMOS(BiCMOS)

CMOS 低功耗及高器件密度的优点,使其适合于复杂电路的制造. 然而与双极型工艺相较,CMOS 的低电流驱动能力限制了它在电路上的表现. BiCMOS 是将 CMOS 及双极型器件集成于同一芯片上的技术. BiCMOS 电路包含了大部分的 CMOS 器件以及少部分的双极型器件. 双极型器件比 CMOS 器件有更好的开关特性,并不会消耗太多额外功率. 然而,性能的提升需增加制造复杂度、更长的制造时间及更高的费用. BiCMOS 的制造流程将在第 15 章中讨论.

6.3 绝缘层上MOSFET(SOI器件)

在某些应用中,MOSFET被制作于绝缘衬底而非半导体衬底上. 这些晶体管的特性与MOSFET相似. 如果沟道为非晶或多晶硅时,通常称这些器件为薄膜晶体管(thin film transistor,TFT);如果沟道层为单晶硅时,我们称之为**绝缘层上硅**(silicon-on-insulator, SOI).

▶ 6.3.1 薄膜晶体管(TFT)

氢化非晶硅(a-Si:H)与多晶硅是最常用来制作TFT的材料,它们通常淀积于如玻璃、石英或是覆盖薄SiO_2层的硅衬底等绝缘衬底上.

氢化非晶硅TFT是强调大面积应用的电子系统中的重要器件,如液晶显示器(liquid crystal display,LCD)和接触影像传感器(contact imaging sensor,CIS). a-Si:H材料通常使用等离子体增强化学气相淀积(plasma-enhanced chemical vapor deposition,PECVD)系统来淀积. 由于淀积温度较低(一般为200℃~400℃),可使用如玻璃等价格低廉的衬底材料. 氢原子在a-Si:H中扮演的角色为钝化非晶硅中的悬挂键(dangling bonds)从而减少陷阱密度. 如果缺少氢钝化处理(hydrogen passivation或hydrogenation),费米能级将因大量陷阱态的存在而被钉扎,栅极电压将无法控制非晶硅与绝缘层界面处的费米能级.

a-Si:H TFT通常使用反转错列结构(inverted staggered structure),如图6.20所示,它具有一位于底部的栅极. 由于后续的工艺温度较低(<400℃),可以使用金属栅极. 通常采用PECVD淀积的氮化硅或二氧化硅等介电层作为栅介质,随后再淀积未掺杂的a-Si:H层来形成沟道. TFT的源极与漏极由原位掺杂(in-situ doped)的n^+ a-Si:H层形成,符合低温工艺的要求. 通常用一电介质层作为定义n^+ a-Si:H层的刻蚀停止(etch-stop)层. 背栅结构的TFT器件特性通常比顶栅结构的要好,这是因为PECVD淀积栅介电层时,顶栅结构TFT的沟道可能会受到等离子体损伤. 此外,背栅结构的源极和漏极比较容易形成. 典型a-Si:H TFT的亚阈值特性如图6.21所示. 由于沟道材料的非晶网格结构,其载流子迁移率通常较低[<$1cm^2/(V·s)$].

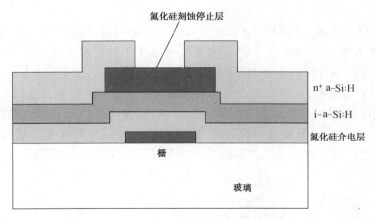

图6.20 典型的a-Si:H薄膜晶体管(TFT)

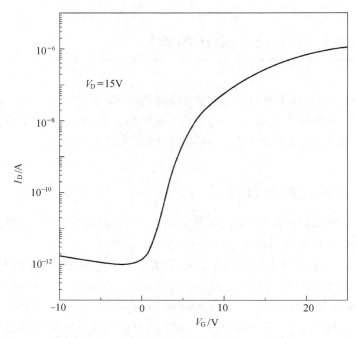

图 6.21 a-Si:H TFT 的亚阈值特性（$L/Z=10\mu m/60\mu m$），场效应载流子迁移率为 $0.23\ cm^2/(V\cdot s)$

多晶硅 TFT 采用薄的多晶硅作为沟道层．多晶硅由许多硅晶粒（grain）组成，晶粒内部为单晶的硅晶格，但相邻晶粒的晶格方向不相同．晶粒间的界面称为晶界（grain boundary）．由于较佳的结晶性，多晶硅 TFT 比 a-Si:H TFT 有更高的载流子迁移率以及更好的电流驱动能力．这些器件典型的载流子迁移率介于 10 到二三百 $cm^2/(V\cdot s)$ 之间，取决于晶粒大小及工艺条件．多晶硅通常采用低压化学气相淀积（LPCVD）的方式淀积．载流子迁移率通常随着晶粒尺寸减小而下降，所以多晶硅的晶粒大小是决定 TFT 性能的重要因子，这是因为晶界处存在的大量缺陷会阻碍载流子的输运．

晶界缺陷也会影响器件的阈值电压与亚阈值摆幅．当施加栅极电压在沟道感应出反型层时，这些缺陷就像陷阱一样，阻碍禁带中费米能级的移动．为了减少这些缺陷，通常在器件制作之后会进行氢化的步骤，氢化处理通常在等离子体反应器内进行．等离子体中产生的氢原子或离子扩散进入晶粒间界中并钝化这些缺陷．经过氢化后，器件特性将有很大的改善．

与 a-Si:H TFT 不同，多晶硅 TFT 通常采用顶栅结构制作，如图 6.22 所示．自对准注入被用来形成源和漏．多晶硅 TFT 主要的工艺限制在于其较高的工艺温度（>600℃）．因此，通常需要如石英等可耐高温的较贵衬底．由于较高的成本，多晶硅 TFT 在低端应用上不如 a-Si:H TFT 有吸引力．硅的激光结晶是克服此问题较为可行的方法．该方法先在玻璃衬底上利用 PECVD 或 LPCVD 低温淀积 a-Si 层，随后使用高功率的激光照射 a-Si．能量被 a-Si 层吸收并且发生非晶硅层的局部融化，冷却之后 a-Si 变为具有大晶粒尺寸（$\geqslant 1\mu m$）的多晶硅．采用此方法可以获得很高的载流子迁移率，接近单晶硅 MOSFET．

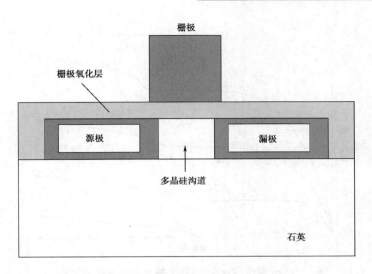

图 6.22　多晶硅 TFT 结构

6.3.2　绝缘层上硅器件

包括蓝宝石上硅(silicon on sapphire,SOS)、尖晶石上硅(silicon on spinel)、氮化物上硅以及氧化物上硅等多种 SOI 已被提出[11]。图 6.23 为制作于二氧化硅上的 SOI CMOS 示意图。与制作于硅衬底的 CMOS(亦称本体 CMOS)相比,SOI 的隔离方案较为简单,无需复杂的阱结构,因而可提高器件密度。本体 CMOS 电路所固有的闩锁现象也不复存在,源极与漏极的寄生结电容也因绝缘衬底大幅降低。此外,SOI 可大幅度改善 CMOS 对辐射损伤的容忍度,因为在辐照下,SOI 器件中仅有体积很小的硅会产生电子-空穴对,这个特性在太空应用上特别重要。

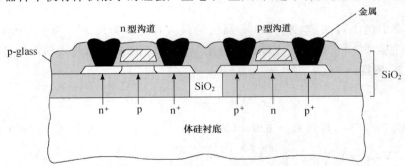

图 6.23　SOI CMOS 的剖面图

依据硅沟道层的厚度,SOI 可以分为部分耗尽型(partially depleted,PD)与完全耗尽型(fully depleted,FD)。部分耗尽 SOI(PD-SOI)使用较厚的硅沟道层,沟道耗尽区宽度不会超过硅的厚度。PD-SOI 的器件设计及其特性类似于本体 CMOS,最主要的差异在于 SOI 器件使用悬空(floating)衬底。器件工作时,漏极附近的大电场可能会引起碰撞离化(impact ionization)。对于 n 沟道 MOSFET,碰撞离化产生的多数载流子(p 衬底内的空穴)因为没有衬底接触端可以带走,将会储存于衬底之中。于是衬底的电势将会改变,导致阈值电压降低,还导致其电流-电压特性产生电流增加或扭结(kink)的现象。扭结现象如图 6.24 所示[11]。由于有较高的碰撞离化率,所以浮体(float-body)或扭结效应在 n 沟道器件上特别显著。扭结效应可通过形成衬底接触端至晶体管源极来消除,但这将增加器件布局布线及工艺的复杂度。

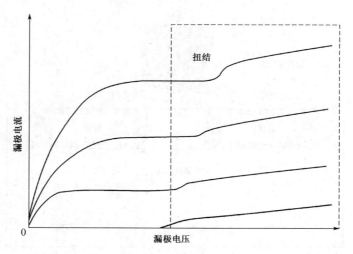

图 6.24　n 沟道 SOI MOSFET 输出特性的扭结效应[11]

完全耗尽 SOI(FD-SOI)使用足够薄的硅沟道层,在达到阈值电压之前晶体管的沟道就已完全耗尽,故可允许器件在较低的电压下工作.此外,因强电场碰撞离化所造成的扭结效应也可消除.在低功耗应用中,FD-SOI 相当有吸引力.但 FD-SOI 的特性对硅层厚度相当敏感,若 FD-SOI 电路制作于硅层厚度不均匀的硅片上,其工作特性将会相当不稳定.

▶ **例 1**

计算 $N_A = 10^{17}\,\text{cm}^{-3}$、$d = 5\,\text{nm}$ 以及 $\dfrac{Q_f}{q} = 5 \times 10^{11}\,\text{cm}^{-2}$ 的 n 沟道 SOI 器件的阈值电压,器件硅层厚度 d_{si} 为 50nm.

解

由第 5 章中例 1 可知,本体 NMOS 器件的最大耗尽区宽度 W_m 为 100nm,所以此 SOI 器件为完全耗尽型.由于耗尽区宽度即为硅层厚度,第 5 章式(17)与式(47)中计算阈值电压的 W_m 须以 d_{si} 替换:

$$V_T = V_{FB} + 2\psi_B + \frac{qN_A d_{si}}{C_o}.$$

由第 5 章中例 2 与例 3,得到 $C_o = 6.9 \times 10^{-7}\,\text{F/cm}^2$、$V_{FB} = -1.1\,\text{V}$ 以及 $2\psi_B = 0.84\,\text{V}$,因此

$$V_T = -1.1 + 0.84 + \frac{1.6 \times 10^{-19} \times 10^{17} \times 5 \times 10^{-6}}{6.9 \times 10^{-7}} = -0.14\,(\text{V}).$$

◀

▶ **6.3.3　三维结构**

在器件等比例缩小中,优化的设计要求 MOSFET 制作于超薄层上,从而在整个偏置范围内衬底为完全耗尽.为达成这一目标,一种高效的设计是采用包围栅极结构,至少从两面包围衬底.图 6.25 所示为这种三维结构的两个例子.它们可以根据不同模式的电流流动进行分类,分为水平晶体管[12](FinFET,其制作工艺将在第 15 章介绍)和垂直晶体管[13].从制造角度来看,这两种器件都很有挑战.水平晶体管和 SOI 技术更加兼容.对于这两种结构,由于大部分或全部沟道表面都在垂直的墙体上,一系列困难随之产生.在这些表面上刻蚀、生长或淀积栅介质并且必须得到光滑的沟道表面具有巨大的挑战.形成源漏结不再像离子注入的形成方法那么简单.自对准硅化物的形成同样变得困难得多.是否其中之一的器件将

会成为未来器件的方案仍然有待观察.

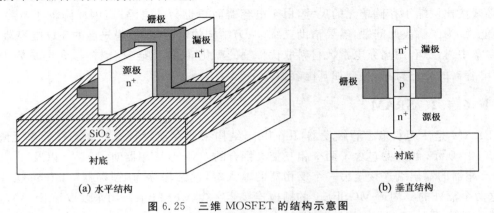

(a) 水平结构　　(b) 垂直结构

图 6.25　三维 MOSFET 的结构示意图

6.4　MOS 存储器结构

半导体存储器可划分为挥发性(volatile)与非挥发性(nonvolatile)存储器两类. 挥发性存储器, 如动态随机存储器(dynamic random access memory, DRAM)和静态随机存储器(static random access memory, SRAM), 若其电源关闭, 将会丢失所储存的信息. 然而, 非挥发性存储器却能在电源关闭时保留所储存的信息. 目前, DRAM 与 SRAM 被广泛应用于个人电脑以及工作站, 主要归因于 DRAM 的高密度、低价格以及 SRAM 的高速性能. 非挥发性存储器则广泛应用于如移动电话、数码相机及智能 IC 卡等便携式电子系统中, 主要因为它具有低功耗及非挥发性的特性.

▶ 6.4.1　DRAM

现代的 DRAM 技术由单元阵列构成, 其存储单元结构如图 6.26 所示[14]. 它含有一个 MOSFET 以及一个 MOS 电容器(即 1 晶体管/1 电容器或 1T/1C 存储单元). MOSFET 的作用是一个开关, 用来控制存储单元的写入、刷新以及读出的动作, 电容器则作为电荷储存之用. 在写入周期中, MOSFET 导通, 因此位线中的逻辑状态可转移至储存电容器. 实际应用时, 由于储存节点有虽小但不可忽略的漏电流, 使得储存于电容器中的电荷逐渐地流失. 因此, DRAM 的工作是"动态"的(dynamic), 因为其数据需要周期性(一般为 2~50ms)地刷新(refresh).

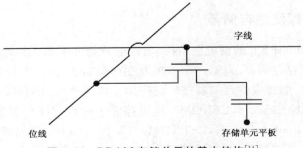

图 6.26　DRAM 存储单元的基本结构[14]

1T/1C DRAM 存储单元的优点在于结构非常简单且面积小. 为了增加储存的芯片密度,必须按比例缩小存储单元的尺寸,由于电容器面积也会随之缩减,因而降低了电容器的储存能力. 为了解决此问题,需要借助三维(3-D)结构的电容器. 一些先进的 3-D 电容器将于第 15 章中讨论. 利用高介电常数材料取代传统的氧化硅-氮化硅复合材料(介电系数 4~6)作为电容器的介电材料,可增加其电容值.

▶ 6.4.2 SRAM

SRAM 是使用双稳态的触发器(flip-flop)结构来储存逻辑状态的静态存储单元阵列,如图 6.27 所示. 触发器包含了两个相互交叉耦合的 CMOS 反相器对(T_1、T_3 以及 T_2、T_4). 一个反相器的输出端连接至另一个反相器的输入端,此结构称为"锁存器"(latched). T_5 与 T_6 这两个额外的 n 沟道 MOSFET 的栅极连接至字线(word line),用来读取该 SRAM 存储单元. 只要电源持续供给,其逻辑状态将维持不变,故 SRAM 的工作是"静态"的,因此 SRAM 不需要刷新. 反相器中两个 p 沟道 MOSFET(T_1 与 T_2)被用作负载晶体管. 除了在开关过程中外,几乎没有直流电流流过存储单元. 在某些情况下,p 沟道多晶硅 TFT 或多晶硅电阻用来取代本体 p 沟道 MOSFET. 这些多晶硅的负载器件可以制作于本体 n 沟道 MOSFET 的上方,这种 3-D 的集成化可有效地减少存储单元面积,从而增加芯片的储存密度.

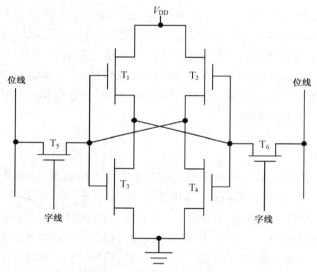

图 6.27 CMOS SRAM 存储单元的结构图,T1 与 T2 为负载晶体管(p 沟道),T3 与 T4 为驱动晶体管(n 沟道),T5 与 T6 为读取晶体管(n 沟道)

▶ 6.4.3 非挥发性存储器

通过改变传统 MOSFET 的栅电极结构,使得电荷能够半永久性地储存于栅极之中,这种新结构即为非挥发性存储器. 自第一个非挥发性存储器于 1967 年提出后[15],许多不同的器件结构已被制作出. 非挥发性存储器被广泛应用于如可擦除可编程只读存储器(erasable-programable read-only memory,EPROM)、电可擦除可编程只读存储器(electrically erasable-programable read-only memory,EEPROM)以及快闪(flash)存储器等集成电路中.

有两种非挥发性存储器器件,即浮栅(floating-gate)器件和电荷俘获(charge-trapping)

器件(图 6.28). 在两种器件中, 电荷都从硅衬底注入穿过第一层绝缘层并存储于浮栅或者氮化物中. 存储的电荷引起阈值电压的平移, 使器件转换至高阈值电压状态(编程或逻辑 1). 对于一个精心设计的存储器, 电荷保存时间(retention time)可超过 100 年. 为了将器件转换至低阈值电压状态(擦除或逻辑 0), 必须使用外加栅压或其他方式(如紫外光照射)对存储的电荷加以擦除.

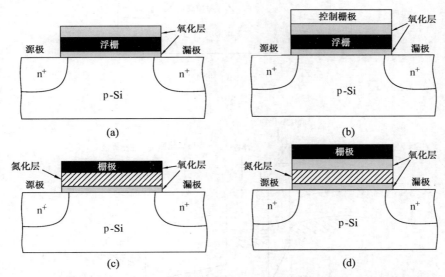

图 6.28 各种非挥发性存储器器件, 浮栅器件: (a)FAMOS 晶体管, (b)叠栅晶体管; 电荷俘获器件: (c)MNOS 晶体管, (d)SONOS 晶体管

一、浮栅器件

在浮栅存储器中, 电荷注入至浮栅以改变阈值电压. 编程过程可以通过热载流子注入或者 FN 隧穿(Fowler-Nordheim tunneling)完成. 图 6.29(a)[与图 6.28(b)相同]所示为一 n 沟道浮栅器件的热电子注入方式. 在漏极附近, 横向电场最大. 沟道电子从电场中获得能量成为热电子. 部分热电子的能量高于二氧化硅/硅导带势垒高度(~3.2eV), 可以克服势垒注入浮栅中. 同时, 高电场也会引起碰撞离化, 这些产生的二次热电子同样会注入浮栅中. 图 6.29(b)和(c)分别为浮栅器件在编程和擦除条件下的能带图.

在编程模式下, 底部氧化层中的电场最关键. 对控制栅极施加正电压 V_G, 两介质中都将建立电场. 由高斯定理可知(假设半导体上的压降很小)

$$\varepsilon_1 E_1 = \varepsilon_2 E_2 + Q \tag{4}$$

且

$$V_G = V_1 + V_2 = d_1 E_1 + d_2 E_2 \tag{5}$$

其中下标 1 和 2 分别对应底部和顶部的氧化层, Q(负)为浮栅中存储的电荷. 在实际器件中, 底层为厚度约 8nm 的隧穿氧化层, 而顶部的绝缘堆叠层的等效氧化层厚度的典型值约为 14nm.

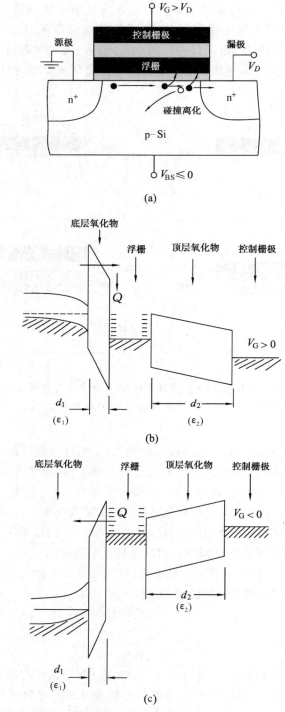

图 6.29 (a) 沟道热电子以及碰撞离化产生热电子对浮栅充电；
(b) 编程条件下浮栅器件能带图；(c) 擦除条件下浮栅器件能带图

由式(4)和式(5)可得：

$$E_1 = \frac{V_G}{d_1 + d_2(\varepsilon_1/\varepsilon_2)} + \frac{Q}{\varepsilon_1 + \varepsilon_2(d_1/d_2)}. \tag{6}$$

绝缘层中的电流通常与电场有很强的依赖关系. 当输运机制为 FN 隧穿时, 电流密度为

$$J = CE_1^2 \exp\left(\frac{D}{E_1}\right), \tag{7}$$

其中 C 和 D 为常数, 与有效质量和势垒高度相关.

当充电完成后, 总的存储电荷等于注入电流对时间的积分. 这将引起阈值电压的平移:

$$\Delta V_T = -\frac{d_2 Q}{\varepsilon_2}, \tag{8}$$

阈值电压的平移可以由图 6.30 所示的 I_D-V_G 数据直接测量得到. 或者, 可以通过漏极电导来测得. 对于一小的漏电压, n 沟道 MOSFET 的沟道电导为

$$g_D = \frac{I_D}{V_D} = \frac{Z}{L} \mu C_{ox}(V_G - V_T). \tag{9}$$

阈值电压的平移导致沟道电导 g_D 的变化, g_D-V_G 曲线向右平移 ΔV_T.

为了擦除存储的电荷, 需要在控制栅极上施加负偏压, 或者在源极/漏极上施加正偏压. 擦除过程与编程过程相反, 存储的电荷从浮栅中隧穿至衬底.

图 6.28(a) 所示为没有控制栅极的浮栅存储器件. 第一个 EPROM 用重掺杂多晶硅作为浮栅材料, 多晶硅栅极埋置于氧化层中并且完全隔离. 与图 6.29 中所示的叠栅晶体管相似, 漏极结偏置于雪崩击穿条件下, 雪崩等离子体中的电子从漏极区域注入浮栅中. 这种器件被称作浮栅雪崩注入 MOS 存储器 (floating-gate avalanche-injection MOS, FAMOS). 为了擦除 FAMOS 存储器, 使用紫外光或者 X 射线激发存储的电荷至栅氧的导带并回到衬底. 由于没有外置的栅极, 电擦除方法不能使用.

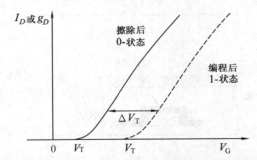

图 6.30　n 沟道叠栅存储器晶体管的漏电流特性, 图示为擦除和编程之后的阈值电压的变化

二、快闪存储器 (flash memory)

不同形式的浮栅器件以其擦除机制加以区分. 在 EPROM 中, 只有浮栅而没有控制栅极, 可以通过紫外光照射来擦除. EPROM 的优点在于每个存储单元只需一个晶体管 (1T/cell) 因而单元面积小, 但其擦除方式需使用有石英窗的昂贵封装, 且擦除时间较长.

EEPROM 采用隧穿过程擦除所储存的电荷, 不像 EPROM 器件一次须擦除所有的存储单元. 对于 EEPROM, 我们可针对被选取的存储单元单独进行擦除. 该功能通过每个存储单元中的选择晶体管来完成. 这种"字节擦除"(bit-erasable) 的特性使 EEPROM 在使用上更具灵活性, 可是 EEPROM 的每个存储单元需两个晶体管 (2T/cell), 即一个选择晶体管加一个储存晶体管, 限制了其储存容量.

快闪存储器的单元结构由三层多晶硅组成, 如图 6.31 所示[16]. 单元的编程通过类似于 EPROM 的沟道热载流子注入机制来完成. 擦除通过从浮栅到擦除栅极 (erase gate) 的电子场发射 (field emission) 来完成. 擦除栅极施加了一个升高的电压, 使得从浮栅的场发射成为

可能. 擦除的速度远比 EPROM 要快, 因此名为"快闪". 快闪存储器的存储单元被分割为数个区(或块). 擦除方式是将一个被选取的区块通过隧穿过程来完成. 在擦除过程中, 被选取区块内的所有存储单元将同时被擦除. 第三个多晶硅层既用作选择晶体管的栅极也是存储单元的控制栅极, 1T/cell 的特点使得快闪存储器的储存容量比 EEPROM 更高.

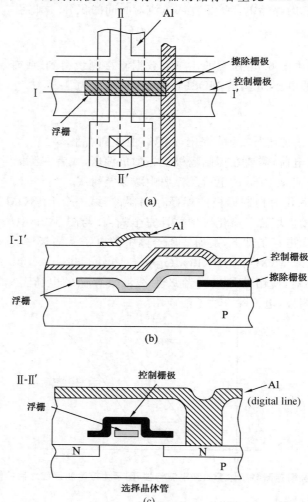

图 6.31 (a) 快闪存储器的俯视图; (b) 沿(a)中 Ⅰ-Ⅰ'线的截面图; (c) 沿(a)中 Ⅱ-Ⅱ'线的截面图[16]

三、单电子存储单元(single-electron memory cell)

另一相关的器件结构为单电子存储单元(single-electron memory cell, SEMC), 它是浮栅极结构的极限情形[17]. 将浮栅长度缩减至非常小的尺寸(比如 10nm), 我们即可得到 SEMC. SEMC 的剖面如图 6.32 所示, 其浮点(floating dot)相当于图 6.28(b)中的浮栅. 因为面积小, 所以其电容值非常小(~1aF). 当电子隧穿进入浮点之后, 因为小电容的关系, 隧穿势垒将大幅提升, 从而阻止了其他电子的进入. SEMC 是浮栅存储单元的极限, 因为信息存储仅需一个电子即可. 可以预计单电子存储器可在室温下工作, 密度可高达 256 兆位 (256×10^{12} 字位).

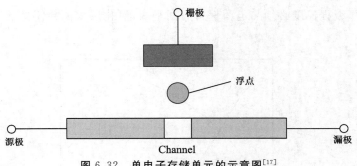

图 6.32 单电子存储单元的示意图[17]

四、电荷俘获器件(charge-trapping devices)

(1) MNOS 晶体管.

图 6.28(c)所示的 MNOS 晶体管中,当电流流过介质层时,氮化硅层被用作一种高效俘获电子的材料.除氮化硅之外的其他绝缘层,如氧化铝、氧化钽和钛氧化物也已被使用但并不常见.电子在氮化硅层中靠近氧化物-氮化物界面处被俘获.氧化物的功能是提供与半导体一个良好的界面,并且防止注入电荷的反向隧穿(back-tunneling)以提高电荷保持能力.其厚度必须在保持时间和编程电压以及时间之间达到平衡.

编程和擦除过程的基本能带图如图 6.33 所示.在编程过程中,一个大的正向偏压加在栅极上.电子由衬底向栅极发射.两个介电层中的电流传导机制有很大的不同.通过氧化层的电流由电子隧穿通过梯形氧化层势垒,而后通过氮化层的三角势垒.这种隧道效应被确定为修正的 FN 隧穿,而不是通过单一三角势垒的 FN 隧穿.之后,电子通过 Frenkel-Poole 输运机制穿过氮化层.当负电荷开始累积,氧化层电场随之降低,修正的 FN 隧穿成为电流的限制机制.

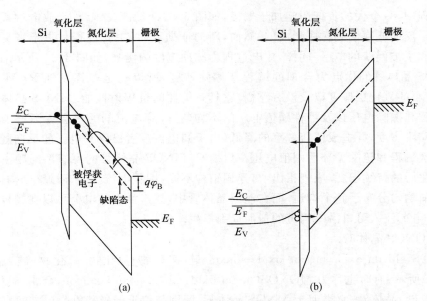

图 6.33 MNOS 存储器,(a) 编程:电子隧穿通过氧化层,在氮化层中被俘获;
(b) 擦除:空穴隧穿通过氧化层中和被俘获的电子,以及被俘获电子的隧穿

阈值电压与编程脉冲宽度的关系如图 6.34 所示.起初阈值电压随时间作线性变化,然后为对数依赖关系,最终趋于饱和.编程速度主要受氧化层厚度选择的影响:较薄的氧化层,

则编程时间较短.编程速度必须与电荷保持时间平衡,氧化层太薄会使得已俘获的电荷反向隧穿回到衬底.

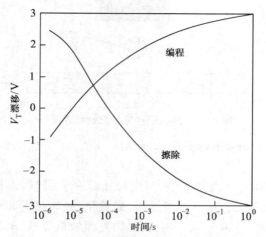

图 6.34 MNOS 晶体管典型的编程和擦除速率

双介质层的总电容 C_G 等于各电容的串联:

$$C_G = \frac{1}{(1/C_n)+(1/C_{ox})} = \frac{C_{ox}C_n}{C_{ox}+C_n}. \tag{10}$$

这里 $C_{ox} = \varepsilon_{ox}/d_{ox}$ 和 $C_n = \varepsilon_n/d_n$ 分别是氧化层和氮化层对应的电容. 氮化层-氧化层界面附近俘获的电荷数量 Q 取决于氮化层的俘获效率. 阈值电压的最终漂移为

$$\Delta V_T = -\frac{Q}{C_n}. \tag{11}$$

在擦除过程中,一个大的负偏压施加于栅极,如图 6.33(b)所示. 传统上,放电过程认为是被俘获的电子反向隧穿回到衬底形成的. 然而,新的证据表明,主要过程是由于来自衬底的空穴隧穿中和了被俘获的电子. 同样,放电过程为脉冲宽度的函数,如图 6.34 所示.

MNOS 晶体管的优点为合理的编程及擦除速度,所以它是非挥发性 RAM 器件的候选. 由于极小的氧化层厚度以及没有浮栅,它具有优异的抗辐射性能. MNOS 晶体管的缺点是大的编程和擦除电压以及器件阈值电压的不均匀. 隧穿电流的通过会逐渐增加半导体表面的界面陷阱密度,并造成俘获效率的降低(由于漏电流或者已俘获电子的反向隧穿). 这些会导致多次编程和擦除循环后阈值电压窗口变窄. MNOS 晶体管的可靠性问题主要是电荷穿过薄氧化层的持续损耗. 应当指出,与浮栅结构不同,编程电流必须穿过整个沟道区域,使被俘获电荷均匀分布于整个沟道. 而在浮栅晶体管中,注入浮栅的电荷可以在栅极材料内重新再分布,电荷注入可以沿着沟道的任何局部发生.

(2) SONOS 晶体管.

SONOS(silicon-oxide-nitride-oxide-silicon,硅-氧化物-氮化物-氧化物-硅)晶体管[如图 6.28(d)所示]有时也称为 MONOS(metal-oxide-nitride-oxide-silicon,金属-氧化物-氮化物-氧化物-硅)晶体管. 它类似于 MNOS 晶体管,区别是位于栅极和氮化层之间有一额外的阻挡氧化层,形成一个 ONO(oxide-nitride-oxide,氧化物-氮化物-氧化物)叠层. 顶部氧化层与底部氧化层的厚度通常相似. 阻挡氧化层的功能是防止在擦除工作过程中电子由金属向氮化层注入. 于是,可以使用更薄的氮化层,从而降低了编程电压,并有更好的电荷保持特性. SONOS 晶体管现已取代旧的 MNOS 架构,但其工作原理是相同的.

6.5 功率 MOSFET

由于栅极与半导体之间有绝缘二氧化硅层,MOS 器件的输入阻抗非常高,这个特点使 MOSFET 在功率器件的应用中相当有吸引力.因为高输入阻抗,栅极漏电流非常低,因此功率 MOSFET 不必像双极型功率器件那样,需要复杂的输入驱动电路.此外,功率 MOSFET 的开关速度比功率双极型器件快很多,这是因为在关断过程中,MOS 的单一载流子工作特性不会涉及少数载流子储存或复合的问题.

功率 MOSFET 的基本工作原理与普通 MOSFET 相同.然而其电流处理能力通常为安培级.大电流可以通过大的沟道宽度得到.漏极至源极的阻断电压(blocking voltage)为 50~100V 甚至更高.通常,功率 MOSFET 需要更厚的栅氧、更深的结以及更长的沟道.这些会牺牲器件特性,如跨导(g_m)以及速度(f_T).然而,功率 MOSFET 的应用正在增加,如用于需要高电压的移动电话和移动基站.

图 6.35 为三个基本的功率 MOSFET 结构[18].与先进集成电路中的 MOSFET 器件不同的是,功率 MOSFET 采用源极与漏极分别在晶片上方与下方的垂直结构.垂直结构有大的沟道宽度并且可降低栅极附近的电场拥挤,这些特性在高功率的应用中非常重要.

图 6.35(a)为具有 V 型沟槽栅极的 V-MOSFET,V 型沟槽可通过 KOH 溶液湿法定向刻蚀形成.当栅极电压大于阈值电压时,沿着 V 型沟槽边缘表面将感应出反型层,在源极与漏极之间形成导电沟道.V-MOSFET 发展的主要限制在于相关的工艺控制.V 型沟槽尖端的强电场可能会引起该处电流拥挤,进而造成器件特性的退化.

图 6.35(b)为 U-MOSFET 的剖面图,与 V-MOSFET 非常相似.U 型沟槽是通过反应离子(reactive ion)刻蚀形成的,其底部角落处的电场比 V 型沟槽的尖端处小很多.另一种功率 MOSFET 为 D-MOSFET,如图 6.35(c)所示.栅极做在上表面处,并作为后续双重扩散(double diffusion)工艺的掩膜.双重扩散工艺(称之为 D-MOSFET 的理由)利用 p 型杂质(如硼)比 n^+ 杂质(如磷)更高的扩散系数来确定 p 基区和 n^+ 源极之间的沟道长度.该技术可给出非常短的沟通而不必依赖于光刻掩膜.D-MOSFET 的优点在于其穿过 p 基区的短暂漂移时间,以及可避免转角处的大电场.

三种功率 MOSFET 结构中在漏极区都有一个 n^- 的漂移区,n^- 漂移区的掺杂浓度比 p 基区小,当一正电压加于漏极时,漏极/p 基区结被反向偏置,大部分的耗尽区宽度将跨过 n^- 漂移区.因此 n^- 漂移区的掺杂水平和宽度是确定漏极阻断电压(drain blocking voltage)的最重要参数.另一方面,功率 MOSFET 结构中存在一寄生的 n-p-n^--n^+ 器件.为了避免在功率 MOSFET 工作时双极型晶体管的作用,须将 p 基区与 n^+ 源极(发射极)短路,如图 6.35 所示,这样可以使 p 基区维持在一固定电势.

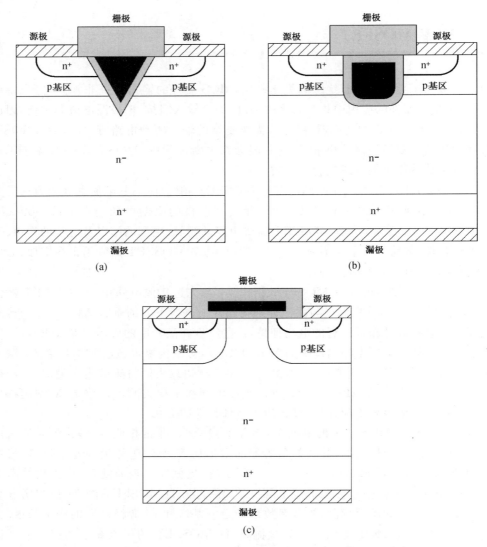

图 6.35 (a)VMOS,(b)UMOS 与(c)DMOS 功率器件结构[18]

总　结

在先进集成电路的应用中,硅基 MOSFET 是最重要的器件,主要归因于高品质的 SiO_2 材料以及稳定的 Si/SiO_2 界面特性.为了满足 IC 芯片低功耗的苛刻要求,CMOS 技术为目前唯一可行的解决途径,并被广泛地使用.在 CMOS 反相器的讨论中,可了解其在功耗方面具有优越的特性.

为了增加器件密度、工作速度以及芯片的功能,器件尺寸的按比例缩小是 CMOS 技术的长期发展趋势.然而,随器件按比例缩小需注意短沟道效应所造成的器件特性偏移.器件结构参数的优化取决于如最小功耗或更高工作速度等应用方面的主要需求.

不同于制作在本体硅衬底上的传统 MOSFET,TFT 与 SOI 是制作于绝缘衬底上的

MOSFET 器件. TFT 使用非晶或者多晶的半导体作为有源沟道层. TFT 的载流子迁移率受沟道内大量缺陷的影响而下降, TFT 可应用于本体 MOS 技术难以达到的大面积衬底上, 如作为大面积平板显示器的像素开关器件. TFT 也可用于 SRAM 单元的负载器件. SOI MOSFET 使用单晶硅沟道层. 相对于本体 MOS 器件, SOI 器件提供了较低的寄生结电容、更佳的抗辐射损伤的能力. SOI 还具有低功耗与高速的性能.

  MOSFET 应用于包括 DRAM、SRAM 以及非挥发性存储器等半导体存储器上, 这些产品在 IC 市场上占有重要地位. 由于器件尺寸的急剧下降, MOS 存储器的储存能力快速提升. 举例而言, 非挥发存储器的密度每 18 个月增加一倍, 单电子存储器预期可达到几兆位水平. 最后我们介绍了三种功率 MOSFET, 这些器件采用垂直结构, 以允许较高的工作电压及电流.

参考文献

[1] H. Kawaguchi et al., "A Robust 0.15μm CMOS Technology with CoSi$_2$ Salicide and Shallow Trench Isolation," *Tech. Dig. Symposium on VLSI Technology*, 125 (1997).

[2] L. D. Yau, "A Simple Theory to Predict the Threshold Voltage in Short-Channel IGFETs," *Solid-State Electronics*, 17, 1059 (1974).

[3] R. H. Dennard et al., "Design of Ion Implanted MOSFET's with Very Small Physical Dimensions," *IEEE J. Solid State Circuits*, SC-9, 256 (1974).

[4] Y. Taur, and T. K. Ning, *Physics of Modern VLSI Devices*, Cambridge University Press, London, 1998.

[5] H-S. P. Wong, "MOSFET Fundamentals," in *ULSI Devices*, C. Y. Chang, and S. M. Sze, Eds., Wiley Interscience, New York, 1999.

[6] Fu-Liang Yang et al., "5nm-Gate Nanowire FinFET," *Tech. Dig. Symp. VLSI Technol.*, 196 (2004).

[7] R. R. Troutman, *Latch-up in CMOS Technology*, Kluwer, Boston, 1986.

[8] A. El Gamal, and H. Eltoukhy, "CMOS Image Sensors," *IEEE Circuits Dev. Mag.*, 6, 2005.

[9] A. Theuwissen, "COMS Image Sensors: State-Of-The-Art and Future Perspectives," *Proc. 37th Eur. Solid State Device Res. Conf.*, 21, 2007.

[10] K. K. Ng, *Complete Guide to Semiconductor Devices*, 2nd Ed., Wiley/IEEE Press, Hoboken, New Jersey, 2002.

[11] J. P. Colinge, *Silicon-on-Insulator Technology: Materials to VLSI*, Kluwer, Boston, 1991.

[12] B. S. Doyle et al., "High Performance Fully-Depeleted Tri-Gate COMS Transistors," *IEEE Electron Dev. Lett.*, EDL-24, 263 (2003).

[13] J. M. Hergenrother et al., "50nm Vertical Replacement-Gate(VRG)nmOSFETs with ALD HfO$_2$ and Al$_2$O$_3$ Gate Dielectrics," *Tech. Dig. IEEE IEDM*, 51, 2001.

[14] (a) R. H. Dennard, "Field-effect Transistor Memory," *U. S. Paten* 3,387,286.
  (b) R. H. Dennard, "Evolution of the MOSFET DRAM—A Personal View," *IEEE Trans. Ele. Devices*, ED31, 1549 (1984).

[15] D. Kahng, and S. M. Sze, "A Floating Gate and Its Application to Memory Devices," *Bell System Tech. J.*, 46, 1283 (1967).

[16] F. Masuoka et al., "A New Flach E2PROM Cell Using Triple Polysilicon Technology," *IEEE Tech. Dig. Int. Electron. Meet.*, 464, 1984.

[17] S. M. Sze, "Evolution of Nonvolatile Semiconductor Memory: From Floating-Gate Concept to Single-Electron Memory Cell," a chapter in S. Luryi, J. Xu and A. Zaslavsky, Eds., *Future Trends in Microelectronics*, Wiley Interscience, New York, 1999.

[18] B. J. Baliga, *Power Semiconductor Devices*, PWS, Boston, 1996.

习 题

6.1 MOSFET 按比例缩小

1. 基于定电场按比例缩小的条件，当 MOSFET 的线性尺寸按比例缩小因子为 10 时，
(a) 其相对应的开关能量的按比例缩小因子为多少？
(b) 假设初始的大器件的功率延时乘积为 1，按比例缩小后的功率延时乘积为多少？

2. 在一 n 沟道 MOSFET 中，$N_A = 3 \times 10^{16} \text{cm}^{-3}$，$L = 1\mu\text{m}$，$r_j = 0.3\mu\text{m}$，栅氧厚度 $t_{ox} = 2\text{nm}$，$\varepsilon_{ox} = 3.9\varepsilon_0$，$T = 300\text{K}$。假设 $W_m = 0.18\mu\text{m}$，计算由于短沟道效应引起的阈值电压漂移。

3. 下图所示为一个具有 n$^+$ 多晶硅栅极的 n 沟道 MOSFET 的倒退沟道掺杂分布，在略低于半导体表面下方有一个峰值。请画出该 MOSFET 栅压偏压等于阈值电压时，从栅极到衬底的能带图。

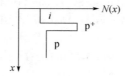

6.2 CMOS 与 BiCOMS

4. 有一 n 沟道 MOSFET，源和漏掺杂浓度为 $N_D = 10^{19}\text{cm}^{-3}$，沟道掺杂浓度为 $N_A = 10^{16}\text{cm}^{-3}$，沟道长度为 $1.2\mu\text{m}$。如果源和衬底为零电势，计算其穿通电压。假设为突变结近似，$n_i = 1.5 \times 10^{10}\text{cm}^{-3}$，$\varepsilon_S = 11.9\varepsilon_0$。

5. 有一 NMOS 晶体管有以下参数：$L = 1\mu\text{m}$，$W = 10\mu\text{m}$，$t_{ox} = 25\text{nm}$，$N_A = 5 \times 10^{15}\text{cm}^{-3}$，工作在 3V 的电压下。基于定电场按比例缩小，计算按比例缩小因子为 $\kappa = 0.7$ 时的上述参数值。

6. 描述双极型 COMS 的优缺点。

7. 为了使 CMOS 反相器尺寸尽可能小，其 n 沟道和 p 沟道晶体管都应该为最小几何尺寸的器件，即这些晶体管的沟道长度和宽度都应该设置为最小特征尺寸。在这种条件下，反相器的上升时间与下降时间相比会有什么关系？

8. 如图 6.14 所示的 CMOS 反相器。如果一个电压波形(V_{in})被施加到 CMOS 反相器的输入端上：
(a) 画出相应输出电压(V_{out})的示意图；
(b) NMOS 和 PMOS 在相应的标记点 A、B、C、D 以及 C 和 D 之间各是什么状态？

(c) 如果 n 沟道 MOSFET 和 p 沟道 MOSFET 的阈值电压分别是 V_{tn} 和 V_{tp},指出在下面参数下 NMOS 从线性区到达饱和区的临界点:对于 n 沟道 MOSFET:$\mu_{ns}C_0(Z/L)=20\text{mA/V}^{-2}$ 且 $V_{tn}=2\text{V}$;对于 p 沟道 MOSFET:$\mu_{ps}C_0(Z/L)=20\text{mA/V}^{-2}$ 且 $V_{tp}=1\text{V}$.

6.3 绝缘层上 MOSFET(SOI 器件)

9. 有一 n 沟道 FD-SOI 器件,$N_A=5\times10^{17}\text{cm}^{-3}$ 且 $d=4\text{nm}$,计算所允许的最大硅基沟道层的厚度(d_{si}).

10. 针对习题 9 中的器件,假如晶片上 d_{Si} 厚度的偏差为 $\pm5\text{nm}$,计算 V_T 的分布范围.

11. 有一具有 n^+ 多晶硅栅极的 n 沟道 SOI 器件,$N_A=5\times10^{17}\text{cm}^{-3}$,$d=4\text{nm}$ 且 $d_{Si}=30\text{nm}$,计算其阈值电压.假设 Q_f、Q_{ot} 及 Q_m 均为 0.

6.4 MOS 存储器结构

12. 在 DRAM 工作中,假设一个 MOS 存储电容器最少需要 10^5 个电子.如果该电容器在晶片表面上的面积为 $0.5\mu\text{m}\times0.5\mu\text{m}$,氧化层的厚度为 5nm,并且被完全充电至 2V,则矩形沟槽电容器所需的最小深度是多少?

13. 一 DRAM 必须工作在最短更新时间为 4ms 的条件之下,每个存储单元有一个 50fF 电容,且完全充电至 5V.试计算最差情况下(即在更新周期中,有 50% 的储存电荷漏失),动态节点可允许的漏电流.

14. 假如 DRAM 中电容器为平面结构,面积为 $1\mu\text{m}\times1\mu\text{m}$,氧化层厚度为 10nm,则电容值为多少?假如在同样的面积上,使用 $7\mu\text{m}$ 深的沟槽及相同的氧化层厚度,计算其电容值为多少?

15. 一浮栅非挥发性存储器的初始阈值电压为 -2V,且在栅极电压为 -5V 时的线性区漏极电导为 $10\mu\text{S}$.经过写入的操作之后,在同样栅极电压下的漏极电导增加为 $40\mu\text{S}$,请找出阈值电压的漂移量.

16. 一个浮栅结构的非挥发性半导体存储器总电容为 3.71fF,控制栅极与浮栅间的电容为 2.59fF,漏端到浮栅间的电容为 0.49fF,浮栅到衬底间的电容为 0.14fF.当测得的阈值偏移为 0.5V 时,需要多少电子?(从控制栅极测量)

17. 一个浮栅结构的非挥发性存储器,下层绝缘层介电常数为 4 且厚度为 10nm,浮栅上的绝缘层介电常数为 10 且厚度为 100nm.如果电流密度 $J_1=\sigma E_1$,其中 $\sigma=10^{-7}\text{S/cm}$,且上层绝缘层中电流为零,计算足够长时间后当 J_1 小到可以忽略时该器件的阈值电压漂移.已知控制栅极电压为 10V.

18. 在下表中简单描述器件的各种特性.

	单元尺寸	单字节写入速率	重写周期	掉电下的数据保持	应用
SRAM					
DRAM					
Flash					

6.5 功率 MOSFET

19. 在一功率 MOSFET 中,栅极为 n^+ 的多晶硅,p 型基极的掺杂浓度为 $N_A = 10^{17} \text{cm}^{-3}$,栅极氧化层厚度 $d = 100\text{nm}$. 计算其阈值电压.

20. 对于习题 19 的器件而言,计算密度为 $5 \times 10^{11} \text{cm}^{-3}$ 的正固定电荷对阈值电压的影响.

第7章
MESFET 及相关器件

> ▶ 7.1　金属-半导体接触
> ▶ 7.2　金半场效应晶体管（MESFET）
> ▶ 7.3　调制掺杂场效应晶体管（MODFET）
> ▶ 总结

　　MESFET（metal-semiconductor field-effect transistor）具有与 MOSFET 相似的电流-电压特性，但该器件的栅极，用金属-半导体的整流接触（rectifying contact）取代了 MOSFET 中的 MOS 结构. 另外，MESFET 的源极（source）与漏极（drain）部分用欧姆接触[*]（ohmic contact）取代了 MOSFET 中的 p-n 结.

　　类似于其他的场效应器件，MESFET 在高电流下具有负的温度系数（temperature coefficient），即电流随着温度的升高而下降. 这种特性使得器件工作时具有更均匀的温度分布. 因此，即使器件的有源区面积较大或者将多个器件并联使用，器件仍可保持良好的热稳定性. 此外，由于 MESFET 可用砷化镓（GaAs）、磷化铟（InP）等具有高电子迁移率的化合物半导体制造，因此具有比硅基 MOSFET 更高的开关速度（switching speed）与截止频率（cutoff frequency）.

　　MESFET 的基础结构是金半（金属-半导体）接触. 在电特性上，它类似于单边突变的 p-n 结；但它工作时具有多子（majority carrier）器件固有的快速响应特性. 金属-半导体接触可分为两种类型：整流型与非整流的欧姆型. 在本章中，首先，我们先对金属-半导体接触的两种类型进行探讨；然后，我们讨论 MESFET 的基本特性与微波性能；最后，我们介绍与 MESFET 具有相似结构，但可提供更高速性能的调制掺杂场效应晶体管（modulation-doped FET, MODFET）.

　　具体而言，本章将包含下列主题：

---

[*] 整流的概念已于第 3 章中讨论，欧姆接触的概念将于 7.1 节中探讨.

- 整流型金属-半导体接触及其电流-电压特性
- 欧姆型金属-半导体接触及其比接触电阻(specific contact resistance)
- MESFET 及其高频性能
- MODFET 及其二维电子气(two dimensional electron gas)
- MOSFET、MESFET 与 MODFET 三种场效应晶体管的比较

7.1 金属-半导体接触

第一个实际的半导体器件是点接触整流器的金属-半导体接触,它将细须状金属丝压到半导体表面形成. 自 1904 年起,该器件即有许多不同的应用. 1938 年,肖特基(Schottky)提出其整流作用可能是由半导体中稳定的空间电荷所产生的势垒引起的[1]. 基于这个概念建立的模型,被称为肖特基势垒(Schottky barrier). 金属-半导体接触同样也可以不具有整流特性,即无论外加电压的极性如何,接触电阻均可忽略. 这种接触被称为欧姆接触(ohmic contact). 在电子系统中,无论是半导体器件还是集成电路,都需要利用欧姆接触实现器件之间的互连. 下面我们介绍整流型和欧姆型金属-半导体接触的能带图及其电流-电压特性.

▶ 7.1.1 基本特性

点接触整流器的特性在不同器件间有很大差异,重复性很差. 点接触整流器只是简单的机械触点,或是由放电过程形成的小面积合金 p-n 结. 其优势在于面积小,因而电容小. 这个特性在微波应用中是有价值的. 但同时,点接触整流器易受很多方面的影响,比如金属细须的压力、接触面积、晶体结构、金属组分以及加热或制作过程. 因此,点接触整流器已被平面工艺(planar process,参考第 11~15 章)制作的金属-半导体接触所取代. 图 7.1(a)是这种平面工艺器件的示意图. 要制作该器件,首先在氧化层上开一个窗口,然后在真空系统中淀积一金属层,接着利用光刻步骤定义金属接触图案. 下面我们将研究图 7.1(a)中虚线间的金属-半导体接触,其一维结构如图 7.1(b)所示.

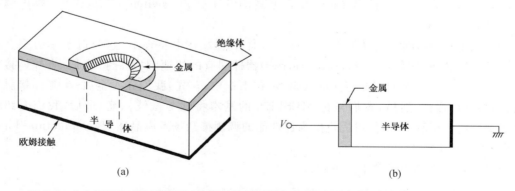

图 7.1 (a) 平面工艺制作的金属-半导体接触的示意图;(b) 金属-半导体接触的一维结构

图 7.2(a)所示为孤立金属及相邻的孤立 n 型半导体的能带图. 注意通常情况下金属的功函数 $q\varphi_m$ 并不等于半导体的功函数 $q\varphi_s$. 功函数定义为费米能级和真空能级之能量差. 图中也标出了电子亲和能 $q\chi$,它是半导体导带边与真空能级的能量差. 当金属与半导体紧密

接触时,热平衡状态下两种不同材料的费米能级必须相同;此外,真空能级必须是连续的.这两点要求决定了理想金属-半导体接触具有唯一的能带图,如图 7.2(b)所示.

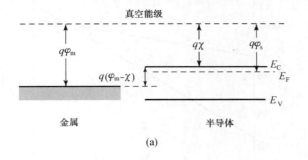

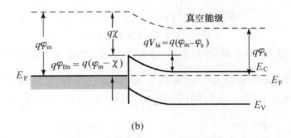

图 7.2 （a）热平衡情形下,孤立金属及相邻的孤立 n 型半导体的能带图;
（b）热平衡时金属-半导体接触的能带图

理想情况下,势垒高度 $q\varphi_{Bn}$ 即为金属功函数与半导体电子亲和能之差*:

$$q\varphi_{Bn} = q\varphi_m - q\chi. \tag{1}$$

同理,对于理想的金属与 p 型半导体接触,其势垒高度 $q\varphi_{Bp}$ 为

$$q\varphi_{Bp} = E_g - (q\varphi_m - q\chi). \tag{2}$$

其中 E_g 为半导体的带隙宽度.因此,对于一给定的半导体与任一金属,在 n 型和 p 型衬底上形成的势垒高度之和,恰等于半导体的带隙宽度:

$$q(\varphi_{Bn} + \varphi_{Bp}) = E_g. \tag{3}$$

在图 7.2(b)中的半导体一侧,V_{bi} 为电子由半导体导带欲进入金属时所遇到的内建电势:

$$V_{bi} = \varphi_{Bn} - V_n. \tag{4}$$

qV_n 为导带底与费米能级的间距.对于 p 型半导体,我们也可得到类似的结果.

图 7.3 所示为实测的 n 型硅[2]与 n 型砷化镓[3]的势垒高度.需注意的是,虽然 $q\varphi_{Bn}$ 随着 $q\varphi_m$ 升高而升高,但是其依赖关系并没有式(1)所预期的那么强.这是因为在实际的肖特基二极管中,半导体表面的晶格中断,产生了大量位于禁带中的表面能态(surface energy state).这些表面态可以充当施主或受主,从而影响最终的势垒高度.对于硅与砷化镓,通常式(1)会低估 n 型势垒高度,式(2)会高估 p 型势垒高度,但 $q\varphi_{Bn}$ 与 $q\varphi_{Bp}$ 之和仍与式(3)一致.

---

* $q\varphi_{Bn}$(单位为 eV)与 φ_{Bn}(单位为 V)都被称为势垒高度.

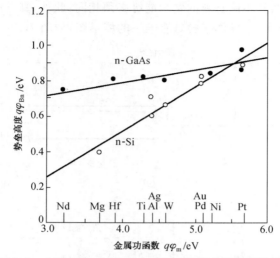

图 7.3 金属-硅与金属-砷化镓接触的势垒高度测量值[2,3]

图 7.4 所示为不同偏压情况下,金属在 n 型与 p 型半导体上的能带图. 首先考虑 n 型半导体. 当偏压为零时,如图 7.4(a) 左侧所示能带图处于热平衡情况下,两种材料具有相同的

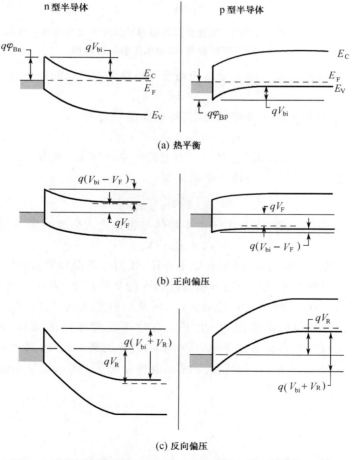

图 7.4 不同偏压情况下金属与 n 型/p 型半导体接触的能带图

费米能级。如果我们在金属上施加相对于 n 型半导体的正偏压,那么,半导体到金属的内建势垒高度将降低,如图 7.4(b)左侧所示,这就是正向偏压的情况。当我们施加正偏时,由于势垒高度降低了 V_F,电子变得更易由半导体进入金属。而对于反偏(即对金属施加负偏压)情况,势垒高度将提高 V_R,如图 7.4(c)左侧所示。因此,电子从半导体进入金属变得更困难。对于 p 型半导体,我们可以得到相似的结果,不过极性须相反。在以后的讨论里,我们将讨论金属与 n 型半导体接触的情形。只要适当地改变极性,讨论结果对于 p 型半导体同样适用。

图 7.5(a)与(b)所示分别为金属-半导体接触的电荷与电场分布。我们假设金属为完美导体,由半导体转移过来的电荷存在于金属表面极狭窄的区域内。空间电荷在半导体内的延伸范围为 W,也就是说,在 $x < W$ 处, $\rho_s = qN_D$;而在 $x > W$ 处, $\rho_s = 0$。于是,该电荷分布与单边突变的 p^+-n 结的情况相同。

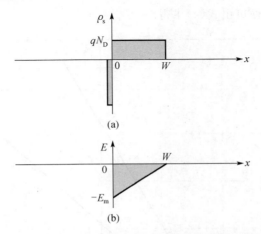

图 7.5 金属-半导体接触中的(a) 电荷分布和(b) 电场分布

电场的大小随着距离线性减小,电场最大值 E_m 位于界面处。于是,我们得到电场分布为

$$|E(x)| = \frac{qN_D}{\varepsilon_s}(W-x) = E_m - \frac{qN_D}{\varepsilon_s}x, \tag{5}$$

$$E_m = \frac{qN_D W}{\varepsilon_s}. \tag{6}$$

其中 ε_s 为半导体的介电常数。图 7.5(b)中电场曲线下方的面积,就是降落于空间电荷区的压降

$$V_{bi} - V = \frac{E_m W}{2} = \frac{qN_D W^2}{2\varepsilon_s}. \tag{7}$$

耗尽区宽度 W 可表示为

$$W = \sqrt{\frac{2\varepsilon_s(V_{bi}-V)}{qN_D}}. \tag{8}$$

半导体内单位面积的空间电荷密度 Q_{SC} 则为

$$Q_{SC} = qN_D W = \sqrt{2q\varepsilon_s N_D(V_{bi}-V)} \ (C/cm^2). \tag{9}$$

其中,对于正向偏压 $V = +V_F$;对于反向偏压 $V = -V_R$。单位面积的耗尽区电容 C 则可由式(9)计算得到:

$$C = \left|\frac{\partial Q_{sc}}{\partial V}\right| = \sqrt{\frac{q\varepsilon_s N_D}{2(V_{bi}-V)}} = \frac{\varepsilon_s}{W} \quad (\text{F/cm}^2) \tag{10}$$

且

$$\frac{1}{C^2} = \frac{2(V_{bi}-V)}{q\varepsilon_s N_D} (\text{F/cm}^2)^{-2}. \tag{11}$$

我们可以将 $1/C^2$ 对 V 作微分, 重新整理得

$$N_D = \frac{2}{q\varepsilon_s}\left[\frac{-1}{d(1/C^2)/dV}\right]. \tag{12}$$

因此, 利用测量所得的单位面积电容 C 与电压 V 的关系, 可以由式(12)得到杂质分布. 若耗尽区的 N_D 为定值, 则 $1/C^2$ 对 V 作图可得一条直线. 图 7.6 为对钨-硅与钨-砷化镓肖特基二极管测得的电容-电压曲线[4]. 由式(11)可知, $1/C^2 = 0$ 处的截距即为内建电势 V_{bi}. 一旦 V_{bi} 确定, 则势垒高度 φ_{Bn} 便可由式(4)求得.

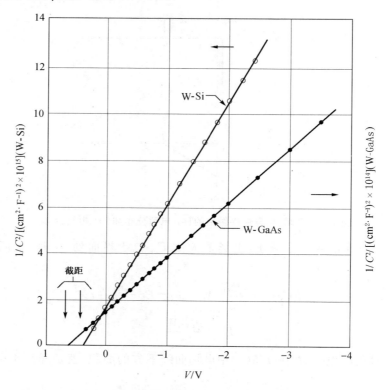

图 7.6 钨-硅与钨-砷化镓二极管的 $1/C^2$ 与外加电压的关系曲线[4]

▶ **例 1**

求出图 7.6 中钨-硅肖特基二极管的施主浓度与势垒高度.

解 $1/C^2$ 对 V 的关系图为一条直线, 这表明施主浓度在耗尽区内为定值.

$$\frac{d(1/C^2)}{dV} = \frac{6.2\times 10^{15} - 1.8\times 10^{15}}{-1-0} = -4.4\times 10^{15}\left[\frac{(\text{cm}^2/\text{F})^2}{V}\right].$$

由式(12)得

$$N_D = \left[\frac{2}{1.6\times 10^{-19}\times(11.9\times 8.85\times 10^{-14})}\right]\times\left(\frac{1}{4.4\times 10^{15}}\right) = 2.7\times 10^{15}(\text{cm}^{-3}),$$

$$V_n = 0.0259 \times \ln\left(\frac{2.86 \times 10^{19}}{2.7 \times 10^{15}}\right) = 0.24(\text{V}).$$

因为截距 V_{bi} 为 0.42V,所以势垒高度为 $\varphi_{Bn} = 0.42 + 0.24 = 0.66(\text{V})$.

▶ 7.1.2 肖特基势垒

肖特基势垒指具有很高的势垒高度(即 φ_{Bn} 或 $\varphi_{Bp} \gg kT$),且掺杂浓度低于导带或价带的有效态密度的金属-半导体接触.

肖特基势垒中,电流的输运主要基于多数载流子,这与由少数载流子进行电流输运的 p-n 结不同. 对于工作于中等温度(如 300K)下的肖特基二极管,其主导输运机制是半导体中多数载流子热离化发射越过势垒进入金属.

图 7.7 为热离化发射过程[5]的示意图. 在热平衡状态下[图 7.7(a)],电流密度由大小相等但方向相反的两束载流子流组成,因此净电流为零. 半导体中的电子倾向于流入(或射入)金属,但同时有一束反向平衡的电子流由金属进入半导体. 这些电流分量的大小与边界处的电子浓度成正比.

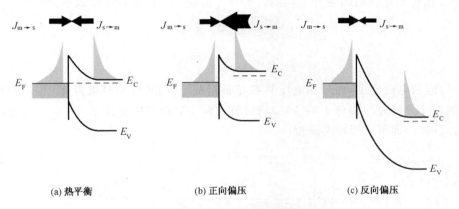

(a) 热平衡　　　　　　(b) 正向偏压　　　　　　(c) 反向偏压

图 7.7　热离化发射过程的电流输运

正如第 2 章 2.5 节中讨论的,半导体表面的电子如果具有比势垒高度更高的能量,便可以通过热离化发射进入金属. 此处,半导体的功函数 $q\varphi_s$ 被 $q\varphi_{Bn}$ 取代,

$$n_{th} = N_C \exp\left(-\frac{q\varphi_{Bn}}{kT}\right). \tag{13}$$

其中 N_C 是导带的态密度. 在热平衡状态下,我们可以得到

$$|J_{m \to s}| = |J_{s \to m}| \propto n_{th} \tag{14}$$

或

$$|J_{m \to s}| = |J_{s \to m}| = C_1 N_C \exp\left(-\frac{q\varphi_{Bn}}{kT}\right). \tag{14a}$$

其中 $J_{m \to s}$ 代表由金属流入半导体的电流,$J_{s \to m}$ 代表由半导体流入金属的电流,C_1 为比例常数.

当肖特基结施加正向偏压 V_F 时[图 7.7(b)],跨越势垒的静电势差降低,因此表面的电子浓度增加至

$$n_{th} = N_C \exp\left[-\frac{q(\varphi_{Bn} - V_F)}{kT}\right]. \tag{15}$$

电子流出半导体所产生的电流 $J_{s\to m}$ 因此而以同样的因子变化[图 7.7(b)]. 然而, 因为势垒 φ_{Bn} 仍然维持其热平衡值, 由金属流向半导体的电子流维持不变. 因此, 正向偏压下的净电流为

$$J = J_{s\to m} - J_{m\to s}$$
$$= C_1 N_C \exp\left[-\frac{q(\varphi_{Bn} - V_F)}{kT}\right] - C_1 N_C \exp\left[-\frac{q\varphi_{Bn}}{kT}\right]$$
$$= C_1 N_C e^{\frac{-q\varphi_{Bn}}{kT}} (e^{\frac{qV_F}{kT}} - 1).$$

(16)

同理, 对于反向偏压的情况[图 7.7(c)], 净电流的表达式与式(16)相同, 只需将其中的 V_F 替换成 $-V_R$.

系数 $C_1 N_C$ 实际上等于 $A^* T^2$. 其中, A^* 称为**有效理查逊常数**(effective Richardson constant)[单位为 $A/(K^2 \cdot cm^2)$], T 为绝对温度. A^* 的值与有效质量有关. 对于 n 型与 p 型硅, A^* 分别为 110 和 32; 而对于 n 型与 p 型砷化镓, A^* 分别为 8 和 74[6].

因此, 在热离化发射的条件下, 金属-半导体接触的 I-V 特性可以表示为

$$J = J_s (e^{\frac{qV}{kT}} - 1),$$

(17)

$$J_s = A^* T^2 e^{-\frac{q\varphi_{Bn}}{kT}}.$$

(17a)

其中 J_s 为饱和电流密度, 而外加电压 V 在正偏情况下为正, 反偏时则为负. 图 7.8 所示为实验得到的两个肖特基二极管[4]的 I-V 特性. 将正向 I-V 曲线外延伸至 $V=0$ 可以得到 J_s, 而由 J_s 与式(17a)即可求得势垒高度.

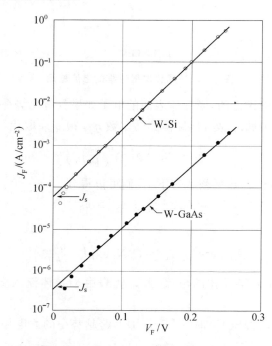

图 7.8 钨-硅与钨-砷化镓二极管的正向电流密度与外加偏压的关系曲线[4]

除了多数载流子(电子)电流外, 金属与 n 型半导体接触中也存在少数载流子(空穴)电

流. 在耗尽区的价带中, 电子空穴对可以容易地由带间跃迁(interband transition)产生. 在正偏状态下, 耗尽区中产生的电子由于不存在势垒可以流入金属; 同时空穴可以扩散进入半导体形成少数载流子电流. 空穴的扩散电流和第 3 章中所述 p$^+$-n 结的情况相同. 其电流密度为

$$J_p = J_{po}(e^{\frac{qV}{kT}} - 1). \tag{18}$$

其中,

$$J_{po} = \frac{qD_p n_i^2}{L_p N_D}. \tag{18a}$$

在一般工作条件下, 少数载流子扩散电流比多数载流子电流小数个量级. 因此, 肖特基二极管被视为单极型(unipolar)器件, 即主要由一种载流子主导传导过程. 与 p-n 结的工作频率(~1GHz)相比, 由于肖特基势垒的少数载流子存储效应很小, 它可以工作于高得多的频率下(~100GHz).

▶ **例 2**

对于 $N_D = 10^{16}\,\mathrm{cm}^{-3}$ 的钨-硅肖特基二极管, 请由图 7.8 求出势垒高度与耗尽区宽度. 假设硅中少数载流子的寿命为 $10^{-6}\,\mathrm{s}$, 请比较饱和电流 J_s 与 J_{po}.

解 由图 7.8 可得, $J_s = 6.5 \times 10^{-5}\,\mathrm{A/cm^2}$, 势垒高度可由式(17a)得到

$$\varphi_{Bn} = 0.0259 \times \ln\left(\frac{110 \times 300^2}{6.5 \times 10^{-5}}\right) = 0.67(\mathrm{V}).$$

所得结果与 C-V 测量结果一致(见图 7.6 与例 1). 内建电势为 $\varphi_{Bn} - V_n$. 其中,

$$V_n = 0.0259 \times \ln\left(\frac{N_C}{N_D}\right) = 0.0259 \times \ln\left(\frac{2.86 \times 10^{19}}{1 \times 10^{16}}\right) = 0.17(\mathrm{V}).$$

因此,

$$V_{bi} = 0.67 - 0.17 = 0.50(\mathrm{V}).$$

由式(8), 令 $V = 0$, 可得热平衡时的耗尽区宽度为

$$W = \sqrt{\frac{2\varepsilon_s V_{bi}}{qN_D}} = 2.6 \times 10^{-5}\,\mathrm{cm}.$$

为了计算少数载流子电流密度 J_{po}, 我们需要知道 D_p. 当浓度 $N_D = 10^{16}\,\mathrm{cm}^{-3}$ 时, D_p 为 $10\,\mathrm{cm^2/s}$, $L_p = \sqrt{D_p \tau_p} = \sqrt{10 \times 10^{-6}} = 3.1 \times 10^{-3}(\mathrm{cm})$. 因此,

$$J_{po} = \frac{qD_p n_i^2}{L_p N_D} = \frac{1.6 \times 10^{-19} \times 10 \times (9.65 \times 10^9)^2}{(3.1 \times 10^{-3}) \times 10^{16}} = 4.8 \times 10^{-12}(\mathrm{A/cm^2}).$$

两电流密度之比为

$$\frac{J_s}{J_{po}} = \frac{6.5 \times 10^{-5}}{4.8 \times 10^{-12}} = 1.3 \times 10^7.$$

由以上结果, 我们可以发现多数载流子电流比少数载流子电流大 7 个量级.

▶ **7.1.3 欧姆接触**

当金属-半导体接触的接触电阻相对于体电阻或串联电阻可以忽略不计时, 则可定义为欧姆接触(ohmic contact). 良好的欧姆接触不会显著降低器件的性能, 并且通过所需的电流而产生的压降必须远小于降落于器件有源区的压降.

欧姆接触的评价指标为比接触电阻(specific contact resistance) R_C, 其定义为

$$R_C \equiv \left(\frac{\partial J}{\partial V}\right)^{-1}_{V=0} \Omega \cdot cm^2. \tag{19}$$

对于低掺杂浓度的金属-半导体接触,热离化发射电流主导了电流的传导,如式(17)所示. 因此,

$$R_C = \frac{k}{qA^*T}\exp\left(\frac{q\varphi_{Bn}}{kT}\right). \tag{20}$$

式(20)表明,为了获得较小的 R_C 应该使用具有较低势垒高度的金属-半导体接触.

相反地,若金属-半导体接触的掺杂浓度很高,势垒宽度将变得很窄. 此时,隧穿电流(tunneling current)成为主导. 如图 7.9 上方插图所示,隧穿电流正比于隧穿几率(已在第 2 章 2.6 节中给出).

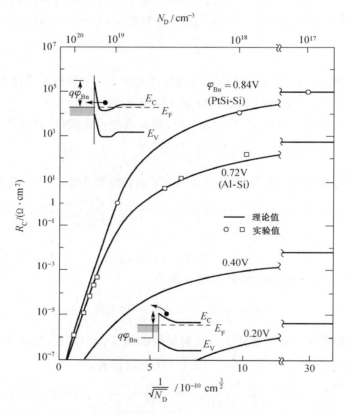

图 7.9 比接触电阻的计算与测量值,上方插图为隧穿过程示意图,下方插图为越过低势垒的热离化发射示意图[6]

$$I \sim \exp\left[-2W\sqrt{\frac{2m_n(q\varphi_{Bn}-qV)}{\hbar^2}}\right]. \tag{21}$$

式中 W 为耗尽区宽度,可近似成 $\sqrt{\left(\frac{2\varepsilon_s}{qN_D}\right)(\varphi_{Bn}-V)}$, m_n 是有效质量, $\hbar$ 是约化普朗克常数(reduced Plank constant). 将 W 代入式(21)中,可以得到

$$I \sim \exp\left[-\frac{C_2(\varphi_{Bn}-V)}{\sqrt{N_D}}\right]. \tag{22}$$

其中 $C_2 = 4\sqrt{m_n\varepsilon_s}/\hbar$. 因此高掺杂浓度下的比接触电阻可表示为

$$R_C \sim \exp\left(\frac{C_2 \varphi_{Bn}}{\sqrt{N_D}}\right) = \exp\left[\frac{4\sqrt{m_n \varepsilon_s}}{\sqrt{N_D}} \frac{\varphi_{Bn}}{\hbar}\right]. \tag{23}$$

式(23)表示,在隧穿范围内比接触电阻强烈依赖于掺杂浓度,并且以 $\frac{\varphi_{Bn}}{\sqrt{N_D}}$ 为因子呈指数变化.

图 7.9 为计算所得的 R_C 与 $1/\sqrt{N_D}$ 间的关系图[6]. 当 $N_D \geqslant 10^{19}$ cm^{-3} 时,R_C 由隧穿过程主导并且随着杂质浓度的上升而迅速下降. 另一方面,当 $N_D \leqslant 10^{17}$ cm^{-3} 时,电流由热离化发射主导,此时 R_C 基本上和掺杂浓度无关. 图 7.9 还给出了硅化铂-硅(PtSi-Si)和铝-硅(Al-Si)二极管的实验数据. 它们与计算结果相当接近. 由图 7.9 可知,必须使用高掺杂浓度、低势垒高度,或是两者并用以获得较低的 R_C 值. 这两种方法应用于所有欧姆接触的实际制作中.

▶ **例 3**

一个由 n 型硅制成的欧姆接触,其接触面积为 10^{-5} cm^2,比接触电阻为 10^{-6} Ω·cm^2. 若 $N_D = 5 \times 10^{19}$ cm^{-3},$\varphi_{Bn} = 0.8$ V,电子有效质量为 $0.26 m_0$,当 1A 的正向电流流过时,试求其接触面两端的电压降.

解 此欧姆接触的接触电阻为

$$\frac{R_C}{A} = \frac{10^{-6}}{10^{-5}} = 10^{-1} (\Omega),$$

$$C_2 = \frac{4\sqrt{m_n \varepsilon_s}}{\hbar} = \frac{4\sqrt{0.26 \times 9.1 \times 10^{-31} \times (1.05 \times 10^{-10})}}{1.05 \times 10^{-34}} = 1.9 \times 10^{14} (\text{m}^{-\frac{3}{2}}/\text{V}).$$

由式(22)可得

$$I = I_0 \exp\left[-\frac{C_2(\varphi_{Bn} - V)}{\sqrt{N_D}}\right],$$

$$\left.\frac{\partial I}{\partial V}\right|_{V=0} = \frac{A}{R_C} = I_0 \left(\frac{C_2}{\sqrt{N_D}}\right) \exp\left(\frac{-C_2 \varphi_{Bn}}{\sqrt{N_D}}\right)$$

或

$$I_0 = \frac{A}{R_C} \left(\frac{\sqrt{N_D}}{C_2}\right) \exp\left(\frac{C_2 \varphi_{Bn}}{\sqrt{N_D}}\right)$$

$$= 10 \times \left(\frac{\sqrt{5 \times 10^{19} \times 10^6}}{1.9 \times 10^{14}}\right) \exp\left(\frac{1.9 \times 10^{14} \times 0.8}{\sqrt{5 \times 10^{19} \times 10^6}}\right)$$

$$= 8.13 \times 10^8 (\text{A}).$$

当 $I = 1$A 时,我们得到

$$\varphi_{Bn} - V = \frac{\sqrt{N_D}}{C_2} \ln\left(\frac{I_0}{I}\right) = 0.763 \text{V}$$

或

$$V = 0.8 - 0.763 = 0.037 (\text{V}) = 37 (\text{mV}).$$

因此,将有一个小到可忽略的电压降落于此欧姆接触上. 然而,当接触面积减小到 10^{-8} cm^2 或更小时,此电压降将变得显著. ◀

7.2 金半场效应晶体管(MESFET)

▶ 7.2.1 器件结构

金属-半导体场效应晶体管(MESFET)于 1966 年被提出[7]. MESFET 含三个金属-半导体接触,即一个作为栅极的肖特基接触,以及两个作为源极和漏极的欧姆接触. 图 7.10(a)为 MESFET 的结构示意图. 器件的主要参数包括栅长 L、栅宽 Z 以及外延层(epitaxial layer)厚度 a. 大部分 MESFET 是基于 n 型 Ⅲ-Ⅴ 族化合物半导体制成的(如砷化镓),因为它们具有较高的电子迁移率,可以减小串联电阻,并且具有高的饱和速度,所以截止频率较高.

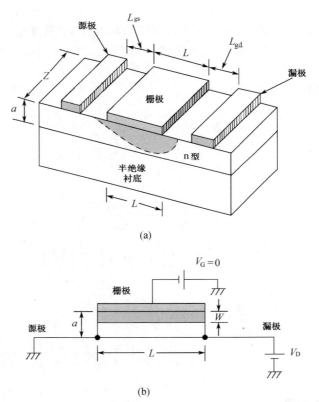

图 7.10 (a) MESFET 的透视图;(b) MESFET 栅极区域的截面图

在 MESFET 的实际制造中,通常在半绝缘衬底(semi-insulating substrates)上生长一外延层以减少寄生电容. 图 7.10(a)中,标记为"源极"与"漏极"的是欧姆接触,而标记为"栅极"的是肖特基接触. 通常我们以栅极尺寸来描述一个 MESFET. 如果一个 MESFET 的栅长(L)为 $0.5\mu m$,栅宽(Z)为 $300\mu m$,那么称之为 $0.5\mu m \times 300\mu m$ 的器件. 对于微波(microwave)或毫米波(millimeter-wave)器件,栅长通常在 $0.1\sim1.0\mu m$ 的范围内,外延层厚度 a 约为栅长的 1/3~1/5,电极间距约为栅长的 1~4 倍. MESFET 的电流处理能力直接正比于栅宽 Z,因为沟道电流的截面积与 Z 成正比.

▶ 7.2.2 工作原理

为了解 MESFET 的工作原理,我们研究栅极下方区域,如图 7.10(b)所示. 我们将源极接地,栅极电压与漏极电压相对于源极测量. 正常工作情况下,栅极电压为零或反偏,而漏极电压为零或正偏. 即 $V_G \leqslant 0$ 且 $V_D \geqslant 0$. 沟道为 n 型材料,器件被称为 n 沟道 MESFET. 大多数的应用会采用 n 沟道 MESFET,而非 p 沟道 MESFET,这是因为 n 沟道器件具有较高的载流子迁移率.

沟道电阻可表示为

$$R = \rho \frac{L}{A} = \frac{L}{q\mu_n N_D A} = \frac{L}{q\mu_n N_D Z(a-W)}. \tag{24}$$

其中 N_D 是施主浓度,$A = Z(a-W)$ 是电流流过的截面面积,W 是肖特基势垒的耗尽区宽度.

当没有外加栅压且 V_D 很小时,如图 7.11(a)所示,沟道中有小的漏极电流 I_D 流过,大小为 V_D/R. 其中 R 为式(24)给出的沟道电阻. 因此,电流随漏极电压线性变化. 当然,对于任意给定的漏极电压,沟道电压均由源端的零逐渐增加至漏端的 V_D. 因此,沿着源极到漏极的方向上,肖特基势垒的反向偏压逐渐增加. 当 V_D 增大时,W 随之增大,因而电流流过的平均截面积减小. 因此,沟道电阻 R 增大,使得电流以更缓慢的速率增加.

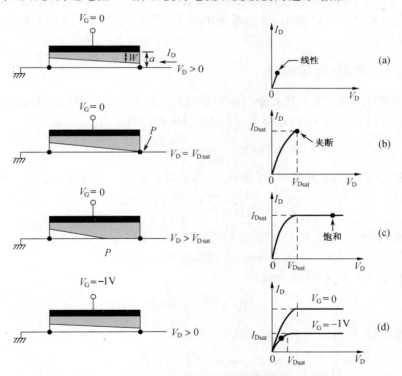

图 7.11 在不同偏压情形下,MESFET 耗尽层宽度与输出特性的变化. (a) $V_G = 0$ 且 V_D 较小; (b) $V_G = 0$ 且为夹断时; (c) $V_G = 0$ 且在夹断之后($V_D > V_{Dsat}$); (d) $V_G = -1V$ 且 V_D 较小

随着漏极电压的继续增大,最终使得耗尽区延伸至半绝缘衬底,如图 7.11(b)所示. 该现象发生时在漏端 $W = a$. 由式(7),令 $V = -V_{Dsat}$,可以得到相应的漏极电压即饱和电压(saturation voltage)V_{Dsat} 的值:

$$V_{\text{Dsat}} = \frac{qN_D a^2}{2\varepsilon_s} - V_{\text{bi}}, V_G = 0. \tag{25}$$

在该漏极电压下,源极和漏极之间会被夹断(pinched off)或者说被反偏的耗尽区完全分隔. 图 7.11(b) 中的位置 P 即称为夹断点. 在该点有一个很大的漏极电流,称为饱和电流 (saturation current) I_{Dsat} 流过耗尽区. 这与双极型晶体管中集-基结反偏时载流子注入反偏耗尽区的情形相似.

在夹断之后,随着 V_D 进一步增加,靠近漏端的耗尽区将逐渐扩展,P 点将向源端移动,如图 7.11(c) 所示. 然而,P 点处的电压将保持恒定值 V_{Dsat}. 由于沟道中由源极到 P 点的压降维持不变,单位时间内由源极移至 P 点的电子数目,也就是沟道内的电流将维持不变. 于是,当漏极电压大于 V_{Dsat} 时,电流基本维持在 I_{Dsat} 而与 V_D 无关.

当施加栅压使栅极接触反偏时,耗尽区宽度 W 将随之增加. 当 V_D 较小时,沟道又类似一个电阻器,只是由于沟道电流的截面积减小了,因而其阻值较高. 如图 7.11(d) 所示,$V_G = -1V$ 时的初始电流比 $V_G = 0$ 时的要小. 当 V_D 增加至某一临界值时,耗尽区又将延伸至半绝缘衬底. 此时 V_D 值为

$$V_{\text{Dsat}} = \frac{qN_D a^2}{2\varepsilon_s} - V_{\text{bi}} - V_G. \tag{26}$$

对于 n 沟道 MESFET,栅极电压相对源极为负值,所以在式(26)以及其后的等式中,均使用 V_G 的绝对值. 由式(26)可以看出,外加栅极电压 V_G 使得夹断临界点所需的漏极电压减小了,且减小量为 V_G.

▶ 7.2.3 电流-电压特性

现在我们考虑 MESFET 在夹断开始前的情况,如图 7.12(a) 所示. 漏极电压沿沟道方向的变化如图 7.12(b) 所示. 沟道微元 dy 两端的压降可表示为

$$dV = I_D dR = \frac{I_D dy}{q\mu_n N_D Z[a - W(y)]}. \tag{27}$$

其中 dR 可由式(24)得到,只需以 dy 替换 L. 与源端相距 y 处的耗尽区宽度可表示为

$$W(y) = \sqrt{\frac{2\varepsilon_s [V(y) + V_G + V_{\text{bi}}]}{qN_D}}. \tag{28}$$

漏极电流 I_D 为一定值与 y 无关. 我们可将式(27)改写成

$$I_D dy = q\mu_n N_D Z[a - W(y)] dV. \tag{29}$$

漏极电压的微分 dV 可由式(28)得到,

$$dV = \frac{qN_D}{\varepsilon_s} W dW. \tag{30}$$

将 dV 代入式(29),并由 $y=0$ 积分至 $y=L$,可得

$$I_D = \frac{1}{L} \int_{W_1}^{W_2} q\mu_n N_D Z(a-W) \frac{qN_D}{\varepsilon_s} W dW$$

$$= \frac{Z\mu_n q^2 N_D^2}{2\varepsilon_s L} \left[a(W_2^2 - W_1^2) - \frac{2}{3}(W_2^3 - W_1^3) \right]$$

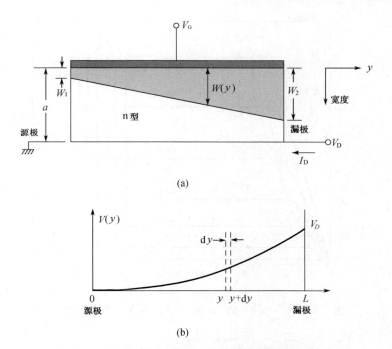

图 7.12 (a) 沟道区的放大图;(b) 沿着沟道的漏极电压变化

或

$$I = I_P \left[\frac{V_D}{V_P} - \frac{2}{3} \left(\frac{V_D + V_G + V_{bi}}{V_P} \right)^{\frac{3}{2}} + \frac{2}{3} \left(\frac{V_G + V_{bi}}{V_P} \right)^{\frac{3}{2}} \right]. \tag{31}$$

其中,

$$I_P \equiv \frac{Z \mu_n q^2 N_D^2 a^3}{2 \varepsilon_s L} \tag{31a}$$

且

$$V_P \equiv \frac{q N_D a^2}{2 \varepsilon_s}. \tag{31b}$$

电压 V_P 称为夹断电压(pinch-off voltage),也就是当 $W_2 = a$ 时的总电压($V_D + V_G + V_{bi}$)值.

图 7.13 所示为夹断电压为 3.2V 的 MESFET 的 I-V 特性. 图中的曲线当 $0 \leqslant V_D \leqslant V_{Dsat}$ 时由式(31)计算得到. 根据之前讨论,当电压超过 V_{Dsat} 时,电流取为一定值. 可以注意到,I-V 特性中有三个不同的区域. 当 V_D 较小时,沟道的截面面积基本与 V_D 无关,I-V 特性为欧姆或线性关系,我们称这个工作区域为线性区;当 $V_D \geqslant V_{Dsat}$ 时,电流于 I_{Dsat} 达到饱和,我们称这个工作区域为饱和区;当漏极电压进一步增加,栅极-沟道二极管发生雪崩击穿(avalanche breakdown),漏极电流突然增加,我们称之为击穿区.

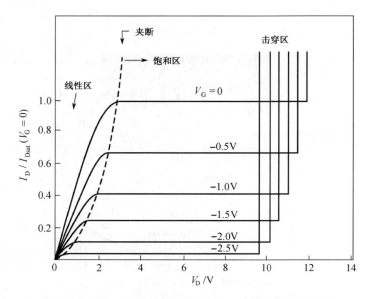

图 7.13　$V_P = 3.2V$ 的 MESFET 归一化的理想 I-V 特性

在线性区 $V_D \ll V_G + V_{bi}$，式(31)可以展开成

$$I_D \approx \frac{I_P}{V_P}\left(1 - \sqrt{\frac{V_G + V_{bi}}{V_P}}\right)V_D. \tag{32}$$

MESFET 的一项重要参数是跨导(transconductance)g_m，它表示在给定的漏极电压下，栅极电压的变化引起的漏极电流的变化。由式(32)可以得到

$$g_m = \frac{\partial I_D}{\partial V_G}\bigg|_{V_D} = \frac{I_P}{2V_P^2}\sqrt{\frac{V_P}{V_G + V_{bi}}}V_D. \tag{33}$$

在饱和区，漏极电流可由式(31)计算夹断时的电流得到，即令 $V_P = V_D + V_G + V_{bi}$，

$$I_{Dsat} = I_P\left[\frac{1}{3} - \left(\frac{V_G + V_{bi}}{V_P}\right) + \frac{2}{3}\left(\frac{V_G + V_{bi}}{V_P}\right)^{\frac{3}{2}}\right]. \tag{34}$$

相对应的饱和电压为

$$V_{Dsat} = V_P - V_G - V_{bi}. \tag{35}$$

由式(34)我们可以得到饱和区的跨导为

$$g_m = \frac{I_P}{V_P}\left(1 - \sqrt{\frac{V_G + V_{bi}}{V_P}}\right)$$

$$= \frac{Z\mu_n q N_D a}{L}\left(1 - \sqrt{\frac{V_G + V_{bi}}{V_P}}\right). \tag{36}$$

在击穿区，击穿电压(breakdown voltage)出现在沟道的漏端，此处具有最高的反向电压

$$V_B = V_D + |V_G|. \tag{37}$$

例如，图 7.13 中，当 $V_G = 0$ 时，击穿电压为 12V。当 $|V_G| = 1$ 时，击穿电压仍为 12V，但击穿时的漏极电压为 $(V_B - |V_G|)$，即 11V。

▶ **例 4**

当 $T=300\text{K}$ 时,考虑一个以金为接触的 n 沟道砷化镓 MESFET. 假设势垒高度为 0.89V,n 型沟道掺杂浓度为 $2\times10^{15}\text{cm}^{-3}$,且沟道厚度为 $0.6\mu\text{m}$. 计算夹断电压以及内建电势. 砷化镓的相对介电常数为 12.4.

解 夹断电压为

$$V_P = \frac{qN_D}{2\varepsilon_s}a^2 = \frac{1.6\times10^{-19}\times2\times10^{15}}{2\times12.4\times8.85\times10^{-14}}\times(0.6\times10^{-4})^2 = 0.53(\text{V}).$$

导带与费米能级之差为

$$V_n = \frac{kT}{q}\ln\left(\frac{N_C}{N_D}\right) = 0.026\ln\left(\frac{4.7\times10^{17}}{2\times10^{15}}\right) = 0.14(\text{V}).$$

内建电势为

$$V_{bi} = \varphi_{Bn} - V_n = 0.89 - 0.14 = 0.75(\text{V}).$$ ◀

目前为止,我们仅考虑了耗尽型(或常开模式,normally-on)器件,也就是说,器件在 $V_G=0$ 时已有导电沟道. 而对于高速、低功耗的应用,增强型(或常关模式,normally-off)器件是较佳的选择. 这种器件在 $V_G=0$ 时没有导电沟道,也就是说,栅极接触的内建电势 V_{bi} 足以使沟道区耗尽. 这种情形是有可能的,如在半绝缘衬底上生长一层很薄外延层的砷化镓 MESFET. 对于增强型 MESFET,为使沟道电流流通,栅极必须施加正向偏压. 沟道形成所需的电压称为阈值电压(threshold voltage)V_T,可表示为

$$V_T = V_{bi} - V_P \tag{38a}$$

或

$$V_{bi} = V_T + V_P. \tag{38b}$$

其中 V_P 为式(31b)中所定义的夹断电压. 接近阈值电压时,饱和区的漏极电流可将式(38b)的 V_{bi} 代入式(34)中,假设$(V_G-V_T)/V_P \ll 1$,并利用泰勒级数展开. 我们得到

$$I_{Dsat} = I_P\left\{\frac{1}{3} - \left[1-\left(\frac{V_G-V_T}{V_P}\right)\right] + \frac{2}{3}\left[1-\left(\frac{V_G-V_T}{V_P}\right)\right]^{3/2}\right\}$$

或

$$I_{Dsat} \approx \frac{Z\mu_n\varepsilon_s}{2aL}(V_G-V_T)^2. \tag{39}$$

在推导式(39)时,我们使 V_G 带负号以计入其极性.

耗尽型和增强型器件的基本 I-V 特性是相似的. 图 7.14 比较了这两种工作模式,主要差别在于阈值电压沿 V_G 轴的平移. 增强型器件[图 7.14(b)]在 $V_G=0$ 时没有电流流通,当 $V_G > V_T$ 时电流随式(39)变化. 由于栅极的内建电势约小于 1V,栅极的正向偏压被限制在约 0.5V 以避免过大的栅极电流.

增强型器件的跨导可由式(39)得到,

$$g_m = \frac{dI_{Dsat}}{dV_G} = \frac{Z\mu_n\varepsilon_s}{aL}(V_G-V_T). \tag{40}$$

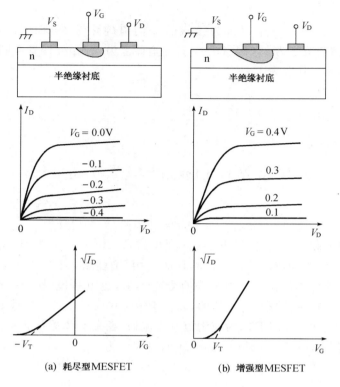

图 7.14 I-V 特性的比较

▶ 7.2.4 高频性能

对于 MESFET 的高频应用,一项重要的评价指标为截止频率(cutoff frequency)f_T,也就是 MESFET 无法再将输入信号放大时的频率. 假设器件具有可忽略的小串联电阻,则小信号输入电流为栅极导纳(gate admittance)与小信号栅压的乘积

$$\tilde{i}_{\text{in}} = 2\pi f C_G \tilde{v}_g \tag{41}$$

其中 C_G 为栅极电容,其值为 $ZL(\varepsilon_s/\overline{W})$,$\overline{W}$ 为栅极下方的平均耗尽区宽度. 根据跨导的定义,我们可以得到小信号输出电流为

$$g_m = \frac{\partial I_D}{\partial V_G} = \frac{\tilde{i}_{\text{out}}}{\tilde{v}_g} \tag{42}$$

或

$$\tilde{i}_{\text{out}} = g_m \tilde{v}_g. \tag{42a}$$

令式(41)与式(42a)相等,我们得到截止频率为

$$f_T = \frac{g_m}{2\pi C_G} < \frac{I_P/V_P}{2\pi ZL(\varepsilon_s/\overline{W})} \approx \frac{\mu_n q N_D a^2}{2\pi \varepsilon_s L^2}. \tag{43}$$

其中我们用了式(36)的 g_m 表达式. 由式(43)可知,要改善高频性能,我们应该使用具有较高载流子迁移率和较短沟道长度的 MESFET. 这就是具有较高电子迁移率的 n 沟道 MESFET 更受青睐的原因.

以上推导都基于一个假设,即沟道中载流子的迁移率与外加电场无关,为一定值. 然而,在工作频率相当高时,纵向电场(由源极指向漏极的电场)可大到足以使载流子以其饱和速

度漂移. 在这样的情形下，饱和沟道电流为

$$I_{Dsat} = A \times qnv_s = Z(a-W)qN_Dv_s. \tag{44}$$

其中 A 为载流子输运的截面积，跨导则为

$$g_m = \frac{\partial I_{Dsat}}{\partial V_G} = \frac{\partial I_{Dsat}}{\partial W} \cdot \frac{\partial W}{\partial V_G} = [qN_Dv_sZ(-1)]\left(\frac{1}{-qN_DW/\varepsilon_s}\right) \tag{45}$$

或

$$g_m = Zv_s\varepsilon_s/W. \tag{45a}$$

式(45)中，我们由式(28)得到 $\partial W/\partial V_G$.

由式(45a)，可以得到在饱和速度下的截止频率为

$$f_T = \frac{g_m}{2\pi C_G} = \frac{Zv_s\varepsilon_s/W}{2\pi ZL(\varepsilon_s/W)} = \frac{v_s}{2\pi L}. \tag{46}$$

因此，要增加 f_T，必须缩小栅长并使用高饱和速度的半导体. 图 7.15 为五种半导体中电子漂移速度与电场的关系图[8]. 可以注意到，GaAs 的平均速度* 为 1.2×10^7 cm/s，而峰值速度为 2×10^7 cm/s，这分别比 Si 中的饱和速度高出了 20% 和 100%. 此外，$Ga_{0.47}In_{0.53}As$ 与 InP 有比 GaAs 更高的平均速度与峰值速度. 因此，这些半导体的截止频率都比 GaAs 更高.

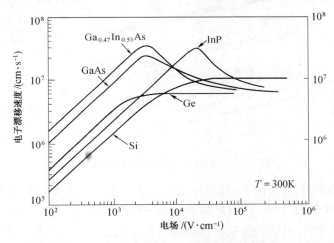

图 7.15 不同种类半导体材料中电子漂移速度与电场的关系图[8]

7.3 调制掺杂场效应晶体管（MODFET）

▶ 7.3.1 MODFET 的基本原理

调制掺杂场效应晶体管（modulation-doped field effect transistor, MODFET）是异质结构的场效应器件. 在高速电路中，MODFET 已成为取代 MESFET 的可选方案. 该器件还有一些其他常用的名称，如高电子迁移率晶体管（high electron mobility transistor, HEMT）、二维电子气场效应晶体管（two-dimensional electron gas field-effect transistor, TEGFET）

---

* 平均速度定义为 $\bar{v} \equiv \left[\frac{1}{L}\int_0^L \frac{dx}{v(x)}\right]^{-1}$. 若 $v(x)$ 为常数 v_0，则有 $\bar{v}=v_0$.

以及选择性掺杂异质结构晶体管(selectively doped heterostructure transistor, SDHT). 很多时候，它也被通称为异质结场效应晶体管(heterojunction field-effect transistor, HFET).

对于 MODFET 中的异质结，最常见的是 AlGaAs/GaAs、AlGaAs/InGaAs 以及 InAlAs/InGaAs 等异质界面. 图 7.16 为传统 AlGaAs/GaAs MODFET 的透视图. MODFET 的特征是栅极下方的异质结结构以及调制掺杂层. 对于图 7.16 中的器件，AlGaAs 为宽带隙半导体，而 GaAs 为窄带隙半导体. 这两种半导体是调制掺杂的，即 AlGaAs 是掺杂的($\sim 10^{18}\,\mathrm{cm}^{-3}$)，但其极窄的 d_0 区域中并无掺杂，而 GaAs 则未掺杂. AlGaAs 中的电子将扩散至未掺杂的 GaAs，并在 GaAs 表面形成导通的沟道. 这种调制掺杂避免了沟道中的杂质散射，最终结果是沟道中的载流子具有很高的迁移率. 未掺杂 AlGaAs 间隔层的作用是，减少由掺杂 AlGaAs 中的电离施主引起的库伦散射，从而提高沟道载流子迁移率.

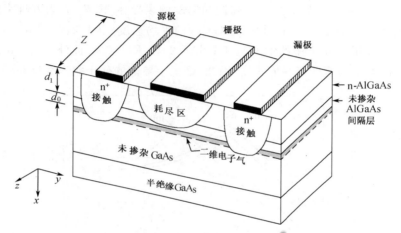

图 7.16 传统 MODFET 结构的透视图

图 7.17 所示为低电场条件下，调制掺杂的二维沟道与不同掺杂水平下的体 GaAs 的电子迁移率的比较. MESFET 中，沟道需被掺杂至一合理的较高水平($>10^{17}\,\mathrm{cm}^{-3}$)，因而电子会受到杂质散射的影响，但调制掺杂沟道却能在任何温度下都有高得多的迁移率. 对比调制掺杂沟道(通常含低于 $10^{14}\,\mathrm{cm}^{-3}$ 的非有意掺杂)与低掺杂的体样品(含 $4\times10^{13}\,\mathrm{cm}^{-3}$ 的类似杂质浓度)是很有意思的. 体样品中迁移率随温度的变化含有一个峰值，但在高温和低温区都有回落. 在高温区，由于声子散射，体样品的迁移率随温度的升高而减小；而在低温区，受限于杂质散射，体样品的迁移率随温度的降低而减小. 其影响程度取决于掺杂水平. 在温度高于 80K 时，调制掺杂沟道的迁移率与低掺杂体样品的迁移率相当. 但在更低温度下，调制掺杂沟道的迁移率显著增大. 低温条件下的主导散射机制为杂质散射，而调制掺杂沟道不受杂质散射的影响，这得益于高密度的二维电子气的屏蔽效应，其传导路径被限制于一个小于 10nm 的小截面内.

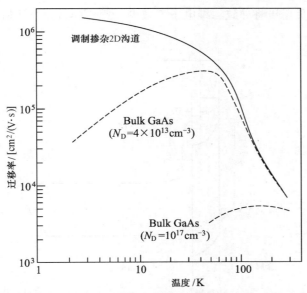

图 7.17 低电场条件下,调制掺杂的二维沟道与不同掺杂水平下的体 GaAs 中的电子迁移率的比较[9]

图 7.18(a)所示为热平衡状态下的 MODFET 的能带图. 与标准的肖特基势垒相似, $q\varphi_{Bn}$ 为金属与宽带隙半导体的势垒高度[10]. ΔE_C 是异质结结构中的导带不连续,而内建电势 V_P 为

$$V_P = \frac{q}{\varepsilon_s}\int_0^{d_1} N_D(x)x\mathrm{d}x = \frac{qN_D d_1^2}{2\varepsilon_s} \tag{47}$$

其中 d_1 是 AlGaAs 中掺杂区的厚度,ε_s 为介电常数.

MODFET 工作的关键参数为阈值电压 V_T,即源与漏间开始形成沟道时所需要的栅极偏压. 参考图 7.18(b),V_T 对应的状态是 GaAs 表面的导带底部与费米能级重叠,

$$V_T = \varphi_{Bn} - \frac{\Delta E_C}{q} - V_P. \tag{48}$$

通过使用 φ_{Bn} 和 V_P 值,我们可以调整阈值电压 V_T. 然而,对于给定的一组半导体材料,ΔE_C 有确定值. 图 7.18(b)中的 V_T 为正值,因此这个 MODFET 为增强型(enhancement-mode)器件(即常关型);相反地,耗尽型(depletion-mode)器件(即常开型)的 V_T 为负值.

当栅压大于 V_T 时,栅极便在异质界面处容性感应出电荷薄层 $n_s(y)$. 这个电荷薄层类似于 MOSFET 反型层中的电荷 Q_n/q(参考 5.1 节).

$$n_s(y) = \frac{C_i[V_G - V_T - V(y)]}{q}. \tag{49}$$

其中,

$$C_i = \frac{\varepsilon_s}{d_1 + d_0 + \Delta d} \tag{49a}$$

d_1 与 d_0 分别为 AlGaAs 中掺杂与未掺杂区的厚度(图 7.16),Δd 是沟道或反型层的厚度,估计约为 8nm. $V(y)$ 是相对于源端的沟道电势,它沿着沟道方向由零变化到漏极偏压 V_D,与图 7.12(b)所示情形类似. 这个电荷薄层也被称为二维电子气(two-dimensional electron gas). 这是因为反型层中的电子在 x 方向的分布,其左侧受限于 ΔE_C,右侧受限于导带电势分布[图 7.18(b)]. 然而,这些电子可以做二维运动,在 y 方向由源极到漏极,在 z 方向则平行于沟道宽度(图 7.16).

由式(49)可知,负栅压将导致二维电子气减少.另一方面,如果外加 V_G 为正值,则 n_s 将增加.

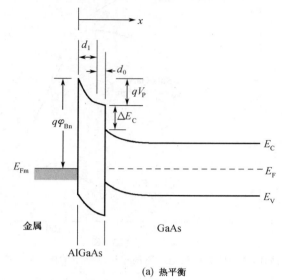

(a) 热平衡

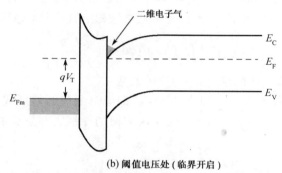

(b) 阈值电压处(临界开启)

图 7.18 增强型 MODFET 的能带图,其中,d_1 与 d_0 分别为掺杂与未掺杂的区域[10]

▶ 例 5

已知一个 AlGaAs/GaAs 异质结,其中 n-AlGaAs 掺杂浓度为 2×10^{18} cm^{-3},厚度为 40nm.假设未掺杂的间隔层厚度为 3nm,肖特基势垒高度为 0.85V,且 $\frac{\Delta E_C}{q}=0.23$V. AlGaAs 的相对介电常数为 12.3.请计算该异质结在 $V_G=0$ 时的二维电子气浓度.

解 $V_P = \dfrac{qN_D d_1^2}{2\varepsilon_s} = \dfrac{1.6\times 10^{-19}\times 2\times 10^{18}\times (40\times 10^{-7})^2}{2\times 12.3\times 8.85\times 10^{-14}} = 2.35(\text{V}).$

阈值电压为

$$V_T = \varphi_{Bn} - \frac{\Delta E_C}{q} - V_P = 0.85 - 0.23 - 2.35 = -1.73(\text{V}).$$

因此,该器件为耗尽型 MODFET.

$V_G=0$ 时源端的二维电子气浓度为[$V(y)=0$]

$$n_s = \frac{12.3\times 8.85\times 10^{-14}}{1.6\times 10^{-19}\times (40+3+8)\times 10^{-7}}\times [0-(-1.73)]$$
$$= 2.29\times 10^{12}(\text{cm}^{-2}).$$

7.3.2 电流-电压特性

MODFET 的 I-V 特性可采用类似于 MOSFET 中使用的缓变沟道近似法(gradual channel approximation)得到. 沟道任意一点处的电流为

$$I = Zq\mu_n n_s E_y = Z\mu_n C_i [V_G - V_T - V(y)] \frac{dV(y)}{dy}. \tag{50}$$

因为电流沿着沟道为一定值,将式(50)由源积分到漏($y=0$ 到 $y=L$)可得

$$I = \frac{Z}{L} \mu_n C_i \left[(V_G - V_T) V_D - \frac{V_D^2}{2} \right]. \tag{51}$$

增强型 MODFET 的输出特性与图 7.14(b)所示类似. 在线性区,即 $V_D \ll V_G - V_T$,式(51)可以简化为

$$I = \frac{Z}{L} \mu_n C_i (V_G - V_T) V_D. \tag{52}$$

当漏极电压较大时,漏端的电荷薄层 $n(y)$ 减小为零. 这就是前面所讨论的夹断现象,如图 7.11(b)所示. 由式(49),令 $n_s(y=L)=0$,可以求得饱和漏电压 V_{Dsat} 为

$$V_{Dsat} = V_G - V_T. \tag{53}$$

而饱和电流可由式(51)和式(53)得到

$$I = \frac{Z\mu_n C_i}{2L} (V_G - V_T)^2 = \frac{Z\mu_n \varepsilon_s}{2L(d_1 + d_0 + \Delta d)} (V_G - V_T)^2. \tag{54}$$

可以注意到,该式与式(39)非常相似. 此外,我们也可以得到与式(40)类似的跨导表达式.

在高速工作状态下,纵向电场(沿沟道方向电场)足够高,可以使载流子达到速度饱和. 速度饱和区的电流为

$$I_{sat} = Zv_s q n_s \approx Zv_s C_i (V_G - V_T), \tag{55}$$

此时跨导为

$$g_m = \frac{\partial I_{sat}}{\partial V_G} = Zv_s C_i. \tag{56}$$

可以注意到,在速度饱和区 I_{Dsat} 与栅长无关,而 g_m 与栅长和栅压都无关.

7.3.3 截止频率

MODFET 的速度可由其截止频率衡量:

$$f_T = \frac{g_m}{2\pi(\text{total capacitance})} = \frac{Zv_s C_i}{2\pi(ZLC_i + C_p)} = \frac{v_s}{2\pi \left(L + \frac{C_p}{ZC_i} \right)}. \tag{57}$$

其中 C_p 为寄生电容. 为改善 f_T,我们必须考虑具有较大 v_s 的半导体材料、栅极长度须极短以及具有最小寄生电容的器件结构.

图 7.19 为不同场效应晶体管的截止频率 f_T 的比较,其中 f_T 关于沟道或栅极长度作图[8,11]. 可以注意到,对于给定的栅极长度,n 型硅 MOSFET 的 f_T 最低,这是由于硅中电子的迁移率以及平均速度较低. 而 GaAs MESFET 的 f_T 约比 Si MOSFET 高三倍.

图中同时给出了三种不同的 MODFET. 传统的 GaAs MODFET(即 AlGaAs-GaAs 结构)的 f_T 约比 GaAs MESFET 高 30%. 伪晶(pseudomorphic)SiGe MODFET(即 Si-SiGe

结构中为了与硅晶格匹配,SiGe 的晶格被略微缩小)具有与 GaAs MODFET 可比的 f_T. SiGe MODFET 具有相当吸引力,因为它可以利用硅工艺设备制作. 要获得更高的截止频率,我们可以在 InP 衬底上制作 $Al_{0.48}In_{0.52}As$-$Ga_{0.47}In_{0.53}As$ MODFET. 其优越的表现主要得益于 $Ga_{0.47}In_{0.53}As$ 的高电子迁移率以及较高的平均速度和峰值速度,可以预期,当栅极长度为 50 nm 时,其 f_T 可高达 600GHz.

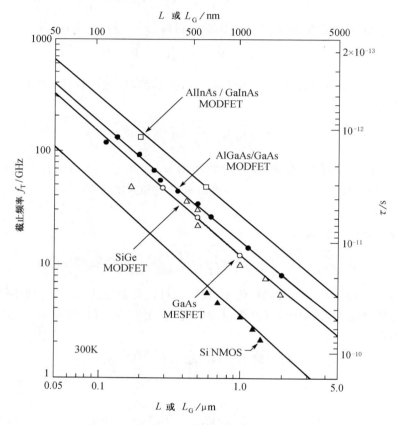

图 7.19　五种不同的场效应晶体管截止频率与沟道或栅极长度关系图[8,11]

总　结

当金属与半导体紧密接触时,形成金属-半导体接触,其接触类型可分为两种. 第一种为整流接触,也称为肖特基势垒接触. 它在掺杂浓度相对较低的半导体上形成,势垒高度相对较高. 肖特基势垒的电势与电场分布与单边突变的 p-n 结相同. 但是肖特基势垒中的电流输运通过热离化发射产生,因而具备固有的快速响应能力.

第二种是欧姆接触,它形成于简并(degenerate)半导体之上,其载流子输运由隧穿过程实现. 欧姆接触可以通过所需的电流而仅产生相当小的电压降. 在电子系统中,所有半导体器件以及集成电路都需要通过欧姆接触实现与其他器件的连接.

金属-半导体接触是 MESFET 与 MODFET 器件的基本构成组件. 我们用肖特基势垒作为栅极、两个欧姆接触作为源极与漏极,便可形成 MESFET. 这种三端器件对高频应用相当重要,尤其是对单片微波集成电路(monolithic microwave integrated circuits,MMIC).大多数 MESFET 基于 n 型Ⅲ-Ⅴ族化合物半导体制成,因为它具有较高的电子迁移率以及较高的平均漂移速度.其中 GaAs 显得特别重要,因为它具有相对成熟的技术,并且可获得高品质的 GaAs 晶圆.

MODFET 器件具有更佳的高频性能.在器件结构上,除了栅极下方的异质结外,它与 MESFET 相似.在异质结的界面上会形成二维电子气,即电沟道,具有高迁移率和高平均漂移速度的电子可通过此沟道由源极输运至漏极.

所有场效应晶体管的输出特性都相似.低漏极偏压下为线性区;随着偏压持续增大,输出电流最终将会饱和;而当电压足够高时,雪崩击穿将在漏端发生.根据所需的阈值电压为正值或负值,场效应晶体管可被区分为常关模式(增强型)或常开模式(耗尽型).

截止频率 f_T 是场效应晶体管高频特性的评价指标.对于给定的栅极长度,Si MOSFET(n 型)的 f_T 最低,而 GaAs MESFET 的 f_T 约比硅器件高三倍.与 GaAs MESFET 相比,传统的 GaAs MODFET 和伪晶 SiGe MODFET 的 f_T 约高出 30%.至于更高的截止频率,GaInAs MODFET 在栅极长度为 50nm 时,其预期的 f_T 可达 600GHz.

参考文献

[1] W. Schottky, "Halbleitertheorie der Sperrschicht," *Naturwissenschaften*, 26, 843 (1938).

[2] A. M. Cowley, and S. M. Sze, "Surface States and Barrier Height of Metal Semiconductor System," *J. Appl. Phys.*, 36, 3212 (1965).

[3] G. Myburg et al., "Summary of Schottky Barrier Height Data on Epitaxially Grown n-and p-GaAs," *Thin Solid Films*, 325, 181 (1998).

[4] C. R. Crowell, J. C. Sarace, and S. M. Sze, "Tungsten-Semiconductor Schottky-Barrier Diodes," *Trans. Met. Soc. AIME*, 23, 478 (1965).

[5] V. L. Rideout, "A Review of the Theory, Technology and Applications of Metal-Semiconductor Rectifiers," *Thin Solid Films*, 48, 261 (1978).

[6] S. M. Sze, and K. K. Ng, *Physics of Semiconductor Devices*, 3rd Ed., Wiley Interscience, Hoboken, 2007.

[7] C. A. Mead, "Schottky Barrier Gate Field-Effect Transistor," *Proc. IEEE*, 54, 307 (1966).

[8] S. M. Sze, Ed., *High Speed Semiconductor Device*, Wiley, New York, 1992.

[9] P. H. Ladbrooke, "GaAs MESFETs and High Mobility Transistors (HEMT)," in H. Thomas, D. V. Morgan et al., Eds., *Gallium Arsenide for Devices and Integrated Circuits*, Peregrinus, London, 1986.

[10] K. K. Ng, *Complete Guide to Semiconductor Devices*, McGraw Hill, New York, 1995.

[11] S. Luryi, J. Xu, and A. Zaslavsky, Eds., *Future Trends in Microelectronics*, Wiley, New York, 1999.

习 题

7.1 金属-半导体接触

1. 假设金属的功函数为 4.55 eV,半导体的电子亲和能为 4.01 eV, $N_D = 2 \times 10^{16}\text{cm}^{-3}$,温度为 300 K. 计算零偏压时金属-半导体二极管的势垒高度和内建电势的理论值.

2. (a) 求出图 7.6 中,钨-砷化镓肖特基势垒二极管的施主浓度与势垒高度;

(b) 比较(a)中所得结果与利用图 7.8 中所示 $5 \times 10^{-7} \text{A/cm}^2$ 的饱和电流密度所计算的结果;

(c) 当反向偏压为 -1V 时,计算耗尽层宽度 W、最大电场以及电容.

3. 肖特基二极管的电流 I 满足以下表达式:

$$I = AA^*T^2 \exp\left(-\frac{e\varphi_B}{kT}\right)\left[\exp\left(\frac{qV}{kT}\right) - 1\right].$$

当 $V = 0.4\text{V}, A = 0.001\text{cm}^2$ 时,不同温度条件下的电流如下表所示. 试通过绘制 $\lg(I/T^2)$ 和 $1000/T$ 的关系曲线,确定参数 A^* 和 φ_B.

$T/°C$	I/mA	$T/°C$	I/mA
-20	0.75	60	61.5
-10	1.49	70	93.1
0	2.83	80	138
10	5.15	90	200.0
20	9.01	100	285.0
30	15.2	110	400.0
40	24.9	120	552.0
50	39.7		

4. 将铜淀积于精心准备的 n 型硅衬底上,形成理想的肖特基二极管. $\varphi_m = 4.65\text{eV}$,电子亲和能为 4.05 eV, $N_D = 3 \times 10^{16}\text{cm}^{-3}, T = 300\text{K}$. 计算零偏压时的势垒高度、内建电势、耗尽层宽度以及最大电场.

*5. 已知一个由金(Au)和 n-型砷化镓构成的肖特基势垒二极管的电容满足关系式 $1/C^2 = 1.57 \times 10^5 - 2.12 \times 10^5 V_a$. 其中,$C$ 的单位为 $\mu\text{F}, V_a$ 的单位为 V. 若二极管面积为 10^{-1}cm^2,计算内建电势、势垒高度、砷化镓的掺杂浓度及其功函数.

6. 试求理想金属-硅肖特基势垒接触的 V_{bi} 与 φ_m 的值. 假设势垒高度为 0.8 eV, $N_D = 1.5 \times 10^{16}\text{cm}^{-3}, q\chi = 4.01\text{eV}$.

7. 已知一个铬-硅形成的金属-半导体结,$N_D = 10^{17}\text{cm}^{-3}$,硅的电子亲和能为 4.05 eV,铬的功函数为 4.5 eV,硅的有效价带态密度 $N_C = 2.82 \times 10^{19}\text{cm}^{-3}$,计算其势垒高度及内建电势.

8. 已知一个金属-硅肖特基势垒接触,势垒高度为 0.75 eV, $A^* = 110\text{A}/(\text{cm}^2 \cdot \text{K}^2)$. 计算出在 300 K 时所注入的空穴电流与电子电流比值. 假设 $D_p = 12\text{cm}^2/\text{s}, L_p = 1 \times 10^{-3}\text{cm}, N_D = 1.5 \times 10^{16}\text{cm}^{-3}$.

7.2 金半场效应晶体管(MESFET)

9. 已知 $\varphi_{Bn}=0.9\text{eV}$ 且 $N_D=10^{17}\text{cm}^{-3}$,试求使 GaAs MESFET 成为耗尽型器件(也就是 $V_T<0$)所需的最小外延层厚度。

10. 已知一个砷化镓 MESFET 的掺杂浓度为 $N_D=7\times10^{16}\text{cm}^{-3}$,尺寸为 $a=0.3\mu\text{m}$, $L=1.5\mu\text{m}$, $Z=5\mu\text{m}$, $\mu_n=4500\text{ cm}^2/(\text{V}\cdot\text{s})$, $\varphi_{Bn}=0.89\text{V}$。计算当 $V_G=0$ 且 $V_D=1\text{V}$ 时 g_m 的理想值。

11. 已知一 n 沟道砷化镓 MESFET: $\varphi_{Bn}=0.9\text{V}$, $N_D=10^{17}\text{cm}^{-3}$, $N_C=4\times10^{17}\text{cm}^{-3}$, $a=0.2\mu\text{m}$, $\varepsilon_s=12.4\varepsilon_0$, $\mu_0=5000\text{cm}^2/(\text{V}\cdot\text{s})$, $L=1.0\mu\text{m}$, $Z=10\mu\text{m}$, $T=300\text{K}$。
   (a) 这个器件是增强型还是耗尽型?
   (b) 计算其在 $V_G=0\text{V}$ 时的饱和电流;
   (c) 计算其截止频率。

12. 已知一个 n 沟道砷化镓 MESFET 的沟道掺杂为 $N_D=2\times10^{15}\text{cm}^{-3}$, $\varphi_{Bn}=0.8\text{V}$, $a=0.5\mu\text{m}$, $L=1\mu\text{m}$, $Z=50\mu\text{m}$, $\mu_n=4500\text{cm}^2/(\text{V}\cdot\text{s})$。求出其夹断电压、阈值电压以及当 $V_G=0$ 时的饱和电流。

13. 已知两个砷化镓 n 沟道 MESFET 的势垒高度 φ_{Bn} 都是 0.85V,器件 1 的沟道掺杂浓度为 $N_D=4.7\times10^{16}\text{cm}^{-3}$,而器件 2 为 $N_D=4.7\times10^{17}\text{cm}^{-3}$。若每个器件阈值电压均为 0V,计算两个器件的沟道厚度分别需要为多少。

14. 已知一个由生长在半绝缘衬底上的 n 型外延层形成的 n 沟道硅 JFET,其栅电极由 p 型扩散形成。具体参数如下: $N_D=2\times10^{15}\text{cm}^{-3}$, $N_A=8\times10^{17}\text{cm}^{-3}$, $n_i=1.45\times10^{10}\text{cm}^{-3}$, $a=3\mu\text{m}$, $\varepsilon_s=11.9\varepsilon_0$, $L=20\mu\text{m}$, $Z=0.2\mu\text{m}$。计算其在 300K 时栅电极处的内建电势及夹断电压。

7.3 调制掺杂场效应晶体管(MODFET)

15. 已知一个突变的 AlGaAs/GaAs 异质结,其 n-AlGaAs 层的掺杂浓度为 $3\times10^{18}\text{cm}^{-3}$,肖特基势垒高度为 0.89V,且异质结导带不连续 ΔE_C 为 0.23eV。试求使阈值电压为 -0.5V 所需的掺杂 AlGaAs 层的厚度 d_1。假设 AlGaAs 的介电常数为 $12.3\varepsilon_0$。

16. 已知一个 AlGaAs/GaAs 异质结,其 n-AlGaAs 的掺杂浓度为 $1\times10^{18}\text{cm}^{-3}$,厚度为 50nm。假设其无掺杂间隔层的厚度为 4nm,肖特基势垒高度为 0.85V,且 $\Delta E_C/q=0.23\text{V}$。AlGaAs 的介电常数为 $12.3\varepsilon_0$,计算在 $V_G=-1\text{V}$ 时此异质结的二维电子气浓度。

17. 已知一个 AlGaAs/GaAs HFET,n-AlGaAs 厚度为 50nm,非掺杂的 AlGaAs 间隔层的厚度为 10nm。假设阈值电压为 -1.3V, N_D 为 $5\times10^{17}\text{cm}^{-3}$, $\Delta E_C=0.25\text{eV}$,沟道宽度为 8nm,且 AlGaAs 的介电常数为 $12.3\varepsilon_0$。试求出肖特基势垒高度,以及 $V_G=0$ 时二维电子气的浓度。

18. 已知一个 n-AlGaAs-本征 GaAs 突变异质结,假设 AlGaAs 掺杂浓度为 $N_D=3\times10^{18}\text{cm}^{-3}$,厚度为 35nm(无间隔层)。令 $\varphi_{Bn}=0.89\text{V}$,并假设 $\Delta E_C=0.24\text{eV}$,介电常数为 $12.3\varepsilon_0$。计算:
   (a) V_P;
   (b) $V_G=0$ 时的 n_s。

19. 已知 AlGaAs/GaAs 的二维电子气浓度为 $1\times10^{12}\text{cm}^{-2}$,间隔层厚度为 5nm,沟道宽度为 8nm,夹断电压为 1.5V, $\Delta E_C/q=0.23\text{V}$,AlGaAs 掺杂浓度为 10^{18}cm^{-3},肖特基势垒高度为 0.8V。求出掺杂的 AlGaAs 层的厚度及阈值电压。

第 8 章

微波二极管、量子效应和热电子器件

- 8.1 微波频段
- 8.2 隧道二极管
- 8.3 碰撞离化雪崩渡越时间二极管
- 8.4 转移电子器件
- 8.5 量子效应器件
- 8.6 热电子器件
- 总结

前面几章中介绍的很多半导体器件都可以工作在微波区域(0.1~3000GHz).但在系统应用中,尤其是在较高频率下,两端(two-terminal)器件可以在单位器件面积上产生最高的功率水平.另外,这些器件以脉冲方式工作可以克服热极限,且可以将峰值射频(rf, radio frequency)功率的水平提高超过一个数量级[1].在本章中,我们将介绍一些特殊的两端微波器件,包括隧道二极管(tunnel diode)、碰撞离化雪崩渡越时间二极管(IMPATT diode)、转移电子器件(transferred-electron device)和共振隧穿二极管(resonant tunneling diode).

在过去的 20 多年里,我们见证了在器件结构发展方面所作的大量研究,以利用量子效应(quantum-effect)及热电子(hot-electron)等现象提高电路性能.速度常被以为是量子效应器件(quantum-effect device,QED)和热电子器件(hot-electron device,HED)的基本优势.大多数 QED 所依赖的隧穿过程在本质上是一个快速过程.在 HED 中,载流子在弹道输运(ballistic transport)时的运动速度可以远大于其热平衡的热速度.然而,QED 和 HED 更显著的优势是其强大的功能性(functionality).只需相当少量的这类器件,即可取代大量的晶体管或无源电路组件(passive circuit component)[1],实现相对复杂的电路功能.在本章中,我们将介绍 QED 与 HED 的基本器件结构和工作原理.

具体而言,本章将包含下列主题:

- 毫米波(millimeter-wave)器件相对于工作在较低频率器件的优点
- 量子隧穿现象及其相关器件,包括隧道二极管、共振隧穿二极管(RTD)和单极型共振隧穿晶体管(unipolar resonant tunneling transistor)
- 碰撞离化雪崩渡越时间二极管(IMPATT diode),最强大的毫米波功率半导体器件
- 转移电子器件(transferred-electron device)及其畴渡越时间(transit-time domain)模式
- 实空间转移晶体管(real-space-transfer transistor)及其作为功能器件(functional device)的优点

8.1 微波频段

微波频段涵盖范围约从 0.1GHz(10^8 Hz)到 3000GHz,对应波长从 300cm 到 0.01cm.其中,频率 30GHz 到 300GHz,因其对应于波长 10mm 到 1mm,被称为毫米波段(millimeter-wave band);更高的频率则被称为亚毫米波段(submillimeter-wave band).微波频段通常又被划分成不同波段[2].这些波段及其相应的频率范围是由电机和电子工程师协会(Institute of Electrical and Electronics Engineers,IEEE)制定的,如表 8.1 所示.一般建议,当提及微波器件时,应同时使用波段和相对应的频率范围.

短波无线系统(和之后的雷达)的需求推动了微波技术的发展.微波研究的历史大约开始于 1887 年海因里希赫兹(Heinrich Hertz)的第一次实验.实验中,赫兹用一个火花发射器(spark transmitter)产生了频段很宽的信号,再利用半波长天线从中选取一个频率约 420MHz 的信号.无线通信产品的快速发展导致了微波技术的爆炸式发展.自 20 世纪 80 年代蜂窝式移动电话(cellular phone)问世以来,相关系统以及各种个人通信服务都快速地发展了起来,包括移动寻呼设备(mobile paging device)与各种无线数据通信服务(wireless data-communication services).除了这些陆地通信系统外,基于卫星的可视电话和数据通信系统也都快速地成长了起来.这些系统都工作于微波频段,从几百兆赫到远超过 60GHz 的毫米波范围[3].

毫米波技术在通信和雷达系统应用中有诸多优势,如射电天文学(radio astronomy)、晴空湍流(clear-air turbulence)探测、核谱学(nuclear spectroscopy)、空中交通控制信号(air-traffic-control beacon)和气象雷达(weather radar)等.与低频微波或红外系统相比,毫米波的优点在于其重量轻、尺寸小、频带宽(几个 GHz)、全天候工作以及具备高分辨率的窄波束宽度.在毫米波段,我们感兴趣的几个主要频率在 35GHz、60GHz、94GHz、140GHz 和 220GHz[4].选择这些特定频率的主要原因是大气对水平方向传播的毫米波的吸收.大气"窗口(windows)",也就是吸收为局部最小值处,大约位于 35GHz、94GHz、140GHz 和 220GHz 处.60GHz 处是氧气的吸收峰值处,可以用于安全通信系统中.

表 8.1 IEEE 微波频段

名称	频率范围/GHz	波长/cm
VHF	0.1~0.3	300.00~100.00
UHF	0.3~1.0	100.00~30.00
L 波段	1.0~2.0	30.00~15.00
S 波段	2.0~4.0	15.00~7.50
C 波段	4.0~8.0	7.50~3.75
X 波段	8.0~13.0	3.75~2.31
Ku 波段	13.0~18.0	2.31~1.67
K 波段	18.0~28.0	1.67~1.07
Ka 波段	28.0~40.0	1.07~0.75
毫米波	30.0~300.0	1.00~0.10
亚毫米波	300.0~3000.0	0.10~0.01

8.2 隧道二极管

隧道二极管(tunnel diode)与量子隧穿现象息息相关[5]. 因为穿越器件的隧穿时间非常短,所以完全可应用于毫米波范围. 由于隧道二极管的技术相当成熟,它被应用于一些特别的低功率微波应用中,如局部振荡器和锁频(frequency-locking)电路.

隧道二极管由一个简单的 p-n 结构成,其中 p 型和 n 型两侧都是简并的(degenerate,即杂质重掺杂). 图 8.1 所示为隧道二极管在四种不同偏压下的典型静态电流-电压(I-V)特性. 其 I-V 特性由隧穿电流(tunneling current)与热电流(thermal current)两部分组成.

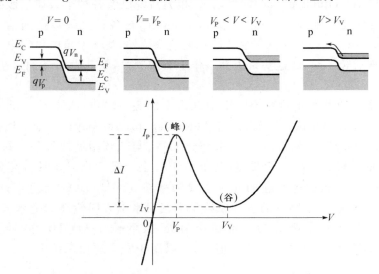

图 8.1 典型隧穿二极管的静态电流-电压特性,I_P 和 V_P 分别为峰值电流与峰值电压, I_V 和 V_V 分别为谷值电流与谷值电压,上图为器件不同偏压下的能带图

当没有外加偏压时,器件处于热平衡状态($V=0$).由于掺杂浓度很高,耗尽区非常窄,隧穿距离 d 非常小($5\sim10\text{nm}$).同时,高掺杂也导致费米能级落在允带范围内.如图8.1中最左边所示,简并量 qV_p 和 qV_n 的典型值为 $50\sim200\text{meV}$.

当外加正向偏压时,n 型一侧存在被占据的能态(带),而 p 型一侧存在与之对应的未被占据的可用能态(带).因此,电子可从 n 型一侧隧穿至 p 型一侧.当偏压大约为 $(V_\text{p}+V_\text{n})/3$ 时,隧穿电流达到峰值 I_P,此时的电压称为峰值电压 V_P.当正向偏压进一步增加时($V_\text{P}<V<V_\text{V}$,V_V 为谷值电压),p 型一侧未被占据的可用能态减少,电流因而减小.最终,两侧能带彼此不再交叉,隧穿电流不再流过.若电压再继续增加,那么常规的热电流将会流动($V>V_\text{V}$).

基于以上讨论,我们预期随着正向偏压增加,隧穿电流会从零增加到一峰值电流 I_P. 随着正向偏压进一步增加至 $V=V_\text{n}+V_\text{p}$,隧穿电流会逐渐减小至零.在图8.1中,电流达到峰值后下降的区域为负微分电阻区.峰值电流 I_P 与谷值电流 I_V 的值决定了负阻的大小.因此,比值 I_P/I_V 是评价隧道二极管的一项重要指标.

I-V 特性的经验公式为

$$I=I_\text{P}\left(\frac{V}{V_\text{P}}\right)\exp\left(1-\frac{V}{V_\text{P}}\right)+I_0\exp\left(\frac{qV}{kT}\right). \tag{1}$$

其中第一项为隧穿电流,I_P 和 V_P 分别为峰值电流与峰值电压,如图8.1所示.第二项为常规的热电流.负微分电阻可由式(1)的第一项得到,

$$R=\left(\frac{\text{d}I}{\text{d}V}\right)^{-1}=-\left[\left(\frac{V}{V_\text{P}}-1\right)\frac{I_\text{P}}{V_\text{P}}\exp\left(1-\frac{V}{V_\text{P}}\right)\right]^{-1}. \tag{2}$$

图8.2所示为锗、锑化镓和砷化镓隧道二极管在室温下的典型 I-V 特性比较.锗的电流比 I_P/I_V 是 8:1,锑化镓与砷化镓则均为 12:1.在三种器件中,锑化镓隧道二极管有较小的有效质量($0.042m_0$)和较小的带隙宽度(0.72eV),所以它的负阻最大.

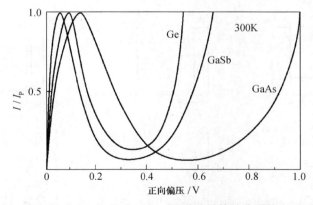

图 8.2 在室温时 Ge、GaSb 和 GaAs 隧道二极管的典型静态 I-V 特性

8.3 碰撞离化雪崩渡越时间二极管

名称 IMPATT 源于"impact ionization avalanche transit-time"的缩写,即碰撞离化雪崩渡越时间.顾名思义,IMPATT 二极管利用半导体器件碰撞离化和渡越时间的特性在微波频率下产生负阻. IMPATT 二极管是最强大的固态微波功率源之一.目前,在所有固态器件中, IMPATT 二极管可以在毫米波频段(超过 30GHz)产生最高的连续波(continuous wave,cw)功率输出. IMPATT 二极管被广泛应用于雷达和预警系统,在其应用中一个值得重视的困难是,雪崩倍增过程中的随机波动所引起的噪声很高.

▶ 8.3.1 静态特性

IMPATT 二极管家族包括很多不同的 p-n 结和金属-半导体器件.第一个 IMPATT 振荡通过对固定于微波腔内的简单硅 p-n 结二极管施加反向偏压使其雪崩击穿得到[6].图 8.3(a)所示为一个单边突变 p-n 结的掺杂分布和雪崩击穿时的电场分布.由于离化率对电场有很强的依赖,大部分的雪崩倍增过程发生于最大电场附近 $0 \sim x_A$ 之间的狭窄区域内(阴影区域). x_A 是雪崩区域的宽度,该区域贡献了离化(函数)积分的 95% 以上.

图 8.3(b)所示为高-低(hi-lo)结构,包含一个高掺杂 N_1 区域和相邻的一个低掺杂 N_2 区域.如果适当地选择掺杂浓度 N_1 和它的宽度 b,雪崩区域可以被限制于 N_1 区域内.图 8.3(c)所示为低-高-低(lo-hi-lo)结构.在该结构中,有一"簇(clump)"施主被置于 $x=b$ 处,使得 $x=0$ 到 $x=b$ 之间,存在一个几乎均匀的强电场区域,所以击穿区域宽度 x_A 等于 b,而其最大电场远小于单纯的高-低结构.

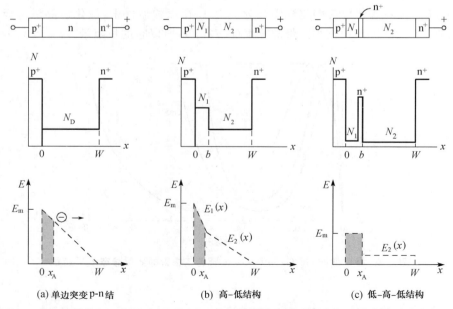

(a) 单边突变 p-n 结 (b) 高-低结构 (c) 低-高-低结构

图 8.3 三个单漂移(single-drift)IMPATT 二极管的掺杂浓度分布与雪崩击穿时的电场分布

由电场与距离关系曲线(图 8.3)下方的面积可以得到击穿电压 V_B(包括内建电势 V_{bi}). 对于单边突变结[图 8.3(a)],V_B 即为 $E_m W/2$. 对于高-低结构和低-高-低结构的二极管,击穿电压分别为

$$V_B(\text{hi-lo}) = \left(E_m - \frac{qN_1 b}{2\varepsilon_s}\right)b + \frac{1}{2}\left(E_m - \frac{qN_1 b}{\varepsilon_s}\right)(W-b), \tag{3}$$

$$V_B(\text{lo-hi-lo}) = E_m b + \left(E_m - \frac{qQ}{\varepsilon_s}\right)(W-b). \tag{4}$$

在式(4)中,Q 是施主"簇"中的单位面积杂质数. 对于给定掺杂浓度 N_1 的高低二极管,其最大击穿电场值与掺杂浓度也为 N_1 的单边突变结相同. 而低-高-低结构的最大电场可以由电离率的计算得到. 这些结构中只有一种荷电载流子即电子穿过漂移区(drift region),所以是单漂移(single-drift)IMPATT 二极管. 然而,如果我们采用 p$^+$-p-n-n$^+$ 结构,即可得双漂移(double-drift)IMPATT 二极管. 在这种结构的二极管中,电子和空穴都参与器件的工作,两者各自穿过两个不同的漂移区,电子由雪崩区域移向右侧,空穴由雪崩区域移向左侧. 对于双漂移二极管,我们可以采用类似方法得到其击穿电压.

▶ **8.3.2 动态特性**

我们现在以图 8.3(c)所示的低-高-低结构来讨论 IMPATT 二极管的注入延迟(injection delay)和渡越时间效应(transit-time effect). 对器件施加反向直流电压 V_B,使其刚好达到雪崩临界电场 E_c[图 8.4(a)],此时雪崩倍增开始发生. 在 $t=0$ 时刻,将一个交流电压叠加至直流偏压,如图 8.4(e)所示. 雪崩区域产生的空穴将移至 p$^+$ 区域,而电子则进入

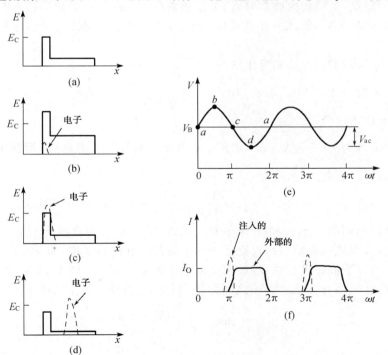

图 8.4　IMPATT 二极管在一个交流工作周期的四个时间间隔(a)到(d)的电场分布与产生的载流子浓度,(e)交流电压,(f)注入的和外部的电流[6]

漂移区.当施加的交流电压变成正值,雪崩区域会产生更多的电子,如图 8.4(b)中虚线所示.只要电场在 E_c 之上,电子脉冲便持续增加.因此,电子脉冲的峰值位于 π 处[图 8.4(c)],而不是电压最大值时的 $\pi/2$ 处.由此可以得到的重要结论是,雪崩过程中存在固有的 $\pi/2$ 相位延迟.换言之,注入载流子浓度(电子脉冲)的相位落后于交流电压的相位 $\pi/2$.

另外的一个延迟是由漂移区产生的.一旦施加的电压低于 $V_B(\pi \leqslant \omega t \leqslant 2\pi)$,注入的电子就将以饱和速度漂向 n^+ 接触端[图 8.4(d)],只要漂移区的电场足够高.

上述情况可用图 8.4(f)中的注入载流子来说明.比较图 8.4(e)和图 8.4(f),我们可以注意到,交流电场(或电压)的峰值位于 $\pi/2$ 处,而注入载流子浓度的峰值位于 π 处.随后注入载流子以饱和速度穿过漂移区域,由此产生了渡越时间延迟(transit-time delay).图 8.4(f)给出了引起的外部电流.通过比较交流电压和外部电流,我们可以看出,二极管呈现负阻特性.

倘若我们选择渡越时间为振荡周期的一半,那么注入载流子(电子脉冲)将会于负半周期穿过宽度为 W 的漂移区,即

$$\frac{W-x_A}{v_s} = \frac{1}{2}\left(\frac{1}{f}\right) \tag{5}$$

或

$$f = \frac{v_s}{2(W-x_A)}. \tag{6}$$

其中 v_s 为饱和速度.对于硅在 300K 时,其值为 10^7cm/s.

▶ **例 1**

已知一个低-高-低结构的硅 IMPATT 二极管(p^+-i-n^+-i-n^+),$b=1\mu m$,$W=6\mu m$.假如击穿电场是 $3.3\times 10^5 \text{V/cm}$,$Q=2.0\times 10^{12} \text{cm}^{-2}$,求直流击穿电压、漂移区的电场及工作频率.

解 由式(4),我们可算出击穿电压为

$$V_B = 3.3\times 10^5 \times 10^{-4} \text{V} + \left(3.3\times 10^5 - \frac{1.6\times 10^{-19}\times 2.0\times 10^{12}}{11.9\times 8.85\times 10^{-14}}\right) \times (5\times 10^{-4})$$

$$= 33+13 = 46(\text{V}).$$

漂移区的电场为 $\frac{13}{5\times 10^{-4}}\text{V/cm} = 2.6\times 10^4 \text{V/cm}$.对于注入载流子,漂移电场已足够高以维持其饱和速度,因此

$$f = \frac{v_s}{2(W-x_A)} = \frac{10^7}{2\times(6-1)\times 10^{-4}} = 10^{10}(\text{Hz}) = 10(\text{GHz}). \qquad ◀$$

我们还可以利用图 8.4(e)和(f)来估算 IMPATT 二极管的直流到交流(dc-to-ac)的功率转换效率.输入直流功率是平均直流电压和平均直流电流的乘积,即 $V_B(I_0/2)$.而输出交流功率可以通过以下假设进行估算:最大交流电压振幅为 $V_B/2$,即 $V_{ac}=V_B/2$;外部电流在 $0\leqslant \omega t\leqslant \pi$ 之间为 0,而在 $\pi \leqslant \omega t \leqslant 2\pi$ 之间为 I_0.因此,微波功率产生效率 η 为

$$\eta = \frac{\text{输出交流功率}}{\text{输入直流功率}} = \frac{\int_0^{2\pi}(V_{ac}\sin\omega t)I\,d(\omega t)}{\left(V_B \cdot \frac{I_0}{2}\right)2\pi}$$

$$= \frac{\int_\pi^{2\pi}\left(\frac{V_B}{2}\sin\omega t\right)I_0\,d(\omega t)}{V_B I_0 \pi} = \frac{1}{\pi} = 32\%. \tag{7}$$

目前先进的 IMPATT 二极管,在 30GHz 时,连续波功率可达 3W,效率超过 22%;在 100GHz 时,连续波功率可达 1W,效率为 10%;在 250GHz 时,连续波功率可达 50mW,效率为 1%[7]. 高频时功率与效率的显著降低是由器件制造与电路优化方面的困难导致的. 另外,将能量传递给载流子以及穿过极窄耗尽层隧穿的过程均需要一定有限的时间,由此导致的非优化的渡越时间延迟也会引起高频时功率与效率的降低.

8.4 转移电子器件

转移电子效应首次被发现是在 1963 年. 在最早的实验中[8],对一个短的 n 型砷化镓或磷化铟样品施加一超过临界值的直流电场(约几千伏特每厘米),即可产生微波输出. 转移电子器件(transferred-electron device,TED)是非常重要的微波器件. 它被广泛用作局部振荡器和功率放大器,涵盖从 1GHz 到 150GHz 的微波频率范围. TED 的输出功率和效率一般都比 IMPATT 二极管低,但它们具有噪声低、工作电压低和电路设计相对容易的优点. 目前,TED 技术已趋成熟,已成为探测系统、远程控制和微波测试设备中的重要固态微波源.

▶ 8.4.1 负微分电阻(negative differential resistance)

在第 2 章中,我们介绍过转移电子效应(transferred-electron effect),即传导电子从高迁移率的能谷转移至低迁移率的高能卫星谷. n 型砷化镓和 n 型磷化铟是研究最多且已广泛使用的,它们在室温下测得的速度-电场特性已在第 7 章图 7.15 中给出. 一般地,室温下速度-电场特性中会有一负微分电阻(NDR)区域[9],如图 8.5(a)所示. 图中也标出了对应于负微分电阻开始位置的阈值电场 E_T. 对于砷化镓和磷化铟,E_T 分别为 3.2kV/cm 和 10.5kV/cm;峰值速度 v_p 分别约为 $2.2×10^7$cm/s 和 $2.5×10^7$cm/s;最大负微分迁移率(negative differential mobility,即 $\frac{dv}{dE}$)分别约为 -2400cm^2/(V·s) 和 -2000cm^2/(V·s).

为产生 NDR,转移电子机制必须满足一定的要求:① 晶格处温度必须足够低,确保在没有电场时,大部分电子处于较低的能谷内(导带最小值处),即两个能谷之间的能量差 $\Delta E > kT$;② 在低能谷内,电子迁移率高、有效质量小,而在较高的卫星能谷内,电子迁移率低、有效质量大;③ 两能谷间的能量差必须小于半导体带隙宽度(即 $\Delta E < E_g$),以确保电子转移至较高能谷之前不会发生雪崩击穿.

当 TED 偏置于图 8.5(a)所示的电场为 E_0 的负阻区域时,其瞬态空间电荷和电场分布变得内部不稳定(这是 TED 器件特有的,其他负阻器件都是内部稳定的). 这种不稳定性开始于过剩电子(负电荷)区和电子耗尽(正电荷)区组成的偶极子(也称作畴,domain)[9],如图 8.5(b)所示. 偶极子有多种成因,如掺杂不均匀、材料缺陷或者随机噪声. 因为阴极附近的杂质波动和空间电荷扰动最大,偶极子一般在阴极接触附近产生,并在此处建立起更高电场. 如图 8.5(a)所示,该电场会降低偶极子内部电子的速度. 其结果是,偶极子后方的电子以更高的速度到达,使得偶极子后端的过剩电子不断地聚集(过剩电子区增长);而偶极子前方的电子以更高的速度离开,使得偶极子前端的电子不断地耗尽(电子耗尽区增长),如图 8.5(c)所示.

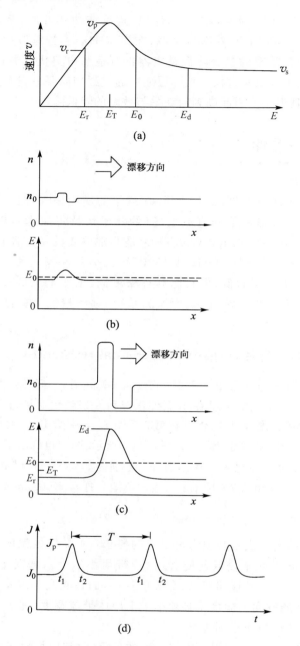

图 8.5 畴的形成示意图，(a) 速度-电场特性及一些关键点；(b) 一个小的偶极子生长至(c) 一个成熟的畴；(d) 端电流的振荡，在 t_1 和 t_2 之间，成熟的畴在阳极消失，一个新畴在阴极附近形成

由图 8.5(c)可见，随着偶极子的增长，其内部电场增强，但偶极子外部电场则须相应降低．偶极子内，其电场始终高于 E_0，随着电场增强，载流子速度单调减小；而偶极子外，其场强低于 E_0，随着电场减小，载流子的速度增大到一个峰值后单调减小．当偶极子外的电场减小至维持电场 E_s（sustaining field）时，偶极子内外电子的速度将相等．此时，偶极子停止增长，或者说形成了成熟的畴，一般情况下它仍在阴极附近．随后，畴由阴极附近向阳极渡越．图 8.5(d)所示为端电流波形．在 t_2 时刻，一个畴已经形成；在 t_1 时刻，该畴到达了阳极．在

另一个畴形成之前,整个 TED 的电场跳回到 E_0. 在畴的形成期间 (t_2-t_1),偶极子外的电场会在某一时刻降至 E_T,此时载流子达到峰值速率,同时产生峰值电流. 电流脉冲的宽度对应于畴在阳极的湮灭和新畴形成之间的时间间隔. 周期 T 对应于畴从阴极到阳极的渡越时间 $\frac{L}{v}$, L 为器件长度, v 为平均速度. 对应频率为 $f = \frac{v}{L}$. TED 可以工作于多种模式下,上面介绍的是畴渡越时间(transit time domain)模式,这种情形下畴有充足的时间达到成熟并渡越到阳极.

我们现对畴的形成进行推导. 其一维连续方程为

$$\frac{\partial n}{\partial t} = \frac{1}{q}\frac{\partial J}{\partial x}. \tag{8}$$

若某处多数载流子相对于均匀平衡浓度 n_0 有一个小的局部涨落,产生的局部空间电荷密度为 $n-n_0$. 其泊松方程(Poisson's equation)和电流密度方程为

$$\frac{\partial E}{\partial x} = \frac{-q(n-n_0)}{\varepsilon_s}, \tag{9}$$

$$J = qn_0\bar{\mu}E + qD\frac{\partial n}{\partial x}. \tag{10}$$

其中 $\bar{\mu}$ 为平均迁移率[由第 2 章式(83)定义], ε_s 为介电常数, D 为扩散系数. 将式(10)对 x 微分,并代入泊松方程式可得

$$\frac{1}{q}\frac{\partial J}{\partial x} = -\frac{n-n_0}{\frac{\varepsilon_s}{qn_0\bar{\mu}}} + D\frac{\partial^2 n}{\partial x^2}. \tag{11}$$

将该式代入式(8)可得

$$\frac{\partial n}{\partial t} = -\frac{n-n_0}{\frac{\varepsilon_s}{qn_0\bar{\mu}}} + D\frac{\partial^2 n}{\partial x^2}. \tag{12}$$

我们可以用分离变量法求解式(12),即设 $n(x,t) = n_1(x)n_2(t)$. 对于时间响应,式(12)的解为

$$n - n_0 = (n-n_0)_{t=0}\exp\left(-\frac{t}{\tau_R}\right). \tag{13}$$

其中 τ_R 为介质弛豫时间(dielectric relaxation time)

$$\tau_R = \frac{\varepsilon_s}{qn_0\bar{\mu}}. \tag{14}$$

若迁移率 $\bar{\mu}$ 为正, τ_R 表示空间电荷衰减至电中性的时间常数. 然而,假如半导体呈现 NDR,那么任何非平衡电荷都将以时间常数 $|\tau_R|$ 增大.

▶ 8.4.2 器件性能

TED 需要纯度极高且非常均匀的材料,同时还要求材料的深能级杂质与缺陷最少. 现代 TED 几乎都是通过各种外延技术,在 n^+ 衬底上淀积外延层. 典型的施主浓度范围为 $10^{14} \sim 10^{16}\,\text{cm}^{-3}$,典型的器件长度范围为几微米到几百微米. 图 8.6(a)是一个 TED 的示意图,在 n^+ 衬底上有一 n 型外延层和一个连接至阴极的 n^+ 欧姆接触. 图中也给出了热平衡状态下的能带图和器件外加偏压 $V = 3V_T$ 时的电场分布图. 其中, V_T 是临界电场 E_T 与器件长度 L 的乘积. 对于这样的欧姆接触,在阴极附近总是存在一个低场区. 由于低能谷电子有限的加热时间,这个区域不会有畴的形成. 这种无法成畴的死区可能长达 $1\,\mu\text{m}$. 这就限制了器

件的最小长度,也限制了器件的最高工作频率.由图 8.5(b)和(c)可以看到,电场在器件长度方向上并不均匀,因为畴内电场随着距离而增加.

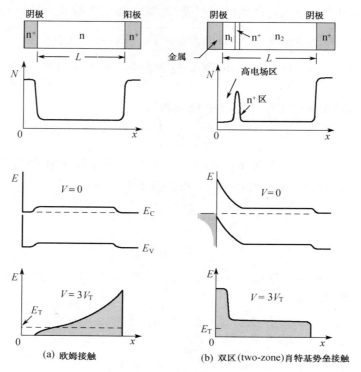

图 8.6　TED 的两个阴极接触

为了改善器件性能,我们采用双区(two-zone)阴极接触代替 n^+ 欧姆接触.双区阴极接触由一个高场区和一个 n^+ 区组成[图 8.6(b)].该结构类似于低-高-低 IMPATT 二极管.电子在高场区被"加热",随后注入具有均匀电场的有源区(active region).这种结构已成功应用于在很宽温度范围内具有高效率与高功率输出的器件中.

我们已经介绍过具有 NDR 特性的器件,初始的空间电荷会随时间呈指数增长[式(13)],其时间常数由式(14)决定,

$$|\tau_R| = \frac{\varepsilon_s}{qn_0|\mu_-|}. \tag{15}$$

其中 μ_- 为负微分迁移率.若式(13)在渡越整个空间电荷层的时间内均成立,那么,最大的增长因子是 $\exp\left(\dfrac{L}{v|\tau_R|}\right)$.其中,$L$ 是有源区的长度,v 是空间电荷层中的平均漂移速度.对于空间电荷增长显著的情况,如对于 GaAs 和 InP,增长因子必须大于1,即 $\dfrac{L}{v|\tau_R|} > 1$ 或

$$n_0 L > \frac{\varepsilon_s v}{q|\mu_-|} \approx 10^{12}\,\text{cm}^{-2}. \tag{16}$$

空间电荷的强不稳定性依赖于一定条件,即半导体内的可用电荷足够多及器件长度足够长.式(16)表明,在电子的渡越时间内,必须有数量足够的空间电荷建立起来.否则如果低于 $n_0 L$ 这个临界值,电场和载流子则在本质上是稳定的.

图 8.7 是长度为 $100\,\mu\text{m}$、掺杂浓度为 $5 \times 10^{14}\,\text{cm}^{-3}$($n_0 L = 5 \times 10^{12}\,\text{cm}^{-2}$)的砷化镓 TED

中,畴的时间依赖特性的模拟[10]. 垂直显示的相邻两条电场曲线 $E(x,t)$ 之间的时间间隔为 $16\tau_R$. 其中 τ_R 为式(14)给出的低场介质弛豫时间(对于该器件,$\tau_R=1.5\text{ps}$).

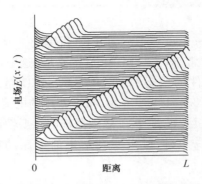

图 8.7　在畴渡越时间模式下,阴极成核(cathode-nucleated)TED 与时间相关的畴特性数值模拟[10]

目前,先进的 TED 二极管的连续波输出可在 30GHz 达到 0.5W 的功率和 15% 的效率;在 100GHz 达到 0.2 W 的功率和 7% 的效率;在 150GHz 达到 70mW 的功率和 1% 的效率. 虽然 TED 的功率输出低于 IMPATT,但 TED 的噪声非常低(如 135GHz 时噪声低于 20dB)[7].

▶ **例 2**

一个长 $10\mu\text{m}$ 的 GaAs TED 工作于畴渡越时间模式,求所需要的最小电子浓度 n_0 以及电流脉冲的时间间隔.

解　对于畴渡越时间模式,需要满足条件 $n_0 L \geq 10^{12}\,\text{cm}^{-2}$,即

$$n_0 \geq \frac{10^{12}}{L} = \frac{10^{12}}{10\times 10^{-4}} = 10^{15}\,(\text{cm}^{-3}).$$

电流脉冲的时间间隔是畴从阴极移动到阳极所需的时间,即

$$t = \frac{L}{v} = \frac{10\times 10^{-4}}{10^7} = 10^{-10}\,(\text{s}) = 0.1\,(\text{ns}).$$

◀

一个 TED 的工作模式取决于五个因素:① 器件的掺杂浓度与掺杂均匀性;② 有源区的长度;③ 阴极接触特性;④ 电路的类型;⑤ 工作电压[11]. 举例来说,如果 TED 内部没有畴建立,那么它将工作于均匀电场模式. 在这种工作模式下,器件内部电场是均匀的,因此作为常规的 NDR 器件使用,其工作频率不受畴渡越时间的限制.

如果 TED 的畴在到达阳极前猝灭,那么它工作于猝灭模式(quenched mode). 在一个交流周期中,当偏置电压降低至远低于阈值电压时,畴将会猝灭;而当偏置电压返回到阈值电压之上时,一个新的电偶极层又会产生,并且该过程不断重复下去. 器件的工作频率也不受畴渡越时间的限制,器件将在电路的谐振频率处发生振荡.

8.5 量子效应器件

量子效应器件(quantum-effect devices,QED)利用量子力学隧穿提供可控的载流子输运.这种器件的有源层厚度非常小,大约在 10nm 的量级.这个尺度会引起量子尺寸效应,从而改变能带结构,并增强器件的输运特性.基本的 QED 是共振隧穿二极管(resonant-tunneling diode,RTD),将在 8.5.1 节中介绍.很多新颖的电流-电压特性可通过将 RTD 和前面章节中介绍的传统器件组合得到.量子效应器件的重要性在于,它们可以作为功能器件(functional device),也就是说,它们可以实现给定的电路功能,而大量减少所需元件的数量.

▶ 8.5.1 共振隧穿二极管(resonant tunneling diode, RTD)

图 8.8 所示为一个半导体双势垒结构的 RTD 能带图,其中包含四个异质结 GaAs/AlAs/GaAs/AlAs/GaAs 结构与一个导带中的量子阱.RTD 有三个重要器件参数,即势垒高度 E_0(导带不连续)、势垒宽度 L_B 及量子阱宽度 L_W.

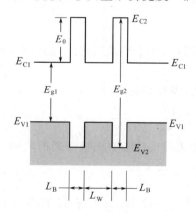

图 8.8 共振隧穿二极管的能带图

我们现在注意图 8.9(a)中 RTD 的导带[12].假如阱宽度 L_W 足够小(约 10nm 或更小),量子阱内将出现一系列分立的能级[如图 8.9(a)中的 E_1、E_2、E_3 和 E_4].假如势垒宽度 L_B 也非常小的话,共振隧穿即可发生.当某个入射电子的能量 E 恰等于量子阱内的一个分立能级时,电子将会以 100% 的透射系数隧穿双势垒.

当能量 E 偏离这些分立能级时,透射系数会急剧减小.例如,当一个电子的能量高于或低于能级 E_1 10meV,其透射系数将减小至 10^{-5},如图 8.9(b)所示.我们可以通过求解图 8.9(a)中 5 个区域(Ⅰ、Ⅱ、Ⅲ、Ⅳ、Ⅴ)的一维薛定谔(Schrödinger)方程来计算透射系数.波函数及其一阶导数在每个电势不连续处必须连续,由此我们可以得到透射系数 T_t.附录 J 给出了 RTD 透射系数的计算过程.

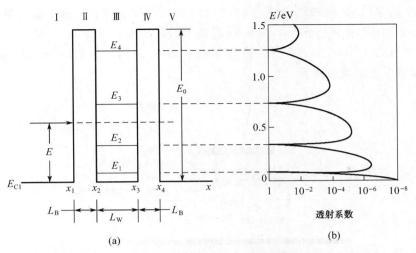

(a) (b)

图 8.9 (a) AlAs/GaAs/AlAs 双势垒结构图,其势垒宽 2.5nm,阱宽 7nm;
(b) 此结构的透射系数与电子能量的关系图[12]

在 GaAs/AlAs RTD 结构中,E_n 为其透射系数出现第一与第二共振峰处所对应的能级. E_n 与势垒宽度 L_B 的函数关系如图 8.10(a)所示,阱宽 L_W 为参数[13]. 显然,E_n 基本上与 L_B 无关,但与 L_W 有关. 图 8.10(b)所示为计算的共振峰半高宽 ΔE_n(即在透射系数半峰值 $T_t=0.5$ 处的全宽度)与 L_W、L_B 的函数关系. 对于一给定的 L_W,宽度 ΔE_n 随着 L_B 的增加呈指数减小.

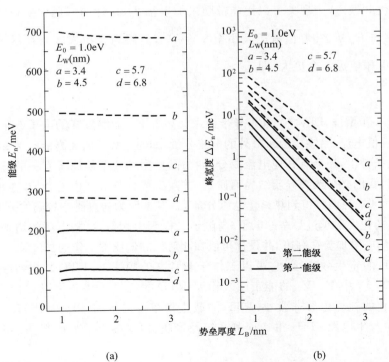

(a) (b)

图 8.10 (a) 不同阱宽的 AlAs/GaAs/AlAs 结构中,透射系数出现共振峰处所对应的电子能量的计算值与势垒宽度的函数关系;(b) 透射系数在第一、第二共振峰处的半高宽与势垒宽度的函数关系[13]

图 8.11 是 RTD 结构的剖面图[13]. 交替的 GaAs/AlAs 层利用分子束外延(molecular beam epitaxy, MBE)依序生长于 n^+-GaAs 衬底上(MBE 工艺将在第 11 章介绍). 势垒宽度为 1.7nm, 阱宽为 4.5nm. 有源区是由欧姆接触定义的. 在刻蚀台面(mesa)时, 顶接触层被用于隔离接触下方区域的掩模.

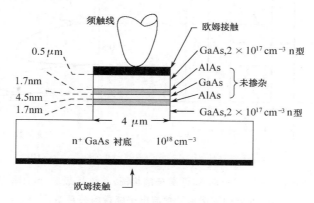

图 8.11　台面(mesa)型 RTD[13]

图 8.12 所示为上述 RTD 的 I-V 特性测量结果, 同时也给出了不同直流偏压下的能带图. 注意, 该 I-V 曲线与隧道二极管(图 8.1)的 I-V 曲线相似. 在热平衡状态下, 即 $V=0$ 时, 其能带图(此处只给出了最低能级 E_1)类似于图 8.9(a)所示的能带图. 当外加偏压增加时, 位于第一势垒左侧、靠近费米能级的被占据能级上的电子将会隧穿到量子阱内. 随后, 电子将隧穿过第二势垒进入右侧未被占据的能态. 当入射电子能量约等于能级 E_1 时, 隧穿几率最大, 因而发生共振. 这个现象可以用能带图来加以描述, 在外加偏压 $V=V_1=V_P$ 时, 左侧的导带边刚好与 E_1 对齐. 峰值电压大小至少为 $\frac{2E_1}{q}$, 但因为在积累区与耗尽区上额外的电压降, 所以该电压值通常会更大, 即

$$V_P > \frac{2E_1}{q} . \tag{17}$$

当电压进一步增加, 即 $V=V_2$ 时, 导带边缘会高于 E_1, 能够隧穿的电子数量减少, 因此电流随之减小. 谷值电流 I_V 主要源于额外的电流分量, 如通过势垒内较高能谷隧穿的电子. 在室温及更高温度条件下, 还会有其他电流成分, 如与晶格振动或杂质原子有关的隧穿电流. 为了减小谷值电流, 我们必须改善异质结界面质量, 并减少势垒与阱区内的杂质. 在更高的外加电压下, 即 $V>V_V$ 时, 我们将得到热离化电流分量 I_{th}, 其来源为通过阱中较高的分立能级注入的电子或通过热离化发射越过势垒的电子. 与隧道二极管中相似, I_{th} 随电压的增加单调增加. 为了减少 I_{th}, 我们应增加势垒高度, 并设计可以在相对低的偏压下工作的二极管.

因为 RTD 的寄生效应小, 它可以工作于非常高的频率下. RTD 的电容主要来源于耗尽区(参考图 8.12 中 $V=V_2$ 的能带图). 由于 RTD 的耗尽区掺杂可以远低于简并 p-n 结的掺杂, 所以它的耗尽电容非常小. RTD 的截止频率可以达到 THz(10^{12} Hz)范围, 可以应用于超快脉冲产生电路、THz 雷达探测系统及产生 THz 频率信号的振荡器.

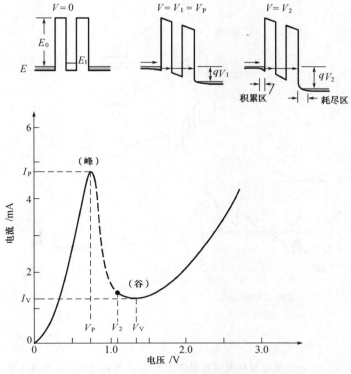

图 8.12 图 8.11 所示 RTD 二极管所测电流-电压特性[13]

▶ **例3**

求图 8.11 所示的 RTD 的基态能级(ground energy level)及其对应的峰值宽度,比较图 8.12 中的峰值电压 V_P 与 $\frac{2E_1}{q}$ 的大小.

解 由图 8.10 我们可以发现,L_W 为 45Å 时的基态能级为 140meV,峰值宽度 ΔE_1 约为 1meV. 在图 8.12 中,V_P 为 700mV,大于 280mV($2E_1/q$). 两者之差(420meV)来源于积累区与耗尽区的电压降.

▶ **8.5.2 单极型共振隧穿晶体管(unipolar resonant tunneling transistor)**

图 8.13 为单极型共振隧穿晶体管[14]的能带图. 该结构由 GaAs 的发射区层和基区层以及之间的共振隧穿(resonant tunneling,RT)双势垒构成. 共振隧穿结构由夹在两个 5nm 厚的 $Al_{0.33}Ga_{0.67}As$ 势垒间的厚度为 5.6nm 的 GaAs 量子阱构成. 高能量的电子可以从发射区入射,再通过共振隧穿进入基区. 电子输运穿过 100nm 厚的 n^+ 基区后,将在 300nm 厚的 $Al_{0.2}Ga_{0.8}As$ 集电区势垒处被收集. 其中,势垒与量子阱都未掺杂,而发射区、基区与集电区的掺杂都是 n 型且浓度为 $1\times10^{18}cm^{-3}$.

在共射组态下且固定集-射电压 V_{CE} 时,该器件的工作原理如图 8.13 的能带图所示. 当基-射电压 V_{BE} 为 0 时[图 8.13(a)],没有电子注入. 因此,即使在正的 V_{CE} 电压下,发射极与集电极电流都为 0. 当 V_{BE} 为 $\frac{2E_1}{q}$ 时,发射极与集电极电流达到峰值. 其中,E_1 为量子阱的第一共振能级[图 8.13(b)]. 随着电压 V_{BE} 进一步增加,共振隧穿被抑制[图 8.13(c)],集

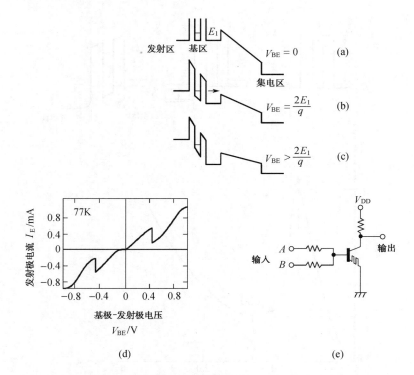

图 8.13 一个单极型共振隧穿晶体管[13]在不同偏置电压下的能带图，
(a) $V_{BE}=0$；(b) $V_{BE}=2E_1/q$(最大 RT 电流)；(c) $V_{BE}>2E_1/q$(RT 被抑制)；
(d) 77K 下测得的基-射电流-电压特性；(e) 一个逻辑"同"的电路图

电极电流也随之下降. 其电流-电压特性如图 8.13(d)所示. 注意约在 $V_{BE}=0.4\text{V}$ 处，存在一个电流峰值. 假如我们将两输入端 A 和 B 连接到基区端点[图 8.13(e)]，器件就可以实现"同"(exclusive NOR)逻辑功能. 也就是说，当 A 和 B 同时为高电平或低电平时，输出电压为高电平；否则，输出电压为低电平. 要实现相同的功能，我们需要 8 个传统的 MESFETs. 因此，很多量子效应器件可以用作很好的功能器件(functional devices).

8.6 热电子器件

热电子(hot-electron)是指动能远大于 kT 的电子. 其中，k 为波尔兹曼(Boltzman)常数，T 为晶格温度. 当半导体器件尺寸缩小，导致其内部电场升高. 因此器件工作时，有源区内会有相当比例的载流子处于高动能状态. 在某一给定的时间与空间点上，载流子的速度分布可能是极窄的尖峰，这种情形被称为"弹道(ballistic)"电子束. 在其他的时间与位置上，电子总体上可以有很宽的速度分布，类似于传统的麦克斯韦尔分布(Maxwell distribution)，但其有效电子温度 T_e 高于晶格温度 T.

多年来，已经有很多热电子器件被研究过. 在此，我们只介绍两种重要的器件——热电子异质结双极型晶体管(hot-electron HBT)和实空间转移晶体管(real-space-transfer transistor).

▶ 8.6.1 热电子异质结双极型晶体管(hot-electron HBT)

在异质结双极型晶体管的结构设计中,利用较宽带隙的发射区[15],即可使热电注入(hot electron injection)成为可能,如一个晶格匹配于 InP 的 AlInAs/GaInAs HBT. 热电子效应有几个优点,电子通过热离化发射越过发射区-基区势垒进入 p 型 GaInAs 基区,相对于基区导带边具有 $\Delta E_c = 0.5\text{eV}$ 的能量. 这种弹道注入的目的在于,用快得多的弹道输运,取代了相对很慢的扩散过程,从而缩短了电子在基区内的移动时间.

▶ 8.6.2 实空间转移晶体管

原始的实空间转移结构如图 8.14(a)所示,它是由掺杂的宽带隙 AlGaAs 层和未掺杂的窄带隙 GaAs 层相互交替形成的异质结构. 在热平衡状态下,可移动电子存在于未掺杂的 GaAs 量子阱(层 1)中,且与位于 AlGaAs 层(层 2)内的母体施主(parent donor)空间上隔开[16]. 如果输入此结构的功率超过系统在晶格中的能量损失,那么载流子会被"加热"且部分转移进入宽带隙的层 2. 载流子在层 2 中可以有不同的迁移率,如图 8.14(b)所示. 如果载流子在层 2 中的迁移率低很多,则在两端电路中将产生负微分电阻,如图 8.14(c)所示. 这与基于动量空间谷间转移的转移电子效应非常类似,因此被称作实空间转移(real-space transfer, RST). 与 Gunn 振荡器相比,两端 RST 振荡器并没有多少优势. 这是因为, RST 结构中的层 1 和层 2 间获得较大的迁移率比,要比在同质多谷半导体的不同能谷间更难实现. 但是,如果可以实现从 RST 晶体管的第三端抽取转移的热载流子,那么 RST 结构将变得更加有吸引力.

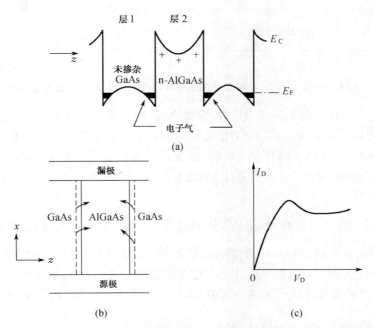

图 8.14 (a) 具有 GaAs 和 AlGaAs 交替层的异质结构;(b) 电子被外加电场加热而转移进入宽带隙层;
(c) 如果载流子在层 2 的迁移率较低,该转移会产生负微分电导率[16]

图 8.15 所示为三端实空间转移晶体管(RSTT)的截面图及对应的能带图,它由 GaInAs/AlInAs 材料系统组成[17,18]. 源极、漏极与未掺杂的高迁移率 $Ga_{0.47}In_{0.53}As[E_g = 0.75eV, \mu_n = 13800cm^2/(V \cdot s)]$ 沟道接触,集电极与掺杂的 $Ga_{0.47}In_{0.53}As$ 导电层相接触. 该导电层与沟道被一宽带隙材料($Al_{0.48}In_{0.52}As, E_g = 1.45eV$)隔开. $V_D = 0$ 时,若集电极有足够大的正电压 V_C(相对于接地的源极),则源漏极间的沟道中会感生出一定的电子浓度. 但由于 AlInAs 势垒的存在,并没有集电极电流 I_C 流动. 然而,当 V_D 增加时,漏极电流 I_D 将开始流动,且沟道内电子会被加热到某个有效温度 $T_e(V_D)$. 该电子温度决定了注入 AlInAs 集电区势垒的 RST 电流. 注入的电子被由 V_C 产生的电场扫进集电区而形成 I_C. 晶体管效应来源于控制源漏间沟道内电子温度 T_e,进而调制流进集电极的电流 I_C.

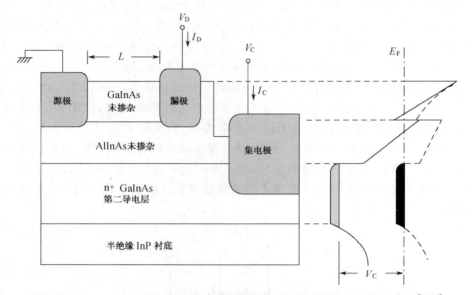

图 8.15 GaInAs/AlInAs 材料系统的实空间转移晶体管的剖面图与能带图[17,18]

图 8.16 所示为在固定 $V_C = 3.9V$ 时,漏极电流 I_D 和集电极电流 I_C 随漏极电压 V_D 的变化关系[19]. 两端器件完全不同,RST 电流是从漏极抽取而来的,且在 I_D-V_D 曲线中呈现出显著的 NDR 特性. 在 I_D-V_D 特性上,RSTT 呈现出明显的负微分电阻,其峰值/谷值之比在 300K 时达到了 7000. 而在 I_C-V_D 特性上,集电极电流近似线性增加,最终达到饱和,与场效应晶体管类似.

RSTT 可以用作具有高跨导 $g_m = \dfrac{\partial I_C}{\partial V_D}$(固定 V_C)、高截止频率 f_T 的常规高速晶体管. 此外,RSTT 对于逻辑电路也是一种重要的功能器件. 这是因为 RSTT 的源极和漏极接触是对称的. 一个单独的器件,如图 8.16 所示,就能够实现异或(exclusive OR, XOR)的逻辑功能*. 因为只要源极与漏极处于不同逻辑值,不管哪一个为逻辑值"高",都会产生集电极电流 I_C.

---

* 异或逻辑功能:当两输入其中之一,但不是同时为逻辑值高,则输出为高.

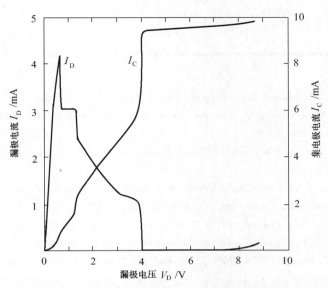

图 8.16　$T=300K$ 时实空间转移晶体管的实验特性[19]，在固定集电极电压 $V_C=3.9V$ 时，漏极电流 I_D 和集电极电流 I_C 随漏极电压 V_D 的变化关系

总　结

跟量子力学隧穿效应有关的二极管（如隧道二极管）、雪崩击穿有关的二极管（如 IMPATT 二极管）以及电子的动量空间转移有关的二极管（如 TED）都是用于微波频率的器件.相对于三端器件，这些两端器件有相对简单的构造与较小的寄生电阻和电容.这些微波器件可以工作在毫米波段（30～300GHz），有些器件甚至可以工作在亚毫米波段（大于300GHz）.在微波器件中，IMPATT 二极管是毫米波功率应用中使用最为广泛的半导体器件.而 TED 常被应用于局部振荡器和放大器上，这是因为它的噪声较低且可以工作于比 IMPATT 二极管更低的电压下.

在本章中，我们也介绍了量子效应和热电子器件.当器件尺寸减少到约 10nm 时，量子效应变得非常重要.一个关键的量子效应器件就是共振隧穿二极管（RTD），它是包含双势垒和一个量子阱的异质结构.如果入射的载流子能量等于量子阱内的一个分立能级，则通过双势垒的隧穿几率会变成 100%，这种效应就称为共振隧穿.工作频率达 THz(10^{12} Hz)范围的微波探测器已经用 TED 制作出来.将 RTD 和传统器件结合，我们可获得很多新颖的特性.单极型共振隧穿晶体管就是一个例子，它可在大量减少元件数量的前提下实现给定的逻辑功能.

热电子器件根据其工作时热电子的总体形式，可分成两类：弹道器件和实空间转移器件.弹道器件，如热电子异质结双极型晶体管，具有超高速工作的潜力.在弹道器件中，具有高动能的电子会通过热离化发射方式越过射-基势垒而被注入.这种"弹道输运"可以大幅减少通过基区的渡越时间.在实空间转移器件中，窄带隙半导体内的电子可从输入功率获得能量而转移进入宽带隙半导体，导致器件呈现负微分电阻的特性.这些器件（如实空间转移晶体管）具有高跨导系数和高截止频率.RSTT 也可应用于逻辑电路上，它可比其他器件需要更少的元件数量而实现给定的功能.

参考文献

[1] S. M. Sze, Ed., *Modern Semiconductor Device Physics*, Wiley, New York, 1998.

[2] J. J. Carr, *Microwave and Wireless Communications Technology*, Butterworth-Heinemann, Newton, MA, 1997.

[3] L. E. Larson, *RF and Microwave Circuit Design for Wireless Communications*, Artech House, Norwood, MA, 1996.

[4] G. R. Thorn, "Advanced Applications and Solid-State Power Sources for Millimeter-wave Systems," *Proc. Soc. Photo-Optic. Inst. Opt. Eng. (SPIE)*, 544, 2 (1985).

[5] (a) L. Esaki, "New Phenomenon in Narrow Ge p-n Junction," *Phys. Rev.*, 109, 603 (1958). (b) L. Esaki, "Discovery of the Tunnel Diode," *IEEE Trans. Electron Devices*, ED-23, 644 (1976).

[6] (a) B. C. DeLoach, Jr., "The IMPATT Story," *IEEE Trans. Electron Devices*, ED-23, 57 (1976). (b) R. L. Johnston, B. C. DeLoach, Jr., and B. G. Cohen, "A Silicon Diode Oscillator," *Bell Syst. Tech. J.*, 44, 369 (1965).

[7] H. Eisele, and G. I. Haddad, "Active Microwave Diodes," in S. M. Sze, Ed., *Modern Semiconductor Device Physics*, Wiley, New York, 1998.

[8] J. B. Gunn, "Microwave Oscillation of Current in III-V Semiconductors," *Solid State Comm.*, 1, 88 (1963).

[9] H. Kroemer, "Negative Conductance in Semiconductor," *IEEE Spectrum*, 5, 47 (1968).

[10] M. Shaw, H. L. Grubin, and P. R. Solomon, *The Gunn-Hilsum Effect*, Academic, New York, 1979.

[11] S. M. Sze, and K. K. Ng, *Physics of Semiconductor Devices*, 3rd Ed., Wiley Interscience, Hoboken, 2007.

[12] M. Tsuchiya, H. Sakaki, and J. Yashino, "Room Temperature Observation of Differential Negative Resistance in AlAs/GaAs/AlAs Resonant Tunneling Diode," *Jpn. J. Appl. Phys.*, 24, L466 (1985).

[13] E. R. Brown et al., "High Speed Resonant Tunneling Diodes," *Proc. Soc. Photo-Opt. Inst. Eng. (SPIE)*, 943, 2 (1988).

[14] N. Yokoyama et al., "A New Functional Resonant Tunneling Hot Electron Transistor," *Jpn. J. Appl. Phys.*, 24, L853 (1985).

[15] B. Jalali et al., "Near-Ideal Lateral Scaling in Abrupt AlInAs/InGaAs Heterostructure Bipolar Transistor Prepared by Molecular Beam Epitaxy," *Appl. Phys. Lett.*, 54, 2333 (1989).

[16] K. Hess et al., "Negative Differential Resistance Through Real-Space-Electron Transfer," *Appl. Phys. Lett.*, 35, 469 (1979).

[17] S. Luryi, "Hot Electron Transistors," in S. M. Sze, Ed., *High Speed Semiconductor Devices*, Wiley, New York, 1990.

[18] S. Luryi, and A. Zaslavsky, "Quantum-Effect and Hot-Electron Devices," in S. M. Sze, Ed., *Modern Semiconductor Device Physics*, Wiley, New York, 1998.

[19] P. M. Mensz et al., "High Transconductance and Large Peak-to-Valley Ratio of Negative Differential Conductance in Three Terminal InGaAs/InAlAs Real-Space-Transfer Devices," *Appl. Phys. Lett.*, 57, 2558 (1990).

习　题

8.2　隧道二极管

1. 已知一个隧道二极管的参数如下：峰值电流 $I_P=20\text{mA}$，峰值电压 $V_P=0.15\text{V}$，谷值电流 $I_V=2\text{mA}$，谷值电压 $V_V=0.6\text{V}$。假设这两点间 I-V 特性可用直线近似，计算其负微分电阻的大小。

2. 利用突变结近似并假设 $V_n=V_p=0.03\text{V}$，计算两侧掺杂浓度均为 10^{19}cm^{-3} 的 GaAs 隧道二极管在 0.25V 的正向偏压下的耗尽层电容与耗尽层宽度。

3. 已知一个硅 IMPATT 二极管的漂移区长度 $L=10\mu\text{m}$，电子饱和速度 $V_s=10^7\text{cm/s}$，试计算其最小振荡频率。

8.3　碰撞离化雪崩渡越时间二极管

4. 对于一个突变 p^+-n 二极管，雪崩产生的空间电荷会引起耗尽区内电场的改变，从而产生一个增量电阻。这个增量电阻称为空间电荷电阻（space-charge resistance，R_{sc}），其大小为 $\frac{1}{I}\int_0^W \Delta E \mathrm{d}x$。其中，$\Delta E$ 为

$$\Delta E(W) = \frac{\int_0^W \rho_s \mathrm{d}x}{\varepsilon_s} = \frac{IW}{A\varepsilon_s v_s}$$

(a) 已知一个 p^+-n Si IMPATT 二极管，$N_D=10^{15}\text{cm}^{-3}$，$W=12\mu\text{m}$，$A=5\times10^{-4}\text{cm}^2$，求出其 R_{sc}；

(b) 当电流密度为 10^3A/cm^2 时，求其总的外加直流电压值。

5. 已知一个 GaAs IMPATT 二极管工作在 10GHz 下，直流偏置电压为 100V，平均偏置电流 ($I_0/2$) 为 100mA。

(a) 如果功率产生效率为 25%，且二极管的热电阻为 10℃/W，求其高出室温的结温度；

(b) 如果击穿电压随着温度而增加的速度为 60mV/℃，求出室温时的二极管击穿电压。

6. 已知如图 8.3(c) 所示的一个 GaAs 单漂移低-高-低 IMPATT 二极管，其雪崩区域（此区域中电场恒定）宽度为 $0.4\mu\text{m}$，总耗尽宽度为 $3\mu\text{m}$。n^+ 簇的电荷量为 $1.5\times10^{12}/\text{cm}^2$。

(a) 求出二极管的击穿电压和击穿时的最大电场；

(b) 漂移区内的电场是否足够高以维持电子的饱和速度？

(c) 求出其工作频率。

7. 已知一个高-低 IMPATT 二极管，其击穿电场为 450kV/cm，介电常数 $\varepsilon=12.9\varepsilon_0$，漂移区均匀掺杂，浓度为 $5\times10^{15}\text{cm}^{-3}$，最佳工作频率为 20GHz。假设雪崩区域被完全限制在高电场区域内，宽度为漂移区的 5%，载流子始终以 $v_s=10^7\text{cm/s}$ 的饱和速度漂移，且漂移区末端的电场为 0。计算：

(a) 基于渡越时间概念的漂移区宽度；

(b) 雪崩区域的宽度及掺杂浓度.

*8. 已知一个硅 n$^+$-p-π-p$^+$ IMPATT 二极管,p 层宽度为 $3\mu m$,π 层(低掺杂浓度 p 层)宽度为 $9\mu m$. 偏压必须足够高以实现在 p 区内引起雪崩击穿并在 π 区域实现速度饱和.

(a) 求出 p 区域所需的最小偏压和掺杂浓度;

(b) 估算器件的渡越时间.

8.4 转移电子器件

9. 已知一个 InP 转移电子器件(TED),长度为 $1\mu m$,横截面积为 10^{-4} cm^2,工作在渡越时间(transit-time)模式.

(a) 求出渡越时间模式所需的最小电子密度 n_0;

(b) 求出电流脉冲间的时间间隔;

(c) 假如所加偏压是临界电压的一半,计算器件所消耗的功率.

10. 已知一个 GaAs 转移电子器件的掺杂浓度 $N_D = 10^{15}$ cm^{-3}. 如果其平均漂移速度 $V_D = 1.5 \times 10^7$ cm/s,GaAs 的介电常数 $\varepsilon = 12.4\varepsilon_0$,试计算其最小器件长度、电流脉冲间隔时间以及振荡频率.

8.5 量子效应器件

11. Gunn 效应器件的横截面不是连续的,在其漂移区的中间部分存在一个小的空腔. 试定性地讨论是否仍然能得到周期振荡的电流;如果可以,将其频率与不含空腔的同样器件的频率作比较.

12. 分子束外延界面的突变基本上在一到两个单分子层(对于 GaInAs,一个单分子层为 0.28nm)内,这是由生长面上形成的台阶所导致的. 试估算由宽 AlInAs 势垒所束缚的 15nm GaInAs 量子阱的基态和第一激发电子态的能级展宽(energy level broadening). (提示:假设外延界面的厚度起伏为两个单分子层,量子阱为无限深势阱;在 GaInAs 内,电子的有效质量为 $0.0427\,m_0$).

13. 对于一个 AlAs(2nm)/GaAs(6.78nm)/AlAs(2nm)共振隧穿二极管(RTD),求出其第一激发态能级和与之相对应的峰宽度 ΔE_2. 假如要维持相同能级,但峰宽度 ΔE_2 增加为 10 倍,则 AlAs 和 GaAs 的厚度应是多少?

第 9 章
发光二极管和激光器

- 9.1 辐射跃迁和光吸收
- 9.2 发光二极管
- 9.3 发光二极管种类
- 9.4 半导体激光器
- 总结

光子器件是由光的基本粒子(光子,photon)扮演主要角色的器件. 我们将介绍四类光子器件: **发光二极管**(light-emitting diode, LED)和**激光器**(laser, light amplification by stimulated emission of radiation), 二者可以将电能转换成光能; **光探测器**(photodetector), 可以用电的方式来探测光信号; 而**太阳能电池**(solar cell), 则可以将光能转换成电能. 在本章中, 我们重点讨论发光二极管和半导体激光器. 光探测器和太阳能电池将在下一章讨论.

具体而言, 本章将包含下列主题:

- 光子和电子间的基本相互作用
- 传统及有机发光二极管, 自发发射(spontaneous emission)产生光子
- 异质结激光器, 受激发射(stimulated emission)产生光子

9.1 辐射跃迁和光吸收

图 9.1 所示为电磁光谱. 人的肉眼所能感觉的波长范围仅为约 $0.4\sim0.7\mu m$. 图 9.1 在放大的刻度上标出了由紫色到红色各主要颜色的波段. 紫外区涵盖的波长范围为 $0.01\sim 0.4\mu m$, 而红外区涵盖的波长范围为 $0.7\sim 1000\mu m$. 本章中, 我们主要探讨的波长范围为近紫外($\sim 0.3\mu m$)到近红外($\sim 1.5\mu m$)的区域.

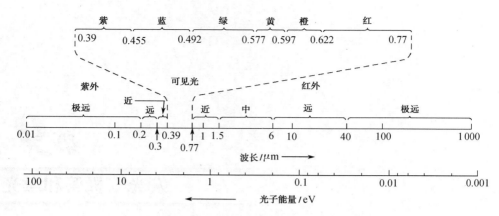

图 9.1 由紫外区至红外区的电磁光谱

图 9.1 还在横坐标上标出了光子能量. 将波长转换成所对应的光子能量，我们可用以下关系式：

$$\lambda = \frac{c}{\nu} = \frac{hc}{h\nu} = \frac{1.24}{h\nu(\mathrm{eV})} \mu\mathrm{m}. \tag{1}$$

其中 c 是光在真空中的速度，ν 是光的频率，h 是普朗克常数（Planck's constant），$h\nu$ 则是光子的能量，单位是电子伏（eV）. 例如，波长为 $0.5\mu\mathrm{m}$ 的绿光对应于 2.48 eV 的光子能量.

▶ 9.1.1 辐射跃迁

光子和固体中的电子有三种基本的相互作用过程：吸收（absorption）、自发辐射（spontaneous emission）和受激辐射（stimulated emission）. 在此，我们以一个简单的系统来说明这些过程[1]. 如图 9.2 所示，E_1 和 E_2 为一个原子内的两个能级，E_1 对应于基态（ground state），E_2 对应于激发态（excited state）. 则在这两个能态之间的任何跃迁，必涉及光子的辐射或吸收，且光子的频率为 ν_{12}，$h\nu_{12} = E_2 - E_1$. 在室温下，固体内的大多数原子处于基态. 当有一个能量恰等于 $h\nu_{12}$ 的光子入射这个系统时，系统原先的状态将受到扰动，一个原处于基态 E_1 的原子将会吸收光子而过渡到激发态 E_2. 这个能量状态的改变，即为**吸收**过程，如图 9.2(a) 所示. 在激发态的原子是不稳定的. 经过一短暂的时间，不需外来的激发，它就会跃迁至基态，并释放出一个能量为 $h\nu_{12}$ 的光子. 这个过程称为**自发发射**[图 9.2(b)]. 当一个能量为 $h\nu_{12}$ 的光子撞击一个处于激发态的原子时[图 9.2(c)]，该原子可受激而跃迁至基态，并且释放出一个与入射光子同相位、能量为 $h\nu_{12}$ 的光子. 这个过程称为**受激发射**. 由受激发射产生的辐射是单色的（monochromatic），因为每个光子的能量都是 $h\nu_{12}$，同时，该辐射也是相干的（coherent），因为所有的光子都是以同相位发射的.

发光二极管的主要工作过程是自发发射，激光二极管（laser diode, LD）是受激发射，而光探测器和太阳能电池的工作过程则是吸收.

假设能级 E_1 和 E_2 的瞬时分布（population）分别是 n_1 和 n_2. 当 $E_2 - E_1 > 3kT$ 时，热平衡状态下的粒子分布数可由玻尔兹曼分布得到：

$$\frac{n_2}{n_1} = \exp\left(-\frac{E_2 - E_1}{kT}\right) = \exp\left(-\frac{h\nu_{12}}{kT}\right). \tag{2}$$

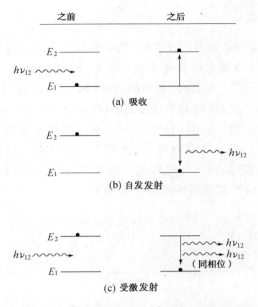

图 9.2 两能级间的三种基本跃迁过程[1]，其中，圆点表示原子的能态，左边为初始状态，右边为跃迁后的最终状态

其中负指数表示热平衡时 n_2 小于 n_1，即大多数的电子处于较低的能级。

在稳态时，为了保持分布 n_1 和 n_2 不变，受激发射率（即单位时间内受激发射跃迁的次数）和自发发射率必须与吸收率达到平衡。受激发射率正比于光场能量密度 $\rho(h\nu_{12})$，该能量密度是辐射场内单位体积、单位频率的总能量。因此，受激发射率可以写成 $B_{21}n_2\rho(h\nu_{12})$。其中，n_2 是较高能级的电子数，B_{21} 是比例常数。自发发射率仅与较高能级的分布成正比，可以写成 $A_{21}n_2$，其中 A_{21} 是常数。吸收率正比于较低能级的电子分布及 $\rho(h\nu_{12})$，可以写成 $B_{12}n_1\rho(h\nu_{12})$，其中 B_{12} 是比例常数。因此在稳态时我们得到

受激发射率＋自发发射率＝吸收率

或

$$B_{21}n_2\rho(h\nu_{12}) + A_{21}n_2 = B_{12}n_1\rho(h\nu_{12}). \tag{3}$$

我们还可得到

$$\frac{\text{受激发射率}}{\text{自发发射率}} = \frac{B_{21}}{A_{21}}\rho(h\nu_{12}) \tag{4}$$

为使受激发射大于自发发射，我们必须有很大的光场能量密度 $\rho(h\nu_{12})$。为达到这样的密度，可以采用光学共振腔来提高光场。我们还可以得到

$$\frac{\text{受激发射率}}{\text{吸收率}} = \frac{B_{21}}{B_{12}}\left(\frac{n_2}{n_1}\right). \tag{5}$$

假如光子的受激发射大于光子的吸收，则电子在较高能级的浓度必须大于在较低能级的浓度。这种情况称为**分布反转**（population inversion），因其与热平衡条件下的情况恰好相反。在第9.4节讨论半导体激光器时，我们将介绍获得大光场能量密度和实现分布反转的多种方法。在这种情况下，与自发发射和吸收相比，受激发射将占主导地位。

▶ 9.1.2 光吸收

图 9.3 所示为半导体中的基本跃迁过程. 当半导体受光照射时, 如果光子能量等于带隙宽度(即 $h\nu$ 等于 E_g), 则半导体会吸收光子而产生电子-空穴对, 如图 9.3(a)所示. 如果 $h\nu$ 大于 E_g, 则除了产生电子-空穴对之外, 多余的能量 $(h\nu - E_g)$ 将以热的形式耗散掉, 如图 9.3(b)所示. 上述的(a)与(b)过程都称为**本征跃迁**(intrinsic transition), 或称为带至带的跃迁 (band-to-band transition). 另一方面, 如果 $h\nu$ 小于 E_g, 则只有禁带中存在化学杂质或物理缺陷所引入的可用能态时, 光子才会被吸收, 如图 9.3(c)所示, 这种过程称为**非本征跃迁** (extrinsic transition). 一般而言, 上述过程的逆反应也是成立的. 例如, 导带边的电子与价带边的空穴结合时, 会释放出能量等于带隙宽度的光子.

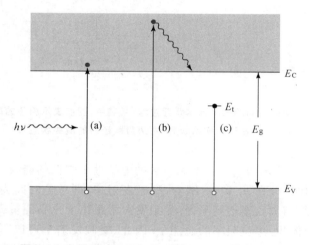

图 9.3 光吸收, (a) $h\nu = E_g$; (b) $h\nu > E_g$; (c) $h\nu < E_g$

若半导体被能量 $h\nu$ 大于 E_g 且光通量(photon flux)为 Φ_0 (单位: 每秒每平方厘米的光子数)的光源照射, 当光子束进入半导体时, 被吸收的光子数量与光子流的强度成正比. 因此, 在距离增量 Δx 以内被吸收的光子数目为 $\alpha \Phi(x) \Delta x$ [图 9.4(a)]. 其中, α 为比例常数, 我们将它定义为吸收系数(absorption coefficient). 如图 9.4(a)所示, 由光通量的连续性可得

$$\Phi(x + \Delta x) - \Phi(x) = \frac{d\Phi(x)}{dx} \Delta x = -\alpha \Phi(x) \Delta x$$

或

$$\frac{d\Phi(x)}{dx} = -\alpha \Phi(x). \tag{6}$$

其中负号表示由于吸收作用, 导致光子流强度减少. 代入边界条件, 当 $x = 0$ 时 $\Phi(x) = \Phi_0$, 可得式(6)的解为

$$\Phi(x) = \Phi_0 e^{-\alpha x}. \tag{7}$$

当 $x = W$ 时, 由半导体的另一端出射的光通量为[图 9.4(b)]

$$\Phi(W) = \Phi_0 e^{-\alpha W}. \tag{8}$$

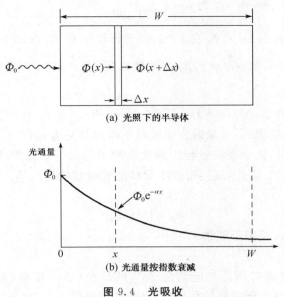

(a) 光照下的半导体

(b) 光通量按指数衰减

图 9.4 光吸收

吸收系数 α 是 $h\nu$ 的函数. 图 9.5 为几种应用于光子器件的重要半导体的光吸收系数[2]. 其中,以虚线表示的是非晶硅,它是太阳能电池的重要材料. 在截止波长 λ_c 处,吸收系数会迅速地减小,

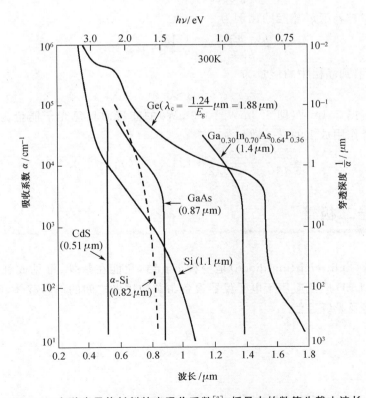

图 9.5 多种半导体材料的光吸收系数[2],括号内的数值为截止波长

$$\lambda_c = \frac{1.24}{E_g} \mu m. \tag{9}$$

这是因为光的本征吸收在 $h\nu < E_g$ 或 $\lambda > \lambda_c$ 时变得微不足道. 由图 9.5 可知,在距离 $W = \frac{1}{\alpha}$ 以内,63%(即 $1 - e^{\alpha W}$,取 $\alpha W = 1$)的光通量被吸收. $\frac{1}{\alpha}$ 被定义为穿透深度(penetration depth)δ,如图 9.5 所示.

对于直接带隙材料 GaAs、CdS、$Ga_{0.30}In_{0.70}As_{0.64}P_{0.36}$,如图 9.5 所示,随着波长从 λ_c 进一步减小,吸收系数急剧增长,这是因为该吸收不需要晶格振动(声子)的协助. 而对于间接带隙半导体硅和锗来说,光子吸收过程中需要有声子的吸收和发射. 随着波长从 λ_c 进一步降低,吸收系数缓慢增长. 因此,间接带隙半导体的光吸收能量和 E_g 不完全相等,但通常与 E_g 非常接近,

$$h\nu = E_g \pm h\omega. \tag{10}$$

其中 $h\nu$ 是吸收能量,$h\omega$ 是声子能量.

▶ **例 1**

一 $0.25\mu m$ 厚的单晶硅样品被能量为 3eV 的单色(单一频率)光照射,其入射功率为 10mW. 试求此半导体每秒所吸收的总能量、多余热能耗散于晶格的速率以及通过本征跃迁的复合作用每秒钟所释放的光子数.

解 由图 9.5 可得,其吸收系数 α 为 $4 \times 10^4 cm^{-1}$,则每秒所吸收的能量为

$$h\nu\Phi_0(1 - e^{-\alpha W}) = 10^{-2}[1 - \exp(-4 \times 10^4 \times 0.25 \times 10^{-4})]$$
$$= 0.0063(J/s) = 6.3(mW),$$

每个光子能量中被转换成热能的比例为

$$\frac{h\nu - E_g}{h\nu} = \frac{3 - 1.12}{3} \approx 62.7\%.$$

因此,每秒钟耗散到晶格中的能量为

$$62.7\% \times 6.3 \approx 3.9(mW).$$

因为复合辐射占据 2.4mW(即 6.3mW − 3.9mW)的能量而且每光子能量为 1.12eV,所以每秒钟通过复合作用放出的光子数目为

$$\frac{2.4 \times 10^{-3}}{1.6 \times 10^{-19} \times 1.12} \approx 1.3 \times 10^{16}(光子/秒). *$$

◀

9.2 发光二极管

发光二极管(light emitting diode)是一种 p-n 结,它能在紫外、可见或红外光区域发射自发辐射. 可见 LED 广泛应用于电子仪器设备与其使用者之间的信息载体,而红外 LED 则应用于光隔离器及光纤通信.

---

* 译者注:事实上,由于硅是间接带隙半导体,该例中几乎所有的光吸收能量都将耗散于晶格而不会以 2.4mW 的功率发光.

9.2.1 LED 的结构

LED 的基本结构是一个 p-n 结。如图 9.6(a) 所示,在正向偏置下,电子由 n 侧注入,空穴由 p 侧注入。其内建电势被降低了与偏置电压 V 相同的值,于是注入载流子能够跨越结区,成为过剩少数载流子。如图 9.6(b) 所示,在结区附近,过剩载流子浓度高于平衡值($pn > n_i^2$)因而发生复合。如果采用双异质结设计,LED 的效率将大幅提高。图 9.6(c) 为两侧被较宽带隙材料包围的中间材料,两种类型的过剩载流子都被注入该区域,并被约束于此,从而产生光。采用这种结构,中间区域的过剩载流子数目可显著增加。由于电子-空穴对的浓度更高,辐射性复合寿命变短,因而可以获得更有效的辐射性复合。在这种结构中,中间层一般不掺杂,而两侧区域的掺杂类型相反。这种双异质结设计可产生高得多的效率,因而是首选的方法。

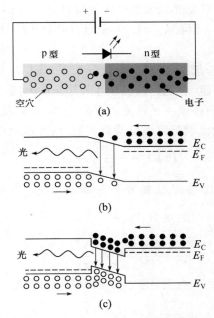

图 9.6 (a) 正向偏置下的 p-n 结,从 n 侧注入的电子与从 p 侧注入的空穴复合;
(b) 复合发生于结的近邻区域;(c) 更高浓度的载流子被约束于双异质结中

进一步的,如果中间有源层厚度减至 10nm 或更小,将形成量子阱。量子阱是可以将载流子的运动束缚于二维空间的势阱,这些载流子原本是可以在三维空间自由移动的。二维情形下,分布于带边的载流子浓度非常陡峭,这在后文以及附录 H 中会有讨论。载流子浓度可以达到更高的水平,从而得到更高的复合效率。有源层厚度薄的另一个优点是,它可以更大程度地适应外延生长中的晶格不匹配。外延生长将在第 11 章中介绍。

9.2.2 LED 的发光特性

一、带至带复合(band-to-band recombination)

电子和空穴复合产生能量为 $h\nu$ 的光子,该能量接近于带隙。因为导带中高于 $E_C \frac{1}{2}kT$ 能量处具有最高的电子浓度,类似地,价带中低于 $E_V \frac{1}{2}kT$ 能量处具有最高的空穴浓度,所

以光子能量可近似为

$$h\nu = E_g + kT. \tag{11}$$

而在实际应用中,我们常忽略 kT 项,即

$$h\nu = E_g. \tag{11a}$$

二、光谱宽度

光谱宽度是由发光最大强度的半峰值处的全宽度(full width at half maximum, FWHM,半高宽)确定的. LED 的光谱在式(11)确定的波长 λ_m 处存在峰值. 由式(1)对 λ 进行求导就可以得到波长变化量与能量变化量之间的关系,

$$\Delta\lambda \approx \frac{1}{hc}\lambda^2 \Delta E. \tag{12}$$

由式(11)可知 ΔE 由 kT 给定. 于是发光峰中心波长任一侧的光谱宽度都依赖于 λ^2 和 T[3]. 光谱宽度则为 $2\Delta\lambda$. 当波长由可见光进入红外区域时,FWHM 将会增大. 例如,$\lambda_m = 0.55\mu m$(绿光)时,FWHM 约为 20nm;但在 $\lambda_m = 1.3\mu m$(红外)时,FWHM 将超过 120nm.

三、频率响应

输入的电信号在高频时一般都会有调制,这导致了 LED 注入电流的直接调制. 寄生元件,如耗尽层电容以及串联电阻,会延迟载流子注入结区的时间,因而延迟了光的输出. 能够以多快的方式调节光输出则最终取决于载流子寿命,该寿命又取决于各种复合过程,如第 2 章讨论过的表面复合. 如果电流以角频率 ω 受到调制,则光输出功率 $P(\omega)$ 为

$$P(\omega) = \frac{P(0)}{\sqrt{1+(\omega\tau)^2}}. \tag{13}$$

其中 $P(0)$ 为 $\omega=0$ 时的光输出,τ 是总载流子寿命. 调制频宽(modulation band-width)Δf 定义为光输出降为 $P(0)$ 的 $\frac{1}{\sqrt{2}}$ 时的频率,即

$$\Delta f \equiv \frac{\Delta\omega}{2\pi} = \frac{1}{2\pi\tau}. \tag{14}$$

总载流子寿命 τ 既与辐射寿命 τ_r 有关,也与非辐射寿命 τ_{nr} 有关,

$$\frac{1}{\tau} = \frac{1}{\tau_r} + \frac{1}{\tau_{nr}}. \tag{15}$$

当 $\tau_r \ll \tau_{nr}$ 时,τ 接近于 τ_r. 随着有源层中掺杂浓度的提高,τ_r 将减小,Δf 将变大. 为了提高速度,我们应提高异质结构的中间有源层的掺杂浓度. 频率响应决定了 LED 能够自如开关的最高频率,也决定了数据的最大传输率.

▶ **例 2**

如果 $\tau = 500$ps,计算砷化镓 LED 的调制带宽.

解 由式(14)得

$$\Delta f = \frac{1}{2\pi \times 500 \times 10^{-12}} = 318 \text{(MHz)}.$$

▶ 9.2.3 量子效率

一、内量子效率

对于一个给定的输入功率,辐射性复合过程与非辐射性复合过程之间存在竞争. 带至带跃迁和借助于陷阱的跃迁都可以是辐射性或非辐射性的. 例如,非辐射性带至带复合存在于

间接带隙半导体中,而借助于陷阱的辐射性复合可通过等电子能级实现,这将在后文讨论.

内量子效率 η_{in} 是注入载流子到发射光子的转换效率,定义为

$$\eta_{in} = \frac{\text{内部发射光子的数量}}{\text{通过结的载流子数量}}. \tag{16}$$

它和注入载流子的辐射性复合率与总复合率的比值有关,也可以写成与其寿命相关的形式,

$$\eta_{in} = \frac{R_r}{R_r + R_{nr}} = \frac{\tau_{nr}}{\tau_{nr} + \tau_r}. \tag{17}$$

其中 R_r 为辐射性复合率,R_{nr} 为非辐射性复合率.显然,减小辐射寿命 τ_r 可提高内量子效率.对于低水平的注入,在结的 p 型一侧的辐射性复合率可表示为

$$R_r = R_{ec}np \approx R_{ec}\Delta n N_A \tag{18}$$

其中 R_{ec} 为复合系数,Δn 为过剩载流子浓度,它远高于热平衡少数载流子浓度,即 $\Delta n \gg n_{p0}$. R_{ec} 为能带结构和温度的函数.对于直接带隙材料,它的值 $\sim 10^{-10} \text{cm}^3/\text{s}$;而对于间接带隙材料,它的值小很多 ($R_{ec} \sim 10^{-15} \text{cm}^3/\text{s}$).

对于低水平的注入 ($\Delta n < p_{p0}$),辐射性复合寿命 τ_r 与复合系数有关,

$$\tau_r = \frac{\Delta n}{R_r} = \frac{1}{R_{ec}N_A}. \tag{19}$$

而对于高水平的注入,Δn 的增加使得载流子复合几率增加,因而 τ_r 会降低.在双异质结 LED 中,载流子受束缚(carrier confinement)使得 Δn 增加,τ_r 随之降低,所以内量子效率得到提高,如式(17)所示.

非辐射性复合寿命通常取决于陷阱态或复合中心的密度 N_t,

$$\tau_{nr} = \frac{1}{\sigma v_{th} N_t}. \tag{20}$$

其中 σ 为俘获截面,v_{th} 为平均热速度.

二、外量子效率

显然,对于 LED 的应用来说,器件向外部的光发射能力更为重要.用以表征光外部发射效率的参数是光效率 η_{op},有时也称为抽取效率(extraction efficiency).外量子效率的定义为

$$\eta_{ex} = \frac{\text{外部发射光子数目}}{\text{通过结的载流子数目}} = \eta_{in}\eta_{op}. \tag{21}$$

有多种主要的基本损耗机制会导致光效率降低,这里我们重点介绍器件光路和光界面方面的损耗机制.

(1) LED 材料的吸收:如 9.1 节讨论的,对于给定的光波长,光的损耗与吸收系数有关.使结尽量靠近发射面能够使吸收最小化.

(2) 衬底的吸收:图 9.7(a)所示为以砷化镓为衬底的红光发射的直接带隙 GaAsP LED 的结构图.图 9.7(b)则是以磷化镓为衬底的发橙、黄或绿光的间接带隙 GaAsP LED 的结构图,它具有更宽的带隙.采用外延方法生长的缓变型 $GaAs_{1-y}P_y$ 合金层,可以将界面处因晶格不匹配所导致的非辐射复合中心减至最少.如图 9.7(a)所示,以砷化镓为衬底的 GaAsP 红光 LED,由于衬底不透光,吸收损耗很大,衬底吸收约为结发射光子量的 85%.在以透明磷化镓为衬底的 GaAsP 橙、黄或绿光 LED 中,向下发射的光子可以被反射回来,只有 25% 的光子被底部的金属接触吸收.其效率得到显著提高,如图 9.7(b)所示.当然,较薄的衬底能减小衬底吸收.在 LED 制造完成后,衬底通常会被研磨至厚度为 $100\mu m$ 以提高其抽取效率.然而,衬底太薄会降低其机械强度.

(3) 菲涅尔(Fresnel)反射损耗:对于从半导体到空气的正入射光,其光路方向不会改变.但它存在菲涅尔损耗,其反射系数与折射率差异有关,以图 9.7(a)中的光路 A 为例,

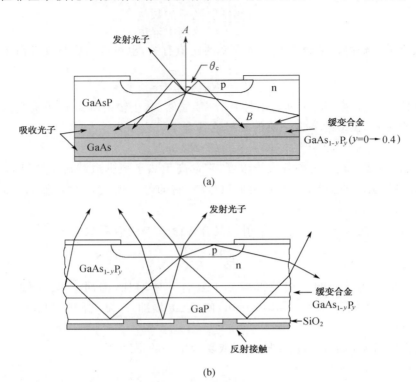

图 9.7 平面二极管 LED 的基本结构以及(a)不透明衬底($GaAs_{1-y}P_y$)与 (b)透明衬底(GaP)对 p-n 结光子发射的影响[4]

$$R = \frac{(\overline{n}_1 - \overline{n}_2)^2}{(\overline{n}_1 + \overline{n}_2)^2}. \quad (22)$$

其中 $\overline{n}_1$ 为外部介质的折射率(通常为空气 $\overline{n}_1 = 1$),$\overline{n}_2$ 为半导体的折射率.我们可以在 LED 表面用抗反射镀层降低光损耗.

(4) 总的内部反射损耗:如图 9.7(a)中的光路 B,大于临界角 θ_c 的入射光将被全部反射回半导体,θ_c 由斯涅耳定律(Snell's law)得到.

$$\sin\theta_c = \frac{\overline{n}_1}{\overline{n}_2}. \quad (23)$$

其中,光线由折射率为 $\overline{n}_2$ 的介质(如砷化镓在 $\lambda = 0.8\mu m$ 时,$\overline{n}_2 = 3.66$)入射到折射率为 $\overline{n}_1$ 的介质(如空气 $\overline{n}_1 = 1$).砷化镓的临界角约为 $16°$;而磷化镓(在 $\lambda = 0.8\mu m$ 时,$\overline{n}_2 = 3.45$)的临界角约为 $17°$.粗糙的表面可以降低总的内部反射损耗[5].

LED 的正向电流-电压特性类似于第 3 章中介绍的砷化镓 p-n 结.当正向偏压较低时,二极管电流以非辐射性复合电流为主导,主要是由 LED 芯片周围的表面复合引起的.当正向偏压较高时,二极管电流则以辐射性扩散电流为主导.当正向偏压进一步升高时,二极管电流将受限于串联电阻.二极管的总电流可以写为

$$I = I_d \exp\left[\frac{q(V - IR_s)}{kT}\right] + I_r \exp\left[\frac{q(V - IR_s)}{2kT}\right]. \quad (24)$$

其中 R_s 为器件的串联电阻，I_d 及 I_r 分别为由扩散及复合所引起的饱和电流. 为提高 LED 的输出功率，我们必须减小 I_r 及 R_s.

9.3 发光二极管种类

发光二极管(LED)是一种 p-n 结，它能在紫外、可见或红外区域发射自发辐射. 可见光 LED 广泛应用于电子仪器设备与使用者之间的信息载体；白光 LED 已用于道路照明，并且成为液晶平板显示器背光源的关键组件；当蓝光、绿光和红光 LED 的成本降低后(尤其是蓝光 LED)，LED 在固态照明应用上有潜力取代传统光源；而红外 LED 则应用于光隔离器、光纤通信和医疗方面的应用.

▶ 9.3.1 可见光发光二极管

图 9.8 所示为人眼对光波长(或对应光子能量)的相对响应曲线. 人眼的最大感光灵敏度位于 555nm 处，而在可见光谱的极限(约为 400nm 与 700nm)处，人眼的反应几乎降为零. 对于正常视觉的人，在人眼感光的峰值处，1W 的辐射能量相当于 683 流明(lm).

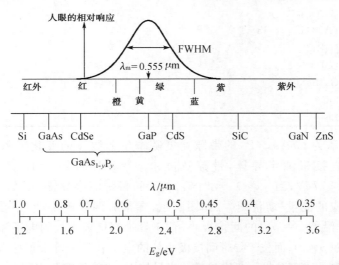

图 9.8　常用于制造可见光 LED 的半导体，图中也给出了人眼的相对感光函数

由于人眼只对光子能量 $h\nu$ 等于或大于 1.8eV(700nm) 的光线感光，因此所选择的半导体，其带隙宽度必须大于该极限值. 图 9.8 给出了多种半导体的带隙宽度. 表 9.1 列出了用于在可见与红外区域产生光源的半导体. 在所列的半导体材料中，对于可见光 LED 最重要的是 $GaAs_{1-y}P_y$ 与 $Ga_xIn_{1-x}N$ 的 Ⅲ-Ⅴ 族化合物系统. 当有一种以上的 Ⅲ 族元素随机分布于 Ⅲ 族元素的晶格位置(如镓位置)，或有一种以上的 Ⅴ 族元素随机分散于 Ⅴ 族元素的晶格位置(如砷位置)，就形成了 Ⅲ-Ⅴ 族化合物合金. **三元**(三种元素)化合物常用符号 $A_xB_{1-x}C$ 或 $AC_{1-y}D_y$ 表示，而**四元**(四种元素)化合物则用 $A_xB_{1-x}C_yD_{1-y}$ 表示. 其中，A 和 B 为 Ⅲ 族元素，C 和 D 为 Ⅴ 族元素，x 和 y 是物质的摩尔分数(mole fraction)，即化合物合金内某一给定元素原子数与 Ⅲ 族元素或 Ⅴ 族元素总原子数之比.

表 9.1 常用于制造 LED 的 Ⅲ-Ⅴ 族材料及其发射波长

材 料	波长/nm
InAsSbP/InAs	4200
InAs	3800
GaInAsP/GaSb	2000
GaSb	1800
$Ga_x In_{1-x} As_{1-y} P_y$	1100～1600
$Ga_{0.47} In_{0.53} As$	1550
$Ga_{0.27} In_{0.73} As_{0.63} P_{0.37}$	1300
GaAs：Er,InP：Er	1540
Si：C	1300
GaAs：Yb,InP：Yb	1000
$Al_x Ga_{1-x} As$：Si	650～940
GaAs：Si	940
$Al_{0.11} Ga_{0.89} As$：Si	830
$Al_{0.4} Ga_{0.6} As$：Si	650
$GaAs_{0.6} P_{0.4}$	660
$GaAs_{0.4} P_{0.6}$	620
$GaAs_{0.15} P_{0.85}$	590
$(Al_x Ga_{1-x})_{0.5} In_{0.5} P$	655
GaP	690
GaP：N	550～570
$Ga_x In_{1-x} N$	340,430,590
SiC	400～460
BN	260,310,490

图 9.9(a) 所示为 $GaAs_{1-y}P_y$ 的带隙宽度随摩尔分数 y 的变化关系曲线. 当 $0 < y < 0.45$ 时,它属于直接带隙半导体,带隙宽度由 $y=0$ 时的 $E_g=1.424eV$,增加到 $y=0.45$ 时的 $E_g=1.977eV$;当 $y > 0.45$ 时,它属于间接带隙半导体. 图 9.9(b) 所示为几种不同合金成分对应的能量-动量图[6]. 如图所示,导带有两处极小,一个是沿着 $p=0$ 的直接极小,另一个是沿着 $p=p_{max}$ 的间接极小. 位于导带直接极小处的电子和位于价带顶的空穴具有相同的动量($p=0$);而位于导带间接极小处的电子和位于价带顶的空穴则具有不同的动量. 辐射跃迁机制绝大部分发生于直接带隙半导体中,如砷化镓及 $GaAs_{1-y}P_y$ ($y<0.45$).

然而,对于 $y>0.45$ 的 $GaAs_{1-y}P_y$ 及磷化镓,它们都是间接带隙半导体,发生辐射跃迁的几率非常小,因为晶格的相互作用或其他散射媒介必须参与该过程以保持动量守恒. 因此,在间接带隙半导体中,会引入一些特殊的复合中心以增加辐射性复合几率. 如对于 $GaAs_{1-y}P_y$,将氮引入其晶格中可以形成有效的辐射性复合中心.

当氮被引入时,它会取代原先位于晶格位置的磷原子. 氮原子的外围电子结构和磷原子相似(它们都是周期表内 Ⅴ 族元素),但它们的核心电子结构却不相同. 这个差异会在导带下方引入一个陷阱能级. 被俘获的电子随后吸引一个空穴并与之复合,辐射出能量比带隙宽度小 50meV 的光子. 氮原子充当复合中心,但不会贡献额外的载流子,因此被称作**等电子中心**(iso-electronic center). 这个复合中心能显著提高间接带隙半导体的辐射跃迁几率.

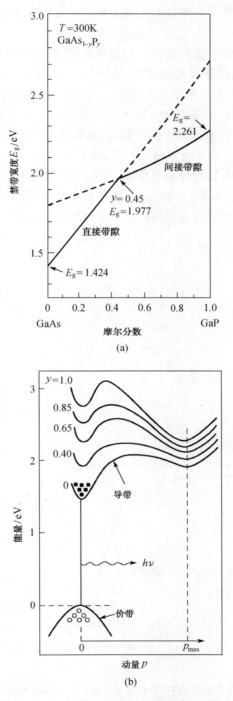

图9.9 (a) $GaAs_{1-y}P_y$ 的直接及间接能带与组分的关系；
(b) 对应于红色($y=0.4$)、橙色(0.65)、黄色(0.85)和绿色(1.0)的合金组分[6]

对于掺氮带隙系统的另一种解释基于海森堡不确定性原理,该公式可以表示为
$$\Delta p \Delta x \geq \hbar. \tag{25}$$
其中 p 为动量,x 为位置.由于任意氮原子的局域态的位置理论上是可以确定的,Δx 很小,因此 Δp 很大.这意味着相应能级的波函数可以在 k 空间展开,并且具有位于价带顶正上方的有限值.一个电子从导带落入氮原子的能级后,它有一定的几率可以直接出现在价带顶上方,如图 9.10(a)所示.因此,间接带隙半导体看上去类似于直接带隙材料.图 9.10(b)所示为 $GaAs_{1-y}P_y$ 在含有或不含有等电子杂质氮时,其量子效率(即每电子-空穴对所产生的光子数)与合金组分的关系[7].在不含氮时,量子效率在 $0.4 < y < 0.5$ 的范围内会急剧下降.这是因为带隙结构在 $y = 0.45$ 这点发生了变化,从直接带隙变为间接带隙.在含氮的情况下,$y > 0.5$ 时,量子效率显著提高了,尽管如此,量子效率仍会随着 y 的增加而稳步减小,这是因为直接带隙与间接带隙之间的能量间隔增加了,如图 9.9(b)所示.

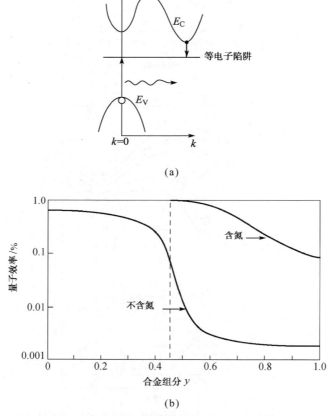

图 9.10 (a)间接带隙材料中,借助等电子陷阱产生辐射性复合的 E-k 示意图;
(b) 含及不含等电子杂质氮时,量子效率与合金组分的关系图[7]

为实现高亮度的蓝光 LED(455~492nm),已研究的材料有:Ⅱ-Ⅵ族化合物硒化锌(ZnSe)、Ⅲ-Ⅴ族氮化物半导体氮化镓(GaN)和Ⅳ-Ⅳ族化合物碳化硅(SiC).然而,Ⅱ-Ⅵ族器件的寿命太短,导致其至今不能商业化;而碳化硅因其为间接带隙,致使其发出的蓝光亮度太低.目前最有希望的材料是氮化镓($E_g = 3.44$eV)及其相关的Ⅲ-Ⅴ族氮化物半

导体如 AlGaInN,其直接带隙范围为 0.7~6.2eV(对应的波长为 200~1770nm)[8].虽然没有晶格匹配的衬底可供氮化镓生长,但是采用低温生长的氮化镓或氮化铝(AlN)作为缓冲层,仍然在蓝宝石(Al_2O_3)衬底上生长出了高品质的氮化镓.

图 9.11(a)所示为生长于蓝宝石衬底上的双异质结氮化物 LED.因为蓝宝石衬底是绝缘体,所以 p 型与 n 型的欧姆接触都必须形成于上表面.蓝光产生于 $In_xGa_{1-x}N$ 区域的辐射性复合,该层被夹于两侧带隙宽度较大的半导体之间:一个是 p 型的 $Al_xGa_{1-x}N$ 层,一个是 n 型的氮化镓层.带隙较大的 p 型 $Al_xGa_{1-x}N$ 层能够有效阻断从 n 型 GaN 注入的电子,这是由于其较大的导带能差(conduction band offset).图 9.11(b)所示为多量子阱 $In_xGa_{1-x}N/GaN$ LED,它具有更高的载流子复合效率和更高的量子效率.

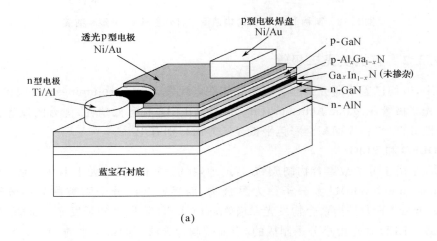

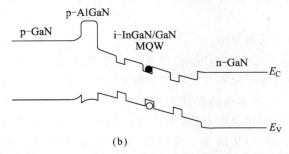

图 9.11 (a) 生长于蓝宝石衬底上的Ⅲ-Ⅴ族氮化物 LED;(b) 蓝光产生于多量子阱结构的 $Ga_xIn_{1-x}N/GaN$ 区,该区域被夹在 p 型 $Al_xGa_{1-x}N$ 层与 n 型氮化镓层之间

可见光 LED 可应用于全彩显示器、全彩指示器以及灯具,具有高效率和高可靠性.图 9.12 为两种 LED 灯具的构造图[8].每个 LED 灯包含一个 LED 芯片及一个塑料镜头.该镜头常被着色作为滤光并增强对比度.图 9.12(a)为使用传统二极管头座的灯具,而图 9.12(b)为适用于透明半导体(如磷化镓、蓝宝石)的封装,它可通过 LED 芯片所有的五个面(四个侧边和一个顶部)发光.

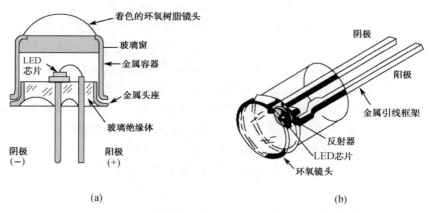

图 9.12 两种 LED 灯具的构造图[9],(a)金属及(b)塑料封装

▶ 9.3.2 有机发光二极管

近年来,人们已着手研究某些有机半导体在电致发光(electroluminescent)上的应用.因为有机发光二极管(organic light-emitting diode,OLED)具有低功耗、优秀的发光性能和宽视角等特性,所以它在大面积全彩色平板显示方面特别有用[10].

一、OLED 和 PLED

OLED 是由小分子或聚合物制成的.普遍地,我们将分子质量大于 10000 原子质量单位(atomic mass unit,amu)的大分子称为**聚合物**,而轻一些的分子则被称为**小分子**.通常,PLED(polymer LED)是指聚合物发光二极管;而 OLED 是指小分子发光二极管,这是因为第一个高效 OLED 就是由小分子制成的.当前的制造方法所制造出来的 OLED 结构通常是非晶态的,如采用真空蒸镀技术制造的 OLED,或采用旋涂、丝网印刷等技术制造的 PLED 等.

二、聚合物和小分子的电导率

碳可以形成两种基本的杂化结构.一种是四面体共价键结构(sp^3 杂化),价带电子被紧束缚因而成为绝缘体,如金刚石和饱和聚合物(如乙烷 C_2H_6).另一种结构是平面六角共价键结构(sp^2 杂化),电子轨道将形成弱离域的(delocalized)π-π 键,相邻碳原子间交替形成单键和双键,如石墨和共轭聚合物(如乙烯 C_2H_4).这种结构被称为共轭的,π 电子不属于任何一个原子或单键,而是属于一组原子.π 键的强度弱于 σ 键,因此有可能呈现出半导体或金属的性质.

苯(C_6H_6)的分子结构也有同样的 sp^2 杂化轨道.如图 9.13 所示,六个碳原子通过交替的单键和双键组成一个平面环.苯的分子结构也是共轭的.在 OLED 中,苯环是一个重要的基础,它负责小分子内的电子输运.然而,分子间的电荷输运则主要依靠跳跃过程(hopping process).对于大多数有机半导体,不像无机半导体,其迁移率随温度的升高而增加,这是因为高温下载流子具有更高的热能.OLED 的迁移率很低,这与其固态纳米结构的无序(disorder)有关.单晶结构小分子的最大空穴迁移率和电子迁移率分别约为 $15 cm^2/(V·s)$ 和 $0.1 cm^2/(V·s)$.将分子整合成规整排列的多晶薄膜可以得到更高的迁移率.

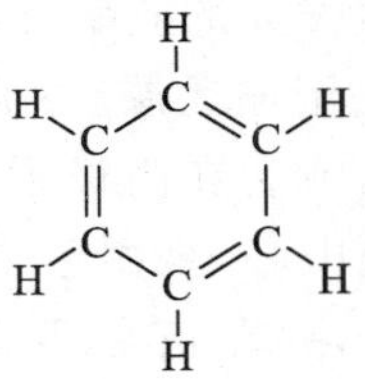

图 9.13 苯环结构及其离域 π 键和 σ 键

三、带隙

有机分子被具有特定能量和空间分布的电子所包围,即分子轨道.电子先占据分子轨道的低能级,再占据高能级.

HOMO(highest occupied molecular orbital)和 LUMO(lowest unoccupied molecular orbital)分别是最高已占据分子轨道和最低未占据分子轨道的缩写.当两个分子相互作用时,将引入 HOMO 和 LUMO 的能级分裂.当许多分子相互作用时,将形成连续的 HOMO 能带和 LUMO 能带,分别对应于无机半导体的价带和导带,如第 1 章中讨论.HOMO 能带的最高能级和 LUMO 能带最低能级的能量差即为带隙,不同有机半导体的带隙一般不同.OLED 中光的发射和吸收与其带隙密切相关.

根据自旋统计,只有 25% 的跃迁是辐射性复合,单纯地通过有机材料很难实现高效的电致发光.激发态分子(主发光体,host emitter)可以把能量传递给低能态的分子(客发光体或掺杂,guest emitter 或 dopant).如果杂质具有更高的效率,它可以提高发射效率,还可以改变电致发光的颜色以及寿命.

四、OLED 结构

高性能的 OLED 基于多层复合结构的概念.图 9.14(a)所示为用于双层结构的两种代表性的有机半导体材料的分子结构图[11].一个是三 8-羟基喹啉铝 AlQ_3(Q:quinolin-8-olato),它含有六个连接至中心铝原子的苯环,能够强烈吸引电子,形成缺电子态,即电子输运层(ETL);另一个是芳香二胺(aromatic diamine),同样含有六个苯环,但具有不同的分子排列.二胺结构中的氮有一个单独的电子对,它很容易离化并接受空穴.因此,二胺是空穴输运层(HTL).基本的 OLED 须在透明衬底(如玻璃)上淀积数层薄膜形成.从衬底往上依次为:透明导电阳极(如氧化铟锡,indium tin oxide,ITO)、作为空穴输运层的二胺、作为电子输运层的 AlQ_3 以及阴极接触层(如含有 10% 银的镁合金),其截面图如图 9.14(b)所示.图9.14(c)所示为 OLED 的能带图,它基本上是 AlQ_3 与二胺间形成的一个异质结.在适当的偏压下,电子由阴极注入并向异质结界面移动,同时空穴由阳极注入并向该界面移动.由于存在势垒 ΔE_c 与 ΔE_v,这些载流子将在界面处累积,增加了辐射性复合的机会.

空穴输运层的作用是帮助空穴由阳极注入,接受这些空穴,并将它们输运至异质结界面处.因此,空穴输运层和阳极的能级差必须符合空穴从阳极注入的要求,且空穴的迁移率要足够高.如果空穴输运层兼具阻挡电子的功能,那就更好.类似地,电子输运层的作用是帮助电子由金属阴极注入,再通过电子输运层进行输运.因此,电子输运层和阴极的能级差必须符合电子从阴极注入的要求,且电子的迁移率要足够高.如果电子输运层兼具空穴阻挡功能,那就更好.对于二胺/AlQ_3 双层结构,$\Delta E_v < \Delta E_c$.较高的电子势垒 ΔE_c 能够有效阻断电子,将其约束在界面处.空穴势垒 ΔE_v 相对较低,因而仍有较多空穴可注入 AlQ_3 中.因此,电子输运层也是发光层(EML).这种架构将复合限定于 AlQ_3 之内

并限制了电子漏电流,显著提高了电致发光的效率.值得注意的是,空穴势垒越低,则提供相同电流所需的电压就越低.但是注入电子输运层/发光层的空穴数量增多并非我们所希望的,因为大部分的空穴会泄漏到阴极,或者在阴极附近与大量存在的光猝灭中心结合.光猝灭中心,即不发光的电子-空穴复合中心,来源于空气中的氧气和水汽通过阴极的微观针孔、裂纹或者晶粒间界扩散至 AlQ_3,并在正常环境光照的过程中发生氧化反应形成的羰基族.

由图 9.14(c),我们可以具体说明 OLED 的设计准则:① 使用超薄薄膜,以降低偏压.例如,图中有机半导体薄膜的总厚度只有 150nm.② 降低注入势垒.为了能在高电流密度下工作,空穴注入的势垒高度 $q\varphi_1$ 与电子注入的势垒高度 $q\varphi_2$ 必须足够低,以提供大量载流子注入.③ 选用适当的带隙宽度以获得所需的颜色.以 AlQ_3 为例,它发出的光是绿色的.通过选择不同带隙宽度的有机半导体,我们可以得到包括红、黄、蓝等的不同颜色.

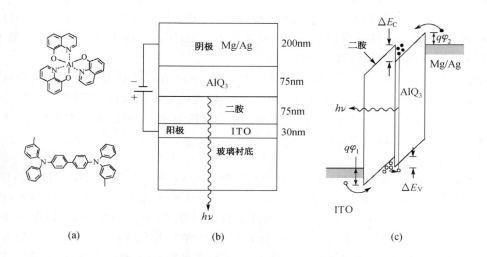

图 9.14 (a) 有机半导体;(b) OLED 截面示意图;(c) OLED 的能带图

图 9.15(a)所示为一种三层结构,薄的发光层被夹在空穴输运层和电子输运层(ITO/HTL/EML/ETL/Metal)之间.发光层中电子和空穴的浓度更高,因此光发射效率也更高,如图 9.15(a)的能带图所示.四层结构的 OLED 在 ITO 和 HTL 之间插入一层薄的空穴注入层(HIL)以降低势垒高度 $q\varphi_1$,这样不仅能降低驱动电压,还能提高器件的耐用性.五层结构的 OLED 在金属阴极和 ETL 之间插入薄的电子注入层(ITO/HIL/HTL/EML/ETL/EIL/Metal),其对应的能带图如图 9.15(b)所示,这种结构具有更高的效率.

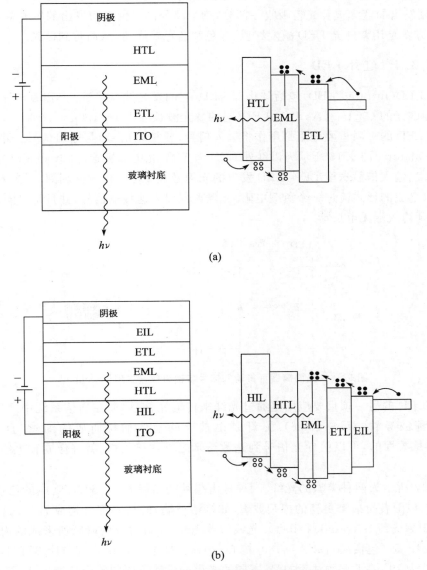

图 9.15 (a)三层和(b)五层结构的 OLED

9.3.3 白光 LED

由于 LED 的效率比传统白炽灯高很多,所以将白光 LED 应用于通用照明一直极具吸引力.另外,LED 的寿命是传统灯具的十倍以上.

白光可由两种或三种不同颜色的光以适当光强比混合得到.有两种基本的方法可以获得白光:一种是将不同颜色红、绿和蓝的 LED 结合起来,由于其成本较高,且控制不同颜色光混合的电光设计很复杂,所以这不是一种通用的办法;第二种方法,也是最常用的方法,就是在单个 LED 上覆盖颜色转换器.颜色转换器是一种特殊的材料,它能吸收 LED 的原始发光,并发射出不同频率的光.颜色转换材料可以是荧光粉、有机染料,或是另一种半导体材料[12].其中,荧光粉是三种中最常用的,它的出射光的光谱通常比 LED 宽得多.这些颜色转换器的效率可以非常高,接近100%.一种比较常用的方案是将蓝光 LED 配合黄色荧光粉使用,LED 发出的蓝光被荧光粉吸收一部分,剩余部分再与荧光粉发出的黄光混合成白光.另外一种方案是用紫外光 LED 激发红色、绿色和蓝色荧光粉,从而得到白光.

▶ 9.3.4 红外 LED

红外 LED(Infrared LED)包括砷化镓 LED(它的发光波长接近 $0.9\mu m$)与许多Ⅲ-Ⅴ族化合物,如四元的 $Ga_xIn_{1-x}As_yP_{1-y}$ LED(它的发光波长为 $1.1\sim1.6\mu m$).

红外 LED 的一项重要应用是用作将输入信号(或控制信号)与输出信号去耦的光隔离器(opto-isolator).图 9.16 所示为以红外 LED 为光源、光电二极管(photodiode)为探测器的光隔离器.当输入信号送至 LED,LED 发出的光信号被光电二极管探测到.于是光被转换回电信号,以电流的形式流过一个负载电阻.光隔离器以光速传输信号,并且是电隔离的,因为从输出端到输入端无电反馈.

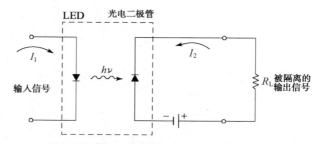

图 9.16 光隔离器可将输入信号与输出信号去耦(decouple)

红外 LED 的另一项重要应用是通过光纤来传输光信号,如在通信系统中.光纤为光频率下的一种波导管(wave-guide).光纤是由玻璃的前体抽拉而成的细丝,直径大约为 $100\mu m$.它是柔性的,可以引导光信号到达数千米之外的接收机,就好像同轴电缆传输电信号一样.

图 9.17 所示为两种类型的光纤.一种是由很纯的熔融石英(SiO_2)制成的包覆层(cladding layer)包围着折射率更高的掺杂玻璃(如掺锗玻璃)的核心部分构成的[13].这种光纤称为**阶跃折射率光纤**(step-index fiber).光线沿着光纤,靠折射率的阶跃所形成的内反射来传输.当 $\bar{n}_1=1.457$(包覆层),$\bar{n}_2=1.480$(核心,20%锗掺杂)时,由式(23)计算可得,其内反射的临界角约为 $79°$.在此必须注意的是,不同的光束会沿着不同的路径长度传播[图 9.17(a)],当光脉冲到达阶跃折射率光纤的终点时,该脉冲会展宽.而在**渐变折射率光纤**(graded-index fiber)中[图 9.17(b)],折射率以抛物线形式由核心向外递减.这样,朝向包覆层的光束行进速度(由于折射率较低)将大于沿着核心的光束行进速度,所以脉冲展宽会显著地减小.当光沿着光纤传输时,光信号会逐渐衰减.然而,以高穿透性的高纯熔融石英为原料制成的光纤,在波长范围 $0.8\sim1.6\mu m$ 时光衰减很低,且与 λ^{-4} 成正比.在波长分别为 $0.8\mu m$、$1.3\mu m$ 和 $1.55\mu m$ 时,典型的衰减值分别为3dB/km、0.6dB/km 和 0.2dB/km[14].

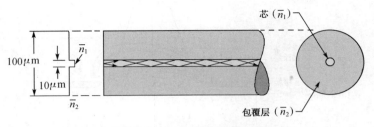

(a) 阶跃折射率光纤,具有折射率较大的核心部分

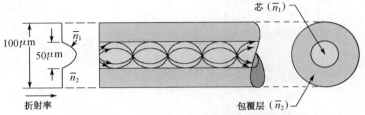

(b) 渐变折射率光纤,核心部分折射率以抛物线形式向外递减[13]

图 9.17　光纤

图 9.18 所示为一种简单的点对点(point-to-point)光纤通信系统,它利用一个光源(LED 或激光器),将输入的电信号转变成光信号,这些光信号被导入光纤并传输到光探测器,再转换回电信号.

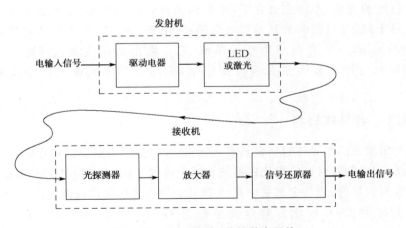

图 9.18　光纤传输系统的基本元件

图 9.19 所示为应用于光纤通信的一种表面发射红外 GaInAsP LED[15]. 光线由表面的中央区域发出,并导入光纤. 利用异质结(如 GaInAsP-InP)可以提高效率,因为包围在辐射性复合区 GaInAsP 周围具有较宽带隙的半导体 InP 会有约束载流子的作用. 异质结亦可作为辐射的光窗(optical window),因为宽带隙的约束层不会吸收从窄带隙发射区发出的辐射.

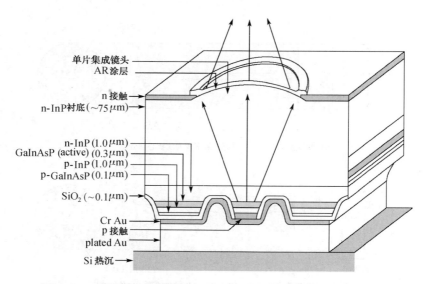

图 9.19 小面积平面刻蚀的 GaInAsP/InP 表面发射 LED 结构[15]

9.4 半导体激光器

半导体激光器和固态红宝石激光器及氦氖气体激光器相似,它们都能发出具有高度方向性和单色性的光束. 不同之处在于,半导体激光器体积很小(长度约只有 0.1mm),而且在高频时易于调制,只需调节其偏置电流即可. 由于这些特性,半导体激光器是光纤通信中最重要的光源之一. 它也应用于录像机、光学读出及高速激光打印机等. 此外,它在许多基础研究与技术方面也有着重要应用,如高分辨率气体光谱学及大气污染监测等.

▶ 9.4.1 半导体材料

所有能发出激光的半导体材料都具有直接带隙. 这是因为基于动量守恒,直接带隙半导体的辐射性跃迁几率高. 目前的激光发射波长涵盖范围从 $0.3\mu m$ 到超过 $30\mu m$. 砷化镓是最先实现激光发射的材料,故与之相关的 III-V 族化合物合金已被广泛研究.

最重要的三种 III-V 族化合物合金系统是 $Ga_xIn_{1-x}As_yP_{1-y}$、$Ga_xIn_{1-x}As_ySb_{1-y}$ 和 $Al_xGa_{1-x}As_ySb_{1-y}$ 固溶体. 图 9.20 所示为这三种合金系统的二元、三元及四元化合物的带隙宽度与晶格常数的关系[16]. 若要得到界面陷阱可忽略的异质结构,我们必须选用晶格紧密匹配的两种半导体.

如果我们选用 GaAs($a=5.6533Å$)作为衬底,则三元化合物 $Al_xGa_{1-x}As(0 \leqslant x \leqslant 1)$ 的晶格失配可小于 0.1%. 若选用 InP($a=5.8687Å$)作为衬底,则四元化合物 $Ga_xIn_{1-x}As_yP_{1-y}$ 也可达到近完美的晶格匹配,如图 9.20 中央的垂直线所示.

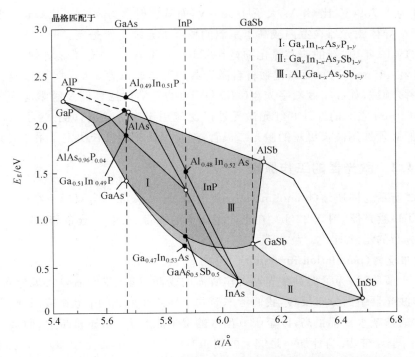

图 9.20　三种Ⅲ-Ⅴ族化合物固态合金系统的带隙宽度与晶格常数的关系图[16]

图 9.21(a)所示为三元化合物 $Al_xGa_{1-x}As$ 的带隙宽度与铝组分的关系[1]。在 $x<0.45$ 时，此合金为直接带隙半导体，超过此值后则变成间接带隙半导体。图 9.21(b)所示为其折射率与铝组分的关系。基本上，折射率与带隙宽度成反比。例如，当 $x=0.3$ 时，$Al_xGa_{1-x}As$

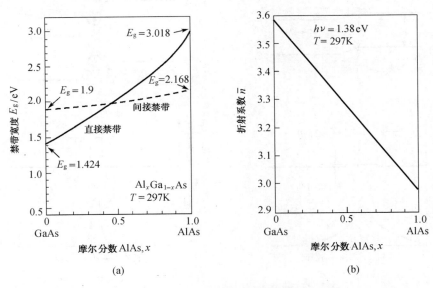

图 9.21　(a) $Al_xGa_{1-x}As$ 禁带宽度与组分的关系[1]；
(b) 在 1.38eV 时 $Al_xGa_{1-x}As$ 的折射率与组分的关系

的带隙宽度为 1.789eV, 比 GaAs 大了 0.365eV, 而其折射率为 3.385, 比 GaAs 小了 6%. 这些特性对于半导体激光器在室温或高于室温的环境下连续工作是重要的.

在过去的 10 年里, 新的一类氮化物材料(AlGaN 和 AlInN)有了显著的发展. 蓝光激光器通常工作在 405nm 波长, 而氮化物材料激光器的工作波长为 360~480nm. 这些器件已广泛应用于诸多领域, 如高密度数字光盘(HD DVD)的光学数据存储及医学应用等. 目前, 波长在 780~650nm 之间的红外和红光激光器广泛应用于光学数据存储. 为了增加光盘的存储容量, 我们必须选用波长更短的激光二极管, 这是因为光的波长决定了最小光斑的尺寸.

▶ **9.4.2 激光器的工作原理**

图 9.22 所示为同质结(homojunction)激光器[图 9.22(a)]与双异质结(double-heterostructure, DH)激光器[图 9.22(b)]在正向偏压下的能带、折射率分布和光产生的光场(optical-field)分布的示意图[17].

一、分布反转(population inversion)

如 9.1.1 节所述, 为了促进激光器工作所需的受激发射, 我们需要实现分布反转. 为了达到半导体激光器中的分布反转, 我们考虑简并半导体间形成的 p-n 结或双异质结. 这意味着在结两端的掺杂水平都很高, 以至于 p 型区的费米能级 E_{FV} 低于价带边, 而 n 型区的费米能级 E_{FC} 则高于导带边. 当外加一足够大的偏压时(图 9.22 中的能带图), 会发生大注入情

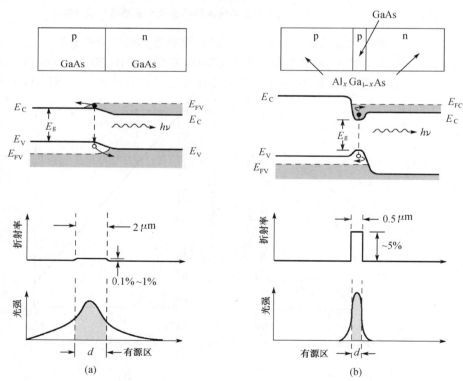

图 9.22　(a) 同质结激光器与 (b) 双异质结(DH)激光器的一些特性比较, 第二行是正向偏压下的能带图, 同质结激光器的折射率变化小于 1%, 而 DH 激光器的折射率变化约为 5%, 最下面一行是光的约束情形[17]

况,即高浓度的电子和空穴会注入过渡区.结果在区域 d(图 9.22),导带会有高浓度的电子,而价带则拥有高浓度的空穴,这就是分布反转所需的条件.对于带至带跃迁,所需的最小能量是带隙宽度 E_g.因此,由图 9.22 的能带图,我们可以写出分布反转所必需的条件:$E_{FC} - E_{FV} > E_g$.

二、载流子与光学约束(carrier and optical confinement)

正如在双异质结激光器中所看到的,载流子在有源区(active region)的两端都会被异质结势垒所约束;而在同质结激光器中,载流子可离开发生辐射性复合的有源区.

对于同质结激光器,中间波导层和相邻层之间折射率的差异是由载流子浓度的不同引起的.载流子浓度较高的材料折射率较低.此处,有源层的载流子浓度要低于重掺杂 n^+ 和 p^+ 层.所以同质结激光器的折射率变化只有 0.1%~1%.在双异质结激光器中,有源区以外的折射率骤然减小,导致了光场被约束于有源区内.光学约束可由图 9.23 来说明,它是一个三层介质的波导管,其折射率分别为 $\bar{n}_1$、$\bar{n}_2$ 和 $\bar{n}_3$.其中,有源层被夹在两个约束层之间[图 9.23(a)].在 $\bar{n}_2 > \bar{n}_1 \geq \bar{n}_3$ 的条件下,第一层和第二层界面处[图9.23(b)]的光线角度 θ_{12} 超过了式(23)给出的临界角.而第二层和第三层界面处的 θ_{23} 也是相似的情况.因此,当有源层的折射率大于周围介质层的折射率时,光学辐射的传播就被导引(约束)至与界面平行的方向上.我们可以定义**约束因子**(confinement factor)Γ 为有源区内的光强与有源区内外光强之和的比值.约束因子可写为

$$\Gamma \approx 1 - \exp(-C\Delta\bar{n}d). \tag{26}$$

其中 C 为常数,$\Delta\bar{n}$ 为折射率差异,d 为有源层厚度.很显然,$\Delta\bar{n}$ 与 d 愈大,约束因子 Γ 就愈高.

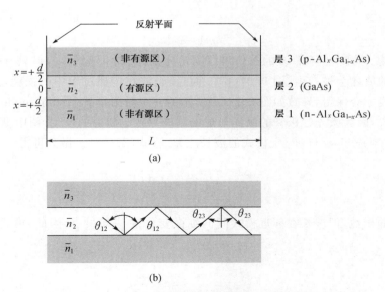

图 9.23 (a) 三层介质的波导示意图;(b) 波导内光传播的轨迹

三、光学腔与反馈(optical cavity and feedback)

我们已经讨论过，激光产生的必要条件为分布反转. 只要分布反转的条件持续存在，受激发射的光子就有可能引发更多的受激发射. 这就是光增益(optical gain)的现象. 光波沿着激光腔单程传播所获得的增益是很小的. 为了提高增益，我们必须使光波作多次传播. 这可以通过在激光腔的两端放置镜面来实现，如图9.23(a)所示的左右两侧的反射面. 对于半导体激光，构成器件的晶体的劈裂面可以作为此镜面. 如沿着砷化镓器件的(110)面裂解，可以产生两面平行、完全相同的镜面. 有时候我们会对激光器的背部镜面金属化，以提高其反射率. 我们可以计算出每个镜面的反射率 R 为

$$R = \left(\frac{\bar{n}-1}{\bar{n}+1}\right)^2. \tag{27}$$

其中 $\bar{n}$ 为当波长为 λ 时半导体的折射率($\bar{n}$ 通常为 λ 的函数).

▶ **例 3**

计算砷化镓的反射率 $R(\bar{n}=3.6)$.

解 由式(27)得

$$R = \left(\frac{3.6-1}{3.6+1}\right)^2 \approx 0.32,$$

即在裂解面有32%的光会被反射. ◀

如果两端平面间的距离恰好是半波长的整数倍，增强且相干的光会在激光腔中来回地反射. 因此，对于受激发射，激光腔的长度 L 必须满足下述条件：

$$m\left(\frac{\lambda}{2\bar{n}}\right) = L \tag{28}$$

或

$$m\lambda = 2\bar{n}L \tag{28a}$$

其中 m 为整数. 很显然，有许多的 λ 值可以满足此条件[图9.24(a)]，但只有那些落在自发发射光谱内的值才会被产生[图9.24(b)]. 而且，光波在传播过程中的损耗，意味着只有最强的那些谱线才会保留，导致如图9.24(c)所示的一组激射模式(lasing mode)，这些模式被称为纵向模式，因为激光二极管的纵向形成的驻波导致了激射的发生. 图中纵向容许模式的波长间距 $\Delta\lambda$ 对应于 m 与 $m+1$ 模式的波长之差. 将式(28a)对 λ 微分可得

$$\Delta\lambda = \frac{\lambda^2 \Delta m}{2\bar{n}L\left[1 - \frac{\lambda}{\bar{n}}\frac{d\bar{n}}{d\lambda}\right]}. \tag{29}$$

虽然 $\bar{n}$ 为 λ 的函数，但波长在邻近模式间的细微变化量 $\frac{d\bar{n}}{d\lambda}$ 却很小. 因此，模式间隔 $\Delta\lambda$ 可很好地近似为($\Delta m = 1$)，

$$|\Delta\lambda| \approx \frac{\lambda^2}{2\bar{n}L}. \tag{30}$$

一个典型的激光器工作于低电流时，自发发射有较宽的光谱分布，半峰宽为5～20nm，它与LED的光发射类似. 当偏置电流接近阈值时，光增益已经足够产生光放大，于是光强尖峰开始出现. 但在这个偏置水平下，由于自发发射光仍然是非相干的. 当偏置达

到阈值电流时,激射光的光谱会突然变得非常窄(<1Å),如图 9.24(c)所示,此时的光变成了相干光,并且具有更好的方向性. 随着偏置电流进一步增加,纵向模式的数量也会减少.

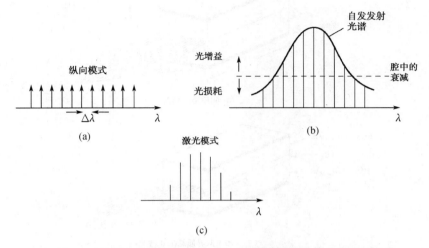

图 9.24 (a)激光腔的共振模式;(b)自发发射光谱;(c)光增益波长

▶ **例 4**

试以 $\lambda = 0.94\mu m$、$\bar{n} = 3.6$ 及 $L = 300\mu m$,计算典型砷化镓激光器的模式间隔.

解 由式(30)得

$$\Delta\lambda \approx \frac{(0.94 \times 10^{-6})^2}{2 \times 3.6 \times 300 \times 10^{-6}} \approx 4 \times 10^{-10} (m) = 4(Å).$$

9.4.3 基本的激光器结构

图 9.25 所示为三种激光器结构[17,18]. 第一种结构[图 9.25(a)]为基本的 p-n 结激光器,称为**同质结激光器**(homojunction laser),它在结两端使用相同的半导体材料(如 GaAs). 在适当的偏压条件下,激光就能从这些平面发射出来(图 9.25 仅画出前半平面的发射). 二极管的另外两侧则作糙化处理,以消除从这两侧的激射,这种结构称为**法布里-珀罗腔**(Fabry-Perot cavity),其典型的光学腔长度 L 约为 $300\mu m$. 法布里-珀罗腔结构广泛应用于现代半导体激光器中.

图 9.25(b)所示为**双异质结**(double-heterostructure,DH)激光器,有一层很薄的半导体(如 GaAs)被另一种不同的半导体层(如 $Al_xGa_{1-x}As$)所包夹. 图 9.25(a)及(b)所示的激光器结构为大面积(broad-area)激光器,因为沿着结平面的整个区域皆可发出激光. 图 9.25(c)是长条(stripe)状的 DH 激光器,它除了长条状接触区域外,都被氧化层隔离,所以激光发射被限制于长条状接触下方狭窄的区域内. 典型的条宽 s 约为 $5\sim30\mu m$. 长条状激光器的优点包括降低工作电流、消除沿着结的多重发射区域以及因消除大部分结周围区域而提高可靠性. 由于有源区狭窄,所以在空气界面处光输出有明显的衍射,输出光将变成一个宽的光束.

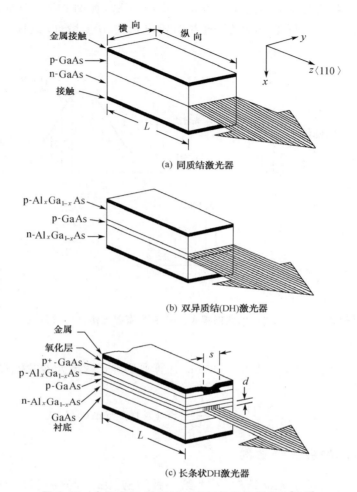

图 9.25 含法布里-珀罗腔的半导体激光器结构[17,18]

一、阈值电流密度(threshold current density)

激光器工作最重要的参数之一是阈值电流密度 J_{th},即产生激光发射所需的最小电流密度。图 9.26 比较了同质结激光器与 DH 激光器的阈值电流密度 J_{th} 与工作温度的关系[17]。值得注意的是,当温度增加时,DH 激光器 J_{th} 的增加远低于同质结激光器。由于 DH 激光器在 300 K 具有低 J_{th} 值,所以 DH 激光器可以在室温下连续工作。该特性扩展了半导体激光器的应用范围,尤其是在光纤通信系统中。

在半导体激光器中,增益 g 是单位长度的光能通量的增加量,它与电流密度有关。增益 g 可表示为标称(nominal)电流密度 J_{nom} 的函数,它定义为在量子效率为 1 时(即每个光子所产生的载流子数 $\eta=1$*)均匀地激发 $1\mu m$ 厚的有源层所需要的电流密度。实际的电流密度为

$$J(A/cm^2) = \frac{J_{nom} d}{\eta}. \tag{31}$$

---

* 译者注:此处 η 应为每注入一电子-空穴对所产生的光子数。

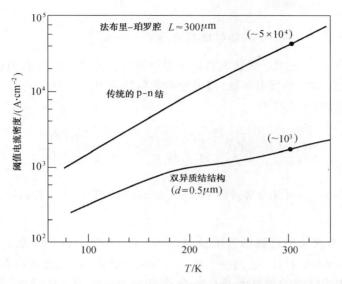

图 9.26 图 9.25 所示的两种激光器结构的阈值电流密度与温度的关系图[17]

其中 d 是有源层厚度,以 μm 为单位.图 9.27 所示为典型砷化镓 DH 激光器的增益计算值[19].当 $50 \text{cm}^{-1} < g < 400 \text{cm}^{-1}$ 时,增益随着 J_{nom} 线性增加.图中直的虚线可以表示为

$$g = \frac{g_0}{J_0}(J_{nom} - J_0). \tag{32}$$

其中 $\frac{g_0}{J_0} = 5 \times 10^{-2} \text{cm} \cdot \mu m/A, J_0 = 4.5 \times 10^3 \text{A}/(\text{cm}^2 \cdot \mu m)$.

如前所述,在低电流下,我们得到各个方向上产生的自发发射.当电流密度上升,增益随之上升(图 9.27),直至达到激射的临界点,也就是增益满足光波能无衰减地沿着激光光腔传播的条件:

$$R\exp[(\Gamma g - \alpha)L] = 1 \tag{33}$$

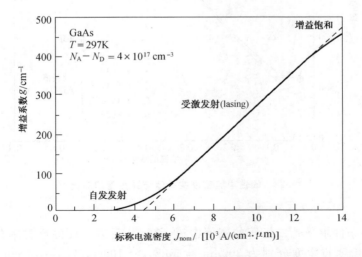

图 9.27 增益系数与标称电流密度的关系图,虚线部分表示其线性关系[19]

或

$$\Gamma g(\text{临界增益}) = \alpha + \frac{1}{L}\ln\left(\frac{1}{R}\right). \tag{34}$$

其中 Γ 是光约束因子，α 是由于吸收或其他散射机制引起的单位长度的损耗，L 是激光腔长度(图 9.25)，R 是腔端面的反射系数(假设腔两端面的 R 相同)。我们将式(31)、式(32)与式(34)结合，得出阈值电流密度为

$$J_{th}(\text{A/cm}^2) = \frac{J_0 d}{\eta} + \frac{J_0 d}{g_0 \eta \Gamma}\left[\alpha + \frac{1}{L}\ln\left(\frac{1}{R}\right)\right]. \tag{35}$$

其中 $\frac{J_0 d}{g_0 \eta \Gamma}$ 项常统称为 $\frac{1}{\beta}$，而 β 为增益因子(gain factor)。为降低 J_{th}，我们可以增加 η、Γ、L 和 R 并减小 d 和 α。

图 9.28 所示为式(35)计算所得的 J_{th} 与 $Al_x Ga_{1-x} As$-GaAs DH 激光器实验结果的对比[1]。J_{th} 随着 d 的减小而减小，达到一个极小值后又开始增加。J_{th} 之所以会在非常薄的有源层时反而增加是因为此时的约束因子 Γ 变差了。而对于一个给定的 d，随着 Al 组分 x 的增加，光约束随之增强，因此 J_{th} 随之降低。

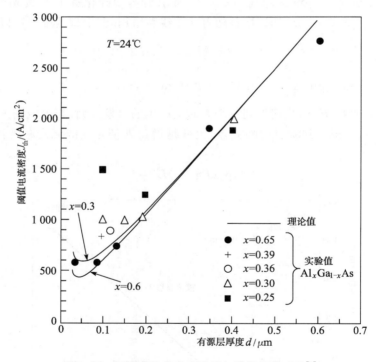

图 9.28 阈值电流密度实验值与计算值的对比[1]

▶ 例 5

试根据下列条件求激光二极管的阈值电流：前方与后方镜面的反射率分别为 0.44 与 0.99，光学腔的长度与宽度分别为 300μm 与 5μm，$\alpha = 100 \text{cm}^{-1}$，$\beta = 0.1 \text{cm}^{-3} \cdot \text{A}^{-1}$，$g_0 = 100 \text{cm}^{-1}$，$\Gamma = 0.9$。

解 已知增益因子 β，式(35)中的 $\dfrac{J_0 d}{\eta}$ 项可以改写成 $\dfrac{g_0 \Gamma}{\beta}$，由于两端镜面的反射率不同，式(35)可修改成

$$J_{th}(A/cm^2) = \frac{g_0 \Gamma}{\beta} + \frac{1}{\beta}\left[\alpha + \frac{1}{2L}\ln\left(\frac{1}{R_1 R_2}\right)\right]. \tag{35a}$$

因此

$$J_{th} = \frac{100 \times 0.9}{0.1} + 10 \times \left[100 + \frac{1}{2 \times 300 \times 10^{-4}}\ln\left(\frac{1}{0.44 \times 0.99}\right)\right]$$
$$= 2036(A/cm^2).$$

所以

$$I_{th} = 2036 \times 300 \times 10^{-4} \times 5 \times 10^{-4} \approx 30(mA).$$

二、温度效应(temperature effect)

图 9.29 所示为长条状 $Al_x Ga_{1-x} As$-GaAs DH 连续波(continuous wave, cw)激光器[20]的阈值电流 I_{th} 与温度的关系。图 9.29(a)所示为温度在 25℃～115℃之间时，连续波的光输出与注入电流的关系，注意此光-电流特性的完美线性关系，在给定温度下的阈值电流由该线性关系外插至输出功率为零时得到。图 9.29(b)是阈值电流与温度的关系图。该阈值电流随温度呈指数增加，即

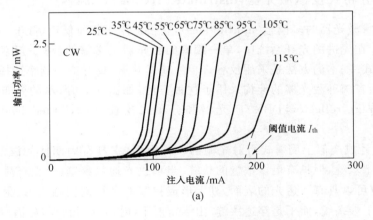

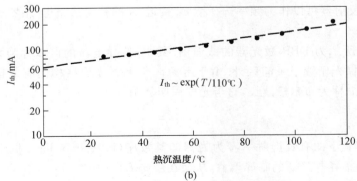

图 9.29 (a) GaAs/AlGaAs 异质结构激光器的光输出与二极管电流的关系图；
(b) 连续波(cw)阈值电流与温度的关系图[20]

$$I_{th} \sim \exp\left(\frac{T}{T_0}\right). \tag{36}$$

其中 T 为温度,以℃为单位. 对于此激光器,T_0 为 110℃.

▶ **例 6**

如图 9.29 所示的激光器,试计算阈值电流为室温下阈值电流值两倍时的温度.

解
$$\frac{J_{th}}{2J_{th}} = \frac{\exp(27/110)}{\exp(T/110)}.$$

因此,$T = 27 + (110 \times \ln 2) = 27 + 76 = 103(℃)$. ◀

三、调制频率与纵向模式(modulation frequency and longitudinal modes)

对于光纤通信,光源必须能够在高频下被调制. 不像 LED 的输出功率会随着调制带宽的增加而降低[式(13)],典型的 GaAs 或 GaInAsP 激光器的输出功率能够维持于一固定的水平(如每面 10mW)直至 GHz 的范围.

对于电流高于阈值的长条状 GaInAs-AlGaAs DH 激光器,许多发射谱线会以间距 $\Delta\lambda$(如例 4 中,$\Delta\lambda = 4$Å)近乎均匀地分布. 这些发射谱线属于纵向模式[式(29)]. 由于这些纵向模式,长条状激光器在光谱上并不是纯的光源. 在光纤通信系统中,理想的光源应具有单一频率. 这是因为不同频率的光脉冲以不同的速度在光纤内传播,会引起脉冲的展宽.

9.4.4 分布式反馈激光器(distributed feedback lasers)

由于长条状激光器的多模态(multimodes),它仅适用于相对低速(低于 1Gbit/s)工作的无线通信系统. 在先进的光纤系统中,**单一频率**的激光器是必需的. 单一频率激光器只工作在一种纵向模式. 基本的方法是采用仅容许单一模式共振、具有单一频率选择性的相长干涉机制的激光腔. 有两种激光器的架构采用了这种方法,如图 9.30 所示的分布式布喇格反射(distributed Bragg reflector,DBR)激光器和分布式反馈(distributed feedback,DFB)激光器[21].

DBR 是设计成类似于反射式衍射光栅的一种镜面,它具有周期性的波浪结构. 衍射光栅的结构类似于双缝,但具有更多数量的狭缝. 当单色光通过狭缝时,会产生狭窄的干涉条纹. 衍射光栅也可以具有不透光的表面,其上形成狭窄的平行沟槽结构. 入射光会从槽上散射回来并形成干涉条纹,而不是穿透狭缝. 由于衍射干涉图形的相长与相消对光的波长极其敏感,所以这种反射器可以作为频率选择镜面. 接近 λ_B 的特定法布里-珀罗腔的模式才能够激射并输出.

图 9.30(a)所示为 DBR 激光器的截面图. 其中,传导电流的区域称为泵浦区(pumped region). 波长选择光栅置于泵浦区外. 由于有源区与无源光栅结构的有效耦合,波长 λ_B 处的反射被增强,λ_B 称为布喇格波长,它与光栅周期 Λ 有关,

$$\lambda_B = \frac{2\bar{n}\Lambda}{l} \tag{37}$$

其中 $\bar{n}$ 为对应模式下的有效折射率,l 为光栅的整数序(integer order). 位于布喇格波长的模式具有最低的损耗与最低的临界增益,从而在激光输出中占主导.

图 9.30(b)所示为 DFB 激光器,它在有源区内具有波浪状的光栅结构. 光栅区的折射率具有周期性变化,可以增强波长最接近布喇格波长的光,从而实现单一频率的工作. 由于温度变化对折射率影响很小,所以 DFB 激光器激射波长的温度系数很小(0.5Å/℃). 相比而言,长条状激光器的温度系数大得多(3Å/℃),因为它随带隙宽度对温度的依赖而变化.

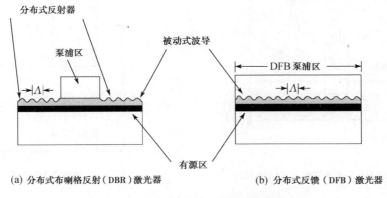

(a) 分布式布喇格反射(DBR)激光器　　(b) 分布式反馈(DFB)激光器

图 9.30　得到单一频率激光的两种方法

DBR 与 DFB 激光器在集成光学的光源应用上特别有用,可以在刚性衬底上利用平面工艺集成微小化的光波导元件和相关电路.

9.4.5　量子阱激光器(quantum well lasers)

量子阱(quantum well,QW)激光器[21,22]的结构与 DH 激光器类似,只是其有源层厚度很小,大约为 10～20nm. 图 9.31(a)所示为 QW 激光器的能带图,中央的 GaAs 区域($L_y \approx$ 20nm)被夹于两个带隙较宽的 AlGaAs 层之间. 长度 L_y 与德布罗意(de Broglie)波长($\lambda = \frac{h}{p}$,其中 h 是普朗克常数,p 是荷电载流子的动量)可比,载流子被约束于 y 方向上有限的量子阱中.

图 9.31(b)所示为量子阱中的能级,推导过程见附录 H. E_n 的值以 E_1、E_2、E_3 表示电子,E_{hh1}、E_{hh2}、E_{hh3} 表示重空穴*,E_{lh1}、E_{lh2} 表示轻空穴[21]. 导带与价带态密度常用的抛物线形式被替换成"阶梯"式的分立能级[图 9.31(c)]. 由于态密度是固定的,而不是像传统激光器那样由零渐渐增加,因此有一群近乎相同能量的电子[图 9.31(d)]可与一群近乎相同能量的空穴复合,如导带的能级 E_1 与价带的能级 E_{hh1}. 能带边的电子分布越陡峭,如该例中集中分布于 E_1,则越容易实现粒子数反转. 因此与传统的 DH 激光器相比,QW 激光器的性能上有明显的改善,如阈值电流小、输出功率高、速度快等. 用 GaAs/AlGaAs 材料系统制造的 QW 激光器具有低至 $65A/cm^2$ 的阈值电流密度和亚毫安级的阈值电流. 这些激光器工作波长在 $0.9\mu m$ 附近.

在大电流偏置条件下,不止一个亚能带(subband)会被注入的载流子填满,其内部发射光谱也因此更宽. 然而,激光发射波长也由其他方法选择,如光学腔的长度. 所以在 QW 激光器中,波长的调节可以在更宽的范围内实现.

---

* 在 GaAs 中,重空穴的有效质量是 $0.62m_0$,轻空穴则是 $0.07m_0$.

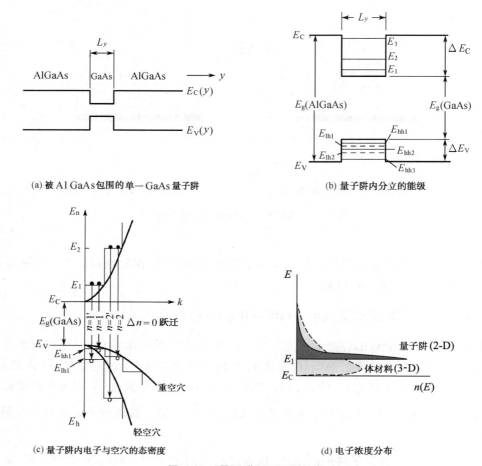

图 9.31 量子阱(QW)激光器

9.4.6 分离约束的(separate-confinement)异质结多量子阱激光器

QW 激光器中薄有源层的一个缺点是光学约束较差。这可以通过将多个量子阱依次堆叠来改善。多量子阱激光器具有更高的量子效率以及更高的输出功率。我们可以通过将单个或者多个量子阱整合于一个分离约束的异质结结构中来改善光学约束。

图 9.32(a)所示为工作于 $1.3\mu m$ 及 $1.5\mu m$ 波长范围的分离约束异质结(separate-confinement-heterostructure,SCH)多量子阱(multiple-quantum-well,MQW)激光器的示意图。其中,以 GaInAsP 为势垒的四个 GaInAs 量子阱结构被夹于 InP 包覆层之中,以形成折射率阶跃变化的波导[23]。这些合金组分都经过选择,以与 InP 衬底晶格匹配。有源区由四个 8nm 厚的未掺杂 GaInAs 量子阱(具有 $0.75eV$ 的 E_g)组成,它们被 30nm 厚的未掺杂 GaInAsP 势垒层(具有 $0.95eV$ 的 E_g)分隔。

图 9.32(b)所示为对应的有源区的能带图。n-InP 与 p-InP 包覆层分别掺杂了硫($10^{18} cm^{-3}$)与锌($10^{17} cm^{-3}$)。渐变折射率 SCH(graded-index SCH,GRIN-SCH)标示于图 9.32(c),其中波导的折射率渐变是由几个阶梯式带隙宽度逐步增加的多个包覆层实现的。GRIN-SCH 结构比 SCH 结构能更有效地约束载流子及光场,因此其阈值电流密度更低。

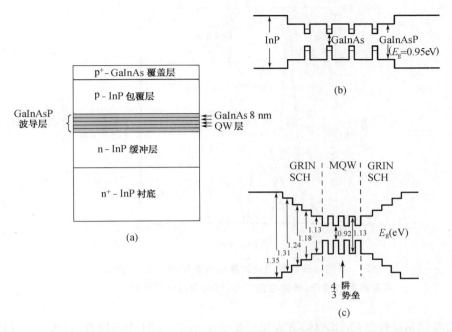

图 9.32 (a) GaInAs/GaInAsP 多量子阱激光器结构的截面图；(b) 在(a)中 SCH-MQW 层的能带图；(c) 具有薄层渐增禁带宽度的 GRIN-SCH-MQW 结构，其折射率近似于渐近变化[23]

9.4.7 量子线(quantum-wire)和量子点(quantum-dot)激光器

在量子线和量子点激光器中，有源区被减小到德布罗意波长范围，变成了 1-D(1 维)线和 0-D(0 维)点的形式。这些线和点被放置于 p-n 结之间，如图 9.33 所示。为了实现如此小的尺寸，有源区常常通过在特殊处理的表面(刻蚀、劈裂、邻接或者 V 型槽)上外延再生长形成，或者外延后通过某种自组装(self-ordering)工艺形成。这些激光器的优势与量子阱激光器类似，也是得益于它们特殊的态密度。图 9.34 所示为态密度引起的光增益谱的对比[24]。

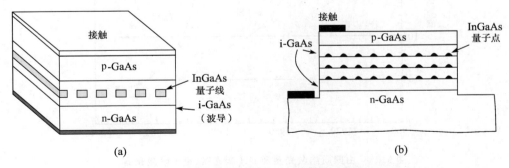

图 9.33 (a) 量子线激光器和(b)量子点激光器的示意图

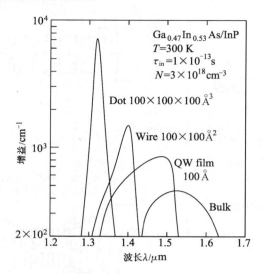

图 9.34 不同维度的光增益计算值与波长的关系,注意,随着维度的降低,峰值增益变高,同时增益分布变窄[24]

这些光增益包括从传统的 3-D(体)有源层到量子点。从图 9.34 中可以看出,从量子线到量子点的峰值增益逐步变高,且形状更尖锐。这些增益特性降低了其阈值电流,图 9.35 所示为不同结构激光器的阈值电流降低的情况[25,26],同时图中也给出了它们引入的时间顺序.

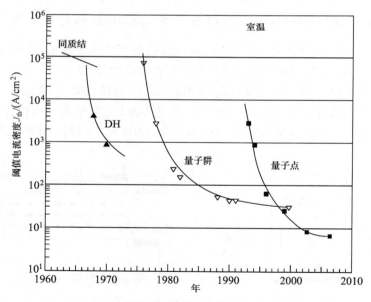

图 9.35 由同质结激光器到 DH 激光器、量子阱激光器、量子点激光器,阈值电流密度逐渐减小[25,26]

9.4.8 垂直腔表面发射激光器(VCSEL)

到目前为止,我们介绍的激光器都是边缘发射的,它们的输出光都是平行于有源层的。然而,在如图 9.36 所示的表面发射激光器中,输出光是与有源层及半导体表面垂直的,垂直

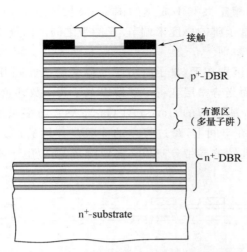

图 9.36 垂直腔表面发射激光器(VCSEL)的结构图[27]

腔表面发射激光器(vertical-cavity-surface-emitting laser,VCSEL)也因此而得名[27]. VCSEL 通常有一个多量子阱构成的有源层. 光学腔由两个分布式布喇格反射器(DBR)夹着有源层构成的,这两个 DBR 的反射率都超过 90%.

与边缘发射激光器相比,VCSEL 的光学腔小,使得光通过其中所获的增益较小,所以高反射率是必需的. 小光学腔的优势包括低阈值电流和单模发射,因为模式间的波长间隔较宽[式(29)]. VCSEL 的其他优势包括:可实现 2-D 的激光器阵列;容易将光输出耦合至其他媒介,如光纤和光互连;与 IC 工艺兼容,可实现集成光学;产量高且制造成本低;高速以及具有片上可测能力.

9.4.9 量子级联(quantum-cascade)激光器

图 9.37 所示为量子级联激光器的结构[28]. 其有源区由多量子阱(一般两到三个量子阱)或者由能在导带中产生量子化的亚能带能级的超晶格(superlattice)构成. 电子在其亚能带之间跃迁时会发射一个能量比带隙小得多的光子. 量子级联激光器能够实现长波长的激光发射,而

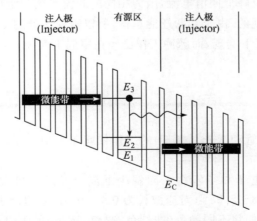

图 9.37 偏置条件下量子级联激光器导带边缘 E_C 能带示意图,该结构具有周期性,每个周期包括一个有源区和一个超晶格注入极[28]

没有极窄带隙半导体的不稳定性和不成熟的困难. 波长超过 $70\mu m$ 的激光已研制出来. 此外, 其波长可以通过改变量子阱的厚度来调节. 亚能带之间的跃迁是量子级联激光器与传统激光器的带间跃迁的主要差别.

多量子阱与超晶格的区别在于: 量子阱由厚的势垒层彼此隔开, 阱间没有交联, 该系统仅为多个量子阱的组合; 而当势垒层变得足够薄以至于波函数开始交叠时, 异质结构的超晶格就形成了 (如每层 10nm 或更薄的 $GaAs/Al_xGa_{1-x}As$). 与多量子阱系统相比, 超晶格有两个主要的不同之处: ① 在空间上, 跨过势垒的能级是连续的; ② 分立的能级展宽成微能带, 如图 9.38 所示. 由于连续的导带分割成许多亚能带, 所以电子不再占据能带边 E_c, 而是只在亚能带上.

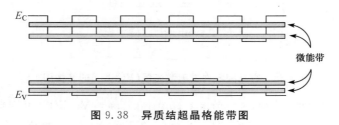

图 9.38 异质结超晶格能带图

电子注入极由超晶格构成, 微能带 (miniband) 形成于导带中. 注入极中的电子通过共振隧穿注入有源区的亚能级 E_3 (共振隧穿参看 8.5 节). 有源区内 E_3 与 E_2 间的辐射跃迁产生了激光. E_2 上的电子弛豫到 E_1 上, 然后通过共振隧穿转移到下一个注入极的微能带上, 或者直接从 E_2 上隧穿到注入极. 共振隧穿是一个极快速的过程, 使得 E_2 上的电子数总比 E_3 上少, 因此粒子数反转得以持续.

微能带的设计是一个关键环节, 与量子阱的非均匀厚度有关. 从图 9.37 可以看出, E_3 与下一个注入极的微能带并不对齐, 电子无法向注入极隧穿, 从而 E_3 上可以保持高浓度的电子. 同时, 注入极的设计也很关键. 在偏置状态下, 为了实现有效的共振隧穿, 微能带必须保持水平. 这必须通过对注入极超晶格的掺杂分布、厚度分布和势垒分布的仔细设计来实现.

有源区加上注入极作为一个周期, 会被重复很多次 ($20 \sim 100$). 这种级联的方式可以帮助提高外部量子效率以及降低阈值电流, 因为相同的载流子能产生许多光子. 这种现象在传统激光器中是不可能出现的. 由于其跃迁能量低, 所以需要更低的工作温度. 尽管如此, 连续波工作已经在 150K 温度下实现, 而脉冲工作已经在室温下实现.

总 结

光子器件 (发光二极管和激光二极管) 的工作依赖于发射光子. 光子的发射是由于荷电载流子的复合.

发光二极管是通过电子和空穴在正向偏压下复合而产生自发发射的 p-n 结. 可见光 LED 能够发射能量在 $1.8 \sim 2.8 \mathrm{eV}$ (对应波长为 $0.7 \sim 0.4 \mu m$) 的光子. 它们广泛应用于显示器及各式电子仪器中. 我们将不同颜色 (即红色、绿色、蓝色) 的 LED 结合, 可以获得在通用照明上有用的白光 LED. 有机半导体也可以应用于显示领域. OLED 特别适合于大面积全彩平板显示器. 红外光 LED 能够发出 $h\nu < 1.8 \mathrm{eV}$ 的光, 可应用于光隔离器及短距离的光纤

通信中.

激光二极管也是工作于正向偏压条件的 p-n 结.然而,其二极管结构必须能提供对载流子与光场的约束,以满足受激发射的条件.激光二极管由早期同质结逐步发展成双异质结、分布式反馈结构,再发展成量子阱结构.主要目的是降低发光的阈值电流密度以及实现单一频率发射.激光二极管是长距离光纤通信系统的关键器件,它广泛应用于摄像、高速打印、光学读取等方面.

参考文献

[1] H. C. Casey, Jr., and M. B. Panish, *Heterostructure Lasers*, Academic, New York, 1978.

[2] H. Melchior, "Demodulation and Photodetection Techniques," in F. T. Arecchi, and E. O. Schulz-Dubois, Eds., *Laser Handbook*, Vol. 1, North-Holland, Amsterdam, 1972.

[3] R. H. Saul, T. P. Lee, and C. A. Burms, "Light-Emitting Diode Device Design," in R. K. Willardon, and A. C. Bear, Eds., *Semiconductor and Semimetals*, Academic, New York, 1984.

[4] S. Gage et al., *Optoelectronic Application Manual*, McGraw-Hill, New York, 1977.

[5] I. Schnitzer et al., "30% External Quantum Efficiency from Surface Textured, Thin-Film Light Emitting Diodes," *Appl. Phys. Lett.*, 63, 2174 (1993).

[6] M. G. Craford, "Recent Developments in LED Technology," *IEEE Trans. Electron Devices*, ED-24, 935 (1977).

[7] W. O. Groves, A. H. Herzog, and M. G. Craford, "The Effect of Nitrogen Doping on GaAsP Electroluminescent Diodes," *Appl. Phys. Lett.*, 19, 184 (1971).

[8] E. F. Schubert, *Light-Emitting Diodes*, 2nd Ed., Cambridge, UK, 2006.

[9] A. A. Bergh, and P. J. Dean, *Light Emitting Diodes*, Clarendon, Oxford, 1976.

[10] N. Bailey, "The Future of Organic Light-Emitting Diodes," *Inf. Disp.*, 16, 12 (2000).

[11] C. H. Chen, J. Shi, and E. W. Tang, "Recent Development in Molecular Organic Electroluminescent Materials," *Macromal. Symp.* 125, 1 (1997).

[12] L. S. Rohwer, and A. M. Srivastava, "Development of Phosphors for LEDs," *Interface*, 36 (summer 2003).

[13] S. E. Miller, and A. G. Chynoweth, Eds., *Optical Fiber Communications*, Academic, New York, 1979.

[14] T. Miya et al., "Ultimate Low-Loss Single Mode Fiber at 1.55μm," *Electron. Lett.*, 15, 108 (1979).

[15] W. T. Tsang, "High Speed Photonic Devices," in S. M. Sze, Ed., *High Speed Semiconductor Devices*, Wiley, New York, 1990.

[16] O. Madelung, Ed., *Semiconductor-Group IV Elements and III-V Compounds*, Springer-Verlag, Berlin, 1991.

[17] M. B. Panish, I. Hayashi, and S. Sumski, "Double-Heterostructure Injection Lasers with Room Temperature Threshold As Low As 2300 A/cm^2," *Appl. Phys. Lett.*, 16, 326 (1970).

[18] T. E. Bell, "Single-Frequency Semiconductor Lasers," *IEEE Spectrum*, 20, 38 (1983).

[19] F. Stern, "Calculated Spectral Dependence of Gain in Excited GaAs," *J. Appl. Phys.*, 47, 5328 (1976).

[20] W. T. Tsang, R. A. Logan, and J. P. Van der Ziel, "Low-Current-Threshold Stripe-Buried-

Heterostructure Laser with Self-Aligned Current Injection Stripes," *Appl. Phys. Lett.*, 34, 644 (1979).

[21] N. Holonyak et al., "Quantum Well Heterostructure Laser," *IEEE J. Quant. Electron.*, QE-16, 170 (1980).

[22] T. P. Lee, "High Speed Photonic Devices," in S. M. Sze, Ed., *Modern Semiconductor Device Physics*, Wiley Interscience, New York, 1998.

[23] K. Kasukawa, Y. Imajo, and T. Makino, "1.3 μm GaInAsP/InP Buried Heterostructure Graded Index Separate Confinement Multiple Quantums Well Lasers Epitaxially Grown by MOCVD," *Electron. Lett.*, 25, 104 (1989).

[24] M. Asada, Y. Miyamoto, and Y. Suematsu, "Gain and the Threshold of Three-Dimensional Quantum-Box Laser," *IEEE J. Quantum Electron.*, QE-22, 1915 (1986).

[25] N. N. Ledentsov et al., "Quantum-Dot Heterostructure Lasers," *IEEE J. Selected Topics Quan. Elect.*, 6, 439 (2000).

[26] J. P. Reithmaier, "Quantum-Dot Laser," Tutorial for WWW. BRIGHTER. EU, Lund (June 2007).

[27] K. D. Choquett, "Vertical-Cavity Surface-Emitting Lasers: Light for the Information Age," *MRS Bulletin*, 507 (2002).

[28] F. Capasso et al., "Quantum Cascade Lasers: Ultrahigh-Speed Operation, Optical Wireless Communication, Narrow Linewidth, and Far-Infrared Emission," *IEEE J. Quantum Electron.*, QE-38, 511 (2002).

习 题

9.1 辐射跃迁和光吸收

1. 用能量为 $h\nu=3\text{eV}$ 的单色光照射一个硅片样品,其吸收系数为 $4\times10^4\text{ cm}^{-1}$,表面反射率为 0.1. 试计算有 50% 入射光功率被吸收时所对应的材料深度.

2. 用波长为 $0.6\mu\text{m}$ 的光照射一个半导体样品 ($E_g=1.1\text{eV}$). 光的入射功率为 15mW,吸收系数为 $4\times10^4\text{cm}^{-1}$,表面反射率为 0.1. 如果 55% 的入射能量以热的形式耗散掉,且器件光子产生率为 10^{16} 光子/秒. 试计算样品的厚度及每秒耗散到晶格的热能.

*3. 用波长为 $0.6\mu\text{m}$,入射功率为 15mW 的光照射一个砷化镓样品,假设入射功率的 1/3 被反射,另有 1/3 由样品的另一端射出,试求样品的厚度及每秒耗散到晶格的热能.

9.2 发光二极管

4. 试计算峰值波长为 550nm 的红外光 LED 在室温下的半光谱宽度.

5. 在 LED 中,电转换成光的效率为 $4\bar{n}_1\bar{n}_2(1-\cos\theta_c)/(\bar{n}_1+\bar{n}_2)^2$. 其中,$\bar{n}_1$ 和 $\bar{n}_2$ 分别为空气与半导体的折射率($\sim$3.4),θ_c 为临界角. 试求工作在 $0.898\mu\text{m}$ 的 $Al_{0.3}Ga_{0.7}As$ LED 的效率.

6. 假设辐射寿命 $\tau_r=10^9/N$(单位:s),N 为半导体的掺杂浓度(单位:cm^{-3}),非辐射寿命 $\tau_{nr}=10^7\text{s}$. 试计算掺杂浓度为 10^{19}cm^{-3} 的 LED 的截止频率.

7. 计算习题 6 中 LED 的 3dB(半功率)频率.

8. 已知一个由 $Al_xGa_{1-x}As$ 制成的 LED,发射 680nm 的红光.其带隙宽度与 Al 的摩尔分数 x 基本满足下列关系: $E_g \approx 1.42+1.2x$,其中,$0 \leqslant x \leqslant 0.4$.试估算 Al 的摩尔分数.

9. 假设内部量子效率为 0.716,抽取效率为 1,试求工作在正向偏压为 1.8V、电流为 80mA 的 $Al_{0.3}Ga_{0.7}As$ LED 的光输出功率.假设光辐射功率关于结对称,所有射向顶部的入射光最终通过内部反射离开表面,且所有射向底部的入射光全部损失.试计算有多少光到达 p 区表面,已知其厚度为 $3\mu m$,吸收系数为 $5 \times 10^3 cm^{-1}$.

10. 对于习题 9 中 LED,如果在其表面淀积一层折射率为 1.6 的电介质,试计算其光输出功率.

11. GaAs 的带隙宽度在 300K 时为 1.42eV,并随温度升高而降低(如第 1 章图 1.28 所示).通过测量发现,GaAs LED 发射的光的波长每变化 2.8nm 对应 10℃ 的温度变化,试推导 dE_g/dT.

12. 对于一个工作在 $0.8\mu m$ 的 GaAs LED,试计算在下列情况中,从结中发射到空气中的光子的百分数为多少:

(a) 考虑总的内部反射;

(b) 同时考虑菲涅尔损耗.

9.4 半导体激光器

13. (a) 对于一个工作在 $1.3\mu m$ 波长的 InGaAsP 激光器,如果其腔长度为 $300\mu m$,群折射率为 3.4,试以纳米为单位计算其模式间隔;

(b) 将上面得到的模式间隔以 GHz 表示.

14. 已知一个工作在 $1.33\mu m$ 波长的 GaInAsP 法布里-珀罗激光器的腔长度为 $300\mu m$,GaInAsP 的折射率为 3.39.

(a) 其镜面损耗为多少?(以 cm^{-1} 表示)

(b) 若将激光器的其中一面镀膜以产生 90% 的反射率,其阈值电流会降低多少百分比?假设 $\alpha = 10cm^{-1}$.

15. 已知一个重掺杂的 p-n 结.如果是简并掺杂($E_{Fn} > E_C, E_{Fp} < E_V$),试判断,当光泵浦频率 ν 分别满足下面三种条件时,其传导电流会净增益、净损耗还是保持不变:

(a) $E_{gap} < h\nu < E_{Fn} - E_{Fp}$;

(b) $h\nu < E_{gap}$;

(c) $h\nu > E_{Fn} - E_{Fp}$.

16. 已知一个砷化镓激光器的有源区厚度为 $1\mu m$,折射率为 3.6,有源区至非有源区界面的临界角为 84°,试计算其约束因子.假设常数 C 为 $8 \times 10^7 m^{-1}$.若将临界角改为 78°,其余因子均不变,试重复此计算步骤,求出 GaAs/AlGaAs DH 激光器的约束因子.

17. 推导式(29),求出纵向容许模式间的间距 $\Delta\lambda$. 对于一个工作在 $\lambda = 0.89\mu m, \bar{n}_1 + \bar{n}_2 = 3.58, L = 300\mu m, d\bar{n}_1/d\lambda = 2.5\mu m^{-1}$ 的砷化镓激光二极管,试求出其 $\Delta\lambda$.

18. 如果从激光器发出的光子能量与其带隙宽度相等,试计算一个 $L = 75\mu m$ 的 GaAs 激光器中相邻共振模式之间的间距.假设 GaAs 的平均折射率为 3.6,带隙宽度为 1.42eV.

19. 已知一个激光二极管的阈值电流密度为 $2000A/cm^2$,其前端和镜面的反射率分别为 0.5 和 0.99.$\alpha = 100cm^{-1}, \beta = 0.1cm^{-3} \cdot A^{-1}, g_0 = 100cm^{-1}, \Gamma = 0.9$.试计算其腔长度和

增益.

*20. 已知一个 DFB 激光器的腔长度为 $300\mu m$,材料反射系数为 3.4,振荡波长为 $1.33\mu m$,试求出其布喇格波长及光栅周期. 振荡波长 λ_0 定义为

$$\lambda_0 = \lambda_B \pm \frac{\left(m+\frac{1}{2}\right)\lambda_B^2}{2\pi L}$$

其中 m 为整数.

21. 对于高温下工作的激光器,具有低阈值电流温度系数 $\xi = \dfrac{dI_{th}/dT}{I_{th}}$ 非常重要. 试问图 9.29 所示的激光器的系数 ξ 为多少? 若 $T_0 = 50^\circ C$,则此激光器工作在高温时性能会变好还是变差?

第10章
光电探测器和太阳能电池

- 10.1 光电探测器
- 10.2 太阳能电池
- 10.3 硅及化合物半导体太阳能电池
- 10.4 第三代太阳能电池
- 10.5 聚光
- 总结

光电探测器是一种用电的方式来探测光信号的半导体器件. 在工作状态下, 光电探测器应该在工作波长处具有高灵敏度、高响应速度、低噪声、小尺寸、低电压及高可靠性. 太阳能电池可以将阳光转化为能量, 与光电探测器有相似之处, 而两者的主要区别在于器件面积、工作频率及光源.

具体而言, 本章将包含下列主题:

- 光电探测器, 吸收光子产生电子-空穴对
- 一些重要光电探测器的结构
- 太阳能电池, 吸收光子并转换为电能
- 一些重要太阳能电池的结构

10.1 光电探测器

光电探测器是一种能够将光信号转换为电信号的半导体器件. 光电探测器的工作过程包括三个步骤: ① 入射光产生载流子; ② 载流子输运及通过某种电流增益机制而倍增; ③ 电流与外部电路作用, 以提供输出信号.

光电探测器具有广泛的应用, 包括光隔离器中的红外传感器、光纤通信中的探测器等. 在这些应用中, 光电探测器必须在其工作波长处具有高灵敏度、高响应速度及低噪声. 另外,

光电探测器必须结构紧凑、偏置电压或电流低和可靠性高.

▶ 10.1.1 光敏电阻(photoconductor)

光敏电阻仅包含一个简单的半导体平板,其两端具有欧姆接触,如图 10.1(a)所示.图 10.1(b)所示为与之对应的包含叉指状接触的版图.入射光照到光敏电阻表面时,会通过带至带跃迁(本征)或通过禁带能级的跃迁(非本征)产生电子-空穴对,从而导致电导率增加.

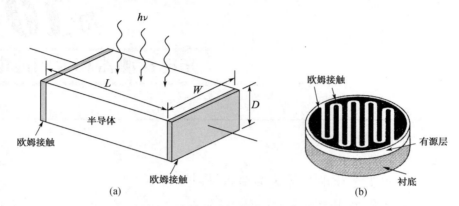

图 10.1 (a) 由一个半导体平板与两端接触构成的光敏电阻的示意图;
(b) 典型光敏电阻的版图,它带有小间隙的叉指形接触

对于本征光敏电阻,电导率为

$$\sigma = q(\mu_n n + \mu_p p) \tag{1}$$

而在光照条件下,电导率的增加主要是由载流子数的增加引起的.本征光敏电阻的长截止波长可根据第 9 章式(9)得到.在非本征光敏电阻中,带边与禁带内的能级之间会产生光激发.在这种情况下,长截止波长则取决于禁带能级的深度.

现在我们考虑光敏电阻在光照条件下的工作.在零时刻,单位体积内由给定光通量所产生的载流子数是 n_0.经过一段时间 t 后,载流子数目 $n(t)$ 在同一体积内由于复合而衰减为

$$n = n_0 \exp\left(-\frac{t}{\tau}\right). \tag{2}$$

其中 τ 是载流子的寿命.由式(2)可得复合率为

$$\left|\frac{dn}{dt}\right| = \frac{1}{\tau} n_0 \exp\left(-\frac{t}{\tau}\right) = \frac{n}{\tau}. \tag{3}$$

假设一稳定的光通量均匀照射在面积 $A=WL$ 的光敏电阻表面[图 10.1(a)],单位时间内到达其表面的总光子数为 $\frac{P_{opt}}{h\nu}$.其中 P_{opt} 为入射光的功率,$h\nu$ 为光子能量.在稳态时,载流子产生率 G 必须等于复合率 $\frac{n}{\tau}$.假如探测器的厚度 D 远大于光的穿透深度 $\frac{1}{\alpha}$,则单位体积内总的稳态载流子产生率为

$$G = \frac{n}{\tau} = \frac{\eta\left(\frac{P_{opt}}{h\nu}\right)}{WLD}. \tag{4}$$

其中 η 为量子效率,即每个光子产生载流子的数目;n 为载流子浓度,即单位体积的载流子数.电极间的光电流为

$$I_p = (\sigma E)WD = (q\mu_n nE)WD = (qnv_d)WD. \tag{5}$$

其中 E 为光敏电阻内的电场,v_d 为载流子漂移速度. 将式(4)的 n 代入式(5)可得

$$I_p = q\left(\eta \frac{P_{opt}}{h\nu}\right)\left(\frac{\mu_n \tau E}{L}\right). \tag{6}$$

若我们定义原始光电流为

$$I_{ph} = q\left(\eta \frac{P_{opt}}{h\nu}\right), \tag{7}$$

则由式(6)可得光电流增益 Gain 为

$$\text{Gain} \equiv \frac{I_p}{I_{ph}} = \frac{\mu_n \tau E}{L} = \frac{\tau}{t_r}. \tag{8}$$

其中,$t_r \equiv \frac{L}{v_d} = \frac{L}{\mu_n E}$ 为载流子渡越时间. 增益与载流子寿命对渡越时间的比值有关.

▶ **例 1**

试计算当 5×10^{12} 个光子/秒打在 $\eta=0.8$ 的光敏电阻表面时的光电流与增益. 少数载流子的寿命为 0.5ns,此器件的 $\mu_n=2500\text{cm}^2/(\text{V}\cdot\text{s})$,$E=5000\text{V/cm}$,$L=10\mu\text{m}$.

解 由式(6)得

$$I_p = q(0.8 \times 5\times 10^{12})\cdot\left(\frac{2500\times 5\times 10^{-10}\times 5000}{10\times 10^{-4}}\right)$$
$$= 4\times 10^{-6}(\text{A}) = 4(\mu\text{A}).$$

由式(8)得

$$\text{Gain} = \frac{\mu_n \tau E}{L} = \frac{2500\times 5\times 10^{-10}\times 5000}{10\times 10^{-4}} = 6.25. \qquad ◀$$

对于少数载流子寿命长而电极间距很小的样品,其增益会远大于 1. 某些光敏电阻的增益甚至高达 10^6. 光敏电阻的响应时间是由渡越时间 t_r 决定的. 为了缩短渡越时间,我们必须选用小间距的电极及强电场. 光敏电阻的响应时间范围很宽,从 10^{-3}s 到 10^{-10}s,它们广泛应用于红外探测,尤其是波长大于几微米的场合.

▶ **10.1.2 光电二极管(photodiode)**

光电二极管基本上是一个工作于反向偏压的 p-n 结. 除了工作于反偏外,其空间电荷和电场分布都和第 3 章的图 3.6 类似. 需要注意的是,电场分布是不均匀的,最大电场在结处. 当光信号入射至光电二极管的耗尽区时,耗尽区电场会使光生电子-空穴对(electron-hole pair,EHP)分离,同时产生流至外部电路的电流,我们称之为光电流 I_p. 光生空穴在耗尽区内漂移,扩散进入中性 p 区,随后与来自负极的电子复合. 类似地,光生电子向相反方向漂移. 在耗尽区外,当光信号的穿透深度在一个扩散长度以内时,光生载流子将扩散进入耗尽区,并漂移穿过耗尽区到达另一侧. 这些中性区可以看作是电极至耗尽区的阻性扩展. 光电流的大小取决于光生电子-空穴对的数目和载流子的漂移速度. 值得注意的是,尽管耗尽区中同时存在电子和空穴的漂移,但外部电路中的电流只来源于电子的流动.

为了能在高频下工作,器件耗尽区必须足够薄,以缩短渡越时间. 另一方面,为了提高量子效率,器件耗尽层又必须足够厚,以使大部分入射光能被吸收. 因此,我们在响应速度与量子效率之间必须有所取舍.

一、量子效率(quantum efficiency)

量子效率,如前所述,即每个入射光子所产生的电子-空穴对数目,

$$\eta = \left(\frac{I_p}{q}\right)\left(\frac{P_{opt}}{h\nu}\right)^{-1}. \tag{9}$$

其中 I_p 是波长为 λ 时(对应于光子能量 $h\nu$),吸收功率为 P_{opt} 的入射光所产生的光电流,这个量子效率更具体地即为外量子效率。内量子效率的定义为每吸收一个光子所产生的电子-空穴对数目。决定 η 的重要因素之一是吸收系数 α(第 9 章图 9.5)。因为 α 对波长有强烈的依赖关系,能产生可观光电流的波长范围是有限的。长波截止波长 λ_c 是由带隙宽度决定的[第 9 章式(9)],如锗为 $1.8\mu m$,硅为 $1.1\mu m$。当波长大于 λ_c 时,α 值太小以致无法产生明显的本征吸收。至于光响应的短截止波长,则是由于很短波长的 α 值很大(约 $10^5 cm^{-1}$),绝大部分的辐射在很靠近表面的区域就被吸收,此处复合时间太小,导致光生载流子在被p-n结收集以前就被复合了。

耗尽区中的光生载流子会因为复合或俘获而消失,而未对光电流作贡献。量子效率总是小于1的,其大小取决于吸收系数和器件结构。我们可以通过减小器件的表面反射来增加耗尽区的吸收,或通过改善材料和器件质量来阻止复合和俘获的发生,从而提高量子效率。

图 10.2 所示为一些高速光电二极管[1,2]典型的量子效率与波长的关系。值得注意的是,在紫外及可见光区域内,金属-半导体光电二极管(将在 10.1.4 中介绍)具有良好的量子效率。在近红外区域,硅光电二极管(具有抗反射层)在 $0.8\sim0.9\mu m$ 附近,可达到 100% 的量子效率。在 $1.0\sim1.6\mu m$ 间,锗光电二极管与Ⅲ-V族光电二极管(如 GaInAs)具有较高的量子效率。而在波长更长的区域,为了高效率地工作,需将光电二极管冷却(如冷却至 77K)。

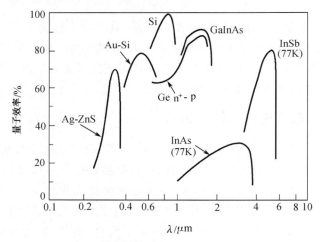

图 10.2 多种光电探测器的量子效率与波长的关系[1,2]

二、响应度(responsivity)

光电二极管的响应度 R 定义为单位入射光能量(P_{opt})产生的光电流(I_p)。R 也被称作**光谱响应度**(spectral responsivity)或**辐射灵敏度**(radiant sensivity),

$$R = \frac{I_p}{P_{opt}}. \tag{10}$$

结合量子效率的定义,我们可以得到

$$R = \frac{I_\mathrm{p}}{P_\mathrm{opt}} = \frac{\eta q}{h\nu} = \frac{\eta q \lambda}{hc}. \tag{11}$$

如果一个光电二极管具有理想的100%的量子效率,那么 R 应该线性正比于波长. 实际上, R 和 λ 的关系如图10.3所示,对于非理想光电二极管,量子效率限制其响应度必低于理想值.

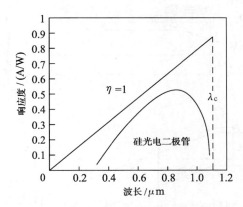

图 10.3　一个理想的 $\eta=1$ 的光电二极管及一个典型的商用硅光电二极管的响应度与波长的关系图

三、响应速度(response speed)

响应速度受三个因素的限制:① 载流子的扩散;② 耗尽区内的漂移时间;③ 耗尽区电容.产生于耗尽区外的载流子必须扩散至结,造成相当大的时间延迟.为了将扩散效应降到最小,结必须非常接近表面.如果耗尽区够宽的话,绝大部分的光线都会被吸收.然而,耗尽区不能太宽,否则渡越时间效应会限制频率响应;同时它也不能太薄,因为过大的电容 C 会导致 RC 时间常数过大(其中, R 为负载电阻).最优化的折中办法是选择一个宽度,使耗尽层渡越时间大约为调制周期的一半.例如,调制频率为2GHz时,硅(饱和速度为 $10^7 \mathrm{cm/s}$)最优化的耗尽层宽度约为 $25\mu m$.

▶ 10.1.3　p-i-n 光电二极管(p-i-n photodiode)

如前所述,p-n 结光电二极管存在两个主要的缺点.首先,由于其耗尽层宽度较小,所以结电容不够小.例如,第3章例2中硅 p^+-n 结的耗尽层宽度小于 $1\mu m$,导致 RC 时间常数过大,所以它不能在较高的调制频率下工作.此外,其耗尽层宽度不够宽,以至于在长波时的穿透深度大于耗尽层宽度.如第9章图9.5所示,波长为 $900\mu m$ 时的穿透深度大约为 $33\mu m$. 大多数入射光在耗尽区外被吸收,而此处并没有可以使电子-空穴对分离的电场.

p-i-n(p-intrinsic-n)光电二极管是最常用的光电探测器之一,其耗尽层厚度(本征层)可设计以优化量子效率及频率响应. i 层厚度取决于实际应用,典型值为 $5\sim 50\mu m$. p-i-n 光电二极管的本征 i 层是完全耗尽的,其耗尽层宽度较大,因此结电容足够小,从而能在较高的调制频率下工作;同时,其耗尽层足够宽,即使在长波段也有显著的耗尽层吸收.

图10.4(a)为 p-i-n 光电二极管的截面图,它有一抗反射层用以提高量子效率.由第9章式(22)可知,入射光从空气($\bar{n}=1$)入射到半导体硅($\bar{n}=3.5$)表面的反射系数为0.31,这意味着31%的入射光将被反射而不能转换为电能.将折射率 $\bar{n}=(\bar{n}_\mathrm{Si})^{\frac{1}{2}}$ 的抗反射层覆盖于器件表面,可以使总的反射最小化. $\bar{n}=1.9$ 的 Si_3N_4 是一个不错的选择.图10.4(b)所示为反向偏压条件下的 p-i-n 二极管的能带图,导带随距离线性地降低, i 层内的电场是均匀的.

图 10.4(c)所示为 p-i-n 二极管的光吸收特性. p-i-n 的结构设计使得 i 层几乎可以完全吸收入射光. 半导体吸收入射光之后，在耗尽区或一个扩散长度内产生的电子-空穴对最终会被电场分开，载流子漂移穿过耗尽层，从而产生外部电路的电流.

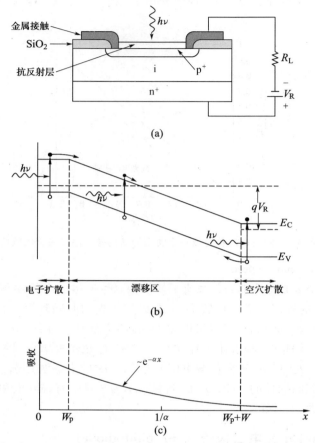

图 10.4 p-i-n 光电二极管的工作：(a) p-i-n 光电二极管的截面图；
(b) 反向偏压条件下的能带图；(c) 载流子吸收特性曲线

一般来讲，响应时间受限于最慢的光生载流子（空穴）通过 i 层宽度所需的漂移时间. 窄的 i 层可以改善响应时间，但是减少了吸收光子的数量，因而会降低响应度. 我们可以增加反向偏压以减小漂移时间，从而提高响应速度. 因此，这里存在响应速度和响应度的折中.

实际上，i 层有一个轻的背景掺杂，它的结构更类似于第 3 章图 3.27 中提到的 p^+-π-n^+ 或 p^+-ν-n^+ 结构. 因此，i 层的电场是不均匀的. 但作为一个近似，我们仍将其视为 p-i-n 结构.

▶ **例 2**

若有一入射光照射半导体表面，入射光功率 P_0 在进入半导体时会降为 $P_0(1-R)$，其中 R 为反射系数. 此入射光通过半导体时会被吸收. 因此在某一深度 x，剩余的光功率 $P(x)$ 可以写成 $P(x) = P_0(1-R)\exp(-\alpha x)$. 试以 $\alpha = 10^4 \text{cm}^{-1}$ 及 $R = 0.1$ 计算当有一半的入射光功率被材料吸收时的深度.

解 $x = -\dfrac{1}{\alpha}\ln\left[\dfrac{P(x)}{P_0(1-R)}\right] = -10^{-4} \cdot \ln\left(\dfrac{1}{2 \times 0.9}\right) \text{cm} = 0.59 \mu\text{m}.$ ◀

▶ **例 3**

已知一个硅 p-i-n 光电二极管的受光区域的直径为 0.06cm. 它受强度为 0.2mW/cm^2、波长为 800nm 的入射光照射时,产生大小为 $3\times10^{-4}\text{mA}$ 的光电流. 求此 p-i-n 光电二极管在波长 800nm 处的响应度与量子效率.

解 入射光强度为 0.2mW/cm^2,光接收区域的直径为 0.06cm. 因此,入射功率为
$$P_\text{opt}=\pi\times(0.03)^2\times0.2=5.6\times10^{-4}(\text{mW}).$$

响应度为
$$R=\frac{I_\text{p}}{P_\text{opt}}=\frac{3\times10^{-4}}{5.6\times10^{-4}}=0.54(\text{A/W}).$$

量子效率为
$$\eta=R\left(\frac{hc}{q\lambda}\right)=0.54\times6.62\times10^{-34}\times3\times10^8/[(1.6\times10^{-19})\times(800\times10^{-9})]$$
$$=0.84=84\%.$$

▶ **10.1.4 金属-半导体光电二极管(metal-semiconductor photodiode)**

图 10.5 为一种高速金属-半导体(M-S)光电二极管的结构. 为了避免入射光照射金属接触时所引起的大量反射及吸收损耗,金属膜必须非常薄(约 10nm),而且必须使用抗反射层. 金属-半导体光电二极管在紫外及可见光区域特别有用. 在这些区域内,大部分常见半导体的吸收系数 α 都很高,约为 10^5cm^{-1} 或以上,对应于 $0.1\mu\text{m}$ 或更小的有效吸收长度 $1/\alpha$. 在此我们可以选择一种金属及一种抗反射层,使大部分的入射辐照都在靠近半导体表面处被吸收. 例如,一个以 10nm 的金与 50nm 的硫化锌(zinc sulfide)作为抗反射层的金-硅光探测器,会有超过 95% 的 $\lambda=0.6328\mu\text{m}$(氦-氖激光、红光)的入射光被传输至硅衬底.

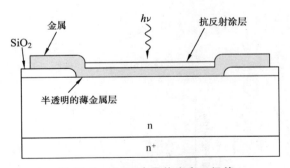

图 10.5 金属-半导体光电二极管

根据光子能量的不同,金属-半导体光电二极管可工作于两种模式. 对于 $h\nu>E_\text{g}$[图 10.6 (a)],入射光在半导体中产生电子-空穴对. 金属-半导体光电二极管的一般特性和 p-i-n 光电二极管相似. 对于较小的光子能量(波长较长)$q\varphi_\text{B}<h\nu<E_\text{g}$[图 10.6(b)],入射光在金属中激发电子并跨越势垒而被半导体收集. 这个过程被称为内部光致发射(internal photoemission),已被广泛应用于肖特基势垒高度的测定以及金属薄膜中热电子输运的研究.

如图 10.6(c)所示,当用不同波长的光扫描肖特基二极管时,量子效率存在一个大小为 $q\varphi_\text{B}$ 的阈值,它随着光子能量的提高而增加. 当光子能量达到带隙值时,量子效率跳跃到一个高得多的水平. 但在实际应用中,内部光致发射典型的量子效率小于 1%.

对于具有内部光致发射的探测器,使入射光通过衬底导入更有效.由于势垒高度总是小于能隙,$q\varphi_B < h\nu < E_g$ 的光不会被半导体吸收,所以入射光的强度在金属-半导体界面不会衰减.这种情况下,金属层厚度可以相对厚些,以便更容易地控制其厚度,并减小串联电阻.对于硅器件,我们可以选择用硅化物替代金属.通常,硅化物的界面重复性更好,因为它是由金属和硅反应得到的,所以新的界面不会暴露出来.此处,常用的硅化物有 PtSi、Pd_2Si 及 IrSi.肖特基二极管的另一个优点是,它避免了用于扩散或离子注入后退火的高温过程.

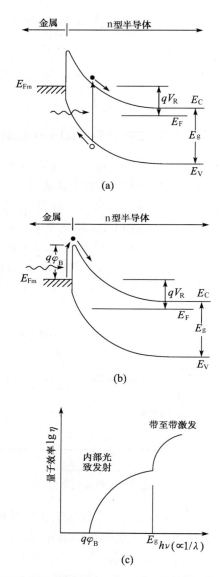

图 10.6 (a) 电子-空穴对的本征激发($h\nu > E_g$);(b) 内部光致发射激发的电子由金属进入半导体($q\varphi_B < h\nu < E_g$);(c) 两种过程的量子效率与波长的关系

▶ 10.1.5 雪崩光电二极管(avalanche photodiode)

雪崩光电二极管(avalanche photodiode, APD)是在足以产生雪崩倍增的反向偏压下工作的. 倍增可产生内部电流增益, 而且该器件可以响应被调制于高至微波频率的光信号.

APD 在设计时需着重考虑如何将雪崩噪声降至最小. 雪崩噪声来源于雪崩倍增过程的随机特性, 即在耗尽区的特定距离处所产生的每个电子-空穴对所经历的倍增并不相同. 雪崩噪声与电离系数之比 $\frac{\alpha_p}{\alpha_n}$ 有关. 此比例越小, 雪崩噪声就越小. 这是因为当 $\alpha_p = \alpha_n$ 时, 每一个入射光生载流子会在倍增区内形成三个载流子, 即原来的载流子加上产生的电子与空穴. 一个扰动使载流子数变化一个就代表着大百分比的变化, 因而产生很大的噪声. 另一方面, 假如其中一个电离率趋近于零(如 $\alpha_p \to 0$), 则每一个入射光生载流子可在倍增区内形成大量的载流子. 在这种情况下, 一个载流子的变动是相对不明显的扰动. 为使雪崩噪声降到最低, 我们必须使用 α_p 与 α_n 相差很大的半导体. 噪声因子(noise factor)由下式给出:

$$F = M\left(\frac{\alpha_p}{\alpha_n}\right) + \left(2 - \frac{1}{M}\right)\left(1 - \frac{\alpha_p}{\alpha_n}\right). \tag{12}$$

其中 M 是倍增因子. 由式(12)可知, 当 $\alpha_p = \alpha_n$ 时, 噪声因子为最大值 M; 当 $\frac{\alpha_p}{\alpha_n} = 0$ 且 M 很大时, 噪声因子为最小值 2.

图 10.7(a) 为一个典型的硅 APD 结构, 具有 n^+-p-π-p^+ 掺杂分布(π 是轻掺杂的 p 区域). n^+ 层较薄, 被入射光通过窗口照射. 紧挨着 n^+ 层有三个不同掺杂浓度的 p 型层 p-π-p^+. 净的空间电荷分布如图 10.7(b) 所示, 而电场分布如图 10.7(c) 所示. 最大电场位于 n^+-p 结处, 然后在 p 层内慢慢降低. 由于 π 层净的空间电荷密度很小, 所以电场在 π 层内只是略微减小. 最后电场消失于 p^+ 侧窄的耗尽层边缘. 为了提高耗尽区电场, 二极管处于反向偏置状态. 在零偏条件下, p 区的耗尽区宽度通常不会扩展到 π 层; 在足够大的反向偏压下, p 区的耗尽层将展宽并最终穿过整个 π 层. 由于 n^+ 层和 p 层很薄, 所以主要由 π 层吸收光子并产生电子-空穴对. 电子和空穴在 π 层以饱和速度漂移. 电子到达 p 层时, 会在高电场中获得足够的动能, 从而引起雪崩并产生大量的电子-空穴对. 这个内部增益可使量子效率超过 1.

光生载流子产生于 π 层, 而雪崩效应发生在 p 层. 光生载流子区和雪崩区分离的优点如图 10.7 所示, 漂移进入雪崩区的只有光生电子, 而没有光生空穴. 由具有高碰撞离化率的电子引起的雪崩效应具有最低的噪声.

中心 n^+ 区域被 n 型掺杂的保护环包围, 所以外围的击穿电压较高, 于是雪崩被约束于光照区域内.

对于具有 SiO_2-Si_3N_4 抗反射层的器件, 在波长约 0.75μm 处, 量子效率接近 100% [图 10.7(d)]. 由于比值 $\frac{\alpha_p}{\alpha_n}$ 约为 0.04, 当 $M = 10$ 时, 可由式(12)计算得出其噪声因子为 2.3.

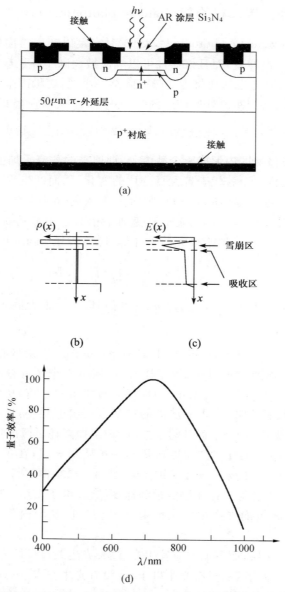

图 10.7 典型的硅雪崩光电二极管:(a) 器件结构;(b) 空间电荷分布;(c) 电场分布;(d) 量子效率

▶ 10.1.6 光电晶体管(phototransistor)

由于内部双极晶体管的作用,光电晶体管具有很高的增益. 另一方面,光电晶体管的制造比光电二极管复杂,其固有的较大面积会使高频特性变差. 与雪崩光电二极管相比,光电晶体管不需要工作于高电压,避免了雪崩带来的大噪声,还可以提供合适的光电流增益.

图 10.8(a)为双极型光电晶体管的结构图,图 10.8(b)为其电路模型. 与传统双极型晶体管的不同之处在于,它有一个作为光收集元件的大面积集-基结,在模型中用一个二极管和一个电容器的并联来表示.

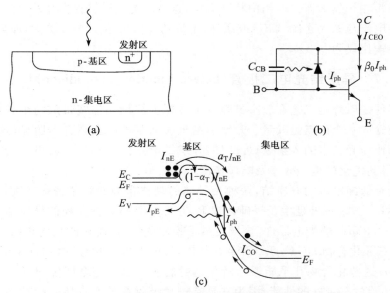

图 10.8 (a) 双极型光、电晶体管的结构图;(b) 等效电路;(c) 偏置条件下的能带图,包含各种电流成分,虚线为光照后基区电势(基极开路)的偏移

光电晶体管偏置于放大模式下,对于基区浮空的 n-p-n 结构,集电极相对于发射极为正向偏置.这意味着集-基结反向偏置而射-基结正向偏置.图 10.8(c)为光照后的能带图.在基-集耗尽区以及一个扩散长度范围内的光生空穴会流入能量最大值处,并被基区俘获.空穴或正电荷的积累使基区能量降低(电势升高).由于($I_E \propto e^{\frac{qV_{BE}}{kT}}$),将有大量电子从发射极流入集电极.这种由一个小的空穴电流引起一个大的电子电流的现象是由发射极注入效率 γ 引起的,这是普遍存在于双极型晶体管和光电晶体管的主导增益机制,只要电子通过基区的渡越时间远小于少数载流子寿命.距离基-集结耗尽区一个扩散长度以内的光生电子能够流入发射极或者集电极,取决于其初始位置.严格来讲,它们可以降低发射极电流或提高集电极电流,但变化量非常小.这是因为增益很大,总的集电极电流或发射极电流远大于光电流.

简单起见,我们假设入射光在基-集结附近被吸收.由基极开路可得,$I_E = I_C$.由图 10.8(c)及传统的双极型晶体管参数,总的集电极电流可表示为

$$I_C = I_{ph} + I_{CO} + \alpha_T I_{nE}. \tag{13}$$

其中,I_{ph} 为光电流,I_{CO} 为集-基结的反向漏电流,α_T 为基区输运因子.由于基极开路,净基极电流为 0,所以有

$$I_{pE} + (1 - \alpha_T) I_{nE} = I_{ph} + I_{CO}. \tag{14}$$

由式(13)、式(14)以及发射极效率 γ 的定义,我们可以得到

$$I_{nE} = \gamma I_E. \tag{15}$$

所以,式(15)可改写为

$$I_C = I_E = I_{CEO} = (I_{ph} + I_{CO})(\beta_0 + 1) \approx \beta_0 I_{ph}. \tag{16}$$

光电晶体管在不同光强下的 I-V 特性和双极型晶体管相似,除了将递增的基极电流以增加的光强替代.式(16)表明,光电流增益为 $\beta_0 + 1$.实际的同质结光电晶体管的增益可从 50 变化到几百.而异质结光电晶体管发射区的带隙比基区大,所以具有类似于常规异质结双极晶体管的优点,可获得高达 10000 的增益.然而,其暗电流也会被相同地放大.

光电晶体管在光隔离器的应用中特别有用,这是因为它能够提供高的电流传输比,即光探测器的输出电流与输入光源(LED 或激光)电流的比值可达 50% 或更大,而典型的光电二极管的电流传输比仅为 0.2%.

▶ 10.1.7 异质结光电二极管(hetero junction photodiode)

异质结器件是以外延工艺在较窄带隙的半导体上淀积一层宽带隙的半导体形成的. 异质结光电二极管的一个优点是其量子效率与结至表面距离的关系并不明显,这是因为宽带隙的材料可以作为光功率的入射窗口. 此外,异质结能提供独特的材料组合,在给定的光信号波长下,能得到优化的量子效率及响应速度.

为得到具有低漏电流的异质结,两种半导体的晶格常数必须紧密地匹配. 三元的 III-V 族化合物 $Al_xGa_{1-x}As$ 可外延生长于砷化镓上,并形成晶格完全匹配的异质结. 对于工作波长范围 $0.65\sim0.85\mu m$ 的光电器件,该异质结是非常重要的. 而在波长更长 $(1\sim1.6\mu m)$ 时,我们可以选用三元化合物如 $Ga_{0.47}In_{0.53}As$ ($E_g=0.75eV$) 及四元化合物如 $Ga_{0.27}In_{0.73}As_{0.63}P_{0.37}$ ($E_g=0.95eV$). 这些化合物几乎能够与磷化铟衬底实现晶格完全匹配. 与锗光电二极管相比,这种异质结器件有更好的性能,因为它具有较大吸收系数的直接带隙结构,所以可采用较薄的耗尽区宽度以得到更高的响应速度. 如图 10.2 所示(GaInAs 曲线),其量子效率在波长范围 $1\sim1.6\mu m$ 之间大于 70%.

▶ 10.1.8 超晶格雪崩光电二极管

正如前面提到过的,APD 由于雪崩倍增过程的随机性而表现出很大的噪声. 当仅有电子参与倍增过程时,雪崩噪声可以被最小化. 图 10.9(a)所示为只有电子雪崩倍增的阶梯状超晶格 APD 的能带图[3]. 每一层的带隙从最小值 E_{g1} 变化到最大值 E_{g2},E_{g2} 大于两倍的 E_{g1},而且相邻两层的导带差 ΔE_C 大于 E_{g1}.

在偏置条件下,如图 10.9(b)所示,光生电子在渐变层的导带中漂移,随后漂移进入邻近层. 由于跃迁,光生电子将获得动能 $\Delta E_C(>E_{g1})$,该动能足够引起碰撞离化. 因此,与体半导体的情况不同的是,这种器件不需要高电场即可发生雪崩倍增. 碰撞离化产生的空穴仅具有很小的能量 ΔE_V,不足以引起碰撞离化. 因此,阶梯状超晶格 APD 的雪崩噪声较低. 然而,这种具有渐变带隙的阶梯状超晶格 APD 的制造相当困难.

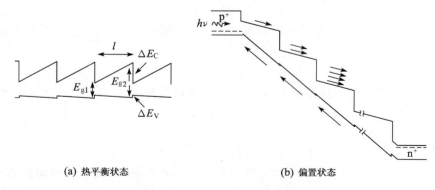

(a) 热平衡状态   (b) 偏置状态

图 10.9 阶梯状超晶格 APD 的能带图

10.1.9 量子阱红外探测器

量子阱红外探测器(quantum-well infrared photodetector,QWIP)的工作基于由子带间激发产生的光电导[1]. QWIP 对红外的吸收是通过导带内或价带内的量子阱实现的,而不是通过带至带的跃迁实现的. 图 10.10 列举了三种跃迁方式. 在量子阱束缚态至束缚态(bound-to-bound)的跃迁中,两个量子化的能态被约束于势垒高度以下,基态的电子会被光子激发到第一束缚态,随后隧穿出阱. 在量子阱束缚态到连续能带(或者量子阱束缚态到扩展能带)的跃迁中,基态上方的第一激发态高于势垒,所以受激电子更易于出阱. 量子阱束缚态到连续能带的激发更有前景,因为它的吸收系数较高、波长响应范围较宽、暗电流较低、探测能力较强且工作电压较低. 在量子阱束缚态到微带的跃迁中,微带因超晶格结构而形成. 基于此原理的 QWIP 在焦平面阵列成像传感系统的应用中很有前景.

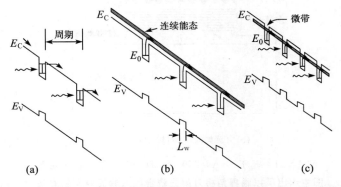

图 10.10 偏置状态下 QWIP 的能带图,图中显示了三种跃迁方式:(a) 量子阱束缚态至束缚态的子带间跃迁;(b) 量子阱束缚态到连续能带的跃迁;(c) 量子阱束缚态到微带的跃迁[1]

图 10.11 为基于 GaAs/AlGaAs 异质结的 QWIP 的结构示意图. 其中,作为量子阱层的 GaAs 的厚度约为 5nm,通常掺有浓度约 $10^{17}\,cm^{-3}$ 的 n 型杂质. 势垒层未掺杂,厚度约为 30~50nm. 典型的周期数约为 20~50.

量子阱由直接带隙材料构成. 通常情况下,表面的正入射光不会被吸收,这是因为子带间跃迁需要电磁波的电场具有量子阱平面法线方向的分量. 这个极化选择定则需要能够将光耦合进入光敏区域的技术. 如图 10.11(a)所示,在邻近探测器的边缘位置有一个 45°角的抛光面. 需注意的是,所关注的波长可以穿透衬底. 如图 10.11(b)所示,上表面的光栅可以将光折射回探测器. 或者,光栅可以做在衬底表面,用来散射入射光.

QWIP 有望取代基于 HgCdTe 材料的长波段光探测器. 这种基于 HgCdTe 材料的探测器存在一些问题,如过度隧穿会引起暗电流,为了产生精确带隙需要精确控制材料组分,因而材料的重复性问题难以解决. 此外,QWIP 与 GaAs 工艺是兼容的,可实现单片集成电路. QWIP 可探测的光波长范围可通过量子阱的厚度进行调节,其长波段探测能力接近 $20\mu m$;由于量子阱固有的载流子寿命短的特性,QWIP 具有高速度和快速响应的优势. 对于 QWIP,至少是对于 n 型 GaAs 量子阱 QWIP 而言,最大的困难在于对正入射光的探测.

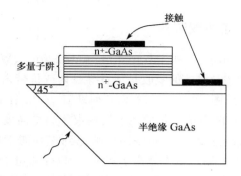

(a) 入射光垂直于与量子阱成45°角的抛光面

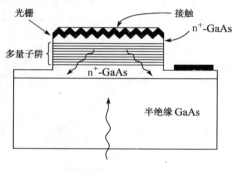

(b) 用光栅折射来自衬底的光

图 10.11　基于 GaAs/AlGaAs 的 QWIP 的结构示意图，图中示出了以临界角将入射光耦合进入异质界面的方法[1]

10.2　太阳能电池

太阳能电池(solar cell)在太空中及地表的应用都非常广泛，它可以为人造卫星提供长期的电力供应，同时也是地球能源的一个重要选择。它能高效地将日光直接转换成电能，能几乎无污染地提供低成本且近乎永久的电力[4,5]。

▶ 10.2.1　太阳辐射(solar radiation)

由太阳输出的辐射能来自于核聚变反应。每秒钟约有 6×10^{11} kg 的氢被转变为氦，其质量净损耗约为 4×10^3 kg。由爱因斯坦质能方程($E=mc^2$)，这些质量损耗被转变为 4×10^{20} J 的能量。这些能量主要以电磁辐射的方式发射出来，其范围从紫外至红外光区($0.2\sim3\mu m$)。目前，太阳的总质量约为 2×10^{30} kg，能够维持稳定的辐射能量输出的生命周期预估可超过 100 亿(10^{10})年。

在地球的大气层外，位于其绕太阳轨道的平均距离处，太阳辐射的强度被定义为太阳常数(solar constant)，其值为 $1367W/m^2$。在地表，由于云层和大气的散射与吸收作用，阳光会有所衰减。其衰减程度主要与光通过大气层的路径长度或光通过的"空气质量"有关。"**空气质量**(air mass)"被定义为 $1/\cos\varphi$，其中 φ 是垂直线与太阳方位的夹角。

► **例 4**

空气质量可以很容易地由一垂直物体的高度 h 与其阴影长度 s 估计出来,即 $\sqrt{1+(s/h)^2}$. 若 $s=1.118\text{m}, h=1.00\text{m}$,试求空气质量.

解 $\sqrt{1+(1.118/1.0)^2} = \sqrt{2.25} = 1.5$.

我们由此得出空气质量为 1.5(AM1.5),对应的 $\cos\varphi$ 为 $1/1.5=0.667$,而垂直方向与太阳方位之间的夹角 φ 为 $\cos^{-1}(0.667) = 48°$. 最大的阳光强度发生于太阳直射头顶时(即 $\varphi=0°$, AM 1.0). ◄

图 10.12 是关于太阳光谱辐照度(单位面积单位波长的功率)的两条曲线[6]. 上面的那条曲线是空气质量为零的情况(AM0),它代表在地球大气层外的太阳光谱. AM0 光谱与人造卫星及太空飞船的应用有关. 而地表太阳能电池性能的评价需参考空气质量为 1.5(AM1.5)的光谱. 这个光谱代表当太阳位于与垂直线夹角 48°时照射于地表的辐射. 在这个角度,入射功率约为 $963\text{W}/\text{m}^2$.

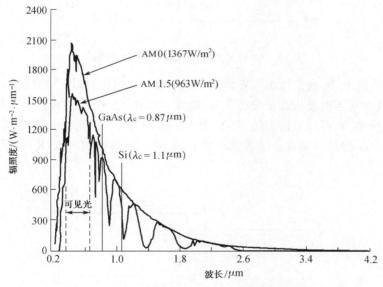

图 10.12 空气质量分别为 0 和 1.5 时的太阳光谱辐照度[6],同时也标示了砷化镓与硅的截止波长

► **10.2.2 p-n 结太阳能电池**

图 10.13 所示为 p-n 结太阳能电池的示意图,它包含一个形成于上表面的浅 p-n 结、一个条状和指状的正面欧姆接触、一个覆盖整个背面的背欧姆接触,以及一层覆盖于正面的抗反射层. 入射光从空气($\bar{n}=1$)进入硅($\bar{n}=3.5$)时的表面反射率约为 0.31. 也就是说,有 31% 的入射光会被反射,而不能在太阳能电池中转变为电能.

当电池暴露于太阳光谱时,能量小于带隙宽度 E_g 的光子对电池输出并无贡献;能量大于带隙宽度 E_g 的光子会对电池输出贡献能量 E_g,而大于 E_g 的能量会以热的形式消耗掉. 产生于耗尽层的电子-空穴对会被内建电场分开. 因此,电势差受限于内建电压,而内建电压则由带隙决定. 另一方面,只有能量大于带隙宽度的光子才会被半导体吸收. 由于太阳光谱的限制,光生电流随着带隙宽度的增加而减小.

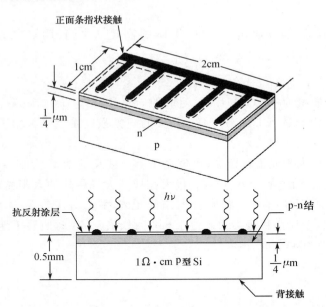

图 10.13 硅 p-n 结太阳能电池的示意图[4]

为了推导转换效率,我们考虑太阳辐射下的 p-n 结能带图,如图 10.14(a)所示. V_{oc} 依赖于光强,转换效率并不明显依赖于带隙宽度.带隙宽度在 1~2eV 之间的半导体都可以考虑为太阳能电池材料.其等效电路如图 10.14(b)所示.其中,一恒流源与结并联.此电流源 I_L 是由太阳辐射产生的过剩载流子的激发造成的,I_s 是二极管饱和电流,R_L 是负载电阻.

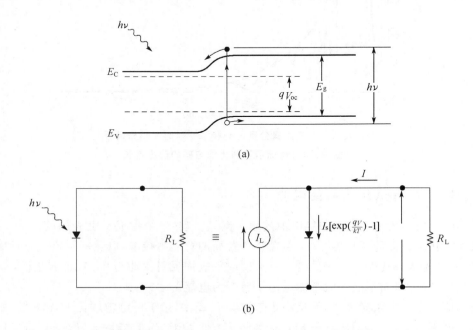

图 10.14 (a) p-n 结太阳能电池在太阳照射下的能带图;(b) 太阳能电池理想化的等效电路

上述器件的理想 I-V 特性为

$$I = I_s\left[\exp\left(\frac{qV}{kT}\right) - 1\right] - I_L. \tag{17}$$

而

$$J_s = \frac{I_s}{A} = qN_CN_V\left(\frac{1}{N_A}\sqrt{\frac{D_n}{\tau_n}} + \frac{1}{N_D}\sqrt{\frac{D_p}{\tau_p}}\right)\exp\left(-\frac{E_g}{kT}\right) \tag{17a}$$

其中 A 为器件面积. 图 10.15(a) 所示为式(17)的曲线, 其 $I_L = 100\text{mA}, I_s = 1\text{nA}$, 电池面积 $A = 4\text{cm}^2, T = 300\text{K}$. 此曲线通过第四象限, 可以由此提取出器件功率. 图 10.15(b) 是 I-V 曲线更常用的表示方式, 它由图 10.15(a) 对电压轴反转得到的. 如图 10.14(b) 所示, 负载 R_L 连接至电池, 流过 R_L 的电流方向与常规的电流方向相反. 因此,

$$I = -\frac{V}{R_L} \tag{18}$$

该电流与电路的电流必须同时满足式(17)给出的太阳能电池的 I-V 特性和式(18)给出的负载特性. 斜率为 $-1/R_L$ 的负载线如图 10.15(a) 所示. 两曲线的交叉点即为工作点. 在该点处, 负载与太阳能电池具有相同的电流和电压. 通过选择适当的负载, 我们可以取得接近 80% 的 $I_{sc}V_{oc}$ 乘积. 其中, I_{sc} 为电池的短路电流, V_{oc} 为电池的开路电压. 图中的阴影面积为最大功率矩形. 图 10.15(b) 中也分别定义了在最大输出功率 $P_m(= I_m \times V_m)$ 时的电流 I_m 与电压 V_m.

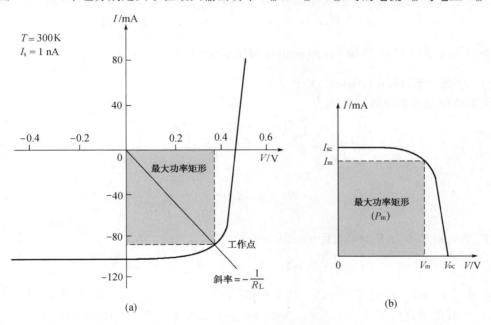

图 10.15 (a) 太阳能电池在光照射下的电流-电压特性;(b) 将(a)对电压轴反转

由式(17)可以得到开路电压($I=0$)为

$$V_{oc} = \frac{kT}{q}\ln\left(\frac{I_L}{I_s} + 1\right) \approx \frac{kT}{q}\ln\left(\frac{I_L}{I_s}\right). \tag{19}$$

因此, 在给定 I_L 的情况下, V_{oc} 会随饱和电流 I_s 的减小而呈对数增加. 输出功率为

$$P = IV = I_sV\left[\exp\left(\frac{qV}{kT}\right) - 1\right] - I_LV. \tag{20}$$

最大功率条件可由 $\frac{dP}{dV}=0$ 得到,即

$$V_m = \frac{kT}{q}\ln\left[\frac{1+\frac{I_L}{I_s}}{1+\frac{qV_m}{kT}}\right] \approx V_{oc} - \frac{kT}{q}\ln\left(1+\frac{qV_m}{kT}\right), \tag{21a}$$

$$I_m = I_s\left(\frac{qV_m}{kT}\right)\exp\left(\frac{qV_m}{kT}\right) \approx I_L\left[1-\frac{1}{\frac{qV_m}{kT}}\right]. \tag{21b}$$

而最大输出功率 P_m 则为

$$P_m = I_m V_m \approx I_L\left[V_{oc} - \frac{kT}{q}\ln\left(1+\frac{qV_m}{kT}\right) - \frac{kT}{q}\right]. \tag{22}$$

▶ **例 5**

如图 10.15(a) 所示的太阳能电池, 试计算其开路电压和电压为 0.35V 时的输出功率.

解 由式(19)得

$$V_{oc} = 0.026\ln\left(\frac{100\times 10^{-3}}{1\times 10^{-9}}\right) = 0.48(V).$$

电压为 0.35V 时的输出功率由式(20)可得(注意 I_s 与 I_L 为反向电流, 所以须加上负号),

$$P = -10^{-9}\times 0.35\times (e^{\frac{0.35}{0.026}}-1) - (-0.1)\times 0.35 = 3.48\times 10^{-2}(W). \blacktriangleleft$$

▶ **10.2.3 转换效率 (conversion efficiency)**

一、理想效率 (ideal efficiency)

太阳能电池的功率转换效率为

$$\eta = \frac{I_m V_m}{P_{in}} = \frac{I_L\left[V_{oc}-\frac{kT}{q}\ln\left(1+\frac{qV_m}{kT}\right)-\frac{kT}{q}\right]}{P_{in}} \tag{23}$$

或

$$\eta = \frac{FF \cdot I_{SC} V_{oc}}{P_{in}}. \tag{23a}$$

其中 P_{in} 为入射功率, FF 为填充因子 (fill factor), 其定义为

$$FF \equiv \frac{I_m V_m}{I_{SC} V_{oc}} \approx 1 - \frac{kT}{qV_{oc}}\ln\left(1+\frac{qV_m}{kT}\right) - \frac{kT}{qV_{oc}}. \tag{24}$$

其中假设了 $I_{SC}\approx I_L$. 填充因子为最大功率矩形 [图 10.15(b)] 与 $I_{SC}\times V_{oc}$ 矩形面积之比. 实际上, 一个好的填充因子在 0.8 左右. 为使效率最大, 必须使式(23a)分子中的三项全都最大化.

理想效率可以由式(17)所定义的理想 I-V 特性求得. 对于给定的半导体, 饱和电流密度可以由式(17a)得出. 在给定的空气质量条件下 (如 AM1.5), 短路电流 I_L 为 q 与太阳光谱中能量 $h\nu \geqslant E_g$ 的光子数的乘积. 一旦 I_s 与 I_L 已知, 输出功率 P 及最大功率 P_m 即可由式(20)与式(22)求得. 输入功率 P_{in} 是太阳光谱中所有光子的积分(图 10.12). 在 AM 1.5 条件下, 效率 $\frac{P_m}{P_{in}}$ 有较宽的最大值(大约 29%)[5,7], 而且并不明显依赖于 E_g. 因此, 带隙宽度在 1~2eV 之间的半导体都可考虑为太阳能电池材料. 导致理想效率降低的因素很多, 实际已

实现的效率很低. 理想峰值效率在 AM1.0 时为 31%, 在 AM1000 时为 37%[1,7].

二、光谱分离(spectrum splitting)

提高效率的最简单的方式是"光谱分离". 这种方法是将阳光分离成一系列的窄波段, 再将每个波段分别导向带隙宽度已优化的特定电池, 以实现每个波段都能实现高效率转换, 如图 10.16(a) 所示. 这样原则上效率可达到 60% 以上[8]. 幸运的是, 只要将带隙最宽的电池放在最上层, 然后依序将各个电池相叠, 如图 10.16(b) 所示, 就可以自动地达成相同的光谱分离效果. 这种"串联式(tandem)"电池的方式已成为提高电池效率实际可行的方法.

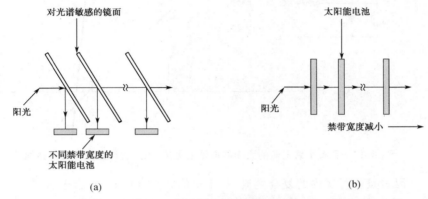

图 10.16 多带隙电池的概念, (a) 光谱分离的方法; (b) 串联式电池的方法[8]

三、串联电阻与复合电流

导致理想效率降低的因素有许多, 最主要的因素之一是, 由正面欧姆接触所引起的串联电阻 R_s. 如图 10.13 所示, 光生电子穿过 n 型层到达指状电极, 引入一有效的串联电阻. 如果指状电极很薄, 那么串联电阻将进一步增大. 在 p 型区也存在一个串联电阻, 但由于体积较大, 该串联电阻通常很小. 另一方面, 由于一部分(通常很小)光生载流子可从晶体表面(或多晶器件的晶粒间界), 而不是从外部负载流过, 所以还会产生一并联电阻. 与串联电阻相比, 典型情况下并联电阻是次要的. 其等效电路如图 10.17 所示. 由式(17)的理想二极管电流式, 可求得 I-V 特性为

$$\ln\left(\frac{I+I_L}{I_s}+1\right)=\frac{q}{kT}(V-IR_s). \tag{25}$$

此式在 R_s 分别为 0 和 5Ω 时的曲线如图 10.17 所示, 除了 R_s 之外的其他参数, 如 I_s、I_L、T 等, 都与图 10.15 中相同. 由此图可知, 仅为 5Ω 的串联电阻, 就使得功率减少为 $R_s=0$ 时最大功率的 30% 以下. 其输出电流与输出功率为

$$I=I_s\left\{\exp\left[\frac{q(V-IR_s)}{kT}\right]-1\right\}-I_L, \tag{26}$$

$$P=I\left[\frac{kT}{q}\ln\left(\frac{I+I_L}{I_s}+1\right)+IR_s\right]. \tag{27}$$

串联电阻与结深、p 型与 n 型区的杂质浓度以及正面欧姆接触的排列方式等因素有关. 对于形状如图 10.13 所示的典型硅太阳能电池, n^+-p 电池的串联电阻约为 0.7Ω, 而 p^+-n 电池则约为 0.4Ω. 此处电阻值的差异主要是由 n 型衬底的较低电阻率引起的.

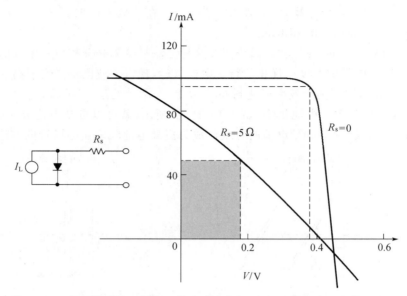

图 10.17 具有串联电阻的太阳能电池的电流-电压特性曲线与其等效电路

另一个因素是耗尽区内的复合电流. 对于单能级复合中心, 复合电流可表示为

$$I_{rec}=I_s'\left[\exp\left(\frac{qV}{2kT}\right)-1\right], \tag{28}$$

而

$$\frac{I_s'}{A}=\frac{qn_iW}{\sqrt{\tau_p\tau_n}}. \tag{28a}$$

其中 I_s' 为饱和电流. 存在复合电流的情形下, 能量转换式仍可以写成类似式(19)到式(22)的方程式, 但是须以 I_s' 代替 I_s, 并将指数因子除以 2. 由于 V_{oc} 及填充因子都会变差, 复合电流的效率远低于理想电流. 在 300K 时, 硅太阳能电池的复合电流可使其效率降低 25%.

10.3 硅及化合物半导体太阳能电池

我们对太阳能电池的要求是高效率、低成本和高可靠性. 太阳能电池的多种结构已被提出, 并实现了引人注目的结果. 然而, 要想让太阳能电池成为世界能量供给的一个重要部分, 我们还有更多的困难需要解决. 尽管如此, 我们相信这个目标终会实现. 下面, 我们介绍一些关键的太阳能电池设计及其性能. 总的来说, 太阳能电池有两类: 基于晶圆的太阳能电池和薄膜太阳能电池.

▶ 10.3.1 基于晶圆的(wafer-based)太阳能电池

硅是太阳能电池中最重要的半导体材料. 它无毒, 而且在地壳中含量仅次于氧元素. 因此, 即使硅被大量使用, 也不会有造成环境破坏或资源耗尽的危险. 而且, 因为硅材料在微电子产业的广泛应用, 硅工艺已经有了成熟完整的技术基础.

Ⅲ-Ⅴ族化合物半导体及其合金系统可以提供带隙宽度的多种选择, 而且其晶格匹配易于实现. 这些化合物非常适合于制造串联式的太阳能电池. 例如, AlGaAs/GaAs、GaInP/

GaAs、GaInAs/InP 等材料系统已被开发用于太阳能电池,并被应用于人造卫星与太空飞船.

一、硅 PERL 电池(silicon PERL cell)

通常,短路电流的损耗来源于电池顶部表面的金属指状接触、顶部表面的反射损耗以及电池内不理想的光俘获(light-trapping);电压的损耗来源于有限的表面复合及体复合;填充因子的损耗来源于电池内部欧姆串联电阻损耗以及由相同因素引起的开路电压损耗.图 10.18(a)所示为硅钝化发射极背部局域扩散(passivated emitter rear locally-diffused, PERL)电池[9],它将上述所有的损耗因素都考虑到了.

PERL 电池的顶部具有倒金字塔结构,它利用各向异性刻蚀,将刻蚀速率慢的(111)晶面暴露出来.由于采用了倒金字塔结构,垂直于电池的入射光会以倾斜角度到达倾斜的(111)面,然后以斜角度折射进入电池内部,因此可以减少入射光在电池顶部表面的反射.这种增强的光俘获机制可以降低短路电流损耗.

PERL 电池的特点是,用一层薄的热氧化层来"钝化"(降低顶部表面的电学活性)硅晶圆顶部表面,以便形成结扩散.随后,一个浅的、低薄层电阻率的 n 型磷扩散层在钝化层下形成.电池表面的氧化物钝化层可提高开路电压,而且还可以作为折射率 $\bar{n}=1.46$ 的抗反射层进一步降低总的反射.电池背部局域扩散区形成于背部点接触区域.

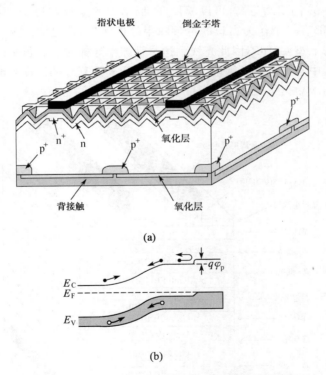

图 10.18 (a) PERL 电池[9];(b) 背表面场的能带图

如图 10.18(b)所示,电池的背接触下方引入一重掺杂层,即所谓的"背表面场(back-surface field)". 势能 $q\varphi_p$ 会在接触面和衬底之间形成一个少数载流子反射区;背表面场使得背表面的复合速率非常小. 因此,短路电流将会增加,而开路电压也会随短路电流的增加而增加. 同时,该结构也使得接触电阻降低,且填充因子提高. 此外,背接触与硅之间被插入的氧化层隔开,它具有比铝层更好的背面反射. 目前,PERL 电池已经实现了高达 24.7% 的最高转换效率.

二、Ⅲ-Ⅴ族化合物串联太阳能电池

单带隙电池的转换效率被限制于 31% 之内的一个主要因素是,它所吸收的光子能量大于带隙宽度的部分都以热耗散的形式损失掉了. 降低这种效率损失的主要方法是,采用由宽带隙半导体和窄带隙半导体的串联 p-n 结结构,并通过 p^+-n^+ 隧道二极管将其连接起来. 高能光子将被宽带隙半导体吸收,而低能光子将被窄带隙半导体吸收. 因此,这种多带隙的结构可以更好地与太阳光谱匹配,从而降低总的热损耗. 理论上,我们可以将数十个不同电池叠加在一起,得到高达 68% 的效率. 但是,这在技术上存在一些问题,如晶体层的应变损伤. 目前,效率最高的多结太阳能电池具有三个电池.

图 10.19 为单片串联太阳能电池的结构图[1]. 其衬底材料为晶格常数非常接近于 GaAs 和 $Ga_{0.51}In_{0.49}P$ 的 p 型锗. 顶层结是可以吸收能量 $h\nu > 1.9 eV$ 光子的 GaInP 结 ($E_g = 1.9 eV$). 底层结是可以吸收能量 $1.9 eV > h\nu > 1.42 eV$ 光子的 GaAs p-n 结 ($E_g = 1.42 eV$). 顶层结和底层结之间由一个隧穿 p^+-n^+-GaAs 结连接. 顶层结下方生长了一层 p 型 AlGaInP,以形成 p-AlGaInP/p-GaInP 的高-低结;底层结下方生长了一层 p 型 GaInP,以形成 p-GaInP/p-GaAs 的高-低结. 同时,它们还起到前面提过的"背表面场"的作用. 异质结的背场势垒 $q\varphi_p$ 比 p-p^+ 同质结更高,可以驱使高-低结中的少数载流子(电子)返回窄带隙区域. 每个电池的顶部有一个作为窗口的宽带隙半导体薄层,顶电池的窗口层为 n 型 AlInP,底电池的窗口层为 n 型 GaInP,因此光线到达窄带隙半导体时仅有很少的损失. 窗口层还可以钝化同质结电池中常见的表面缺陷,因而可以降低表面复合从而提高电池效率. 典型的窗口层都是重掺杂的.

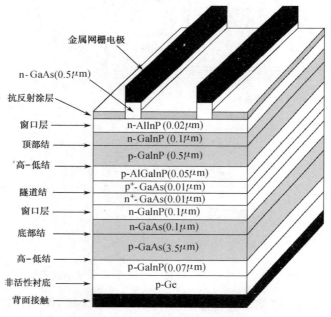

图 10.19　单片串联太阳能电池[1]

这种串联的电池具有较高的内建电压,因此开路电压较高,电池效率也较高. 高掺杂浓度也会减小寄生串联电阻. 类似地,在锗衬底上生长的 InGaP/GaAs/InGaAs 3-结结构的电

池可以获得更高的效率.目前,效率高达40%的串联太阳能电池已经被研制出来[10].

▶ 10.3.2 薄膜太阳能电池

对于传统硅太阳能电池而言,最大的问题就是成本.这种电池需要相对较厚的单晶硅层以达到可观的光子俘获率,但这种单晶硅是比较昂贵的.薄膜太阳能电池提供了一种成本较低的可选方案.

一、非晶硅(amorphous Si)太阳能电池

非晶硅(a-Si)薄膜可以直接淀积在低成本大面积的衬底上.在 a-Si 中,键长和键角的分布扰乱了晶体硅晶格的长程有序排列,也改变了其光学及电学特性.光学带隙宽度从单晶硅的 1.12eV 增加为约 1.7eV.由于内部的散射,其表观光学吸收几乎比晶体材料高一个数量级.

图 10.20 为一系列互相串联的 a-Si 太阳能电池的基本结构[11].在玻璃衬底上,先淀积一层二氧化硅(SiO_2),接着淀积一层作为透明导电层的宽带隙简并型掺杂半导体,如二氧化锡(SnO_2),再用激光定义出结构图案.然后此衬底在射频等离子体放电系统中,以硅烷(silane)解离的方式,淀积一层非晶硅的 p-i-n 结堆叠层.之后,用激光在非晶硅层定义出结构图案.随后,溅射一层铝,再同样用激光定义出图案.通过这样的方法,我们得到如图 10.20 所示的一系列互相连接的电池.这种电池具有最低的制造成本及 6% 的适中效率.

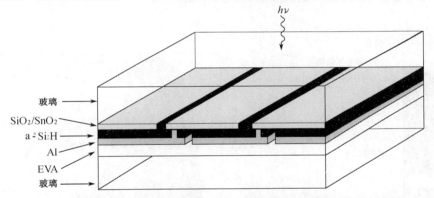

图 10.20 淀积在玻璃衬底上的互相串联的非晶硅太阳能电池的基本结构,用乙烯醋酸乙烯酯(ethylene vinyl acetate, EVA)与背面玻璃粘接[11]

用这种工艺获得的非晶硅含有相当高浓度的氢.氢原子停留于硅的悬挂键上,使能带中的局域态密度降低.这些局域态对于非晶硅载流子输运特性扮演着主导的角色.典型的淀积温度在 300℃ 以下,否则,非晶硅薄膜无法氢化.

由于载流子迁移率较低,光生载流子的收集需要内部电场的帮助.为了在 p-i-n 结构的本征层中产生较高的电场,电池必须薄至几百纳米.由于材料质量会随着掺杂水平的提高而显著降低,所以,p-i-n 结构中的 p 型和 n 型掺杂层通常很薄(<50nm).因此,在这两层中产生的载流子仅有很少能贡献于光电流.然而,这两个掺杂层会在质量较好的 i 层(厚度~0.5μm)建立一个电场,从而帮助在这个区域中产生的载流子的收集.

在大型的户外发电模组中,非晶硅中氢原子的有利效应在光照下会缓慢退化.在起初的几个月,其输出效率会有一个稳定的下降.这种稳定性问题是由所谓的"Staebler-Wronski"退化效应造成的——被光子能量大于带隙宽度的光照射,会产生新的光致缺陷态.再往后,

其输出效率将会保持稳定.基于非晶硅的模组通常由制造商以"稳定"输出的指标来评价其性能.

采用串联结构可以提高电池的效率.高品质的 a-Si:Ge:H 合金可以用作窄带隙材料.含 Ge 的 a-Si 的带隙宽度大约减小到 1.5eV.因此,我们可以制造具有更高效率的 a-Si:H/a-Si:Ge:H 串联电池.它收集太阳光谱中红光部分的能力更强.基于这种电池的大面积模组的稳定效率约为 8%.含有三个单元串联结构的电池可以获得超过 13% 的稳定效率,其顶部单元包含一个 a-Si:H 层,底部两单元增加了厚度和 Ge 的百分比[5,12].但是,其工艺过程中气体 GeH_4 的消耗在整个模组的成本中占据了很大比例.

比非晶型电池具有更高效率(14.5%)也更具前景的微晶串联型太阳能电池已经研制出来[13,14].结构如图 10.21(a)所示,串联结构中包含一个微晶底单元(μc-Si:H)和一个常规的非晶顶单元.μc-Si:H 的光学带隙宽度大约是 1eV,与晶体硅较接近,而与 a-Si:H(1.7eV)差别较大.

微晶串联电池的光谱响应如图 10.21(b)所示,短波段光会被顶部非晶电池吸收,而长波段光会被底部微晶电池吸收.因为微晶单元吸收了非晶硅不能吸收的长波段部分,所以微晶串联电池具有更高的效率.与 a-Si:H/a-Si:Ge:H 串联电池相比,a-Si:H/μc-Si:H 串联电池的光谱响应充分延伸到了光谱中的长波区域.由于微晶硅的光吸收系数比非晶硅低,所以微晶太阳能电池的 i 层厚度须远大于非晶硅太阳能电池.

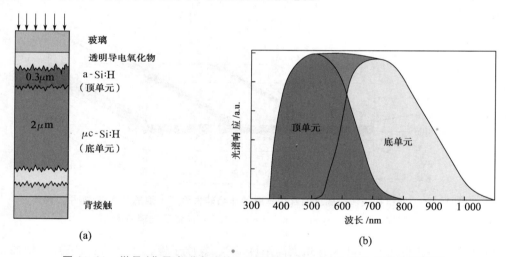

图 10.21 微晶/非晶串联电池的(a)结构示意图,(b)典型的光谱响应度[13]

二、CIGS 太阳能电池

1974 年,贝尔实验室报道了第一个铜铟硒($CuInSe_2$)太阳能电池,其转换效率为 6%.1982 年,转换效率为 10% 的 $CdS/CuInSe_2$ 太阳能电池被研制出来.用镓部分地替代 $CuInSe_2$ 中的铟即可形成铜铟镓硒(CIGS).CIGS 的光学带隙比纯 CIS 宽,因此其开路电压较高.$CdS/Cu(In, Ga)Se_2$(CIGS)的转换效率在 1993 年被提高至 15%,1996 被提高至 17.7%,2003 至 19.2%[5,15],2008 年则达到 19.9%[16].

CIS 是直接带隙半导体材料,其吸收系数在很宽的波长范围内都比其他半导体高,如图 10.22(a)所示[17].CIGS 的带隙宽度可从约 1.0eV(对于 $CuInSe_2$)连续变化到约 1.7eV(对于 $CuGaSe_2$).图 10.22(b)是一个典型的 CIGS 太阳能电池结构示意图.其衬底材料为钠钙玻璃[由碳酸钠(苏打)、石灰石等材料制成的最普通的玻璃]. 在 CIGS 生长期间, 玻璃中的钠离子将穿过 Mo 扩散到 CIGS 中, 使得 CIGS 的多晶颗粒长得更大, 缺陷更少. 此外, 由于钠会结合在晶粒间界或者缺陷上, 所以它还使薄膜的电导率增加. 其具体机制目前还不太清楚. 高反射率、低电阻率的 Mo 与 CIGS 可以形成良好的欧姆接触. p 型 CIGS 能够吸收大部分的光, 可用多种方法淀积得到, 包括共蒸发、反应溅射升华、化学浴淀积、激光蒸发以及喷雾热解法. p-n 异质结是通过在 p 型 CIGS 上淀积一层很薄的 n 型 CdS 和一层 n 型透明导电氧化物 ZnO(ZnO:Al)形成的. CdS 是用来调节 CIGS 的敏感表面并降低 ZnO 和 CIGS 之间的能带不连续. 考虑到环境问题, 我们可以用 ZnS 代替 CdS. 直接在 CdS 上淀积 ZnO 将产生局部缺陷(如针孔)及 CIGS 特性的局部波动(如带隙宽度). 可以通过引入一个本征 ZnO(i-ZnO)缓冲层来缓解这些问题. MgF_2 是抗反射涂层. 目前, 基于 CIGS 的太阳能电池是新一代大尺寸、低成本薄膜光伏系统中的最佳选择之一.

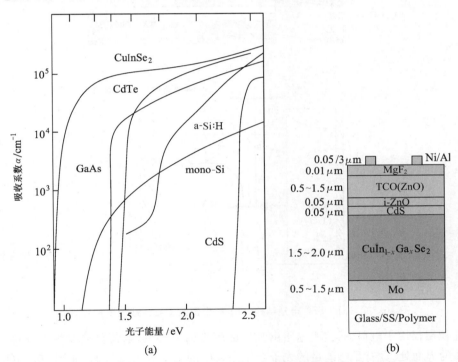

图 10.22 (a) $CuInSe_2$ 的光学吸收系数; (b) CIGS 太阳能电池的典型结构示意图

10.4 第三代太阳能电池

第三代光伏电池是"第一代"(硅单晶 p-n 结或硅片太阳能电池)和"第二代"(低成本但是低效率的薄膜太阳能电池)太阳能电池的一系列新颖的替代方案. 这方面的研究主要致力于提高效率和降低成本(每产生一瓦特电力所需的成本)[18].

一、染料敏化太阳能电池

染料敏化太阳能电池(DSSC)是目前技术上可实现的效率最高的第三代太阳能电池[19]，并且已做好了量产准备。如图10.23(a)所示的电池，淀积在玻璃板上作为阳极的是一层透明导电氧化物(TCO)[通常是氟掺杂的氧化锡(SnO_2：F)]。导电层上方是一层氧化钛(TiO_2)。为了能够容纳大量的染料分子，氧化钛层被制成具有极高表面积的多孔3-D结构。随后，板被浸入感光性的钌-多吡啶染料混合溶液中。这种染料的分子尺寸相当小(纳米级)。为了俘获数量可观的入射光，通过共价键结合于多孔3-D纳米结构的氧化钛层表面的染料分子层必须相当厚。另外一独立的背板是由碘/碘电解质薄层涂布于导电铂层上制成的。

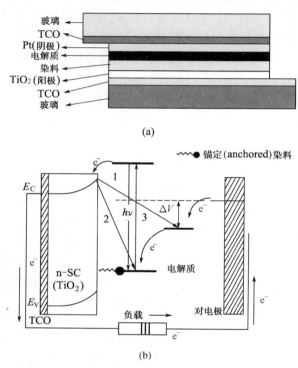

图10.23 (a) DSSC电池结构；(b) 能带图及主要的载流子损耗机制

氧化钛层仅用于电荷输运，光电子由独立的感光染料提供。电荷分离发生于染料、半导体和电解质的界面处。具有足够能量的光子会使染料中的电子进入激发态，如图10.23(b)所示。染料中被激发到导带的电子有一定几率回到价带(如损耗路径1)。被激发的电子可以被直接注入氧化钛的导带中，随后从那里扩散到阳极。同时，染料分子会从电解质中的碘离子夺取一个电子，将其氧化成三碘化物。与注入电子和被氧化的染料分子结合[如图10.23(b)所示的损耗路径2]所需的时间相比，这个反应发生得相当快。三碘化物会扩散至对电极(counter electrode)，从而恢复其失去的电子。而对电极可从外电路重新引入电子。第三种损耗来源于注入电子与电解质的复合(损耗路径3)。

由于氧化钛纳米结构的多孔性，光子有很高的几率被吸收。染料将光子转化为电子的效率也非常高，但只有具有足够能量的电子才能穿越氧化钛并形成光电流。另外，电解质限制了染料分子重新获得电子并可再次被光激发的速度。这些因素限制了DSSC产生的光电流的大小。染料分子的带隙宽度略大于硅，这意味着太阳光中的光子只有更少的部分能用于产生载流子。理论上DSSC能产生的最大电压，是氧化钛费米能级与电解质氧化还原势之差，

约 $0.7\text{V}(V_{oc})$. DSSC 能提供的 V_{oc} 比硅太阳能电池(约 0.6V)略大. 其填充因子约为 70%, 量子效率约为 11%[20].

二、有机太阳能电池

因为载流子在有机半导体中的输运由跳跃(hopping)机制占主导作用(如第 9 章 9.3.2 节中所提到的), 迁移率非常低, 所以有机太阳能电池中有机有源层的厚度被限制在几百纳米之内, 以降低串联电阻. 然而, 有机半导体对紫外和可见光的吸收能力非常强, 入射光的穿透深度通常为 $80\sim200\text{nm}$. 因此, 厚度仅为 100nm 的有机有源层即可确保有效的吸收. 目前, 有机太阳能电池的能量转换效率仅为 5.7%[21]. 但是由于其大面积、低成本的特点, 有机太阳能电池仍然极具吸引力.

由于静电作用, 电子-空穴对吸收具有足够能量的光子后, 形成紧束缚态的激子(exciton), 其结合能约为 $200\sim500\text{meV}$. 激子的结合能大约比无机半导体(如硅)中的结合能大一个数量级. 在室温条件下, 硅的光激发能够直接产生自由载流子. 通常, 只有 10% 的激子能够分解成自由载流子, 剩余的激子会在短时间内, 通过辐射性或非辐射性复合衰减. 因此, 单层聚合物太阳能电池的能效典型值低于 0.1%.

在施主分子和受主分子之间存在异质结的太阳能电池能够有效地在界面处将光生激子分解成自由载流子, 因而展现出更优越的性能. 如图 10.24 所示, 光子将一个电子从最高已占据轨道激发到最低未占据轨道后, 电子可以从施主的最低未占据轨道(具有较高的最低未占据轨道)跃迁到受主的最低未占据轨道, 只要施主离化能与受主电子亲和能之差 $\Delta\Phi$ 大于激子的结合能. 然而, 只有当空穴保持在施主的较高的最高已占据轨道上时, 所谓的光致电荷转移过程才能产生自由电荷. 而且, 施主和受主的间距离应该在激子扩散长度范围内, 以保证激子有效的转移和分离. 如图 10.25(a)所示, 异质结结构由施主和受主的双层构成. 双层

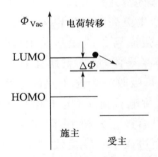

图 10.24 施主与受主间的异质结分离激子以使电荷转移

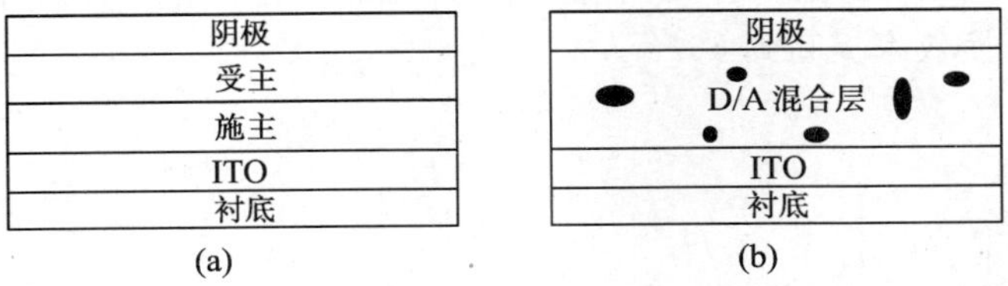

图 10.25 (a) 双层太阳能电池; (b) 体异质结太阳能电池

结构保证了光致电荷转移能够越过界面有序进行,降低了复合损耗.然而,界面面积是有限的,限制了激子分离效率.如图 10.25(b)所示,若采用包含电子施主和电子受主[即所谓的体异质结(bulk heterojunction)]的混合层结构,即可获得较大的界面面积和更高的激子分离效率.但这种结构需要一个渗流通路,供分离出来的荷电载流子到达相应的电极.上述两种方案都能通过小分子升华或聚合物旋涂来实现.

三、量子点太阳能电池

如上文提到的,提高转换效率的一种方式是采用串联或级联结构的太阳能电池.这种结构使用两个或者更多的太阳能电池,从而增加入射光中吸收的光子数目.

提高转换效率的另一种方式是利用热载流子,在其通过声子发射弛豫至能带边缘之前[22,23].这可以通过两种基本方法实现:一种是在其冷却之前抽取热载流子以提高光电压;另一种是利用高能的热载流子产生二次(或者更多次)电子-空穴对以增加光电流.

利用热载流子的关键点是延缓光生载流子的弛豫.通常,热载流子的能量损耗是多声子过程,热量会耗散于半导体中.当半导体中的载流子被势垒约束在一个很小的范围内(小于或可比于其德布罗意波长或体半导体中激子的波尔半径),即在半导体量子阱、量子线,尤其是量子点(QD)中时,光生载流子的弛豫,尤其是热载流子的弛豫,将受半导体中量子效应的影响而显著减弱,因而载流子碰撞离化的速率可接近于载流子冷却的速率.

为了实现前一种方法,相比于热载流子冷却的速率,光生载流子分离、输运的速率,以及载流子界面转移并穿过接触到达半导体的速率都必须足够高,如图 10.26(a)所示.在这种结构中,位于 p^+-i-n^+ 结构本征区的量子点排列成有序的 3-D 阵列.量子点之间的空间足够小,所以会发生强的电子耦合,并且允许电子长程输运的微带也可形成.离域量子化的 3-D 微带能态有望减缓载流子冷却的速度,并且帮助在相应的 p 型和 n 型接触区域输运与收集热载流子,从而在太阳能电池中产生更高的光生电势.

后一种方法要求光生载流子碰撞离化的速率大于载流子冷却以及其他弛豫过程的速率,如图 10.26(b)所示.不同于体半导体,量子点具有单个高能光子产生多对荷电载流子的特殊能力.在普通的体半导体中,每吸收一个光子只能产生一对电子-空穴对.这意味着,高能和低能的光子都只能产生一对荷电载流子(电子和空穴).更简单地说,在体半导体薄膜中,近紫外区光子的额外能量没有被充分利用.而在量子点结构中,高能光子能够通过碰撞离化产生多对荷电载流子,从而进入了光转换效率大于 100% 的新阶段.

然而,热电子输运/收集和碰撞离化过程不能同时发生,它们是相互排斥的.在一个给定系统中,只能发生这些过程中的一个.量子点太阳能电池不仅能够保证高的能量转换效率,同时还具有光谱可调性,这是因为半导体量子点的吸收特性依赖于其尺寸.量子点太阳能电池有潜力将最大转换效率提高到 66%.

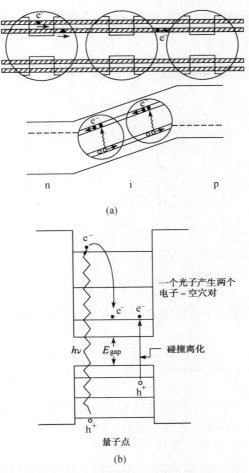

图 10.26 （a）量子点阵列中的热载流子在微带中输运,从而产生较高的光电压;
（b）通过碰撞离化提高效率[22,23]

10.5 聚光

利用镜子与透镜可以将阳光聚焦.采用聚光(optical concentration)技术,我们可以减小电池面积,从而降低电池成本.这是一种有吸引力且具灵活性的方法.该方法还有其他的优点,如聚光为 1000 太阳(强度为 $963\times10^3\,\mathrm{W/m^2}$)时,效率可增加 20%.图 10.27 为安装于聚光系统中的典型硅太阳能电池的测量结果[1].值得注意的是,当聚光由 1 太阳增加到 1000 太阳时,器件的特性有相当的改善.短路电流密度随着聚光度线性增加.开路电压则以聚光度每增大 10 倍,电压增大 0.1V 的速率增加,而填充因子变化极小.由这三项因子的乘积除以输入功率即得到效率,聚光度每增大 10 倍,效率即增大 2%.采用适当的抗反射层,我们预期在 1000 太阳时,效率可增加 30%.因此,1 个电池在 1000 太阳的聚光度下,可产生相当于 1300 个电池在 1 太阳下的输出功率.聚光方法能以相对廉价的聚光材料及相关的跟踪及散热系统,取代昂贵的太阳能电池,从而使整个系统的成本降到最低.

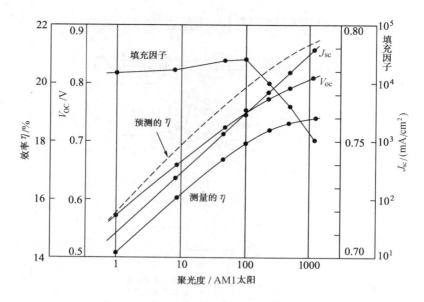

图 10.27　效率、开路电压、短路电流和填充因子与阳光聚光度的关系[1]

总　结

  光电探测器和太阳能电池的工作原理与光子的吸收有关,光子的吸收是为了产生荷电载流子.光电探测器包括光敏电阻、光电二极管、雪崩光电二极管、光电晶体管等.它们能将光信号转换成电信号.当光子被吸收之后,器件中会产生电子-空穴对;接着电子-空穴对会被电场分离,从而在电极之间产生光电流.光电探测器应用于光电隔离器和光纤通信系统中的光传感与探测.

  太阳能电池类似于光电二极管,它们具有相同的工作原理.太阳能电池的不同之处在于,它是大面积器件,且涵盖的光谱(太阳辐射)范围很宽.太阳能电池为人造卫星提供了长期的电力供应.它能以高效率将日光直接转换成电能,而且对环境无害,所以它是地球上能源的一个主要选择.目前,重要的太阳能电池包括高效率的硅 PERL 电池(24%)、GaInP/GaAs 串联式电池(30%)、低成本薄膜微晶 a-Si 太阳能电池(15%)以及 CIGS 太阳能电池(19.8%).总体而言,太阳能电池的发展目标是提供更高的效率,同时降低产生每瓦电力所需的成本.所谓的第三代光伏电池正处于研制和开发之中.

参考文献

[1] S. M. Sze, and K. K. Ng, *Physics of Semiconductor Devices*, 3rd Ed., Wiley Interscience, Hoboken, 2007, Ch. 12—14.

[2] R. Forrest, "Photodiodes for Long-Wavelength Communication Systems," *Laser Focus*, 18, 81 (1982).

[3] F. Capasso et al., "Enhancement of Electron Impact Ionisation in a Superlattice: A New Avalanche

Photodiode with a Large Ionisation Rate Ratio," *Appl. Phys. Lett.*, 40, 38 (1982).

[4] D. M. Chapin, C. S. Fuller, and G. L. Pearson, "A New Silicon p-n Junction Photocell for Converting Solar Radiation into Electrical Power," *J. Appl. Phys.*, 25, 676 (1954).

[5] M. A. Green, "Solar Cells" in S. M. Sze, Ed., *Modern Semiconductor Device Physics*, Wiley Interscience, New York, 1998.

[6] R. Hulstrom, R. Bird, and C. Riordan, "Spectral Solar Irradiance Data Sets for Selected Terrestrial Conditions," *Solar Cells*, 15, 365 (1985).

[7] C. H. Henry, "Limiting Efficiency of Ideal Single and Multiple Energy Gap Terrestrial Solar Cells," *J. Appl. Phys.*, 51, 4494 (1980).

[8] A. Luque, Ed, *Physical Limitation to Photovoltaic Energy Conversion*, IOP Press, Philadelphia, 1990.

[9] M. A. Green, *Silicon Solar Cells: Advanced Principles and Practice*, Bridge Printery, Sydney, 1995.

[10] M. Yamaguchi, T. Takamoto, and K. Araki, "Super High-Efficiency Multi-Junction and Concentrator Solar Cells," *Solar Energy Material & Solar Cells*, 90, 3068 (2006).

[11] J. Macneil et al., "Recent Improvements in Very Large Area α-Si PV Module Manufacturing," *Proc.*, 10th Euro. Photovolt. Sol. Energy Conf., Lisbon, 1188, 1991.

[12] J. Yang, A. Banerjee, and S. Guha, "Triple-Junction Amorphous Silicon Alloy Solar Cell with 14.6% Initial and 13.0% Stable Conversion Efficiencies," *Appl. Phys. Lett.*, 70, 2975 (1997).

[13] A. V. Shah et al., "Material and Solar Cell Research in Microcrystalline Silicon," *Solar Energy Materials & Solar Cells*, 78, 469 (2003).

[14] K. Sriprapa, and P. Sichanugrist, "Amorphous/Microcrystalline Silicon Solar Cell Fabricated on Metal Substrate and Its Pilot Production," *Technique Digest of the International PVSEC-14*, Bangkok, Thailand 99, 2004.

[15] K. Ramanathan et al., "Properties of 19.2% Efficiency ZnO/CdS/CuInGaSe$_2$ Thin-film Solar Cells," *Prog. Photovolt: Res. Appl.*, 11, 225 (2003).

[16] I. Repin et al., "19.9%-efficient ZnO/CdS/CuInGaSe$_2$ Solar Cell with 81.2% Fill Factor," *Prog. Photovolt: Res. Appl.*, 16, 235 (2008).

[17] A. M. Barnett, and A. Rothwarf, "Thin-Film Solar Cells: A Unified Analysis of Their Potential," *IEEE Trans. Electron Devices*, ED-27, 615 (1980).

[18] M. A. Green, *Third Generation Photovoltaics Advanced Solar Energy Conversion*, Springer-Verlag, Berlin, 2003.

[19] M. Grätzel, "Perspectives for Dye-Sensitized Nanocrystalline Solar Cells," *Prog. Photovolt: Res. Appl.*, 8, 171 (2000).

[20] M. Grätzel, "Photovoltaic Performance and Long-Term Stability of Dye-Sensitized Meosocopic Solar Cells", *C. R. Chimie*, 9, 578 (2006).

[21] T. Y. Chu et al., "Highly Efficient Polycarbazole-Based Organic Photovoltaic Devices," *Appl. Phys. Lett.*, 95, 063304 (2009).

[22] A. J. Nozik, "Quantum Dot Solar Cells", *Physica E*, 14, 115(2002).

[23] G. Conibeer, "Third-generation Photovoltaics," *Materials Today*, 10, 42 (2007).

习 题

10.1 光电探测器

1. 试求出下列各种结构在波长为 $0.8\mu m$ 时的理想响应率：
   (a) GaAs 同质结；
   (b) $Al_{0.34}Ga_{0.66}As$ 同质结；
   (c) $GaAs/Al_{0.34}Ga_{0.66}As$ 异质结；
   (d) 顶部是 $Al_{0.34}Ga_{0.66}As$，底部是 GaAs 的两端单片叠层串联光探测器.

2. 已知一个硅 p-i-n 光电二极管的光接收区域直径为 0.08cm. 在波长为 800nm，功率密度为 $0.3mW/cm^2$ 的入射光照射下，可产生大小为 $5\times10^{-4}mA$ 的光电流. 试计算其响应度与量子效率.

3. 尺寸为 $L=6mm$，$W=2mm$、$D=1mm$ 的光敏电阻（图10.1）放置于均匀辐射下. 光的吸收使其电流增加 2.83mA. 此时，器件被施加了大小为 10V 的电压. 当辐射突然中断时，器件电流会下降，初始下降速率为 23.6A/s. 已知电子与空穴的迁移率分别为 $3600cm^2/(V\cdot s)$ 与 $1700cm^2/(V\cdot s)$. 试求：
   (a) 在辐射条件下产生的电子-空穴对的平衡浓度；
   (b) 少数载流子的寿命；
   (c) 在辐射中断后 1ms 时间内过剩电子和空穴的浓度.

4. 功率为 $1\mu W$，$h\nu=3eV$ 的光照射在 $\eta=0.85$ 且少数载流子寿命为 0.6ns 的光敏电阻上时，试计算其增益与电流. 已知此材料的电子迁移率为 $3000cm^2/(V\cdot s)$，电场为 $5000V/cm$，$L=10\mu m$.

5. 已知一个硅 p-n 光电二极管的吸收系数为 $4\times10^4 cm^{-1}$，表面反射率为 0.1，p 区和耗尽区宽度都是 $1\mu m$，内部量子效率为 0.8. 试计算其外部量子效率.

6. 当波长为 $1.1\mu m$，入射功率为 $5\mu W$ 的光照射在习题 5 中提到的硅 p-n 结光电二极管上时，试计算其响应度及光电流.

*7. 证明 p-i-n 光电探测器在波长为 $\lambda(\mu m)$ 时，其量子效率 η 与响应度（responsivity）R ($=I_p/P_{opt}$) 满足以下关系：$R=\dfrac{\eta\lambda}{1.24}$.

8. 已知一个 n 型光敏电阻，其长度为 $120\mu m$，横截面积为 $5\times10^{-4} cm^2$，掺杂浓度为 $N_D=5\times10^{15} cm^{-3}$. 在 300K 时，$\mu_n=1200cm^2/(V\cdot s)$，$\mu_p=400cm^2/(V\cdot s)$，$\tau_{n0}=5\times10^{-7}s$，$\tau_{p0}=10^{-7}s$. 在一均匀辐射条件下，其电子-空穴对的产生率 $G_L=10^{21}/(cm^3\cdot s)$. 当器件被施加大小为 3V 的电压时：
   (a) 计算其热平衡电流；
   (b) 计算其稳态过剩载流子浓度；
   (c) 计算其光电流；
   (d) 计算其光电流增益.

9. 已知一个如图 10.4 所示的硅 p-i-n 光电二极管的 i 层的宽度为 $20\mu m$，p^+ 层的宽度

为 $0.1\mu m$. 器件工作于 100V 的反向偏置条件下,被 900nm 波长的极短的光脉冲照射. 假设在整个 i 层都有吸收,试求出其渡越时间.

10. 对于一个光电二极管,我们需要它具有足够宽的耗尽层来尽可能多地吸收入射光,但是耗尽层太宽会限制其频率响应. 试计算硅光电二极管调制频率为 10GHz 时的最佳耗尽层宽度.

10.2 太阳能电池

11. 太阳(半径 $r_s=695990$ km)可以看作是一个 6000K 的理想黑体. 假设整个地球表面的温度是均匀的,且太阳是唯一为其提供能量的热源(太阳与地球间平均距离 d_{es} 是 149597871km),计算地球表面温度. 假设地球辐射特性满足以下模型:黑体发射或吸收能量的速率为 $P=\sigma AT^4$, A 为表面积, T 为表面温度, σ 为斯蒂芬-玻尔兹曼常数(Stefan-Boltzmann constant).

(a) 计算地球作为理想黑体的特性;

(b) 地球从太阳能量谱中吸收能量的平均吸收率为 0.7. 由于温室气体的原因,地球的平均辐射率为 0.6. 为了让地球温度升高 2℃,地球的吸收率要改变多少?

12. p-n 结光电二极管可以工作在类似于太阳能电池的光伏条件下,光电二极管在光照射下的 I-V 特性曲线也与之相似(图 10.14). 试说明光电二极管与太阳能电池之间的三个主要不同之处.

13. 已知一个 p-n 结太阳能电池在 300K 条件下的参数包括: $N_A=5\times10^{18}$ cm^{-3}, $N_D=10^{16}$ cm^{-3}, 而 $D_n=25$ cm^2/s, $D_p=10$ cm^2/s, $\tau_{n0}=5\times10^{-7}$ s, $\tau_{p0}=10^{-7}$ s. 假设其光电流密度为 $J_L=I_L/A=15$ mA/cm^2. 试计算其开路电压.

14. 光照条件下,一太阳能电池的短路电流为 90mA,开路电压为 0.75V,填充因子为 0.8,试计算电池输出到负载的最大功率.

15. 已知一个面积为 1cm^2 的太阳能电池,其饱和电流为 10^{-12} A,在阳光照射下的短路电流为 25mA. 假设入射功率为 100mW/cm^2, 试求其效率及填充因子.

16. 已知一个面积为 4cm^2 的太阳能电池在 600W/cm^2 光照条件下有如图 10.15 所示的 I-V 特性曲线,它可以驱动一个 5Ω 的负载. 试计算这个电路中太阳能电池输出到负载的功率及其效率.

17. 如图 10.17 所示的太阳能电池,试求其在 R_s 为 0 及 5Ω 时相对的最大功率输出.

18. 在 $h\nu=1.7$ eV 时,非晶硅与 CIGS 的吸收系数分别约为 10^4 cm^{-1} 和 10^5 cm^{-1}. 试计算当 90% 的入射光子被吸收时,非晶硅与 CIGS 在各自的太阳能电池中的厚度.

*19. 在 300K 时,一个理想的太阳能电池具有 3A 的短路电流及 0.6V 的开路电压. 试计算并绘出其功率输出与工作电压的关系曲线,并由此功率输出求其填充因子.

20. 对于一个工作在太阳聚光条件(图 10.27 中测量值 η)下的太阳能电池而言,若工作在 1 太阳的条件下,分别需要多少个这样的太阳能电池,才能产生一个电池工作在 10 太阳、100 太阳或 1000 太阳聚光度下产生的功率输出?

第3部分 半导体工艺

第11章
晶体生长和外延

- 11.1 融体中单晶硅的生长
- 11.2 硅的悬浮区熔工艺
- 11.3 砷化镓晶体的生长技术
- 11.4 材料特性表征
- 11.5 外延生长技术
- 11.6 外延层的结构和缺陷
- 总结

正如在第1章讨论的,对分立器件及集成电路而言,硅和砷化镓是两种最重要的半导体.在本章中,我们将阐述生长这两种半导体单晶的常用技术.起始的材料(如硅晶圆所需的二氧化硅和砷化镓晶圆所需的砷和镓)经化学处理后,形成生长单晶所需的高纯度多晶材料.单晶锭(ingot)在生长成形时,控制其直径大小,然后锯开而成晶圆.这些晶圆经过腐蚀和抛光后形成可用来制造器件的平滑且光亮的表面.

一种与晶体生长密切相关的技术可用来在单晶衬底上生长另一单晶半导体层,这种生长技术叫作外延(epitaxy),来自希腊字母 epi(意思为"在上")和 taxi(意思为"排列"). 当外延层和衬底材料相同时,就称为同质外延(homoepitaxial),如在 n^+ 型硅衬底上外延生长一层 n 型硅. 反之,如果外延层和衬底的化学特性和晶体结构不相同,我们就称为异质外延(heteroepitaxy),如在砷化镓上外延生长 $Al_xGa_{1-x}As$.

具体来说,本章将涵盖下述主题:

- 生长硅和砷化镓单晶锭的基本技术
- 从晶锭到晶圆抛光的晶圆成形步骤
- 晶圆在电学和机械方面的特性
- 外延的基本技术,即在单晶衬底上生长单晶层
- 晶格匹配及应变层(strained layer)外延生长的结构和缺陷

11.1 融体中单晶硅的生长

从融体(即材料以液态的形式存在)中生长单晶硅的基本技术称为柴可拉斯基法(Czochralski technique)[1,2]. 柴可拉斯基工艺是半导体单晶生长中最常用和最先进的方法. 这种工艺是以波兰科学家简·柴可拉斯基(Jan Czochralski)的名字命名的,他在1916年研究金属结晶速率时发现了这种方法. 半导体工业所需的单晶硅,大部分(>90%)都是用该方法制备的,而且几乎所有用于集成电路制造的单晶硅都是以此法制造的.

▶ 11.1.1 起始材料

制造硅的起始材料是一种被称为石英岩的较纯的砂子. 将其和不同形式的碳(煤、焦炭和木片)放入炉管中,尽管会在炉管中发生许多化学反应,但是其总的反应如下:

$$SiC(固体) + SiO_2(固体) \longrightarrow Si(固体) + SiO(气体) + CO(气体). \quad (1)$$

此工序可以产出纯度约98%的冶金级(metallurgical-grade)硅. 接着将其粉碎,并和氯化氢(HCl)反应,生成三氯硅烷($SiHCl_3$):

$$Si(固体) + 3HCl(气体) \xrightarrow{300℃} SiHCl_3(气体) + H_2(气体). \quad (2)$$

三氯硅烷在室温下为液态(沸点为32℃). 用分馏法将液态中不要的杂质去除,提纯后的三氯硅烷再和氢做还原反应产生"电子级硅"(electronic-grade silicon,EGS):

$$SiHCl_3(气体) + H_2(气体) \longrightarrow Si(固体) + 3HCl(气体). \quad (3)$$

这个反应是在一个含有电阻加热硅棒的反应器中发生的. 在此,硅棒作为淀积硅的成核点. EGS为高纯度的多晶硅材料,是制备器件级单晶硅的基本原料. 通常纯的EGS所含杂质浓度的范围为十亿分之一(ppb,part-per-billion).

▶ 11.1.2 柴可拉斯基法(直拉法)

柴可拉斯基法使用一种称为晶体拉晶仪(crystal puller)的设备,图11.1(a)为其示意图. 拉晶仪有三个主要部分:① 炉子,包含一个熔融石英(SiO_2)坩埚、一个石墨基座(susceptor)、一个旋转的机械装置(顺时针方向,如图所示)、一个加热装置和一个电源供应,坩埚在晶体生长过程中旋转以防止形成局部冷区或热区;② 一个拉晶的机械装置,包含籽晶夹持器和旋转装置(逆时针方向);③ 气氛控制系统,包含气体的供应源(如氩气防止熔融硅受到污染)、流量控制和排气系统. 另外,拉晶仪的参数(如温度、晶体直径、拉晶速率和旋转速率等)是基于微处理器来控制的,可以用程序来控制工艺步骤. 除此之外,还有各种传感器和反馈回路来实现整个控制系统的自动反应,以减少操作员的介入.

在晶体生长过程中,多晶硅(EGS)被放置在坩埚中,如图11.1(b)所示,炉管被加热到超过硅的熔点(1412℃). 将一个适当晶向的籽晶(如<111>)放置在籽晶夹持器中悬于坩埚上. 将籽晶插入融体中,虽然籽晶会有部分熔化,但其余未熔化的籽晶尖端部分会接触融体表面. 接着将籽晶慢慢拉起,如图11.1(c)所示. 黏附于晶体的融体开始固化,熔融硅以籽晶晶体为模版,固体-融体界面逐渐冷却而产生一个大的单晶. 在晶体生长前以重掺杂硅的形式向融体中加入杂质可以获得想要的杂质浓度. 图11.2显示了2015年左右硅锭的质量和晶圆直径将分别达到450kg和450mm(18英寸). 其持续增长的主要原因是为了降低每单位面积的工艺成本.

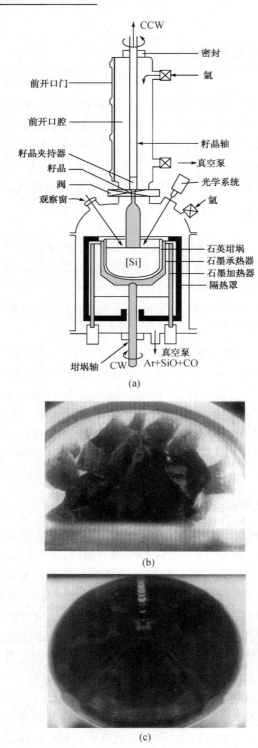

图 11.1 (a) 柴可拉斯基拉晶仪示意图,CW:顺时针,CCW:逆时针;(b) 熔融石英(SiO_2)坩埚中多晶硅的照片;(c) 从融体中拉出(100)晶面 200mm 单晶硅的照片
(照片提供:Taisil Electronic Materials Crop.,Taiwan)

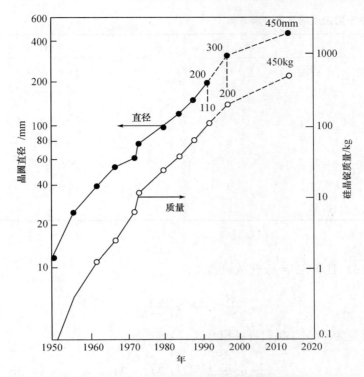

图 11.2　柴可拉斯基法生长的硅晶圆直径和硅晶锭的质量随时间的增长

▶ 11.1.3　杂质的分布

在晶体生长时,可将一定数目的杂质加入融体中,以获得所需掺杂浓度.对硅而言,硼和磷分别是形成 p 型和 n 型半导体最常用的掺杂剂.

由于晶体是从融体中拉出来的,进入晶体(固态)的掺杂浓度通常和界面处融体(液态)中的是不同的.这两种掺杂浓度的比例定义为平衡分凝系数(equilibrium segregation coefficient) k_0:

$$k_0 = \frac{C_s}{C_l}. \tag{4}$$

其中 C_s 和 C_l 分别是固态和液态界面附近的平衡掺杂浓度.表 11.1 列出硅中不同杂质的平衡分凝系数 k_0 值.值得注意的是,大部分分凝系数都小于 1,意味着晶体生长的过程中,杂质会受到排斥而留在融体中,使融体在该过程中杂质浓度逐渐增加.

考虑一融体中生长的单晶,融体的初始质量为 M_0,初始掺杂浓度为 C_0(每克融体中掺杂的质量).在生长过程中,当已生长晶体的质量为 M 时,仍然留在融体中的杂质数量(以质量表示)为 S.当晶体增加 $\mathrm{d}M$ 的质量,融体相对应所减少的杂质($-\mathrm{d}S$)为

$$-\mathrm{d}S = C_s \mathrm{d}M, \tag{5}$$

其中 C_s 为晶体中的掺杂浓度(以质量表示).此时融体所剩下的质量为 $M_0 - M$,液体中的掺杂浓度(以质量表示)C_l 则为

$$C_l = \frac{S}{M_0 - M}. \tag{6}$$

表 11.1　Si 中不同杂质的平衡分凝系数

掺　杂	k_0	类　型	掺　杂	k_0	类　型
硼	8×10^{-1}	p	砷	3.0×10^{-1}	n
铝	2×10^{-3}	p	锑	2.3×10^{-2}	n
镓	8×10^{-3}	p	碲	2.0×10^{-4}	n
铟	4×10^{-4}	p	锂	1.0×10^{-2}	n
氧	1.25	n	铜	4.0×10^{-4}	*
碳	7×10^{-2}	n	金	2.5×10^{-5}	*
磷	0.35	n			

注：*为深能级杂质.

结合式(5)和式(6)，且将 $\dfrac{C_s}{C_l}=k_0$ 代入可得

$$\frac{dS}{S}=-k_0\frac{dM}{M_0-M}. \tag{7}$$

若初始的掺杂质量为 $C_0 M_0$，我们可以积分式(7)：

$$\int_{C_0 M_0}^{S}\frac{dS}{S}=k_0\int_0^M\frac{-dM}{M_0-M}. \tag{8}$$

解出式(8)，且和式(6)结合可得

$$C_s=k_0 C_0\left(1-\frac{M}{M_0}\right)^{k_0-1}. \tag{9}$$

图 11.3 表示在不同的分凝系数时，以凝固分数(M/M_0)为函数的掺杂浓度分布情形[3,4]。晶体中初始的杂质浓度为 $k_0 C_0$，在晶体生长的过程中，$k_0<1$ 时，杂质浓度将会持续地增加；而当 $k_0>1$ 时，杂质浓度会持续地减少；当 $k_0\approx 1$ 时，可以获得均匀的杂质浓度分布.

▶ **例 1**

利用柴可拉斯基法生长单晶硅锭，若欲每立方厘米含有 10^{16} 个硼原子，应该在其融体中加入多少硼原子，才能使其达到所要求的浓度？如果一开始在坩埚中有 60kg 的硅，应该加入多少克的硼(摩尔质量是 10.8g)？融体硅的密度是 $2.53\text{g}/\text{cm}^3$.

解　表 11.1 指出硼原子的分凝系数 k_0 是 0.8，在整个生长过程中，我们假设 $C_s=k_0 C_l$，因此硼原子在融体中的初始浓度为

$$\frac{10^{16}}{0.8}=1.25\times 10^{16}(\text{个}/\text{立方厘米}).$$

可见硼原子总量很小，融体的体积可以仅用硅的质量来计算，所以 60kg 硅的体积为

$$\frac{60\times 10^3}{2.53}=2.37\times 10^4(\text{cm}^3),$$

则硼原子在融体中的总数为

$$1.25\times 10^{16}\times 2.37\times 10^4=2.96\times 10^{20}(\text{个}).$$

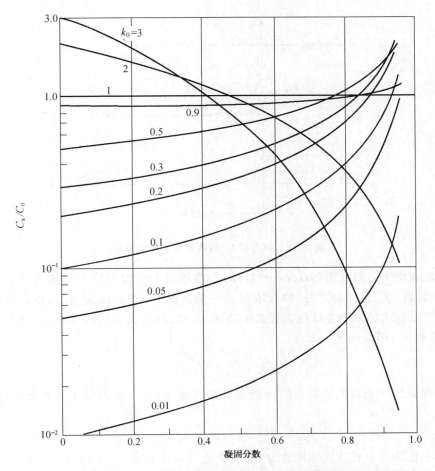

图 11.3 从融体生长单晶的曲线,显示固态中掺杂浓度为凝固分数的函数[4]

所以

$$\frac{2.96\times10^{20}\times10.8}{6.02\times10^{23}}=5.31\times10^{-3}(g)=5.31(mg),$$

即需加入 5.31mg 的硼.值得注意的是,对如此大量的硅,仅需如此少量的硼掺杂.

▶ 11.1.4 有效分凝系数

当晶体生长时,杂质会持续不断地被排斥而留在融体中(就 $k_0<1$ 而言).如果排斥的速率比杂质扩散或搅动产生的向外输运的速率高时,在界面处会有浓度梯度产生,如图 11.4 所示.其分凝系数(如 11.1.3 节提到)为 $k_0=\frac{C_s}{C_1(0)}$.我们可以定义一有效分凝系数 k_e 为 C_s 与远离界面处的杂质浓度之比,即

$$k_e\equiv\frac{C_s}{C_1}. \tag{10}$$

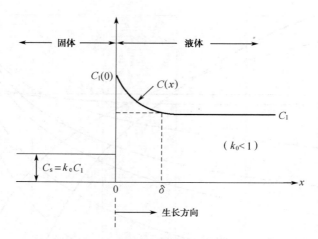

图 11.4 接近固态-熔体界面的掺杂分布

考虑一小段宽度为 δ 的黏滞（stagnant）融体层，黏滞层内仅有因拉出晶体需要补充融体而产生的流动。在这层黏滞层之外，掺杂浓度为一常数值 C_l，在黏滞层内部，掺杂浓度的分布可以用第 2 章的式(59)的连续性方程式来描述。在稳态时，仅右边的第二项、第三项是有意义的（用 C 替 n_p，用 v 代替 $\mu_n E$）：

$$0 = v\frac{dC}{dx} + D\frac{d^2C}{dx^2}. \tag{11}$$

此处的 D 是融体中杂质的扩散系数，v 是晶体生长速率，而 C 是融体中的掺杂浓度。式(11)的解为

$$C = A_1 e^{\frac{-vx}{D}} + A_2. \tag{12}$$

而 A_1、A_2 是由边界条件所决定的常数。第一个边界条件是在 $x=0$ 时，$C=C_l(0)$；第二个是所有掺杂总数守恒不变，也就是说，流经界面的杂质通量之和必须等于零。考虑掺杂原子在融体中的扩散（忽略在固态中的扩散），可以得到

$$D\left(\frac{dC}{dx}\right)_{x=0} + [C_l(0) - C_s]v = 0. \tag{13}$$

将边界条件代入式(12)，且在 $x=\delta$ 时 $C=C_l$，可得到

$$e^{\frac{-v\delta}{D}} = \frac{C_l - C_s}{C_l(0) - C_s}. \tag{14}$$

因此，

$$k_e \equiv \frac{C_s}{C_l} = \frac{k_0}{k_0 + (1-k_0)e^{\frac{-v\delta}{D}}}. \tag{15}$$

晶体中的掺杂分布可同样由式(9)给出，只需用 k_e 取代 k_0。k_e 比 k_0 大，并且在生长参数 $\frac{v\delta}{D}$ 较大的时候会趋近 1。晶体内的均匀掺杂分布（$k_e \to 1$），可由高的拉晶速率和低的旋转速率获得（因为 δ 和旋转速率成反比）。另外一种可以获得均匀掺杂分布的方法是持续不断地加入高纯度多晶硅于融体中，使初始的掺杂浓度得以维持不变。

11.2 硅的悬浮区熔工艺

悬浮区熔(float-zone)工艺可以生长比柴可拉斯基法生长的单晶杂质含量更低的硅.悬浮区熔工艺的结构如图 11.5(a)所示.一根底部带有籽晶的高纯度多晶棒固定于垂直方向,并可旋转.此晶棒被封在内部充满惰性气体(氩)的石英管中.在操作过程中,利用射频(RF)加热器使一个小区域(约几厘米长)的多晶棒熔融.射频加热器自底部籽晶往上运动,使得悬浮熔区扫过整个多晶棒.熔融的硅由正在熔融的和生长的固态硅间的表面张力所支撑.当悬浮熔区上移时,单晶硅凝固于悬浮熔区的尾端,并随着籽晶的延伸而长大.悬浮区熔工艺可生产比柴可拉斯基法更高电阻率的材料,因为它更易提纯晶体,而且在悬浮区熔工艺中,不需要用到坩埚,因此不会有来自坩埚的污染(利用柴可拉斯基法则会有).目前悬浮区熔长晶法主要用于生产需要高电阻率材料的器件,如高功率、高压器件等.

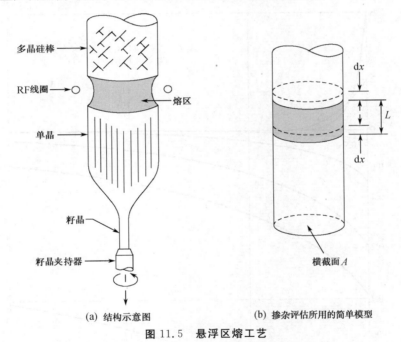

(a) 结构示意图　　(b) 掺杂评估所用的简单模型

图 11.5　悬浮区熔工艺

如图 11.5(b)所示为评估悬浮区熔工艺中杂质分布的简单模型.晶棒中初始均匀的掺杂浓度为 C_0(以质量表示),长度为 L 的熔区位于沿晶棒 x 处,A 是晶棒的横截面积,ρ_d 是硅的密度,而 S 是熔区中掺杂总量.当该区移动距离 dx 时,在它的前进端所增加的掺杂数量为 $C_0\rho_d A dx$,从尾端移出的掺杂数量为 $\dfrac{k_e S dx}{L}$,k_e 为有效分凝系数,因此

$$dS = C_0\rho_d A dx - \frac{k_e S}{L}dx = \left(C_0\rho_d A - \frac{k_e S}{L}\right)dx \tag{16}$$

且

$$\int_0^x dx = \int_{S_0}^{S} \frac{dS}{C_0\rho_d A - \dfrac{k_e S}{L}}. \tag{16a}$$

$S_0 = C_0 \rho_d AL$ 是当熔区在前端刚形成时的掺杂总量. 从式(16a)可得

$$\exp\left(\frac{k_e x}{L}\right) = \frac{C_0 \rho_d A - \dfrac{k_e S_0}{L}}{C_0 \rho_d A - \dfrac{k_e S}{L}} \tag{17}$$

或

$$S = \frac{C_0 A \rho_d L}{k_e}\left[1-(1-k_e)\mathrm{e}^{-k_e x/L}\right]. \tag{17a}$$

$C_s = \dfrac{k_e S}{A \rho_d L}$ 为熔区尾端处晶体中的掺杂浓度,因此

$$C_s = C_0\left[1-(1-k_e)\mathrm{e}^{-k_e x/L}\right]. \tag{18}$$

图 11.6 表示在不同的 k_e 下掺杂浓度和凝固区长度的函数关系图.

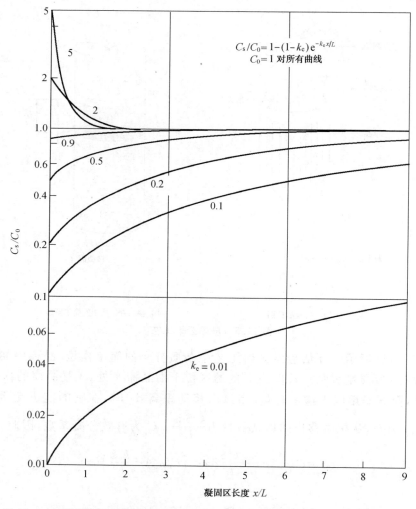

图 11.6　悬浮区熔工艺法所得到的固体中掺杂浓度与凝固区长度的函数曲线[4]

这两种晶体生长技术也可以用来去除杂质,由图 11.6 和图 11.3 的比较显示,一次通过的悬浮区熔工艺的提纯能力并不比柴可拉斯基法强。例如,当 $k_e = k_0 = 0.1$ 时,柴可拉斯基法生长的大部分固化硅锭区段的 C_s/C_0 是较小的。然而作多次的悬浮区熔通过时就很纯了,而且这比柴可拉斯基法长晶时每次切掉尾端再熔融后重做要容易得多。图 11.7 是熔区经过多次连续通过后,$k_e = 0.1$ 的某种杂质沿着晶棒方向的杂质浓度分布[4]。值得注意的是,在每一次熔区通过后,晶棒上的杂质浓度都会显著降低,因此悬浮区熔工艺很适合用来提纯晶体。这种工艺亦称为区带提纯技术(zone-refining technique),该技术可提供高纯度的晶体原材料。

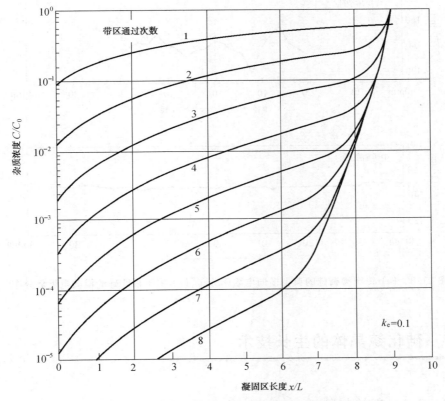

图 11.7 相对杂质浓度与凝固区长度的关系,图中各曲线
代表不同的悬浮区熔通过次数,L 为熔区长度[4]

如果需要的是掺杂而非提纯时,则考虑把所有掺杂都引入第一熔区中($S_0 = C_1 A \rho_d L$),且初始浓度 C_0 小到可以忽略不计,从式(17)可得到

$$S_0 = S e^{k_e x/L}. \tag{19}$$

因为 $C_s = \dfrac{k_e S}{A \rho_d L}$,从式(19)可以得到

$$C_s = k_e C_1 e^{-k_e x/L}. \tag{20}$$

因此,如果 $k_e x/L$ 很小,则除了最后凝固的尾端外,C_s 在整个长度中几乎维持定值。

对于某些开关器件,如第 4 章中提到的高压可控硅器件,必须用到大面积的芯片,而且常常是整个晶圆就做一个器件,因而对起始材料的均匀度要求非常高。为了得到均匀的掺杂分布，我们采用悬浮区熔工艺的硅晶圆，其平均掺杂浓度远低于设定值，然后此硅晶圆用热中子(thermal neutron)辐照，该过程称为**中子辐照**(neutron irradiation)，使部分的硅嬗变成为磷而得到 n 型掺杂的硅.

$$\mathrm{Si}_{14}^{30} + 中子 \longrightarrow \mathrm{Si}_{14}^{31} + \gamma\ 射线 \xrightarrow{2.62\mathrm{h}} \mathrm{P}_{15}^{31} + \beta\ 射线. \tag{21}$$

中间元素 Si_{14}^{31} 的半衰期为 2.62h. 因为中子进入硅的穿透深度约为 100cm，所以可以在硅晶圆中获得极均匀的掺杂. 图 11.8 是比较传统掺杂和中子辐照掺杂硅的横向电阻率分布的情形[5]. 由图可知，利用中子辐照的硅，电阻率的分布差异比传统掺杂的硅小得多.

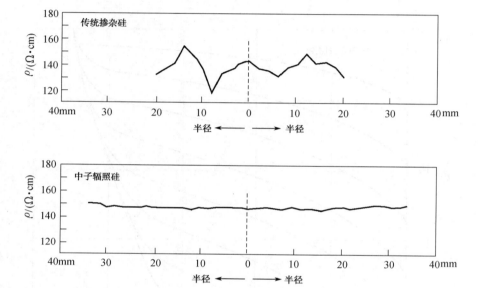

图 11.8　(a) 传统掺杂硅的典型横向电阻率分布；(b) 中子辐照硅的横向电阻率分布[5]

11.3　砷化镓晶体的生长技术

▶ 11.3.1　起始材料

合成多晶砷化镓的起始材料是化学成分纯净的砷及镓元素. 因为砷化镓是由两种材料组成的，它的性质和硅这种单质材料不同. 这种组合的行为可以用"相图(phase diagram)"来描述. 相是一种物质可能存在的状态(如固态、液态或气态). 相图表示不同温度下两个构成元素之间(砷和镓)的关系.

图 11.9 是砷化镓系统的相图，横坐标表示两个构成元素的组成比，分别为原子百分比(下刻度)和质量百分比(上刻度)[6,7]. 考虑一初始组分为 x 的熔融态(如图 11.9 中砷原子百分比为 85 的态)，当温度下降时，它的组成仍维持固定直至到达液相线(liquidus line). 在 (T_1, x) 点，砷原子百分比为 50 的材料(即砷化镓)将开始凝固.

▶ **例 2**

在图 11.9 中，考虑一初始组分为 C_m（质量百分比）的熔融态，从 T_a 冷却到 T_b（在液态线上），求有多少比例的融体将被凝固？

解 在 T_b，M_l 是液体的质量，M_s 是固体的质量（即砷化镓），C_l 和 C_s 分别是液体和固体中的杂质浓度。因此，砷在液态和固态的质量分别是 $M_l C_l$ 和 $M_s C_s$。因为砷的总质量为 $(M_l + M_s) C_m$，所以我们可以得到

$$M_l C_l + M_s C_s = (M_l + M_s) C_m$$

或

$$\frac{M_s}{M_l} = \frac{T_b \text{ 时 GaAs 的质量}}{T_b \text{ 时液体的质量}} = \frac{C_m - C_l}{C_s - C_m} = \frac{s}{l}.$$

其中 s 和 l 分别是 C_m 到液相线和固相线的长度。由图 11.9 可知，约 10% 的融体将凝固。 ◀

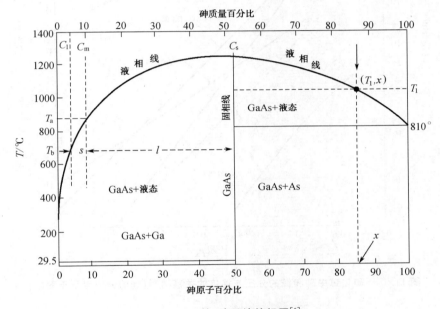

图 11.9 镓-砷系统的相图[6]

不像硅在熔点时有相对较低的蒸气压（在 1412℃ 时约为 10^{-1} Pa），砷在砷化镓的熔点（1240℃）有高得多的蒸气压。在气相中，砷主要以两种形态存在：As_2 及 As_4。图 11.10 表示沿着液相线砷和镓的蒸气压[8]，并和硅的蒸气压作比较。对于砷化镓，其蒸气压有两个值，虚线代表富砷的砷化镓熔融态（图 11.9 中右边的液相线）；实线代表富镓的砷化镓熔融态（图 11.9 中左边的液相线）。富砷的砷化镓熔融态中，砷有比较大的量，所以有较多的砷（As_2 和 As_4）蒸发，造成较高的蒸气压。同样的道理亦可以用来解释富镓的砷化镓熔融态中镓有较高的蒸气压。值得注意的是，远在达到熔点之前，液态砷化镓表面即可能分解为砷和镓。因为砷和镓的蒸气压不相同，砷更具挥发性而优先蒸发，因此液态砷化镓是以富镓的形式存在的。

要合成砷化镓，通常使用抽真空密封的石英管系统，此炉管附有两个温度区。高纯度的砷放置在一个石墨舟中加热到 610℃～620℃，而高纯度的镓放置在另一个石墨舟中，加热到稍高于砷化镓熔点（1240℃～1260℃）的温度。在此情形下，会形成过压的砷蒸气，一来使砷蒸气输

送到镓的熔融态进而转变成砷化镓;二来可防止炉管中形成的砷化镓再次分解.当这些熔融态冷却时,就可以生成高纯度的多晶砷化镓,可作为生长单晶砷化镓的原材料[7].

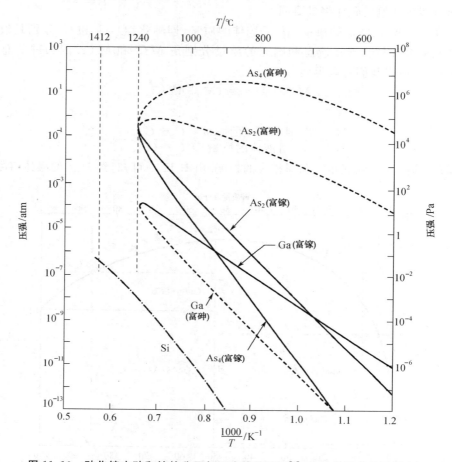

图 11.10 砷化镓中砷和镓的分压与温度的关系图[8](硅的分压也示于图中)

11.3.2 晶体生长技术

有两种技术可以生长砷化镓:柴可拉斯基法和布理吉曼技术(Bridgman technique).大部分的砷化镓是以布理吉曼技术生长的,而柴可拉斯基法在生长大尺寸的砷化镓晶锭时较受欢迎.

柴可拉斯基法生长砷化镓,其基本的拉晶设备和硅的相同,然而它采用液体密封法来防止在长晶过程中融体的分解.液体密封利用约1cm厚的液态氧化硼(B_2O_3)将融体封起来,熔化的氧化硼引入砷化镓表面并覆盖在融体上.它与砷化镓不发生反应,只要表面压力大于1atm,这种覆盖就可防止砷化镓分解.因为氧化硼会溶解二氧化硅,所以须使用石墨坩埚来取代熔融石英坩埚.

生长砷化镓晶体时,为了获得所需的掺杂浓度,镉和锌常被用作p型掺杂材料,而硒、硅和碲则用作n型掺杂材料.对于半绝缘体砷化镓,其材料是不掺杂的.表11.2列出砷化镓中杂质的平衡分凝系数.和硅相似的是,大部分的分凝系数都小于1.先前对硅推导的公式,对砷化镓依然适用[式(4)到式(15)].

表 11.2　GaAs 中不同杂质的平衡分凝系数

杂质	k_0	类型
铍	3	p
镁	0.1	p
锌	4×10^{-1}	p
碳	0.8	n/p
硅	1.85×10^{-1}	n/p
锗	2.8×10^{-2}	n/p
硫	0.5	n
硒	5.0×10^{-1}	n
锡	5.2×10^{-2}	n
碲	6.8×10^{-2}	n
铬	1.03×10^{-4}	半绝缘
铁	1.0×10^{-3}	半绝缘

图 11.11 表示一用来生长单晶砷化镓的双温区炉管的布理吉曼系统.左温区保持约 610℃ 的温度来维持所需的砷的过压状态,而右温区温度保持略高于砷化镓的熔点 (1240℃).密封炉管以石英为材料,而舟则由石墨做成.在操作时,石墨舟装载多晶砷化镓原料,而砷则置于石英管的另一边.

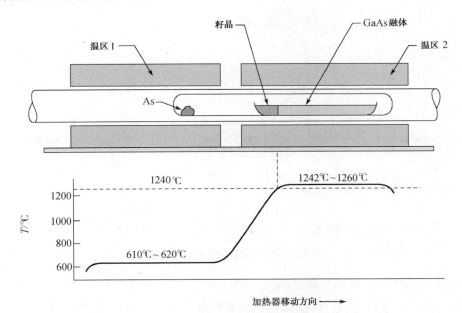

图 11.11　生长单晶砷化镓的布理吉曼技术和炉管的温度分布

当炉管往右移动时,融体的一端会冷却.通常在舟的左端放置籽晶,以建立特定的晶向.融体逐步冷却(凝固),使得单晶开始在固-液界面生长直到单晶砷化镓生长完成.而掺杂分布基本上可以用式(9)和式(15)来描述,其生长速率由炉管移动的速率所决定.

11.4 材料特性表征

11.4.1 晶圆制备

在晶体生长完成后,第一道操作是移除籽晶和晶锭最后凝固的尾端[1]. 接下来一道工序是研磨表面以确定晶圆直径. 然后,沿着晶锭长度方向磨出一个或数个平坦表面. 这些平面 (flat)标示晶锭的特定晶向和材料的导电类型. 最大的面称为主标志面(primary flats),参照该面可以用自动化工艺设备中的机械定向器来固定晶圆的位置,并确定器件和晶体的相对方向. 另外一些较小的标志面,称为次标志面(secondary flats),用来标识晶向和导电类型,如图 11.12 所示. 直径等于或大于 200mm 的晶体不再磨出标志面,而是沿着晶锭长度方向磨出一小沟槽.

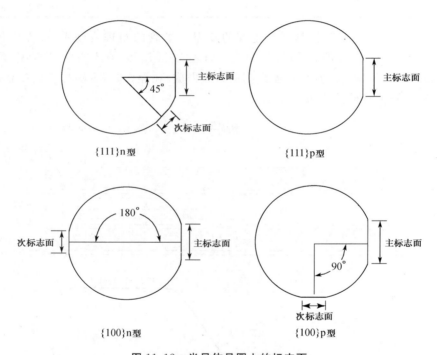

图 11.12　半导体晶圆上的标志面

现在,可用金刚石锯将晶锭切成晶圆. 切割决定了四个晶圆参数:表面方向(如<111>或<100>)、厚度(如 0.5~0.7mm,与晶圆直径相关)、倾斜度(taper,从晶圆一端到另一端厚度的差异)和弯曲度(bow,从晶圆中心量到晶圆边缘的弯曲程度).

切割以后,用氧化铝(Al_2O_3)和甘油(glycerine)的混合液,将晶圆的两面研磨,一般可研磨到 $2\mu m$ 以内的平坦度. 这道研磨操作通常会使晶圆的表面和边缘有损伤和污染. 损伤和污染的区域可以用化学腐蚀(见第 12 章)除去. 晶圆制备的最后一道工序是抛光(polishing),其目的是提供一个光滑的镜面,在此之上器件特征能够用光刻步骤(lithographic processes)(见第 12 章)来定义. 图 11.13 显示 300mm 的硅晶锭和抛光晶圆. 表 11.3 是半导体设备及材料协会(Semiconductor Equipment and Materials Institute,SEMI)发表的关于 125mm、150mm、200mm、300mm 和 450mm 抛光硅晶圆的规格.如前所述,大晶体(直径≥200mm)是不磨出标志面的,取而代之的是位于晶圆边缘的沟槽,用于晶圆的定位及定向.

图 11.13 300mm(12 英寸)晶锭和抛光的硅晶圆

表 11.3 抛光后单晶硅晶圆的规格

参数	125mm	150mm	200mm	300mm	450mm
直径/mm	125±1	150±1	200±1	300±1	450±1
厚度/mm	0.6~0.65	0.65~0.7	0.715~0.735	0.755~0.775	0.78~0.80
主标志面长/mm	40~45	55~60	NA	NA	NA
次标志面长/mm	25~30	35~40	NA	NA	NA
弯曲度/μm	70	60	30	<30	<30
总厚度变化量/μm	65	50	10	<10	<10
表面晶向	(100)±1°	相同	相同	相同	相同
	(111)±1°	相同	相同	相同	相同

注:NA 为不适用.

砷化镓是一种比硅更易碎的材料,虽然基本的制备工序和硅相同,但是在制备砷化镓晶圆时要更加小心.相对于硅,砷化镓技术仍较不成熟,然而,Ⅲ-Ⅴ族化合物的技术却也因硅技术的进步而大有进展.

11.4.2 晶体特性

一、晶体缺陷(crystal defects)

实际的晶体(如硅晶圆)与理想的晶体有重要的差异.它是有限的,因此表面的原子处存在不完全的价键.而且晶体中还会存在严重影响半导体电学、机械和光学性质的缺陷.缺陷分为四种:点缺陷、线缺陷、面缺陷和体缺陷.

图 11.14 给出各种不同形式的点缺陷(point defect)[1,9].任何外来的原子进入晶格中,无论是在替位位置(substitutional site)[即规则的晶格位置,如图 11.14(a)所示]还是在间隙位置(interstitial site)[即介于规则的晶格位置之间,如图 11.14(b)所示],都称为点缺陷.在晶格中若原子缺失则产生一个空位(vacancy),亦被认为是点缺陷,如图 11.14(c)所示.

一个主原子(host atom)位于规则的晶格位置之间,并邻近一个空位时则称为**弗兰克尔缺陷**(Frenkel defect),如图11.14(d)所示. 点缺陷在研究扩散机制和氧化工艺中是特别重要的课题,这些问题将在第12章和第14章中讨论.

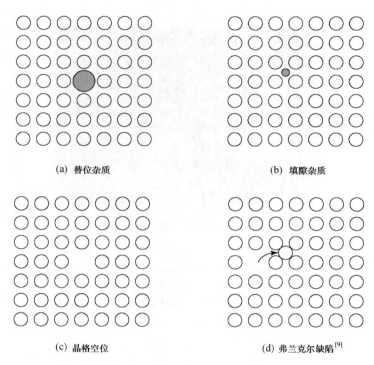

图 11.14 点缺陷

线缺陷(line defect)亦称位错(dislocation)[10],有刃形(edge)和螺旋(screw)两种形式的位错. 图11.15(a)以图示方式表示立方晶格的刃位错,在晶格内插入一额外的原子平面AB,而位错线则垂直于页面.

螺位错线的产生,可看成是把晶格切入一部分,再把上半部的晶格往上推一个晶格间距,如图11.15(b)中所示. 在器件中,要尽量避免线缺陷,因为金属杂质容易在线缺陷处析出(precipitation)而劣化器件的工作性能.

面缺陷(area defect)代表晶格中有大面积的不连续,典型的缺陷是孪晶(twins)和晶粒间界(grain boundaries). 孪晶是指某一晶面两边的晶体取向不同,而晶粒间界是指一些彼此没有固定晶向关系的晶体之间的过渡区,这些缺陷会在晶体生长时出现. 另一种面缺陷是所谓的堆垛层错(stacking fault)[9],在这种缺陷中,原子层的堆叠次序被打断. 如图11.16所示,原子的堆叠次序是ABCABC……若C层的一部分缺失时,这种情况叫本征堆垛层错(intrinsic stacking fault),如图11.16(a)所示. 若一额外的平面A插入原有的平面B及C之间,这种情况则称作非本征堆垛层错(extrinsic stacking fault),如图11.16(b)所示. 上述这些缺陷有时会在晶体生长时出现,有这些面缺陷的晶体不能用来制造集成电路,只能被丢弃.

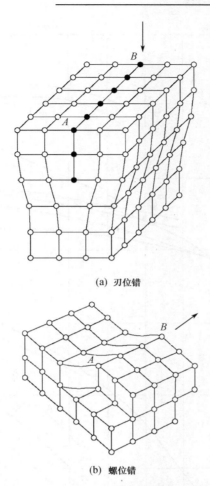

(a) 刃位错

(b) 螺位错

图 11.15　立方晶格中形成的位错

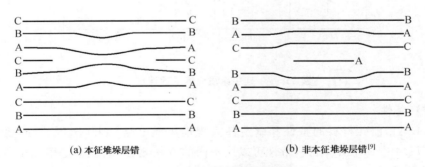

(a) 本征堆垛层错　　　　　　　　　　(b) 非本征堆垛层错[9]

图 11.16　半导体中的堆垛层错

　　杂质或掺杂原子的析出现象形成第四种缺陷——体缺陷(volume defect).这些缺陷的产生是由在主晶格中固有的杂质溶解度引起的.在包含杂质的固溶体中,只有一定浓度的杂质能被主晶格所接受.图 11.17 所示为不同元素在硅中固溶度对温度的关系图[11].大部分杂质的溶解度会随着温度的降低而降低.因此,在给定的温度下,若将杂质加至溶解度所允许的最大浓度,随后将晶体冷却至较低温度,此时晶体必须析出超过溶解度的那部分杂质来达到平衡状态.然而,因为主晶格和析出杂质间的体积失配,导致位错产生.

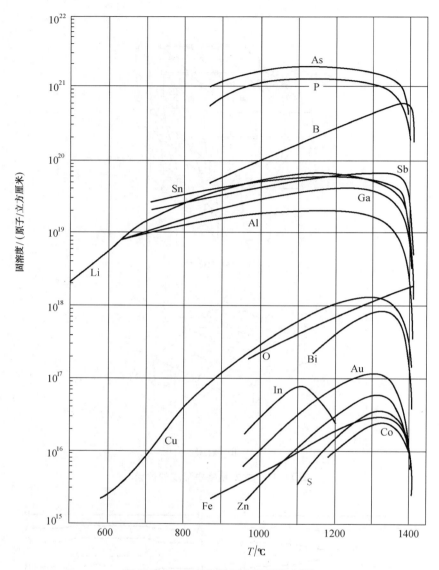

图 11.17 硅中杂质元素的固溶度[11]

二、材料特性

表 11.4 对目前硅材料的特性和制造甚大规模集成电路*（ULSI）[12,13]的要求作了比较。列在表 11.4 中的半导体材料特性可以用不同的方法测量。电阻率是用 2.1 节中提到的四点探针法测量的，而少数载流子的寿命可用在 2.3 节中提到的光电导方法测量。痕量杂质，如硅中的氧原子和碳原子，可以用第 14 章中提到的 SIMS（secondary-ion-mass spectroscope）技术来分析。注意，虽然目前制造的硅晶圆大部分符合列于表 11.3 中的规格，但是仍有许多需要改进的方面，以满足 ULSI 制造技术所需的苛刻要求[13]。

---

* 构成一甚大规模集成电路的组件个数大于 10^7。

表 11.4　硅材料特性和 ULSI 要求的比较

性质	特性		ULSI 要求
	柴可拉斯基法	悬浮区熔法	
电阻率(磷)n 型/(Ω·cm)	1~50	1~300 以上	5~50 以上
电阻率(锑)n 型/(Ω·cm)	0.005~10	—	0.001~0.02
电阻率(硼)p 型/(Ω·cm)	0.005~50	1~300	5~50 以上
电阻率梯度(四探针)/%	5~10	20	<1
少数载流子寿命/μs	30~300	50~500	300~1000
氧/ppma	5~25	未检出	均匀可控
碳/ppma	1~5	0.1~1	<0.1
位错(处理前)/cm^2	≤500	≤500	≤1
直径/mm	达 200	达 100	达 300
晶圆曲度/μm	≤25	≤25	<5
晶圆倾斜度/μm	≤15	≤15	<5
表面平整度/μm	≤5	≤5	<1
重金属杂质/ppba	≤1	≤0.01	<0.001

注:ppma 表示百万原子分之一;ppba 表示十亿原子分之一.

以柴可拉斯基法生长的晶体,通常比悬浮区熔法生长的晶体含有更高浓度的氧和碳,这是因为在晶体生长过程中,石英坩埚会溶出氧,且石墨基座中的碳会被输送到融体中.典型碳原子浓度范围为每立方厘米 10^{16}~10^{17} 个原子,碳原子会在硅中占据替位晶格位置;碳的存在是我们不想要的,因为它利于缺陷的形成.典型氧原子浓度范围为每立方厘米 10^{17}~10^{18} 个原子,而氧的角色好坏参半.它可作为施主改变晶体利用掺杂形成的电阻率.若氧原子占据晶格间隙,则可增强硅的屈服强度(yield strength).这种有益的效应在氧析出之前会随氧浓度的增加而增加.图 11.17 显示,在大部分常用的工艺温度下,硅片中典型的氧浓度仍会发生氧析出.析出氧尺寸的增加会产生体积失配,导致晶体的压应变.该应变只有在晶格中形成堆垛层错和其他缺陷时才能被释放.由于极不相同的原子尺寸,金属原子很难占据硅晶格,它们会优先占据那些有缺陷存在的硅晶格.所以缺陷会吸引快速扩散的金属杂质(金属的扩散系数要比硅中常用的掺杂如磷、硼、砷大好几个量级,见第 14 章中的图 14.4),产生大的结漏电流.

有些沉淀物可以俘获有害杂质,叫作吸杂(gettering).吸杂是一个通用的名词,指从晶圆上制造器件的区域去除有害的杂质或缺陷的过程.很难通过净化晶圆或去除制造环境中金属污染物的方法来降低杂质浓度.有两种基本的吸杂方法:一种是本征吸杂,即利用氧沉淀来吸除晶圆体中的金属原子;另一种是非本征吸杂,即利用多种方式对晶圆背面进行处理,如研磨、砂磨(sandpaper abrasion)、离子注入、激光熔化(laser melting)、淀积非晶或多晶薄膜、高浓度背扩散等.一旦硅背面缺陷形成,任何高温过程中金属杂质都可以扩散到背面并被俘获.注意在一般工艺温度下金属原子很容易扩散通过整个硅片厚度.

当晶圆受高温处理时(如在 1050℃氮气下),氧会从表面挥发,造成表面附近的含氧量较低.这样的处理形成了无缺陷区,可用于制造器件,如图 11.18 的插图所示[1].额外的热处理可促进晶圆内部氧原子的析出以用来吸杂.无缺陷区域的深度决定于热处理的时间、温度和氧在硅中的扩散系数.无缺陷区的测量结果如图 11.18 所示[1].这样,基于柴可拉斯基法生长的硅晶圆就有可能获得几乎无位错的单晶硅.

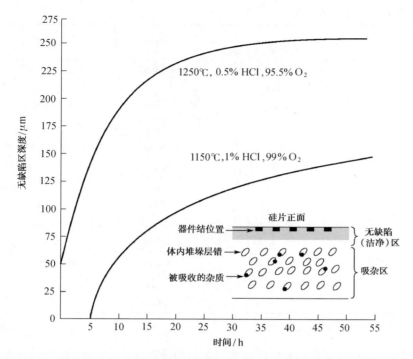

图 11.18 两种处理条件形成的无缺陷区的深度,插图为晶圆横截面图中的无缺陷区和吸杂位置的图示[1]

商用的融体生长的砷化镓都会受到坩埚的严重污染. 然而在光学应用上,绝大部分要求重掺杂材料(介于 $10^{17} \sim 10^{18}$ cm^{-3}). 对于集成电路或分立的 MESFET 器件而言,可用未掺杂的砷化镓作为起始材料,其电阻率为 10^9 Ω·cm. 氧在砷化镓中是不受欢迎的杂质,因为它会形成深施主能级,在衬底本体产生陷阱电荷,并增加其电阻率. 在融体生长时,可使用石墨坩埚来降低氧沾污. 以柴可拉斯基法生长的砷化镓晶体,其位错密度约比硅大两个数量级;而用布理吉曼法生长的砷化镓,其位错密度约比柴可拉斯基法生长的砷化镓低一个量级.

11.5 外延生长技术

在外延工艺中,衬底晶圆可作为晶体籽晶. 外延工艺与先前描述的从融体中生长的过程的不同之处在于外延层生长温度可显著低于熔点(一般约低 30%~50%),最常见的外延生长技术为化学气相淀积(chmecial-vapor deposition,CVD)和分子束外延(molecular beam epitaxy,MBE).

▶ 11.5.1 化学气相淀积

化学气相淀积(CVD)也称为气相外延(vapor-phase epitaxy,VPE). CVD 是通过气体化合物间的化学反应而形成外延层的工艺. CVD 可在常压(APCVD)或低压(LPCVD)下进行.

图 11.19 表示三种常用于外延生长的基座. 值得注意的是,基座的几何形状通常也命名了反应器的名称,如水平、圆盘(pancake)和桶状(barrel)基座,全都以石墨材料制造而成. 外延反应器的基座就如晶体生长炉中的坩埚一样,它们不仅是晶圆的机械支撑,而且在感应加热反应器中也提供了反应所需的热源. CVD 的机制包含数个步骤:① 反应物诸如气体和掺杂物质输

送到衬底区域;② 它们被转移到衬底表面并且被吸附;③ 发生化学反应,在表面催化并伴随外延层的生长;④ 气相生成物被释放到主气体流中;⑤ 反应生成物被输送出反应炉外.

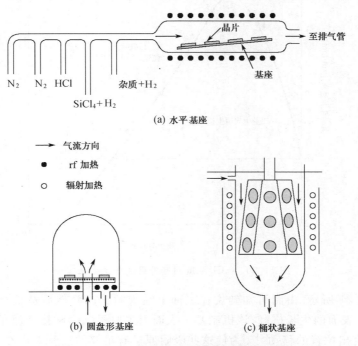

图 11.19　化学气相淀积所用的三种普通基座

一、硅的 CVD

四种硅源被用作气相外延生长,分别是四氯化硅($SiCl_4$)、二氯硅烷(SiH_2Cl_2)、三氯硅烷($SiHCl_3$)和硅烷(SiH_4).其中四氯化硅被研究得最多,且广泛地应用于工业界,其典型的反应温度是 1200℃.其他硅源之所以被使用,是因为它们有较低的反应温度.四氯化硅中,每用氢取代一个氯原子,反应温度约降低 50℃,从四氯化硅生长硅的总反应式如下:

$$SiCl_4(气体)+2H_2(气体) \leftrightarrow Si(固体)+4HCl(气体), \tag{22}$$

伴随式(22)的一个额外竞争性反应是

$$SiCl_4(气体)+Si(固体) \leftrightarrow 2SiCl_2(气体). \tag{23}$$

因此若四氯化硅的浓度太高,硅反而会被侵蚀而非生长.图 11.20 表示反应时气体中四氯化硅的浓度效应,其中摩尔分数(mole fraction)定义为给定样品的物质的量与全部物质的量之比[14].注意刚开始时,生长速率随着四氯化硅的浓度增加而线性增加.当四氯化硅浓度持续增加,生长速率会达到一最大值.之后,生长速率会开始下降,最后会发生硅的侵蚀.硅通常是在低浓度区域生长,如图 11.20 所示.

式(22)的反应是可逆的,也就是说它可在正反两个方向发生反应.如果进入反应炉的载气中含有氯化氢,将会有去除或刻蚀硅的情况发生.实际上,该刻蚀的操作可用来在外延生长前先原位清洁硅晶圆表面以及反应腔壁的附着物.

如图 11.19(a)所示,在外延生长时,掺杂是和四氯化硅同时加入的.气态的乙硼烷(diborane,B_2H_6)作为 p 型的掺杂,磷烷(phosphine,PH_3)和砷烷(arsine,AsH_3)则作为 n 型的掺杂.气体掺杂通常用氢来稀释,以便合理控制流量而得到所需的掺杂浓度.砷烷掺杂的化

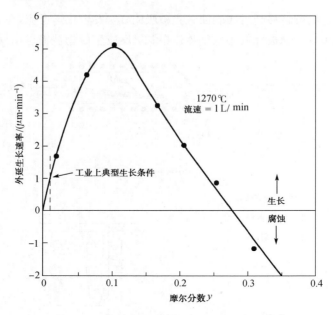

图 11.20 SiCl$_4$ 浓度对硅外延生长的效应[14]

学过程如图 11.21 所示. 由图可知砷烷在表面上被吸附、分解,然后被整合进入生长层. 图 11.21 也说明了表面的生长机制,该机制基于表面上主原子(硅)和掺杂原子(砷)的吸附,以及这些原子向突出位置的移动[15]. 为使这些吸附原子有足够的迁移率以在晶格内找到适合的位置,外延生长需要相对高的温度.

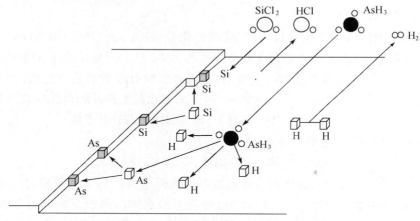

图 11.21 砷掺杂和外延生长过程的示意图[15]

二、砷化镓的 CVD

对砷化镓而言,其外延生长设备的基本构造与图 11.19(a)相似. 因为砷化镓在蒸发时分解成砷和镓,所以它能在气相中直接输送. 一可行方法是用 As$_4$ 作为砷组元,三氯化镓(GaCl$_3$)作为镓组元. 砷化镓外延生长的总反应为

$$As_4 + 4GaCl_3 + 6H_2 \longrightarrow 4GaAs + 12HCl. \tag{24}$$

As$_4$ 是由砷烷热分解形成的:

$$4AsH_3 \longrightarrow As_4 + 6H_2. \tag{24a}$$

而氯化镓是由下列反应生成的:

$$6HCl + 2Ga \longrightarrow 2GaCl_3 + 3H_2. \qquad (24b)$$

反应物由载气(如氢气)一起被引入反应器中.通常式(24b)的反应在 800℃下进行,而式(24)中砷化镓外延生长的温度则低于 750℃,所以外延生长需要双温区反应器(two-zone reactor),两个反应都是放热的,外延需要拥有热壁的反应器.这些反应是近平衡状态的,所以工艺控制困难.外延期间,必须有足够的砷的过蒸气压(overpressure),以防止衬底和生长层的热分解.

三、金属有机化学气相淀积

金属有机化学气相淀积(metalorganic CVD,MOCVD)也是一种以热分解(pyrolytic)反应为基础的气相外延法(VPE).不像传统的 CVD,MOCVD 以其前驱体(precursor)的化学性质来区分.此方法对不能形成稳定氢化物或卤化物但能形成稳定的具有合理蒸气压的金属有机化合物的元素提供了一个可行之道.MOCVD 已经广泛应用于生长Ⅲ-Ⅴ族和Ⅱ-Ⅵ族化合物的异质外延上.

为了生长砷化镓,我们可以利用金属有机化合物如三甲基镓[$Ga(CH_3)_3$]为镓组分,而利用砷烷(AsH_3)为砷组分.这两种化学成分都能够以气态形式输送到反应器中,其总反应为

$$AsH_3 + Ga(CH_3)_3 \longrightarrow GaAs + 3CH_4. \qquad (25)$$

对含铝的化合物,诸如砷化铝(AlAs),可以使用三甲基铝[$Al(CH_3)_3$].外延时,砷化镓的掺杂也是以气相形式引入的.对Ⅲ-Ⅴ族化合物用二乙基锌[diethylzine,$Zn(C_2H_5)_2$]或二乙基镉[diethylcadmium,$Cd(C_2H_5)_2$]作为 p 型掺杂剂,而硅烷作为 n 型掺杂剂;硫和硒的氢化物或四甲基锡(tetramethyltin)可作为 n 型的掺杂剂;利用氯化铬(chromyl chloride)将铬掺入砷化镓形成半绝缘层.因为这些化合物含有剧毒,而且在空气中易自燃,所以严格的安全预防措施对 MOCVD 工艺是非常重要的.

图 11.22 是 MOCVD 反应器的示意图[16],由于是吸热反应,采用冷壁反应器.通常在生

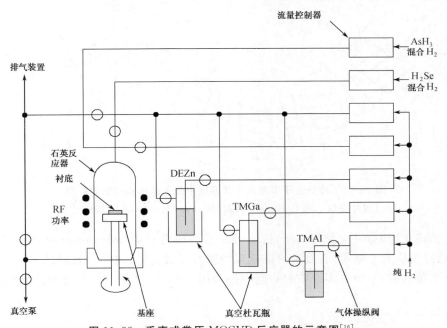

图 11.22　垂直式常压 MOCVD 反应器的示意图[16],
DEZn 为 $Zn(C_2H_5)_2$,TMGa 为 $Ga(CH_3)_3$,TMAl 为 $Al(CH_3)_3$

长砷化镓时,金属有机化合物用载气氢导入石英反应管中并与砷烷混合.使用射频加热,将石墨基座衬底上空的气体加热到 $600℃\sim 800℃$ 而引起化学反应,高温分解形成砷化镓层.金属有机化合物的优点是在适度的低温下是挥发性的,反应炉中并不需要使用难以处理的液态镓或铟.只有一个热区和非平衡(单向)反应使得 MOCVD 的控制变得更容易.

▶ 11.5.2 分子束外延生长

分子束外延(MBE)[17]是在超高真空下(约 10^{-8} Pa)*,一个或多个热原子或热分子束和晶体表面反应的外延工艺.MBE 能够非常精确地控制化学组成和掺杂浓度分布.厚度只有原子层量级的单晶多层结构可用 MBE 制作.因此,MBE 法可用来精确制造半导体异质结构,其薄膜层可从几分之一微米到单层原子.一般而言,MBE 的生长速率非常慢,对砷化镓典型值为每小时长 $1\mu m$.

砷化镓和相关的Ⅲ-Ⅴ族化合物(如 $Al_xGa_{1-x}As$)的 MBE 系统示意图如图 11.23 所示.此系统代表了薄膜淀积控制、洁净度和原位(in-situ)化学分析能力的先进水平.采用热解氮化硼制作的喷射炉(effusion ovens)用来分别装填镓、砷及其他的掺杂剂,所有喷射炉全部置于一超高真空腔中(约 10^{-8} Pa).每个炉子温度可调整以得到所要的蒸发速率.衬底不断地转动以得到均匀的外延层(如 $\pm 1\%$ 的掺杂变化和 $\pm 0.5\%$ 的厚度变化).

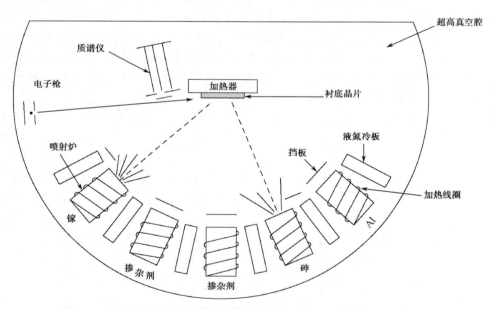

图 11.23 传统分子束外延生长系统中分子束源和衬底的排列
(图片提供: M. B. Panish,Bell Laboratories,Alcatel-Lucent)

在生长砷化镓时,砷应保持过压,镓对砷化镓的附着系数(sticking coefficient)为 1;然而,除非已经淀积有一镓层,否则砷对砷化镓的附着系数为零.对一生长硅的 MBE 系统,可用电子束来蒸发硅;一个或多个喷射炉则供掺杂用.喷射炉就像一个小面积的发射源,存在

---

* 压强的国际单位是帕斯卡(Pa),$1Pa=1N/m^2$.然而,还有数种其他的单位被使用.这些单位的变换关系如下:$1atm=760mmHg=760Torr=1.013\times 10^5 Pa$.

一个 cosθ 的发射角度，θ 是发射源和衬底表面垂直方向的夹角.

MBE 使用真空系统中蒸镀的方法. 真空技术中一重要的参数称为分子撞击率（impingement rate），即有多少分子在单位时间里撞击在单位面积的衬底上. 分子撞击率 ϕ 为分子质量、温度和压强的函数. 它的推导请参考附录 K，其结果可表示为[18]

$$\phi = p(2\pi mkT)^{-\frac{1}{2}} \tag{26}$$

或

$$\phi = 2.64 \times 10^{20} \left(\frac{p}{\sqrt{MT}} \right) \quad [\text{个分子}/(\text{平方厘米} \cdot \text{秒})]. \tag{26a}$$

其中 p 为压强，单位为 Pa；m 为分子质量，单位为 kg；k 为玻尔兹曼常数，单位为 J/K；T 为绝对温度；M 为分子质量数. 所以，在 300K 和 10^{-4}Pa 的压力下氧（$M=32$）的撞击率为 2.7×10^{14} 个分子/（平方厘米·秒）.

▶ **例 3**

在 300K，氧分子的直径为 3.64Å，单位面积的分子数 N_s 为 7.54×10^{14} 个/平方厘米，求在压力为 1Pa、10^{-4}Pa 和 10^{-8}Pa 时，生长单层氧需要多少时间.

解 生长单层氧（假设 100% 附着）的时间可由分子撞击率得到：

$$t = \frac{N_s}{\phi} = \frac{N_s \sqrt{MT}}{2.64 \times 10^{20} p}.$$

因此

$$p = 1\text{Pa 时}, t = 2.8 \times 10^{-4}\text{s} \approx 0.28\text{ms};$$
$$p = 10^{-4}\text{Pa 时}, t = 2.8\text{s};$$
$$p = 10^{-8}\text{Pa 时}, t = 7.7\text{h}.$$

为避免外延层的污染，MBE 工艺须保持在超高真空中进行（约 10^{-8}Pa）. ◀

当气体分子运动时，它们会互相碰撞. 分子在连续两次碰撞期间，平均经过的距离定义为平均自由程（mean free path），它可从简单的碰撞理论推导而得. 一个直径为 d、速度为 v 的分子，在时间 δt 内将会移动 $v\delta t$ 的距离，两个分子的中心距离如小于 d 将产生碰撞. 因此分子不发生碰撞时将扫过一个直径为 $2d$ 的圆柱形区域，此圆柱体的体积为

$$\delta V = \frac{\pi}{4}(2d)^2 v\delta t = \pi d^2 v\delta t. \tag{27}$$

每立方厘米有 n 个分子，故一个分子占据的体积平均值为 $\frac{1}{n}$cm³. 当体积 δV 等于 $\frac{1}{n}$ 时，它平均会含有另一个原子，因此将发生碰撞. 设定 $\tau = \delta t$ 为发生碰撞的平均时间，则

$$\frac{1}{n} = \pi d^2 v\tau, \tag{28}$$

而平均自由程 λ 为

$$\lambda = v\tau = \frac{1}{\pi n d^2} = \frac{kT}{\pi p d^2}. \tag{29}$$

更严密的推导可得到

$$\lambda = \frac{kT}{\sqrt{2}\pi p d^2}, \tag{30}$$

进而对于室温下的气体分子(等效分子直径为 3.7Å)有

$$\lambda = \frac{0.66}{p} \text{ cm} \quad (p \text{ 的单位为 Pa}). \tag{31}$$

于是,对于压强为 10^{-8} Pa 的系统,λ 将高达 660km.

▶ **例 4**

假设一喷射炉的截面积 $A=5\text{cm}^2$,炉顶至砷化镓衬底间的距离 L 为 10cm,计算当炉温为 900℃且充满砷化镓时的 MBE 生长速率. 镓原子的表面密度是 $6\times10^{14}\text{cm}^{-2}$,单层原子的平均厚度为 2.8Å.

解 当加热砷化镓时,挥发性的砷先蒸发而留下富镓的溶液. 因此,我们只需注意图 11.10 中标示富镓的压强. 在 900℃ 时,镓的压强是 5.5×10^{-2} Pa,而砷(As_2)的压强为 1.1Pa. 到达率(arrival rate)可由分子撞击率[式(26a)]乘以 $\frac{A}{\pi L^2}$ 求得:

$$\text{到达率} = 2.64\times10^{20}\left(\frac{p}{\sqrt{MT}}\right)\left(\frac{A}{\pi L^2}\right) \text{个分子/(平方厘米·秒)}$$

镓的分子质量数 M 为 69.72,As_2 为 74.92×2,将 p、M 和 T(1 173K)代入上式可得

$$\text{到达率} = 8.2\times10^{14}/(\text{平方厘米·秒}) \quad \text{对 Ga;}$$
$$\text{到达率} = 1.1\times10^{16}/(\text{平方厘米·秒}) \quad \text{对 As}_2.$$

砷化镓的生长速率受镓的到达率控制,其生长速率为

$$\frac{8.2\times10^{14}\times2.8}{6\times10^{14}} \approx 3.8(\text{Å/s}) = 23(\text{nm/min}).$$

注意该生长速率比气相外延要低. ◀

在 MBE 系统中,有两种方法可以原位清洁表面. 一种方法是利用高温烘焙(baking)分解自然氧化层(native oxide)并除去其他因扩散或蒸发而被晶圆所吸附的物质;另一种方法是利用惰性气体的低能离子束溅射清洁(sputter-clean)表面,再接着用低温退火重整表面晶格结构.

MBE 能够使用更多种掺杂剂(和 CVD 及 MOCVD 相比),并且能够精确地控制掺杂浓度分布. 它的掺杂过程和气相生长过程类似:掺杂原子的蒸气流抵达一适合的晶格位置并沿着生长的界面被整合于外延层中. 要精确控制掺杂浓度分布,可调整掺杂剂通量与硅原子通量(对硅外延而言)或镓原子通量(对砷化镓外延而言)的相对比例,同时也可用低电流、低能量的离子注入(见第 14 章)来掺杂外延层.

对 MBE,衬底温度范围为 400℃~900℃,而生长速率为 0.001~0.3μm/min. 由于低温过程和低生长速率,许多不能用传统 CVD 方法获得的独特掺杂分布和合金组成都可用 MBE 来获得. 许多新颖的结构已用 MBE 来制成,包括**超晶格**(superlattice)和第 7 章讨论的异质结场效应晶体管.

MBE 的进一步发展是以金属有机化合物 TMG(trimethygallium)或 TEG(triethylegallium)取代Ⅲ族元素源. 此方法称为金属有机分子束外延(MOMBE),也称为化学分子束外延(chemical beam epitaxy, CBE). 虽然它和 MOCVD 很类似,但被归为 MBE 的一种特殊形式. 金属有机物有足够的挥发性,可直接以束流纳入 MBE 生长腔中,它们在形成束流前不会分解. 掺杂通常采用元素源,如一般以铍(Be)为 p 型,硅或锡为 n 型砷化镓外延层的掺杂剂.

11.6 外延层的结构和缺陷

▶ 11.6.1 晶格匹配及应变层外延

传统同质外延生长,单晶半导体层是生长在单晶的半导体衬底上的.能得半导体层和衬底为相同的材料,有相同的晶格常数.因此同质外延是名副其实的晶格匹配外延工艺.同质外延工艺提供了一种控制掺杂分布的重要方法,使器件和电路性能得以优化.例如,相对低浓度的 n 型硅层可以外延生长于 n^+ 硅衬底上,该结构可大幅降低衬底的串联电阻.

对于异质外延,外延层和衬底是两种不同的半导体,外延层的生长仍须维持理想的界面结构,这表示穿过界面的化学键必须连续而不被打断.因此这两种半导体必须有相同的晶格间距,或者可变形去接受一共同间距.这两种情况分别称为晶格匹配(lattice-matched)外延和应变层(strain-layer)外延.

图 11.24(a) 表示衬底和薄膜有相同晶格常数的晶格匹配外延.一个重要例子是 $Al_xGa_{1-x}As$ 在砷化镓衬底上的外延生长,其中 x 在 0 至 1 之间. $Al_xGa_{1-x}As$ 和砷化镓的晶格常数差异小于 0.13%.

对晶格不匹配的情形,若外延层有较大的晶格常数且具弹性,它将在生长平面方向上被压缩至符合衬底的间距,而弹性力将强迫它往垂直界面的方向扩展,这种结构称为应变层外延,如图 11.24(b)所示[19].另一方面,若外延层有较小的晶格常数,则它将在生长平面的方向上膨胀,而在垂直界面的方向上被压缩.上述的应变层外延,当其厚度增加时,应变或扭曲化学键的原子总数会增加,在某个临界点,失配位错会成核来释放同质应变能量,此厚度称为系统的**临界层厚度**.图 11.24(c)表示在界面上有刃位错的情况.

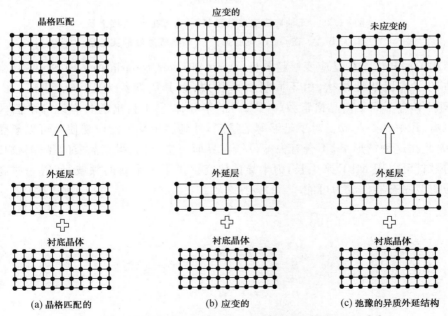

图 11.24 同质外延在结构上和晶格匹配的异质外延相同[19]

图 11.25 表示两种材料系统的临界层厚度[20]。上曲线是 Ge_xSi_{1-x} 应变层外延生长于硅衬底上，而下曲线是砷化镓衬底上的 $Ga_{1-x}In_xAs$ 层。例如，对于硅上的 $Ge_{0.3}Si_{0.7}$，最大的外延层厚度是 70nm；对更厚的薄膜，刃位错将会产生。

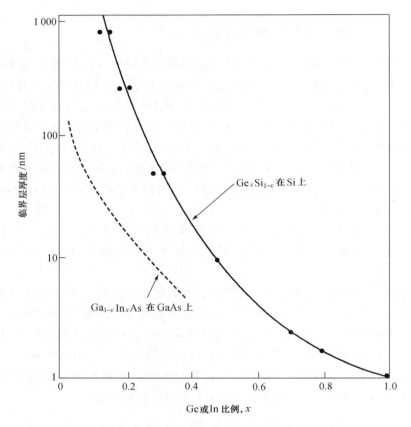

图 11.25　无缺陷应变层外延（Ge_xSi_{1-x} 在 Si 衬底上及 $Ga_{1-x}In_xAs$ 在 GaAs 衬底上）[20]，临界层厚度的实验值

一个相关的异质结构是应变层超晶格（strained-layer superlattice, SLS）。超晶格是一种人工制造的一维周期性结构，由不同材料所构成，且其周期约为 10nm。图 11.26 表示一 SLS，由两种具有不同平衡晶格常数（$a_1 > a_2$）的半导体[17]生长出的具有统一平面内晶格常数 b 的结构，其中 $a_1 > b > a_2$。对于足够薄的层厚，外延层中均匀的应变使之可以承受晶格的不匹配。因此在这种情形下，不会有失配位错在界面产生，可获得高品质的晶体材料。这些人造结构的材料可以用 MBE 来生长，为半导体研究提供了一个新的领域，使得一些高速和光学应用的新型固态器件成为可能。

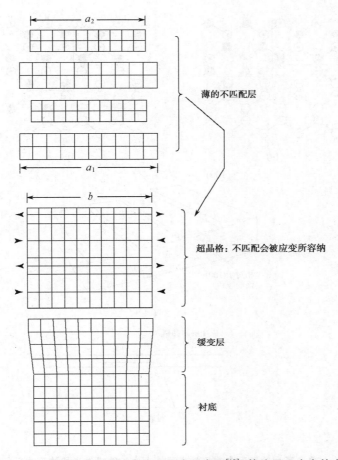

图 11.26 应变层超晶格的组成和形成示意图[17],箭头显示应变的方向

▶ 11.6.2 硅上化合物半导体

应变层、高介电常数栅氧、纳米线和多栅技术已经应用于 IC 产业,为了 IC 产业的持续发展,近年来异质外延技术备受关注. Ⅲ-Ⅴ族化合物(如 GaAs、InP)的优异特性(高电子迁移率和大的禁带宽度),使得在硅衬底上生长这些化合物的异质外延层很具吸引力. 此外,这种异质外延的方法还可以提供较低的成本、较高的机械强度、更好的热导率和更大的晶圆面积,为电子器件和光学器件的单片集成提供了可能.

异质外延工艺中存在三个问题[21]:① 如图 11.27(a)所示,生长于非极性半导体上的极性半导体中的反相畴(antiphase domains,APD);② 大晶格失配产生高位错浓度(对 GaAs/Si 为 4%,对 InP/Si 为 8%);③ 当温度从生长温度冷却时,大的热膨胀系数失配(GaAs 是 Si 的2.2 倍)造成断裂、弓形和弯曲.

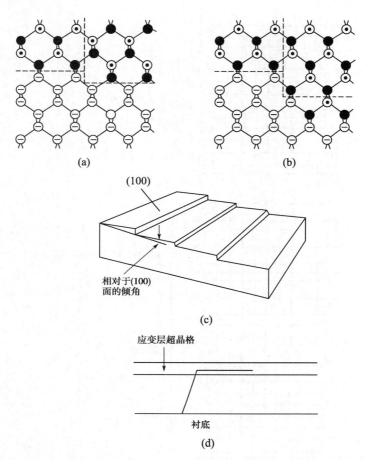

图 11.27 (a) 单原子台阶导致在非极性半导体上生长的极性半导体形成反相畴(APD);
(b) 双原子台阶可消除 APD;(c) 倾斜衬底形成台面减少位错;(d) 强应变场弯曲晶格失配位错

有很多种方法可以消除或降低这些问题,最常用的技术包括倾斜基板和伪晶(应变层)超晶格缓冲层.使用倾斜衬底可以产生双原子台阶来减少反相畴,如图 11.27(b)所示.对于 GaAs/Si 而言,4%的晶格失配意味着每 25 个原子平面有一个位错产生,衬底倾斜一定的角度可以在衬底表面形成宽度小于 25 个原子的台面,如图 11.27(c)所示,此时即可减少晶格失配位错.伪晶超晶格缓冲层提供一个弯曲位错的应变场,阻止其传播进入器件的有源区,如图 11.27(d)所示.然而,并没有有效的方式去避免热膨胀系数失配.尽管降温时产生的应力不足以造成位错,但是重复的热循环会造成弓形、弯曲甚至断裂.然而,通过这些技术,已经在硅衬底上获得高性能增强型 $In_{0.7}Ga_{0.3}As$ 量子阱晶体管[22].

近来,已经发现纳米线的临界厚度要比薄膜系统中同一衬底上的临界厚度大约大一个量级[23].即使对于大晶格失配的系统,纳米线异质结构也可能提供无缺陷的界面,此种方法为在硅上异质外延生长Ⅲ-Ⅴ族化合物提供了可能的解决方案.

总　结

　　有数种技术可用来生长硅和砷化镓的单晶.对硅单晶,我们可用砂子(SiO_2)作为原料产生多晶硅,多晶硅则作为柴可拉斯基拉晶仪中的原料.用所需晶向的单晶硅籽晶从融体中生长大的晶锭.超过90%的单晶硅是利用该方法制成的.在晶体生长时,晶体的掺杂会再分布.分凝系数是一个重要参数,是固态和融体中的掺杂浓度比.大部分分凝系数小于1,所以在晶体生长过程中,残留在融体中的杂质浓度会愈来愈高.

　　另一种硅的生长技术为悬浮区熔工艺,可以得到比一般柴可拉斯基法更低污染的晶体.悬浮区熔晶体主要用于高功率和高压器件,这些器件都需要高电阻率的材料.

　　为了制造砷化镓,通常使用纯净的砷和镓为原料来合成多晶砷化镓.单晶砷化镓也可用柴可拉斯基法生长,但需要液体密封(如B_2O_3)来防止砷化镓在生长温度下的分解.另一种技术是布理吉曼工艺,它使用一双温区炉管来逐渐凝固融体.

　　晶体生长完成后,通常会经历晶圆制备的操作,最后获得具有特定直径、厚度和晶向的表面抛光的晶圆.例如,用于MOSFET生产线的300mm硅晶圆,应有300 ± 1mm的直径,0.765 ± 0.01mm的厚度和$(100)\pm1°$的表面晶向.面向未来集成电路的直径大于300mm的晶圆已经在制造中,它们的规格列于表11.3中.

　　一个实际的晶体因有缺陷而影响半导体的电学、机械和光学性质.这些缺陷分为点缺陷、线缺陷、面缺陷和体缺陷.我们讨论了降低这些缺陷的方法.对要求更严苛的ULSI应用,位错密度必须为每平方厘米小于1个,其他的重要要求列于表11.4中.

　　另一个和晶体生长密切相关的技术是外延工艺.在此工艺中,衬底晶圆即为籽晶.高质量的单晶薄膜可在低于熔点30%~50%的温度下生长.外延生长最常见的技术是化学气相淀积(CVD)、金属有机气相淀积(MOCVD)和分子束外延(MBE).CVD和MOCVD属于化学淀积工艺,气体和掺杂剂以蒸气的形式传送到衬底上,此处发生化学反应而形成外延层的淀积.CVD使用无机化合物,而MOCVD则使用金属有机化合物.此外,MBE属于一种物理淀积工艺,它利用超高真空系统中样品的蒸发.因为它是低温工艺且有低的生长速率,故MBE可用来生长尺寸为原子层级的单晶多层结构.

　　除了传统的同质外延,如n^+硅衬底上的n型硅之外,我们也讨论了包括晶格匹配和应变层结构的异质外延.应变层外延有一个临界层厚度,大于临界厚度,会有刃位错成核来释放应变能量.

　　硅上Ⅲ-Ⅴ族化合物的异质外延及其优异特性,对于IC产业的继续发展很具吸引力.很多方案已用来降低甚至消除存在的问题,但是并没有完全解决.已经发现纳米线的临界厚度要比薄膜系统中同一衬底上的临界厚度大一个量级,这种方法为在硅上异质外延生长Ⅲ-Ⅴ族化合物提供了可能的解决方案.

参考文献

[1] R. Doering, and Y. Nishi, *Handbook of Semiconductor Manufacturing Technology*, 2nd Ed., CRC Press, FL. 2008.

[2] C. W. Pearce, "Crystal Growth and Wafer Preparation," and "Epitaxy," in S. M. Sze, Ed., *VLSI Technology*, McGraw-Hill, New York, 1983.

[3] W. R. Runyan, *Silicon Semiconductor Technology*, McGraw-Hill, New York, 1965.

[4] W. G. Pfann, *Zone Melting*, 2nd Ed., Wiley, New York, 1966.

[5] E. W. Hass, and M. S. Schnoller, "Phosphorus Doping of Silicon by Means of Neutron Irradiation," *IEEE Trans. Electron Devices*, ED-23, 803 (1976).

[6] M. Hansen, *Constitution of Binary Alloys*, McGraw-Hill, New York, 1958.

[7] S. K. Ghandhi, *VLSI Fabrication Principles*, Wiley, New York, 1983.

[8] J. R. Arthur, "Vapor Pressures and Phase Equilibria in the GaAs System," *J. Phys. Chem. Solids*, 28, 2257 (1967).

[9] B. El-Kareh, *Fundamentals of Semiconductor Processing Technology*, Kluwer Academic, Boston, 1995.

[10] C. A. Wert, and R. M. Thomson, *Physics of Solids*, McGraw-Hill, New York, 1964.

[11] (a) F. A. Trumbore, "Solid Solubilities of Impurity Elements in Germanium and Silicon," *Bell Syst. Tech. J.*, 39, 205 (1960); (b) R. Hull, *Properties of Crystalline Silicon*, INSPEC, London, 1999.

[12] Y. Matsushita, "Trend of Silicon Substrate Technologies for 0.25μm Devices," *Proceedings VLSI Technology Workshop*, 1996.

[13] *The International Technology Roadmap for Semiconductors*, Semiconductor Industry Association, San Jose, CA, 1999.

[14] A. S. Grove, *Physics and Technology of Semiconductor Devices*, Wiley, New York, 1967.

[15] R. Reif, T. I. Kamins, and K. C. Saraswat, "A Model for Dopant Incorporation into Growing Silicon Epitaxial Films," *J. Electrochem. Soc.*, 126, 644 and 653 (1979).

[16] R. D. Dupuis, *Science*, "Metalorganic Chemical Vapor Deposition of III-V Semiconductors," 226, 623 (1984).

[17] M. A. Herman, and Sitter, *Molecular beam Epitaxy*, Springer-Verlag, Berlin, 1996.

[18] A. Roth, *Vacuum Technology*, North-Holland, Amsterdam, 1976.

[19] M. Ohring, *The Materials Science of Thin Films*, Academic, New York, 1992.

[20] J. C. Bean, "The Growth of Novel Silicon Materials," *Physics Today*, 39, 10, 36 (1986).

[21] S. F. Fang et al., "Gallium Arsenide and Other Compound Semiconductor on Silicon," *J. Appl. Phys.*, 68, R3 (1990).

[22] M. K. Hudait et al., "Heterogeneous Integration of Enhancement Mode In$_{0.7}$Ga$_{0.3}$ as Quantum Well Transistor on Silicon Substrate Using Thin (2μm) Composite Buffer Architecture for High Speed and Low-Voltage (0.5V) Logic Applications," *IEDM Tech. Dig.*, 625, 2007.

[23] E. Ertekin, P. A. Greaney, and D. C. Chrzan, "Equilibrium Limits of Coherency in Strained Nanowire Heterostructures," *J. Appl. Phys.*, 97, 11, 114325 (2005).

习 题

11.1 融体中单晶硅的生长

1. 对于一个从砷的初始掺杂浓度为 $10^{17}\,\mathrm{cm}^{-3}$ 的融体内提拉出的 50cm 长的单晶硅锭，画出距离籽晶 10cm、20cm、30cm、40cm、45cm 距离时砷的掺杂分布。

2. 利用柴可拉斯基技术生长单晶硅锭，坩埚中初始装载有 10kg 硅，且加入 1mg 的硼（原子量为 10.8g/mol）。已知融体硅的密度（$2.53\,\mathrm{g/cm^3}$）和硼的分凝系数，求：
   (a) 融体中硼初始的溶度；
   (b) 当 50% 的融体已经用完时生长的硅晶体中的掺杂溶度。

3. 假设有一 10kg 的纯硅融体，如果希望掺杂硼的单晶硅锭生长到一半时的电阻率为 $0.01\,\Omega\cdot\mathrm{cm}$，则初始需加入硼的总量是多少？

4. 一直径 200mm、厚 1mm 的硅晶圆，含有 5.41mg 的硼均匀分布在替代位置上，求：
   (a) 硼的浓度；
   (b) 硼原子间的平均距离。

5. 在利用柴可拉斯基技术生长单晶的融体中同时掺入 10^{17} 个原子/立方厘米的硼和 8×10^{16} 个原子/立方厘米的磷，请问会形成一 p-n 结吗？给出定性的推理。

6. 画出在 $k_0=0.05$ 时，柴可拉斯基技术中 C_s/C_0 值的曲线。

7. 用于柴可拉斯基法的籽晶，通常先拉成一小直径（5.5mm）的窄颈以作为无位错生长的开始。如果硅的临界屈服强度为 $2\times10^6\,\mathrm{g/cm^2}$，试计算此籽晶可以支撑的直径为 200mm 的单晶硅锭的最大长度。

8. 在利用柴可拉斯基法所生长的晶体中掺入硼原子，为何在尾端的硼原子浓度会比籽晶端的浓度高？

9. 为何晶圆中心的杂质浓度会比晶圆边缘的大？

11.2 硅的悬浮区熔工艺

10. 利用悬浮区熔法来提纯一含镓浓度为 $5\times10^{16}\,\mathrm{cm}^{-3}$ 的单晶硅锭，熔融带长度为 2cm. 一次悬浮区熔通过后，则在多远处镓的浓度会低于 $5\times10^{15}\,\mathrm{cm}^{-3}$？

11. 从式(18)求在 $\dfrac{x}{L}=1$ 和 2 时 $\dfrac{C_s}{C_0}$ 的值，假设 $k_e=0.3$。

12. 利用悬浮区熔法来提纯一含硼浓度为 $2\times10^{16}\,\mathrm{cm}^{-3}$ 的单晶硅锭。一次悬浮区熔通过后，假如最后的镓浓度低于 $5\times10^{15}\,\mathrm{cm}^{-3}$ 的长度是熔融带长度的两倍，求出有效分凝系数 k_e。

11.3 砷化镓晶体的生长技术

13. 由图 11.9，若 $C_m=20\%$，求在 T_b 时，还剩下多少比例的液体。

14. 用图 11.10 解释为何砷化镓液体总是变得富镓。

11.4 材料特性表征

15. 空隙 n_s 的平衡密度为 $N\exp\left(-\dfrac{E_s}{kT}\right)$，$N$ 为半导体原子的密度，E_s 为形成能. 计算

硅在 27℃、900℃ 和 1200℃ 的 n_s（假设 $E_s = 2.3\text{eV}$）。

16. 在直径为 300mm 的晶圆上，可以放多少面积为 $400\mu\text{m}^2$ 的芯片。解释你对芯片形状和在周围有多少闲置面积的假设。

17. 弗兰克尔形式缺陷的平衡密度是 $n_f = \sqrt{NN'}\,e^{-\frac{E_f}{2kT}}$，其中 N 为硅的原子密度 (cm^{-3})，N' 为可用的间隙位置密度 (cm^{-3})，可表示为 $N' = 1 \times 10^{27} e^{-\frac{3.8(\text{eV})}{kT}}\text{cm}^{-3}$。假设弗兰克尔缺陷的形成能 ($E_f$) 为 1.1eV，估计在 27℃、900℃ 时的缺陷密度。

11.5 外延生长技术

*18. 计算在 300K 时，空气分子的平均速率（空气分子量为 29）。

19. 淀积腔中蒸发源和晶圆的距离为 15cm，估算当此距离为蒸发源分子的平均自由程的 10% 时系统的气压为多少。

20. 在 300K，10^{-4}Pa 压力下形成一硅的单子层所需的时间是 5 小时。假如 $N_s = 1.173 \times 10^{15}\text{cm}^{-2}$，求黏附分数。假定 $M = 28.0855$。

*21. 求在紧密堆积下（即每个原子和其他六个邻近原子相接），形成单原子层所需的单位面积原子数 N_s。假设原子直径 d 为 4.68Å。

*22. 假设关于一喷射炉几何形状的参数为 $A = 5\text{cm}^2$ 及 $L = 12\text{cm}$。
(a) 计算在 970℃ 下装满砷化镓的喷射炉中，镓的到达速率和 MBE 的生长速率；
(b) 利用同样形状大小的锡喷射炉，工作在 700℃，试计算锡在如前述砷化镓生长速率下的掺杂浓度（假设锡会完全进入以前述速率生长的砷化镓中，锡的摩尔质量为 118.69；在 700℃ 时，锡的压力为 $2.66 \times 10^{-6}\text{Pa}$）。

11.6 外延层的结构和缺陷

23. 求铟原子的最大比例，即求在无任何失配位错的砷化镓衬底上生长 $\text{Ga}_x\text{In}_{1-x}\text{As}$ 薄膜的 x 值，假定薄膜的厚度是 10nm。

24. 薄膜晶格的错配 f 定义为 $f \equiv \dfrac{a_0(s) - a_0(f)}{a_0(f)} = \Delta a_0/a_0$，其中 $a_0(s)$ 和 $a_0(f)$ 分别为衬底和薄膜在未形变时的晶格常数，求出 InAs-GaAs 和 Ge-Si 系统的 f 值。

第12章 薄膜淀积

- 12.1 热氧化
- 12.2 化学气相淀积介质
- 12.3 化学气相淀积多晶硅
- 12.4 原子层淀积
- 12.5 金属化
- 总结

要制作分立器件与集成电路，需使用很多不同种类的薄膜。我们将薄膜分为四类：热氧、介质层、多晶硅和金属薄膜。图 12.1 为传统 n 沟道 MOSFET 的示意图，使用了全部四种薄膜。在热氧薄膜中，最首要的是栅极氧化层（gate oxide），其下方可形成源/漏极间的导通沟道。场氧化层（field oxide）用来与其他器件隔离。栅氧与场氧均由热氧化工艺生长，因为只有热氧化才可提供具有最低界面陷阱密度的最高质量的氧化层。

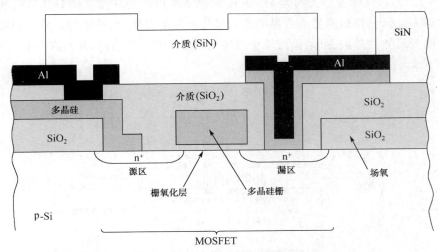

图 12.1 MOSFET 的剖面图

介质层如二氧化硅与氮化硅用于导电层之间的绝缘,或作为扩散及离子注入的掩蔽层,或用于覆盖掺杂薄膜以阻止杂质的损耗,或作为钝化层来保护器件免受杂质、水汽的影响及避免刮伤。多晶硅(polycrystalline silicon,简称 polysilicon)可作为 MOS 器件的栅电极材料、多层金属化的导电材料或浅结器件的接触材料。金属薄膜如铜或金属硅化物,可用来形成低阻值的互连线、欧姆接触及整流金属-半导体势垒器件。

具体而言,本章将涵盖以下主题:

- 以热氧化工艺生长二氧化硅
- 化学气相淀积生长介质及多晶硅薄膜
- 金属化及全面平坦化(global planarization)工艺
- 原子层淀积单分子层级薄膜
- 薄膜特性及与集成电路工艺的兼容性

12.1 热氧化

半导体可由多种方式氧化,其中包括热氧化、电化学阳极氧化和等离子体反应等方法。对硅器件而言,热氧化是这些方法中最重要的,也是现代硅集成电路技术的关键工艺。然而对于 GaAs,一般热氧化产生的是偏离化学配比的薄膜,这种氧化物在电性绝缘或半导体表面保护方面表现较差,故在 GaAs 工艺中很少使用热氧化层。在本节中,我们重点讨论硅的热氧化。

基本的热氧化装置如图 12.2 所示[1]。反应炉由下列组件构成:电阻加热的炉身、圆柱形熔融石英管、管内有供垂直放置晶圆的带沟槽的石英舟(quartz boat)、纯干氧或纯水汽的源。炉管载片端伸入到具有垂直流向的过滤空气的护罩中。气流方向如图 12.2 箭头方向所示。护罩的目的是减少晶圆周围空气中的尘埃粒子及减少晶圆装载时的污染。氧化温度一般为 900℃~1200℃,气体流量大约为 1L/min。氧化系统用微处理器来调节气流的顺序、控制晶圆自动载入/送出、控制温度由低温上升到氧化所需的温度(线性增加炉管的温度)以避免温度骤然改变而导致晶圆变形、保持氧化温度变化在 ±1℃ 范围内,并且在氧化结束时将炉管温度降下来。

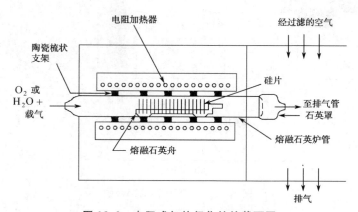

图 12.2 电阻式加热氧化炉的截面图

12.1.1 生长机制

下列为 Si 在氧气或水汽环境下进行热氧化的化学反应式：

$$\text{Si(固体)} + \text{O}_2\text{(气体)} \longrightarrow \text{SiO}_2\text{(固体)}, \tag{1}$$

$$\text{Si(固体)} + 2\text{H}_2\text{O(气体)} \longrightarrow \text{SiO}_2\text{(固体)} + 2\text{H}_2\text{(气体)}. \tag{2}$$

在氧化过程中，硅与二氧化硅的界面会往硅内部迁移，这将形成一个新的界面，而 Si 表面原有的污染物则停留于氧化膜表面。由下面的例子可知，已知硅与二氧化硅的密度以及原子量，可求出生长厚度为 x 的氧化层，需消耗厚度为 $0.44x$ 的 Si(图 12.3)。

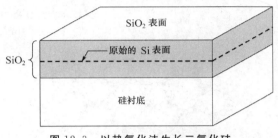

图 12.3 以热氧化法生长二氧化硅

▶ 例 1

经热氧化方式生长厚度为 x 的二氧化硅，将要消耗多少厚度的硅？Si 的摩尔质量是 28.9g，密度为 2.33g/cm^3；SiO_2 的摩尔质量是 60.08g，密度为 2.21g/cm^3。

解 1mol 硅所占体积为

$$\frac{28.9}{2.33} = 12.06(\text{cm}^3/\text{mol}).$$

1mol 二氧化硅所占体积为

$$\frac{60.08}{2.21} = 27.18(\text{cm}^3/\text{mol}).$$

因为 1mol Si 氧化成 1mol SiO_2，故

$$\frac{\text{Si 厚度} \times \text{面积}}{\text{SiO}_2 \text{ 厚度} \times \text{面积}} = \frac{\text{1mol Si 的体积}}{\text{1mol SiO}_2 \text{ 的体积}},$$

$$\frac{\text{Si 厚度}}{\text{SiO}_2 \text{ 厚度}} = \frac{12.40}{27.18} = 0.44.$$

故硅的厚度 $= 0.44 \times$ 二氧化硅的厚度。举例来说，生长一厚度为 100nm 的二氧化硅，需消耗厚度为 44nm 的硅。

如图 12.4(a)所示，热氧化法生长的二氧化硅的基本结构单元是一个硅原子被四个氧原子围成的四面体[1]。硅与氧原子核间距为 1.6Å，两个氧原子核间距为 2.27Å。这些四面体彼此由顶角的氧原子以各种不同的方式相互桥连形成不同相或结构的二氧化硅(或称硅土)。硅土有几种结晶态(如石英)和一种非晶态。硅热氧化形成的二氧化硅就是非晶态。典型的非晶硅土的密度为 2.21g/cm^3，而石英则为 2.65g/cm^3。

结晶与非晶态的基本差异，在于前者的结构具有周期性，可不断重复，而后者则不具任何周期性。图 12.4(b)是由六硅原子环所构成石英晶体结构的二维示意图。作为比较，

图 12.4(c)画出了非晶结构的二维示意图. 在非结晶结构中,仍可见到特征的六硅原子成环的趋势. 需注意图 12.4(c)所示的非晶结构相当松散,因为仅 43% 的空间被二氧化硅分子占据. 相对松散的结构造成其低密度,并容许各种杂质(如钠离子)进入二氧化硅层并在其中扩散.

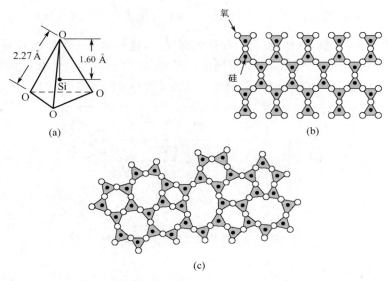

图 12.4 (a) 二氧化硅的基本结构单元;(b) 以二维空间表示的石英晶体结构;
(c) 以二维空间表示的非晶二氧化硅[1]

硅的热氧化机制可用一简单模型探讨,如图 12.5 所示[2]. 硅晶圆与氧化剂(氧气或水汽)接触,在其表面氧化剂的浓度为每立方厘米 C_0 个分子,C_0 等于氧化温度下氧化剂的体平衡浓度. 该平衡浓度一般与氧化层表面的氧化剂分压成正比. 在 1000℃ 及 1atm 下,对干氧而言,C_0 为 $5.2 \times 10^{16} \text{cm}^{-3}$;对水汽而言,$C_0$ 为 $3 \times 10^{19} \text{cm}^{-3}$.

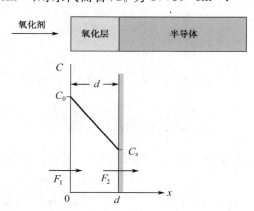

图 12.5 硅热氧化的基本模型[2]

氧化剂扩散穿过二氧化硅层到达硅表面,该处浓度为 C_s. 其通量 F_1 可写成

$$F_1 = D \frac{dC}{dx} \approx \frac{D(C_0 - C_s)}{x}. \tag{3}$$

其中 D 为氧化剂的扩散系数(diffusion coefficient),x 为已生长的氧化层厚度.

在硅表面,氧化剂与硅进行化学反应,假设其反应速率与硅表面氧化剂浓度成正比,则

其通量 F_2 可写为

$$F_2 = \kappa C_s. \tag{4}$$

其中 κ 为表面氧化反应速率常数. 在稳态时, $F_1 = F_2 = F$. 结合式(3)与式(4)可得

$$F = \frac{DC_0}{x + D/\kappa}. \tag{5}$$

氧化剂与硅反应形成二氧化硅. 在此定义 C_1 为形成单位体积二氧化硅所需的氧化剂分子数. 在氧化层中有 2.2×10^{22} 个分子/立方厘米的二氧化硅, 进行氧化反应时, 为形成一个二氧化硅分子, 需一个氧分子或两个水分子. 因此, 干氧氧化时 C_1 为 2.2×10^{22} 个分子/立方厘米, 而水汽氧化时为 4.4×10^{22} 个分子/立方厘米. 于是, 氧化层厚度的生长速率为

$$\frac{dx}{dt} = \frac{F}{C_1} = \frac{DC_0/C_1}{x + D/\kappa}. \tag{6}$$

我们可以由初始条件 $x(0) = d_0$, 解出此微分方程式. d_0 为初始氧化层厚度, 也可看成是先前氧化工艺所生长的氧化层厚度. 解式(6)可得硅氧化的一般关系式为

$$x^2 + \frac{2D}{\kappa}x = \frac{2DC_0}{C_1}(t+\tau). \tag{7}$$

式中 $\tau \equiv \frac{(d_0^2 + 2Dd_0/\kappa)C_1}{2DC_0}$, 它表示初始氧化层 d_0 引起的时间坐标平移.

经氧化时间 t 后, 氧化膜厚度为

$$x = \frac{D}{\kappa}\left[\sqrt{1 + \frac{2C_0\kappa^2(t+\tau)}{DC_1}} - 1\right]. \tag{8}$$

时间很短时, 式(8)简化为

$$x \approx \frac{C_0\kappa}{C_1}(t+\tau); \tag{9}$$

时间很长时, 式(8)简化为

$$x \approx \sqrt{\frac{2DC_0}{C_1}(t+\tau)}. \tag{10}$$

因此在氧化初期, 当表面反应是限制生长速率的主要因素时, 氧化层厚度与时间成正比. 当氧化层变厚, 氧化剂必须扩散至硅与二氧化硅的界面才可反应, 此时反应受限于扩散过程. 氧化层生长变成与氧化时间的平方根成正比, 故其生长速率为一抛物线.

通常式(7)可表示成更精简的形式:

$$x^2 + Ax = B(t+\tau). \tag{11}$$

式中 $A = \frac{2D}{\kappa}$, $B = \frac{2DC_0}{C_1}$ 以及 $\frac{B}{A} = \frac{\kappa C_0}{C_1}$. 利用此式, 式(9)与式(10)可分别改写. 线性区为

$$x = \frac{B}{A}(t+\tau); \tag{12}$$

抛物线区为

$$x^2 = B(t+\tau). \tag{13}$$

所以 $\frac{B}{A}$ 称为线性氧化速率常数(linear rate constant), 而 B 称为抛物线氧化速率常数 (parabolic rate constant). 在多种氧化条件下, 实验测量结果与模型预测相吻合. 对于湿法氧化, 初始氧化层厚度 d_0 很小, 或 $\tau \approx 0$. 然而对干法氧化, 在 $t = 0$ 处 d_0 的外推值约

为 20nm.

图 12.6 所示为 (111)、(100) 晶面的硅晶圆用干法和湿法氧化的线性氧化速率常数 $\frac{B}{A}$ 与温度的关系[2]. 在两种氧化方式下,线性氧化速率常数都随 $\exp\left(-\frac{E_a}{kT}\right)$ 变化,其中激活能 (activation energy) E_a 约为 2eV,与打断硅-硅键所需能量 1.83eV 相当. 在给定氧化条件下,线性氧化速率常数与晶向有关. 这是因为该速率常数与氧原子整合进入硅的速率有关,而它依赖于硅原子的表面价键结构,因而是与晶向相关的. (111) 面的可用价键密度高于 (100) 面,因此前者的线性氧化速率常数较大.

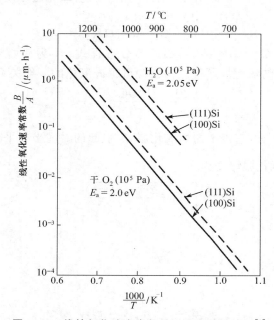

图 12.6　线性氧化速率常数随温度变化的情形[2]

图 12.7 为抛物线氧化速率常数 B 与温度的关系,该常数亦随 $\exp\left(-\frac{E_a}{kT}\right)$ 而变化. 对于干法氧化激活能为 1.24eV,与氧在熔融石英中的扩散激活能(1.18eV)相当. 而湿法氧化的激活能为 0.71eV,与水分子在熔融石英中扩散的激活能(0.79eV)相当. 抛物线氧化速率常数与晶向无关. 这在预料之中,因为它表征了氧化剂扩散穿过一层随机排列的非晶态硅土的过程.

在干氧环境下生长出的氧化层有最佳的电特性,但氧化时间比同温度下湿氧生长相同厚度的时间要长得多. 对于薄氧化层,例如 MOSFET 的栅极氧化层(一般小于 20nm),常采用干法氧化. 然而,在 MOS 集成电路与双极型器件中,较厚的氧化层如场氧化层(一般大于 20nm),则采用湿氧(水蒸气)氧化获得适当的隔离与钝化.

图 12.8 为两种晶向的硅衬底实验所得的氧化层厚度与氧化时间及温度的关系[3]. 在给定氧化条件下,(111) 晶面的氧化层厚度较 (100) 晶面的厚,因为前者的线性氧化速率常数较大. 注意在相同氧化温度与时间条件下,湿氧生长的氧化层厚度是干氧生长的 5～10 倍.

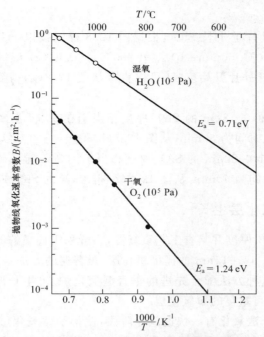

图 12.7 抛物线氧化速率常数随温度变化的情形[2]

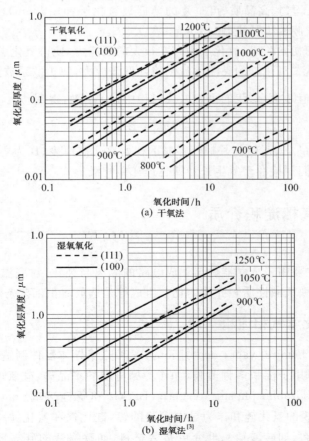

图 12.8 两种晶向的硅衬底实验所得的二氧化硅厚度与氧化时间及温度的关系

▶ **例 2**

在(100)晶面的裸硅片上生长 SiO_2,根据图 12.8 确定按以下三个条件的顺序生长的 SiO_2 厚度:(a) 干氧 1200℃、60min;(b) 湿氧 900℃,18min;(c) 湿氧 1050℃,30min.

解 (a) 因为是从裸硅片开始生长,可以直接从图 12.8(a)得到,SiO_2 厚度为 $0.18\mu m$ 或者 180nm.

(b) 由图 12.8(b)知,$0.18\mu m$ 的 SiO_2 厚度相当于在 900℃ 湿氧环境下已生长 42min,再加上 18min,则总生长时间为 60min,从图 12.8(b)得出,总的 SiO_2 厚度为 $0.22\mu m$.

(c) 由图 12.8(b)知,$0.22\mu m$ 的 SiO_2 厚度相当于 1050℃ 湿氧环境下已生长 15min,再加上 30min,故总生长时间为 45min,从图 12.8(b)得出,总的 SiO_2 厚度为 $0.48\mu m$. ◀

▶ **12.1.2 薄氧化层生长**

为精确控制薄氧化层厚度并具有工艺重复性,一般采用较慢的氧化速率.有很多方法用以降低氧化速率,要生长 10~15nm 的栅极氧化层,最普遍的方法是在常压下以较低的温度(800℃~900℃)生长.这种方法配合先进的垂直型氧化炉,可生长厚度为 10nm、圆片内误差小于 0.1nm、高品质、可重复的薄氧化层.

由前述可知,对于干法氧化有一快速氧化阶段,使得初始氧化层厚度 d_0 约为 20nm.因此 12.1.1 节中的简单模型并不适用厚度薄于 20nm、以干氧生长的氧化层.对于甚大规模集成电路(ULSI),生长均匀、高品质、可重复的薄栅极氧化层(5~20nm)已越来越重要,我们扼要介绍这种薄氧化膜的生长机制.

干法氧化生长的初始阶段,氧化层中存在很大的压应力,使得氧化层中氧气的扩散系数变小.当氧化层变厚,二氧化硅的黏滞性流动将降低该应力,使扩散系数接近于无应力的值.所以,对薄氧化层 $\frac{D}{\kappa}$ 值非常小,我们可忽略式(11)中的 Ax 项,得到

$$x^2 - d_0^2 = Bt. \tag{14}$$

其中 d_0 为 $\sqrt{2DC_0\tau/C_1}$,表示时间外插至零时的初始氧化层厚度;B 为之前定义的抛物线氧化速率常数.因此我们预计在干氧生长初期也遵守抛物线形式.

12.2 化学气相淀积介质

淀积介质薄膜主要用于分立器件与集成电路的隔离与钝化.衬底温度、淀积速率、薄膜均匀度、形貌、电特性、机械性质和介质的化学组成等是选取淀积工艺条件的考虑因素.

▶ **12.2.1 化学气相淀积**

化学气相淀积(chemical vapor deposition,CVD)是半导体器件制造中淀积各种薄膜最有用的方法.CVD 可用于淀积多种薄膜,如作为栅电极的多晶硅、硅氧玻璃、掺杂的硅氧玻璃[如硼磷硅玻璃(borophosphosilicate glass,BPSG)和磷硅玻璃(phosphosilicate glass,PSG)]、作为介质薄膜的氮化硅和作为导电薄膜的钨、硅化钨和氮化钛.其他新兴的介质材料,如高介电常数材料(如硅酸铪)、低介电常数材料(如碳掺杂的硅氧玻璃)以及导体材料(如铜阻挡层/氮化钽、铜、钌),也可以用 CVD 方法淀积.

一般常用的三种淀积方式为：常压化学气相淀积（atmospheric-pressure chemical vapor deposition，APCVD）、低压化学气相淀积（low-pressure chemical vapor deposition，LPCVD）及等离子体增强化学气相淀积（plasma-enhanced chemical vapor deposition，PECVD，或简称等离子体淀积）．常压化学气相淀积的反应炉与图 12.2 相似，差别在于通入气体的不同．LPCVD 是低压工作下的 CVD，压强降低可以减少不需要的气相反应，提高晶圆上薄膜的均匀性，然而它的淀积速率低．图 12.9(a)所示为热壁（hot wall）式 LPCVD 反应炉．以三温区炉来加热中间的石英管．气体由一端通入由另一端抽出，晶圆垂直放置于有沟槽的石英舟内[4]．由于石英管与炉管紧邻，故管壁是热的．相比之下，利用射频加热的水平式外延反应器则为冷壁（cold wall）．冷壁和热壁的选择取决于反应是放热还是吸热．对于放热反应，随着温度的升高淀积速率会降低，因此需要热壁反应炉．然而，对于冷壁反应炉，淀积不会发生在较冷的炉壁上，所以吸热反应需要一个冷壁炉，衬底上的淀积速率会随着温度的升高而增加．

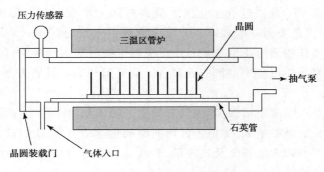

(a) 热壁 LPCVP 反应炉

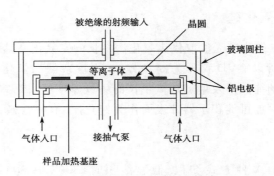

(b) 平行板射频等离子体 CVD 反应器[4]

图 12.9　化学气相淀积反应炉的示意图

PECVD 是一种能量增强的 CVD 方法，除了常规 CVD 的热能外，增加了等离子能量．图 12.9(b)为平行板径向流等离子体增强 CVD 反应炉．反应腔由圆柱形玻璃或铝构成，两端均以铝板封口．腔内有上下两块平行板铝电极，上电极接射频电压，下电极接地．两电极间的射频电压将产生等离子体放电．晶圆置于下电极，以电阻式加热至 100℃～400℃．反应气体由下电极周围的气孔流入反应炉并流经放电区．此反应系统最大的优点为低淀积温度，可惜其容量有限，尤其是对大尺寸晶圆；另外，疏松的附着于腔壁的淀积物易掉到晶圆上造成污染．

衬底表面不仅接收活性前驱物，也会受到带电粒子的轰击，寿命短的活性物质相互反应并淀积于表面，同时热能和离子轰击则持续作用于淀积表面．等离子增强淀积的薄膜往往具有较小的晶粒尺寸或趋于非晶,而且包含一定量的杂质,如氢、碳或卤原子.

PECVD 对于半导体产业的重要性毫无疑问,它同时具有低温、自洁净能力和多种薄膜可调性的优点.限制等离子区域有益于减少反应腔表面淀积物的产生,标准的平行板装置能够有效地将淀积聚焦于晶圆表面.同时,反应炉中的等离子具有提供原位等离子清洁的潜力,通过引入刻蚀剂洁净气体(如 C_2F_6 或 NF_3)可以去除腔体表面淀积的 SiO_2 和 Si_3N_4,等离子体淀积的一个局限是可能于薄膜内存在电荷.

为了在克服电荷损伤的同时保持低温工艺的优点,可采用远程等离子体取代原位等离子体.反应物被等离子体远程地分解或激活,然后和其他反应物一起被引至衬底表面以完成反应.但是需要考虑到被激活物质的寿命很短以及如何把它们分布在很大的衬底平面上.一个相关的成功案例如下:$TEOS/O_3$ 系统中,O_3 足够稳定而且浓度足够高,可以产生合理的二氧化硅淀积速率和好的台阶覆盖.

化学气相淀积工艺

化学气相淀积(CVD)是通过气相化学反应在衬底上形成所需组分的固态薄膜的一种方法.化学气相淀积工艺步骤一般如下:① 反应物被引入反应炉中;② 用混合、加热、等离子体或其他方法将气体物质激活或分解;③ 反应粒子被衬底表面吸附;④ 吸附物发生化学反应或者和其他到来物质反应形成固态薄膜;⑤ 反应副产物从衬底表面解吸附;⑥ 反应副产物被移出反应炉.

尽管薄膜生长基本完成于第四步,但其总的生长速率是由上述①~⑥步共同决定的,最慢的步骤决定了生长的最终速率.类似于任何典型的化学动力学,决定性的因素包括表面粒子浓度、晶圆温度、入射的带电粒子及其能量,必须适当调整化学气相淀积工艺参数以满足好的薄膜特性及生产的需求.

▶12.2.2 二氧化硅

CVD 法淀积的二氧化硅无法取代热氧化法生长的二氧化硅,因为热氧化法得到的薄膜具有最佳的电特性,所以 CVD 仅作为候补方法.不掺杂的二氧化硅层可用于隔离多层金属、离子注入和扩散的掩蔽层及增加热氧生长的场氧厚度等.掺磷的二氧化硅,不仅可作为金属层间的绝缘材料,亦可淀积于器件表面作为钝化层.有时掺磷、砷或硼的氧化层还用作为扩散源.

一、淀积方法

二氧化硅膜可由多种方式淀积.低温淀积时(300℃~500℃),二氧化硅膜由硅烷(silane)、杂质与氧气的反应而得.以磷掺杂的二氧化硅为例,其化学反应式为

$$SiH_4 + O_2 \xrightarrow{450℃} SiO_2 + 2H_2, \tag{15}$$

$$4PH_3 + 5O_2 \xrightarrow{450℃} 2P_2O_5 + 6H_2. \tag{16}$$

淀积可在常压 CVD 反应炉或 LPCVD 反应炉中进行,如图 12.9(a)所示.由于硅烷与氧气反应的低淀积温度使得此法特别适合于在铝膜上淀积二氧化硅.

中等温度(500℃~800℃)的二氧化硅淀积,可由四乙氧基硅烷[化学式为 $Si(OC_2H_5)_4$,简称 TEOS]在 LPCVD 反应炉中分解而得.TEOS 从液态源蒸发得到,它分解的反应式如下:

$$Si(OC_2H_5)_4 \xrightarrow{700℃} SiO_2 + 副产物, \tag{17}$$

形成二氧化硅及有机物和有机硅化物等混合副产物.由于反应要求高温,所以在铝上淀积二氧化硅不能用这个方法.但其台阶覆盖(step coverage)良好,适合于要求均匀及台阶覆盖好的多晶硅栅上绝缘层.其良好的台阶覆盖是由高温时增强的表面迁移所致.如同外延生长一样,在氧化层淀积过程中可加入少量的氢化物(如磷烷、砷烷、乙硼烷)进行掺杂.

淀积速率与温度之间有 $\exp\left(-\dfrac{E_a}{kT}\right)$ 的关系,其中 E_a 为激活能.硅烷-氧气反应形成氧化物的激活能相当低:不掺杂氧化物激活能约为 0.6 eV,而磷掺杂的氧化物的激活能则几乎为 0. 相反地,TEOS 氧化物激活能高得多:不掺杂氧化物激活能约为 1.9eV,而磷掺杂的氧化物激活能则为 1.4eV. 淀积速率和 TEOS 分压与 $(1-e^{-p/p_0})$ 成正比关系,其中 p 为 TEOS 的分压,p_0 约为 30Pa. 在 TEOS 分压较低时,淀积速率受限于表面反应;在 TEOS 分压较高时,表面接近饱和吸附 TEOS,淀积速率变得几乎与 TEOS 分压无关[4].

近年来,在常压及低压下使用 TEOS 及臭氧(O_3)为气源的化学气相淀积方法已提出[5]. 该技术可在低温下淀积出共形性好及黏滞性低的氧化膜. 由于 TEOS/O_3 的氧化膜具多孔性,在 ULSI 工艺中,TEOS/O_3 CVD 氧化膜常配以等离子体辅助氧化物来达到平坦化的效果.

对于高淀积温度(900℃),可将二氯甲硅烷(dichlorosilane)与氧化亚氮(nitrous oxide)在低压下反应形成二氧化硅. 其反应如下:

$$SiCl_2H_2 + 2N_2O \xrightarrow{900℃} SiO_2 + 2N_2 + 2HCl. \tag{18}$$

此法可得均匀性极佳的薄膜,因此有时也用来淀积多晶硅上的绝缘膜.

二、二氧化硅的特性

二氧化硅薄膜淀积的方法与特性列于表 12.1[4]中. 一般而言,淀积温度与薄膜的品质有直接的关联. 较高温度下淀积的薄膜在结构上与热氧化生长的二氧化硅相似.

温度低于 500℃时淀积的薄膜密度较低. 将薄膜在 600℃~1000℃间退火可使其致密化(densification),膜厚降低而密度可增加到 2.2g/cm³. 二氧化硅对波长为 0.6328μm 光的折射率为 1.46. 折射率愈低,孔隙愈多. 例如,由硅烷与氧气反应生成的二氧化硅,折射率为 1.44. 孔隙越多也导致其介电强度越低和泄漏电流更大. 氧化膜在氢氟酸溶液中的腐蚀速率与淀积温度、退火过程及掺杂浓度有关. 通常高品质的氧化膜腐蚀速率较低.

表 12.1　二氧化硅薄膜特性

特　性	热氧化生长 1000℃	SiH_4+O_2 450℃	TEOS 700℃	$SiCl_2H_2+N_2O$ 900℃
组成	SiO_2	SiO_2(H)	SiO_2	SiO_2(Cl)
密度/(g·cm^{-3})	2.2	2.1	2.2	2.2
折射率	1.46	1.44	1.46	1.46
介电强度/(10^6V·cm^{-1})	>10	8	10	10
腐蚀速率/(Å·min^{-1})(100 H_2O:1HF)	30	60	30	30
腐蚀速率/(Å·min^{-1})(缓冲 HF 溶液)	440	1200	450	450
台阶覆盖	—	非共形的	共形性好	共形性好

三、台阶覆盖(step coverage)

台阶覆盖是指淀积薄膜的表面几何形貌(拓扑图)与半导体表面的各种台阶形状的关系.台阶覆盖是化学气相淀积的主要优点之一,特别是与物理气相淀积相比.为了获得好的台阶覆盖,固有的化学反应和工艺条件十分关键.图 12.10(a)是理想的或共形的(conformal)台阶覆盖图,我们可看出薄膜厚度沿着台阶各处都很均匀.这种与拓扑无关的膜厚均匀性主要是反应物吸附于台阶表面后的快速迁移所致[6].

图 12.10(b)为一非共形的台阶覆盖的例子,由于反应物在吸附和反应时没有显著的表面迁移所致.在此例中,淀积速率正比于气体分子的到达角(arrival angle).反应物到达上水平面可以来自各种不同的角度,其到达角(ϕ_1)可在两个维度上从 0~180°变化.而对于到达垂直侧壁的反应物,其到达角(ϕ_2)只有从 0~90°变化.因此薄膜淀积于上表面的厚度为侧壁的两倍.而在底部,到达角(ϕ_3)与开口宽度有关,薄膜厚度正比于

$$\phi_3 \approx \arctan \frac{W}{l}, \tag{19}$$

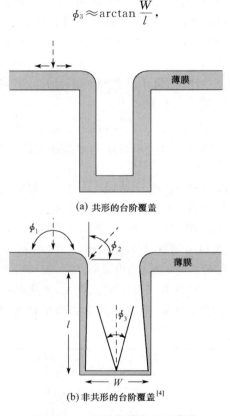

图 12.10 淀积薄膜的台阶覆盖

其中 l 为台阶的深度,W 为开口宽度.这种台阶覆盖沿着垂直侧壁很薄,还可能因自遮蔽(self-shadowing)而使台阶底部薄膜开裂.

用 TEOS 低压分解形成的二氧化硅因能在表面迅速迁移,所以能形成几乎共形的台阶覆盖.类似地,高温下二氯甲硅烷与氧化亚氮反应也得到共形的氧化层.但是,硅烷与氧反应淀积时不发生表面迁移,台阶覆盖由到达角决定.大部分经蒸发或溅射方法所得的薄膜材料具有与图 12.10(b)相似的台阶覆盖.

四、磷硅玻璃回流

在金属层间,一般需淀积表面平滑的二氧化硅作为绝缘层.若覆盖下层金属的氧化层有凹陷现象,容易造成上层金属淀积时产生开路而导致电路失效.由于低温淀积的磷硅玻璃(掺磷二氧化硅,P-glass)受热后变得较软且易回流,可提供一平滑的表面,所以常被用于邻近两金属层间的绝缘层.此工艺称为磷硅玻璃回流.此外,磷可以进一步对钠吸杂阻止它渗透到敏感的栅区域.

图 12.11 显示在多晶硅栅上淀积的四种不同磷硅玻璃的扫描电子显微镜横截面照片[6].样品均在 1100℃水汽气氛中加热 20min.图 12.11(a)的玻璃几乎没有磷,不发生回流,可以看到薄膜有凹陷处,相应的 θ 角约为 120°.图 12.11(b)、(c)及(d)显示磷含量逐渐增加到 7.2%(重量百分比)时 θ 角的变化.由此可见磷硅玻璃中磷的含量愈高,台阶角度 θ 愈小,回流的效果也愈好.磷硅玻璃回流与退火时间、温度、磷的浓度及退火的气氛有关[6].

图 12.11 显示台阶角度 θ 与磷质量百分比($wt\%$)间的关系,可近似为

$$\theta \approx 120° \left(\frac{10 - wt\%}{10} \right). \tag{20}$$

若要 θ 角小于 45°,则磷含量须大于 6%.但当磷含量高于 8%时,氧化层中的磷与环境中的水汽结合成磷酸,将腐蚀金属膜(如铝膜).因此,使用磷硅玻璃回流时,磷含量应控制在 6%~8%之间.

杂质结合效率受杂质源的分解机制的控制.在热处理工艺中,温度起主要作用;在等离子体增强工艺中,温度依赖性很小,而等离子体的功率起主要作用.

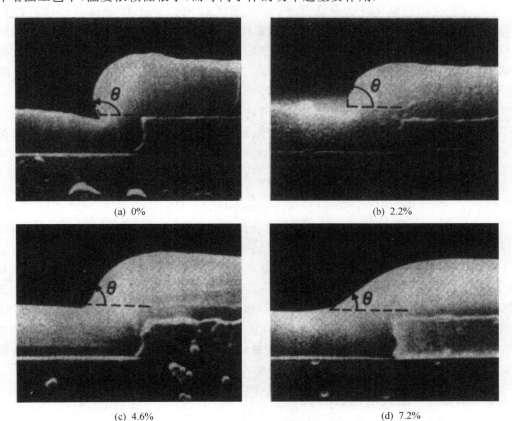

(a) 0%　　　　　　　(b) 2.2%

(c) 4.6%　　　　　　　(d) 7.2%

图 12.11　磷硅玻璃在 1100℃,20min 的水汽退火后,放大 10000 倍的扫描电子显微镜照片,不同图对应不同磷含量的质量百分比

12.2.3 氮化硅

利用热氮化的方法(如用氨气)生长氮化硅相当困难,主要原因是生长速率太慢,且需很高的生长温度. 然而,氮化硅可以用中等温度(750℃)LPCVD方法或低温(300℃)的等离子体增强CVD方法淀积[7,8]. 前者可获得完全化学配比(Si_3N_4),密度也较高(2.9~3.1g/cm³). 这种薄膜可以很好地阻挡水汽与钠离子的扩散,常用于器件的钝化层. 此外,它的氧化速率很慢,可以防止它下方的硅被氧化,所以氮化硅薄膜可作为遮蔽层,实现硅的选择性氧化. 利用等离子体增强CVD淀积的薄膜组分不是化学配比的,密度只有2.4~2.8g/cm³. 由于其淀积温度较低,适合在制作完成的器件上淀积最后的钝化层;其抗刮性极佳,可以防止外界水汽与钠离子扩散至器件.

在LPCVD淀积系统中,二氯甲硅烷与氨在低压下、700℃~800℃间反应形成氮化硅. 化学反应式如下:

$$3SiCl_2H_2 + 4NH_3 \xrightarrow{\sim 750℃} Si_3N_4 + 6HCl + 6H_2. \tag{21}$$

薄膜均匀性好、产量(即每小时可处理的晶圆数)高是低压工艺的优点. 与氧化物的淀积相似,氮化硅薄膜淀积速率由温度、压力及反应物浓度决定. 淀积氮化硅的激活能为1.8eV. 淀积速率随总压强或二氯甲硅烷分压上升而增加,并随氨与二氯甲硅烷比例上升而下降.

LPCVD淀积的氮化硅为非晶介质,含氢量可达8%(原子百分比). 在缓冲的氢氟酸溶液中,其腐蚀速率低于1nm/min. 薄膜具有非常高的张应力,约为$10^9 N/m^2$,几乎是TEOS淀积的氧化膜的10倍之多. 由于如此大的应力,薄膜厚度超过200nm时将容易破裂. 在室温下,氮化硅的电阻率约为$10^{16} \Omega \cdot cm$,介电常数为7,介电强度约为$10^7 V/cm$.

在等离子体辅助CVD中,氮化硅可用硅烷与氨在氩等离子体中反应生成,或用硅烷在氮气的等离子体中反应生成. 等离子体分解先驱物并产生高能量的反应物粒子,从而在低的温度下获得高的反应速率,离子和电子是等离子体中的带电粒子. 其反应式如下:

$$SiH_4 + NH_3 \xrightarrow{300℃} SiNH + 3H_2, \tag{22a}$$

$$2SiH_4 + N_2 \xrightarrow{300℃} 2SiNH + 3H_2. \tag{22b}$$

反应生成物与淀积条件有密切关系. 淀积氮化硅薄膜使用径向气流平行板反应器[图12.9(b)],淀积速率通常随温度、输入功率、反应气体压力的增加而增加.

等离子体增强CVD生长的薄膜含氢浓度高,半导体工艺中用等离子体方法生长的氮化物(常表示成SiN)一般含氢量约为20%~25%,其张应力较小(约$2 \times 10^8 N/m^2$),电阻率与氮化硅中硅与氮的比例有关,范围是10^5~$10^{21} \Omega \cdot cm$,介电强度约为1×10^6~$6 \times 10^6 V/cm$. 用于钝化的薄膜必须是水汽和钠的扩散阻挡层,具有好的台阶覆盖以及无针孔,氮化硅是一种理想的钝化层材料,但是,高温热淀积氮化物的温度超过了铝金属化的温度,而低温PECVD淀积的氮化物中所含的氢会导致热载流子寿命的退化.

12.2.4 低介电常数材料

当器件持续缩小至深亚微米的范围时,需采用多层互连线(multilevel interconnection)的架构来减小因寄生电阻与寄生电容引起的RC时间延迟(delay time). 如图12.12所示,门级器件的速度增加,将因金属互连线 RC 时间常数增加所致的传输延迟而抵消.例如,当栅极长度为 250nm 或更小时,约有 50% 的延迟时间是由长互连线产生的[9].因此 ULSI 电路中,器件互连网络已成为影响 IC 芯片性能(器件速度、信号干扰及功耗等)的限制性因素.

为降低 ULSI 电路中的 RC 时间常数,必须采用低电阻率的连线材料和低电容的层间介质膜.降低寄生电容的方式(电容 $C=\varepsilon_i A/d$,其中 ε_i 为介电常数,A 为面积,d 为介质层厚度)包括:增加介质厚度、降低连线材料厚度与面积等.然而,很难通过增加介质厚度 d 来降低寄生电容(因厚度太厚时,开口处填充变得困难);降低连线材料厚度与面积则会增加互连线的电阻.故使用具有低介电常数的介质很有必要.介电常数 ε_i 为 κ 与 ε_0 的乘积,其中 κ 与 ε_0 分别为相对介电常数与真空介电常数.

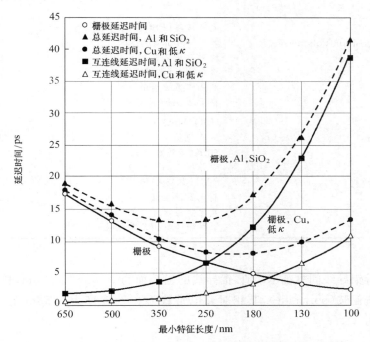

图 12.12 计算出的栅极与金属互连线延迟与"技术代"的关系,低介电常数材料 κ 值为 2.0,铝及铜的金属连线厚度为 $0.8\mu m$,长度为 $43\mu m$

材料选择

层间介质的形成和特性须具备以下要求:① 低介电常数;② 低残余应力;③ 高平坦化(planarization)能力;④ 高填隙(gap filling)能力;⑤ 低淀积温度;⑥ 工艺简单;⑦ 易集成.

ULSI 电路中,有不少合成的低介电常数材料已应用在金属层间介质上.一些有前景的低介电常数材料列于表 12.2.这些材料涵盖无机或有机物质,淀积方式包括化学气相淀积或旋转涂布(spin-on)[9].CVD 技术提供了灵活的工艺,在 CVD 工艺中,通过调整工艺气体的流量比或其他工艺参数,可以很容易地改变体薄膜和界面薄膜的特性,而采用旋转涂布方式时,只能通过调整先驱物化学特性来改变薄膜特性.

一般低介电常数材料是硅基和碳基材料,它们拥有不同的特性.碳基材料(如 PAE、SiLK)普遍拥有更低的介电常数,硅基材料(如 FSG、黑金刚石、HSQ、干凝胶)一般比碳基材料拥有较高的热稳定性和硬度,但是硅基材料更易吸水.硅基材料更能够与集成工艺相兼容:与介质和金属的黏附性更好,易用氟基刻蚀剂刻蚀,而且更易于与 CMP 工艺相兼容.

氟是最电负性元素之一,在硅化物结构中氟原子会吸引四周的电子云,使得整个薄膜不易极化,从而降低了介电常数.

将来可能出现两种不同趋势.第一种是继续使用硅基材料,并在薄膜中引入额外的孔隙来降低介电常数,可能存在的缺点包括低的机械强度和多孔性带来的吸湿问题.第二种途径是使用碳基有机材料(比硅基材料拥有更低的介电常数).哪种途径将成为主流,取决于硅基材料的介电常数能否降至小于 2 或者碳基材料的集成困难能否以低成本的方法解决.

表 12.2 低介电常数材料

分类	材料	介电常数
气相淀积聚合物 (vapor-phase deposition Polymers)	氟硅玻璃(FSG)	3.5~4.0
	聚对二甲苯氮	2.6
	聚对二甲苯氟	2.4~2.5
	黑金刚石(掺碳氧化物)	2.7~3.0
	氟化碳氢化合物	2.0~2.4
	特氟隆-AF(聚四氟乙烯)	1.93
旋转涂布聚合物 (spin-on Polymers)	HSQ/MSQ	2.8~3.0
	聚酰亚胺	2.7~2.9
	SiLK(芳香族碳氢聚合物)	2.7
	苯并环丁烯	2.6~2.7
	PAE[聚芳香醚]	2.6
	氟化聚酰亚胺	2.5~2.9
	氟化非晶碳	2.1
	干凝胶(多孔二氧化硅)	1.1~2.0

▶ 例 3

估算两平行铝导线间本征 RC 值. 铝导线的横截面为 $0.5\mu m \times 0.5\mu m$,长度为 $1mm$,导线间介质为聚酰亚胺(polymide),其相对介电常数为 2.7,厚度为 $0.5\mu m$,铝导线的电阻率为 $2.7\mu\Omega \cdot cm$.

解
$$RC = \left(\rho \frac{l}{t_m^2}\right) \times \left(\varepsilon_i \frac{t_m \times l}{d}\right)$$
$$= \left(2.7 \times 10^{-6} \times \frac{1 \times 10^{-1}}{0.25 \times 10^{-8}}\right) \times \left(8.85 \times 10^{-14} \times 2.7 \times \frac{0.5 \times 10^{-4} \times 10^{-1}}{0.5 \times 10^{-4}}\right) = 2.57(ps).$$ ◀

▶ **12.2.5 高介电常数材料**

高介电常数材料在 ULSI 电路中是必要的,尤其是对于动态随机存储器(dynamic random access memory,DRAM).为保证器件的正常工作,DRAM 的储存电容值必须维持在一定值(如 40fF)以上.为了达到某一给定的电容($\varepsilon_i A/d$),一般会选择一个最小厚度 d,且保证漏电流不超过最大容许值和击穿电压不低于最小容许值.电容的面积可通过堆叠(stack)或沟槽(trench)的结构来增加,这些结构将在第 15 章中讨论.然而对于平面的(planar)结构,面积 A 随着 DRAM 密度的提升而降低,因此必须提高薄膜的介电常数.

多种高介电常数材料已被提出[如钛酸锶钡(BST)及锆钛酸铅(PZT)等],列于表 12.3.另外,有些钛酸盐类掺杂一种或多种受主(如碱土族金属)或施主(如稀土族金属).氧化钽(Ta_2O_5)相对介电常数范围在 20~30 之间. 而一般常用的 Si_3N_4 相对介电常数约为 6~7,SiO_2 为 3.9. 氧化钽膜可由 CVD 方式制备,使用气体为 $TaCl_5$ 和 H_2O.

氧化钽膜也可利用金属有机前驱物的热 CVD 工艺淀积,气源为乙醇钽(TAETO)或四乙氧基二甲氨基乙醇钽(TATDMAE). 为获得好的台阶覆盖,反应应在反应速率限制区进行. 原始淀积的 TaO_x 膜是缺氧的,表现出电阻的特性,因此氧气中的退火处理对于形成有效的介质材料非常重要.

表 12.3 高介电常数材料

材料		介电常数
二元和四元材料	Ta_2O_5	25
	HfO_2	18~22
	HfSiON	24
	ZrO_2	12~25
	Al_2O_3	9
	TiO_2	40~70
	Y_2O_3	17
	Si_3N_4	7
顺电钙钛矿材料	$SrTiO_3$(STO)	140
	$(Ba_{1-x}Sr_x)TiO_3$(BST)	300~500
	$Ba(Ti_{1-x}Zr_x)O_3$(BZT)	300
	$(Pb_{1-x}La_x)(Zr_{1-y}Ti_y)O_3$(PLZT)	800~1000
	$Pb(Mg_{1/3}Nb_{2/3})O_3$(PMN)	1000~2000
铁电钙钛矿材料	$Pb(Zr_{0.47}Ti_{0.53})O_3$(PZT)	>1000

▶ **例 4**

一 DRAM 的电容有以下参数:电容 C 为 40fF,面积 A 为 $1.28\mu m^2$,介质 SiO_2 的相对介电常数 $k=3.9$. 假设要以 Ta_2O_5($k=25$)取代 SiO_2,而其介质厚度不变. 请问此电容的等效单元面积为多少?

解

由 $C=\dfrac{\varepsilon_i A}{d}$,得

$$\frac{3.9 \times 1.28}{d} = \frac{25 \times A}{d}.$$

所以等效单元面积 $A = \dfrac{3.9}{25} \times 1.28 \approx 0.2\ (\mu m^2)$.

12.3 化学气相淀积多晶硅

以多晶硅作为 MOS 器件的栅电极是 MOS 技术的一项重要发展,一个重要原因是多晶硅栅电极的可靠性优于铝电极. 图 12.13 显示多晶硅与铝作为电极时,电容的最大击穿时间与氧化层厚度的关系[10]. 很明显,多晶硅表现更好,尤其在栅层氧化层较薄时. 用铝电极之所以击穿时间较短,是因铝原子在电场作用下会迁移进入薄氧化层中. 多晶硅亦可作为杂质扩散源以形成浅结,并确保与单晶硅形成欧姆接触. 另外,多晶硅还可用来制作导体与高阻值的电阻.

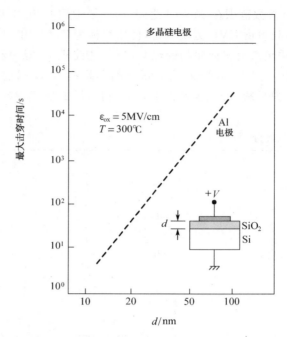

图 12.13 以多晶硅或铝作电极的电容器的最大击穿时间与氧化层厚度的关系[10]

用低压反应炉淀积多晶硅[图 12.9(a)],温度范围为 600℃～650℃,以下列反应式分解硅烷而生成:

$$SiH_4 \xrightarrow{600℃} Si + 2H_2. \qquad (23)$$

最常用的低压淀积工艺有两种:在压强约 25～130Pa 之间,使用 100% 的硅烷作为反应气体;另一种是在相同压强下,利用氮气稀释硅烷至 20%～30% 之间.上述两种方法均可一次淀积数百片晶圆,且厚度均匀(误差在 5% 以内).

图 12.14 显示四种淀积温度下淀积速率与硅烷分压的关系.在硅烷分压较低时,淀积速率与硅烷的分压成正比,而当硅烷分压提升,淀积速率逐渐趋向饱和[4].通常低压淀积时温度限制在 600℃～650℃ 之间,在该温度范围内,淀积速率随 $\exp\left(-\dfrac{E_a}{kT}\right)$ 而改变,激活能 E_a 为 1.7eV,淀积速率基本与反应腔内的总压强无关.当温度更高时,由于气相反应的缘故,导致薄膜变得粗糙且淀积物吸附不佳.另外,硅烷耗尽的现象使得淀积出的薄膜均匀性很差.温度低于 600℃ 时,因淀积速率太慢而不实用.

影响多晶硅结构的工艺参数包括:淀积温度、杂质掺杂以及淀积后的热处理.淀积温度在 600℃～650℃ 之间时,所得多晶硅为圆柱形结构,多晶硅晶粒(grain)大小约为 0.03～0.3μm,择优取向为(110).在 950℃ 将磷扩散掺杂于多晶硅中,其结构变得更具结晶性,晶粒大小增为 0.5～1.0μm.若温度上升到 1050℃ 进行氧化,则晶粒最后大小将达 1～3μm.若淀积温度在 600℃ 以下,则淀积出的薄膜类似于非晶态,但经过掺杂及热处理后,亦可获得如同多晶硅晶粒柱状结构的增长特性.

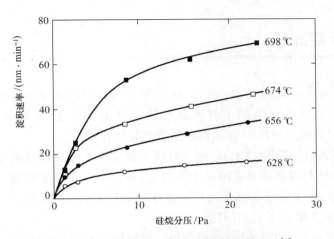

图 12.14 硅烷分压对多晶硅淀积速率的影响[4]

多晶硅可通过多种方式掺杂:扩散、离子注入(ion implantation)法或在淀积过程中引入杂质气体,我们称之为原位(in-situ)掺杂.因为较低的工艺温度,离子注入法最为常用.图 12.15 所示,为利用离子注入掺杂磷与锑离子于单晶硅及厚度为 500nm 的多晶硅,所得薄层电阻值与注入剂量的关系[11].离子注入工艺将在第 14 章中讨论.影响多晶硅薄层电阻值的因素包括:注入剂量、退火温度及退火时间长短.当多晶硅的杂质注入剂量较低时,晶粒间界处的载流子陷阱导致很高的薄层电阻值.图 12.15 中显示,当载流子陷阱被杂质填满后,多晶硅薄层电阻值会大幅下降,并接近于掺杂单晶硅的薄层电阻值.

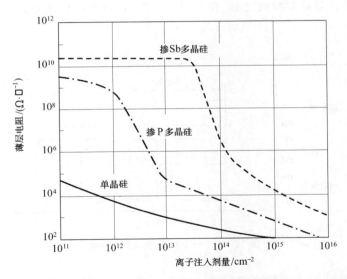

图 12.15 30keV 能量的离子注入 500nm 的多晶硅中,薄层电阻与注入剂量的关系[11]

12.4 原子层淀积

原子层淀积(atomic layer deposition, ALD)是一种可以淀积单分子层薄膜的特殊的化学气相淀积技术. ALD 已成为纳米器件制造的一种重要方法,主要用于特征尺寸小于 100nm、高宽比高达 20:1~100:1 的器件结构的保形淀积.

ALD 有别于传统的 CVD 技术,后者在时间上和空间上都持续地向半导体衬底上提供化学反应物. ALD 则利用顺序暴露的化学反应物,每种反应物在分隔的时间内进行自限制的淀积. 在 CVD 中,化学反应发生于气相中或在衬底的表面上,但在 ALD 中,化学反应仅在衬底表面发生,从而阻止了气相的化学反应.

ALD 在低压下进行,利用 ALD 淀积一种二元薄膜,存在两个顺序的反应.

$$\text{反应 1} \quad AX + S_{(sub)} \rightarrow A \cdot S_{(sub)} + X_{(g)},$$
$$\text{反应 2} \quad BY + A \cdot S_{(sub)} \rightarrow BA \cdot S_{(sub)} + Y_{(g)}.$$

其中 AX 是前驱物 1,BY 是前驱物 2,$S_{(sub)}$ 是衬底,$X_{(g)}$ 和 $Y_{(g)}$ 是气相残余物.

一个典型的 ALD 周期如图 12.16 所示:

(1) 暴露反应物 1,时间为 t_{ex1},以发生第一个表面反应;
(2) 移除(清洗)未反应完的前驱物及第一个反应的生成物,时间为 t_{r1};
(3) 暴露前驱物 2,时间为 t_{ex2},以发生第二个表面反应;
(4) 移除(清洗)未反应完的前驱物及第二个反应的生成物,时间为 t_{r2}.

整个周期可以短至零点几秒,也可长至几分钟,整个工艺通过不断重复以完成薄膜的生长,工艺周期是暴露与移除时间之和. 和 CVD 一样,ALD 也可以用热反应或等离子体辅助工艺完成.

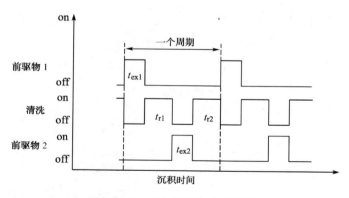

图 12.16 一个典型的 ALD 周期

以生长 ALD-Al_2O_3 薄膜为例说明 ALD 的生长过程. 图 12.17 画出了 ALD-Al_2O_3 的两个顺序的反应,前驱物 1 为 $Al(CH_3)_3$(三甲基铝,TMA),前驱物 2 为水,硅作为衬底,ALD-Al_2O_3 的两个顺序的反应如下:

$$\text{反应 1} \quad OH \cdot Si + Al(CH_3)_3 \rightarrow AlO(CH_3)_2 \cdot Si + CH_4,$$
$$\text{反应 2} \quad AlO(CH_3)_2 \cdot Si + 2H_2O \rightarrow AlO(OH)_2 \cdot Si + 2CH_4.$$

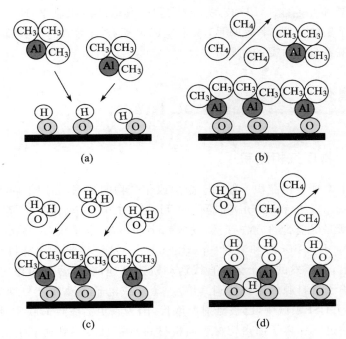

图 12.17 (a) 和暴露于 TMA 的羟化表面的反应;(b) 通过化学反应移除副产物 CH_4 及尚未反应的 TMA; (c) 和暴露于水的 CH_3 覆盖表面的反应;(d) 通过化学反应移除副产物 CH_4 和未反应的水[12]

两个反应重复进行以生成 ALD-Al_2O_3 薄膜. 如图 12.18 所示,"ALD 窗口"是一个温度范围,在这个温度范围内淀积速率是恒定的,和淀积温度无关. 在较低的温度下,没有足够的能量实现一个完全的化学反应,此时化学吸附反应占主导,淀积速率随温度增加而增加. 在较高的温度下,解吸附占主导,淀积速率随温度增加而减小.

图 12.18 中低温部分的左上方为一个与凝聚现象有关的非 ALD 淀积,此外,右上方的高温部分为前驱物 CVD 热解的淀积. 这些过程的淀积速率可能要比 ALD 的高.

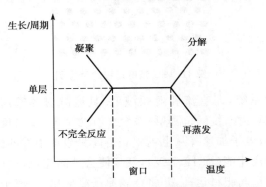

图 12.18 ALD 淀积速率和相关过程的温度依赖关系

在 ALD 中,薄膜的厚度只取决于反应周期的次数,故可以简单精确地控制薄膜厚度. 相比于 CVD 技术,ALD 技术对于反应物流量的均一性的要求较低. 所以 ALD 技术可用于大面积淀积(即大批量和规模化),具有好的保形性和重复性. ALD 技术可以用于淀积多种类型的薄膜,包括氧化物(如 Al_2O_3、TiO_2、SnO_2、ZnO、HfO_2)、金属氮化物(如 TiN、TaN、WN、NbN)、金属(如 Ru、Ir、Pt)和金属硫化物(如 ZnS). ALD 技术在三个主流应用方向上有潜力:电容、栅极和互连线.ALD技术主要受限于其低的淀积速率,通常一个周期只能淀积零点几个单分子层的薄膜.幸运的是,未来集成电路技术所需的薄膜都很薄,所以ALD低的淀积速率也就不是很重要的问题了.

12.5 金属化

▶ 12.5.1 物理气相淀积

半导体应用中物理气相淀积一般用于金属或化合物的淀积,如用于导线、焊盘、通孔、接触等硅晶圆上用以连接结(junction)和器件的Ti、Al、Cu、TiN和TaN等.

通常物理气相淀积金属的方法有:蒸发(evaporation)、电子束(e-beam)蒸发、等离子体喷涂(plasma spray deposition)和溅射(sputtering).蒸发是将要蒸发材料置于真空腔中并加热至其熔点以上,被蒸发的原子会以直线运动轨迹高速前进.蒸发可由电阻加热、射频加热或以电子束聚焦于材料源的方式达到其熔点.蒸发或电子束蒸发在早期集成电路中被广泛使用,而在如今ULSI领域中,已被溅射所取代,因为它更活泼且薄膜质量高.

溅射是一种通过气体离子撞击靶材表面将材料从靶材转移到衬底上的工艺,典型的气体离子为氩气,但是有时也用其他惰性气体离子(氖、氙)或活性粒子(如氧气或氮气).入射离子与靶材之间的动量传输,使得原子级大小的颗粒从靶材射出,如图12.19所示.这个过程和一个台球撞击另一个台球类似.

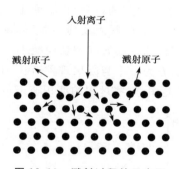

图12.19 溅射过程的示意图

有两种基本的溅射系统,即直流和射频溅射.直流溅射经常用于金属薄膜淀积.如图12.20(a)所示为一标准溅射系统.直流溅射系统中有两个电极.当负偏置直流电压直接加在金属靶材的阴极上,杂散电子加速并从电场中获得能量轰击中性的氩气原子.如果轰击原子的电子能量高于氩气的离化能(即15.7eV),氩气便会被离化,从而产生等离子体.等离子体中的正氩离子被加速向金属靶材运动,并将金属原子溅射出.等离子体的辉光区域是很好的导体.在氩气击穿的起始阶段,两个电极间的压降会降低,几乎无法维持足够的电场以产生等离子体,溅射中从金属靶材射出的二次电子维持着等离子体的产生.

在半导体应用中,基于直流溅射的磁控溅射系统有更高的效率.磁控溅射中的阴极有别于传统的平面阴极,它拥有一个平行于阴极表面的局部磁场,切向磁场的作用在于将出射的二次电子移动到阴极表面.这些电子被俘获于阴极附近区域,导致很高的气体离化水平,这提高了离子密度,从而提高溅射淀积速率.

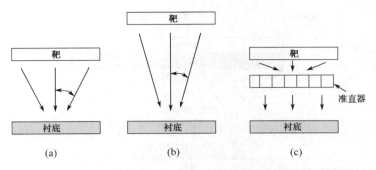

图 12.20　(a) 标准溅射;(b) 长程溅射;(c) 具有准直器的溅射

一、定向淀积

要在大高宽比的接触窗内填充材料的难度很高,因为在接触窗底部尚未完成淀积时,由于散射接触窗口顶端已被密封.将原子引入接触窗底部的基本问题可以通过增强原子在淀积时的方向性来解决.有两种增强溅射方向性的方式,即长程溅射和准直溅射.

二、长程溅射

为实现长程溅射淀积,样品被移至远离阴极的位置,如图 12.20(b) 所示,有更大一部分溅射原子会在腔体的侧壁上损失.这部分的大小主要决定于靶材与基板间距(d_{ts})和工作气体对溅射原子流的散射.d_{ts} 越大,角度分布越大.与传统的短程溅射相比,到达基板的原子更可能接近垂直入射.长程溅射淀积所需的投射距离需要和阴极直径的量级相当.该过程受限于实际应用中气体的散射,气体散射与系统的工作压强相关.为了降低气体散射,溅射原子的平均自由程应超越投射距离.对于长程溅射淀积,其工作气压很低(低于 0.1Pa),同样可以降低气体散射.在如此低的气压下,气体散射不再重要,而 d_{ts} 可以进一步增加.这样,大高宽比(如在接触窗底部)结构的薄膜淀积变得较为可行.

三、准直溅射

在长平均自由程的淀积条件下(平均自由程大于投射距离),可以在靶材和基板间放置一个准直器来实现对入射原子流的过滤.准直器作为一个简单的方向过滤器,它收集撞击到侧壁上的原子,如图 12.20(c) 所示.过滤的程度仅和准直器的高宽比有关,该高宽比定义为准直器的厚度除以每个管子的直径.

四、射频溅射

射频(典型值为 13.56MHz,即对无线传输信号无干扰的频率)溅射通常用于介质,如高介电常数介质材料.如图 12.21 所示为标准射频溅射系统.它有很多优点:① 既可以溅射金属也可以溅射介质材料;② 可以工作在偏压溅射(bias-sputtering)模式;③ 可支持淀积前对基板的溅射刻蚀.在射频溅射中,当一时变的电压加在介质靶材后的金属板上时,通过靶材的阻抗,会在靶材相反的表面形成另一个时变的电压.一旦因杂散电子被电场加速使气体击穿并放电,电流就可以从等离子体流向靶材表面.因为电子比正离子的移动性更好,与负半周期的正离子相比,在正半周期有更多的电子被吸引到靶材的前表面.因此,正半周期的电流比负半周期的电流要大,如同二极管一样.在连续的周期中,由此形成的电子电流会在靶材表面产生逐渐增加的负偏置电压,直到平均直流负电压足够大到可以迟滞电子的到达,最终使得到达靶材表面的净电荷为零.

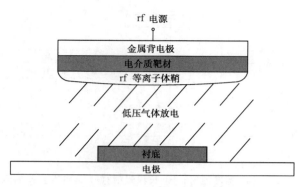

图 12.21 射频溅射的原理图

相对于等离子体,既然靶材的电势是负的,电子会被靶材排斥而远离表面,从而在靶材表面附近产生一离子鞘区(ion sheath),它看起来是一个暗区,因为此处没有因电子和离子复合而产生的光发射. 鞘区中的正离子被负电势加速到靶材. 为了阻止靶材表面正离子的过量积累,所加电压的频率必须足够高,为了产生明显的溅射,这个频率至少得1MHz. 若低于该频率,积累于靶材上的正离子会导致离子平均能量的明显降低.

射频溅射刻蚀是逆向溅射工艺,也被称为背溅射、逆向溅射、离子刻蚀或溅射洁净. 正常的射频功率流被电学上反向了. 基板为负的平均直流偏压,阳极成为了靶材. 射频溅射刻蚀用于溅射淀积薄膜前的基板清洁或者在基板上产生图案.

偏压溅射是高能正离子对生长中的负偏置的薄膜的一种轰击过程,这种技术可以移除正在生长的薄膜上的杂质,通常用于介质薄膜淀积前的衬底表面的清洁.

▶ 12.5.2 化学气相淀积金属

在金属化工艺中,化学气相淀积(CVD)是具有吸引力的,这是因为 CVD 能形成有良好台阶覆盖的共形覆盖层,而且一次可同时淀积很多晶圆. CVD 的基本装置与淀积介质和多晶硅的装置相似[图 12.9(a)]. 低压 CVD 在硅片表面形貌差别很大的情况下,也能得到共形覆盖层,而且常常比物理气相淀积(PVD)的薄膜具有更低的电阻率. 以 CVD 方法淀积难熔金属(refractory metal)是一项重要的新应用. 以金属钨为例,其电阻率低($5.3\mu\Omega \cdot cm$)和难熔特性,是集成电路应用所需要的金属.

一、化学气相淀积钨(CVD-W)

钨不仅可用作接触插栓(contact plug),也可用于第一层金属. CVD 淀积的钨膜具有优异的台阶覆盖. 对于尺寸小于 $0.8\mu m$ 及高宽比大于 2 的接触或通孔,很难使用传统的铝溅射实现接触窗口底部的连续覆盖以维持其电学特性. 通过引入 CVD 钨,有效通孔电阻和抗电迁移性得以提高. CVD 钨工艺是实现多层金属化互连的关键技术.

淀积钨可用 WF_6 为气体源,因为 WF_6 是一种室温下即可沸腾的液体. WF_6 可被硅、氢气或硅烷还原,基本的 CVD-W 化学反应式如下:

$$WF_6 + 3H_2 \rightarrow W + 6HF (氢还原), \tag{24}$$

$$2WF_6 + 3Si \rightarrow 2W + 3SiF_4 (硅还原), \tag{25}$$

$$2WF_6 + 3SiH_4 \rightarrow 2W + 3SiF_4 + 6H_2 (硅烷还原). \tag{26}$$

在硅上的接触,利用硅还原工艺可以实现选择性钨淀积,这提供了在 Si 上(而不是 SiO_2 上)生长钨成核层的方法. 氢还原工艺,可将钨迅速地淀积在成核层上形成插栓(plug),此外它还具有极佳的表面台阶覆盖.然而此工艺的选择性不佳,反应副产物 HF 气体会对氧化层有腐蚀作用,也使淀积钨的表面变得粗糙.

硅烷还原反应比氢还原反应有较高的淀积速率及小得多的晶粒尺寸.此外,该反应不会形成副产物 HF,故不会有薄膜侵蚀和钨表面粗糙的问题.一般而言,全面淀积钨的第一步是用硅烷还原反应生长成核层,可减少结的损伤,之后再以氢还原反应全面生长钨薄膜.

二、化学气相淀积氮化钛(CVD-TiN)

氮化钛普遍用于金属化工艺的扩散阻挡金属层,其应用包括:① 用于增强互连线抗电迁移的铝金属包覆层;② 用于氧化物上的 CVD 钨黏附层及阻止 WF_6 与铝和硅反应的阻挡层;③ 在铝金属化不能承受的温度下进行的局部互连;④ Ta_2O_5 电容的平面电极;⑤ 用于金属-绝缘层-金属电容的结点和电极板,其中绝缘层是原子层淀积的氧化铝或 HfO_2/Al_2O_3 复合层.

其淀积方法包括以溅射氮化钛化合物靶材或化学气相淀积.在深亚微米工艺中,化学气相淀积氮化钛的台阶覆盖比物理气相淀积的好.CVD TiN 可由 $TiCl_4$ 与 NH_3、H_2/N_2 或 NH_3/H_2 反应而得[13-15].化学反应式如下:

$$6TiCl_4 + 8NH_3 \longrightarrow 6TiN + 24HCl + N_2, \tag{27}$$

$$2TiCl_4 + N_2 + 4H_2 \longrightarrow 2TiN + 8HCl, \tag{28}$$

$$2TiCl_4 + 2NH_3 + H_2 \longrightarrow 2TiN + 8HCl. \tag{29}$$

以 NH_3 还原反应形成 TiN 的淀积温度范围约 400℃~700℃;以 N_2/H_2 反应形成 TiN 的淀积温度则高于 700℃.淀积温度越高,得到的薄膜品质越好,TiN 膜中的氯残留也越少(约 5%).

▶ 12.5.3 铝金属化

在集成电路中铝及铝合金被广泛用于金属化.铝膜的淀积可由 PVD 或 CVD 完成.因为铝及铝合金具有低电阻率(铝为 $2.7\mu\Omega \cdot cm$,铝合金最高为 $3.5\mu\Omega \cdot cm$),可满足低电阻的需求,此外,铝可很好地附着于二氧化硅.然而 IC 浅结工艺中使用铝易造成尖锲(spiking)或电迁移(electromigration)等问题.本节中,我们将考虑铝金属化工艺的问题及解决方法.

一、结尖锲(junction spiking)

图 12.22 为一大气压下铝-硅系统的相图[16].相图中显示两种材料组成与温度的关系.铝-硅系统有共晶的特性,即将两者互相掺杂时,合金的熔点较两者中任何一种都低,最低熔点称为共晶温度(eutectic temperature),Al-Si 系统的共晶温度为 577℃,该温度对应于硅占 11.3%、铝占 88.7% 的合金熔点.而纯铝与纯硅的熔点分别为 660℃ 及 1412℃,基于此特性,淀积铝膜时硅衬底的温度必须低于 577℃.

图 12.22 中的插图显示硅在铝中的固溶度.举例而言,400℃ 时硅在铝中的固溶度为 0.25%(重量百分比,下同);450℃ 时为 0.5%;500℃ 时为 0.8%.因此,铝与硅接触时,硅将会溶解到铝中,其溶解量不仅与退火温度下的固溶度有关,也和能容纳硅的铝的体积有关.如图 12.23 所示,我们考虑一铝的长导线,铝与硅的接触面积为 ZL.经退火时间 t 后,硅将沿着铝线从接触窗口的边缘扩散,其扩散长度约为 $\sqrt{Dt}$,其中 D 为扩散系数,硅在淀积铝膜中的扩散系数为 $4 \times 10^{-2} \exp\left(-\dfrac{0.92}{kT}\right)$.假设硅在此段长度以内的铝膜中已经达到饱

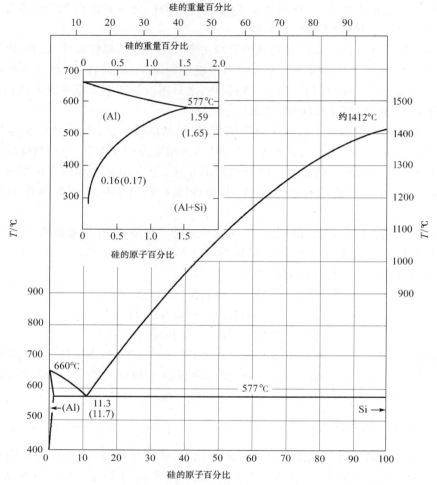

图 12.22 铝-硅系统的相图[16]

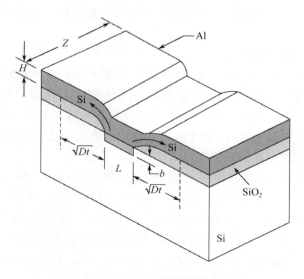

图 12.23 硅在铝金属化中的扩散[17]

和，则消耗的硅体积为

$$V \approx 2\sqrt{Dt}HZS\left(\frac{\rho_{Al}}{\rho_{Si}}\right). \tag{30}$$

式中 ρ_{Al} 与 ρ_{Si} 分别为铝与硅的密度；S 为退火温度下硅在铝中的溶解度[17]。假设在接触面积 ($A=ZL$) 上硅被均匀地消耗，则被消耗硅的深度为

$$b \approx 2\sqrt{Dt}\left(\frac{HZ}{A}\right)S\left(\frac{\rho_{Al}}{\rho_{Si}}\right). \tag{31}$$

▶ **例 5**

若 $T=500℃$、$t=30\min$、$ZL=16\mu m^2$、$Z=5\mu m$、$H=1\mu m$，求深度 b。计算时假设均匀溶解。

解 500℃时，硅在铝中的扩散系数约为 $2\times 10^{-8}\,cm^2/s$，故 $\sqrt{Dt}$ 为 $60\mu m$；硅与铝的密度比为 $\frac{2.7}{2.33}=1.16$；500℃时的 S 为 0.8%。由式(31)，我们可计算出

$$b = 2\times 60\left(\frac{1\times 5}{16}\right)\times 0.8\% \times 1.16 \approx 0.35(\mu m).$$

在该例中，铝将填入硅中深度约为 $0.35\mu m$。若该接触区有浅结，其深度比 b 小，则硅扩散至铝中将造成结的短路。 ◀

事实上，硅并不会均匀地溶解，而是仅发生于某些点上。式(31)中有效面积比实际接触面积要小，因此 b 会大得多。图 12.24 显示在 p-n 结中，铝穿透到硅中的实际情形，可观察到仅有少数几个点有尖锲形成。减少铝尖锲的一种方法是将铝与硅共同蒸发，使铝中的硅含量到达固溶度的要求。另一种方法是在铝与硅衬底中引入金属阻挡层（图 12.25），该层必须满足以下条件：① 与硅的接触电阻小；② 不会与铝起反应；③ 淀积及形成方式必须与其他所有工艺相容。TiN 可在 550℃、30min 退火环境下保持稳定，适合作为金属阻挡层。

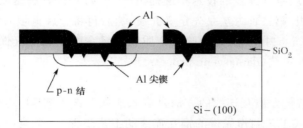

图 12.24 铝膜与硅接触的示意图，注意硅中形成的铝尖锲

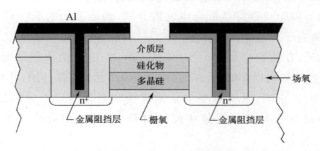

图 12.25 在铝与硅间有金属阻挡层，并具有金属硅化物、多晶硅的复合栅极的 MOSFET 剖面图

二、电迁移(electromigration)

在第 6 章中我们已讨论,当器件尺寸缩小后,相应的电流密度会增大. 高电流密度所引发的电迁移现象可使器件失效. 所谓电迁移,是指在电流的作用下金属原子发生迁移的现象,这是电子的动量传递给带正电的金属离子所造成的. 当高电流在 IC 的薄金属导线中流过时,某些区域的金属离子会堆积起来,而某些区域则会形成空洞. 堆积金属区域可与邻近的导体短路,而空洞则可导致断路.

电迁移引起的导体平均失效时间(mean time to failure,MTF)与电流密度 J 和激活能 E_a 有关:

$$\mathrm{MTF} \sim \frac{1}{J^2} \exp\left(\frac{E_a}{kT}\right). \tag{32}$$

实验可确定淀积铝膜的 $E_a \approx 0.5\mathrm{eV}$,这表明材料迁移的主要形式为低温下的晶粒间界扩散(grain-boundary diffusion),而单晶铝自扩散(self-diffusion)的激活能 $E_a \approx 1.4\mathrm{eV}$. 一些技术可用来增强铝导体的抗电迁移能力,包括与铜形成合金(如含铜 0.5%)、用介质将导体包封起来、淀积时加入氧等.

▶ 12.5.4 铜金属化

为降低金属互连线的 RC 延迟时间,须使用高电导率的导线与低介电常数的绝缘层,这已是大家的共识. 对于新的金属互连线工艺,铜是必然的选择,因为相对于铝,它具有更高的电导率和更强的抗电迁移能力. 铜可用 PVD、CVD 及电化学方法淀积. 然而相对于铝,在 ULSI 电路应用中,铜亦有其缺点. 例如,在标准的芯片工艺下,有易腐蚀的倾向、缺乏可行的干法刻蚀方式、不像铝有稳定的自钝化(self-passivating)氧化物 Al_2O_3 以及与介质(如二氧化硅或低介电常数的聚合物)的附着力差等. 本节将讨论铜的金属化工艺.

几种用来制作多层铜互连线的技术相继提出[18,19]. 第一种方法是以传统的方式定义金属线,再进行介质淀积. 第二种方法是先定义介质,然后再将金属铜填入沟槽内,随后进行化学机械抛光(将在 12.5.5 中讨论)以去除在介质表面多余的金属而仅保留通孔和沟槽内的铜,这种方法称为嵌入工艺(damascene process).

嵌入工艺

形成铜-低介电常数介质互连线的方法是嵌入式或双嵌入式(dual damascene)工艺. 图 12.26 显示以双嵌入式工艺制作先进的铜互连线的工艺步骤. 一个典型的嵌入式结构,先刻蚀层间介质(interlayer dielectric,ILD)定义金属线的沟槽,再淀积金属 Ta(N)/Cu. Ta(N) 层的目的是扩散阻挡层以阻止铜穿透低介电常数介质. 表面多余的铜将被去除,从而获得一平面结构,而金属则镶嵌于介质中.

对于双嵌入式工艺,在淀积金属 Ta(N)/Cu 之前,先进行两次图形曝光和反应离子刻蚀(RIE)步骤定义出通孔和沟槽,如图 12.26(a)~(c)所示. 接着,进行化学机械抛光,使介质表面平坦且没有多余的金属,只有已平坦化的导线和通孔镶嵌于绝缘层内[20]. 使用双嵌入式工艺的一个好处是通孔与金属线是相同的材料,可减少由通孔产生的电迁移失效的问题.

▶ 例 6

若我们以铜导线取代传统铝导线,并以低介电常数的介质($k=2.6$)取代二氧化硅,可降低多少百分比的 RC 时间常数?(铝的电阻率为 $2.7\mu\Omega\cdot\mathrm{cm}$,铜的电阻率为 $1.7\mu\Omega\cdot\mathrm{cm}$).

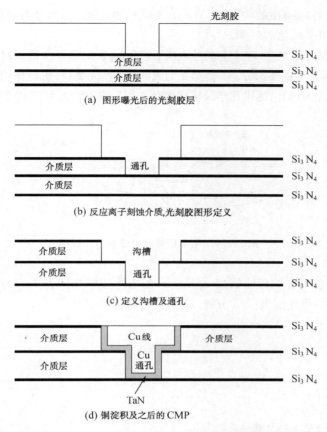

图 12.26 使用双嵌入式工艺制作铜金属化的工序

解

$$\frac{1.7}{2.7} \times \frac{2.6}{3.9} \times 100\% = 42\%.$$

▶12.5.5 化学机械抛光(chemical-mechanical polishing, CMP)

近年来,化学机械抛光的发展对多层金属互连日趋重要,因为它是目前唯一可进行全面平坦化(global planarization)的技术,即整片晶圆表面变为一平坦表面.比起其他平坦化技术,它有许多优点:对不同大小的结构均可获得好的全面平坦化,缺陷密度减少及避免等离子体损伤.表 12.4 概括地列出了三种 CMP 方法.

表 12.4 化学机械抛光的三种方法

方式	晶圆朝向	抛光台运动方式	抛光液加入方式
旋转式 CMP	朝下	平台旋转相对于旋转晶圆	滴至抛光垫表面
轨道式 CMP	朝下	轨道相对于旋转晶圆	渗透抛光垫表面
线性 CMP	朝下	线性相对于旋转晶圆	滴至抛光垫表面

CMP 工艺是在晶圆表面与抛光垫(pad)之间加入抛光液(slurry),并持续移动需平坦化的晶圆使其表面与抛光垫摩擦.抛光液中具有研磨作用的微粒使晶圆表面产生机械损伤,这有利于抛光液与其进行化学反应,或使表面疏松破裂使其溶解于抛光液中而被清除掉.因为

大部分化学反应是各向同性的,所以 CMP 工艺须特别订制,使其对表面的突出部分有更快的抛光速率,以达到平坦化的效果.

单独只采用机械方式抛光,理论上也可达到平坦化的需求,但却会造成材料表面大量的机械损伤. CMP 工艺包括三个主要部分:① 要抛光的表面;② 抛光垫(将机械作用转移至被抛光表面的关键媒介);③ 抛光液(同时提供化学及机械两种作用). 图 12.27 为 CMP 设备的示意图[21].

图 12.27 化学机械抛光设备的示意图

▶ **例 7**

氧化膜与氧化层下方的停止层(stop layer)的去除速率分别为 $1v$ 及 $0.1v$. 去除 $1\mu m$ 的氧化层及 $0.01\mu m$ 的停止层要 5.5 分钟. 试求氧化膜的去除速率.

解

$$\frac{1}{1v}+\frac{0.01}{0.1v}=5.5,$$

得

$$v=0.2\mu m/min.$$

◀

▶ **12.5.6 金属硅化物**

硅可与金属形成许多稳定的金属性或半导体的化合物,称为硅化物(Silicide). 随着互连线的宽度降至 $1\mu m$ 以下,掺杂多晶硅的电阻值(电阻率在 $500\mu\Omega$ 的量级)变得不可接受. 有几种具有低电阻率及高热稳定性的金属硅化物可应用于 ULSI 领域. 例如,硅化钛($TiSi_2$)、硅化钴($CoSi_2$)和硅化镍($NiSi$)等金属硅化物具有低的电阻率,并与一般 IC 工艺相容. 随着器件尺寸的缩小,金属硅化物在金属化工艺中变得愈来愈重要. 金属硅化物的一个重要应用是作为 MOSFET 的栅电极,或是在掺杂多晶硅上形成多晶硅化物(polycide). 在下面的多晶硅化物和自对准硅化物(salicide)工艺中,多晶硅的存在对保持二氧化硅/多晶硅完好的界面特性来说是必要的. 表 12.5 列出硅化钛、硅化钴、硅化镍三种金属硅化物的比较.

表 12.5 $TiSi_2$、$CoSi_2$ 和 $NiSi$ 薄膜特性的比较

特 性	$TiSi_2$	$CoSi_2$	$NiSi$
电阻率/($\mu\Omega \cdot cm$)	13~16	15~20	10~20
硅化物/金属比例	2.37	3.56	2.2
硅化物/硅比例	1.04	0.97	1.2
与自然氧化层反应	是	否	是
硅化物形成温度/℃	800~850	550~900	400~550
薄膜应力/($dyne/cm^2$)	1.5×10^{10}	1.2×10^{10}	9.5×10^9

金属硅化物常用来降低源极、漏极、栅极及互连线的接触电阻. 自对准金属硅化物技术

(self-aligned silicide,简称 salicide)已证明可用来改善亚微米器件及电路的特性.自对准工艺利用金属硅化物栅作为掩蔽层形成 MOSFET 的源区和漏区(例如,通过离子注入,第 14 章将讨论),可降低电极间的重叠区及寄生电容.

图 12.28 显示多晶硅化物与自对准金属硅化物的工艺.典型的多晶硅化物工艺步骤如图 12.28(a)所示.对于溅射淀积,需使用高温、高纯度化合物靶材以确保金属硅化物的品质.最常用来形成多晶硅化物的是硅化钨(WSi_2)、硅化钽($TaSi_2$)和硅化钼($MoSi_2$).它们都难熔,热稳定,并对工艺中常用的化学药品具有抗腐蚀能力.自对准金属硅化物的工艺步骤如图 12.28(b)所示.在工艺中,多晶硅栅极在硅化物形成前已形成,接着以二氧化硅或氮化硅形成侧壁隔离(sidewall spacer),从而防止金属硅化物形成时栅极与源/漏极间短路.然后将金属 Ti 或 Co 层溅射于整个结构之上,接着进行金属硅化反应的热处理.金属硅化物原则上只在金属与硅相接触的区域形成.最后以湿法刻蚀将未反应的金属去除,只留下金属硅化物.这种技术不需要定义多晶硅化物复合栅极,并且在源/漏区都形成了硅化物,降低了接触电阻.

金属硅化物具有低电阻率及良好的热稳定性,因此在 ULSI 电路应用中极具潜力.最近硅化钴因具有低电阻率及良好的热稳定性而被广泛研究.然而,钴对于自然氧化层(native oxide)以及含氧的环境都相当敏感,并且有相当一部分的硅会在硅化工艺中被消耗掉.

从图 12.28 所示的多晶硅化物和自对准多晶硅化物工艺中,我们可以总结出硅化物材料所需的特性:① 低电阻率(限制多层膜接触的对准问题并减少器件电阻);② 硅化物相对于金属的刻蚀选择性(允许自对准工艺);③ 反应离子刻蚀气氛中的抗蚀性(允许通孔的刻蚀);④ 可接受的扩散阻挡层特性;⑤ 低粗糙度(降低结穿透);⑥ 更高的抗氧化性.除了以上六个特性以外,硅化物还必须满足以下标准:高的形貌稳定性、最少的硅消耗(有限的可用掺杂硅层)及可控的薄膜应力.

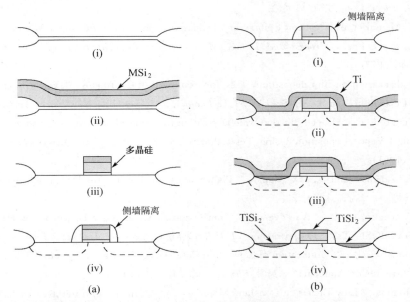

图 12.28 多晶硅化物与自对准金属硅化物工艺,(a) 多晶硅化物结构:(i) 栅氧化层,(ii) 多晶硅及金属硅化物淀积,(iii) 定义多晶硅化物栅极,(iv) 轻掺杂漏(LDD)注入,侧壁形成及源/漏注入;(b) 自对准金属硅化物结构:(i) 刻栅(只形成硅栅),轻掺杂漏(LDD)注入,侧壁形成及源/漏注入,(ii) 金属 Ti 或 Co 的淀积,(iii) 退火形成自对准金属硅化物,(iv) 湿法刻蚀选择性去除未反应的金属

总 结

现代的半导体器件制作需要使用薄膜.目前有四种重要的薄膜:热氧化膜、介质、多晶硅和金属.薄膜淀积的主要问题包括:低温工艺、台阶覆盖、选择性淀积、均匀性、薄膜品质、平坦性、产量及大尺寸晶圆的相容性.

热氧化可提供最佳的 Si-SiO_2 界面品质,具有最低的界面态密度,可用于栅极氧化层及场氧化层的生长.低压化学气相淀积的介质和多晶硅有均匀的台阶覆盖.相比之下,物理气相淀积与常压 CVD 通常易形成不均匀的台阶覆盖.化学机械抛光可提供全局平坦化,减少缺陷的密度.良好的台阶覆盖及平坦化对 100nm 以下精确的图形曝光和转移也是必需的.图形转移技术将在下一章讨论.原子层淀积是一个新兴的薄膜淀积技术,它能够淀积单原子层厚度水平的氧化物和金属薄膜.

为降低因寄生电阻与寄生电容引起的 RC 延迟时间,金属硅化物欧姆接触、铜金属化及低介电常数的层间介质已广泛应用以满足 ULSI 电路中多层互连线结构的需求.此外,我们也探讨了高介电常数材料以改善栅极绝缘层的特性及增加 DRAM 中单位面积的电容.

参考文献

[1] E. H. Nicollian, and J. R. Brews, *MOS Physics and Technology*, Wiley, New York, 1982.

[2] B. E. Deal, and A. S. Grove, "General Relationship for the Thermal Oxidation of Silicon," *J. Appl. Phys.*, 36, 3770 (1965).

[3] J. D. Meindl et al., "Silicon Epitaxy and Oxidation," in F. Van de wiele, W. L. Engl, and P. O. Jespers, Eds., *Process and Device Modeling for Integrated Circuit Design*, Noorhoff, Leyden, 1977.

[4] For a discussion on film deposition, see, for example, A. C. Adams, "Dielectric and Polysilicon Film Deposition," in S. M. Sze, *VLSI Technology*, McGawHill, New York, 1983.

[5] K. Eujino et al., "Doped Silicon Oxide Deposition by Atmospheric Pressure and low Temperature Chemical Vapor Deposition Using Tetraethoxysilane and Ozone," *J. Electrochem. Soc.*, 138, 3019 (1991).

[6] A. C. Adams, and C. D. Capio, "Planarization of Phosphorus-Doped Silicon Dioxide," *J. Electrochem. Soc.*, 127, 2222 (1980).

[7] T. Yamamoto et al., "An advanced 2.5nm Oxidized Nitride Gate Dielectric for Highly Reliable 0.25μm MOSFETs," *Symposium on VLSI Techology Digest of Technical Papers*, 45 (1997).

[8] K. Kumar et al., "Optimization of Some 3nm Gate Dielectrics Grown by Rapid Thermal Oxidation in a Nitric Oxide Ambient," *Appl. Phys. Lett.* 70, 384 (1997).

[9] T. Homma, "Low Dielectric Constant Materials and Methods for Interlayer Dielectric Films in Ultralarge-Scale Integrated Circuit Multilevel Interconnects," *Materials Science and Engineering*, 23, 243 (1998).

[10] H. N. Yu et al., "1μm MOSFET VLSI Technology: Part I-An Overview," *IEEE Trans. Electron Devices*, ED-26, 318 (1979).

[11] J. M. Andrews, "Electrical Conduction in Implanted Polycrystalline Sillicon," *J. Electron. Mat.*, 8, 3, 227 (1979).

[12] R. Doering, and Y. Nishi, Eds., *Handbook of Semiconductor Manufacturing Technology*, 2nd Ed., CRC Press, FL, 2008.

[13] M. J. Buiting, A. F. Otterloo, and A. H. Montree, "Kinetical Aspects of the LPCVD of Titanium Nitride from Titanium Tetrachloride and Ammonia," *J. Electrochem. Soc.*, 138, 500 (1991).

[14] R. Tobe et al., "Plasma-Enhanced CVD of TiN and Ti Using Low-Pressure and High-Density Helicon Plasma," *Thin Solid Film*, 281—282, 155 (1996).

[15] J. Hu et al., "Electrical Properties of Ti/TiN Films Prepared by Chemical Vapor Deposition and Their Applications in Submicron Structures as Contact and Barrier Materials," *Thin Solid Film*, 308, 589 (1997).

[16] M. Hansen, and A. Anderko, *Constitution of Binary Alloys*, McGraw-Hill, New York, 1958.

[17] D. Pramanik, and A. N. Saxena, "VLSI Metallization Using Aluminum and Its Alloys," *Solid State Tech.*, 26(1), 127(1983); and 26(3), 131(1983).

[18] C. L. Hu, and J. M. E. Harper, "Copper Interconnections and Reliability," *Matt. Chem. and Phy.*, 52, 5 (1998).

[19] P. C. Andricacos et al., "Damascene Copper Electroplating for Chip Interconnects," *193rd Meeting of the Electrochemical Society*, 3 (1998).

[20] J. M. Steigerwald et al., *Chemical Mechanical Planarization of Microelectronic Materials*, Wiley, New York, 1997.

[21] L. M. Cook et al., "Theoretical and Practical Aspects of Dielectric and Metal CMP," *Semiconductor International*, 141 (1995).

习 题

12.1 热氧化

1. 一 p 型<100>晶向的硅晶圆,其电阻率为 $10\Omega cm$,置于湿法氧化的系统中生长 $0.45\mu m$ 氧化层,生长温度为 $1050°C$.试计算氧化的时间.

*2. 习题 1 中第一次氧化后,在氧化膜上形成一个窗口来生长栅极氧化层,其生长条件为干法氧化,温度是 $1000°C$,时间是 $20min$.试计算栅极氧化层的厚度及场氧化层的总厚度.

3. 运用方程(11),计算在 $920°C$、25 个大气压条件下,需要多长时间才能生长 $2\mu m$ 厚的 SiO_2.假定 $A=0.5\mu m, B=0.203\mu m^2/h, \tau=0$.

4. 对方程式(11)进行推导,证明当时间较长时,方程可化简为 $x^2=Bt$;当时间较短时,方程可化简为 $x=\frac{B}{A}(t+\tau)$.

5. 试计算在 $980°C$ 及 1 大气压下对<100>晶向的硅晶圆进行干法氧化的扩散系数 D.

12.2 化学气相淀积介质

6. (a)在等离子体淀积的氮化硅中含有 20% 的氢,且硅与氮的比值为 1.2,试计算经验公式 SiN_xH_y 中的 x 及 y.

(b) 假设所淀积薄膜的电阻率随硅与氮的比值变化的关系为 $5 \times 10^{28} \exp(-33.3\gamma)$（当 $2 > \gamma > 0.8$），其中 γ 为硅与氮的比值。试计算(a)中薄膜的电阻率。

7. SiO_2、Si_3N_4 及 Ta_2O_5 的介电常数约为 3.9、7.6 及 25。试计算分别以 Ta_2O_5 和 $SiO_2/Si_3N_4/SiO_2$ 作为介质的电容的比值，两种情况下电容介质厚度相等，且 $SiO_2 : Si_3N_4 : SiO_2$ 的厚度比例为 $1:1:1$。

8. 在某一特定工艺中，700℃时反应速率限制占主导，激活能是 2eV。在这样的温度下，淀积速率是 1000Å/min。800℃时淀积速率可能是多少？假如实际测得的速率小于预期，原因可能是什么？

9. 对于习题 7，试以二氧化硅的厚度来计算 Ta_2O_5 的等效厚度。假设两者有相同的电容值，Ta_2O_5 的实际厚度为 $3t$。

10. 磷硅玻璃回流工艺需要高于 1000℃的温度。在 ULSI 中，当器件的尺寸缩小时，必须降低工艺温度。试建议一些方法，可在温度小于 900℃的情形下利用淀积的二氧化硅得到表面平坦的绝缘层来作为金属层间介质。

11. 利用硅烷与氧气反应来淀积无掺杂的氧化硅薄膜。当温度为 425℃时，淀积速率为 15nm/min。计算在多少温度时，淀积速率可提高一倍。

12.3 化学气相淀积多晶硅

12. 为何在淀积多晶硅时，较常以硅烷为气体源，而不以硅氯化物为气体源？

13. 解释为何一般淀积多晶硅薄膜的温度普遍较低，大约在 600℃~650℃之间。

12.4 原子层淀积

14. 在理想情况下，计算利用 ALD 生长 Al_2O_3 的表面密度（Al_2O_3 的密度为 $3g/cm^3$）。

15. 计算在 ALD 中利用 $Al(CH_3)_3$ 和水作为前驱物沉积 Al_2O_3 的速率，假定 ALD 在饱和条件下工作。每个反应物的暴露时间是 1s，并且每个反应物移除的时间是 1s。

12.5 金属化

16. 一个电子束蒸发系统被用来淀积铝来制作 MOS 电容。若电容的平带电压因电子束辐射而偏移 0.5V，试计算有多少固定氧化电荷（氧化膜厚度为 50nm）。试问如何将这些电荷去除？

17. 一金属线长 $20\mu m$，宽 $0.25\mu m$，方块电阻值为 $5\Omega/\square$。请计算此金属线的电阻值。

18. 计算 $TiSi_2$ 与 $CoSi_2$ 的厚度，其中 Ti 与 Co 的初始厚度为 30nm。

19. 比较 $TiSi_2$ 与 $CoSi_2$ 在自对准金属硅化物应用方面的优点和缺点。

20. 一条长 1cm 的掺杂多晶硅互连线分布在 $1\mu m$ 厚的 SiO_2 上，厚度为 5000Å，电阻率为 $1000\mu\Omega \cdot cm$。众所周知，导线的 RC 时间常数随着 $R_s^2 L^2 / t_{ox}$ 变化，其中 R_s 是薄层电阻，L 是线长，t_{ox} 是氧化层厚度。假如 $\varepsilon_{ox} = 3.9\varepsilon_0$，计算此多晶硅连线的 RC 时间常数。

21. 一介质置于两平行金属线间，其长度 $L=1cm$，宽度 $W=0.28\mu m$，厚度 $T=0.3\mu m$，两金属间距 $S=0.36\mu m$。

(a) 计算 RC 延迟时间，假设金属材料为铝，其电阻率为 $2.67\mu\Omega \cdot cm$，介质为氧化硅，其介电常数为 $3.9\varepsilon_0$；

(b) 计算 RC 延迟时间，假设金属材料为铜，其电阻率为 $1.7\mu\Omega \cdot cm$，介质为有机聚合

物,其介电常数为 $2.8\varepsilon_0$;

(c) 比较(a)、(b)中结果,我们可以减少多少 RC 时间延迟.

22. 为避免电迁移的问题,铝导线允许的最大电流密度不得超过 $5\times10^5\,\text{A/cm}^2$. 假设导线长为 2mm,宽为 $1\mu\text{m}$. 大部分厚度为 $1\mu\text{m}$,有 20% 的导线长度分布在台阶处,该处厚度仅为 $0.5\mu\text{m}$. 试计算此导线的电阻值并计算铝线两端可承受的最大电压. 假设铝的电阻率为 $3\times10^{-6}\,\Omega\cdot\text{cm}$.

23. 当电流密度为 $10^3\,\text{A/cm}^2$ 和 $10^5\,\text{A/cm}^2$ 时,常温下测得的平均失效时间(MTF)分别为 72.2h 和 0.00722h. 假定 $\text{MTF}\sim\{\exp[E_a/(kT)]\}/J^2$,求激活能和比例常数.

24. 要使用铜做金属布线,必须克服以下几点困难:① 铜通穿过二氧化硅层而扩散;② 铜与二氧化硅层的附着性;③ 铜的易腐蚀性. 有一种解决的方法,是使用包裹/附着层(比如 Ta 或 TiN)来保护铜导线. 考虑一被 TiN 包裹的铜导线,其横截面积为 $0.5\mu\text{m}\times0.5\mu\text{m}$,与相同尺寸的 TiN/Al/TiN 导线(其中上层 TiN 厚度为 40nm,下层为 60nm)比较,假设被包覆的铜线与 TiN/Al/TiN 线的电阻相等,其最大包覆层的厚度为多少?

第 13 章 光刻与刻蚀

- 13.1 光学光刻
- 13.2 下一代光刻技术
- 13.3 湿法化学腐蚀
- 13.4 干法刻蚀
- 总结

图形曝光（又称光刻,lithography）是将掩模版（mask）上的几何图案转移至覆盖于半导体晶圆上的感光薄膜层（resist,光刻胶）的一种工艺[1]。这些图案用来定义集成电路中各种不同区域,如离子注入、接触窗口（contact window）与压焊垫（bonding-pad）区域等。而由图形曝光所形成的光刻胶图案,并不是电路器件的最终部分,而只是电路图形的复制品。为了产生电路图形,这些光刻胶图案必须再次转移至下方的器件结构层。该图形转移是利用刻蚀（etching）工艺,选择性地将器件层中未被光刻胶掩蔽的区域去除[2]。

具体来说,本章将涵盖下列主题：

- 净化室对图形曝光的重要性
- 最广为使用的图形曝光技术：光学图形曝光技术及其分辨率增强技术
- 其他图形曝光技术的优点与局限
- 半导体、绝缘体与金属膜的湿法化学腐蚀机制
- 高精度图形转移的干法刻蚀（又称等离子体辅助刻蚀,plasma-assisted etching）

13.1 光学光刻

在集成电路制造中,最主要的图形曝光设备是利用紫外光（$\lambda \approx 0.2 \sim 0.4\mu m$）的光学设备。在本节中,我们将学习光学图形曝光（optical lithography）的曝光装置、掩模版、光刻胶与分辨率增强技术,并且学习图形转移的步骤,这也是其他图形曝光系统的基础。我们将首

先简要介绍净化室,因为所有的图形曝光工艺都必须在超净环境中进行.

▶ 13.1.1 净化室(clean room)

在 IC 制造工厂中,净化的工艺厂房是必需的,特别是在图形曝光的工作区域,因为空气中的尘埃粒子可以附着于半导体晶圆和曝光的掩模版上,造成器件的缺陷而使电路失效.例如,在单晶外延层生长过程中,一个半导体表面的尘埃粒子可以破坏其生长过程并导致形成位错.尘埃粒子进入栅氧化层,将造成氧化层的电导率增加、击穿电压降低,引起器件失效.这种情况在图形曝光工作区域更显严重,当尘埃粒子附着于掩模版表面时,就如同不透明的掩模版图案而连同真正的电路图案一起转移至光刻胶的下一层.图 13.1 显示掩模版上的三个尘埃粒子[3],粒子 1 可能在下一层产生针孔(pinhole);粒子 2 位于图案的边缘,可能造成金属导线上电流流动路径的收窄;粒子 3 可能导致两个导体区域的短路而使电路失效.

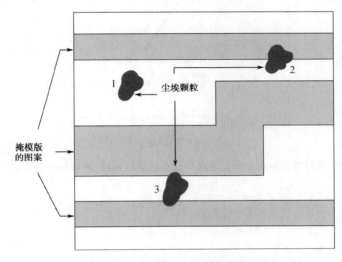

图 13.1 掩模版图案上尘埃粒子所造成的不同方式的影响[3]

在净化室中,每单位体积的尘埃粒子总数连同温度和湿度,都必须受到严格的控制.图 13.2 显示不同等级的净化室中尘埃粒子的分布曲线.有两种系统来定义净化室的等级[4]:在英制系统中,净化室的等级是每立方英尺中直径大于或等于 $0.5\mu m$ 的尘埃粒子总数的允许值;在公制系统中,则是每立方米中直径大于或等于 $0.5\mu m$ 的尘埃粒子总数的允许值的对数值(以 10 为底数).例如,等级为 100 的净化室(英制),直径大于或等于 $0.5\mu m$ 的尘埃粒子总数不超过 100 个/立方英尺,而等级为 M3.5 的净化室(公制),直径大于或等于 $0.5\mu m$ 的尘埃粒子总数不超过 $10^{3.5}$(约 3500 个/立方米).而 100 个/立方英尺=3500 个/立方米,因此,一个英制等级 100 的净化室相当于公制等级 M3.5 的净化室.

一般的 IC 制造需要等级为 100 的洁净室,其尘埃数约比一般室内空气低四个数量级.而图形曝光区域则需要等级为 10 或 1 的净化室.

▶ 例 1

将 1 片直径 300mm 的晶圆暴露在 30m/min 层流条件下的空气流中 1min,若净化室等级为 10,有多少尘埃粒子将落在晶圆上?

解 对于等级 10 的净化室,每立方米有 350 个粒子(直径大于等于 $0.5\mu m$),1min 内流

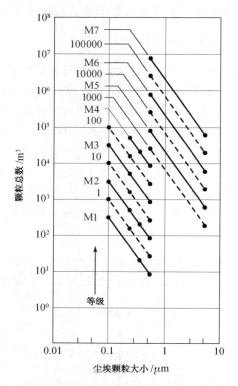

图 13.2 不同等级净化室的尘埃粒子大小的分布曲线,英制(⋯)与公制(—)[4]

经晶圆表面的空气体积为

$$30 \times \pi \left(\frac{0.3}{2}\right)^2 \times 1 \approx 2.12 (\text{m}^3).$$

该空气体积中包含尘埃粒子为

$$350 \times 2.12 = 742 (\text{个}).$$

因此,如果晶圆上有 800 个 IC 芯片,将有 92% 的芯片会有尘埃粒子. 幸好只有部分的粒子会附着于晶圆表面,而这些粒子只有一部分会位于电路的关键部位而导致电路失效. 然而,由此计算我们可以了解净化室的重要性.

▶ 13.1.2 曝光设备(exposure equipment)

图形转移是利用曝光设备来完成的,其性能可由三个参数来判别:分辨率(resolution)、对准精度(registration)与产率(throughput). 分辨率是指能精确转移至晶圆表面光刻胶膜的图案的最小尺寸;对准精度(套刻精度)是指后续掩模版上图形与先前硅片上图形互相对准(overlay)的程度;产率则是对于给定的掩模版层,每小时能完成曝光的晶圆数量.

有两种基本的光学曝光方法:遮蔽式曝光(shadow printing)与投影式曝光(projection printing)[5,6]. 遮蔽式曝光可分为掩模版与晶圆直接接触的接触式曝光(contact printing)和二者紧密相邻的接近式曝光(proximity printing). 图 13.3(a)显示接触式曝光的基本装置,其中晶圆表面涂上一层光刻胶并且与掩模版相接触. 利用一准直的紫外光源,通过从掩模版背面照射一固定时间,使光刻胶曝光. 由于掩模版与晶圆紧密接触,可提供约 $1\mu\text{m}$ 的分辨率. 然而,接触式曝光的主要缺点是,晶圆上的尘埃粒子或是硅渣,在晶圆与掩模版接触时,有可能嵌入掩模版中.这些嵌入的粒子将造成掩模版永久损伤而在后续的每个曝光步骤中在晶圆上形成缺陷.

为了减少掩模版损坏,可以使用接近式曝光,其基本装置如图 13.3(b) 所示.它与接触式曝光相似,唯一的不同是曝光时,掩模版与晶圆间有一间隙,约 $10\sim50\mu m$.然而,这一小的间隙却会在掩模版图案边缘造成光学衍射(diffraction);即当光穿过不透光的掩模版边缘时,形成光衍射,使得部分光线射入图案暗区.因此,分辨率将退化至 $2\sim5\mu m$ 范围.

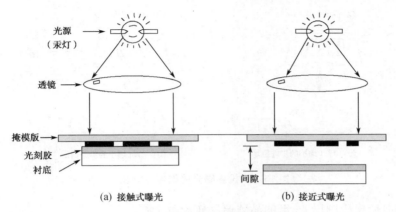

图 13.3　光学遮蔽式曝光的示意图

对遮蔽式曝光,可实现的最小线宽 l_{CD}(或临界尺寸,critical dimension)可用下式表示:

$$l_{CD} \approx \sqrt{\lambda g}. \tag{1}$$

其中 λ 是曝光光源的波长,g 是掩模版与晶圆的间隙距离(包含光刻胶厚度).若 $\lambda=0.4\mu m$,$g=50\mu m$,则 l_{CD} 为 $4.5\mu m$.如果 λ 减少至 $0.25\mu m$(在深紫外的波长范围),而 g 减至 $15\mu m$,l_{CD} 就变成 $2\mu m$.因此,当减少 λ 与 g 时,可以得到 l_{CD} 缩小的好处.然而,对于一给定的 g,任何大于 g 的尘埃粒子都会对掩模版造成损伤.

为了避免遮蔽式曝光中掩模版的损伤问题,投影式曝光设备应运而生,它可以将掩模版上图案投影至相距好几厘米以外的已涂胶的晶圆上.为增加分辨率,每次只曝光一小部分掩模版图案,还可便于采用均匀的曝光光源.最后可通过扫描(scan)或步进(step)的方式来完成整片晶圆的曝光.图 13.4(a) 显示一个 1:1 的晶圆扫描投影系统[6,7].一个宽度约 1mm 的窄弧形像场连续地将掩模版上图案转移至晶圆上,晶圆上的图案尺寸与掩模版上的相同.

这个小的像场也可在掩模版保持不动的情形下,利用晶圆二维的平移,通过步进(stepping)的方式来完成晶圆表面的曝光.在每曝光完成一个芯片位置后,就移动晶圆至下一个芯片位置,如此重复曝光步骤.图 13.4(b) 与图 13.4(c) 分别显示利用 1:1 与缩小 $M:1$(如 10:1 即在晶圆上缩小 10 倍)的**步进重复投影法**(step-and-repeat)的晶圆成像分区(partition)技术.缩小的比值是一个重要的参数,与透镜和掩模版的制造能力有关.1:1 的光学系统比 10:1 或 5:1 缩小的系统容易设计与制作,但要制作一个无缺陷的 1:1 的掩模版要比制作 10:1 与 5:1 缩小的掩模版困难得多.

缩小投影光刻可以在无需重新设计步进机透镜系统的情况下,应用于更大的晶圆,只要像场的大小(field size,即晶圆上每次曝光的面积)可以包含一个到数个 IC 芯片.当芯片尺寸超过透镜的曝光面积时,需要进一步的分割掩模版图像.如图 13.4(d) 所示,在 $M:1$ 缩小的步进扫描投影光刻系统中,掩模版上的像场呈窄弧形.步进扫描系统中,晶圆以速度 v

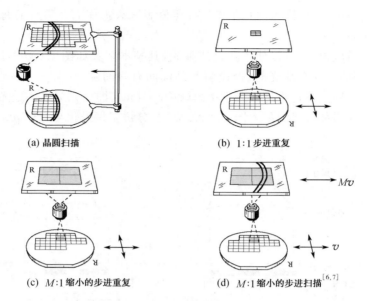

图 13.4 投影曝光的图像分割技术

作二维平移,而掩模版则以 M 倍的晶圆速度作一维平移.

一个投影系统的分辨率 l_m 通常由透镜质量决定,并最终受限于衍射,可以表示为

$$l_m = k_1 \frac{\lambda}{\text{NA}}. \tag{2}$$

λ 是曝光波长,k_1 为一与工艺相关的因子,NA 为数值孔径(numerical aperture),由下式给出:

$$\text{NA} = \bar{n}\sin\theta = \bar{n}\sin(\tan^{-1}\frac{D}{2f}) \approx \bar{n}\frac{D}{2f}. \tag{3}$$

$\bar{n}$ 是成像介质的折射率(通常为空气,$\bar{n}=1$),θ 是会聚于晶圆上某一像点的光线圆锥体的半角度值,D 是透镜直径,f 是焦距,如图 13.5 所示[5].因此,光学系统的数值孔径是一个无量纲数值,表征系统能接收或发射光的角度范围.图 13.5 同时显示了焦深(depth of focus,DOF),其表达式为

$$\text{DOF} = \frac{\pm l_m/2}{\tan\theta} \approx \frac{\pm l_m/2}{\sin\theta} = k_2 \frac{\lambda}{\text{NA}^2}. \tag{4}$$

k_2 是另一个与工艺相关的因子.焦深是从透镜到胶片或感光平面能够保持聚焦的距离.在光刻中,它用以指定能够保证精确聚焦的光刻胶的平坦度和厚度.

式(2)说明可以通过缩短曝光波长与增加 NA 来改善分辨率(即较小的 l_m).然而式(4)表明,焦深会因此而衰减,且增加 NA 值比缩短曝光波长 λ 更易导致 DOF 的衰减.所以缩短曝光波长是光学光刻的必然趋势.

高压汞灯(mercury-arc lamp)因其高的光强和可靠性而被广泛用于曝光光源.汞灯光谱有几个峰值,G-线、H-线与 I-线分别为 436nm、405nm 与 365nm 处的谱峰.利用分辨率增强技术的 5:1 I-line 步进重复投影曝光系统,可以提供 $0.3\mu m$ 的分辨率(详细讨论见 13.1.6).先进的曝光设备如 248nm 的 KrF 准分子激光(excimer laser)系统、193nm 的 ArF

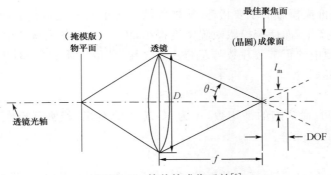

图 13.5 简单的成像系统[5]

准分子激光系统和浸没式 193nm 系统（将透镜浸没于水中从而折射率从 1 提高到 1.33）已经开发出来并分别应用于 180nm、100nm 和 70nm 以下分辨率晶圆的量产.

▶ 13.1.3 掩模版(mask)

用于 IC 制造的掩模版通常为缩小倍数的掩模版（reduction reticle，简称 reticle）.掩模版制作的第一步为电路设计者以计算机辅助设计（computer-aided design，CAD）系统完整地将电路图描绘出来.然后,将 CAD 得到的数据信息传送至图形发生器（它是电子束曝光系统,将于 13.2.1 节叙述）,将图案直接转移至对电子束敏感的掩模版上.该掩模版由熔融石英基板覆盖一层铬膜组成.电路图案先转移至电子敏感层（电子束光刻胶）进而转移至下方的铬层,至此掩模版便完成了.详细的图形转移过程将于 13.1.5 节说明.

掩模版上的图形代表一层 IC 设计,综合的布局图按照 IC 工艺分成各层掩模版,如隔离区为一层、栅区为另一层等.一般而言,一套完整的 IC 工艺流程包含 15~20 道不同的掩模版层.

标准尺寸的掩模版衬底为 15cm×15cm、0.6cm 厚的熔融石英.掩模版尺寸的要求是为了满足 4∶1 或 5∶1 的光学曝光机中透镜透光区域尺寸;厚度要求是为了避免基板扭曲而造成图案的位移错误;选择熔融石英衬底是因其具有低热膨胀系数、对短波长的高透射率与高机械强度的优点.如图 13.6 所示为已完成几何形状图案的掩模版,其中也包括了用于工艺评估的一些次要芯片的位置.

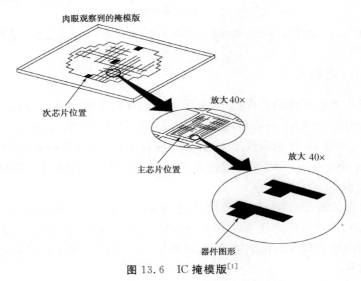

图 13.6 IC 掩模版[1]

缺陷密度是评价掩模版的主要指标.掩模版缺陷可能在制造掩模版时或是接下来的图形曝光工艺步骤中产生.即使掩模版缺陷密度很小,仍会对 IC 的良率产生很大影响.成品率的定义是:每一晶圆中的正常芯片数与总芯片数之比.若取一阶近似,对于给定某一层掩模版,与良率 Y 的表达式为

$$Y \approx e^{-DA}. \tag{5}$$

其中 D 为单位面积致命缺陷的平均数,A 为 IC 芯片的面积.若所有掩模版层的 D 都相同(如 $N=10$ 层),则最后良率为

$$Y \approx e^{-NDA}. \tag{6}$$

图 13.7 显示一个 10 层掩模版的工艺,在不同的缺陷密度下,受限于掩模版的良率与芯片尺寸的关系.例如,当 $D=0.25$ 个缺陷/平方厘米时,90mm² 的芯片的良率为 10%;当芯片面积变为 180mm² 时,良率降到 1%.因此,要提高大面积芯片的良率,掩模版的检查与清洗是很重要的.当然,超净的光刻工艺工作区也是必不可少的.

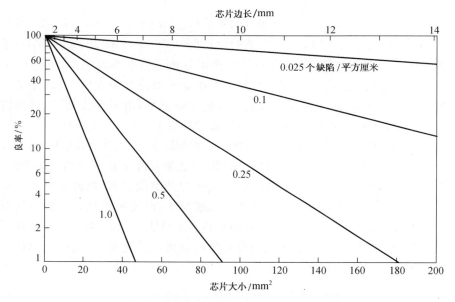

图 13.7 在不同掩模版缺陷密度水平下,10 层掩模版的光刻工艺的良率

13.1.4 光刻胶

光刻胶是具有光敏感性的化合物.光刻胶可以依其对光照的反应分成正性与负性光刻胶.对于正性光刻胶(positive resist),被曝光的区域变得易于溶解,因此在显影(develop)步骤中容易被去除.于是,正性光刻胶产生的图案(或称影像)将与掩模版上的图案一样.对于负性光刻胶(negative resist),曝光区域的光刻胶将变得难以溶解,导致负性光刻胶的图案与掩模版图案反相.

正性光刻胶由三种成分组成:感光化合物(photosensitive compound)、树脂基材(base resin)及有机溶剂.曝光前感光化合物并不会溶解于显影液中.曝光后,曝光区的感光化合物因吸收光辐照而改变自身的化学结构,变得易于溶解于显影液中.在显影过程后,曝光区域因溶解而被去除.

负性光刻胶由聚合物与感光化合物结合而成. 曝光后,感光化合物吸收光能转变成化学能而引起聚合物链反应,使聚合物分子发生交联. 交联的聚合物分子因有较大分子量而变得难以溶解于显影液中. 在显影过程后,未被曝光的区域将被去除. 负性光刻胶的主要缺点为,在显影步骤中光刻胶会吸收显影液而膨胀,该膨胀现象会限制负性光刻胶的分辨率.

图 13.8(a)为典型正性光刻胶的曝光响应曲线与影像截面图[1]. 响应曲线描述了经曝光与显影过程后,残存光刻胶的百分率与曝光能量间的关系. 值得注意的是,即使未被曝光,仍会有少量光刻胶溶于显影液中. 随着曝光能量的增加,光刻胶的溶解度也逐渐增加,直到阈值能量(threshold energy)E_T 时,光刻胶会完全溶解. 所以,正性光刻胶的灵敏度定义为曝光区域光刻胶完全溶解所需的能量,即 E_T 对应于光刻胶的灵敏度. 除 E_T 外,另一参数对比度(contrast ratio, γ)也用来表征光刻胶:

$$\gamma \equiv \left[\ln\left(\frac{E_T}{E_1}\right)\right]^{-1}. \tag{7}$$

其中 E_1 为 E_T 处正切线与100%光刻胶厚度相交时的曝光能量,如图 13.8(a)所示. 越大的 γ 值表示曝光能量增加时,光刻胶溶解度增加越快,从而得到一个更陡峭的图形.

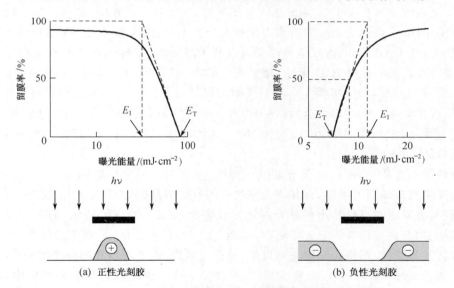

(a) 正性光刻胶　　　　　(b) 负性光刻胶

图 13.8　曝光响应曲线与显影后光刻胶影像的截面图[1]

图 13.8(a)的截面图说明了掩模版图形边缘与显影后光刻胶相应图形边缘的关系. 由于衍射效应,光刻胶图形边缘一般并不位于掩模版图形边界垂直投影的位置,而是位于总吸收光能等于阈值能量 E_T 处.

图 13.8(b)为负性光刻胶的曝光响应曲线与影像的截面图. 在曝光能量小于阈值能量 E_T 时,负性光刻胶一直保持完全溶于显影液中. 当能量高于 E_T 时,大部分的光刻胶在显影后依然保留着. 直到曝光能量为阈值能量的两倍时,光刻胶薄膜将几乎不再溶解于显影液中. 负性光刻胶灵敏度的定义为曝光区光刻胶保留原始厚度的50%所需的能量. 参数值 γ 的定义与式(7)相同,只是将 E_1 与 E_T 互换. 负性光刻胶的影像截面[图 13.8(b)]也会受到衍射现象的影响.

▶ **例 2**

求图 13.8 中光刻胶的参数 γ 值.

解 对于正性光刻胶,$E_T = 90\text{mJ/cm}^2, E_1 = 45\text{mJ/cm}^2$:

$$\gamma = \left[\ln\left(\frac{E_T}{E_1}\right)\right]^{-1} = \left[\ln\left(\frac{90}{45}\right)\right]^{-1} = 1.4.$$

对于负性光刻胶,$E_T = 7\text{mJ/cm}^2, E_1 = 12\text{mJ/cm}^2$:

$$\gamma = \left[\ln\left(\frac{E_1}{E_T}\right)\right]^{-1} = \left[\ln\left(\frac{12}{7}\right)\right]^{-1} = 1.9.$$ ◀

对于深紫外光刻(如 248nm 及 193nm),我们不能再使用传统的光刻胶,因为传统光刻胶要求高的曝光剂量,会造成透镜的损伤和产率降低.于是,用于深紫外光工艺的化学放大光刻胶(chemical amplified resist,CAR)便应运而生.CAR 包含光酸产生剂(photo-acid generator)、聚合物树脂(resin polymer)与有机溶剂.CAR 对深紫外辐照非常敏感且曝光区与非曝光区在显影液中的溶解度差别很大.

▶ **13.1.5 图形转移(pattern transfer)**

图 13.9 所示为将 IC 电路图从掩模版转移至表面有二氧化硅绝缘层的硅晶圆的步骤[8].由于光刻胶对波长大于 0.5μm 的光并不敏感,所以曝光过程中,晶圆可置于由黄光照明的净化室中.为了确保光刻胶的吸附力能够符合要求,晶圆表面必须由亲水性(hydrophilic)改变为疏水性(hydrophobic).这种改变可以利用增黏剂,这样光刻胶即可吸附于一个化学性质相匹配的表面.在硅 IC 工艺中,增黏剂一般为 HMDS(hexa-methylene-di-siloxane).将增黏剂涂布完成后,晶圆将置于一真空吸附的旋转盘上,将 2~3mL 光刻胶滴在晶圆中心处;然后晶圆被快速加速至设定的转速并保持约 30s.要均匀涂布厚度为 0.5~1μm 的光刻胶,旋转速度一般为 1000~10000rpm(通常为 2000~5000rpm),如图 13.9(a)所示.光刻胶的厚度与光刻胶的黏性也相关.

在旋转涂布之后,将进行晶圆前烘(一般温度为 90℃~120℃,时间为 60~120s).该步骤可增加光刻胶对晶圆的吸附力,并将光刻胶中的有机溶剂驱除.然后利用光学图形曝光系统,将晶圆与掩模版对准后利用紫外光将光刻胶曝光,如图 13.9(b)所示.如果使用正性光刻胶,被曝光的光刻胶将溶解于显影液中,如图 13.9(c)的左图所示.光刻胶显影,一般是利用显影液将晶圆浸没,再将晶圆漂洗并甩干.显影完成后,为了增加光刻胶对衬底的附着力,可以对晶圆后烘(postbaking),温度为 100℃~180℃.然后将晶圆置于刻蚀环境中,将暴露的绝缘层刻蚀而不侵蚀光刻胶,如图 13.9(d)所示.最后,将光刻胶除去(例如,使用有机溶剂或等离子体氧化),留下一个绝缘层的图像(或图案),此图案与掩模版上不透光的图像是一样的[图 13.9(e)的左图].

如果使用负性光刻胶,前面描述的步骤都一样,唯一的不同是未被曝光的光刻胶区域被去除.最后的绝缘层图像与掩模版上不透光图像反相,如图 13.9(e)的右图所示.

绝缘层图像可以作为后续步骤的掩蔽层.例如,利用离子注入掺杂暴露的半导体区域而不会掺杂被绝缘层保护的区域.掺杂的图案与使用负性光刻胶设计的掩模版图案一致,或与使用正性光刻胶而设计的掩模版图案互补.完整的电路制作是重复利用图形曝光转移的步骤,将掩模版图案一层层地对准而得.

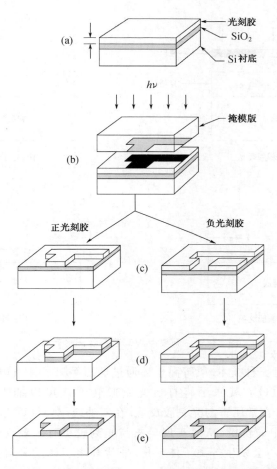

图 13.9 光刻图形转移的详细步骤[8],(a) 涂光刻胶;(b) 通过掩模版曝光光刻胶;
(c) 光刻胶的显影;(d) 刻蚀 SiO_2;(e) 去除光刻胶

一个相关的图形转移工艺技术称为"剥离浮脱"(lift-off),如图 13.10 所示.利用正性光刻胶在衬底上形成一光刻胶图案[图 13.10(a)与(b)],再淀积薄膜(如铝)覆盖于光刻胶与衬底之上[图 13.10(c)],该层薄膜厚度必须比光刻胶薄;然后,由于光刻胶会溶解于适当的腐蚀液中,覆盖于光刻胶上的那部分薄膜会被选择性地剥离而去除[图 13.10(d)].剥离浮脱技术具有较高分辨率而广泛应用于分立器件,如高功率 MESFET 中.然而,甚大规模集成电路更青睐于干法刻蚀,而非剥离浮脱技术.

一、湿法去除光刻胶

可以用一种强酸(如 H_2SO_4)或酸-氧化物混合物(如 H_2SO_4-Cr_2O_3)来侵蚀并去除光刻胶,而同时不会侵蚀氧化物或硅.其他的去胶腐蚀液有有机溶剂或碱性溶液.假如后烘时间不是太长或温度不算太高如 120℃,我们可以使用丙酮(acetone)溶液.然而,如果经过140℃的后烘,光刻胶表皮会逐步变得坚硬而不得不通过氧等离子体来去除.

二、干法去除光刻胶

干法去除光刻胶(或灰化,ashing)可以获得比湿法去胶更干净的表面,而且很少有毒性、易燃和危险化学品的问题.去胶速率几乎恒定,并且不会出现钻蚀和光刻胶的增宽.另外,对晶圆上的金属有更低的腐蚀性.

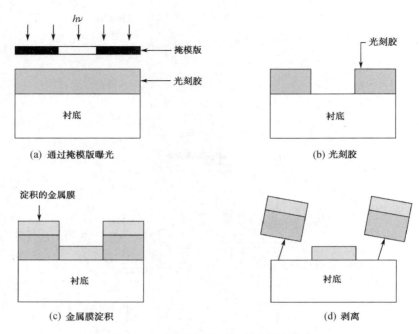

图 13.10　剥离浮脱工艺实现图形转移

干法去除光刻胶有三种技术. 氧等离子体通过低压等离子体放电将氧气分子(O_2)分裂成更加活跃的氧原子(O),氧原子将有机光刻胶转变成可以抽走的气体产物. 在臭氧(ozone)去胶中,臭氧可在常压下与光刻胶反应. 在紫外线/臭氧(UV/ozone)去胶中,紫外线可以帮助打断光刻胶中的价键,从而实现臭氧与光刻胶更有效地反应. 臭氧去胶有一个优点,即在该工艺中器件不会发生等离子体损伤. 桶状等离子体反应器主要用于去除光刻胶,这部分将在 13.5 节里讨论.

▶ 13.1.6　分辨率增强技术(resolution enhancement techniques, RET)

在 IC 工艺中,提供更高的分辨率、更深的焦深(DOF)和更大的曝光宽容度一直是光学图形曝光系统发展的挑战. 这些已经在用缩短曝光设备的波长和发展新型光刻胶来应对. 同时,许多分辨率增强技术也发展起来,使得光学光刻能够适应更小的特征尺寸.

一、相移技术

相移模版(phase-shifting mask, PSM)是一项重要的分辨率增强技术,基本原理如图 13.11 所示[9]. 对于传统的掩模版,每个缝隙(透光区)处的电场都是同相的,如图 13.11(a)所示. 光学系统的衍射与分辨率的限制,使得晶圆上的电场展宽,如虚线所示. 相邻缝隙的衍射光波之间的干涉增强了缝隙间的电场强度. 因为光强 I 正比于电场的平方,两个投影的影像若彼此接近,就很难区分出来. 将相移层覆盖于相邻的缝隙上,将使其电场反相,如图 13.11(b)所示. 因为掩模版上的光强并未改变,晶圆上影像的电场会因相位相差 180°而互相抵消. 因此,彼此相邻的影像即可分辨出来. 为得到 180°的相位差,可用一透明层,其厚度为 $d = \dfrac{\lambda}{2(\bar{n}-1)}$,其中 $\bar{n}$ 为相移材料的折射率,λ 为波长,如图 13.11(b)所示.

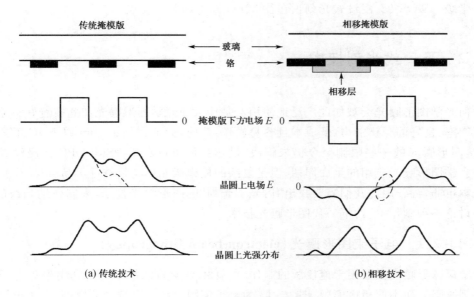

图 13.11 相移技术的原理[9]

二、光学邻近修正

衍射效应会严重影响光刻系统中的高性能光学投影成像.各自的图案特征并非独立成像,而是与邻近的图案相互作用.衍射相交叠的结果即所谓的邻近效应.这种邻近效应在特征尺寸和其间距达到光学系统的分辨极限时变得越来越突出.

光学邻近修正(optical proximity correction,OPC)是一种用来减小这种影响的分辨率增强技术,该方法利用相邻的亚分辨率水平(subresolution)几何图形的修正来补偿因衍射效应所致的成像误差.例如,一条宽度接近分辨率极限的线,由于衍射效应,印出的将是一条带有圆角的线,如图 13.12(a)所示.如图 13.12(b)所示,通过在线的边角上加一些额外的几何图案修正,将印出一条更精确的线.在掩模版上加额外的 OPC 图案可以允许更紧的设计规则,从而可显著地提高工艺可靠性和良率.

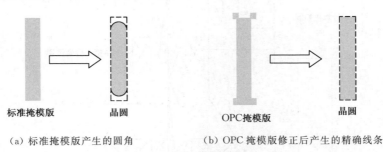

(a) 标准掩模版产生的圆角　　(b) OPC 掩模版修正后产生的精确线条

图 13.12　光学邻近效应

三、浸没式光刻

正如在 13.1.2 节提到的,浸没式光刻是一个先进的图形曝光系统,在该系统中透镜和晶圆表面之间常用的气隙被折射率比空气大的液体媒质取代.分辨率可通过增加数值孔径得到增强[式(2)],而数值孔径与成像媒质的折射率成正比[式(3)].因此,分辨率可按折射率的倍数增加.目前的浸没式光刻设备使用高纯度的水($\bar{n}=1.33$)作为液体媒质来制造新一代纳米级 CMOS IC.浸没式光刻正在往 32nm 以下的工艺发展.

13.2 下一代光刻技术

为何光学图形曝光会被如此广泛地使用？是什么使光学图形曝光如此被看好？原因是它的高产率、良好的分辨能力、低成本且容易操作.然而,为了满足 100nm 以下 IC 工艺的需求,光学图形曝光的一些限制至今仍未解决.虽然我们可以利用 PSM、OPC 或浸没式光刻来扩展光学图形曝光应用的生命周期,但是复杂的掩模版制作与检查并不易解决,而且掩模版的成本也非常高.因此我们需要找出"后光学光刻"的图形曝光技术,来制作纳米级的 IC.本节将讨论各种制作 IC 的下一代图形曝光技术.

▶ 13.2.1 电子束图形曝光(electron-beam lithography)

电子束图形曝光主要用于掩模版的制作.仅有相当少的设备专用于利用聚焦电子束直接对光刻胶曝光而不使用掩模版.图 13.13 为电子束图形曝光系统的装置图.电子枪是用来产生具有适当电流密度的电子束[10]的部件；钨的热离化发射阴极或 LaB_6 单晶用于电子枪；聚焦透镜将电子束聚焦成直径为 10～25nm 的束斑；束流屏蔽板是用来控制电子束的开关；电子束偏转线圈由计算机控制,通常工作于兆赫兹或更高的频率,将聚焦电子束投射至衬底

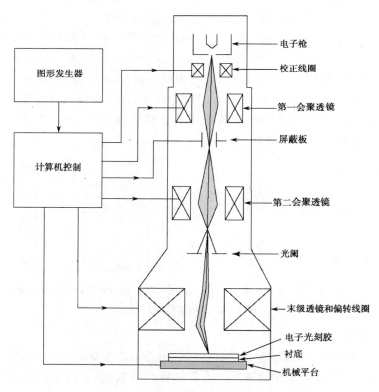

图 13.13　电子束设备的装置简图[10]

扫描区域(scan field)的任意位置.因为扫描区域(典型为1cm)通常比晶圆小得多,因此需要精密的机械工作台对晶圆定位以便曝光图案.

电子束图形曝光的优点包括:可以产生纳米光刻胶几何图案、高自动化及高精度控制、比光学图形曝光有更大的焦深和不用掩模版而直接在半导体晶圆上描绘图案.缺点是电子束光刻设备产率低,在分辨率小于100nm时约为每小时2片晶圆.这样的产率仅对掩模版生产、需求量小的定制电路或电路设计验证是足够的.然而,对于无掩模版的直写方式(direct writing),设备必须尽可能提高产率,须采用能与器件最小尺寸相容的最大束径.

聚焦电子束扫描分成两种基本形式:顺序扫描(raster scan)与向量扫描(vector scan)[11].在顺序扫描系统中,光刻胶图案是由电子束规则地垂直移动而写成的,如图13.14(a)所示.电子束依序扫描掩模版上任何可能的区位,在不需要曝光的区位则被适时地屏蔽(关闭).区域内的所有图案都必须细分成独立的地址,而且对一给定的图案必须有一个能被电子束寻址尺寸整除的最小增量间隔.

在向量扫描系统中,如图13.14(b)所示,电子束只被导引至所需的图案处,电子束从一个图案处跳至另一个图案处而无须做顺序扫描.对于许多芯片,平均的曝光面积只有全部芯片面积的20%,所以用向量扫描系统可节省曝光时间.

图13.14(c)为电子束图形曝光中使用的几种电子束类型:高斯型束斑(Gaussian spot beam,即圆形电子束)、可变形状束流(variable-shaped beam)与单元投影(cell projection).在可变形状电子束系统中,电子束具有矩形截面而且其大小及长宽比可调整,可以同时曝光多个地址.因此在向量扫描方法中,利用可变形状电子束比用传统的高斯束斑有更高的产率.而利用单元投影的方法,还可以一次曝光完成一个复杂的几何图案,如图13.14(c)的右边所示[12].单元投影技术特别适合于高度重复性的设计,如MOS存储单元,几个存储单元的图案通过一次曝光就能完成,然而,单元投影技术的产率尚未达到光学图形曝光的水平.

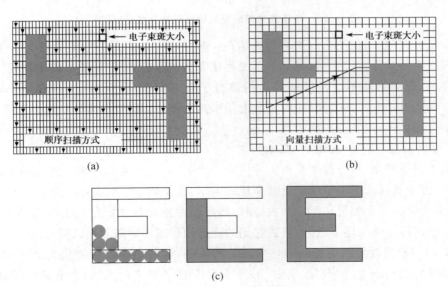

图13.14 (a)顺序扫描直写;(b)向量扫描直写;(c)电子束形状:圆形、可变、单元投影[12]

一、电子束光刻胶

电子束光刻胶是一种聚合物.电子束光刻胶的性质与一般光学光刻胶类似,即通过辐照造成光刻胶产生化学或物理变化,这种变化可使光刻胶产生图案.对于正性电子束光刻胶,聚合物与电子的相互作用造成化学键断裂(chain scission)而形成较短的分子结构,如图 13.15(a)[13]所示.于是,辐照区光刻胶的分子量变小,并在接下来的显影步骤中因显影液侵入小分子量的光刻胶而溶解.一般的正性电子束光刻胶包括 PMMA(poly-methyl methacrylate)与 PBS(poly-butene-1 sulfone).正电子束光刻胶的分辨率可达 $0.1\mu m$ 或更小.

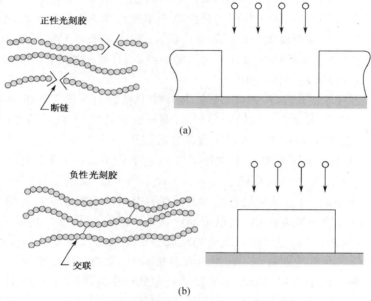

图 13.15　电子束光刻所使用的正性与负性光刻胶[13]

对于负性光刻胶,辐照造成聚合物联结在一起,如图 13.15(b)所示.这样的交连反应使得辐照区产生复杂的三维结构,其分子量变得比非辐照区的大.非辐照区的光刻胶能够溶解于显影液中,而显影液不会侵蚀辐照后的高分子量光刻胶.COP(poly-glycidyl methacrylate-co-ethyl acrylate)为一种常用的负性电子束光刻胶.COP 与大部分负性光刻胶类似,也会在显影时胀大,所以其分辨率约为 $1\mu m$.

二、邻近效应(the proximity effect)

在光学图形曝光中,分辨率是由光的衍射决定的.在电子束图形曝光中,分辨率并非限制于衍射(因为具有几千电子伏或更高能量的电子,其波长小于 0.1 nm)而是由电子散射决定的.当电子穿过光刻胶层和下方的衬底时,将经历碰撞而导致能量损失和路径的变化.因此入射电子在行进中会逐步散开,直到它们的能量耗尽或因背散射而离开.

图 13.16(a)为计算机模拟的 100 个电子的轨迹,这些电子初始能量为 20keV,射入硅衬底上厚度为 $0.4\mu m$ 的 PMMA 层中[14].电子束沿着 Z 轴方向入射,所有的电子轨迹都投影在 XZ 平面上.该图定性显示电子分布于一个椭圆的梨形区域内,其直径与电子的穿透深度为同一量级($\sim 3.5\mu m$).另外,许多电子因背散射而从硅衬底反向行进进入 PMMA 光刻胶后再离开.

图 13.16(b)显示在光刻胶与衬底界面中处,正向散射与背散射电子的归一化分布图.

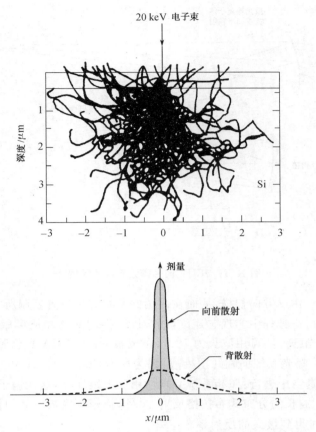

图 13.16 （a）100 个能量为 20keV 的电子在 PMMA 中的轨迹模拟[14]；
（b）在光刻胶与衬底界面处，正向散射与背散射的剂量分布

由于背散射，这些电子可以辐照至距曝光束中心几微米远的区域．光刻胶的曝光剂量是所有周围区域辐照量之和，所以电子束辐照某一个区位，将会影响附近区位的辐照，该现象称为邻近效应．邻近效应为图形特征的最小间隔设定了下限．为修正邻近效应，须将图案分割成更小的单元．每一个小单元的入射电子剂量都须调整，使其与周围其他小单元散射的电子剂量合起来，恰为其正确的曝光剂量．该方法会进一步降低电子束系统的产率，因为对更细分的光刻胶图案曝光，需要额外加上更多的计算时间．

▶ 13.2.2 极紫外图形曝光（extreme ultraviolet lithography, EUV）

极紫外图形曝光（EUV）技术极有可能成为下一代的图形曝光技术，它可将分辨率降至 30nm 以内而不会降低产率[15]．图 13.17 为 EUV 图形曝光系统的装置图[16]．激光产生的等离子体或同步辐射（synchrotron radiation）可作为波长 10～14nm 的 EUV 光源．EUV 曝光利用掩模版的反射，而掩模版图案制作于一层吸收膜上，该层薄膜则淀积于多层膜结构覆盖的硅或玻璃掩模版底板上．EUV 辐照被掩模版上的非图案区（无吸收层区）反射，通过四倍的微缩照相，成像于晶圆上的光刻胶薄层．

因为 EUV 光束很窄，因此必须利用光束扫描全部的描述电路图案的掩模版层．对于四反射镜（两个抛物面镜、一个椭面镜和一个平面镜）的四倍微缩照相系统，晶圆必须以掩模版

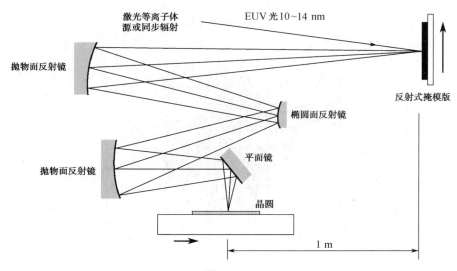

图 13.17 EUV 图形曝光系统的简图[15]

运动速度的四分之一作反方向扫描,从而在晶圆的所有芯片位置复制所需的像场. 一个精密的系统必须在曝光扫描过程中实现芯片位置的对准,控制晶圆和掩模版基座的移动和曝光剂量. EUV 图形曝光已证实可用波长为 13nm 的光源,在 PMMA 光刻胶上制作 50nm 的图案. 然而,制造 EUV 曝光系统面临几项挑战,因为所有的材料对 EUV 光都有强的吸收,所以曝光过程必须在真空中进行. 照相系统必须使用反射镜元件,这些镜子必须覆盖多层膜结构,以产生四分之一波长的分布式布拉格反射. 另外,掩模版底板也必须覆盖多层膜,以便在波长为 10~14nm 时得到最大的反射率.

▶ 13.2.3 离子束图形曝光(Ion-beam lithography)

离子束图形曝光比光学和电子束图形曝光有更高的分辨率,因为离子比电子有更高的质量,所以散射较小. 它最重要的应用为修补光学光刻的掩模版,专门针对该用途的系统已经商用了.

能量为 60keV 的 50 个氢离子注入 PMMA 及其他衬底的计算机模拟轨迹[16]显示,在所有情况下,在注入深度 $0.4\mu m$ 处离子束展宽仅为 $0.1\mu m$(请与图 13.16 的电子束情况比较). 对于硅衬底,背散射几乎完全消失,以金为衬底时仅有少量的背散射. 然而,离子束图形曝光可能受到离散的空间电荷效应而使离子束变宽.

离子束图形曝光系统有两种:扫描聚焦束系统与掩模版束流系统. 前者与电子束的设备类似(图 13.13),其中离子源为镓离子 Ga^+ 或氢离子 H^+. 后者与 5 倍缩小的步进重复投影系统类似,它通过一个漏印掩模版将 100keV 的 H_2^+ 离子投射到晶圆上.

▶ 13.2.4 不同图形曝光方法的比较

先前讨论的图形曝光方法,都有 100nm 或更佳的分辨率. 然而,每种方法都有其限制. IC 制造需要用到多层掩模版. 然而,各掩模版层并不需要都用相同的图形曝光方法. 采用混合匹配的方法,可利用每种图形曝光工艺的优点来改善分辨率和提高产率. 例如,4:1 的 EUV 方法可用来完成最关键的掩模版层,而用 4:1 或 5:1 的光学光刻系统来完成其他的掩模版层.

根据半导体工业协会的路线图,IC 制造技术在 2020 年将到达 15nm 世代. 对于每一新的技术代,由于要求更小的特征尺寸和更严格的对准(overlay)容差,图形曝光技术更成为推动半导体工业的关键技术. 此外,在 IC 制造设备中,光刻设备的成本占所有设备成本的比例越来越高. 目前,下一代的图形曝光技术由跨国研究项目和业界伙伴联合进行研发.

13.3 湿法化学腐蚀

湿法化学腐蚀(wet chemical etching)被广泛应用于半导体工艺中. 自锯开的半导体晶圆起,化学腐蚀剂就被用于晶面的研磨与抛光,以得到光学上平整与无损的表面. 在热氧化或外延生长之前,需通过化学清洗将操作与储存过程中半导体晶圆上产生的污染去除. 湿法化学腐蚀尤其适合对多晶硅、氧化物、氮化物、金属与Ⅲ-Ⅴ族化合物等进行整片(即整个晶圆表面)腐蚀.

湿法化学腐蚀包含三个主要步骤:① 反应物通过扩散输运至反应表面;② 化学反应在表面发生;③ 反应生成物通过扩散离开表面. 搅动和腐蚀溶液的温度都会影响腐蚀速率(腐蚀速率为单位时间内去除的膜厚). 在 IC 工艺中,大多数的湿法化学腐蚀工艺是将晶圆浸入化学溶液中或是用腐蚀溶液喷淋晶圆. 在浸入式腐蚀中,晶圆浸没于腐蚀溶液中,通常需要机械搅动以确保腐蚀的均匀度与刻蚀速率的一致. 喷淋式腐蚀已逐渐取代浸入式腐蚀,通过持续地向表面提供新鲜的腐蚀剂可大幅增加刻蚀速率和均匀性.

对于同一晶圆内的不同位置、不同的晶圆、不同的批次,甚至当特征尺寸和图形密度发生变化时,晶圆的刻蚀速率都应该一致. 刻蚀速率的均匀性由下式给出:

$$\text{刻蚀速率的均匀性}(\%) = \frac{\text{最大刻蚀速率} - \text{最小刻蚀速率}}{\text{最大刻蚀速率} + \text{最小刻蚀速率}} \times 100\%. \tag{8}$$

▶ **例 3**

计算 300mm 晶圆上铝的平均刻蚀速率与刻蚀速率均匀性,假设晶圆在中间、左边、右边、上边和下边的刻蚀速率分别为 750nm/min、812nm/min、765nm/min、743nm/min 和 798nm/min.

解 铝的平均刻蚀速率 $= (750+812+765+743+798) \div 5 = 773.6 (\text{nm/min})$,

刻蚀速率均匀性 $= (812-743) \div (812+743) \times 100\% \approx 4.4\%$. ◀

▶ **13.3.1 硅的腐蚀**

对于半导体材料,湿法化学腐蚀通常是先将其氧化,再用化学反应将氧化层溶解掉. 对于硅,最常见的腐蚀剂为硝酸(HNO_3)与氢氟酸(HF)的混合液,再加入水或醋酸(CH_3COOH). 硝酸先将硅氧化成 SiO_2 层[17]. 该氧化反应为

$$Si + 4HNO_3 \longrightarrow SiO_2 + 2H_2O + 4NO_2, \tag{9}$$

再利用氢氟酸将 SiO_2 溶解,反应式为

$$SiO_2 + 6HF \longrightarrow H_2SiF_6 + 2H_2O. \tag{10}$$

水可以作为上述腐蚀剂的稀释剂. 然而醋酸比水要好,因为它减少了硝酸的溶解.

一些腐蚀剂溶解单晶硅中给定晶面的速度比其他晶面快得多,因此造成定向性的刻

蚀[18]. 对于硅晶格，(111)晶面比(110)与(100)晶面每单位面积有更多的化学键，因此(111)晶面的刻蚀速率较慢. 通常用于硅的定向腐蚀液是 KOH 水溶液和异丙醇(isopropyl alcohol)的混合溶液. 例如，重量百分浓度为 19% 的 KOH 去离子水溶液在 80℃时，(100)晶面的刻蚀速率比(110)与(111)晶面要快得多. (100)、(110)与(111)的刻蚀速率比为 100：16：1.

利用二氧化硅为掩蔽层，对 <100> 晶向的硅做定向性腐蚀，会产生精确的 V 型沟槽[10]，沟槽的边缘为(111)晶面，且与(100)表面成 54.7°的夹角，如图 13.18(a)的左侧所示. 如果掩蔽层窗口足够大或腐蚀时间足够短，则会形成一个 U 型沟槽，如图 13.18(a)的右侧所示. 底面的宽度为

$$W_b = W_0 - 2l\cot 54.7°$$

或

$$W_b = W_0 - \sqrt{2}\,l. \tag{11}$$

其中 W_0 为晶圆表面窗口的宽度，l 为刻蚀深度. 如果使用 <$\bar{1}$10> 晶向的硅，会形成几乎完全垂直侧壁的沟槽，其侧壁由(111)晶面形成，如图 13.18(b)所示. 我们可以利用刻蚀速率的晶向依赖特性来制作亚微米线宽的器件结构.

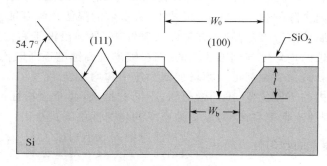

(a) <100> 晶向硅的窗口

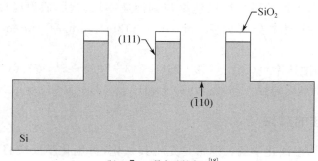

(b) <$\bar{1}$10> 晶向硅的窗口[18]

图 13.18 硅的定向性腐蚀

▶ 13.3.2 二氧化硅的腐蚀

二氧化硅的湿法腐蚀通常利用稀释的氢氟酸溶液，其中可加入氟化铵(NH_4F). 加入氟化铵的是缓冲氢氟酸溶液(BHF)，又称作缓冲氧化层腐蚀液(buffered-oxide-etch, BOE).

HF 中加入 NH_4F 可以控制 PH 值,并且可以补充氟离子的耗尽,以维持稳定的腐蚀效果. 二氧化硅腐蚀的总反应式与式(10)一样. SiO_2 的刻蚀速率由腐蚀液、腐蚀剂浓度、搅动与温度决定. 另外,密度、多孔度、微结构与氧化物的杂质都会影响刻蚀速率. 例如,氧化物中含有高浓度的磷会造成刻蚀速率的显著增加;结构松散的 CVD 氧化物或溅射氧化物,比热生长氧化物的刻蚀速率更快.

二氧化硅也可利用气相的 HF 腐蚀. 气相 HF 的氧化物腐蚀技术在刻蚀 100nm 以下图形方面具有潜力,因为该工艺容易控制.

▶ 13.3.3 氮化硅与多晶硅的腐蚀

氮化硅薄膜可以在室温下利用高浓度的 HF 或缓冲 HF 溶液腐蚀,也可以利用沸腾的磷酸溶液(H_3PO_4)腐蚀. 180℃浓度 85% 的磷酸溶液对二氧化硅腐蚀非常慢,可利用它实现氮化硅相对二氧化硅的选择性腐蚀. 它对氮化硅的典型刻蚀速率为 10nm/min,而对二氧化硅则低于 1nm/min. 然而使用沸腾的磷酸腐蚀氮化硅时,将遇到光刻胶附着力差的问题. 为了实现较好的图形转移,可以在涂布光刻胶前,在氮化硅薄膜上先淀积一薄氧化层,如此可先将光刻胶图案转移至氧化层;在氮化硅腐蚀中,该氧化层将作为掩蔽层.

腐蚀多晶硅与腐蚀单晶硅类似,然而因为多晶硅有晶粒间界,所以刻蚀速率要快得多. 为了确保栅极氧化层不被侵蚀,腐蚀液通常需加以调整. 掺杂物浓度和温度也影响多晶硅的刻蚀速率.

▶ 13.3.4 铝的腐蚀

铝和铝合金薄膜通常利用加热的磷酸、硝酸、醋酸和去离子水溶液腐蚀. 典型的腐蚀液含 73% 磷酸、4% 硝酸、3.5% 醋酸以及 19.5% 的去离子水,温度在 30℃~80℃ 之间. 铝的湿法腐蚀步骤如下:硝酸将铝氧化成氧化铝;磷酸溶解氧化铝. 铝的刻蚀速率与腐蚀剂的浓度、温度、晶圆的搅动、铝膜中杂质或合金成分有关. 例如,铜加入铝中会使刻蚀速率降低.

介质与金属薄膜的湿法腐蚀液通常也会腐蚀块体形式的材料. 通常薄膜比块体材料的腐蚀速率更快. 此外,较差的微结构、存在内建应力、偏离化学配比或受到光照等,都将使薄膜的刻蚀速率增加. 表 13.1 列出了常用于绝缘层与金属薄膜的腐蚀剂.

表 13.1 导体与绝缘体的腐蚀剂

材 料	腐蚀剂成分		刻蚀速率/(nm/min)
SiO_2	28mL HF 170mL HF 113g NH_4F	缓冲 HF	100
	15mL HF 10mL HNO_3 300mL H_2O	P-腐蚀液	12
Si_3N_4	缓冲 HF		0.5
Al	H_3PO_4		10
	4mL HNO_3 3.5mL CH_3COOH 73mL H_3PO_4 19.5mL H_2O		30

续表

材 料	腐蚀剂成分	腐蚀速率/(nm/min)
Au	4g KI 1g I_2 40mL H_2O	1000
Mo	5mL H_3PO_4 2mL HNO_3 4mL CH_3COOH 150mL H_2O	500
Pt	1mL HNO_3 7mL HCl 8mL H_2O	50
W	34g KH_2PO_4 13.4g KOH 33g $K_3Fe(CN)_6$ H_2O 制成 1L 溶液	160

▶ 13.3.5 砷化镓的腐蚀

砷化镓的腐蚀液已被广泛研究,然而只有少数几种是完全各向同性的[19],这是由于(111)镓晶面与(111)砷晶面的表面活性迥异.大多数腐蚀液能形成砷的抛光表面,然而镓表面则倾向于产生晶格缺陷且腐蚀速率较慢.最常见的砷化镓腐蚀剂为 H_2SO_4-H_2O_2-H_2O 与 H_3PO_4-H_2O_2-H_2O 溶液.体积比为 8:1:1 的 H_2SO_4-H_2O_2-H_2O 腐蚀液,对<111>镓晶面刻蚀速率为 $0.8\mu m/min$,对所有其他晶面则为 $1.5\mu m/min$. 体积比为 3:1:50 的 H_3PO_4-H_2O_2-H_2O 腐蚀液,对<111>镓晶面刻蚀速率为 $0.4\mu m/min$,对所有其他晶面则为 $0.8\mu m/min$.

13.4 干法刻蚀

在图形转移的工艺中,由光刻工艺定义的光刻胶图案用于刻蚀下层材料的掩蔽层[图 13.19(a)]. 这些材料大多是非晶或多晶的薄膜(如二氧化硅、氮化硅与淀积金属). 当使用湿法化学腐蚀时,刻蚀速率一般为各向同性(isotropic,即横向与垂直方向的刻蚀速率相同),如图 13.19(b)所示. 假设 h_f 为下层材料的厚度,l 为光刻胶掩膜下方横向钻蚀的距离,我们可以定义各向异度 A_f 为

$$A_f \equiv 1 - \frac{l}{h_f} = 1 - \frac{R_l t}{R_v t} = 1 - \frac{R_l}{R_v}. \tag{12}$$

其中 t 为时间,而 R_l 与 R_v 则分别为横向与垂直方向的刻蚀速率. 对于各向同性腐蚀,$R_l = R_v$ 且 $A_f = 0$.

在图形转移中,湿法化学腐蚀的主要缺点是:掩膜层下方的横向钻蚀(undercut)现象,该现象会使刻蚀图案的分辨率降低. 在实际的各向同性腐蚀中,薄膜厚度应该是我们所需分

辨率的三分之一或更小,如果图案要求的分辨率远小于薄膜厚度,就必须使用各向异性刻蚀(anisotropic etching,即 $0 < A_f \leqslant 1$)。实际上,A_f 应尽量接近 1。图 13.19(c)显示 $A_f = 1$ 的极限情形,此时 $l = 0$(或 $R_l = 0$)。

在甚大规模集成电路中,为了实现光刻胶图形的高精度转移($A_f = 1$),发展了干法刻蚀方法。干法刻蚀与等离子体辅助刻蚀是同义词,指几种利用低压放电的等离子体的刻蚀技术。干法刻蚀法包含等离子体刻蚀、反应离子刻蚀(reactive ion etching,RIE)、溅射刻蚀、磁增强反应离子刻蚀(magnetically enhanced RIE,MERIE)、反应离子束(reactive ion beam)刻蚀与高密度等离子体(high-density plasma,HDP)刻蚀。

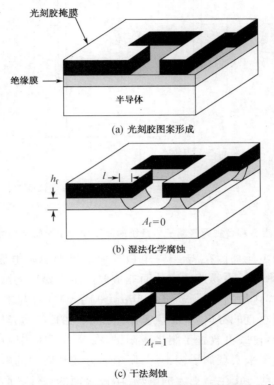

图 13.19 湿法化学腐蚀与干法刻蚀的图案转移比较[20]

13.4.1 等离子体的基本原理

等离子体是部分或完全离化的气体,包含等量的正负电荷与不同数量的未离化的分子。图 13.20 所示为一个简易的电容耦合射频等离子体刻蚀机,用来说明等离子体的基本原理。阴极被电容耦合至一射频产生器而阳极接地,与先前章节中讨论的溅射系统相似。射频的典型频率是 13.56MHz,因为此频率不会干扰无线发射信号。等离子体由游离于气体中的自由电子激发,宇宙射线、热激发或其他方式都可以产生这种电子。自由电子在射频电场中振荡并从中获得动能与气体分子发生碰撞。碰撞过程中的能量转移使得气体分子电离。当外加电压大于气体的击穿电压时,反应腔体中就会产生持续的等离子体,离化率在 $10^{-4} \sim 10^{-6}$ 量级。

鞘层(sheath)

干法刻蚀中鞘层的形成与第 12 章中讨论的射频溅射中鞘层的形成相似。等离子体在腔体的中央区域是电中性的,电子比正离子更易移动,因此在正半周期中被吸引到电极前表面的电子多于在负半周期吸引的正离子.因此,正半周期的电流大于负半周期的电流.因为没有电荷可以透过电容转移走,电子电流将电容耦合电极(加电的电极)充电.加电电极(阴极)在持续的充电周期中获得一不断增加的负电压,直到平均负偏压 V_{DC}(也叫"自偏压")足够高,以迟滞电子使得到达表面的净电荷变为零.电极自偏压的大小取决于施加于电极的电压幅度和频率.因为加电电极产生负的自偏压,等离子体会产生一相对于接地的阳极的补偿正电压 V_p,如图 13.20 的下方所示.

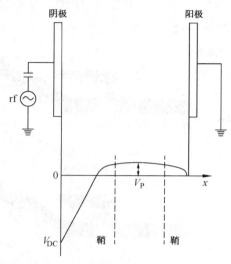

图 13.20　电容耦合射频等离子体系统的简图和近似时间平均的电势分布

阴极和阳极附近的电压梯度在离子体-电极界面附近形成强电场,被称为鞘层,也叫作黑区,因为此处的高能量电子更易造成离化而非造成产生光辐射的激发.鞘在等离子体刻蚀工艺中扮演着重要角色.典型的鞘层很薄(约 $10\mu m \sim 1mm$)并且与电极表面共形,正离子获得能量并且沿着与表面垂直的方向,离子束基本上是单向的.各向异性刻蚀依赖于单向高能离子对衬底表面的轰击,衬底可放置于阴极或阳极.在等离子体刻蚀反应器中通过加速衬底表层上方鞘层中的正离子来实现离子轰击.与阳极前方或亮区中的电场相比,阴极和阳极的不对称电压分布在阴极前方产生一更大的电场.阴极表面的刻蚀各向异性很强,因为该区域的电场很强;而阳极表面各向异性较弱,由于其电场相对较低.

▶ 13.4.2　表面化学反应

用于刻蚀的等离子体并不处于热平衡状态,因此,等离子体中最轻的电子的温度,实质性地高于中性气体和离子的温度.电子温度大约在 20000~100000K 范围;离子温度可能达2000K,而中性自由基和分子温度则小于 1000K.于是,这些高能电子能产生活性自由基和离子,并且能增强那些无法通过其他方式实现的化学反应.分解过程中产生的自由基通常比其母体气体更有活性,这些自由基能更进一步增强表面反应和等离子体中的化学过程.

等离子体刻蚀必须同时满足许多严格的要求,包括结构侧壁和底部表面形貌控制、对其他暴露出的材料的刻蚀选择性、刻蚀工艺在大衬底表面的一致性、与前道和后序工艺步骤的相互影响.与基本表面工艺相关的关键要点是物理溅射、反应离子刻蚀(RIE)、化学刻蚀和聚合物淀积.

一、物理溅射

最简单的材料移除过程是物理溅射,这涉及高能离子或中性粒子对靶材料的轰击. 但是,溅射一般是非选择性的.

二、反应离子刻蚀(RIE)

大多数等离子体刻蚀基本依赖于反应离子刻蚀移除材料. RIE 同时涉及高能离子和活性中性自由基对材料表面的轰击. 离子几乎垂直地轰击衬底表面,并通过活性的中性自由基实现各向异性刻蚀. RIE 与溅射相似,但是比物理溅射更具选择性,这源于活性中性自由基的化学特性.

三、化学刻蚀

一个简单的化学等离子体刻蚀的例子是用氟(F)刻蚀硅(Si),在室温下就有高的刻蚀速率:

$$Si(固体) + 4F \longrightarrow SiF_4(气体). \tag{13}$$

因为入射的中性刻蚀剂有均匀的角分布,化学刻蚀常是各向同性的. 然而,对于一些晶体材料,化学刻蚀可能对晶向敏感. 在 CMOS 器件亚微米图形的制造中,化学刻蚀因其各向同性而被尽量避免,所以选取工艺条件时要尽量降低化学刻蚀.

四、聚合物淀积

为了获得更小的图形,各向异性刻蚀需要仅发生于垂直方向而不发生水平方向的刻蚀. 尽管等离子体反应器的精心设计和刻蚀气体的合理选择有助于实现该目标,但聚合物淀积的表面机制已被证实是不可或缺的. 垂直表面上聚合物膜的存在限制了材料表面与刻蚀粒子的接触,从而禁止了水平方向的刻蚀.

至少有两种机制能解释侧壁钝化的形成. 第一个是为人们熟知的在含碳气体源情况下,发生于等离子体放电中的聚合物材料淀积. 在含氟的氟利昂作为气体源时,这种聚合物淀积与等离子体产生的不饱和 CF_2 自由基相联系. 第二个来源是暴露于离子轰击的水平表面上的刻蚀反应生成物. 这些产物通常是非挥发性的,能够与没有暴露于离子轰击的垂直表面黏附并反应. 这种侧壁形成的机制叫作再淀积(redeposition).

如图 13.21 所示,一系列相继的横截面描述了侧壁再淀积图形的各向异性刻蚀,图中六幅相继的形貌图来自于五个刻蚀-再淀积-刻蚀的步骤.

图 13.21 从左到右为存在再淀积的刻蚀图案形貌的顺序形成过程,
水平表面的刻蚀和垂直表面的再淀积假定是相继发生的

五、衬底温度

上述提及的许多基本的表面过程同时发生于刻蚀工艺中. 必须仔细监控等离子体的运作条件,来增强或减少各表面过程的贡献并控制最后的结果. 一个极有用的参数是衬底温度,因为许多基本的表面过程有很强的温度依赖. 比如,化学反应刻蚀速率普遍地随表面温度的增加而增加. 因此,对于同时存在物理和化学过程的工艺,一个控制刻蚀图形形貌的方法是改变衬底温度来调整各向异性或各向同性刻蚀的比例.

13.4.3 电容耦合等离子体刻蚀机

自从等离子体工艺应用于光刻胶去除以来,IC制造使用的干法刻蚀技术发生了显著的变化.一个干法刻蚀反应器包含一个真空腔、抽气泵系统、电源供应、压力传感器、流量控制单元与终点探测器.每一种刻蚀机都通过压强、电极构型与类型、等离子体源频率的特定组合,来控制化学与物理这两种基本的刻蚀机制.在IC生产中大部分刻蚀机要求有高的刻蚀速率和自动化操控.基本上有两类基于等离子体不同产生方式的干法刻蚀机:电容耦合刻蚀机和电感耦合刻蚀机[1].

在最简单的电容耦合等离子体刻蚀机中,刻蚀气体在两个平行金属电极之间注入,这组电极有对称的尺寸和位置,电压施加于其中一个电极.横跨于气体的电势差将其击穿并产生等离子体.相当一部分的输入能量消耗于鞘层中的离子加速,并在离子轰击过程中耗散于电极表面(或放置在电极的衬底).因此,一小部分输入能量被用于产生等离子体.气体分解比例较少,电子密度也低(约 $10^9 \sim 10^{10}\,\mathrm{cm}^{-3}$).另外,典型的简单商用电容耦合等离子体刻蚀机工作于适中的气压下(约 50~500mTorr),气体散射使其不适用于极小图形的制作.

正如图 13.20 所示,晶圆可以放置于接地电极上.因为等离子体电势始终高于地,所以该模式为有加速离子轰击的等离子体刻蚀方式.假如晶圆放置于加电电极(阴极)上,因为其更高的自偏压 V_{DC},它工作于具有高能离子轰击的反应离子刻蚀模式.物理和化学刻蚀机制在等离子刻蚀和反应离子刻蚀两种模式中都发生.然而,反应离子刻蚀模式中离子轰击的能量约高 10 倍.

一、反应离子刻蚀机

工作于反应离子刻蚀模式的电容耦合等离子刻蚀机称为反应离子刻蚀机(RIE)或反应溅射刻蚀机(reactive sputter etcher,RSE).反应离子刻蚀已广泛应用于微电子工业.晶圆放置于加电电极(阴极),这样可使接地电极具有大得多的面积,从而在晶圆表面建立很高的等离子体鞘层电势(20~500V),如图 13.22 所示.该过程可解释如下.

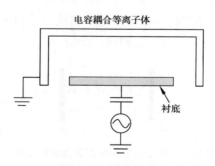

图 13.22 带有大面积接地电极的电容耦合等离子体刻蚀机

等离子体的亮区是一个良导体,而等离子体的黑区是电导率有限的区域,可以模型化成电容,即 $C=\dfrac{A}{d}$,其中 A 是电极面积,d 是黑区的鞘层厚度.电压分配到两个串联电容上,也就是说

$$\frac{V_C}{V_A}=\frac{C_A}{C_C}=\left(\frac{A_A}{d_A}\right)\bigg/\left(\frac{A_C}{d_C}\right). \tag{14}$$

其中 $V_C(C_C)$、$V_A(C_A)$ 分别是阴极和阳极黑区鞘层厚度上的电压降(电容);A_C、A_A 是阴极和阳极的面积. 电容耦合等离子体系统中两个电极间的电流由空间电荷限制电流所主导,该正离子的空间电荷限制电流(第2章2.7节中描述)必须在阳极和阴极处相等,也就是说

$$\frac{V_C^{\frac{3}{2}}}{d_C^2} = \frac{V_A^{\frac{3}{2}}}{d_A^2}. \tag{15}$$

因此

$$\frac{V_C}{V_A} = \left(\frac{A_A}{A_C}\right)^4. \tag{16}$$

也就是说,如果电极面积相同,则跨过每个电极黑区的电势差是一样的. 接地电极表面积的相对增加将导致加电电极的鞘层电压的增加,刻蚀速率能增强许多,但是该系统的刻蚀选择比相对较低,因为存在很强的物理溅射. 然而,选择比可通过选择合适的刻蚀化学剂加以改善,比如通过碳氟聚合物在硅表面形成聚合物来获得高的二氧化硅对硅的刻蚀选择比.

二、磁场增强反应离子刻蚀机(MERIE)

在磁场增强反应离子刻蚀机中,与电场交叉的磁场减少了向电极运动的电子迁移率以及电极处电子的损耗. 因此,对于相同的输入功率,MERIE 反应器中等离子体的电子和其他粒子的密度更高,这增强了材料的刻蚀速率. 对于给定的功率,MERIE 反应器中更高的电子(和离子)密度将消耗更多部分的功率,因此更少部分的功率将用于加速鞘层中的离子. 结果,在衬底和电极表面由离子轰击导致的损伤减少了. 在 MERIE 反应器中,可通过改变磁场的形状或通过物理或电学的方式旋转磁场来提高刻蚀均匀性. 磁场增强反应离子刻蚀机已经广泛用于半导体工业的介质刻蚀.

三、三极反应离子刻蚀机

电容耦合等离子体刻蚀机设计的一项创新是使用不同频率的两种(或更多)功率源,如图 13.23 所示. 对于同样的输入功率,更高的频率将产生更高的碰撞频率,从而更有效地产生电容耦合等离子体;而在较低频下将积累更高的电子密度,从而在阴极诱导出更高的自偏压. 因此在双频等离子系统中高频源(25MHz 或更高)用于有效地产生等离子体,而低频源(典型地几兆赫兹或更低)则用于加速离子. 因此,相比于简易的电容耦合等离子体系统,该方式能获得更高的等离子体密度,还可以独立地控制离子能量.

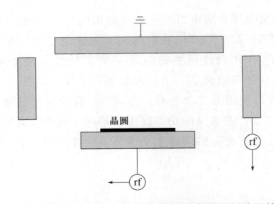

图 13.23　有两种不同射频功率源的三极反应离子刻蚀机的装置图

四、桶状等离子体刻蚀机

桶状等离子体刻蚀机已广泛用于去除光刻胶,如第 12 章所述,它是最早的等离子体刻蚀系统之一. 桶状反应器有一个圆柱形的设计,工作在约 0.1~1Torr 的气压下. 功率加至放置于圆柱两侧的电极上. 内部带孔的金属圆桶将等离子体限制于金属圆筒和腔壁之间的区域(图 13.24). 等离子体中的刻蚀剂通过孔扩散至刻蚀区域,而等离子体中的高能离子和电子不能进入该区域. 晶圆垂直放置于石英舟上,彼此间隙很小并且与电场平行放置以减小物理刻蚀. 这种刻蚀是各向同性和高选择比的,几乎是纯化学刻蚀.

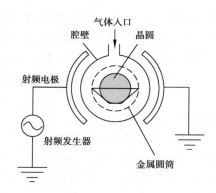

图 13.24 典型桶状反应器原理图

▶ 13.4.4 电感耦合等离子体刻蚀机

电感耦合等离子体(inductively coupled plasma,ICP)刻蚀机发展于 20 世纪 90 年代早期,用于解决需要高选择比和高的高宽比(aspect-ratio,AR)的氧化物刻蚀工艺困难. 与电容耦合等离子体刻蚀机相比,ICP 刻蚀机工作于更低的气压下(约 3~50mTorr). 更低的压强减少了难以形成刻蚀形貌的气体碰撞,增加了刻蚀剂和刻蚀副产物的平均自由程,使得它们能够易于进入和离开高的高宽比结构. 然而,更低的压强也由于离子密度的减小降低了刻蚀速率. 因此,为在更低压强下获得可观的刻蚀速率,需要用高密度等离子体(high-density plasma,HDP)来产生足够的活性粒子. 相比于电容耦合等离子体刻蚀机 0.1% 的气体离化率,HDP 可达 10%.

ICP 刻蚀机使用一组通过介质窗口与气体相隔离的线圈,如图 13.25 所示. 通过线圈的射频电流产生电磁波,穿透等离子腔体,并沿角向上加速电子而产生等离子体. 大部分的输入功率被电子消耗,因此 ICP 刻蚀机中的电子密度实质性地高于电容耦合等离子体(约 $10^{11} \sim 10^{12} \mathrm{cm}^{-3}$). 因此,ICP 刻蚀机是一个高密度等离子体刻蚀机.

另外,ICP 刻蚀机可以使用第二个功率源在刻蚀过程中对衬底单独加以偏置,给予轰击离子能量以增强刻蚀速率. 彼此独立的功率源用于等离子体产生和离子加速,使得高的高宽比氧化物刻蚀成为可能. 尽管更高的解离水平增强了刻蚀速率,但在很多情况下并不利于材料的选择性.

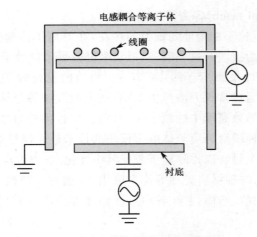

图 13.25　电感耦合等离子体刻蚀机

一、电子回旋共振(electron cyclotron resonance, ECR)等离子体刻蚀机

图 13.26 所示为电子回旋共振等离子体刻蚀机，它与 ICP 刻蚀机相似，利用共振电磁波与等离子体相互作用．在 ECR 刻蚀机中，微波（典型的 2.45GHz）被发射至包含有磁场和低压($<$10mTorr)刻蚀气体的腔体中．电子回旋共振发生于局部电子回旋频率(eB/m_e)与外加频率匹配的空间位置．通过精心设计磁场分布，能够在衬底表面获得高密度均匀的等离子体．与 ICP 反应器相比，ECR 刻蚀机的等离子体密度更高或者相当．ECR 刻蚀机也是一种 HDP 刻蚀机．与电容耦合等离子体刻蚀机相比，ECR 刻蚀机也工作于更低的压强，并允许独立的衬底偏置．与 ICP 相似，ECR 刻蚀机的特点是高的气体解离能力．

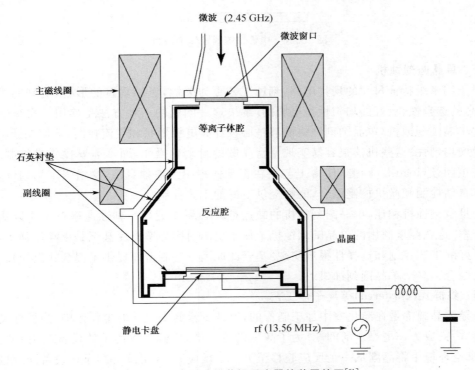

图 13.26　电子回旋共振反应器的装置简图[21]

二、中性束流(neutral beam)等离子体刻蚀机

因为等离子体中带电粒子或紫外线辐射的存在,在等离子体刻蚀中对衬底上电路的电损伤一直是一个关注点.为了缓解这一问题,近年来已发展了依赖于高能中性束流的等离子体刻蚀源.一个典型的中性束源示于图 13.27 中,相似的设计曾用于离子铣(ion milling)中.适合的气体等离子体通过常规方法产生,然后从电极孔中渗出来,继而离子被加速并在中性化后轰击于衬底上,导致高能中性粒子轰击衬底.中性束源目前仍在开发中,还没有应用于大规模量产中.另一种缓解等离子体电荷损伤的技术是远程等离子体产生,即远离衬底产生,然后中性粒子输运至衬底以排除离子或使其中性化.远程等离子体源或者化学下游式刻蚀机已用于等离子体清洗和材料处理等许多应用中.这种刻蚀机对没有图案的整片覆盖膜的高速率刻蚀也是有用的.然而,它在各向异性刻蚀方面应用有限,因为中性刻蚀剂有宽广的角分布.

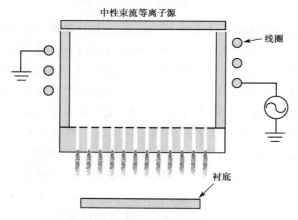

图 13.27 中性束等离子体刻蚀机

三、单晶圆刻蚀机

对于纳米级特征尺寸的现代电路,刻蚀工艺更为关键,更加垂直的形貌、更好的线宽控制、更高的选择性、更好的均匀性是必需的.解决这一问题的一种方法是使用一次刻蚀一片晶圆的单晶圆刻蚀机.单晶圆刻蚀机能够精心设计其电极形状和气流控制,从而晶圆刻蚀最佳的片内均匀性.这些机器很容易实现整盒晶圆的自动化操作,而不需要操作员控制.通过加入装填闭锁(load-lock)腔,使得工艺腔在正常使用中无需抽真空,这增强了均匀性,并且与终点自动检测和微机控制结合,能够提供更好的工艺控制.

与批量刻蚀机相比,单晶圆刻蚀机的缺点是其必须在更高的刻蚀速率下工作以达到相当的产率.这就要求商用的单晶圆刻蚀机工作于更高射频功率密度甚至是更高压强下,这种情况下好的工艺控制和选择性很难实现.基于此原因一些制造商提供了混合式反应器,一台机器上结合了多个单晶圆刻蚀机.

四、集群式(clustered)等离子体工艺

半导体晶圆都是在净化室中加工制作的,以减少暴露于空气的尘粒污染.当器件尺寸缩小,尘粒污染成为一更严重的问题.为了减少尘粒污染,集群式等离子体设备利用晶圆操作机,于真空环境中将晶圆从一个反应腔移至另一个反应腔.集群式等离子体设备同时也可以增加产率.图 13.28 显示了使用集群式设备对多层金属互连线(TiW/AlCu/TiW)的刻蚀工

艺过程. 该设备将 AlCu 刻蚀反应腔、TiW 刻蚀反应腔与钝化层刻蚀反应腔装置组合在一起. 集群式设备有经济的优势,因为晶圆较少暴露于环境污染并且较少手动操作,从而有高的良率.

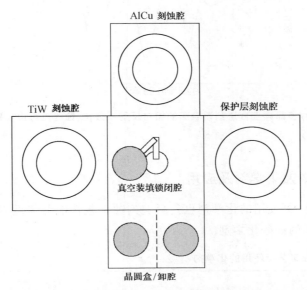

图 13.28　集群式反应离子刻蚀设备,用于多层金属互连线（TiW/AlCu/TiW）的刻蚀[2]

▶ 13.4.5　等离子体探测及终点控制

一、等离子体探测

大多数的等离子体工艺过程中发射红外到紫外的辐射,一个简单的分析方法是利用光学发射光谱仪(optical emission spectroscopy, OES)测量这些辐射强度与波长的关系. 将观察到的谱峰与已知的发射光谱比较,通常可以确定中性或离子物质的存在. 某种物质的相对浓度,也可以通过观察等离子体参数改变时发射强度的改变而得到. 来自主要刻蚀剂或副产物的发射信号在刻蚀终点处将开始上升或下降.

二、终点控制

干法刻蚀与湿法化学腐蚀的不同在于干法刻蚀对下层材料并没有足够的选择比. 因此,等离子体反应器应配备一个用来确定何时刻蚀工艺须被终止的监视器,也就是终点探测(end point detection)系统. 激光干涉仪(laser interferometry)用来持续监测晶圆表面的刻蚀速率并确定终点. 在刻蚀过程中,从晶圆薄膜表面反射的激光会发生振荡,这是由刻蚀层上界面与下界面的反射光的相位干涉造成的. 该层材料必须透光或半透光,才能观察到这一振荡现象. 图 13.29 显示硅化物/多晶硅栅刻蚀的典型信号. 振荡周期与薄膜厚度变化的关系为

$$\Delta d = \frac{\lambda}{2\bar{n}}. \tag{17}$$

其中 Δd 为一个反射光周期中薄膜厚度的变化,λ 为激光的波长,$\bar{n}$ 为刻蚀层的折射率. 例如,利用波长 $\lambda = 632.8$ nm 的氦氖激光测得多晶硅的 $\Delta d = 80$ nm. 刻蚀终点可通过反射光振荡的停止得到显示.

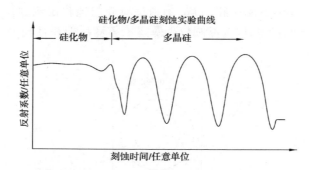

图 13.29　硅化物/多晶硅复合层刻蚀表面的相对反射系数，刻蚀终点可由反射振荡的停止显示

▶ 13.4.6　刻蚀化学剂及应用

除了刻蚀设备外，刻蚀用的化学剂也是影响刻蚀工艺性能的关键因素。表 13.2 列举了不同刻蚀工艺所用到的一些化学剂。

表 13.2　不同刻蚀工艺所使用的化学剂

被刻蚀材料	刻蚀化学剂
深 Si 沟槽	$HBr/NF_3/O_2/SF_6$
浅 Si 沟槽	$HBr/Cl_2/O_2$
多晶 Si	$HBr/Cl_2/O_2$、HBr/O_2、BCl_3/Cl_2、SF_6
Al	BCl_3/Cl_2、$SiCl_4/Cl_2$、HBr/Cl_2
AlSiCu	$BCl_3/Cl_2/N_2$
W	SF_6、NF_3/Cl_2
TiW	SF_6
WSi_2、$TiSi_2$、$CoSi_2$	CCl_2F_2/NF_3、CF_4/Cl_2、$Cl_2/N_2/C_2F_6$
SiO_2	$CF_4/CHF_3/Ar$、C_2F_6、C_3F_8、C_4F_8/CO、C_5F_8、CH_2F_2
Si_3N_4	CHF_3/O_2、CH_2F_2、CH_2CHF_2、SF_6/He

一、硅沟槽(trench)刻蚀

当器件尺寸缩小时，晶圆表面用作 DRAM 单元的储存电容与电路元件间的隔离区也须相应减小。这些表面区域可以利用硅的沟槽刻蚀，再填入适当的介质或导体物质来减少其占据的面积。深沟槽深度通常超过 $5\mu m$，主要用于形成储存电容。浅沟槽深度通常小于 $1\mu m$，一般用于器件的隔离。

氯基或溴基的化学剂对硅有高的刻蚀速率，并对二氧化硅掩蔽层有高选择比。$HBr+NF_3+SF_6+O_2$ 混合气体可用于形成深度约 $7\mu m$ 的沟槽电容，它也用于浅沟槽的刻蚀。亚微米的深硅沟槽刻蚀时，常可观察到与高宽比有关的刻蚀现象（即刻蚀速率随高宽比而改变），这是因深窄沟槽内离子与中性原子的输运受到限制。大高宽比沟槽的刻蚀速率比小高宽比沟槽的刻蚀速率要慢。

二、多晶硅与多晶硅化物栅的刻蚀

多晶硅与多晶硅化物（即多晶硅上方的低阻金属硅化物，polycide）常用作 MOS 器件的栅极材料。各向异性刻蚀和对栅氧化层的高刻蚀选择比是栅极刻蚀的最重要要求，

例如,对于 1G DRAM,选择比须超过 150(即多晶硅化物与栅氧化层的刻蚀速率比为 150∶1).要同时获得高选择比和各向异性刻蚀,对大多数的离子增强刻蚀工艺是困难的,因此可使用多步工艺,其中不同的刻蚀步骤分别针对各向异性和选择比进行优化.另一方面,为实现各向异性刻蚀和高选择比,等离子体技术的趋势是利用相对低功率下产生的低压与高密度等离子体.大多数氯基与溴基刻蚀剂可用于栅刻蚀得到所需的各向异性和高选择比.

三、介质刻蚀

定义介质层(尤其是二氧化硅与氮化硅)图案,是现代半导体器件制造的关键工艺.因为具有较高的键合能,介质的刻蚀必须利用攻击性的氟基离子增强氟基化学刻蚀剂.垂直的形貌可通过 13.4.2 讨论的侧壁钝化(sidewall passivation)实现,通常将含碳的氟化物引入等离子体(如 CF_4、CHF_3、C_4F_8).必须使用高能量的离子轰击将聚合物形成的钝化层从氧化层上去除,并将反应物与氧化物表面混合生成 SiF_x 产物.

低压和高等离子体密度有利于高宽比依赖的刻蚀,然而,HDP 刻蚀机(如 ICP 和 ECR)会产生高温电子并产生高比例分解的离子和自由基(radical),远多于 RIE 或磁增强 RIE 产生的活性自由基和离子.特别地,高浓度的氟会使对硅的刻蚀选择比变差.各种不同的方法都用来增强 HDP 的选择比,高 C/F 比的母体气体已经成功的尝试,如 C_2F_6、C_4F_8 或 C_5F_8,此外,清除氟自由基的方法也已经发展出来[22].

四、互连金属刻蚀

IC 制造中,金属层的刻蚀是一个相当重要的步骤.铝、铜和钨是用于互连的最常见的材料,这些材料通常需要各向异性刻蚀.氯基(如 Cl_2/BCl_3 混合物)化学剂对铝有极高的化学刻蚀速率,容易在刻蚀时产生一横向钻蚀(undercut).将含碳气体(如 CHF_3)或氮气加入,可产生侧壁钝化层而得到铝的各向异性刻蚀.

铜有较小的电阻率(约 $1.7\mu\Omega \cdot cm$),而且铜比铝或铝合金有强得多的抗电迁移能力,因而备受关注.然而铜的卤化物挥发性低,室温下的等离子体刻蚀很困难.刻蚀铜膜的工艺温度须高于 200℃.因此,铜互连线的制作使用嵌入式(damascence)工艺而不用干法刻蚀.如第 12 章所述,嵌入式工艺包含几个步骤:先在平坦的介电层上刻蚀出沟槽,然后将金属如铜或铝填入沟槽中作为连接导线.在双嵌入式(dual damascence)工艺中,如图 12.26 所示,还涉及了另一层,除了上述沟槽外,须将一系列的孔(即接触孔或通孔)刻蚀出来并以金属填入.填完后,再以化学机械抛光(CMP)将金属与介质的表面平坦化.嵌入式工艺的优点是避免了金属刻蚀的困难,而这是 IC 制造从铝互连发展到铜互连的一个重要关注点.

LPCVD 钨(W)已广泛用于接触孔填塞和第一金属层,这是因为它有很好的淀积共形性.氟基与氯基化学剂都可刻蚀钨,且生成挥发性产物.利用钨全面回蚀(blanket W etch-back)得到钨插栓(W plug)是一项重要的钨刻蚀工艺.图 13.30 所示为以 LPCVD 全面淀积钨于 TiN 阻挡层上.该工艺常分为两步:首先,将 90% 的钨以高刻蚀速率刻蚀掉;然后,选用 W 对 TiN 有高选择比的刻蚀剂以低的刻蚀速率将剩余的钨去除.

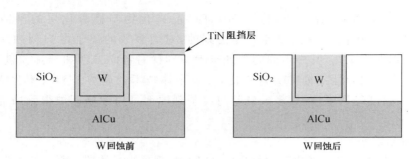

图 13.30　利用 LPCVD 全面淀积钨,再用 RIE 回蚀,在接触孔中形成钨插栓

总　结

　　半导体工业的持续成长,是以能够将越来越小的电路图案转移至半导体晶圆上为前提的.而图形转移的两个主要工艺为图形曝光与刻蚀.

　　目前大部分的图形曝光设备为光学系统,限制光学曝光分辨率的基本因素是衍射.然而由于准分子激光、光刻胶及分辨率增强技术(如相移掩模版、光学邻近修正、浸没技术)的进步,光学图形曝光至少在 32nm 时代仍然维持为主流技术.

　　电子束图形曝光是掩模版制作和用于探索新概念器件的纳米工艺的最佳选择.其他图形曝光技术为 EUV 和离子束光刻.虽然这些技术都具有 100nm 或更高的分辨率,但每种技术都有其限制:电子束光刻的邻近效应、EUV 光刻的掩模版底板制作困难和离子束光刻的随机空间电荷等.

　　目前仍无法明确断言,谁是光学图形曝光的继承者.然而,一个混合匹配的方式,可以结合每种图形曝光工艺的独特优点来改善分辨率和提高产率.

　　湿法刻蚀在半导体工艺中被广泛采用.它特别适合于全面性的腐蚀.我们讨论了对硅、砷化镓、绝缘体与金属互连线的湿法腐蚀工艺.用于图形转移时,掩蔽层下方的横向钻蚀将导致刻蚀图形的分辨率损失.

　　干法刻蚀用于实现高精确度的图转移.我们探讨了等离子体的原理和各种干法刻蚀系统,从早期相当简单的平行板结构到现代包含多个频率发生器和各种工艺控制传感器的复杂反应腔.

　　未来刻蚀技术的挑战是:高的刻蚀选择比、更好的关键尺寸控制、大高宽比依赖的刻蚀和低等离子体损伤.低压、高密度等离子体反应器对于满足这些要求是必要的.当工艺由 300mm 向更大晶圆发展时,晶圆的刻蚀均匀性需要不断改进.而未来先进的集成化电路,要求发展新的气体化学剂以提供更好的选择比.

参考文献

[1] For a more detailed discussion on lithography, see(a)R. Doering, and Y. Nishi, Ed, *Handbook of Semiconductor Manufacturing Technology*,2nd Ed. ,CRC Press,Florida,2008. (b) K. Nakamura, "Lithography," in C. Y. Chang, and S. M. Sze, Eds. , *ULSI Technology*, McGraw-Hill,

New York, 1996. (c) P. Rai-Choudhurg, "Handbook of Microlithography, Micromachining, and Microfabrication," Vol. 1, *SPIE*, Washington, DC, 1997. (d) D. A. McGillis, " Lithography," in S. M. Sze. Ed, *VLSI Technology*, McGrow Hill, New York, 1983.

[2] For a more detailed discussion on etching, see Y. J. T. Liu, " Etching," in C. Y. Chang, and S. M. Sze, Eds, *ULSI Technology*, McGraw-Hill, New York, 1996.

[3] J. M. Duffalo, and J. R. Monkowski, "Particulate Contamination and Device Performance," *Solid State Technol*. 27 (3), 109 (1984).

[4] H. P. Tseng, and R. Jansen, "Cleanroom Technology," in C. Y. Chang, and S. M. Sze, Eds., *ULSI Technology*, McGraw Hill, New York, 1996.

[5] M. C. King, "Principles of Optical Lithography," in N. G. Einspruch, Ed., *VLSI Electronics*, Vol. 1, Academic, New York, 1981.

[6] J. H. Bruning, "A Tutorial on Optical Lithography," in D. A. Doane et al., Eds. *Semiconductor Technology*, Electrochemical Soc., Penningston, 1982.

[7] R. K. Watts, and J. H. Bruning, "A Review of Fine-Line Lithographic Techniques: Present and Future," *Solid State Technol*., 24 (5), 99 (1981).

[8] W. C. Till, and J. T. Luxon, *Integrated Circuits, Materials, Devices, and Fabrication*, Princeton-Hall, Englewood Cliffs, NJ, 1982.

[9] M. D. Levenson, N. S. Viswanathan, and R. A. Simpson, "Improving Resolution in Photolithography with a Phase-Shift Mask," *IEEE Trans. Electron Dev.*, ED-29, 18−28 (1982).

[10] D. P. Kern et al., "Practical Aspects of Microfabrication in the 100nm Region," *Solid State Technol*., 27 (2), 127 (1984).

[11] J. A. Reynolds, "An Overview of E-Beam Mask-Making," *Solid State Technol*., 22 (8), 87 (1979).

[12] Y. Someda et al., "Electron-beam Cell Projection Lithography: Its Accuracy and Its Throughput," *J. Vac. Sci. Technol.*, B12 (6), 3399 (1994).

[13] W. L. Brown, T. Venkatesan, and A. Wagner, "Ion Beam Lithography," *Solid State Technol*., 24 (8), 60(1981).

[14] D. S. Kyser, and N. W. Viswanathan, "Monte Carlo Simulation of Spatially Distributed Beams in Electron-Beam Lithography," *J. Vac. Sci. Technol.*, 12, 1305 (1975).

[15] Charles Gwyn et al., *Extreme Ultraviolet Lithography-White Paper*, Sematech, Next-Generation Lithography Workshop, Colorado Spring, Dec. 7−10, 1998.

[16] L. Karapiperis et al., "Ion Beam Exposure Profiles in PMMA-Computer Simulation," *J. Vac. Sci. Technol.*, 19, 1259 (1981).

[17] H. Robbins, and B. Schwartz, "Chemical Etching of Silicon II, The System HF, HNO_3, H_2O and $HC_2H_3O_2$," *J. Electrochem. Soc.*, 107, 108 (1960).

[18] K. E. Bean, "Anisotropic Etching in Silicon," *IEEE Trans. Electron Devices*, ED-25, 1185 (1978).

[19] S. Iida, and K. Ito, "Selective Etching of Gallium Arsenide Crystal in H_2SO_4-H_2O_2-H_2O System," *J. Electrochem. Soc.*, 118, 768 (1971).

[20] E. C. Douglas, "Advanced Process Technology for VLSI Circuits," *Solid State Technol*., 24 (5),65 (1981).

[21] M. Armacost et al., "Plasma-Etching Processes for ULSI Semiconductor Circuits," *IBM, J. Res. Dev.*, 43,39 (1999).

[22] C. O. Jung et al., "Advanced Plasma Technology in Microelectronics," *Thin Solid Films*, 341, 112 (1999).

习 题

13.1 光学光刻

1. 对等级为 100 的净化室,试依粒子直径大小计算每立方米尘埃粒子总数:
(a) 0.5μm 到 1μm;
(b) 1μm 到 2μm;
(c) 大于 2μm。

2. 试计算一个 9 层掩模版工艺的最后良率,其中有 4 层掩模版的平均致命缺陷密度为 0.1/cm^2,4 层为 0.25/cm^2,1 层为 1.0/cm^2,芯片面积为 50mm^2。

3. 为什么步进式晶片曝光使用的掩模版要完全无缺陷,而一次性曝光整个晶片的系统中的掩模版可以容忍少量缺陷的存在?

4. (a) 波长为 193 nm 的 ArF 准分子激光光学图形曝光系统中,NA=0.65,k_1=0.60,k_2=0.50。这台曝光机理论上的分辨率与聚焦深度为多少?
(b) 实践中可以通过哪些手段来调整 NA、k_1 与 k_2 从而改善分辨率?
(c) 相移掩模版(PSM)技术是改变了哪一个参数从而改善了分辨率?

5. 投影系统中的分辨率 l_m 通常由棱镜的质量决定并受限于光学衍射,它可以表示为 $l_m = \dfrac{k_1 \lambda}{NA}$,其中 λ 是曝光波长,k_1 是一个工艺相关因子,NA 是数值孔径。所以似乎可以通过减小曝光波长来获得更小的分辨率,但是实际应用中减小光源波长是否会带来什么负面影响呢?

6. 一个接近式曝光系统中掩模版与晶圆的间隙距离为 10μm,曝光波长为 430nm,另一个接近式曝光系统中掩模版与晶圆的间隙距离为 40μm,曝光波长为 250nm,请问哪个更好?

7. 图 13.9 为图形曝光系统的反应曲线:
(a) 使用高 γ 值的光刻胶有何优缺点?
(b) 传统的光刻胶为何不能用于 248nm 或 193nm 曝光系统?

13.2 下一代光刻技术

8. (a) 解释在电子束图形曝光中为何可变形状电子束比高斯电子束拥有较高的产率?
(b) 电子束图形曝光如何进行对准?

9. 为何光学图形曝光系统的工作模式由接近式曝光进化到 1:1 投影式曝光,最后进化到 5:1 的步进重复投影?

13.3 湿法化学腐蚀

10. 假设掩蔽层与衬底不会被腐蚀剂刻蚀,试画出以下三种情况下对厚度为 h_f 的薄膜进行各向同性刻蚀后的侧边轮廓:
(a) 刚好完全腐蚀;
(b) 100% 过度腐蚀;

(c) 200% 过度腐蚀.

11. <100>晶向硅晶圆利用二氧化硅层作掩蔽层,通过一个 $1.5\mu m \times 1.5\mu m$ 的窗口在 KOH 溶液中进行腐蚀.垂直于(100)晶面的腐蚀速率为 $0.6\mu m/min$,而(100)、(110)和(111)晶面的腐蚀速率比为 100∶16∶1,画出 20s、40s 与 60s 后的腐蚀轮廓.

12. 重复上题,一个 $<\bar{1}10>$ 晶向硅晶圆利用薄的 SiO_2 作掩蔽层,在 KOH 溶液中进行腐蚀,画出 $<\bar{1}10>$ 硅的腐蚀轮廓.

13.4 干法刻蚀

13. (a) 硅的刻蚀速率(R)与 KOH 浓度的函数关系可以近似表示为:$R = k[H_2O]^4 [KOH]^{\frac{1}{4}} \exp\left(-\frac{E_a}{kT}\right)$,那么硅刻蚀是受扩散限制的反应还是受激活能限制的反应?

(b) 适当波长的光照射是否会影响刻蚀速率?

(c) 为什么在 KOH 溶液中{111}晶面的刻蚀速率比{100}的要慢?

14. 氟原子(F)刻蚀硅的速率为:刻蚀速率(nm/min) = $2.86 \times 10^{-13} n_F \times T^{\frac{1}{2}} e^{\frac{-E_a}{RT}}$.其中 n_F 为氟原子的浓度(cm^{-3}),T 为绝对温度(K),E_a 与 R 分别为激活能(2.48kcal/mol)与气体常数(1.987cal·K).如果 n_F 为 $3 \times 10^{15} cm^{-3}$,试计算室温下硅的刻蚀速率.

15. 重复上题,利用氟原子刻蚀 SiO_2,刻蚀速率也可以类似地表示为刻蚀速率(nm/min) = $0.614 \times 10^{-13} n_F \times T^{\frac{1}{2}} e^{\frac{-E_a}{RT}}$.其中 n_F 为 $3 \times 10^{15} cm^{-3}$,E_a 为 3.76kcal/mol.计算室温时 SiO_2 的刻蚀速率及 SiO_2 对 Si 的刻蚀选择比.

*16. 粒子在两次碰撞之间移动的平均距离称为平均自由程(λ),$\lambda = \frac{5 \times 10^{-3}}{P}$cm,其中 P 为压强,单位为 Torr.一般常用的等离子体,其反应腔内压强范围为 1~150Pa.其相应的气体密度(cm^{-3})与平均自由程分别是多少?

17. 若要求刻蚀 400nm 多晶硅时最多只能刻蚀掉 1nm 多晶硅下面的栅氧化层,试找出所需的刻蚀选择比.假设多晶硅的刻蚀工艺有 10% 的刻蚀速率均匀性.

18. $1\mu m$ 厚的 Al 薄膜淀积在平坦的场氧化层区域上,并利用光刻胶来定义图案.接着金属层在 Helicon 刻蚀机内进行刻蚀,使用的混合气体是 BCl_3/Cl_2,温度为 70℃.Al 与光刻胶的刻蚀选择比为 3.假设 Al 有 30% 的过度刻蚀,试问为确保金属的上表面不被侵蚀,要求光刻胶的最小厚度为多少?

19. 在 ECR 等离子体中,一个静态磁场 B 驱使电子沿着磁场以一个角频率 ω_e 做圆形运动,$\omega_e = \frac{qB}{m_e}$,其中 q 为电荷、m_e 为电子质量.如果微波的频率为 2.45GHz,试问所需的磁感应强度大小为多少?

20. 传统的反应离子刻蚀与高密度等离子体刻蚀(ECR、ICP 等)相比,主要的区别是什么?

21. 叙述如何消除 Al 金属线在氯化物等离子体刻蚀后的腐蚀问题.

第 14 章
杂 质 掺 杂

- ▶ 14.1 基本扩散工艺
- ▶ 14.2 非本征扩散
- ▶ 14.3 扩散相关过程
- ▶ 14.4 注入离子的分布
- ▶ 14.5 注入损伤与退火
- ▶ 14.6 注入相关工艺
- ▶ 总结

所谓杂质掺杂(impurity doping)是指将可控数量的杂质掺入半导体材料内.杂质掺杂的目的主要是改变半导体的电特性.**扩散**(diffusion)和**离子注入**(ion implantation)是杂质掺杂的两种主要方式.一直到20世纪70年代初期,杂质掺杂主要通过高温扩散来完成,如图14.1(a)所示.在这种方法中,杂质原子通过气相源或掺杂氧化物淀积于硅晶圆的表面.杂质浓度从表面到体内单调地下降,杂质分布主要由扩散温度与时间来决定.

从20世纪70年代初开始,许多杂质掺杂改由离子注入来完成,如图14.1(b)所示.在该工艺中,掺杂离子以离子束的形式注入半导体内.杂质浓度在半导体内有一个峰值分布,杂质分布由离子质量和注入能量决定.扩散与离子注入两者都被用于制造分立器件与集成电路,因为二者可互补不足,相得益彰[1,2].例如,扩散可用于形成深结(deep junction),如CMOS中的双阱(twin well);而离子注入可用于形成浅结(shallow junction),如MOSFET中的漏源结.

具体来说,本章将涵盖下述主题:

- 在高温与高浓度梯度情况下,杂质原子在晶格中的运动
- 在恒定扩散系数和与浓度有关的扩散系数下的杂质分布
- 横向扩散与杂质再分布(redistribution)对器件特性的影响
- 离子注入工艺及优点
- 晶格中的离子分布以及如何消除离子注入造成的晶格损伤(lattice damage)
- 与离子注入相关的工艺如掩蔽、高能量离子注入和大电流离子注入

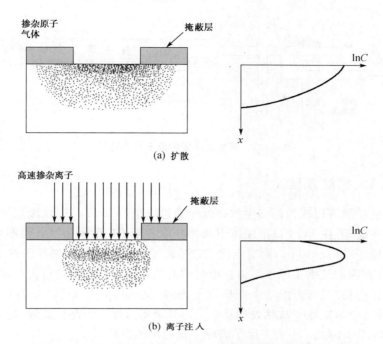

图 14.1 两种选择性地将杂质掺入半导体衬底的技术的比较

14.1 基本扩散工艺

杂质扩散中,通常将半导体晶圆放在严格控温的石英高温炉管中,并通入含有所需掺杂(dopant)的气体混合物. 对硅而言,温度范围通常在 800℃~1200℃;对于砷化镓,则在 600℃~1000℃. 扩散进入半导体内部的杂质原子数量与气体混合物中的杂质分压有关.

对于硅的扩散,硼是最常用的 p 型掺杂剂,而砷与磷常用于 n 型掺杂. 这三种元素在扩散温度范围内,在硅中都有高的溶解度,可高于 $5\times10^{20}\,\text{cm}^{-3}$. 这些杂质可由几种方式引入,包含固态源(如硼的 BN、砷的 As_2O_3 和磷的 P_2O_5)、液态源(BBr_3、$AsCl_3$ 和 $POCl_3$)及气体源(B_2H_6、AsH_3 和 PH_3),其中液态源是最常用的. 图 14.2 是使用液态源的炉管和气流装置的示意图. 这种装置与热氧化的装置相似. 举例来说,使用液态源的磷扩散的化学反应如下:

$$4POCl_3 + 3O_2 \rightarrow 2P_2O_5 + 6Cl_2 \uparrow . \tag{1}$$

P_2O_5 在硅晶圆上形成一层玻璃再由硅还原出磷,

$$2P_2O_5 + 5Si \rightarrow 4P + 5SiO_2 . \tag{2}$$

于是磷被释出并扩散进入硅中,而 Cl_2 则被抽走.

对于砷化镓的扩散工艺,因为砷的蒸汽压高,所以需要特别的方法来防止因分解或蒸发造成的砷的流失[2]. 例如,在含过压砷的封闭炉管(sealed ampules)中扩散,或者覆盖一层掺杂氧化物(如氮化硅)在开放炉管(open-tube)中扩散. 对大部分 p 型扩散的研究局限于选用 Zn,在封闭炉管中采用 Zn-Ga-As 合金和 $ZnAs_2$ 或在开放炉管中采用 ZnO-SiO_2. 砷化镓的 n 型掺杂有硒和碲.

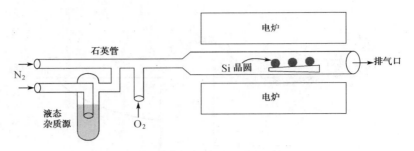

图 14.2 开放式炉管扩散系统示意图

▶ 14.1.1 扩散方程

半导体中的扩散可以视作晶格中掺杂原子通过空位(vacancy)或填隙原子(interstitial)形式进行的原子运动.图 14.3 显示固体中两种基本的原子扩散模型[1,3].圆圈代表占据平衡晶格位置的主原子(host atom),而实点代表杂质原子.在高温下,晶格原子在平衡晶格位置附近振动.存在有限的几率主原子可以获得足够的能量离开平衡晶格位置而成为填隙原子,同时也产生一个空位.当邻近的一个杂质原子进占空位时,如图 14.3(a)所示,这种机制称作**空位扩散**.若一个填隙原子从某处移动至另一处而不占据一个晶格位置,这种机制称作**填隙扩散**,如图 14.3(b)所示.小于主原子的原子常利用填隙扩散.

此外,有一种延伸的填隙扩散,有时称作推填扩散(interstitialcy diffusion).填隙主原子(自填隙)把替位杂质原子推至一填隙位置,接着,杂质原子取代另一个主原子并产生一个新的自填隙原子,上述的过程不断重复进行.推填扩散比替位扩散要快.磷、硼、砷和锑在硅中扩散的主导机制是空位扩散和推填扩散,磷和硼的扩散是双重扩散机制(空位和推填机制),其中推填机制占主导.砷和锑的扩散则由空位扩散机制主导[1].

杂质原子的基本扩散过程与第 2 章中讨论的载流子扩散(电子与空穴)相似.因此我们定义通量 F 为单位时间内通过单位面积的掺杂原子数量,C 为单位体积掺杂浓度.由第 2 章的式(27),可得

$$F = -D\frac{\partial C}{\partial x}. \tag{3}$$

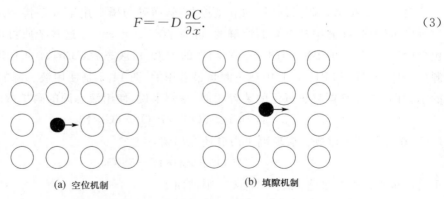

(a) 空位机制　　　　　　(b) 填隙机制

图 14.3 二维晶格的原子扩散机制[1,3]

其中的载流子浓度已替换为 C,而比例常数 D 是扩散系数或扩散率(diffusion constant 或 diffusivity).注意扩散过程的基本驱动力为浓度梯度 $\dfrac{dC}{dx}$.通量正比于浓度梯度,掺杂原子从高浓度区流(扩散)向低浓度区.

如果我们把式(3)代入第2章的一维连续方程式[式(56)]，并考虑到半导体中并没有物质生成或消耗(即 $G_n = R_n = 0$)，将得到

$$\frac{\partial C}{\partial t} = -\frac{\partial F}{\partial x} = \frac{\partial}{\partial x}\left(D\frac{\partial C}{\partial x}\right). \tag{4}$$

在掺杂原子浓度较低时，扩散系数可视为和掺杂浓度无关，则式(4)变为

$$\frac{\partial C}{\partial t} = D\frac{\partial^2 C}{\partial x^2}. \tag{5}$$

式(5)通常被称为**费克扩散方程**(Fick's diffusion equation)。

图 14.4 显示硅和砷化镓中不同掺杂剂实测的低浓度扩散系数[4,5]。在一般情况下，扩散系数的对数值和绝对温度的倒数成线性关系。这意味着在一定温度范围内，扩散系数可表示为

$$D = D_0 \exp\left(-\frac{E_a}{kT}\right). \tag{6}$$

其中 D_0 是温度外插至无穷大时的扩散系数(单位 $\mathrm{cm^2 \cdot s^{-1}}$)，$E_a$ 是激活能(activation energy，单位 eV)。

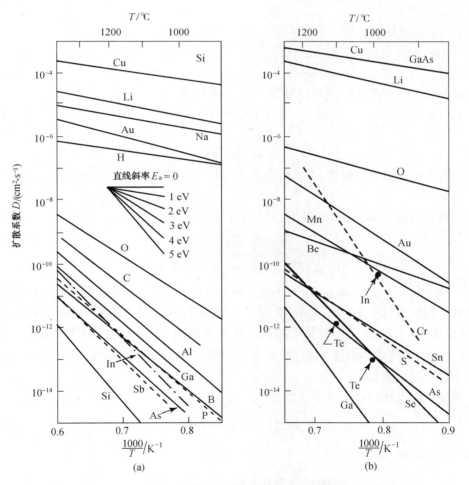

图 14.4 杂质在(a)硅、(b)砷化镓中的扩散系数与绝对温度倒数的关系[4,5]

对于填隙扩散模型，E_a 是掺杂原子从一个间隙移动至另一个间隙所需的能量。在硅与砷化镓中，E_a 的值都介于 0.5eV 到 2eV 之间。对于空位扩散模型，E_a 既和杂质原子移动所需能量也和空位形成所需能量有关，因此空位扩散的 E_a 值大于填隙扩散的 E_a 值，通常介于 3~5eV 之间。

如图 14.4(a) 和 (b) 的上半部所示，对于硅和砷化镓中的快速扩散的杂质如铜，测得的 E_a 小于 2eV，原子填隙扩散运动是主导的扩散机制。如图 14.4(a) 和 (b) 的下半部所示，对于硅和砷化镓中慢扩散杂质如砷，E_a 大于 3eV，空位扩散是主导的扩散机制。对于推填机制主导的扩散（如硅中的磷），其激活能 E_a 也大于 3eV，但其扩散系数在图 14.4(a) 的全部温度范围内比 As 要大四倍。

▶ 14.1.2 扩散分布

掺杂原子的扩散分布与初始条件和边界条件有关。在这一小节我们考虑两个重要的情形：恒定表面浓度（constant-surface-concentration）扩散和恒定掺杂总量（constant-total-dopant）扩散。前者杂质原子由气态源输运至半导体表面，然后扩散进入半导体晶圆，在整个扩散期间，气态源维持恒定的杂质表面浓度；后者指固定数量的杂质淀积于半导体表面，接着扩散进入晶圆中。

一、恒定表面浓度扩散

$t=0$ 时的初始条件为

$$C(x,0)=0. \tag{7}$$

该式描述在半导体中杂质浓度开始时为零。边界条件是

$$C(0,t)=C_s \tag{8a}$$

和

$$C(\infty,t)=0. \tag{8b}$$

其中 C_s 是 $x=0$ 处的表面浓度，它与时间无关。第二个边界条件指距离表面极远处并无杂质原子。

符合初始与边界条件的扩散方程 [式 (5)] 的解是[6]

$$C(x,t)=C_s \text{erfc}\left(\frac{x}{2\sqrt{Dt}}\right). \tag{9}$$

其中 erfc 是余误差函数（complementary error function），而 $\sqrt{Dt}$ 是扩散长度。erfc 的定义和该函数的一些性质列于表 14.1。图 14.5(a) 是恒定表面浓度的扩散分布，分别以线性（上方）和对数坐标（下方）表示归一化的浓度与扩散深度的关系；三条曲线对应三个扩散长度 $\sqrt{Dt}$ 值，相应于依次增加的扩散时间（在给定扩散温度下，D 是一定的）。由图可知，扩散时间越长杂质扩散得越深。

半导体单位面积的掺杂原子总数是

$$Q(t)=\int_0^\infty C(x,t)\,\mathrm{d}x. \tag{10}$$

将式 (9) 代入式 (10) 得到

$$Q(t)=\frac{2}{\sqrt{\pi}}C_s\sqrt{Dt}\approx 1.13C_s\sqrt{Dt}. \tag{11}$$

表 14.1　误差函数的代数关系

$$\mathrm{erf}(x) \equiv \frac{2}{\sqrt{\pi}} \int_0^x e^{-y^2} dy$$

$$\mathrm{erfc}(x) \equiv 1 - \mathrm{erf}(x)$$

$$\mathrm{erf}(0) = 0$$

$$\mathrm{erf}(\infty) = 1$$

$$\mathrm{erf}(x) \approx \frac{2}{\sqrt{\pi}} x \quad 当\ x \ll 1$$

$$\mathrm{erfc}(x) \approx \frac{1}{\sqrt{\pi}} \frac{e^{-x^2}}{x} \quad 当\ x \gg 1$$

$$\frac{d}{dx}\mathrm{erf}(x) = \frac{2}{\sqrt{\pi}} e^{-x^2}$$

$$\frac{d^2}{dx^2}\mathrm{erf}(x) = -\frac{4}{\sqrt{\pi}} x e^{-x^2}$$

$$\int_0^x \mathrm{erfc}(y') dy' = x\,\mathrm{erfc}(x) + \frac{1}{\sqrt{\pi}}(1 - e^{-x^2})$$

$$\int_0^\infty \mathrm{erfc}(x) dx = \frac{1}{\sqrt{\pi}}$$

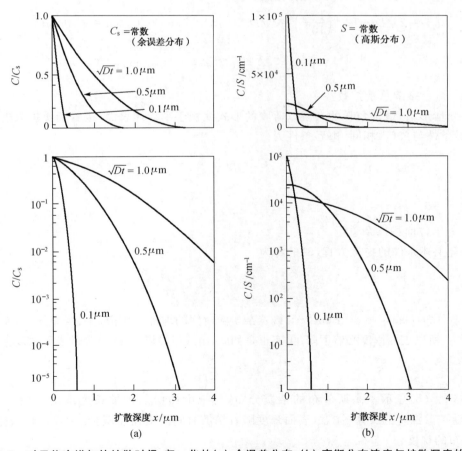

图 14.5　对于依次增加的扩散时间，归一化的(a) 余误差分布；(b) 高斯分布浓度与扩散深度的关系

该表示式可作如下解释：$Q(t)$代表图 14.5(a)中以线性坐标所绘的扩散分布曲线下的面积；该扩散分布可近似为高为 C_s、底为 $2\sqrt{Dt}$ 的三角形. 由此得 $Q(t) \approx C_s\sqrt{Dt}$，很接近式(11)所得的精确结果.

一个相关量是扩散分布的梯度 $\dfrac{\mathrm{d}C}{\mathrm{d}x}$，它可由式(9)的微分得到：

$$\left.\frac{\mathrm{d}C}{\mathrm{d}x}\right|_{x,t} = -\frac{C_s}{\sqrt{\pi Dt}}\mathrm{e}^{-\frac{x^2}{4Dt}}. \tag{12}$$

▶ **例 1**

1000℃时向硅中扩散硼，表面浓度维持在 $10^{19}\,\mathrm{cm}^{-3}$、扩散时间为 1 小时. 求 $Q(t)$ 以及 $x=0$ 处和掺杂浓度为 $10^{15}\,\mathrm{cm}^{-3}$ 处的浓度梯度.

解 如图 14.4 所示，硼在 1000℃时的扩散系数约为 $2\times10^{-14}\,\mathrm{cm}^2/\mathrm{s}$，于是扩散长度为

$$\sqrt{Dt} = \sqrt{2\times10^{-14}\times3600} \approx 8.48\times10^{-6}\,(\mathrm{cm}).$$

$$Q(t) = 1.13C_s\sqrt{Dt} = 1.13\times10^{19}\times8.48\times10^{-6} \approx 9.6\times10^{13}\,(\mathrm{cm}^{-2}).$$

$$\left.\frac{\mathrm{d}C}{\mathrm{d}x}\right|_{x=0} = -\frac{C_s}{\sqrt{\pi Dt}} = -\frac{10^{19}}{\sqrt{\pi}\times8.48\times10^{-6}} \approx -6.7\times10^{23}\,(\mathrm{cm}^{-4}).$$

当 $C=10^{15}\,\mathrm{cm}^{-3}$ 时，由式(9)可得相应的距离 x_j，

$$x_j = 2\sqrt{Dt}\,\mathrm{erfc}^{-1}\left(\frac{10^{15}}{10^{19}}\right) = 2\sqrt{Dt}(2.75) = 4.66\times10^{-5}\,\mathrm{cm} = 0.466\,\mu\mathrm{m}.$$

$$\left.\frac{\mathrm{d}C}{\mathrm{d}x}\right|_{x=0.466\mu\mathrm{m}} = -\frac{C_s}{\sqrt{\pi Dt}}\mathrm{e}^{\frac{-x_j^2}{4Dt}} = -3.5\times10^{20}\,\mathrm{cm}^{-4}. \quad◀$$

二、恒定掺杂总量扩散

在此情形下，恒定数量的杂质以薄膜的形式淀积于半导体表面，接着杂质扩散进入半导体. 初始条件与式(7)相同. 边界条件为

$$\int_0^\infty C(x,t)\mathrm{d}x = S \tag{13a}$$

和

$$C(\infty,t) = 0. \tag{13b}$$

其中 S 为单位面积掺杂总量.

符合上述条件的扩散方程(5)的解为

$$C(x,t) = \frac{S}{\sqrt{\pi Dt}}\exp\left(-\frac{x^2}{4Dt}\right). \tag{14}$$

这是高斯分布(Gaussian distribution). 既然杂质随时间的增加而扩散进入半导体内，而总掺杂量 S 恒定，所以表面浓度必然下降. 事实正是如此，由式(14)可得 $x=0$ 处的表面浓度为

$$C_s(t) = \frac{S}{\sqrt{\pi Dt}}. \tag{15}$$

图 14.5(b)显示一高斯分布的杂质分布，对三个递增的扩散长度画出了归一化浓度(C/S)随扩散深度的关系. 注意，表面浓度随着扩散时间的增加而减少. 对式(14)微分，可得扩散分布的梯度：

$$\left.\frac{\mathrm{d}C}{\mathrm{d}x}\right|_{x,t} = -\frac{xS}{2\sqrt{\pi}(Dt)^{\frac{3}{2}}}\mathrm{e}^{-\frac{x^2}{4Dt}} = -\frac{x}{2Dt}C(x,t). \tag{16}$$

浓度梯度（或斜率）在 $x=0$ 与 $x=\infty$ 处为零，而最大梯度发生于 $x=\sqrt{2Dt}$ 处。

在集成电路工艺中，常采用两阶段扩散工艺。首先在恒定表面浓度条件下形成预淀积（predeposition）扩散层，接着在恒定掺杂总量条件下，进行推进（drive-in）扩散（或称再分布扩散 redistribution）。就大部分实际情况而言，预淀积扩散的扩散长度 $\sqrt{Dt}$ 远小于推进扩散的扩散长度，因此我们可将预淀积分布视为表面处的 δ 函数，且与推进扩散后所产生的最终分布相比，预淀积分布的穿透范围小到可以忽略不计。

▶ **例 2**

利用 AsH_3 气体进行砷预淀积，单位面积的掺杂总量为 $1\times 10^{14}\,cm^{-2}$。需要多少时间才能将砷推进至 $1\,\mu m$ 的结深？假设衬底掺杂浓度为 $1\times 10^{15}\,cm^{-3}$，推进扩散温度为 $1200\,℃$。对于砷，$D_0=24\,cm^2/s$，$E_a=4.08\,eV$。

解 $D=D_0\exp\left(-\dfrac{E_a}{kT}\right)=24\exp\left(\dfrac{-4.08}{8.614\times 10^{-5}\times 1473}\right)=2.602\times 10^{-13}\,(cm^2/s)$，

$x_j^2=10^{-8}=4Dt\ln\left(\dfrac{S}{C_B\sqrt{\pi Dt}}\right)=1.04\times 10^{-12}\,t\ln\left(\dfrac{1.106\times 10^5}{\sqrt{t}}\right)$，

$t\cdot\lg t-10.09t+8350=0.$

上式的解可由方程 $y=t\cdot\lg t$ 与方程 $y=10.09t-8350$ 的交点求得。由此可得 $t=1190\,s\approx 20\,min$。 ◀

▶ **14.1.3　扩散层的评估**

扩散工艺的结果可由三种测量来评价：扩散层的结深、方块电阻与杂质分布。如图 14.6(a) 所示，在半导体内磨一凹槽并用某种溶液（例如对于硅用 $100\,cm^3$ HF 与数滴 HNO_3）腐蚀其表面，使得染色后 p 型区颜色比 n 型区更暗，因而描绘出结深。如果 R_0 是用以形成沟槽所用工具的半径，则可得结深为

$$x_j=\sqrt{R_0^2-b^2}-\sqrt{R_0^2-a^2}. \tag{17}$$

其中 a 和 b 如图中所示。此外，如果 R_0 远大于 a 和 b，则

$$x_j\approx\dfrac{a^2-b^2}{2R_0}. \tag{18}$$

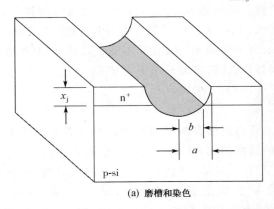 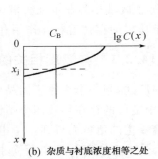

(a) 磨槽和染色　　(b) 杂质与衬底浓度相等之处

图 14.6　结深测量

如图 14.6(b) 所示，结深 x_j 是杂质浓度等同于衬底浓度 C_B 的位置所对应的深度，或者

$$C(x_j)=C_B \tag{19}$$

所以如果结深和C_B已知,则只要扩散分布满足14.1.2节所推导的公式,表面浓度C_s和杂质分布就能计算出来.

扩散层的电阻值可由第2章所描述的四探针法来测量. **薄层电阻** R 与结深 x_j、载流子迁移率 μ(它是总杂质浓度的函数)及杂质分布 $C(x)$ 相关[7]:

$$R = \frac{1}{q\int_0^{x_j} \mu C(x) \mathrm{d}x}. \tag{20}$$

对某一给定的扩散分布,平均电阻率 $\bar{\rho} = Rx_j$,仅与表面浓度 C_s 及设定分布下的衬底掺杂浓度有关. 对于余误差或高斯分布等简单的扩散分布,将 C_s 与 $\bar{\rho}$ 相关联的分布曲线已经计算出来[8]. 要正确地使用这些曲线,必须确认扩散分布与设定的分布一致. 对于低浓度和深扩散,扩散分布一般可用前面提及的简单函数表示. 但是,如将于下一节所述的,对于高浓度与浅扩散,扩散分布就不能以这些简单函数来表示了.

扩散分布可由第7章所述的电容-电压法测得. 当杂质完全电离时,杂质分布等同于多数载流子分布,而多子分布可通过测量p-n结或肖特基势垒二极管的反偏电容与外加电压的关系确定. 更为精确的方法是二次离子质谱法(secondary-ion-mass spectroscope,SIMS),该技术用于测量总的杂质分布. SIMS法利用离子束将待分析的材料从半导体表面溅射出来,检出离子并进行质量分析. 该技术对很多元素(如硼和砷)都有极高的灵敏度,是一种能精确测定高浓度或浅结扩散杂质分布的理想手段[9].

14.2 非本征扩散

14.1节中所述的扩散分布适用于恒定扩散系数的情形,这只发生于在掺杂浓度低于扩散温度下的本征载流子浓度 $n_i(T)$ 时,例如 $T=1000$℃时,硅的 $n_i=5\times10^{18}\mathrm{cm}^{-3}$,砷化镓的 $n_i=5\times10^{17}\mathrm{cm}^{-3}$. 低浓度时的扩散系数常被称为本征扩散系数 $D_i(T)$. 杂质浓度小于 n_i 的掺杂分布为本征扩散区,如图14.7左侧所示. 本征扩散区内,n型和p型杂质相继或同时扩散所得到的最终杂质分布可由其分别扩散分布的叠加得到,即各个扩散可分别独立处理. 但是,当包括衬底掺杂在内的总杂质浓度大于 $n_i(T)$ 时,扩散系数变得和浓度有关(即非本征)[10],这个区域称为非本征扩散(extrinsic diffusion)区. 在非本征扩散区,同时扩散或相继扩散的杂质之间存在着相互作用和协同效应,使得扩散分布更为复杂.

▶ 14.2.1 与浓度相关的扩散

如前所述,当一个主原子因晶格振动获得足够高能量而离开晶格位置时会产生一个空位,晶体中空位的存在导致四个不饱和的扭曲的键,这些键的电子会涌入空位. 一个中性空位可扮演受主的角色而得到一个电子,$V^0+e^-=V^-$. 根据一个空位的电荷数,可分为中性空位 V^0、受主空位 V^-、双电荷受主空位 V^{2-}、施主空位 V^+ 等. 可以预期,某种给定电荷状态的空位浓度(即单位体积的空位数 C_V),有类似于载流子浓度的温度依赖关系[参阅第1章式(28)],即

$$C_V = C_i \exp\left(\frac{E_F - E_i}{kT}\right). \tag{21}$$

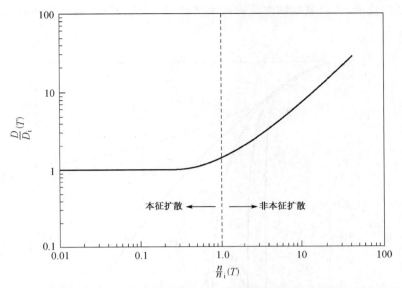

图 14.7 施主杂质扩散系数与电子浓度的关系[10],图中显示本征与非本征区

其中 C_i 是本征空位浓度,E_F 是费米能级,E_i 是本征费米能级.

如果杂质扩散是由空位机制主导,则扩散系数应正比于空位浓度.在低掺杂浓度下($n < n_i$),费米能级与本征费米能级重合($E_F = E_i$).空位浓度等于 C_i 而与杂质浓度无关.正比于 C_i 的扩散系数也和杂质浓度无关.在高浓度下($n > n_i$),费米能级移向导带底(对施主型空位)而 $\exp\left(\dfrac{E_F - E_i}{kT}\right)$ 项变得大于 1,这使得 C_V 增大,进而使扩散系数增加,如图 14.7 右侧所示.

当扩散系数随杂质浓度变化时,扩散方程须以式(4)代替(5),其中的 D 与 C 无关.我们考虑扩散系数可写成以下形式的情形:

$$D = D_s \left(\dfrac{C}{C_s}\right)^\gamma. \tag{22}$$

其中 C_s 为表面浓度,D_s 为表面处的扩散系数,C 和 D 为体内的浓度和扩散系数,γ 用以描述浓度相关的依赖.在此情形下,我们可将扩散方程式(4)写成一常微分方程式并以数值方法求解.

图 14.8 所示为不同 γ 值时恒定表面浓度扩散的解[11].对于 $\gamma = 0$,即恒定扩散系数的情形,其分布与图 14.5(a)所示一样.对于 $\gamma > 0$,扩散系数随浓度的下降而下降.随着 γ 的增大,扩散分布变得更陡峭而形成类似于盒子状(box-like)的浓度分布.所以,当向相反杂质类型的背景掺杂衬底中扩散更高的掺杂时,将形成高度突变的结(highly abrupt junction).陡峭的杂质分布导致结深几乎与衬底背景浓度无关.注意结深可用下列各式表示(见图 14.8):

$$\begin{aligned}
x_j &= 1.6\sqrt{D_s t}, \quad \text{当 } D \sim C\,(\gamma = 1); \\
x_j &= 1.1\sqrt{D_s t}, \quad \text{当 } D \sim C^2\,(\gamma = 2); \\
x_j &= 0.87\sqrt{D_s t}, \quad \text{当 } D \sim C^3\,(\gamma = 3).
\end{aligned} \tag{23}$$

对于 $\gamma=-2$ 的情形,扩散系数随浓度降低而增加,与其他情况下的凸状分布相反,这时将产生凹状分布.

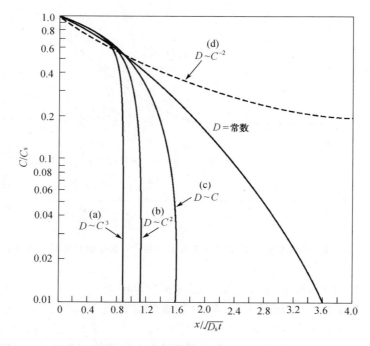

图 14.8　非本征扩散的归一化扩散分布,其中扩散系数与浓度相关[10,11]

14.2.2　扩散分布

一、硅中的扩散

硅中测量到的硼与砷的扩散系数与浓度相关的依赖参数 $\gamma \approx 1$,如图 14.9 曲线(c)所示,其浓度分布陡峭. 对于金与铂在硅中的扩散,$\gamma \approx -2$,其浓度分布如图 14.9 曲线(d)所示呈凹状.

硅中磷的扩散与带双电荷受主空位 V^{2-} 相关,高浓度时扩散系数随 C^2 而变化,我们预期磷的扩散分布接近于图 14.9 的曲线(b). 然而,由于离解效应(dissociation effect),扩散分布呈现出异常的行为.

图 14.9 显示在不同表面浓度下,磷在 1000℃下向硅中扩散一小时后的分布曲线[12]. 低的表面浓度下相当于本征扩散,扩散分布是余误差函数[曲线(a)]. 随着浓度增加,分布开始偏离简单的表达式[曲线(b)及(c)]. 在非常高浓度下[曲线(d)],表面附近的分布确实近似于图 14.8 中的曲线(b);然而在浓度 n_e 处,会有一个拐点产生;接着在尾区有一个快速的扩散. 浓度 n_e 对应的费米能级低于导带边 0.11eV,在该能级水平,耦合杂质-空位对(P^+V^{2-})会分解为 P^+、V^- 和一个电子. 这种分解会产生大量单一电荷的受主空位 V^-,这加速了分布尾区的扩散. 尾区的扩散系数超过 $10^{-12}\,cm^2/s$,该值比 1000℃ 的本征扩散系数约大两个数量级. 因为这一高扩散系数,磷常用于形成深结,如在 CMOS 中的 n 阱(n-tub).

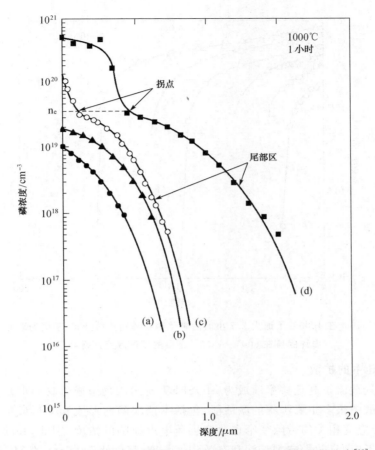

图 14.9 不同表面浓度下磷在硅中经 1000℃、1 小时后的扩散分布[12]

二、砷化镓中的锌扩散

我们预期砷化镓中的扩散比硅中要来得复杂,因为杂质的扩散涉及镓与砷两种子晶格中的原子运动. 空位在砷化镓中的扩散过程扮演主导的角色,因为 p 和 n 型杂质最终必须进驻晶格位置上,然而空位的荷电状态迄今尚未明确.

锌是砷化镓中广为研究的扩散剂,它的扩散系数随 C^2 而变化,所以其扩散分布如图 14.10 所示是陡峭的[13],与图 14.8 的曲线(b)相似. 注意即使对于最低表面浓度的情形,其扩散也是非本征的,因为在 1000℃ 时砷化镓的 n_i 仍小于 $10^{18}\,\text{cm}^{-3}$. 由图 14.10 可见,表面浓度对结深有重要影响. 扩散系数随锌蒸汽的分压线性变化,而表面浓度正比于该分压的平方根,故从式(23)可知,结深线性正比于表面浓度.

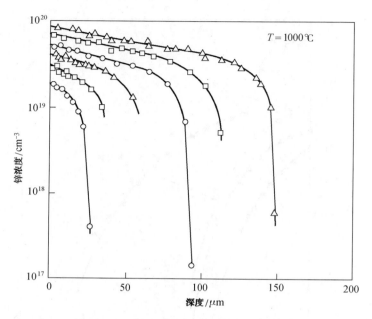

图 14.10 在 1000℃ 下退火 2.7 小时后砷化镓中锌的扩散分布,不同的表面浓度由锌保持在 600℃～800℃ 范围的不同温度而得到[13]

三、应变硅中的扩散

应变硅因其载流子高迁移率而成为 MOSFET 沟道的理想候选材料[14,15]. 而且,应变可以改变杂质扩散中很多主要步骤的激活能,包括本征缺陷的形成和为形成可动掺杂物的掺杂原子的位移. 应变相关的带隙变窄也改变了荷电点缺陷的浓度. 因此,和缺陷浓度相关的扩散强烈依赖于应变,并影响到结深和有效沟道长度,尺寸小于 65nm 的 MOSFET 器件中,应变相关的效应会很明显. 在压应力作用下,硅表面附近的晶格常数会变小. 为了释放这种压应力,表面附近的硅原子会跳到表面,从而在表面附近产生空位,这些空位通过扩散进入硅体中,和自填隙原子复合而减少了自填隙原子. 如 14.1.1 中所述,因为磷和硼主要通过推填机制扩散,压应力会迟滞其扩散[16]. 张应力有与压应力相反的影响:硅的晶格常数会变大,填隙相关的扩散会被增强. 由于晶格弛豫,空位浓度会降低,空位相关的扩散会受到迟滞.

14.3 扩散相关过程

本节我们将讨论两个工艺步骤,扩散在这两个工艺步骤中扮演了重要的角色,同时也将讨论这两个工艺对器件性能的影响.

▶ 14.3.1 横向扩散

先前讨论的一维扩散方程基本能描述扩散过程,但在掩蔽层窗口的边缘处例外,因为在该处杂质既会向下也会向旁边(横向)扩散. 在这种情况下,我们必须考虑二维的扩散方程,并使用数值方法求得在不同初始与边界条件下的扩散分布.

图 14.11 显示一恒定表面浓度扩散条件下的等掺杂浓度线图,其中假设扩散系数与浓

度无关[17]. 图的右端显示杂质浓度从 $0.5C_s$ 到 $10^{-4}C_s$ (C_s 为表面浓度)对应于式(9)给出的余误差函数的变化. 这些轮廓线构成了杂质扩散至不同衬底浓度所形成的结所在位置的"地图". 例如,在 $C/C_s = 10^{-4}$ 处(即衬底杂质浓度比表面浓度低 10^4 倍),从该等浓度线可看出垂直穿透(vertical penetration)深度约为 $2.8\mu m$,而横向穿透(lateral penetration,即沿着扩散掩蔽层与半导体的界面)约为 $2.3\mu m$. 因此,对于低于表面浓度三个或更多数量级的浓度,其横向穿透约为垂直穿透的 80%. 对于恒定掺杂总量扩散的情况,也可得到相似的结果,横向穿透与垂直穿透的比值约为 75%. 对于与浓度相关的扩散系数,该比值略有下降,约 65% 到 70%.

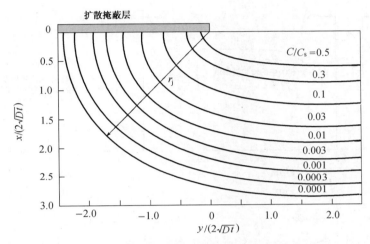

图 14.11　氧化层窗口边缘的扩散分布,r_j 是曲率半径[17]

由于横向扩散作用,结包含了一个中央平坦区域和曲率半径为 r_j 的近似圆柱形边缘,如图 14.11 所示. 此外,如果扩散掩蔽层含有尖角,则在角处的结将因横向扩散而近似为球状. 电场强度在柱形与球形结区域更强,所以该处雪崩击穿电压将远低于相同衬底掺杂的平面结,结的"曲率效应"已在第 3 章讨论过.

▶ 14.3.2　氧化过程中的杂质再分布

在热氧化过程中,靠近硅表面的杂质将会有再分布,这种再分布取决于几个因素. 当两个固体接触在一起时,任一固体内的杂质会在二者间重新分布以达平衡. 这类似于先前讨论的由熔体生长晶体中的杂质再分布. 硅中杂质的平衡浓度与二氧化硅中杂质的平衡浓度之比称为**分凝系数**(segregation coefficient),定义为

$$k = \frac{\text{硅中杂质的平衡浓度}}{\text{二氧化硅中杂质的平衡浓度}}. \tag{24}$$

第二个影响杂质再分布的因素是杂质可能会快速地扩散穿过二氧化硅,逸入周围气氛中. 如果二氧化硅中杂质扩散系数很大,这个因素将会很重要. 再分布的第三项因素是二氧化硅层不断生长,故硅与二氧化硅的界面将会随时间而深入硅中. 该界面推进的速率与杂质扩散穿过氧化层速率的比值对于确定再分布的范围很重要. 注意,即使某种杂质的分凝系数 k 等于 1,该杂质在硅中仍会发生再分布. 如第 12 章图 12.3 所示,氧化层的厚度约为其所消耗硅层的两倍. 因此,等量的杂质现在要分布在更大的体积中,这就导致杂质从硅中耗尽.

四种可能的再分布过程列于图 14.12 中[6]. 这些过程可分为两类. 一类是氧化层吸收杂质[图 14.12(a)和(b), $k<1$], 另一类是氧化层排斥杂质[图 14.12(c)和(d), $k>1$]. 对于每种情形, 杂质再分布情况还与杂质能以多快的速度扩散穿过氧化层有关. 在第一类中, 硅表面将发生杂质耗尽, 如硼(k 值近似为 0.3). 杂质快速扩散穿过二氧化硅, 将增加耗尽的程度, 掺硼的硅在氢气氛中加热就是这种情况, 因为二氧化硅中的氢会增加硼的扩散系数. 在第二类情形中, k 大于 1, 氧化层排斥杂质, 如果杂质穿过二氧化硅的扩散较慢, 杂质将会堆积在硅表面, 如磷, 其 k 值近似为 10. 当穿透二氧化硅的扩散很快时, 相当多杂质会从固体中逸向气体环境中, 总的效应仍将是杂质的耗尽, 如镓, 其 k 近似为 20.

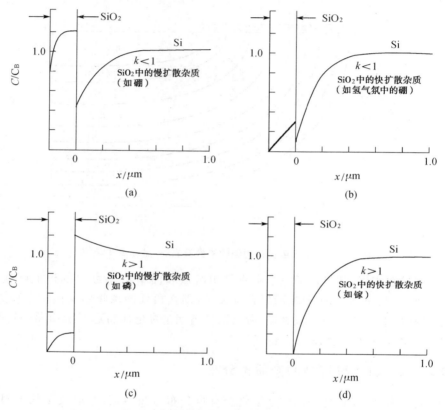

图 14.12 因热氧化而导致的硅中杂质再分布的四种情况[6]

再分布于氧化层中的杂质在电特性上很少是激活的. 然而硅中的杂质再分布对工艺与器件特性有重要的影响. 例如, 非均匀的杂质分布将会影响界面特性(见第 6 章), 而表面浓度的变化将会改变阈值电压和器件的接触电阻(见第 7 章).

14.4 注入离子的分布

离子注入是一种将具有一定能量的荷电粒子注入某种衬底(如硅)的工艺. 注入能量介于 300eV 到 5MeV 之间, 注入离子分布的平均深度可从 10nm 到 10μm. 离子剂量(dose)的变动范围, 从阈值电压调整注入的 $10^{12}\,\text{cm}^{-2}$ 到形成绝缘埋层的 $10^{18}\,\text{cm}^{-2}$. 须注意剂量表示为单位半导体表面面积(1cm^2)的注入离子数目. 相比于扩散工艺, 离子注入的主要优点在于可重复地、更准确地控制杂质掺杂和较低的工艺温度.

基本的 COMS 工艺中每片晶圆通常需 15～17 道离子注入工序,目前主流的 CMOS 工艺使用 20～23 道注入,而专用的 CMOS 电路(如闪存)中则多达 30 个.基本上所有现代 CMOS 器件中的掺杂都是用离子注入完成的.对于掺杂的量及位置而言,没有其他技术可以提供与离子注入相当的工艺控制和重复性.

图 14.13 所示为一中等能量离子注入机的示意图[18].离子源通过加热灯丝分解气体源(如 BF_3 或 AsH_3)使之成为带电离子(B^+ 或 As^+).加上约 40kV 的抽取电压,将这些带电离子引出离子源腔体并进入一磁分析器.我们可选择磁分析器的磁场,使只有质量/电荷比符合要求的离子得以穿过而不被滤掉.选出的离子接着进入加速管,在管内它们被电场加速至所需的注入能量.孔径(aperture)用以确保离子束准直.注入机内的压强保持低于 10^{-4} Pa,以使气体分子散射降至最低.再利用静电偏折板,使离子束能够扫描晶圆表面并注入半导体衬底.

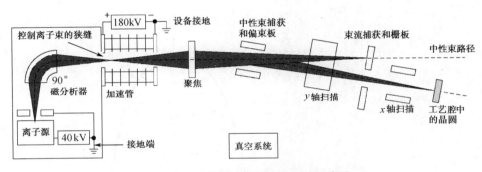

图 14.13 中等电流离子注入机的示意图

高能的离子因与衬底中电子和原子核的碰撞而损失能量,最后停在晶格内某一深度,平均深度可通过调整加速能量来控制.杂质剂量可通过监控注入离子电流来控制.主要的副作用是因离子碰撞引起的半导体晶格断裂或损伤.因此,需要后续的退火处理以去除这些损伤.

▶ 14.4.1 离子分布

一个离子在停止前所经过的总距离,称为**射程** R(range),如图 14.14(a)所示[19].该距离在入射轴方向上的投影称为**投影射程**(projected range, R_p).因为单位距离的碰撞次数及每次碰撞的能量损失都是随机变量,故相同质量和相同初始能量的离子形成一空间分布.投影射程的统计涨落称为投影偏差(projected straggle, σ_p),沿着入射轴的垂直方向上亦有一统计涨落称为横向偏差 $\sigma_\perp$ (lateral straggle).

图 14.14(b)所示为离子分布,沿着入射轴的注入杂质分布可以近似为一高斯分布函数:

$$n(x) = \frac{S}{\sqrt{2\pi}\sigma_p} \exp\left[-\frac{(x-R_p)^2}{2\sigma_p^2}\right]. \tag{25}$$

其中 S 为单位面积的离子注入剂量,该式与恒定杂质总量扩散的式(14)相似,只是 $4Dt$ 被 $2\sigma_p^2$ 取代,同时分布沿着 x 轴移动了一个 R_p.对于扩散,最大浓度位于 $x=0$ 处;而离子注入的最大浓度位于投影射程 R_p 处。在 $x-R_p=\pm\sigma_p$ 处,离子浓度比其峰值降低 40%;在 $\pm2\sigma_p$ 处则降为 10%;而在 $\pm3\sigma_p$ 处降为 1%;而在 $\pm4.8\sigma_p$ 处降为 0.001%.

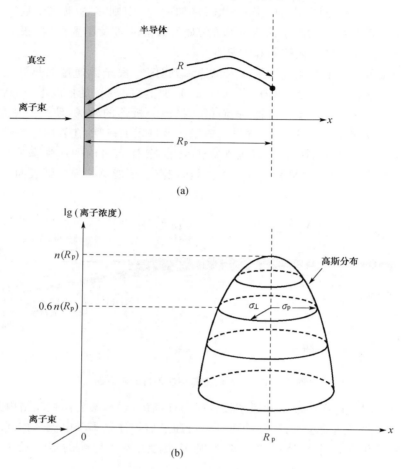

图 14.14 (a) 离子射程 R 和投影射程 σ_p 的示意图;(b) 注入离子的二维分布[19]

沿着入射轴的垂直方向上,其分布亦为高斯函数,可用 $\exp\left(-\dfrac{y^2}{2\sigma_\perp^2}\right)$ 表示。因为这种分布也会产生某些横向注入[20]. 然而掩蔽层边缘的横向穿透的数量级与 $\sigma_\perp$ 相当,远小于 14.3 节讨论的热扩散工艺的横向穿透.

▶ 14.4.2 离子阻滞

有两种阻滞机制可使高能离子进入半导体衬底(也称之为靶)后最终停下. 一种是离子将能量传给靶原子核,使入射离子发生偏转,使很多靶原子核从原来格点移出. 设 E 是离子在其运动路径上某点 x 处的能量,我们可以定义核阻滞本领(nuclear stopping)$S_n(E)\equiv\left(\dfrac{dE}{dx}\right)_n$ 来表征该过程. 另一种阻滞机制是入射离子和靶原子周围电子云的相互作用. 通过库仑作用,离子因和电子碰撞而损失能量,电子则被激发至更高的能级(激发)或脱离原子(离化). 我们可以定义电子阻滞本领(electronic stopping)$S_e(E)\equiv\left(\dfrac{dE}{dx}\right)_e$ 来表征该过程.

离子能量随距离的平均损耗率由上述两种阻滞机制叠加而得:

$$\frac{dE}{dx} = S_n(E) + S_e(E).\tag{26}$$

如果一个离子在停下来之前经过的总距离为 R,则

$$R = \int_0^R dx = \int_0^{E_0} \frac{dE}{S_n(E) + S_e(E)}.\tag{27}$$

其中 E_0 为初始离子能量,R 则为先前定义的射程.

核阻滞过程可以视为一个入射离子硬球(能量为 E_0,质量为 M_1)与靶核硬球(初始能量为零,质量为 M_2)之间的弹性碰撞,如图 14.15 所示.

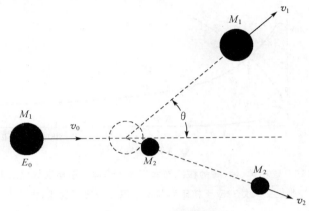

图 14.15 硬球的碰撞

两球相撞时,动量沿着球心传递,由动量及能量守恒可以得到偏转角 θ 及速度 v_1 和 v_2. 最大能量损失发生于对心(head-on)碰撞,在此情况下,入射粒子 M_1 的能量损失或转移给 M_2 的能量为

$$\frac{1}{2}M_2 v_2^2 = \frac{4M_1 M_2}{(M_1 + M_2)^2} E_0.\tag{28}$$

通常 M_2 与 M_1 有相同的数量级,故在核阻滞过程中,M_1 可以将相当大部分能量转移.

详细的计算显示,在低能量时,核阻滞本领随能量的增加而线性增加[与式(28)类似],$S_n(E)$ 在某一中等能量时达到最大. 而在高能量时,由于高速粒子没有足够的互作用时间与靶原子实现有效的能量转移,所以 $S_n(E)$ 将变小. 硅中各种能量砷、磷、硼离子的 $S_n(E)$ 计算值,在图 14.16 中以实线画出(上标为原子量)[21]. 注意: 重的原子(如砷)有更大的核阻滞本领,即单位距离的能量损失更大.

电子阻滞本领与入射离子的速度成正比,即

$$S_e(E) = k_e \sqrt{E}.\tag{29}$$

其中系数 k_e 是与原子质量和原子序数弱相关的函数. 硅中 k_e 值约为 $10^7 (eV)^{1/2}/cm$;砷化镓中 k_e 值约为 $3\times 10^7 (eV)^{1/2}/cm$. 硅中的电子阻滞本领在图 14.16 中以虚线画出. 图中还标出了交叉点的能量,在该处 $S_e(E)$ 等于 $S_n(E)$. 对于离子质量比靶原子(硅)小的硼而言,交叉点能量只有 10keV,这说明在大部分注入能量范围(1keV~1MeV)内,主要的能量损耗机制为电子阻滞. 另一方面,对于有相对高离子质量的砷来说,交叉点能量则达 700keV,因此在大部分能量范围内核阻滞占主导. 磷的交叉点能量是 130keV,E_0 小于 130keV 时,核阻滞机制起主导作用;E_0 大于 130keV 时,电子阻滞机制起主要作用.

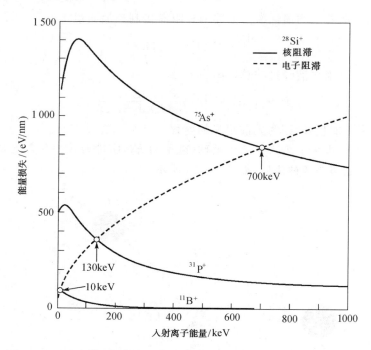

图 14.16 硅中砷、磷、硼的核阻滞本领 $S_n(E)$ 与电子阻滞本领 $S_e(E)$，曲线交叉处对应于核阻滞与电子阻滞相等时的能量[21]

一旦 $S_n(E)$ 与 $S_e(E)$ 已知，可从式(27)计算射程，并得到投影射程与投影偏差，可近似表示为以下方程[18]：

$$R_p \approx \frac{R}{1+\frac{M_2}{3M_1}}, \tag{30}$$

$$\sigma_p \approx \frac{2}{3}\frac{\sqrt{M_1 M_2}}{M_1+M_2}R_p. \tag{31}$$

图 14.17(a)显示硅中砷、硼和磷的投影射程 R_p、投影偏差 σ_p 及横向偏差 $\sigma_\perp$[22]。正如预期，能量损失越大射程越小，投影射程和偏差随离子能量增加而增加。对于给定的元素和入射能量下，σ_p 和 $\sigma_\perp$ 相差不多，通常在 ±20% 内。图 14.17(b)显示砷化镓中氢、锌和碲对应的值[20]。我们比较图 14.17(a)和(b)，可见大多数常用的杂质(除氢外)在硅中比在砷化镓中有更大的投影射程。

▶ 例 3

假设硼以 100keV、每平方厘米 5×10^{14} 离子的剂量注入 200mm 的硅晶圆，试计算峰值浓度。如果注入在 1min 内完成，求所需的离子束电流。

解 从图 14.17(a)中我们可得投影射程为 $0.31\mu m$，投影偏差为 $0.07\mu m$。
从式(25)得

$$n(x) = \frac{S}{\sqrt{2\pi}\sigma_p}\exp\left[-\frac{(x-R_p)^2}{2\sigma_p^2}\right],$$

$$\frac{dn}{dx} = -\frac{S}{\sqrt{2\pi}\sigma_p}\frac{2(x-R_p)}{2\sigma_p^2}\exp\left[-\frac{(x-R_p)^2}{2\sigma_p^2}\right] = 0.$$

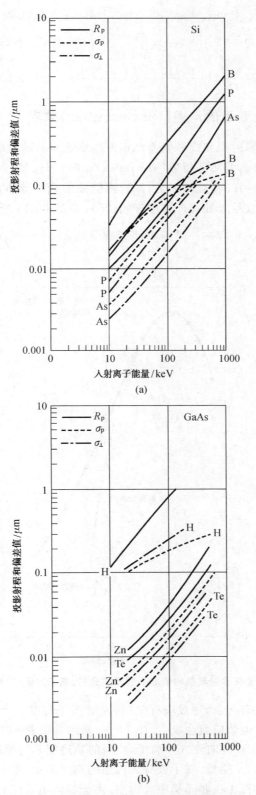

图 14.17 (a) 硅中硼、磷和砷与(b)砷化镓中氢、锌和碲的投影射程、投影偏差与横向偏差[20, 22]

所以峰值浓度位于 $x=R_p$ 处，$n(x)=2.85\times 10^{19}$ 个离子/立方厘米.

注入离子的总量为 $Q=5\times 10^{14}\times \pi \times \left(\dfrac{20}{2}\right)^2=1.57\times 10^{17}$（个离子）.

所需的离子电流为 $I=\dfrac{qQ}{t}=\dfrac{1.6\times 10^{-19}\times 1.57\times 10^{17}}{60}=4.19\times 10^{-4}(\text{A})\approx 0.42(\text{mA})$. ◀

▶ 14.4.3 注入离子的沟道(ion channeling)效应

前述高斯分布的投影射程和投影偏差能很好地描述非晶硅或小晶粒多晶硅衬底的注入离子分布. 只要离子束方向偏离低指数(low-index)晶向(如<111>)，硅和砷化镓中的注入分布就如非晶半导体中一样. 在此情形下，靠近峰值处的杂质分布用式(25)来表示，以及延伸至峰值以下一至两个数量级处都严格遵守式(25)，如图 14.18 所示[19]. 然而，即使对于偏离<111>晶向 7°的注入，仍存在一随距离而指数衰减 $\exp\left(-\dfrac{x}{\lambda}\right)$ 的尾区，其中 λ 典型的数量级为 $0.1\mu m$.

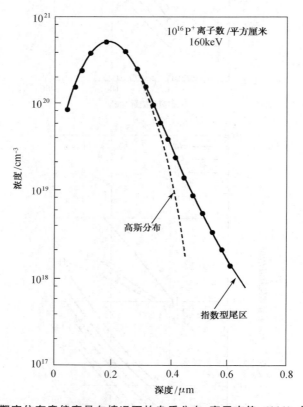

图 14.18 靶定位有意偏离晶向情况下的杂质分布，离子束偏<111>轴 7°入射[19]

该指数型尾区和离子注入沟道效应有关. 当入射离子对准一个主要的晶向并被导向于各排晶体原子之间时，沟道效应就会发生. 图 14.19 所示为沿着 <110> 方向观察金刚石晶格的示意图[23]. 沿 <110> 方向注入的离子，所沿的轨迹使其与靶原子无法足够接近，使其在与核碰撞时不会损失大量能量. 对于被导入沟道的离子来说，唯一的能量损失机制是电子阻滞，因此这些离子的射程比在非晶靶中大得多. 离子的沟道效应对于低能量注入和重离子特别关键.

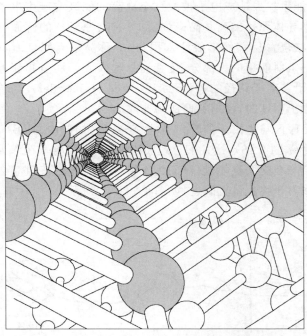

图 14.19　金刚石结构模型,沿<110>轴向观察[23]

沟道效应可利用几种技术降至最低:覆盖一层非晶表面(阻挡)层、晶圆偏离主晶向以及在晶圆表面产生一损伤的表层.常用的非晶覆盖材料只是生长一层薄的氧化层[图 14.20(a)],该层可使离子束的方向随机化,使离子以不同角度进入晶圆而不是直接进入晶体沟道.将晶圆偏离主晶向 5°～10°,也能有效防止离子进入沟道[图 14.20(b)].利用这种方法,大部分的注入机将晶圆倾斜 7°并从平边扭转 22°以防止沟道效应.以大剂量硅或锗注入对晶圆表面预损伤,可在晶圆表面产生一个随机层[图 14.20(c)].然而,这种方法需增加使用昂贵的离子注入机,还会产生点缺陷在后续工艺中形成漏电路径.

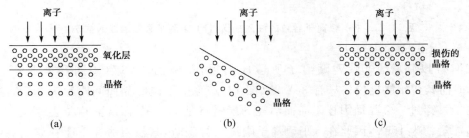

图 14.20　(a) 穿过非晶氧化层的注入;(b) 偏离主晶轴的入射;(c) 单晶层上的预损伤

14.5　注入损伤与退火

▶ 14.5.1　注入损伤

一定能量的离子射入半导体衬底后,经一系列与原子核和电子的碰撞损失能量而最终停下来.经由电子的能量损失造成电子被激发至更高的能级或产生电子-空穴对.然而与电子的碰撞并不会使半导体原子偏离其晶格位置.只有与原子核的碰撞可转移足够的能量给晶格,使主原子从晶格位置位移而形成注入损伤(亦称晶格无序,lattice disorder)[24].这些移位的原子或能获得入射能量的大部分,接着如骨牌效应一样引起邻近原子的级联的二次移位,从而形成一个沿着离子路径的**树状无序区**(tree of disorder).当单位体积内移位的原子数接近半导体的原子密度时,该材料便成为非晶的了.

轻离子的树状无序区与重离子的颇为不同.轻离子(如硅中的 $^{11}B^+$)大多数的能量损失起因于与电子的碰撞(图 14.16),这并不导致晶格损伤.这些离子在深入衬底时不断损失能量.最后,离子能量会降至交叉点能量(对硼为 10keV),而此时核阻滞会成为主导.因此,大部分晶格无序发生在离子终止位置附近,如图 14.21(a)所示.

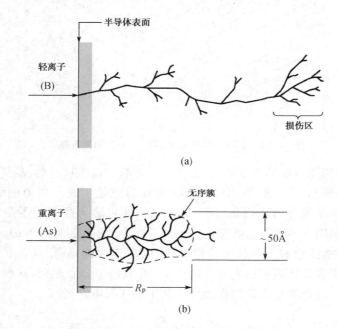

图 14.21 (a)轻离子导致的注入损伤;(b)重离子导致的注入损伤[2,18]

我们可以估算 100keV 硼离子所造成的损伤.由图 14.17(a)可得其投影射程为 $0.31\mu m$,而其初始能量损失只有 3eV/Å(图 14.16).由于硅的晶面间距约为 2.5Å,这意味着硼离子每穿过一个晶面因核阻滞而消耗的能量将是 7.5eV.而从晶格位置移位一个硅原子所需能量约为 15eV,因此在入射硼离子刚进入衬底时,其核阻滞并不能释放足够能量使硅原子移位.当离子能量降至 50keV 时(深度为 1500Å),穿过一个晶面因核阻滞的能量损失增加到 15eV(即 6eV/Å),这足够产生晶格无序.假设穿过每个晶面产生一个移位原子并且它从原来位置移动约 25Å,则损伤的体积为 $V_D \approx \pi(25Å)^2 \times (1500Å) = 3 \times 10^{-18} cm^3$.损伤密度为 $\frac{600}{V_D} \approx 2 \times 10^{20} cm^{-3}$,大约是原子密度的 0.4%.因此轻离子注入形成非晶层,需要非常大的剂量.

对于重离子,能量损失源于与原子核的碰撞,因此,我们预期有实质性的损伤.考虑一个 100keV 能量的砷离子,其投影射程为 $0.06\mu m$ (60nm).整个能量范围内的平均核阻滞能量损失约为1320eV/nm(图14.16). 这意味着,平均每穿过一个晶面砷离子会损失约330eV. 其中的大部分能量将传至被撞的靶(硅)原子,每个硅原子继而产生22个移位的靶原子(即330eV/15eV). 总共的移位原子数为5280. 假设每个原子移动2.5nm,损伤体积 $V_D \approx \pi(2.5\text{nm})^2 \times (60\text{nm}) = 10^{-18}\text{cm}^3$. 损伤密度则为 $5280/V_D \approx 5 \times 10^{21}\text{cm}^{-3}$,约占 V_D 体积内总原子数的10%. 在重离子注入的作用下,材料基本已呈非晶化. 图14.21(b)说明了这种情况,在整个投影射程内,晶体损伤形成了无序的簇(disorder cluster).

为估算将单晶材料转变为非晶材料所需的注入剂量,可以根据入射离子能量密度与熔化该材料所需的能量密度在相同的数量级(10^{21}keV/cm^3)这一准则,对于100keV的砷离子,形成非晶硅需要的剂量为

$$S = \frac{(10^{21}\text{keV/cm}^3)R_p}{E_0} = 6 \times 10^{13} \text{个离子/平方厘米}. \tag{32}$$

对于100keV的硼离子,所需剂量为 3×10^{14} 个离子/平方厘米,因其 R_p 是砷的五倍. 然而实际上,由于沿着注入离子路径损伤区的非均匀分布,在室温下对于硼注入,需要更高的剂量(大于 10^{16} 离子/平方厘米)才能形成非晶化.

▶ 14.5.2 退火(annealing)

离子注入所造成的损伤区和无序簇,使载流子迁移率和寿命等半导体参数受到严重影响. 此外,大部分的离子注入后并不位于替位位置. 为激活注入的离子并恢复迁移率与其他材料参数,我们必须在适当的时间和温度下将半导体退火. 退火是通过热处理改变材料微结构并改变材料特性的手段.

在传统退火中,使用类似于热氧化的批量式开放炉管系统. 晶圆被置于等温环境下:炉壁温度和晶圆温度相同. 这种工艺需要长时间的高温来消除注入损伤. 然而,传统的退火可能造成严重的杂质扩散而无法满足浅结和窄杂质分布的要求. 快速热退火(rapid thermal annealing,RTA)是一种采用多种能量来源、退火时间范围很宽(从100s低至纳秒,与传统退火相比都很短)的退火工艺. RTA可以在只引起最小杂质再分布的情况下实现杂质的完全激活.

一、硼与磷的传统退火

退火的特性与杂质类型和注入剂量有关. 图14.22显示注入硅衬底的硼与磷的退火行为[22]. 注入过程中,衬底处于室温. 在给定的离子剂量下,退火温度定义为在传统退火炉管中,退火30min时有90%掺杂原子激活的温度. 对于硼注入,高的剂量需要更高的退火温度. 对于磷,在较低剂量时退火特性类似于硼. 然而当剂量大于 10^{15}cm^{-2} 时,退火温度降低至约600℃. 这种现象和固相外延(solid-phase epitaxy)过程有关. 当磷注入大于 $6 \times 10^{14}\text{cm}^{-2}$ 时,硅的表面变成非晶. 非晶硅层下方的单晶硅可作为非晶硅层再结晶时的籽晶区域. 沿着<100>方向的外延生长速度在550℃为10nm/min,在600℃为50nm/min,其激活能为2.4eV. 因此100~500nm的非晶层可在几分钟内被再结晶. 在固相外延过程中,掺杂原子随着主原子结合进入晶格位置,所以在相对低的温度下,杂质即可被完全激活.

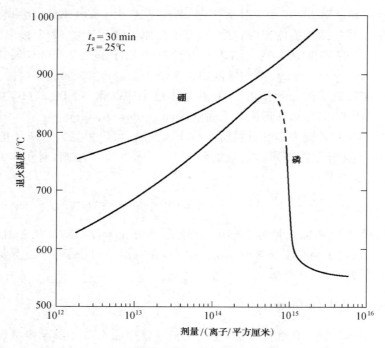

图 14.22　90%的硼和磷离子激活所需的退火温度与注入剂量的关系

二、快速热退火（RTA）

一个利用瞬间灯光加热的快速热退火装置如图 14.23 所示．RTA 系统中常用钨丝或弧灯作为光源，工艺腔体由石英、碳化硅、不锈钢或铝做成，并有一个石英窗口，光通过它照射至晶圆．晶圆支撑架通常以石英做成并以最少的接触点支撑晶圆．测量系统被置于一控制回路中以控制晶圆温度．用微机控制 RTA 系统和气体系统．一般来说，RTA 系统中的晶圆温度是以非接触的光学高温计（pyrometer）测量的．

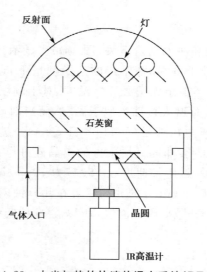

图 14.23　由光加热的快速热退火系统（RTA）

在 RTA 系统中,晶圆在常压或低压下被快速加热,晶圆与其周围环境不处于热平衡态. 卤钨灯(1500℃~2500℃)温度要比晶圆(600℃~1100℃)[25,26]高很多,而腔壁(20℃~500℃)温度通常比晶圆低很多. 正是这些温差使得晶圆的快速加热和冷却得以实现. 由于晶圆和卤钨灯都是高温的,RTA 的机制是由辐射热传递主导的,晶圆和腔体的光学特性在这个过程中起了重要的作用.

RTA 用于离子注入退火的一个关键优势在于,它能减少瞬时增强扩散. 瞬时增强扩散是指离子注入硅中的杂质扩散系数的大幅度增加,它源于离子注入过程中引入的大量过剩点缺陷. 对于硼掺杂这种现象尤为严重,因为硼本身是一种快速扩散杂质,其扩散系数因硅中填隙原子的存在而增加. 低温下瞬时增强扩散效应更为明显,因为相比于高温情况,超过热平衡值的过量硅填隙原子的过饱和程度在低温下会更大. 因此,只要热处理周期足够短,更高温度下的退火能够减小瞬时增强扩散效应.

表 14.2 所示为传统炉管退火和 RTA 技术的比较. 在 RTA 中为获得短的工艺时间,需在温度和工艺均匀性、温度测量与控制、晶圆应力与产率间做折中. 此外,还需要考虑非常快速的温度升降(100℃/s~300℃/s)引入电性激活的晶圆缺陷的问题. 晶圆快速加热引起的温度梯度,可能因热应力而诱生滑移位错,造成晶圆损伤. 另一方面,传统的炉管工艺存在严重的问题,如:来源于热壁的粒子产生、开放式系统中有限的气氛控制和大的热质量限制加热时间长达几十分钟等. 事实上,由于对污染、工艺控制和净化间面积成本等方面的要求,已使得退火工艺的选择偏向 RTA.

表 14.2 退火技术比较

决定因素	传统炉管	RTA
工艺	批量	单一晶圆
炉管	热壁	冷壁
加热率	低	高
工艺周期	长	短
温控	炉管	晶圆
热预算	高	低
粒子问题	有	最小
均匀度和可重复性	高	低
产率	高	低

三、快速热处理(rapid thermal processing,RTP)的其他应用

快速热处理(RTP,包括 RTA)是先进集成电路制造的关键技术,有广泛的应用. 除了离子注入损伤退火和杂质激活,RTP 还用于金属硅化物和氮化物的形成、介质的形成和退火、淀积氧化物的回流[26]. 典型的 RTP 系统采用辐射能量源(通常为卤钨灯),在小于一分钟的周期内加热晶圆至高温. 由于其低的热预算、短的工艺周期以及和单晶圆工艺的兼容性,器件尺寸缩小和晶圆直径增加的趋势将使得 RTP 的应用变得更加广泛. 新的应用正在兴起,包括栅介质的形成和快速热化学气相淀积(RTCVD).

四、毫秒级退火

当器件缩小至 40nm 技术节点以下时,即使 1nm 的扩散对于超浅结来说也是明显的.

降低扩散的需求导致需要退火中加热周期降至毫秒量级,在毫秒级的加热中实现足够的注入损伤退火和杂质激活使得退火峰值温度须高达仅略低于硅熔点.

传统 RTP 系统中的峰值温度持续时间通常受限于晶圆的最大冷却速率和关断加热能量源的时间,这些因素一般将峰值温度时间限制于 1s. 通过使用可以快速关断的弧光灯能量源,该时间可以缩短至约 0.3s,但是这仍不能满足未来的需求.

在毫秒级退火系统中,晶圆先被快速加热到一个中等温度,然后一个来自高能水冷壁闪光灯的极短高能脉冲在整个晶圆前表面产生一个温度跳变,这样就能通过晶圆表面向其内部的热传导实现超快速的降温,热循环的原理如图 14.24 所示. 可以通过调节中等温度和温度跳变的幅度,灵活地调节相对于杂质激活的扩散量.

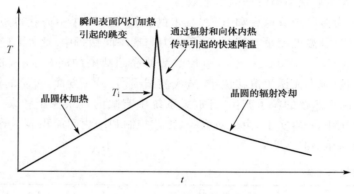

图 14.24　毫秒退火的热循环

14.6　注入相关工艺

在本节中,我们将考虑一些与注入相关的工艺,如多次注入(multiple implantation)、掩蔽层(masking)、大角度注入、高能量注入及大电流注入.

▶ 14.6.1　多次注入及掩蔽层

在许多应用中,需要不同于简单高斯分布的其他的杂质分布. 一个例子是在硅中预注入惰性离子,使表面非晶化. 这种方法能准确地控制杂质分布,并且可在低温下实现近乎百分之百的杂质激活,正如前文所述. 在该情况下可能需要一个深的非晶层. 为了得到这样的区域,我们必须做一系列不同能量与剂量的注入.

多次注入也可用于形成平坦的杂质分布,如图 14.25 所示,四次硼注入硅中以提供一叠加的杂质分布[23]. 测量和利用射程理论预测的载流子浓度如图所示. 其他不能由扩散方法得到的杂质分布,也可用不同杂质剂量与注入能量的组合来实现. 多次注入也用来保证砷化镓在注入与退火时保持化学成分匹配. 这种方法在退火前预先注入等量的镓与 n 型杂质(或砷与 p 型杂质),可以实现更多的杂质激活.

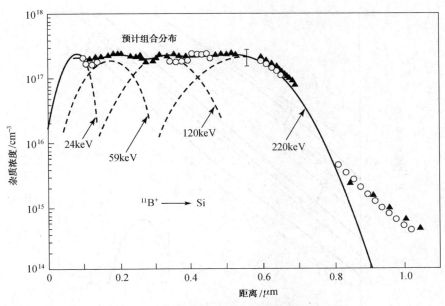

图 14.25 使用多次离子注入的合成掺杂分布[27]

为了要在半导体衬底中选定的区域形成 p-n 结，注入时需要一层合适的掩膜。因为注入是低温工艺，有很多材料可以用于掩蔽。为了阻止给定比例的入射离子，所用掩蔽材料的最小厚度可从离子注入的射程参数求得。图 14.26 的插图显示了掩蔽层内的注入分布。超过某一深度 d 的注入剂量（阴影所示）可通过对式（25）作如下积分得到：

$$S_d = \frac{S}{\sqrt{2\pi}\sigma_p}\int_d^\infty \exp\left[-\left(\frac{x-R_p}{\sqrt{2}\sigma_p}\right)^2\right]dx. \tag{33}$$

从表 14.1 我们可导出以下表示式：

$$\int_x^\infty e^{-y^2}dy = \frac{\sqrt{\pi}}{2}\text{erfc}(x). \tag{34}$$

因此穿透深度 d 的注入剂量的百分比可由穿透系数（transmission coefficient）T 给出

$$T \equiv \frac{S_d}{S} = \frac{1}{2}\text{erfc}\left(\frac{d-R_p}{\sqrt{2}\sigma_p}\right). \tag{35}$$

一旦给定 T，对于任意给定的 R_p 和 σ_p，都可由式（35）求得掩蔽层厚度 d。

对于 SiO_2、Si_3N_4 与光刻胶等掩蔽材料，要阻挡 99.99% 的入射离子（$T=10^{-4}$）所需的 d 值如图 14.26 所示[19,25]。图中给出的掩蔽层厚度分别对应于注入硅中的硼、磷与砷。该掩蔽层厚度亦可用于砷化镓掺杂的掩蔽，掺杂种类示于括号内。因为 R_p 与 σ_p 都线性依赖于能量，所以掩蔽材料的最小厚度也随能量线性增加。在某些应用中，掩蔽层并不用来完全阻挡离子束流，只是用作入射离子的衰减器，并作为一层非晶表面层以减小沟道效应。

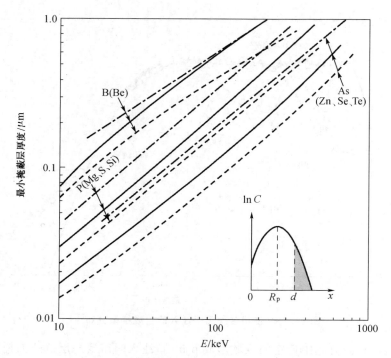

图 14.26 掩蔽效率为 99.99% 时,SiO_2(——)、Si_3N_4(- - - -)及光刻胶(—·—·—)的最小厚度和入射离子能量 E 的关系[28]

▶ **例 4**

当硼离子以 200 keV 注入时,需要多少厚度的 SiO_2 来阻挡 99.996% 的入射离子($R_p = 0.53\mu m, \sigma_p = 0.093\mu m$)?

解 式(35)中的余误差函数当自变量很大时可以近似如下(见表 14.1):

$$T \approx \frac{1}{2\sqrt{\pi}} \frac{e^{-u^2}}{u}.$$

其中参数 u 代表 $\dfrac{d-R_p}{\sqrt{2}\sigma_p}$。若 $T=10^{-4}$,我们可以解上面的方程式得到 $u=2.8$。因此

$$d = R_p + 3.96\sigma_p = 0.53 + 3.96 \times 0.093 = 0.898(\mu m).$$

◀

▶ **14.6.2 倾斜角(tilt-angle)离子注入**

当器件缩小至亚微米尺寸,垂直方向杂质分布的缩减也是很重要的. 对于 28 nm 工艺,我们需要将结深缩至小于 15 nm,其中包含杂质激活与后续工艺步骤引起的扩散. 现代器件结构如轻掺杂漏(lightly-doped drain, LDD),需要同时在纵向和横向上精确控制杂质分布.

注入离子垂直于表面的速度分量决定了注入分布的投影射程. 如果晶圆相对于离子束倾斜一个很大的角度,则等效离子能量将大为减少. 图 14.27 显示 60 keV 砷离子注入与倾斜角的关系,利用高倾斜角度(86°)可实现极浅的分布. 在进行倾斜角度离子注入时,须考虑晶圆上掩蔽图案的阴影效应(shadow effect,如图 14.27 的插图). 较小的倾角导致小的阴影区. 例如,若掩蔽图形的高度为 $0.5\mu m$ 并具有垂直的侧壁,则离子束入射角为 7° 时将导致一个 61 nm 的阴影区. 该阴影效应可能使器件产生一个预期外的串联电阻.

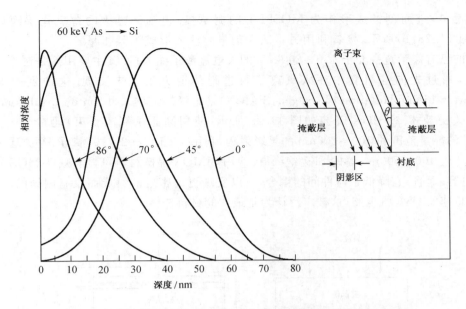

图 14.27　60keV 砷注入硅中，相对浓度分布与离子束倾角的关系，
插图所示为倾斜角离子注入的阴影区

▶ 14.6.3　高能量与大电流注入

高能离子注入机能量可高至 1.5～5MeV，已用作多种新颖的用途．主要利用其将杂质掺入半导体内深达很多微米的能力而无需借助高温长时间的扩散．高能注入机也可用于产生低电阻埋层（buried layer）．例如，CMOS 器件内距表面深达 1.5～3μm 的埋层即可由高能注入机实现．

工作于 25～30keV 范围的大电流注入机（10～20mA），通常用于扩散工艺的预淀积步骤，因为杂质总量能够精确的控制．预淀积之后，杂质可以用高温扩散步骤推进，同时表面区的注入损伤被退火消除．另一用途是 MOS 器件的阈值电压调整．精确控制的一定量杂质（如硼）经栅极氧化层注入沟道区[29]，如图 14.28(a)所示．因为硼在硅与二氧化硅中的投影射程相差不多，如果我们选择合适的入射能量，这些离子将正好可穿过薄的栅氧化层而不会穿过较厚的场氧化层．阈值电压可随注入剂量近似线性的变化．硼注入后

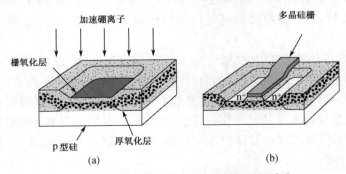

图 14.28　以硼离子注入作阈值电压调整[28]

淀积多晶硅,进而刻蚀成形作为 MOSFET 的栅电极.包围栅电极的薄氧化层随后被去掉,如图 14.28(b) 所示,接着利用另一次大剂量砷注入形成源区和漏区.

目前已有能量范围介于 150～200keV 的大电流离子注入机.其主要用途是制作埋层二氧化硅,通过先向硅衬底中注入氧离子再进行热退火工艺来实现.这种氧注入隔绝(separation by implantation of oxygen,SIMOX)是绝缘层上硅(silicon on insulator,SOI)的一项关键技术.SIMOX 工艺如图 14.29 所示,使用高能量氧离子束,通常介于 150～200keV 的能量范围和 100～200nm 的投影射程,利用 1×10^{18}～2×10^{18} 离子/平方厘米的极高剂量产生 100～500nm 厚的 SiO_2 绝缘层.使用 SIMOX 晶圆材料可显著减少 MOS 器件的源/漏电容.而且,它降低了器件间的耦合,可以实现更高密度的集成而没有闩锁的问题.对于先进高速的 CMOS 电路,这被广泛认为是最佳的材料选择.

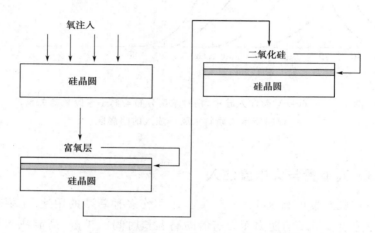

图 14.29　形成 SOI 晶圆的 SIMOX 工艺流程

现阶段,10%～20% 的 SOI 晶圆是用 SIMOX 工艺生产的,而 80%～90% 则是用智能剥离(smart cut)技术.它使用晶圆键合和薄层转移技术将硅层从施主或籽晶晶圆转移至支撑晶圆上,如图 14.30 所示.先将籽晶氧化至所需厚度,再穿过氧化层向硅中注入氢,典型剂量超过 $5\times10^{16}\,cm^{-2}$.氢注入之后仔细清洗籽晶晶圆和衬底晶圆,去除颗粒及表面污染物,并保证两表面都是亲水的.配对的晶圆对准后相接触,晶圆键合依赖于氢键和水分子的化学作用.当硅晶圆对刚刚键合于一体时,有几个单分子层的水会被封闭于两个氧化层之间.当对键合的晶圆对加热至高温时,水将扩散穿过薄氧化层到达硅界面处形成更厚氧化层.最后,通过界面处羟基物的耦联形成界面的完全封闭,而氢则被释放至硅体内.

键合完成的晶圆对装入炉中并加热到 400℃～600℃,此时晶圆会沿着氢注入表面分裂.分裂的机制是:足够高剂量的氢注入将产生足够高密度的薄片或微腔.微腔逐渐增长形成细微裂纹并最终导致一薄层硅从主衬底分裂开来.这种裂开的晶圆表面有平均几纳米的粗糙度.经轻微的接触抛光或其他表面处理后,可使得该晶圆拥有和标准硅晶圆相同的表面粗糙度.SOI 技术不仅可以减小器件的寄生电容,也可以减小短沟道效应,从而提高了按比例缩小的器件的性能.

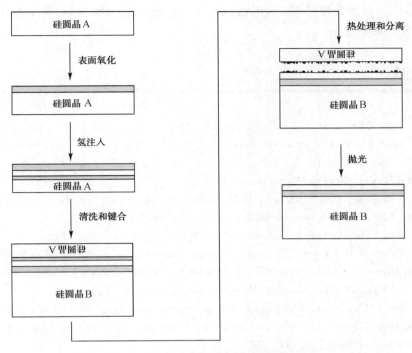

图 14.30 生产 SOI 晶圆的智能剥离技术

总　结

　　扩散与离子注入是杂质掺杂的两种主要方法. 我们先考虑恒定扩散系数的基本扩散方程, 分别得到适用于恒定表面浓度与恒定掺杂总量的余误差函数与高斯函数的杂质分布. 扩散工艺的结果可以通过测量结深、薄层电阻及掺杂分布来评估.

　　当杂质浓度高于扩散温度下的本征载流子浓度 n_i 时, 扩散系数变得和浓度相关, 这种相关性对所形成的掺杂分布有重要的影响. 例如, 在硅中砷与硼的扩散系数随杂质浓度线性变化, 其杂质分布远比余误差函数陡峭. 在硅中磷的扩散系数随浓度的平方而变化, 这种相关性和解离效应使得磷的扩散系数比其本征扩散系数高出 100 倍.

　　掩蔽层边缘的横向扩散与氧化过程中的杂质再分布是对器件性能有重要影响的两个过程. 前者会大幅度降低击穿电压, 后者则会影响阈值电压与接触电阻.

　　离子注入的关键参数是投影射程 R_p 及其标准误差 σ_p, 后者也称为投影偏差. 注入分布可近似为高斯分布, 其峰值位于距离半导体衬底表面 R_p 处. 相对于扩散工艺, 离子注入工艺的好处在于可更精确地控制掺杂量、更易于重复实现的掺杂分布和更低的工艺温度.

　　我们考虑了硅和砷化镓中不同元素的 R_p 和 σ_p, 讨论了沟道效应和减小沟道效应的方法. 然而, 注入可能对晶格造成严重损伤, 为了消除注入损伤并恢复迁移率和其他器件参数, 必须在适当的时间与温度组合下对半导体退火. 目前, 快速热退火 (RTA) 比传统炉管退火更加广泛地被采用, 因为 RTA 可以消除注入损伤, 而又不会因为加热而使杂质分布增宽.

　　离子注入广泛应用于先进的半导体器件. 包含: ① 多次注入形成新颖的分布; ② 选择适当的掩蔽材料与厚度, 以阻挡给定百分比的入射离子进入衬底; ③ 倾斜角注入以形成超浅结；④ 高能注入以形成埋层；⑤ 大电流注入用于扩散工艺的预淀积、阈值电压调整以及形成应用于 SOI 的绝缘层.

参考文献

[1] S. M. Sze, Ed., *VLSI Technology*, 2nd Ed., McGraw-Hill, New York, 1988, Ch. 7, 8.

[2] S. K. Ghandhi, *VLSI Fabrication Principles*, 2nd Ed., Wiley, New York, 1994, Ch. 4, 6.

[3] W. R. Runyan, and K. E. Bean, *Semiconductor Integrated Circuit Processing Technology*, Addison-Wesley, Reading, MA, 1990, Ch. 8.

[4] H. C. Casey, and G. L. Pearson, "Diffusion in Semiconductors," in J. H. Crawford, and L. M. Slifkin, Eds., *Point Defects in Solids*, Vol. 2, Plenum, New York, 1975.

[5] J. P. Joly, "Metallic Contamination of Silicon Wafers," *Microelectronic Eng.*, 40, 285 (1998).

[6] A. S. Grove, *Physics and Technology of Semiconductor Devices*, Wiley, New York, 1967.

[7] *ASTM Method* F374-88, "Test Method for Sheet Resistance of Silicon Epitaxial, diffused, and Ion-implanted Layers Using a Collinear Four-Probe Arry," Vol. 10, 249 (1993).

[8] J. C. Irvin, "Evaluation of Diffused Layers in Silicon," *Bell Syst. Tech. J.*, 41, 2 (1962).

[9] *ASTM Method* E1438-91, "Standard Guide for Measuring Width of Interfaces in Sputter Depth Profiling Using SIMS," Vol. 10, 578 (1993).

[10] R. B. Fair, "Concentration Profiles of Diffused Dopants," in F. F. Y. Wang, Ed., *Impurity Doping Processes in Silicon*, North-Holland, Amsterdam, 1981.

[11] L. R. Weisberg, and J. Blanc, "Diffusion with Interstitial-Substitutional Equilibrium, Zinc in GaAs," *Phys. Rev.*, 131, 1548 (1963).

[12] A. F. W. Willoughby, "Double-Diffusion Processes in Silicon," in F. F. Y. Wang, Ed., *Impurity Doping Processes in Silicon*, North-Holland, Amsterdam, 1981.

[13] F. A. Cunnell, and C. H. Gooch, "Diffusion of Zinc in Gallium Arsenide," *J. Phys. Chem. Solid*, 15, 127 (1960).

[14] M. V. Fischetti, F. Gamiz, and W. Hansch, "On the Enhanced Electron Mobility in Strained-Silicon Inversion Layers," *J. Appl. Phys.*, 92, 7320 (2002).

[15] M. L. Lee, and E. A. Fitzgerald, "Hole Mobility Enhancements in Nanometer-Scale Strained-Silicon Heterostructures Grown on Ge-Rich Relaxed $Si_{1-x}Ge_x$," *J. Appl. Phys.*, 94, 2590 (2003).

[16] L. Lin et al., "Boron Difusion in Stranied Si: A First-Principles Study," *J. Appl. Phys.*, 96, 5543 (2004).

[17] D. P. Kennedy, and R. R. O'Brien, "Analysis of the Impurity Atom Distribution near the Diffusion Mask for a Planar p-n Junction," *IBM J. Res. Dev.*, 9, 179 (1965).

[18] I. Brodie, and J. J. Muray, *The Physics of Microfabrication*, Plenum, New York, 1982.

[19] J. F. Gibbons, "Ion Implantation," in S. P. Keller, Ed., *Handbook on Semiconductors*, Vol. 3, North-Holland, Amsterdam, 1980.

[20] S. Furukawa, H. Matsumura, and H. Ishiwara, "Theoretical Consideration on Lateral Spread of Implanted Ions," *Jpn. J. Appl. Phys.*, 11, 134 (1972).

[21] B. Smith, *Ion Implantation Range Data for Silicon and Germanium Device Technologies*, Research Studies, Forest Grove, Oregon, 1977.

[22] K. A. Pickar, "Ion Implantation in Silicon," in R. Wolfe, Ed., *Applied Solid State Science*, Vol. 5, Academic, New York, 1975.

[23] L. Pauling, and R. Hayward, *The Architecture of Molecules*, W. H. Freeman, San Francisco, 1964.

[24] D. K. Brice, "Recoil Contribution to Ion Implantation Energy Deposition Distribution," *J. Appl. Phys.*, 46, 3385 (1975).

[25] C. Y. Chang, and S. M. Sze, Eds., *ULSI Technology*, McGraw-Hill, New York, 1996, Ch. 4.

[26] R. Doering, and Y. Nishi, *Handbook of Semiconductor Manufacturing Technology*, 2nd Ed., CRC Press, FL, 2008.

[27] D. H. Lee, and J. W. Mayer, "Ion-Implanted Semiconductor Devices," *Proc. IEEE*, 62, 1241 (1974).

[28] G. Dearnaley et al., *Ion Implantation*, North-Holland, Amsterdam, 1973.

[29] W. G. Oldham, "The Fabrication of Microelectronic Circuit," *Microelectronics*, W. H. Freeman, San Francisco, 1977.

习 题

14.1 基本扩散工艺

1. 试计算硼预淀积形成的结深和引入的杂质总量,预沉积温度是950℃,中性环境,时间是30min. 假设衬底是n型硅,$N_D=1.8\times10^{16}\,cm^{-3}$,而硼的表面浓度$C_s=1.8\times10^{20}\,cm^{-3}$.

2. 如果习题1中的样品接着在中性环境下进行杂质推进工艺,温度为1050℃,时间为60min,试计算此时的扩散分布与结深.

3. 将硼扩散到一个n型单晶硅衬底中(浓度为$10^{15}\,cm^{-3}$),经过60min扩散,结深为$2\mu m$,表面浓度为$10^{18}\,cm^{-3}$,假设硼的分布可由高斯分布描述,试求硼的扩散系数.

4. 假设测得的磷元素的扩散分布可以用高斯函数表示,其扩散系数$D=2.3\times10^{-13}\,cm^2/s$. 测得表面浓度是$1\times10^{18}\,cm^{-3}$,衬底浓度为$1\times10^{15}\,cm^{-3}$,结深为$1\mu m$. 请计算扩散时间和在扩散层中磷的总量.

5. 在1100℃下将砷扩散到掺有硼的厚硅晶圆中(硼的浓度为$10^{15}\,cm^{-3}$),历时3h,如果表面浓度保持恒定为$4\times10^{18}\,cm^{-3}$,求扩散长度和结深.

*6. 为防止突然降温而引起硅晶圆翘曲,扩散炉管的温度在20min内由1000℃线性地下降至500℃. 对于磷在硅内的扩散而言,此过程等效于在初始扩散温度下多长有效时间的扩散?

*7. 低浓度的磷在硅中进行1000℃的推进扩散,求扩散时间与温度分别有1%变动情况下,表面浓度变化的比例.

14.2 非本征扩散

8. 在900℃将砷扩散到掺有硼的厚硅晶圆中(硼浓度为$10^{15}\,cm^{-3}$),时间为3h. 如果表面浓度恒定在$4\times10^{18}\,cm^{-3}$,则结深为多少?假设$D=D_0 e^{\frac{-E_a}{kT}}\times\frac{n}{n_i}$,$D_0=45.8\,cm^2/s$,$E_a=4.05\,eV$,$x_j=1.6\sqrt{Dt}$.

9. 假设一薄层磷被引入到单晶硅内且浓度远高于 n_i。对于浓度高于 n_i 的扩散而言,扩散系数与磷的局部浓度的二次方成正比:$D = D_0(C/n_i)^2$。浓度分布 $C(x,t)$ 为 $C(x,t) = C_s(t)[1 - x^2/x_F^2]^{1/2}$,其中,$C_s(t) = [(4Q^2 n_i^2)/(\pi^2 D_0 t)]^{1/4}$,$x_F(t) = [(64Q^2 D_0 t)/(\pi^2 n_i^2)]^{1/4}$。这里 Q 是个定值,表示原子的总的个数。参数 $x_F(t)$ 代表扩散系数变得不再与 C^2 成正比或如图 14.9 中所示"拐点(kink)"出现的位置。定性画出在某一特定时间 t_0 时,$C(x, t_0)$ 相对于正常的高斯分布的分布曲线。

14.3 扩散相关过程

10. 定义分凝系数。

11. 气相分解后通过原子吸收谱测得二氧化硅中铜的浓度是 $5 \times 10^{13} \text{cm}^{-3}$。在 HF/H_2O_2 内溶解之后,测得硅中的铜的浓度是 $3 \times 10^{11} \text{cm}^{-3}$,计算铜在二氧化硅与硅之间的分凝系数。

14.4 注入离子的分布

12. 假设直径为 100mm 的砷化镓晶圆在 $10\mu A$ 恒定离子束电流下均匀地注入 100keV 的锌离子,时间是 5min,求出在单位面积上的离子剂量与离子浓度的峰值。

13. 通过氧化层上所开的窗口注入 80keV 的硼到硅中形成 p-n 结。如果硼的剂量是 $2 \times 10^{15} \text{cm}^{-2}$,而 n 型衬底的浓度是 10^{15}cm^{-3},试找出冶金结的位置。

14. 在一个 200mm 晶圆离子注入系统中,假设硼离子束电流是 $10\mu A$。对 p 沟道晶体管来说,试计算将阈值电压由 $-1.1V$ 降低到 $-0.5V$ 所需的注入时间。假设被注入的受主杂质在硅表面层内形成一层负电荷,氧化层厚度是 10nm。

15. 将一个能量为 100keV 的硼原子 ($M_1 = 11m_p$) 入射到硅原子上 ($M_2 = 28m_p$),试求硼原子的能量损失。

16. 半径为 10cm 的硅圆片在 0.5mA 的电流下注入 100keV 的硼离子,时间为 2min。如果投影射程和投影偏差分别为 $0.31\mu m$ 和 $0.07\mu m$,试求入射硼离子通量[离子数/(秒·平方厘米)]。

17. 通过厚度为 25nm 的栅极氧化层进行阈值电压调整注入,衬底是晶向为 <100> 的 p 型硅,电阻率为 $10\Omega \cdot cm$。如果在 40keV 硼注入后阈值电压增加 1V,计算单位面积的总注入剂量,并估计硼的峰值浓度所在位置。

14.5 注入损伤与退火

18. 解释为何高温 RTA 比低温 RTA 更适用于形成无缺陷浅结。

19. 如果 50keV 的硼注入进硅衬底,试计算损伤密度。假设硅原子密度为 $5.02 \times 10^{22} \text{cm}^{-3}$,硅的移位能量为 15eV,位移距离是 2.5nm,硅晶面间距为 0.25nm。

20. 通过厚度为 15nm 的栅极氧化层进行阈值电压调整注入,注入的杂质为 30keV 硼,试估算注入氧化层中硼的数量。假设投影射程和投影偏差分别为 $0.1\mu m$ 和 $0.04\mu m$。

21. 如果栅极氧化层厚度为 4nm,试计算将 p 沟道阈值电压降低 1V 所需的注入剂量。假设注入能量被调整到可使分布的峰值出现在氧化硅与硅的界面上,则只有一半的注入离子进入硅中。进而假设硅中 90% 的注入离子的电学特性经退火工艺而被激活。这些假设使只有 45% 被注入的离子用于阈值电压调整。同时也假设所有在硅中的电荷都位于硅-二氧化硅界面。

14.6 注入相关工艺

22. 如果要在亚微米 MOSFET 的源区与漏区形成一个 $0.1\mu m$ 深的重掺杂结，比较可以采用的杂质引入和激活的方法。你会推荐哪一种？为什么？

23. 砷离子以 100keV 注入，光刻胶的厚度为 400nm，试推算此光刻胶掩蔽层防止离子穿透的阻挡率($R_p=0.6\mu m, \sigma_p=0.2\mu m$)。如果光刻胶厚度改为 $1\mu m$，计算此时掩蔽层的阻挡率。

24. 参考例 4，阻挡 99.999% 的注入离子需要的二氧化硅厚度是多少？

第 15 章

集成器件

- 15.1 无源元件
- 15.2 双极型晶体管技术
- 15.3 MOSFET 技术
- 15.4 MESFET 技术
- 15.5 纳电子学的挑战
- 总结

微波、光电及功率器件的应用通常采用分立器件(discrete devices). 例如, 碰撞离化雪崩渡越时间二极管(IMPATT)用于微波发生器、注入型激光器(injection laser)用于光源、可控硅器件用于高功率开关等. 然而, 大部分的电子系统是将有源器件(如晶体管)及无源元件(如电阻、电容和电感)集成于同一单晶半导体衬底之上, 并通过金属化图案互连而形成的集成电路(IC)[1]. 相比于通过引线键合互连的分立器件, 集成电路拥有巨大的优势. 这些优点包括: ① 降低互连的寄生效应, 因为具有多层金属化的集成电路可大幅度降低总的互连线长度; ② 可充分利用半导体晶圆的面积, 因为器件可以紧密地置于 IC 芯片(chip)内; ③ 大幅度降低制造成本, 因为引线键合是一项既耗时又易出错的工艺.

在本章, 我们将结合前面章节描述的基本 IC 工艺来介绍如何制作有源和无源元件. 因为晶体管是 IC 的关键器件, 需开发特定的工艺流程来优化器件的性能. 我们将讨论制造双极型晶体管、MOSFET 及 MESFET 三类主要的晶体管 IC 工艺技术.

具体来说, 本章将涵盖下述主题:

- IC 电阻、电容及电感的设计与制作
- 标准双极型晶体管及先进双极型器件的工艺流程
- MOSFET 工艺流程, 重点是 CMOS 及存储器的工艺流程
- 高性能 MESFET 和单片(monolithic)微波集成电路的工艺流程
- 未来纳电子器件所面临的主要挑战, 包括超浅结(ultra-shallow junction)、超薄氧化层(ultra-thin oxide)、新的互连材料、低功耗和隔离的问题

图 15.1 说明了 IC 制造主要工艺步骤间的相互关系. IC 制造使用具有特定电阻率和晶向的抛光晶圆作为起始材料. 薄膜淀积步骤包括热氧化生长氧化层、淀积多晶硅、介质层和金属薄膜(第 12 章). 薄膜淀积之后通常是光刻(lithography)(第 13 章)或杂质掺杂(impurity doping)(第 14 章). 在光刻工艺之后,一般接着进行刻蚀,接下来则通常是另一杂质掺杂或薄膜淀积. 按照掩模版依序将图形一层一层地移转至半导体晶圆的表面, IC 工艺即可最终完成.

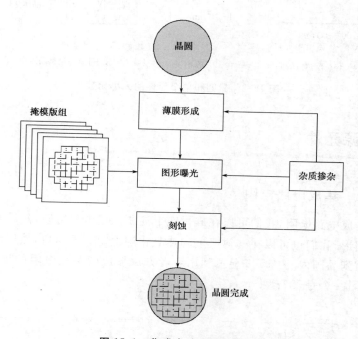

图 15.1　集成电路制造流程图

制造工艺结束之后,每片晶圆包含着数百或数千个相同的长方形芯片. 芯片通常边长介于 1~20mm,如图 15.2(a)所示. 这些芯片用金刚石锯或激光切割开. 图 15.2(b)所示为一个已切割的芯片. 图 15.2(c)为单个 MOSFET 和双极型晶体管的顶视图. 从图中可以看出一个元件在一个芯片内所占的相对大小. 在切割芯片之前,每个芯片都要经过电测试. 有缺陷的芯片通常标记于文件(map file)中,好的芯片则被选出并封装以提供其适当的温度、电性和互连环境以应用于电子系统中[2].

IC 芯片可能只含有少量器件(如晶体管、二极管、电阻、电容等),也可能含有多达十亿或者更多个器件. 自从 1959 年发明单片集成电路以来, IC 芯片的器件数量一直呈指数增长. 我们通常以复杂度来分类 IC,如有 100 个器件的小规模集成(SSI)电路,达 1000 个器件的中规模集成(MSI)电路,达 100000 个器件的大规模集成(LSI)电路,达 10^7 个器件的超大规模集成(VLSI)电路和含有更多器件的甚大规模集成(ULSI)电路. 在 15.3 节中,我们将介绍两个 ULSI 芯片,一个包含超过 13 亿个器件的 48 位微处理器和一个具有超过 160 亿个器件的 8 G 位动态随机存储器(DRAM).

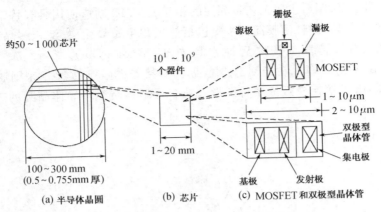

图 15.2　晶圆和单个元件的大小比较

15.1　无源元件

▶ 15.1.1　集成电路电阻

为了形成集成电路电阻,我们可以在硅衬底上淀积一层电阻薄膜,然后利用光刻和刻蚀技术定义出其图形. 我们也可以在硅衬底上的热氧化层上定义出窗口,然后注入(或扩散)相反导电型的杂质到晶圆内. 图 15.3 显示利用后者方法形成的两个电阻的顶视图和截面图,一个是曲折型,另一个是直条型.

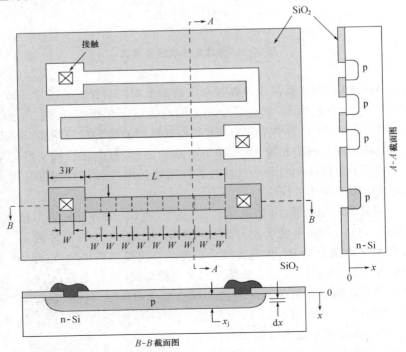

图 15.3　集成电路电阻,在大的正方形面积内的所有细线具有同样的宽度 W,且所有的接触大小相同

首先考虑直条型电阻. 距离表面 x 处、平行于表面且厚度为 dx 的 p 型材料薄层的微分电导 dG(如 B-B 截面所示)为

$$dG = q\mu_p p(x) \frac{W}{L} dx. \tag{1}$$

其中 W 是直条的宽度, L 是其长度(暂时先忽略端点处接触区), μ_p 是空穴迁移率, $p(x)$ 为掺杂浓度. 这个直条型整个注入区的电导为

$$G \equiv \int_0^{x_j} dG = q\frac{W}{L} \int_0^{x_j} \mu_p p(x) dx. \tag{2}$$

其中 x_j 是结深. 假如 μ_p 的值(它是空穴浓度的函数)和 $p(x)$ 分布已知, 则由式(2)可以估算总电导为

$$G \equiv g \frac{W}{L}. \tag{3}$$

其中 $g \equiv q \int_0^{x_j} \mu_p p(x) dx$ 是方块电导, 也就是当 $L=W$ 时, $G=g$.

于是, 电阻由下式给出:

$$R \equiv \frac{1}{G} = \frac{L}{W}\left(\frac{1}{g}\right). \tag{4}$$

其中 $\frac{1}{g}$ 通常以符号 $R_\square$ 定义, 称为薄层电阻(sheet resistance)或方块电阻. 方块电阻的单位是欧(ohm), 但习惯上记为欧/方块($\Omega/\square$).

集成电路中的很多电阻通过在掩模版上定义不同的几何图案同时制造出来, 如图 15.3 所示. 因为对于所有电阻工艺步骤是相同的, 因此可将电阻值方便地分成两部分: 由离子注入(或扩散)工艺决定的薄层电阻($R_\square$); 和由图形尺寸决定的 L/W 比. 一旦 $R_\square$ 已知, 电阻值可以由 L/W 比得到, 即由电阻图形的方块数得到(每个方块的面积为 $W \times W$). 端点接触区会引入额外的电阻至集成电路电阻中. 图 15.3 中类型的电阻, 每一端的接触大约相当于 0.65 个方块. 对于曲折型电阻, 在转弯处的电场线不是均匀地分布于电阻的宽度, 而是拥挤于内侧的转角处. 因此在转弯处的一个方块并不准确地贡献一个方块, 而是约为 0.65 个方块.

▶ **例 1**

求一个如图 15.3 所示, 长 $90\mu m$、宽 $10\mu m$ 的直条型电阻的阻值. 薄层电阻为 $1k\Omega/\square$.

解 该电阻包含 9 个方块, 两端接触对应于 $1.3\square$, 电阻值是 $(9+1.3)\square \times 1k\Omega/\square = 10.3k\Omega$. ◀

▶ **15.1.2 集成电路电容**

基本上, 集成电路中有两种电容: MOS 电容和 p-n 结电容. MOS(metal-oxide-semiconductor)电容的制造, 利用一个重掺杂区域(如发射极区域)作为一个电极板, 顶层金属电极作为另一个电极板, 介于之间的氧化层当作介质层. MOS 电容的顶视图和截面图如图 15.4(a)所示. 为了形成 MOS 电容, 先在硅衬底上热氧化生长一层厚氧化层. 接着, 利用光刻在氧化层上定义一个窗口, 然后刻蚀氧化层. 以周围的厚氧化层作为掩蔽层, 利用扩散或离子注入进窗口区形成 p^+ 区域. 然后, 在窗口区热氧化生长一薄氧化层, 接下来则是金属化工艺. 单位面积的电容为

$$C = \frac{\varepsilon_{ox}}{d} (F/cm^2). \tag{5}$$

其中 ε_{ox} 是二氧化硅的介电常数(相对介电常数 $\frac{\varepsilon_{ox}}{\varepsilon_0}$ 为 3.9), d 为薄氧化层的厚度. 为了进一步增加电容值,人们开始研究具有较高介电常数的绝缘体,如氮化硅(Si_3N_4)和五氧化二钽(Ta_2O_5),其相对介电常数分别为 7 和 25. 因为电容的下电极板是重掺杂材料,所以 MOS 电容值与外加偏压基本无关. 重掺杂的下电极材料还同时降低了串联电阻.

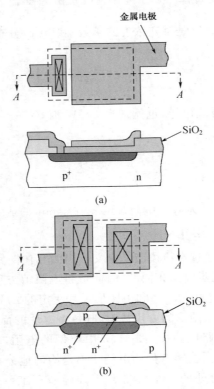

图 15.4 (a) 集成的 MOS 电容器; (b) 集成的 p-n 结电容

在集成电路中,有时用 p-n 结作为电容. n^+-p 结电容的顶视图与截面图如图 15.4(b) 所示. 我们将在 15.2 节中介绍其详细的工艺,因为该结构形成了双极型晶体管的一部分. 作为一个电容器时,该器件通常被施以反向偏压,也就是 p 区相对于 n^+ 区为反偏. p-n 结的电容值并非为一常数,而是随着 $(V_R + V_{bi})^{-\frac{1}{2}}$ 变化,其中 V_R 是外加的反向偏压,而 V_{bi} 为内建电势. p-n 结的串联电阻明显高于 MOS 电容,因为 p 区具有较 p^+ 区更高的电阻率.

▶ **例 2**

一个面积为 $4\mu m^2$ 的电容,具有如下两种介质层:(a) 厚度为 10nm 的二氧化硅;(b) 厚度为 5nm 的五氧化二钽. 两种情况下外加电压都为 5V. 问所储存的电荷和电子数目是多少?

解

(a) $Q = \varepsilon_{ox} \times A \times \dfrac{V}{d} = 3.9 \times 8.85 \times 10^{-14} \times 4 \times 10^{-8} \times \dfrac{5}{1 \times 10^{-6}}$

$\approx 6.9 \times 10^{-14}$ (C).

或

$Q_s \approx 6.9 \times 10^{-14} \text{C}/q \approx 4.3 \times 10^5$ 个电子.

(b) 将介电常数由 3.9 改变为 25,厚度由 10nm 改变为 5nm 后,得到

$Q_s \approx 8.85 \times 10^{-13}$ C 和 $Q_s = 8.85 \times 10^{-13} \text{C}/q \approx 5.53 \times 10^6$ 个电子.

▶ 15.1.3 集成电路电感

集成电路电感已广泛应用于Ⅲ-Ⅴ族的单片微波集成电路(MMIC)[3].随着硅器件速度的增加及多层互连线技术的进步,在硅基的射频(rf)和高频应用中,集成电路电感已经越来越受到关注.利用 IC 工艺可以制作出各式各样的电感,其中最常见的为薄膜螺旋电感.图 15.5(a)和(b)为硅衬底上具有两层金属的螺旋电感的顶视图和截面图.为了形成螺旋电感,先利用热氧化或淀积方式在硅衬底上形成一层厚氧化层.然后,淀积第一层金属并定义其图形作为电感的一端,接着淀积一层介质层于第一层金属之上.利用光刻定义并刻蚀氧化层形成通孔(via),接着淀积第二层金属并且将通孔填满.螺旋形电感在第二层金属上定义并刻蚀出来,并作为电感的另一端.

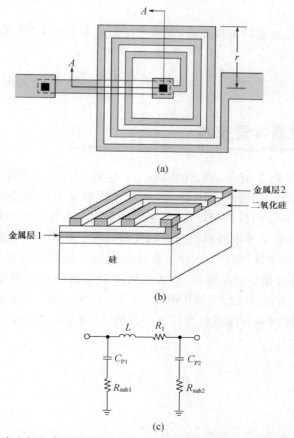

图 15.5 (a) 硅衬底上螺旋电感的图示;(b) 沿 A-A' 的透视图;(c) 集成电感的等效电路模型

为了评估电感,品质因子(quality factor)Q 是一个重要的指标.其定义为 $Q=\dfrac{L\omega}{R}$,其中 L、R 及 ω 分别为电感、电阻值及频率. Q 值越高,电阻的损耗就越小,因此电路的性能越好.图 15.5(c)显示其等效电路模型. R_1 是金属固有的电阻,C_{P1} 和 C_{P2} 是金属线和衬底间的耦合电容,R_{sub1} 和 R_{sub2} 分别为金属线下硅衬底的电阻.一开始 Q 值随着频率线性增加,但在较高频率下寄生电阻与电容会导致 Q 值下降.

可以采取一些方法来改善 Q 值.一种方法是使用低介电常数材料(<3.9)来降低 C_P;另一种方法使用厚膜金属或低电阻率金属(如以铜、金取代铝)来降低 R_1;第三种方法是使用绝缘衬底[如蓝宝石上硅 (silicon-on-sapphire)、玻璃上硅 (silicon-on-glass) 或石英]来降低 R_{sub} 损耗.

为了得到准确的薄膜电感值,必须使用复杂的模拟工具,如利用计算机辅助设计来做电路模拟和电感优化.薄膜电感模型必须考虑金属电阻、氧化层电容、金属线与线间的电容、衬底电阻、衬底电容、金属线的电感和金属线间的互感.因此和集成电容或电阻相比,集成电感更难以计算.一个用来估计正方形平面螺旋电感的简单公式如下[3]:

$$L \approx \mu_0 n^2 r \approx 1.2 \times 10^{-6} n^2 r. \tag{6}$$

其中 μ_0 是真空磁导率($4\pi \times 10^{-7}$ H/m),L 为电感(单位为 H),n 为电感圈数,r 为螺旋半径(单位为 m).

▶ 例 3

一个具有 10nH 电感值的集成电感,如果电感圈数为 20,则所需的半径为多少?

解 根据式(6),

$$r = \frac{10 \times 10^{-9}}{1.2 \times 10^{-6} \times 20^2} = 2.08 \times 10^{-5} (\text{m}) = 20.8 (\mu\text{m}).$$

◀

15.2 双极型晶体管技术

在 IC 应用中,特别是对于 VLSI 和 ULSI 电路,为了符合高密度的要求,双极型(bipolar)晶体管的尺寸必须缩小,图 15.6 说明近年来双极型晶体管尺寸不断地缩小[4]. IC 中的双极型晶体管和分立的晶体管相比,最主要的差别在于所有电极的接触都位于 IC 晶圆的上表面,且每个晶体管必须电隔离以避免器件间的相互作用. 1970 年之前,器件的横向和纵向隔离都利用 p-n 结实现[图 15.6(a)],横向 p 隔离区相对于 n 型集电区始终被反向偏置. 1971 年,热氧化层被用于横向隔离,因为基区与集电区的接触紧邻隔离区域,器件尺寸大幅缩小[图 15.6(b)]. 20 世纪 70 年代中期,发射区延伸至氧化层的侧墙,面积进一步缩减[图 15.6(c)].目前,横向和纵向的所有尺寸都已缩小,发射区条宽的尺寸已减小至亚微米范围[图 15.6(d)].

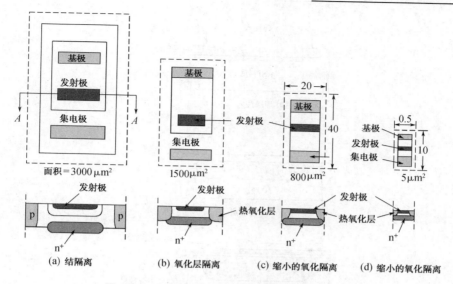

图 15.6 双极型晶体管水平和垂直尺寸的缩减

▶ 15.2.1 基本制作工艺

大部分 IC 中的双极型晶体管为 n-p-n 型,因为基区中的少数载流子(电子)有更高的迁移率,使其比 p-n-p 型具有更快的速度。图 15.7 所示为一个 n-p-n 双极型晶体管的透视图,其中横向隔离为氧化层,纵向隔离由 n^+-p 结提供。横向氧化层隔离的方法不仅减小了器件尺寸,也降低了寄生电容,因为二氧化硅有较低的介电常数(3.9,而硅为 11.9)。下面我们讨论制作图 15.7 中晶体管的主要工艺步骤。

对于 n-p-n 双极型晶体管,起始材料为 p 型轻掺杂(约 10^{15} cm^{-3})、<111>或<100>晶向的抛光硅晶圆。因为结形成于半导体内,所以晶向的选择不像在 MOS 器件中那么重要。第一步是先形成埋层(buried layer),这一层主要目的是减少集电区的串联电阻。利用热氧化法在晶圆上生长一厚氧化层(0.5~1μm),然后在氧化层上开出窗口。将精确定量的低能量砷离子(约 30keV,10^{15} cm^{-2})注入窗口区域,作为预淀积(predeposit)[图 15.8(a)]。接着,用一高温(约 1100℃)推进(drive-in)步骤,形成约具有 20Ω/□ 薄层电阻的 n^+ 埋层。

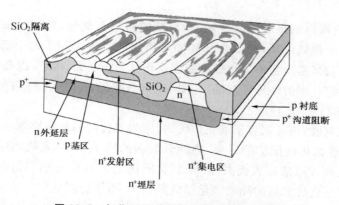

图 15.7 氧化层隔离的双极型晶体管透视图

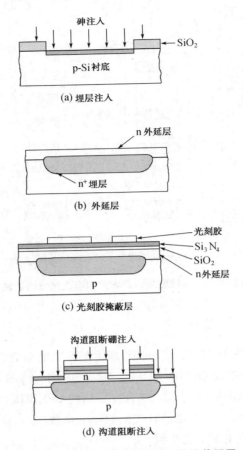

图 15.8 双极型晶体管制作工艺的截面图

第二步是淀积 n 型外延层。去除表面氧化层后，将晶圆置于外延反应炉进行外延生长。外延层的厚度和掺杂浓度取决于器件最终的应用。模拟电路(有较高电压作放大用)需要较厚的外延层(约 $10\mu m$)和较低的掺杂浓度(约 $5\times 10^{15}\,cm^{-3}$)，而数字电路(有较低电压作开关用)则需要较薄的外延层(约 $3\mu m$)和较高的掺杂浓度(约 $2\times 10^{16}\,cm^{-3}$)。图 15.8(b)表示经过外延工艺后器件的截面图。注意埋层中杂质外扩散(outdiffusion)至外延层的现象。为了将外扩减至最低，应该使用低温外延工艺以及低扩散系数的埋层杂质(如砷)。

第三步是形成横向氧化层隔离区域。一层薄的衬垫氧化层(约 50nm)先以热氧化生长于外延层上，接着淀积氮化硅(约 100nm)。如果氮化硅直接淀积于硅上而没有这层薄的衬垫氧化层，在后续的高温工艺中氮化硅可能会损伤硅晶圆表面。接着，以光刻胶为掩蔽层，将氮化硅-氧化层及约一半的外延层刻蚀掉[图 15.8(c)和(d)]。然后，将硼离子注入裸露出的硅区域[图 15.8(d)]。

随后，去除光刻胶，将晶圆置于氧化炉管内。因为氮化硅的氧化速率非常低，所以厚氧化层只会生长于未被氮化硅保护的区域。为降低表面的不平整，隔离氧化层通常长至某个厚度，使得氧化层表面和原来硅表面共面。该氧化隔离工艺称作硅的局部氧化(LOCOS)。图 15.9(a)显示去除氮化硅之后的隔离氧化层的截面图。由于分凝效应(segregation effect)，大部分注入的硼离子被推至隔离氧化层下方形成一 p^+ 层。该层被称为 p^+ 沟道阻断(channel stop),因为高浓度的 p 型半导体可以防止表面反型,以消除相邻埋层间可能的高电导路径(或沟道).

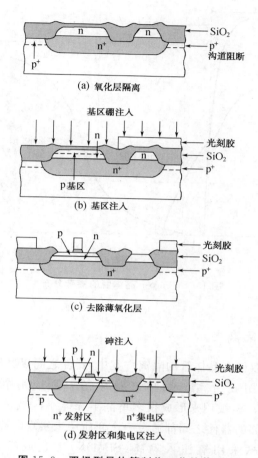

图 15.9 双极型晶体管制作工艺的截面图

第四步是形成基区.以光刻胶为掩膜保护器件的右半边,然后注入硼离子(约 10^{12} cm^{-2})形成基区,如图 15.9(b)所示.另一步光刻步骤用以去除基区中心附近一小块区域之外所有的薄衬垫氧化层[图 15.9(c)].

第五步是形成发射区.如图 15.9(d)所示,基极接触区域被光刻胶掩膜保护,然后低能量、高剂量(约 10^{16} cm^{-2})的砷离子注入形成 n$^+$ 发射区和 n$^+$ 集电极接触区域.接着,将光刻胶去除,最后一道金属化工序形成基区、发射区和集电区的接触,如图 15.7 所示.

在这个基本的双极型晶体管工艺中,有六个薄膜生长工序、六道光刻工序、四次离子注入和四次刻蚀.对每个工序都必须精确地监控.任何一步的失败都极可能导致晶圆报废.

图 15.10 所示为制作完成的晶体管沿着垂直于表面且经过发射区、基区和集电区的坐标轴的掺杂分布.发射区的杂质分布相当陡峭,这是由于砷扩散系数的浓度依赖(concentration-dependent diffusivity)特性.发射区之下的基区掺杂分布可近似为给定掺杂总量扩散的高斯分布.集电区的掺杂取决于外延层的掺杂水平,对于典型的开关晶体管约为 2×10^{16} cm^{-3},然而在更大的深度,集电区掺杂浓度会因埋层的外扩散而增加.

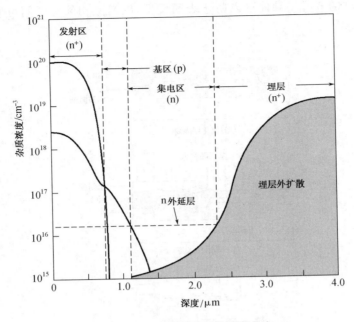

图 15.10 n-p-n 晶体管的掺杂分布

15.2.2 介质隔离

在前面描述的用于双极型晶体管的隔离方案中,器件之间以其周围的氧化层来隔离,而器件与公共的衬底之间用 n^+-p 结(埋层)来隔离. 在高压应用中,另一种称为介质隔离(dielectric isolation)的方法,被用来形成很多单晶半导体小区域之间的隔离. 在该方法中,器件与衬底之间以及相邻的器件之间都通过一个介质层来实现隔离.

在介质隔离工艺中,采用氧注入隔离(SIMOX)工艺或智能剥离技术(smart cut technology)在<100>晶向的 n 型硅衬底内形成一层氧化层,如第 14 章 14.6.3 节所述. 因为上面的硅膜很薄,用图 15.8(c)的 LOCOS 工艺或是先刻蚀出一个沟槽再用二氧化硅将其填满,就可以容易地形成隔离区域. 其他为形成 p 型基区、n^+ 发射区和集电区的工艺,与图 15.8(c)到图 15.9 所述的方法几乎相同.

该技术的主要优点是发射极与集电极间的高击穿电压,它可以超过几百伏特. 该工艺也和现今的 CMOS 工艺集成相兼容,这在混合高压和高密度的集成电路中非常有用.

15.2.3 自对准双多晶硅双极型结构

在图 15.9(c)中的工艺,需要一道光刻工艺定义用以分隔基区与发射极接触区的氧化层区域. 这会造成在隔离区域内有一块不起作用的器件面积,这不但会增加寄生电容,也会增加寄生电阻导致晶体管特性变差. 降低这些不利效应的最佳方法是使用自对准(self-aligned)的结构.

最常用的自对准结构是双多晶硅层结构,并采用多晶硅填充沟槽的先进隔离方案[5],如图 15.11 所示. 图 15.12 为自对准双多晶硅(n-p-n)双极型结构的详细工艺步骤[6]. 晶体管制作于 n 型外延层上. 利用反应离子刻蚀技术刻蚀出一个穿过 n^+ 次集电极区直到 p^- 衬底区的深 5.0μm 的沟槽. 然后生长一层薄热氧化层, 作为在沟槽底部进行沟道阻断硼离子注入时的屏蔽氧化层(screen oxide). 接着,用未掺杂的多晶硅填满沟槽,再以厚的平坦的场氧化层覆盖沟槽.

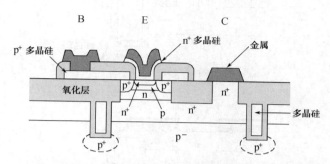

图 15.11 具有先进的沟槽隔离的自对准双多晶硅双极型晶体管的截面图[5]

接着淀积第一层多晶硅并以硼离子重掺杂. 该 p^+ 多晶硅层(多晶硅 1)将作为固态扩散源, 来形成非本征基区(extrinsic base)和基区的电极. 之后, 以化学气相淀积(CVD)的氧化层与氮化硅覆盖多晶硅层[图 15.12(a)]; 利用发射区掩模版定义出发射极区域; 利用干法刻蚀工艺在 CVD 氧化层与多晶硅 1 上开出窗口[图 15.12(b)]. 随后, 在刻蚀结构上热氧化生长一层氧化层, 重掺杂多晶硅的垂直侧壁上将同时生长一层较厚的侧壁氧化层(约 0.1~0.4μm). 该侧壁氧化层的厚度决定了基区与发射区接触边缘的间距. 在热氧化时, 来自多晶硅 1 的硼外扩散至衬底[图 15.12(c)]还形成了非本征 p^+ 基极区域. 因为硼会同时横向与纵向扩散, 所以非本征基极区域能够与接下来在发射区接触下方形成的本征基极区域(intrinsic base)相接触.

生长氧化层后, 利用硼离子注入形成本征基区 [图 15.12(d)]. 该步骤用以自对准本征与非本征基极区域. 去除接触区上所有的氧化层后, 接着淀积第二多晶硅层(多晶硅 2)并以砷或磷注入. 该层 n^+ 多晶硅将作为形成发射极区域的固态扩散源以及发射区的电极. 杂质会从多晶硅 2 外扩散形成一个浅的发射极区域, 用于基区和发射区外扩散的快速热退火工序, 有助于形成浅的射-基结与集-基结. 最后, 淀积铂(Pt)薄膜并进行烧结(sinter)以在 n^+ 多晶硅发射区与 p^+ 多晶硅基区接触上形成硅化铂(PtSi)[图 15.12(e)].

这种自对准结构可以制作小于最小图形曝光尺寸的发射区. 因为当侧壁氧化层形成时, 它占据着大于原先多晶硅的体积, 该侧壁氧化层会部分填充接触孔. 因此, 如果每边侧壁生长 0.2μm 厚的氧化层, 0.8μm 宽的开口将缩至约 0.4μm.

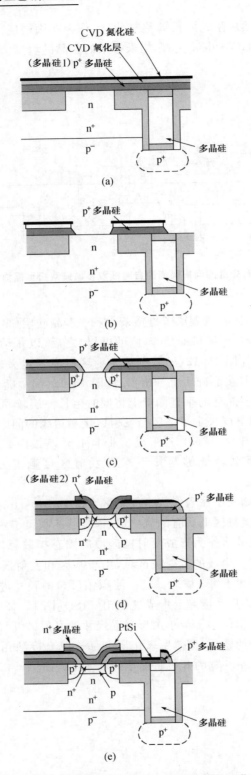

图 15.12 制作自对准双多晶硅 n-p-n 晶体管的工艺步骤[6]

15.3 MOSFET 技术

目前,MOSFET 是 ULSI 电路中最主要的器件,因为它可比其他类型器件缩小至更小的尺寸. MOSFET 的主导技术为 CMOS(complementary MOSFET)技术,在该技术中 n 沟道与 p 沟道 MOSFET(或称 NMOS 与 PMOS)制作于同一芯片内. CMOS 技术对于 ULSI 电路特别具有吸引力,因为在所有 IC 技术中,CMOS 技术具有最低的功耗.

图 15.13 显示近年来 MOSFET 尺寸按比例缩小的趋势. 在 20 世纪 70 年代初期,栅长为 $7.5\mu m$,相应的器件面积大约为 $6000\mu m^2$. 随着器件的缩小,器件面积急剧地缩小. 对于一个栅长为 $0.5\mu m$ 的 MOSFET,器件面积缩至小于早期 MOSFET 面积的 1%. 预期器件的微小化仍将持续. 到 2020 年,栅长将能达到 10~20nm 的范围. 我们将在 15.5 节讨论器件发展的未来趋势.

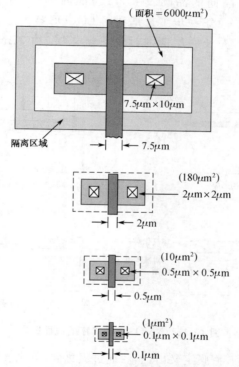

图 15.13 MOSFET 面积随栅长(最小特征长度)的缩减而缩小

▶ 15.3.1 基本制作工艺

图 15.14 是一个尚未进行最后金属化工艺的 n 沟道 MOSFET 的透视图[7]. 顶层为掺磷的二氧化硅(P-glass),通常用来作为多晶硅栅极与金属化层之间的绝缘以及可动离子的吸杂(gettering)层. 比较图 15.14 与双极型晶体管的图 15.7,可注意到在基本结构方面 MOSFET 更为简单. 虽然两种器件都使用横向氧化层隔离,但 MOSFET 不需要纵向隔离,而双极型晶体管则需要一个埋层 n^+-p 结. MOSFET 的掺杂分布也不像双极型晶体管那样复杂,掺杂分布的控制也不是那么的关键. 我们将讨论用来制作如图 15.14 所示器件的主要工艺步骤.

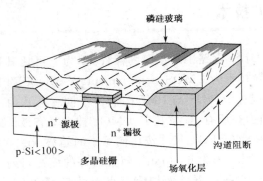

图 15.14 n 沟道 MOSFET 的透视图[7]

制作一个 n 沟道 MOSFET(NMOS),起始材料为 p 型轻掺杂(约 10^{15}cm^{-3})、<100>晶向的抛光硅晶圆。<100>晶向的晶圆较<111>晶向的好,因为其界面陷阱密度约为<111>晶向晶圆的十分之一。第一步工艺是利用 LOCOS 技术形成氧化层隔离。它的工艺步骤与双极型晶体管相似,先长一层薄的衬垫热氧化层(约 35nm),接着淀积氮化硅(约 150nm)[图 15.15(a)][7]。

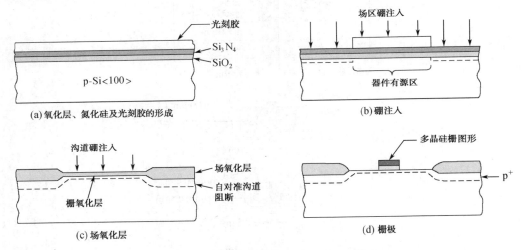

图 15.15 NMOS 制造工序的截面图[7]

器件有源区利用光刻胶掩膜定义出,然后通过氮化硅-氧化硅复合层进行硼沟道阻断注入[图 15.15(b)]。接着,刻蚀未被光刻胶覆盖的氮化硅层。去除光刻胶之后,将晶圆置于氧化炉管,在氮化硅去除掉的区域生长一氧化层(称为场氧化层,field oxide),同时也推进注入的硼离子。典型的场氧化层厚度为 $0.5\sim1\mu\text{m}$。

第二步是生长栅极氧化层和调整阈值电压(threshold voltage)(参考 5.5.3 节)。先去除覆盖于器件有源区的氮化硅-氧化硅复合层,然后生长一层薄的栅极氧化层(小于 10nm)。如图 15.15(c)所示,对于增强型 n 沟道的器件,注入硼离子至沟道区域使阈值电压增加至预定的值(如+0.5V)。对于耗尽型 n 沟道器件,则注入砷离子至沟道区域以降低阈值电压(如 -0.5V)。

第三步是形成栅极。先淀积一层多晶硅,再用磷扩散或离子注入,将多晶硅重掺杂使其薄层电阻达到典型的 $20\sim30\Omega/\square$。该阻值对于栅长大于 $3\mu\text{m}$ 的 MOSFET 是合适的,而对于更小尺寸的器件,可用多晶硅化物(polycide)作为栅极材料以降低薄层电阻至约 $1\Omega/\square$。多晶硅化物为金属硅化物与多晶硅的复合层,如钨的多晶硅化物。

第四步是形成源极和漏极。在栅极图形定义完成后[图 15.15(d)],可以用作砷注入(约 30keV,$5\times10^{15}\mathrm{cm}^{-2}$)的掩蔽以形成源极和漏极[图 15.16(a)],这样源极和漏极相对于栅极是自对准的[7]。在这一步,唯一造成栅与源漏交叠(overlap)的因素是注入离子的横向偏差(lateral straggling)(对于 30keV 的砷注入,$\sigma_\perp$ 仅为 5nm)。如果在后续工艺步骤中使用低温工艺以达到最低的横向扩散,则寄生的栅-漏和栅-源耦合电容将比栅极-沟道电容小得多。

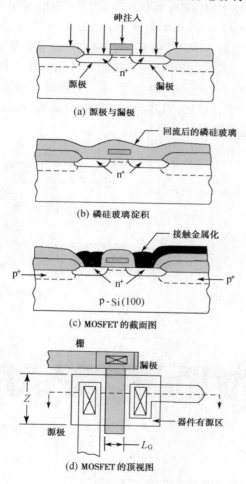

图 15.16 NMOS 制作工艺[7]

最后一步是金属化。先淀积掺磷的二氧化硅(P-glass)于整片晶圆上,接着加热晶圆使其回流以产生一平坦的表面[图 15.16(b)]。之后,定义接触窗口并在磷硅玻璃上刻蚀出来。然后淀积一金属层(如铝)并图形化。完成后的 MOSFET 截面图如图 15.16(c)所示,图 15.16(d)为其对应的顶视图。栅极的接触通常被置于器件有源区之外,以避免对薄的栅极氧化层造成伤害。

▶ 例 4

对于一个栅极氧化层为 5nm 的 MOSFET,可承受的最大栅-源电压是多少?假设氧化层在 8MV/cm 时击穿,衬底电压为零。

解
$$V = E \times d = 8 \times 10^6 \times 5 \times 10^{-7} = 4(\text{V}).$$

15.3.2 CMOS 技术

图 15.17(a)为一 CMOS 反相器. 上方 PMOS 的栅极与下方 NMOS 的栅极相连. 两种器件都是增强型 MOSFET;PMOS 的阈值电压 V_{Tp} 小于零,而 NMOS 的阈值电压 V_{Tn} 大于零(典型的阈值电压约为 $\frac{1}{4}V_{DD}$). 当输入电压 V_i 为零时,PMOS 导通(PMOS 的栅源电压 V_{GS} 为 $-V_{DD}$,较 V_{Tp} 更负),而 NMOS 为关断状态. 因此,输出电压 V_o 非常接近 V_{DD}(逻辑 1). 当输入为 V_{DD} 时,PMOS($V_{GS}=0$)为关断状态,而 NMOS 为导通状态($V_i=V_{DD}>V_{Tn}$). 所以,输出电压 V_o 等于零(逻辑 0). CMOS 反相器有一个独特的特性:即在任一逻辑状态,在由 V_{DD} 到地的串联路径上,必有一器件是不导通的. 因此在任一稳态下,只有小的漏电流流过;而只有在开关转换时两个器件才同时导通,才会有明显的电流流过 CMOS 反相器. 因此,其平均功耗相当小,只有纳瓦量级. 当芯片上器件数目增加,功耗成为一个主要的限制因素,低功耗就成为 CMOS 电路最吸引人的特点.

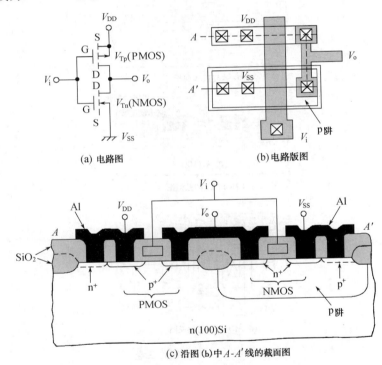

图 15.17 CMOS 反相器

图 15.17(b)为 CMOS 反相器的版图,图 15.17(c)则为沿着 A-A′线的器件截面图. 在该工艺中,先在 n 型衬底上进行 p 型注入并推进而形成 p 阱(p-tub 或 p-well). p 型掺杂的浓度须足够高以过补偿(overcompensate)n 型衬底的背景掺杂. 对于 p 阱中的 n 沟道 MOSFET,接下来的工艺与之前所述相同. 对于 p 沟道 MOSFET,注入 $^{11}B^+$ 或 $^{49}(BF_2)^+$ 离子至 n 型衬底形成源极与漏极区域. 而 $^{75}As^+$ 离子的沟道注入可用于调整阈值电压以及在 p 沟道器件附近的场氧化层下方形成 n^+ 沟道阻断. 因为制作 p 阱和 p 沟道 MOSFET 需要额外的步骤,所以制作 CMOS 电路的工艺步骤几乎是 NMOS 电路的两倍. 因此,我们在工艺复

杂度与降低功耗间需有所折中.

除了上述的p阱外,另一个替代方案是在p型衬底内形成n阱,如图15.18(a)所示. 在这种情况下,n型掺杂浓度须足够高才能过补偿p型衬底的背景掺杂(即$N_D > N_A$). 不管用p阱还是n阱方案,阱中的沟道迁移率都会衰退,因为迁移率取决于全部的掺杂浓度($N_A + N_D$). 最近的一种方案是在轻掺杂的衬底内注入形成两个分离的阱,如图15.18(b)所示. 这种结构称为双阱(twin tub)[1]. 因为在任一阱中都不需要过补偿,可以得到较高的沟道迁移率.

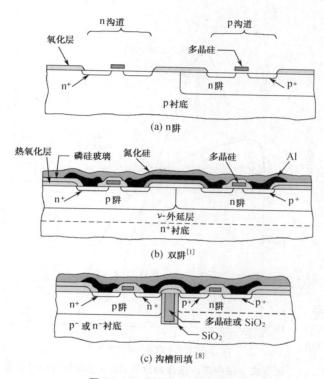

图 15.18 各种 CMOS 结构

所有的CMOS电路都有由寄生双极型晶体管引起的闩锁(latch-up)问题(第6章已述其发生机制). 一个可有效避免闩锁问题的工艺技术为深沟隔离(deep-trench isolation),如图15.18(c)所示[8]. 在该技术中,利用各向异性反应溅射刻蚀(reactive sputter etching)刻蚀出比阱更深的隔离沟槽. 接着在沟槽的底部和侧壁生长一热氧化层,然后淀积多晶硅或二氧化硅将沟槽回填. 该技术可消除闩锁现象,因为n沟道与p沟道器件被回填的沟槽物理隔离开来. 以下将讨论一些有关CMOS工艺的详细步骤.

一、阱的形成技术

在CMOS中,阱可为单阱(single well)、双阱(twin well)或倒退阱(retrograde well). 双阱工艺有一些缺点,如需要高温工艺(超过1050℃)和长时间扩散(超过8h)来实现所需2~3μm的深度. 在这种工艺中,表面的掺杂浓度最高,且掺杂浓度随着深度递减. 为了降低工艺温度和时间,可利用高能量的离子注入,将离子注入至所需的深度而无需从表面扩散. 这样,深度是由离子注入的能量决定的,因此我们可用不同的注入能量来设计不同的阱深. 在这种情形下,阱掺杂分布的峰值将位于硅衬底中的某个深度,因而被称为倒退阱. 图

15.19显示倒退阱与一般传统热扩散阱中掺杂分布的比较[9]. 对于 n 型和 p 型倒退阱, 所需能量分别为 700keV 和 400keV. 如前所述, 高能离子注入的优点在于可在低温和短时间的条件下形成阱, 故可降低横向扩散和增加器件密度. 倒退阱相对于传统阱的优点还有：① 由于底部的高掺杂浓度, 倒退阱的电阻率比传统阱低, 可以将闩锁问题降至最低；② 沟道阻断可与倒退阱的离子注入同时进行, 减少工艺步骤与时间；③ 底部较高的阱掺杂可以降低从漏极到源极产生穿通(punch-through)的机会.

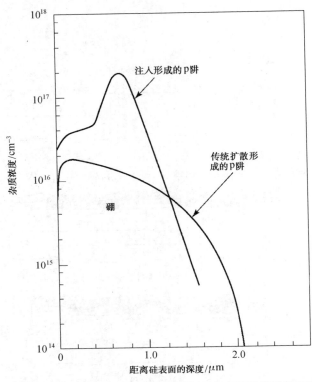

图 15.19 倒退式 p 阱中注入杂质的分布, 图中也显示传统的扩散阱[9]

二、栅极工程(gate-engineering)技术

如果我们用 n^+ 多晶硅同时作为 PMOS 与 NMOS 的栅极, PMOS 的阈值电压($V_{Tp} \approx -0.5 \sim 1.0V$)必须用硼注入加以调整. 这会使得 PMOS 的沟道变为埋藏式(buried channel), 如图 15.20(a)所示. 当器件尺寸缩小至 $0.25\mu m$ 或以下时, 埋藏式 PMOS 会遭遇很严重的短沟道效应(short-channel effect). 最值得关注的短沟道效应是 V_T 下跌、漏致势垒降低(drain-induced barrier lowering, DIBL)以及在关断状态下大的漏电流, 以至于即使栅电压为零, 也有泄漏电流经过源极与漏极. 为解决这个问题, 可用 p^+ 多晶硅取代 n^+ 多晶硅用于 PMOS 的栅极. 由于功函数差(n^+ 多晶硅到 p^+ 多晶硅有 1.0eV 的差异), 可以得到表面 p 型沟道器件而无需阈值电压调整的硼注入. 因此, 当工艺技术缩至 $0.25\mu m$ 或以下时, 需要采用双栅结构(dual-gate), 即 p^+ 多晶硅用于 PMOS, n^+ 多晶硅用于 NMOS[图 15.20(b)]. 表面沟道与埋藏沟道的 V_T 比较如图 15.21 所示. 可以注意到在深亚微米区域, 表面沟道器件的 V_T 下跌比埋藏沟道器件来得缓慢. 这使得具有 p^+ 多晶硅栅的表面沟道器件更适合于深亚微米器件.

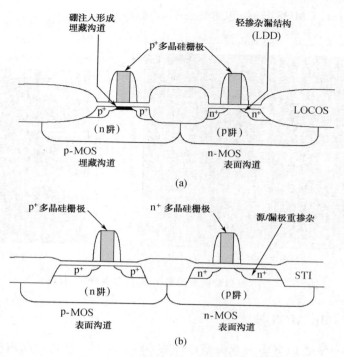

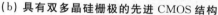

图 15.20　(a) 具有单一多晶硅栅极(n^+)的传统长沟道 CMOS 结构；
(b) 具有双多晶硅栅极的先进 CMOS 结构

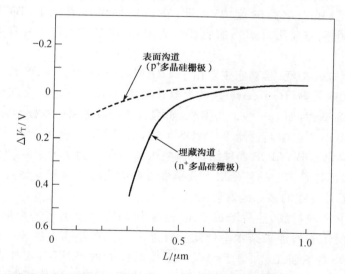

图 15.21　埋藏沟道与表面沟道器件的 V_T 下跌，当沟道长度小于 0.5m 时，V_T 下跌很快

  为了形成 p^+ 多晶硅栅极，通常用 BF_2^+ 离子注入. 然而，在高温时硼容易由多晶硅穿过薄氧化层到达硅衬底而造成 V_T 偏移. 此外，氟原子的存在会增强硼穿透的效应. 有几种方法可以降低该效应：使用快速热退火以减少高温下的时间而降低硼扩散；使用氮化的二氧化硅（氮氧化硅）(nitrided oxide) 以抑制硼穿透，硼易于与氮结合而变得较难移动；制作多层的多晶硅，利用层间的界面去捕获硼原子.

  图 15.22 显示一个面积约为 567mm²、内含 13 亿个晶体管的 48 位微处理器芯片[10]. 该

ULSI 芯片采用 45nm CMOS 技术,包含 9 层铜金属化工艺.

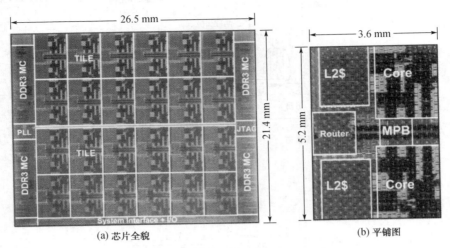

(a) 芯片全貌　　(b) 平铺图

图 15.22　48 位微处理器的显微照片(照片源于:Intel)[10]

15.3.3　BiCMOS 技术

BiCMOS 是一种把 CMOS 与双极型器件结构结合于单一集成电路内的技术. 结合这两种不同技术的目的在于制造出同时具有 CMOS 与双极型器件优点的 IC 芯片. 我们知道 CMOS 在功耗、噪声容限(noise margin)及器件密度上有优势,而双极型的优点在于开关速度、电流驱动能力及模拟电路的能力. 因此,在给定的设计规范下,BiCMOS 的速度较 CMOS 快,在模拟电路方面比 CMOS 有更佳的表现,而比双极型器件具有更低的功耗和更高的元件密度.

BiCMOS 技术应用广泛. 早期它主要用于 SRAM. 近年来,BiCMOS 技术已成功应用于无线通信设备上的收发器(transceiver)、放大器和振荡器(oscillator). 大部分的 BiCMOS 工艺以 CMOS 工艺为基础,加上一些工艺修改,如增加掩模版来制作双极型晶体管. 下面的例子是基于双阱 CMOS 工艺的高性能 BiCMOS 工艺,如图 15.23 所示[11].

图 15.23 为优化的 BiCMOS 器件结构,其主要特色包含为了改善封装密度的自对准的 p 与 n+ 埋层;在本征背景掺杂的外延层上分别形成最优化的 n 型与 p 型阱(双阱 CMOS)及用来改善双极型器件性能的多晶硅发射区[11].

起始材料为 p 型硅衬底,然后形成一 n+ 埋层用以降低集电区的电阻. 之后利用离子注入形成 p 型埋层用于增加掺杂水平以防止穿通. 接着,在晶圆上生长一轻掺杂的 n 型外延层并完成 CMOS 的双阱工艺. 为了实现双极型晶体管的高性能,需要四道额外的掩模版. 这些掩模版为 n+ 埋层掩模版、集电区深 n+ 掩模版、p 型基区掩模版和多晶硅发射区掩模版. 在其他工艺步骤中,用于基区接触的 p+ 区域可利用 PMOS 的源漏极 p+ 注入同时形成. n+ 发射区则可利用 NMOS 的源漏注入同时完成. 和标准 CMOS 工艺相比,额外的掩模版和更长的制作时间是 BiCMOS 的主要缺点. 额外的成本则因 BiCMOS 性能的增强而变得合理.

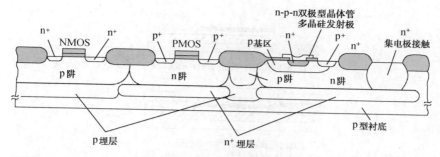

图 15.23 优化的 BiCMOS 器件结构,主要特点包括为改善器件密度的自对准 p 与 n⁺ 埋层;在本征背景掺杂的外延层上形成分别优化的 n 阱与 p 阱(双阱 CMOS),以及为改善双极型器件性能的多晶硅发射区[11]

15.3.4 FinFET 技术

为了克服短沟道效应,三维 MOSFET 已发展起来,如第 6 章 6.3.3 节所述. 鳍式场效应晶体管(FinFET)是其中一个典型的结构. FinFET 的器件结构如图 15.24 所示[12]. 沟道形成于硅鳍(Si-fin)的垂直侧墙表面,电流与晶圆表面平行流动. FinFET 的中心是一片薄的硅鳍(约 10nm 宽),它构成 MOSFET 的体(body). 重掺杂多晶硅薄膜包裹着硅鳍,和其垂直表面形成电连接. 多晶硅薄膜大大减小了源/漏端的串联电阻,为局部互连和与金属连接提供了便捷的方法. 刻穿多晶硅薄膜形成一间隙(gap)用以隔离源和漏,该间隙宽度会因介质侧壁隔离而进一步减少,它决定了栅长. 沟道宽度大致上是鳍高的两倍(加上鳍宽),导电沟道包裹着硅鳍的表面(由此得名为 FinFET). 由于源/漏和栅比这个硅鳍厚(高)得多,所以器件结构是准平面的.

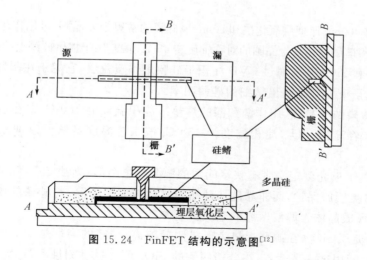

图 15.24 FinFET 结构的示意图[12]

FinFET 典型的制作工序如图 15.25 所示.

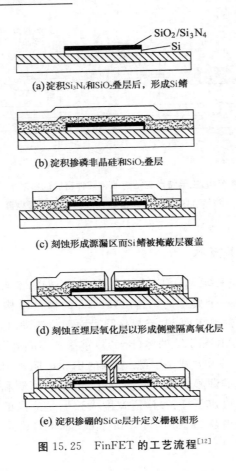

(a) 淀积Si_3N_4和SiO_2叠层后，形成Si鳍

(b) 淀积掺磷非晶硅和SiO_2叠层

(c) 刻蚀形成源漏区而Si鳍被掩蔽层覆盖

(d) 刻蚀至埋层氧化层以形成侧壁隔离氧化层

(e) 淀积掺硼的SiGe层并定义栅极图形

图 15.25 FinFET 的工艺流程[12]

（1）一具有 400nm 厚埋层氧化层和 50nm 厚硅膜的常规 SOI 晶圆，可用作起始材料，除此之外，晶圆的对准凹槽最好相对于晶圆的对称轴旋转 45°，该偏差用于提供硅鳍上的 {100} 面。

（2）Si_3N_4 和 SiO_2 叠层通过 CVD 淀积于硅膜用作覆盖层，它用于在制造工艺中保护硅鳍。然后通过电子束光刻定义出精细的硅鳍图案。

（3）淀积掺磷的非晶硅（用作源和漏的焊垫），淀积温度为 480°C，它在后续工艺中将被晶化为多晶。接着淀积 SiO_2，淀积温度为 450°C。该工艺温度足够低以抑制杂质扩散至硅鳍中。

（4）利用电子束光刻定义带有狭窄间隙的源漏焊垫图形。刻蚀 SiO_2 和非晶硅层以形成间隙。硅鳍被覆盖层所保护，而非晶硅从硅鳍的侧面被完全去除。与硅鳍的侧面相接触的非晶硅将用于为形成晶体管源漏区域的杂质扩散源。

（5）CVD 淀积 SiO_2，在源漏焊垫旁形成侧壁隔离。硅鳍的高度是 50nm，非晶硅层的总厚度为 400nm。利用这一高度差，在硅鳍两侧的 SiO_2 可通过过刻蚀 SiO_2 完全去除，而覆盖层保护着硅鳍，硅鳍两侧的硅表面再次暴露出来。过刻的过程中，在源漏焊垫上的 SiO_2 和源漏焊垫之间的埋层氧化层都会被刻蚀。

（6）通过硅表面的氧化，可生长薄达 2.5nm 的栅氧。在栅氧化层生长过程中，源漏非晶硅被晶化。同时，来自源漏非晶硅的磷扩散进入硅鳍中，在侧壁隔离氧化层下方形成源漏的延伸区，紧接着进行栅的淀积。

15.3.5 存储器件

存储器是以位(bit,二进制数位)来储存数字信息(或数据)的器件.许多存储器芯片都利用 CMOS 技术来设计与制造. MOS 存储器结构已在 6.4 节中介绍. 在一个 RAM 中,存储器单元(简称存储单元,cell)以矩阵方式组织,可以随机方式存取信息(即储存、撷取或擦除),而与其物理位置无关. 静态随机存储器(SRAM)只要有电源供应,就可以一直保持储存的信息. SRAM 基本上是一个触发器电路(flip-flop),可以储存一位信息. 在 CMOS 技术中,一个 SRAM 存储单元包含四个 NMOSFET 和两个 PMOSFET [13].

为了减少存储单元面积和功耗,发展出了动态随机存储器(DRAM). 图 15.26(a)显示单晶体管的 DRAM 存储单元的电路图,其中晶体管作为开关,而一位的信息则存于储存电容中. 储存电容的电压水平决定了存储器的状态. 例如,+1.5 V 可定义为逻辑 1,而 0 V 定义为逻辑 0. 通常储存的电荷会在数毫秒内消失,这主要是由电容的泄漏电流所致. 因此,动态存储器需要周期性地刷新(refresh)储存的电荷.

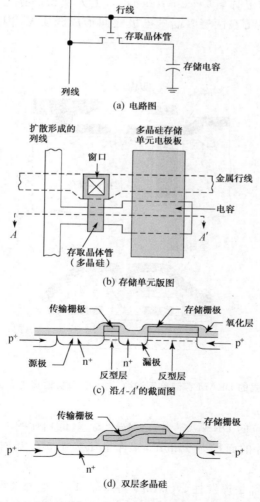

图 15.26 具有储存电容的单晶体管 DRAM 存储单元[13]

图 15.26(b)显示 DRAM 存储单元的版图(layout),图 15.26(c)则为沿 AA' 方向对应的截面图.储存电容利用沟道区域作为下电极,多晶硅栅作为上电极,栅氧化层则为介质层.行线(row line)为金属线,用以减小由于寄生电阻(R)和寄生电容(C)产生的 RC 延迟.列线(column line)则由 n^+ 扩散形成.MOSFET 内部漏极用于储存栅极下方的反型层与传输栅极下方反型层之间的导电连接.利用双层多晶硅(double-level polysilicon)方法,可省去该漏极区域,如图 15.26(d)所示.第二个多晶硅电极由一层热氧化层与第一层多晶硅的电容极板隔开,该热氧化层是在第二层多晶硅电极淀积前由第一层多晶硅热氧化生成.因此,从列线来的电荷可以直接通过传输栅极和储存栅极下方连续的反型层输送至位于储存栅极下方的储存区域.

为了满足高密度 DRAM 的要求,DRAM 结构已经发展为具有堆叠式(stack)或是沟槽式(trench)电容的三维架构.图 15.27(a)显示一个简单的沟槽式存储单元结构[14].沟槽式的优点在于存储单元的电容可通过增加沟槽深度来增加而无需增加存储单元在硅晶圆上占据的面积.制作沟槽式存储单元的主要困难在于深沟槽刻蚀,深沟槽需要圆形的底部转角以及在沟槽壁上均匀生长薄的介质层.图 15.27(b)为一堆叠式存储单元的结构.储存电容堆叠于存取晶体管(access transistor)上方使得储存电容得以增加.利用热氧化或 CVD 氮化硅的方法可在两层多晶硅电极之间形成介质层.因此,堆叠式结构的工艺较沟槽式简单.

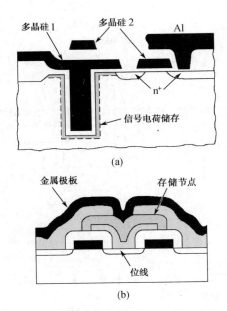

图 15.27 (a) 沟槽式的 DRAM 存储单元结构[14];(b) 单层堆叠式电容的 DRAM 存储单元

图 15.28 为 8G 数位的 DRAM 芯片[15].这个高速、低功耗的 DRAM 芯片采用 50nm 的制造工艺.该存储器芯片的面积为 $98mm^2$,工作电压为 1.5V.互连线则采用低阻铜线和低介电常数薄膜($k=2.96$).

SRAM 和 DRAM 都是挥发性(volatile)存储器,即当电源关断后,储存的信息将会丢失.相形之下,已在第 6 章 6.4.3 节中详细讨论的非挥发性(nonvoltile)存储器则可在电源

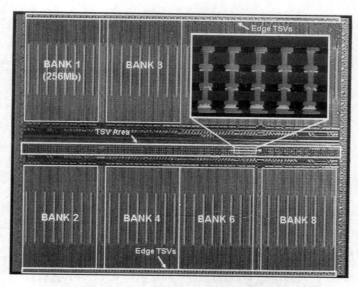

图 15.28　包含超过 160 亿个器件的 8Gb DRAM（照片来源：三星电子）[15]

关断后仍保留其数据. 一个浮栅（floating-gate）的非挥发性存储器，基本上就是一个栅极做了修改的传统 MOSFET. 复合式栅极由一个正常的栅极（控制栅）与一个被绝缘层包围的浮栅构成. 当外加大的正电压至控制栅，电荷会由沟道区域穿过栅氧化层注入浮栅内. 当外加电压移去时，注入的电荷可以长期储存于浮栅内. 要移除这个电荷，必须施加一个大的负电压至控制栅，使得电荷可以注入回沟道区域.

另一种非挥发性存储器是金属-氮化硅-二氧化硅-半导体（metal-nitride-oxide-semiconductor, MNOS），也已在 6.4.3 节中讨论过. 当加上正电压时，电子可以隧穿过薄氧化层（约 2nm），在二氧化硅-氮化硅界面被捕获而成为储存电荷. 储存于电容 C 的电荷会造成阈值电压的偏移，使器件处于高阈值电压状态（逻辑 1）. 对于一个设计良好的存储器，电荷的保持时间（retention time）可以超过 100 年. 为了擦除（erase）存储器（即将储存电荷移除）并将器件回复到低阈值电压状态（逻辑 0），可使用栅极电压或其他方法（如紫外线）.

非挥发性半导体存储器（NVSM）已广泛应用于便携式电子系统中，如移动电话和数码相机. 另一个有趣的应用是芯片卡，也称作 IC 卡. 图 15.29 所示为一 5.6Mb/s、64Gb、4b/cell 的 NAND 闪存[16]. 与传统磁碟片的有限容量（1K 位）相比，非挥发性存储器的容量可以根据应用需要而增加（如储存个人相片或指纹）. 通过 IC 卡读写机器，储存的信息可应用于很多方面，如无线通信（IC 卡电话、移动电话）、账款处理（电子钱包、信用卡）、付费电视、交通运输（电子票、公共运输）、医疗服务（病历卡）和门禁控制. IC 卡将在未来全球信息与服务业中扮演重要的角色[17].

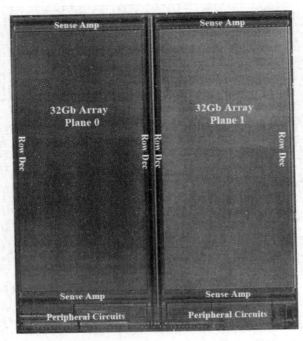

图 15.29 一个 5.6Mb/s、64Gb、4b/cell 的 NAND 闪存(照片来源:SanDisk/Toshiba)[16]

15.4 MESFET 技术

砷化镓工艺技术的新进展以及新的制造工艺和电路方案使得发展类似硅(silicon-like)的砷化镓 IC 技术变为可能. 与硅相比,砷化镓有三项固有的优点:更高的电子迁移率,故在给定的器件形状下,具有更低的串联电阻;在给定电场下有更高的漂移速度,所以改善了器件速度;能制成半绝缘性材料,可以提供晶格匹配的介电绝缘衬底. 然而,砷化镓也有三个缺点:少数载流子寿命非常短;缺少稳定的可钝化的自然氧化层;晶体缺陷比硅高好几个量级. 短暂的少数载流子寿命以及缺少高品质的绝缘膜,阻碍了砷化镓双极型器件和砷化镓基 MOS 技术的发展. 因此,砷化镓 IC 技术的重点是 MESFET 这一领域. 在 MESFET 中主要考虑的是多数载流子输运与金属-半导体接触.

高性能的 MESFET 结构主要分成两类:凹陷式(recessed)沟道(或凹陷式栅)结构和离子注入平面结构. 一个典型的凹陷式沟道 MESFET 的制作流程如图 15.30 所示[18,19]. 在半绝缘的砷化镓衬底上,外延生长有源层[图 15.30(a)]. 先生长一层本征缓冲层,接着生长一层 n 型沟道的有源层. 缓冲层用来消除来自半绝缘衬底的缺陷. 最后,在 n 型沟道有源层上外延生长一层 n^+ 接触层,来减小源漏接触电阻. 进行台面(mesa)刻蚀作为隔离[图 15.30(b)],然后蒸镀一层金属层作为源极和漏极的欧姆接触[图 15.30(c)]. 刻蚀出沟道的凹陷(recess)后再刻蚀栅的凹陷(gate recess)并进行栅极的蒸镀[图 15.30(d)和(e)]. 有时为能精确地控制最终的沟道电流,可通过测量源漏间的电流来监控这个刻蚀工艺. 这种凹陷式沟道结构的一个优点是表面可以远离 n 型沟道层,以使表面影响(如瞬态响应和其他可靠性问题)最小化.这种结构的一个缺点是需要额外的步骤进行隔离,例如利用台面刻蚀工艺或一种将半导体转变成高电阻率材料的隔离注入.在光刻胶剥离浮脱(lift-off)工艺之后[图15.30(e)]即完成了 MESFET 的制作[图 15.30(f)].

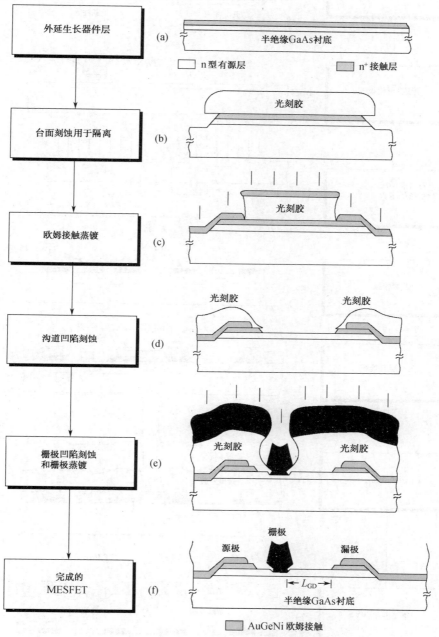

图 15.30　砷化镓 MESFET 的制造工艺[18]

要注意的是,栅极特意向源极偏移是为了减少源极电阻.外延层须足够厚以降低源极与漏极电阻的表面耗尽效应.栅为 T 型栅或蘑菇型栅,栅底部更短的尺寸即为导电沟道的长度,可用于优化器件的 f_T 和 g_m,而较宽的顶端部分可减小栅极电阻以提高 f_{max}.此外,长度 L_{GD} 应设计为大于栅-漏击穿时的耗尽区宽度.

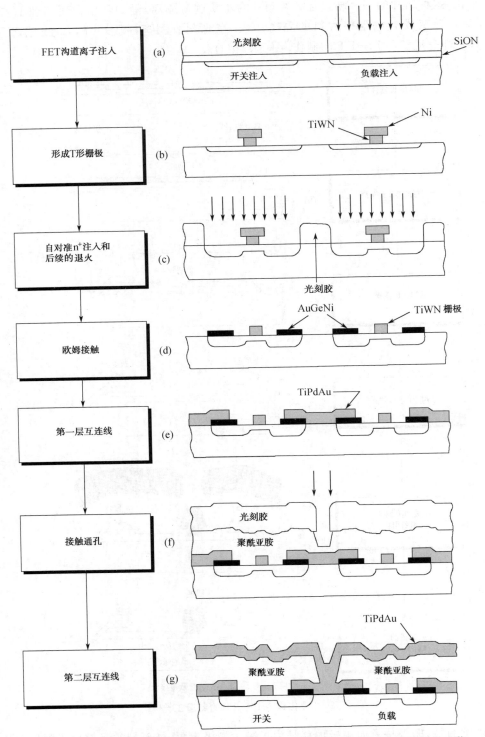

图 15.31 具有有源负载的 MESFET 直接耦合 FET 逻辑(DCFL)电路的制作工艺，注意 n^+ 源极与漏极区域自对准于栅极[20]

离子注入平面结构也用于制作 MESFET 集成电路,如图 15.31 所示[20]。在该工艺中,通过离子注入过补偿半绝缘衬底中的深能级杂质形成有源区。使用相对轻的沟道注入于增强型开关器件,较重的注入用于耗尽型负载器件。为了减小源漏的寄生电阻,更深的 n^+ 注入源漏区域应该尽可能地靠近栅极,这可以通过各种自对准工艺实现。在栅极优先的自对准工艺中,栅首先形成,然后相对于栅进行源漏自对准离子注入。在该工艺中,因为离子注入需要高温退火来激活,所以栅必须用那些可以承受高温工艺的材料,比如,钛-钨合金(如 TiWN)、WSi_2 和 $TaSi_2$。第二种方法是欧姆优先,源漏注入和退火在栅形成之前就完成,该工艺不存在先前对栅材料的要求。对于数字 IC 的制造,不常使用凹陷式栅结构,因为每个凹陷深度的均匀性难以控制,导致无法接受的阈值电压变化。这种工艺流程也可用于单片微波集成电路上(MMIC)。值得注意的是,砷化镓 MESFET 工艺技术类似于硅基 MOSFET 工艺技术。

复杂度达大规模集成水平(每芯片约 10000 个器件)的砷化镓 IC 已制造出来。因为有较高的漂移速度(高出硅约 20%),在相同的设计规范下,砷化镓 IC 的速度可高出硅 IC 20%。然而,砷化镓在晶体质量和工艺技术上仍有待进步,才有可能真正地挑战硅在 ULSI 应用上的独霸地位。

15.5 纳电子学的挑战

自从 1959 年开启了集成电路时代以来,最小器件尺寸也称作最小特征长度,一直以大约每年 13% 的速度在缩小(即每三年减少 35%)。根据国际半导体技术路线图(international technology roadmap for semiconductors,ITRS)的预测[21],最小特征长度将由 2002 年的 130nm 缩小至 2014 年的 35nm,如表 15.1 所示。DRAM 的容量也列于表 15.1 中,DRAM 的存储单元容量每三年增加四倍,预计在 2011 年,按照 50nm 设计规范的 64G 位的 DRAM 将量产。该表也显示在 2014 年晶圆尺寸将会增加到 450 mm(直径 18 英寸)。除了尺寸的缩小外,对于器件层面、材料层面和系统层面的挑战将在下面的章节讨论。

表 15.1 自 1997 年到 2014 年的技术代[21]

第一次产品出货年份	1997	1999	2002	2005	2008	2011	2014
特征尺寸/nm	250	180	130	100	70	50	35
DRAM 容量/bits	256M	1G	—	8G	—	64G	—
晶圆尺寸/mm	200	300	300	300	300	300	450
栅极氧化层/nm	3~4	1.9~2.5	1.3~1.7	0.9~1.1	<1.0	—	—
结深/nm	50~100	42~70	25~43	20~33	15~30		

15.5.1 工艺集成的挑战

图 15.32 显示 CMOS 逻辑电路工艺的电源电压 V_{DD}、阈值电压 V_T 和栅极氧化层厚度 d 与沟道长度的关系[22]。从图中可见栅极氧化层将很快接近 2nm 的隧穿电流极限。V_{DD} 的下降将会变缓,因为 V_T 无法按比例缩小(即 V_T 最小可降至约 0.3V,这是基于亚阈值漏电流和电路噪声容限的限制)。180nm 以下工艺技术所面临的一些挑战如图 15.33 所示[23],其中

最严苛的要求有以下几个方面：

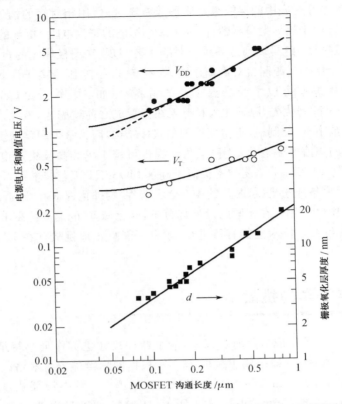

图 15.32 对于 CMOS 逻辑电路工艺技术，电源电压 V_{DD}、阀值电压 V_T 和栅极氧化层厚度 d 与沟道长度的关系，图中的点收集自近年发表的文献[22]

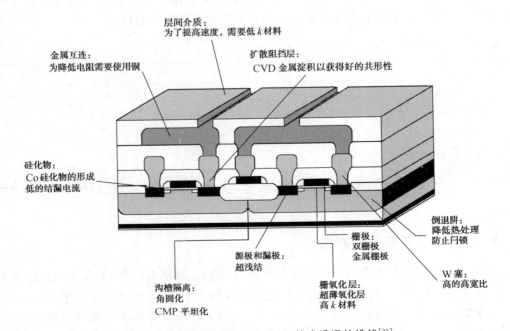

图 15.33 180nm 以下 MOSFET 技术遭遇的挑战[23]

一、超浅结的形成

如第 6 章所述,当沟道长度缩小时会发生短沟道效应.当器件尺寸小于 100nm 时,这个问题变得很重要.为了实现低薄层电阻值的超浅结,必须使用高剂量、低能量的(小于 1keV)离子注入技术,以降低短沟道效应.表 15.1 显示所需的结深与技术代之间的关系.对于 100nm 的工艺技术,所需的结深约为 20~33nm,掺杂浓度为 $1\times 10^{20}\,\mathrm{cm}^{-3}$.

二、超薄氧化层

当栅长缩小至 100nm 以下,为了维持器件性能,栅极介电层的等效氧化层厚度必须降至约 2nm.然而,如果仍使用二氧化硅(介电常数为 3.9),通过栅极的漏电流会因直接隧穿而变得非常大.基于这个原因,具有较低漏电流的较厚的高介电常数介质材料被用来取代二氧化硅.就短期来看,候选材料有氮化硅(介电常数为 7)、五氧化二钽(Ta_2O_5,介电常数 25)、二氧化铪(HfO_2,介电常数 20~25)和二氧化钛(TiO_2,介电常数 60~100).

三、硅化物的形成

为了降低寄生电阻,改善器件与电路的性能,硅化物相关的技术已成为亚微米器件中不可或缺的一部分.传统的钛-硅化物(Ti-silicide)工艺已广泛应用于 350~250nm 技术中.然而,硅化钛($TiSi_2$)导线的方块电阻会随着线宽的减少而增加,这将限制硅化钛在 180nm 及以下的 CMOS 中的应用.硅化钴($CoSi_2$)或硅化镍(NiSi)势必于 180nm 以下的技术中取代硅化钛.

四、互连线的新材料

为了实现高速的工作,互连线(interconnection)的 RC 时间延迟必须降低[24].第 12 章中的图 12.12 显示了延迟与器件特征尺寸的关系.很明显,栅极延迟随着沟道长度的缩短而减少;然而来自互连线的延迟则随着器件尺寸的缩小而显著地增加.这导致当器件尺寸缩小至 100nm 以下时,总延迟时间增加.因此高导电金属(如铜)和低介电常数绝缘材料[如有机的聚酰亚胺(polyimide)或无机的掺氟二氧化硅材料],都能大幅度提升电路性能.铜具有优异的表现,这是因为其高导电性($1.7\mu\Omega\cdot cm$,而铝为 $2.7\mu\Omega\cdot cm$)以及抗电迁移能力比铝高 10~100 倍.采用铜与低介电常数材料电路的延迟相比于使用传统的铝和氧化层有显著的减少.因此,对于未来的深亚微米技术中的多层互连线,铜和低介电常数材料是不可或缺的.

五、功率限制

在集成电路中,用以电路节点充电和放电的功率正比于栅的数目和其开关的频率(时钟频率).功率可以表示成 $P\approx \frac{1}{2}CV^2 nf$,其中 C 为每个器件的电容,V 为外加电压,n 为每个芯片的器件数目,f 为时钟频率.除非使用辅助的液体或气体冷却,否则在 IC 封装内因这一功耗而产生的温度升高必受限于封装材料的热导率.而能允许的最大温度升高则受限于半导体的禁带宽度(对于禁带宽度 1.1eV 的硅,约为 100℃).对于这样的温度升高,典型的高性能封装的最大功耗约为 10W.因此,我们必须限制最大时钟频率或每芯片上的栅极数目.例如,一包含 100nm MOS 器件的 IC,$C=5\times 10^{-2}$fF,在 20GHz 的时钟频率下工作,若假设 10% 的占空比,则能够拥有的最大栅极数目约为 10^7.这是基本材料参数对于设计的约束.

六、SOI 工艺集成

我们在第 15 章的 15.2.2 节曾述及 SOI 隔离.最近 SOI 技术越来越受到重视,在最小特征长度低于 100nm 时,SOI 工艺集成的优势变得更为明显.就工艺方面来看,SOI 不需要复杂的阱结构和隔离工艺。此外,浅结可以直接由 SOI 的硅膜厚度控制。由于结的下方存在氧化层隔离,接触区域没有硅和铝非均匀互扩散的风险,因此不需要接触阻挡层。从器件角度来看,现代制作于体硅的器件都需要较高的漏极与衬底掺杂,以消除短沟道效应和本体穿通。当结反偏时,高的掺杂浓度造成大的电容值。相形之下,在 SOI 中结与衬底间最大的电容是绝缘埋层的电容,而其介电常数是硅的三分之一(3.9:11.9)。以环形振荡器(ring oscillator)的性能为例,130nm SOI CMOS 技术与相似的体硅技术相比,速度上可快 25%,或仅需一半的功耗[25]。SRAM、DRAM、CPU 和 RF CMOS 都已成功利用 SOI 技术制作出来。因此,对于下节要讨论的未来的片上系统(system-on-a-chip)技术,SOI 是一个重要的候选技术。

▶ **例 5**

若等效氧化层厚度为 1.5nm,当使用高介电常数材料氮化硅($\varepsilon_i/\varepsilon_0=7$)、五氧化二钽(25)或二氧化钛(80)时,其物理厚度为多少?

解 对于氮化硅:

$$\frac{\varepsilon_{ox}}{1.5}=\frac{\varepsilon_{nitride}}{d_{nitride}},$$

$$d_{nitride}=1.5\times\frac{7}{3.9}=2.69(nm).$$

类似地,我们可以得到五氧化二钽厚度为 9.62nm,二氧化钛厚度为 30.75nm。

▶ **15.5.2 片上系统(system-on-a-chip)**

元器件密度的增加与制造技术的改善使得片上系统(system-on-a-chip)的实现已成为可能。SOC 即单个 IC 芯片包含一个完整的电子系统。设计者可以将一个完整电子系统所需的所有电路,如照相机、收音机、电视或个人电脑(PC),制作于单一芯片上。图 15.34 显示 SOC 在 PC 主板上的应用。传统主板上的组件(在本例中有 11 个芯片)成为了右边 SOC 芯片中的虚拟部件[26]。另外,片上系统能够集成于 3D 系统集成中,可实现更高级的系统功能[27]。

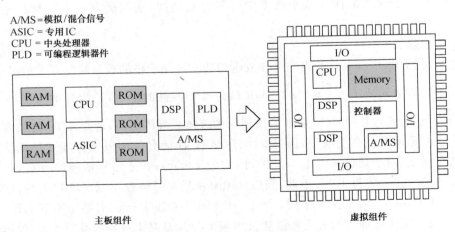

图 15.34 传统 PC 主板的 SOC 芯片[26]

在实现 SOC 时,有两个阻碍存在。第一个是设计变得极其复杂。因为目前电路板的部件是不同公司用不同设计工具设计而成的,因此要将它们整合至一个芯片,难度相当高。另一个是制造上的困难.一般而言,DRAM工艺很明显区别于逻辑IC(如CPU).对于逻辑电路,优先考虑的是速度,然而对于存储器,储存电荷的漏电是优先考虑的.因此,使用5~8层金属的多层互连线对于逻辑IC的速度改善是必需的,然而,DRAM只需2~3层金属.此外,为了增加速度,必须使用硅化物工艺降低串联电阻,还需要超薄栅极氧化层来增加驱动电流.这些要求对于存储器并不那么重要.

为了实现SOC的目标,需引入嵌入式(embedded)DRAM技术,即用兼容的工艺将逻辑电路与DRAM结合在单一芯片内.图15.35显示嵌入式DRAM的截面示意图,其中包含DRAM存储单元与逻辑CMOS器件[28].为了折中,修改了一些工艺步骤.采用沟槽式电容而舍弃堆叠式电容,使得DRAM存储单元结构没有高度差异.此外,在同一晶圆上须使用多种栅极氧化层厚度,以适应多种电源电压和在同一芯片上结合存储器与逻辑电路.

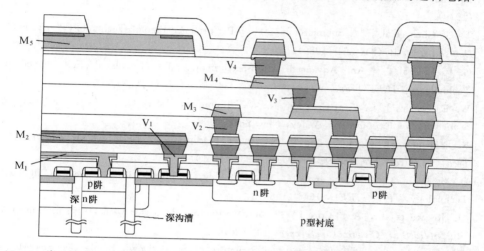

图15.35 嵌入式DRAM的截面示意图,包含DRAM存储单元与逻辑MOSFET,因为采用沟槽式电容存储单元,所以没有高度差,M1到M5是金属互连线,V1到V4是通孔[28]

总　结

在本章中,我们讨论了无源器件、有源器件与集成电路的工艺技术.包括双极型晶体管、MOSFET和MESFET三种主要IC技术都已详细讨论.由于比双极型晶体管有更优异的表现,在可预见的将来MOSFET仍将是主流技术.对于100nm以下的CMOS技术,一个好的候选方案是将SOI衬底与基于铜和低介电常数材料的互连结合起来.

由于特征尺寸的快速缩小,当沟道长度缩小至20nm附近时,工艺技术将会达到其实际的极限.取代CMOS的未来器件为何仍然众说纷纭.主要的候选者包括许多基于量子力学效应的新颖器件,这是因为横向尺寸降至100nm以下时,电子结构会表现出非经典物理的行为,这取决于具体的材料和工作温度.这些器件的工作将属于单电子输运的范畴,这已由单电子存储单元获得证明.如何制作包含数以万亿器件的这种单电子器件系统,将是后CMOS时代的一项主要挑战[29].

参考文献

[1] For a detailed discussion on IC process integration, see C. Y. Liu, and W. Y. Lee, "Process Integration," in C. Y. Chang, and S. M. Sze, Ed., *ULSI Technology*, McGraw-Hill, New York, 1996.

[2] T. Tachikawa, "Assembly and Packaging," in C. Y. Chang, and S. M. Sze, Ed., *ULSI Technology*, McGraw-Hill, New York, 1996.

[3] T. H. Lee, *The Design of CMOS Radio-Frequency Integrated Circuits*, Cambridge University Press, 1998, Ch. 2.

[4] D. Rise, "Isoplanar-S Scales Down for New Heights in Performance," *Electronics*, 53, 137 (1979).

[5] T. C. Chen et al., "A Submicrometer High-Performance Bipolar Technology," *IEEE Electron Device Lett.*, 10 (8), 364 (1989).

[6] G. P. Li et al., "An Advanced High-performance Trench-Isolated Self-Aligned Bipolar Technology," *IEEE Trans. Electron Devices*, 34 (10), 2246 (1987).

[7] W. E. Beasle, J. C. C. Tsai, and R. D. Plummer, Eds. *Quick Reference Manual for Semiconductor Engineering*, Wiley, New York, 1985.

[8] R. D. Rung, H. Momose, and Y. Nagakubo, "Deep Trench Isolation CMOS Devices," *IEEE Tech. Dig. Int. Electron Devices Meet.*, 237 (1982).

[9] D. M. Bron, M. Ghezzo, and J. M. Primbley, "Trends in Advanced CMOS Process Technology," *Proc. IEEE*, 1646 (1986).

[10] J. Howard et al., "A 48-Core IA-32 Message-Passing Processor with DVFS in 45nm CMOS," *Int. Solid-State Circuits Conference*, 108 (2010).

[11] H. Higuchi et al., "Performance and Structure of Scaled-Down Bipolar Devices Merge with CMOSFETs," *IEEE Tech. Dig. Int. Electron Devices Meet.*, 694, 1984.

[12] D. Hisamoto et al., "FinFET-A Self-Aligned Double-Gate MOSFET Scalable to 20nm," *IEEE Trans. Electron. Devices*, 47, 2320 (2000).

[13] R. W. Hunt, "Memory Design and Technology," in M. J. Howes, and D. V. Morgan, Eds., *Large Scale Integration*, Wiley, New York, 1981.

[14] A. K. Sharma, *Semiconductor Memories—Technology, Testing, and Reliability*, IEEE, New York, 1997.

[15] U. Kang et al., "8Gb 3D DDR3 DRAM Using Through-Silicon-Via Technology," *Int. Solid-State Circuits Conference*, 130 (2009).

[16] C. Trinh et al., "A 5.6 MB/s 64Gb 4b/Cell NAND Flash Memory in 43nm CMOS," *Int. Solid-State Circuits Conference*, 246 (2009).

[17] U. Hamann, "Chip Cards—The Application Revolution," *IEEE Tech. Dig. Int. Electron Devices Meet.*, 15 (1997).

[18] M. A. Hollis, and R. A. Murphy, "Homogeneous Field-Effect Transistors," in S. M. Sze, Ed., *High-Speed Semiconductor Devices*, Wiley, New York, 1990.

[19] S. M. Sze, and K. K. Ng, *Physics of Semiconductor Devices*, 3rd Ed., Wiley Interscience, Hoboken, 2007.

[20] H. P. Singh et al., "GaAs Low Power Integrated Circuits for a High Speed Digital Signal Processor," *IEEE Trans. Electron Dev.*, 36, 240 (1989).

[21] *International Technology Roadmap for Semiconductor*（*ITRS*），Semiconductor Ind. Assoc.，San Jose，1999.

[22] Y. Taur, and E. J. Nowak, "CMOS Devices below 0.1μm: How High Will Performance Go?" *IEEE Tech. Dig. Int. Electron Devices Meet.*，215，1997.

[23] L. Peters, "Is the 0.18μm Node Just a Roadside Attraction?" *Semicond. Int.*，22，46，(1999).

[24] M. T. Bohr, "Interconnect Scaling—The Real Limiter to High Performance ULSI," *IEEE Tech. Dig. Int. Electron Devices Meet.*，241 (1995).

[25] E. Leobandung et al. , "Scalability of SOI Technology into 0.13μm 1.2 V CMOS Generation," *IEEE Tech. Dig. Int. Electron Devices Meet.*，403 (1998).

[26] B. Martin, "Electronic Design Automation," *IEEE Spectr.*，36，61 (1999).

[27] K. Banerjee et al. , " 3-D ICs: A Novel Chip Design for Improving Deep-Submicrometer Interconnect Performance and System-on-Chip Intergration," *Proc. IEEE*，89，602 (2001).

[28] H. Ishiuchi et al. , "Embedded DRAM Technologies," *IEEE Tech. Dig. Int. Electron Devices Meet.*，33 (1997).

[29] S. Luryi, J. Xu, and A. Zaslavsky, Eds, *Future Trends in Microelectronics*，Wiley，New York，1999.

习 题

15.1 无源元件

1. 已知薄层电阻为 $1\text{k}\Omega/\square$，求在一 2.5mm×2.5mm 芯片上可以制造出的线条宽为 $2\mu\text{m}$、间距为 $4\mu\text{m}$ 的(即平行线条中心间的距离)的最大电阻。

2. 试完整地绘出在衬底上制作三圈螺旋形电感所需的掩模版组中的每一道掩模版。

3. 请设计一个 10nH 方形螺旋型电感，其内连线的全长为 $350\mu\text{m}$，每圈的间距为 $2\mu\text{m}$。

15.2 双极型晶体管技术

4. 试画出钳位晶体管的电路图与器件截面图.

5. 请说明在自对准双多晶硅双极型晶体管制备过程中下列工艺步骤的目的：

(a) 图 15.12(a)中位于沟槽内的未掺杂多晶硅；

(b) 图 15.12(b)中的多晶硅 1；

(c) 图 15.13(d)中的多晶硅 2.

15.3 MOSFET 技术

*6. 在 NMOS 制备工艺中，起始材料为 p 型<100>晶向的硅晶圆，电阻率为 $10\Omega\cdot\text{cm}$. 源和漏是透过 25nm 栅极氧化层利用砷离子注入形成的，注入能量是 30keV，注入剂量是 $10^{16}/\text{cm}^2$。

(a) 估计器件的阈值电压变化；

(b) 试画出沿着垂直于表面且经过沟道区域或是源极区域的坐标上的掺杂分布.

7. (a) 为什么在 NMOS 工艺中,较喜欢使用 <100> 晶向的晶圆?

(b) 若用于 NMOS 器件的场氧化层太薄,会有何缺点?

(c) 多晶硅栅用于栅极长度小于 $3\mu m$ 时,会有何问题产生?可用其他材料取代多晶硅吗?

(d) 如何得到自对准的栅极?其优点是什么?

(e) 磷硅玻璃的用途是什么?

8. 一个动态存储器的最小刷新时间为 4ms,每个单元的存储电容大小为 5×10^{-14} F,并最终会被充以 5V 电压.

(a) 试计算每个单元存储的电子数;

(b) 估算每个动态电容节点所能承受的最坏情况的漏电量.

*9. 对一个浮栅非挥发性存储器而言,浮栅下方绝缘层的相对介电常数为 4,厚度为 10nm,浮栅上方的绝缘层的相对介电常数为 10,厚度为 100nm. 如果在浮栅下方的绝缘层中电流密度 $J=\sigma E, \sigma =10^{-7}$ S/cm,而在另一绝缘层中的电流小到可以忽略,试分别计算因外加 10V 电压于控制栅极(a) $0.25\mu s$、(b) 足够长的时间,以至于在下端的 J 变为可忽略不计时,所产生的器件阈值电压漂移.

10. 试完整地画出图 15.17 中 CMOS 反相器的掩模版组中的每一层掩模版. 特别注意以图 15.17(c) 中的截面图为作图比例.

*11. 对于一个 n 沟道浮栅存储器单元而言,如果电荷量 Q(负)因载流子注入而改变,试描述 MOSFET 漏端电导 g_D 可能发生的任何变化.

12. 画出下列工艺步骤中双阱 CMOS 结构的截面图.

(a) n 阱注入;

(b) p 阱注入;

(c) 双阱注入;

(d) 非选择性 p^+ 源极与漏极注入;

(e) 以光刻胶作为掩蔽层时,选择性 n^+ 源极与漏极注入;

(f) 淀积磷硅玻璃.

13. 为什么在 PMOS 中使用 p^+ 多晶硅栅极?

14. PMOS 的 p^+ 多晶硅栅极中,什么是硼穿透问题?如何消除此问题?

15. FINFET 结构有哪些优点?

16. 为了得到好的界面性质,在高介电常数材料与衬底间需淀积一层缓冲层. 如果堆叠栅极介电质结构为 0.5nm 氮化硅的缓冲层加上 10nm 的五氧化二钽,试计算出其等效氧化层厚度.

17. 试描述 LOCOS 技术的缺点及浅沟槽隔离技术的优点.

15.4 MESFET 技术

18. 图 15.31(f) 中使用聚酰亚胺的目的是什么?

19. 为什么用 GaAs 很难制作双极型晶体管和 MOSFET?

15.5 纳电子学的挑战

20. (a) 试计算位于 $0.5\mu m$ 厚的热氧化层上 $0.5\mu m$ 厚的铝导线的 RC 时间常数. 导线

长度与宽度分别为 1cm 和 1μm，导线阻值为 $10^{-5}\Omega\cdot cm$；

(b) 对于相同尺寸的多晶硅导线($R_\square=30\Omega/\square$)，RC 时间常数为多少？

21. 试说出 SOI 技术的优点.

22. 为什么对于一个片上系统(SOC)，我们需要多种氧化层厚度？

23. 通常需要一层缓冲层位于高介电常数的五氧化二钽与硅衬底之间. 试计算当堆叠栅极介电层为氮化硅缓冲层($k=7$, 厚度 10Å)和 75Å 厚的五氧化二钽($k=25$)时，有效氧化层厚度为多少？如果缓冲层为二氧化硅($k=3.9$, 厚度 5Å)时，等效氧化层厚度又是多少？

附录 A

符号列表

符号	名称	单位
a	晶格常数	Å
B	磁感应强度	Wb/m²
c	真空中的光速	cm/s
C	电容	F
D	电位移	C/cm²
D	扩散系数	cm²/s
E	能量	eV
E_C	导带底	eV
E_F	费米能级	eV
E_g	禁带宽度	eV
E_V	价带顶	eV
E	电场强度	V/cm
E_c	临界电场强度	V/cm
E_m	最大电场强度	V/cm
f	频率	Hz(cps)
$F(E)$	费米-狄拉克分布函数	
h	普朗克常数	J·s
$h\nu$	光子能量	eV
I	电流	A
I_C	集电极电流	A
J	电流密度	A/cm²
J_{th}	临界电流密度	A/cm²
k	玻尔兹曼常数	J/K
kT	热能	eV
L	长度	cm 或 μm
m_0	电子静止质量	kg
m_n	电子有效质量	kg
m_p	空穴有效质量	kg
$\bar{n}$	折射率	

续表

符 号	名 称	单 位
n	自由电子浓度	cm^{-3}
n_i	本征载流子浓度	cm^{-3}
N	掺杂浓度	cm^{-3}
N_A	受主杂质浓度	cm^{-3}
N_C	导带有效态密度	cm^{-3}
N_D	施主杂质浓度	cm^{-3}
N_V	价带有效态密度	cm^{-3}
p	自由空穴浓度	cm^{-3}
P	压强	Pa
q	电子电荷量	C
Q_{it}	界面陷阱电荷密度	$charges/cm^2$
R	电阻	Ω
R	响应度	A/W
t	时间	s
T	绝对温度	K
v	载流子速度	cm/s
v_s	饱和速度	cm/s
v_{th}	热运动速度	cm/s
V	电压	V
V_{bi}	内建电势	V
V_{EB}	发射极-基极电压	V
V_B	击穿电压	V
W	厚度	cm 或 μm
W_B	基区厚度	cm 或 μm
ε_0	真空介电常数	F/cm
ε_s	半导体介电常数	F/cm
ε_{ox}	绝缘体介电常数	F/cm
$\varepsilon_s/\varepsilon_0$ 或 $\varepsilon_{ox}/\varepsilon_0$	相对介电常数	
τ	寿命或衰减时间	s
θ	角度	rad
λ	波长	μm 或 nm
ν	光频率	Hz
μ_0	真空磁导率	H/cm
μ_n	电子迁移率	$cm^2/(V \cdot s)$
μ_p	空穴迁移率	$cm^2/(V \cdot s)$
ρ	电阻率	$\Omega \cdot cm$
φ_{Bn}	n 型半导体的肖特基势垒高度	V
φ_{Bp}	p 型半导体的肖特基势垒高度	V
$q\varphi_m$	金属功函数	eV
ω	角频率($2\pi f$ 或 $2\pi \nu$)	Hz
$\bar{\omega}$	声子频率	eV
Ω	欧姆	Ω

附录 B

国际单位制 (SI Units)

度量	单位	符号	量纲
长度*	Meter[米]	m	
质量	Kilogram[千克]	kg	
时间	Second[秒]	s	
温度	Kelvin[开]	K	
电流	Ampere[安]	A	
发光强度	Candela[坎]	Cd	
角度	Radian[弧度]	Rad	
频率	Hertz[赫]	Hz	$1/s$
力	Newton[牛]	N	$kg \cdot m/s^2$
压强	Pascal[帕]	Pa	N/m^2
能量*	Joule[焦]	J	$N \cdot m$
功率	Watt[瓦]	W	J/s
电荷	Coulomb[库]	C	$A \cdot s$
电压/电势	Volt[伏]	V	J/C
电导	Siemens[西]	S	A/V
电阻	Ohm[欧]	Ω	V/A
电容	Farad[法]	F	C/V
磁通量	Weber[韦]	Wb	$V \cdot s$
磁感应强度	Tesla[特]	T	Wb/m^2
电感	Henry[亨]	H	Wb/A
光通量	Lumen[流]	Lm	$Cd \cdot rad$

---

* 在半导体领域中常用 cm 表示长度、用 eV 表示能量 ($1cm = 10^{-2} m, 1eV = 1.6 \times 10^{-19} J$)。

附录 C

单位前缀 *

数量级	前缀	符号
10^{18}	exa 艾	E
10^{15}	peta 帕	P
10^{12}	tera 太	T
10^{9}	giga 吉	G
10^{6}	mega 兆	M
10^{3}	kilo 千	k
10^{2}	hecto 百	h
10	deka 十	da
10^{-1}	deci 分	d
10^{-2}	centi 厘	c
10^{-3}	milli 毫	m
10^{-6}	micro 微	μ
10^{-9}	nano 纳	n
10^{-12}	pico 皮	p
10^{-15}	femto 飞	f
10^{-18}	atto 阿	a

* 取自国际度量衡委员会,一般不采用复合前缀.例如,用 p 表示 10^{-12} 而不用 $\mu\mu$.

附录 D

希腊字符表

字母名称	小 写	大 写
Alpha	α	A
Beta	β	B
Gamma	γ	Γ
Delta	δ	Δ
Epsilon	ε	E
Zeta	ζ	Z
Eta	η	H
Theta	θ	Θ
Iota	ι	I
Kappa	κ	K
Lambda	λ	Λ
Mu	μ	M
Nu	ν	N
Xi	ξ	Ξ
Omicron	ο	O
Pi	π	Π
Rho	ρ	P
Sigma	σ	Σ
Tau	τ	T
Upsilon	υ	Υ
Phi	φ, ϕ	Φ
Chi	χ	X
Psi	ψ	Ψ
Omega	ω	Ω

附录 E

物理常数

度 量	符 号	数 值
埃	Å	$10\text{Å}=1\text{nm}=10^{-3}\mu\text{m}=10^{-7}\text{cm}=10^{-9}\text{m}$
阿伏伽德罗常数	N_{av}	6.02214×10^{23}
波尔半径	a_B	0.52917Å
玻尔兹曼常数	k	$1.38066\times10^{-23}\text{J/K}\ (R/N_{av})$
基本电荷	q	$1.60218\times10^{-19}\text{C}$
电子静止质量	m_0	$0.91094\times10^{-30}\text{kg}$
电子伏	eV	$1\text{eV}=1.60218\times10^{-19}\text{J}=23.053\text{kcal/mol}$
气体常数	R	$8.34620\text{J/(mol}\cdot\text{K)}$ 或 $1.98719\text{cal/(mol}\cdot\text{K)}$
真空磁导率	μ_0	$1.25664\times10^{-8}\text{H/cm}\ (4\pi\times10^{-9})$
真空介电常数	ε_0	$8.85418\times10^{-14}\text{F/cm}\ (1/\mu_0 c^2)$
普朗克常数	h	$6.62607\times10^{-34}\text{J}\cdot\text{s}$
约化普朗克常数	$\hbar$	$1.05457\times10^{-34}\text{J}\cdot\text{s}\ (h/2\pi)$
质子静止质量	M_p	$1.67262\times10^{-27}\text{kg}$
真空中的光速	c	$2.99792\times10^{10}\text{cm/s}$
标准大气压		$1.01325\times10^5\text{Pa}$
300K 的热电压	kT/q	0.025852V
1eV 量子的波长	λ	$1.23984\mu\text{m}$

附录 F

重要元素及二元化合物半导体材料的特性（300K 时）

半导体		晶格常数 /Å	禁带宽度 /eV	能带①	迁移率② /[cm²/(V·s)]		相对介电常数
					μ_n	μ_p	
元素	Ge	5.65	0.66	I	3900	1800	16.2
	Si	5.43	1.12	I	1450	505	11.9
IV-IV	SiC	3.08	2.86	I	300	40	9.66
III-V	AlSb	6.13	1.61	I	200	400	12.0
	GaAs	5.65	1.42	D	9200	320	12.4
	GaP	5.45	2.27	I	160	135	11.1
	GaSb	6.09	0.75	D	3750	680	15.7
	InAs	6.05	0.35	D	33000	450	15.1
	InP	5.86	1.34	D	5900	150	12.6
	InSb	6.47	0.17	D	77000	850	16.8
II-VI	CdS	5.83	2.42	D	340	50	5.4
	CdTe	6.48	1.56	D	1050	100	10.2
	ZnO	4.58	3.35	D	200	180	9.0
	ZnS	5.42	3.68	D	180	10	8.9
IV-VI	PbS	5.93	0.41	I	800	1000	17.0
	PbTe	6.46	0.31	I	600	4000	30.0

① I 表示间接，D 表示直接.
② 表中所列数值是迄今可得的最纯净和最完美材料的漂移迁移率.

附录 G

硅和砷化镓的特性(300K 时)

材料特性	Si	GaAs
原子密度/(原子/立方厘米)	5.02×10^{22}	4.42×10^{22}
原子质量数	28.09	144.63
击穿电场/(V/cm)	$\sim 3\times10^5$	$\sim 4\times10^5$
晶体结构	金刚石结构	闪锌矿结构
密度/(g/cm^3)	2.329	5.317
介电常数	11.9	12.4
导带有效态密度 N_C/cm^{-3}	2.86×10^{19}	4.7×10^{17}
价带有效态密度 N_V/cm^{-3}	2.66×10^{19}	7.0×10^{18}
有效质量(电导率)		
电子(m_n/m_0)	0.26	0.063
空穴(m_p/m_0)	0.69	0.57
电子亲和势 χ/V	4.05	4.07
禁带宽度/eV	1.12	1.42
折射率	3.42	3.3
本征载流子浓度/cm^{-3}	9.65×10^9	2.25×10^6
本征电阻率/($\Omega\cdot$cm)	3.3×10^5	2.9×10^8
晶格常数/Å	5.43102	5.65325
线性热膨胀系数 $\frac{\Delta L}{L\times T}$/℃$^{-1}$	2.59×10^{-6}	5.75×10^{-6}
熔点/℃	1412	1240
少数载流子寿命/s	3×10^{-2}	$\sim 10^{-8}$
迁移率/[cm^2/(V·s)]		
μ_n(电子)	1450	9200
μ_p(空穴)	505	320
比热容/[J/(g·℃)]	0.7	0.35
热导率/[W/(cm·K)]	1.31	0.46
蒸气压/Pa	1(在 1650℃)	100(在 1050℃)
	10^{-6}(在 900℃)	1(在 900℃)

附录 H

半导体中态密度的推导

一、三维态密度

对于三维结构的体半导体材料,为计算导带和价带的电子和空穴浓度,我们需要知道态密度,即单位体积单位能量间隔内可容许的能态数[单位为:能态数/(eV·cm³)].

当半导体材料中的电子沿着 x 方向来回移动时,此种运动可用驻波振荡来表示,驻波长 λ 和半导体长度 L 的关系可表示成

$$\frac{L}{\lambda} = n_x. \tag{1}$$

其中 n_x 为整数.由德布罗意假设,波长可表示成

$$\lambda = \frac{h}{p_x}. \tag{2}$$

其中 h 为普朗克常数,p_x 为 x 方向的动量.将式(2)代入式(1)可得

$$L p_x = h n_x. \tag{3}$$

n_x 增加 1 时的动量增量 $\mathrm{d}p_x$ 有如下关系:

$$L \mathrm{d} p_x = h. \tag{4}$$

对一边长 L 的三维立方体而言,可得

$$L^3 \mathrm{d}p_x \mathrm{d}p_y \mathrm{d}p_z = h^3. \tag{5}$$

由上式可知对一单位立方体($L=1$)而言,动量空间 $\mathrm{d}p_x \mathrm{d}p_y \mathrm{d}p_z$ 的体积等于 h^3.每一个 n 的增量对应于唯一的一组(n_x, n_y, n_z),也对应于一个容许的能态.所以,动量空间中一个能态的体积为 h^3.图 1 中所示为球坐标系的动量空间,两个同心圆球(p 到 $p+\mathrm{d}p$)间的体积为 $4\pi p^2 \mathrm{d}p$,在此体积中含有的能态数目就是 $\dfrac{2(4\pi p^2 \mathrm{d}p)}{h^3}$,其中因子"2"是为计入电子自旋.

电子的能量 E(在此我们只考虑动能)可表示为

$$E = \frac{p^2}{2m_\mathrm{n}} \tag{6}$$

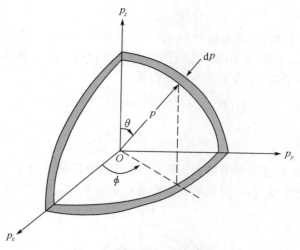

图 1　球坐标系下的动量空间

或

$$p = \sqrt{2m_n E}. \tag{7}$$

其中，p 代表总动量（由笛卡尔坐标系的 p_x、p_y 和 p_z 三分量构成），而 m_n 为有效质量。由式 (7) 我们可以用 E 替代 p，得到

$$N(E)\mathrm{d}E = \frac{8\pi p^2 \mathrm{d}p}{h^3} = 4\pi \left(\frac{2m_n}{h^2}\right)^{\frac{3}{2}} E^{\frac{1}{2}} \mathrm{d}E \tag{8}$$

和

$$N(E) = 4\pi \left(\frac{2m_n}{h^2}\right)^{\frac{3}{2}} E^{\frac{1}{2}}. \tag{9}$$

其中 $N(E)$ 就称为态密度 (density of states)，如图 2(a) 所示，$N(E)$ 随 $\sqrt{E}$ 的关系而变化。

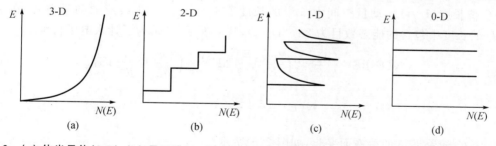

图 2　(a) 体半导体 (3-D)，(b) 量子阱 (2-D)，(c) 量子线 (1-D) 和 (d) 量子点 (0-D) 材料的态密度 $N(E)$

二、二维态密度

对于二维结构，如量子阱，二维态密度的推导基本与三维情形一样，区别仅在于动量空间的一个分量是确定的。所以我们不用去求包围在球形区域的动量状态数，只需计算半径从 p 到 $p+\mathrm{d}p$ 的环形区域中的动量状态数。

n_x 增加 1 时的动量增量 $\mathrm{d}p_x$ 有如下关系：

$$L\mathrm{d}p_x = h. \tag{10}$$

对一边长 L 的二维正方形，有

$$L^2 dp_x dp_y = h^2. \tag{11}$$

对一单位正方形($L=1$)而言,动量空间中 $dp_x dp_y$ 的面积等于 h^2. 图 3 为圆形坐标系的动量空间,两个同心圆(从 p 到 $p+dp$)之间的面积为 $2\pi p dp$. 在此面积中含有的能态数为 $2(2\pi p dp)/h^2$,其中因子"2"是为了计入电子自旋.

$$N(E)dE = \frac{4\pi p dp}{h^2} = 4\pi\left(\frac{m_n}{h^2}\right)dE, \tag{12}$$

$$N(E) = \frac{4\pi m_n}{h^2} = \frac{m_n}{\pi \hbar^2}. \tag{13}$$

由上式可以看出,二维态密度并不依赖于能量. 在带隙的顶部有数量众多的可用能态. 若考虑到量子阱中的其他能级,态密度就变成了阶梯状的函数,如图 2(b)所示.

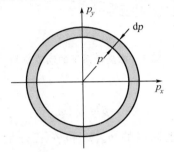

图 3 在圆坐标下的二维动量空间

三、一维态密度

对于一维结构如量子线,p 空间的两个分量都是确定的. 相比二维来说,一维的 p 空间变成了一条线,驻波的波长 λ 与半导体长度 L 有如下关系:

$$\frac{L}{\lambda/2} = n_x. \tag{14}$$

n_x 增加 1 时的动量增量 dp_x 有如下关系:

$$2L dp_x = h. \tag{15}$$

对一单位长度($L=1$),动量空间中 dp_x 的长度等于 $h/2$. 图 4 为线形的动量空间,在 p 到 $p+dp$ 的长度中包含的能态数目为 $2dp/(h/2)$,其中因子"2"是为了计入电子自旋.

$$N(E)dE = \frac{2dp}{h/2} = 2\left(\frac{2m_n}{E}\right)^{\frac{1}{2}}\frac{1}{h}dE = \frac{1}{\pi}\left(\frac{2m_n}{\hbar^2}\right)^{\frac{1}{2}}\frac{1}{E^{\frac{1}{2}}}dE, \tag{16}$$

$$N(E) = \frac{1}{\pi}\left(\frac{2m_n}{\hbar^2}\right)^{\frac{1}{2}}\frac{1}{E^{\frac{1}{2}}}. \tag{17}$$

其中 $N(E)$ 随着 $E^{-\frac{1}{2}}$ 的关系而变化,如图 2(c)所示.

图 4 线形的一维动量空间

四、零维态密度

对于零维结构,如量子点,动量 p 在任何方向上都是量子化的. 所有的可用能态只存在于离散的能级,可以用 δ 函数表示,如图 2(d)所示. 量子点的态密度是连续的,并且与能量无关. 但是对于一个实际的量子点,其尺寸分布会导致使线形函数展宽.

附录 I

间接复合的复合率推导

第 2 章的图 2.13 显示了通过复合中心的复合过程中不同的跃迁,如果半导体的复合中心浓度为 N_t,则尚未被占据的复合中心浓度可表示为 $N_t(1-F)$. 其中 F 是费米分布函数,它表示一个能级被电子占据的几率. 在平衡状态下,

$$F = \frac{1}{1+\exp\left(\dfrac{E_t-E_F}{kT}\right)}. \tag{1}$$

其中 E_t 为复合中心的能级位置,而 E_F 为费米能级.

如第 2 章图 2.13(a) 所示,复合中心对电子的俘获率可表示为

$$R_a \propto n N_t(1-F). \tag{2}$$

其中,比例常数可由 $v_{th}\sigma_n$ 表示,故

$$R_a = v_{th}\sigma_n n N_t(1-F). \tag{3}$$

$v_{th}\sigma_n$ 可视为单位时间内一具有截面积 σ_n 的电子以热速度 v_{th} 扫过的体积,若复合中心位于此体积内,则电子就会被俘获.

如图 2.13(b) 所示,电子自复合中心的发射率与电子俘获过程相反,发射率正比于已填满电子的复合中心的浓度 $N_t F$,即

$$R_b = e_n N_t F. \tag{4}$$

比例常数 e_n 称为发射几率. 在热平衡状态下,电子被俘获和发射的速率应该相等($R_a = R_b$),所以发射几率可以用式(3)中定义的物理量表示成

$$e_n = \frac{v_{th}\sigma_n n(1-F)}{F}. \tag{5}$$

热平衡下的电子浓度为

$$n = n_i \exp\left(\frac{E_F-E_i}{kT}\right), \tag{6}$$

可得

$$e_n = v_{th}\sigma_n n_i \exp\left(\frac{E_t - E_i}{kT}\right). \tag{7}$$

在价带和复合中心之间的跃迁过程和上述情形类似,如图 2.13(c)所示,已填满的复合中心对空穴的俘获率为

$$R_c = v_{th}\sigma_p p N_t F, \tag{8}$$

与电子发射的推导相似,空穴发射率[图 2.13(d)]为

$$R_d = e_p N_t (1 - F). \tag{9}$$

考虑热平衡状态下 $R_c = R_d$ 的条件,空穴的发射几率 e_p 可以用 v_{th} 和 σ_p 表示成

$$e_p = v_{th}\sigma_p n_i \exp\left(\frac{E_i - E_t}{kT}\right). \tag{10}$$

现在我们讨论非平衡状态下 n 型半导体的情形,假设 n 型半导体在均匀光照下产生率为 G_L,则除了图 2.13 所示的过程外,电子-空穴对还会因光照而产生. 在稳态时,电子进入和离开导带的速率必须相同,这称为细致平衡原理(principle of detailed balance),可得

$$\frac{dn_n}{dt} = G_L - (R_a - R_b) = 0. \tag{11}$$

相似地,在稳态下价带的空穴也遵守细致平衡关系:

$$\frac{dp_n}{dt} = G_L - (R_c - R_d) = 0. \tag{12}$$

在热平衡条件下,$G_L = 0$,$R_a = R_b$ 且 $R_c = R_d$. 但在稳态非平衡状态时,$R_a \neq R_b$ 且 $R_c \neq R_d$. 由式(11)和式(12)可得

$$G_L = R_a - R_b = R_c - R_d \equiv U. \tag{13}$$

最后由式(3)、式(4)、式(8)和式(9),可得净复合率 U:

$$U \equiv R_a - R_b = \frac{v_{th}\sigma_n\sigma_p N_t (p_n n_n - n_i^2)}{\sigma_p \left[p_n + n_i \exp\left(\frac{E_i - E_t}{kT}\right)\right] + \sigma_n \left[n_n + n_i \exp\left(\frac{E_t - E_i}{kT}\right)\right]}. \tag{14}$$

附录 J

对称共振隧穿二极管透射系数的计算

要计算透射系数(transmission coefficient)，我们利用第 8 章图 8.9(a)中用坐标(x_1, x_2, x_3, x_4)定义的五个区域(Ⅰ,Ⅱ,Ⅲ,Ⅳ,Ⅴ)，其中任一区域的电子遵守薛定谔方程式

$$-\frac{\hbar^2}{2m_i^*}\left(\frac{d^2\Psi_i}{dx^2}\right)+V_i\Psi_i=E\Psi_i, \quad i=1,2,3,4,5. \tag{1}$$

其中，$\hbar$ 是约化普朗克常数，m_i^* 为在第 i 个区域的有效质量，E 是入射能量，V_i 和 Ψ_i 则是第 i 个区域的势能和波函数。波函数 Ψ_i 可表示成

$$\Psi_i(x)=A_i\exp(jk_ix)+B_i\exp(-jk_ix). \tag{2}$$

其中，A_i 和 B_i 是由边界条件定义出的常数，而 $k_i=\sqrt{2m_i^*(E-V_i)}/\hbar$。因为在势能不连续处，波函数和其一次微分($\Psi_i/m_i^*=\Psi_{i+1}/m_{i+1}^*$)必须连续，我们可求得透射系数(若五个区域有相同的有效质量)如下：

$$T_t=\frac{1}{1+E_0^2[\sinh^2(\beta L_B)]H^2/[4E^2(E_0-E)^2]}. \tag{3}$$

其中

$$H\equiv 2[E(E_0-E)]^{1/2}\cosh(\beta L_B)\cos(kL_W)-(2E-E_0)\sinh(\beta L_B)\sin(kL_W)$$

且

$$\beta\equiv\frac{\sqrt{2m^*(E_0-E)}}{\hbar},$$

$$k=\frac{\sqrt{2m^*E}}{\hbar}.$$

共振条件发生在 $H=0$ 时，此时 $T_t=1$。共振隧穿能级 E_n 可由超越方程式解出：

$$\frac{2[E(E_0-E)]^{1/2}}{2E-E_0}=\tan(kL_W)\tanh(\beta L_B). \tag{4}$$

以一阶近似估算能级,可利用具有无限高势垒的量子阱中的能级:

$$E_n \approx \left(\frac{\pi^2 \hbar^2}{2m^* L_W^2}\right) n^2. \tag{5}$$

对于具有双势垒结构的量子阱,其势垒高度和宽度为有限时,给定 n 值的能级会较低,不过能级对有效质量和量子阱宽度的依赖关系仍相似,即 E_n 会随 m^* 或 L_W 的减少而增加。

附录 K

气体的基本动力学理论

理想气体方程式为

$$pV = RT = N_{av}kT. \tag{1}$$

其中 p 代表压强，V 为 1mol 气体的体积，R 为气体常数[1.98cal/(mol·K)或82atm·cm³/(mol·K)]，T 为开氏绝对温度，N_{av} 为阿伏伽德罗常数（6.02×10^{23} mol^{-1}），k 为玻尔兹曼常数（1.38×10^{-23} J/K 或 1.37×10^{-22} atm·cm³/K）。由于实际气体的特性在压强越低时越接近理想气体，所以式(1)对大部分的真空过程是适用的，我们可用式(1)来计算分子浓度 n（单位体积内分子数）：

$$n = \frac{N_{av}}{V} = \frac{p}{kT} \tag{2}$$

$$= 7.25 \times 10^{16} \frac{p}{T} \text{ 个分子/立方厘米}. \tag{2a}$$

其中 p 的单位是 Pa。气体密度 ρ_d 由其分子质量数乘以分子浓度来决定：

$$\rho_d = \text{相对分子质量} \times \left(\frac{p}{kT}\right). \tag{3}$$

气体分子一直在运动，其速度和温度有关，速度的分布可用麦克斯韦-玻尔兹曼分布定律来描述，对于给定的速率 v，有

$$\frac{1}{n}\frac{dn}{dv} \equiv f_v = \frac{4}{\sqrt{\pi}}\left(\frac{m}{2kT}\right)^{3/2} v^2 \exp\left(-\frac{mv^2}{2kT}\right). \tag{4}$$

其中 m 为分子质量。此式表示，当体积内有 n 个气体分子时，将会有 dn 个分子具有 $v \sim v + dv$ 的速率。平均速率可由式(4)推导出来：

$$v_{av} = \frac{\int_0^\infty v f_v dv}{\int_0^\infty f_v dv} = \frac{2}{\sqrt{\pi}}\sqrt{\frac{2kT}{m}}. \tag{5}$$

对真空技术而言，一个很重要的参数为分子撞击率（impingement rate），即单位时间内

撞击到单位面积上的分子数. 为求此参数, 首先考虑在 x 方向上的分子速度分布方程 f_{v_x}, 它可表示成类似式(4)的分布:

$$\frac{1}{n}\frac{\mathrm{d}n_x}{\mathrm{d}v_x} \equiv f_{v_x} = \left(\frac{m}{2\pi kT}\right)^{\frac{1}{2}} v_x^2 \exp\left(-\frac{mv_x^2}{2kT}\right). \tag{6}$$

分子撞击率由下式给出:

$$\phi = \int_0^\infty v_x \mathrm{d}n_x. \tag{7}$$

将式(6)的 $\mathrm{d}n_x$ 代入, 并积分可得

$$\phi = n\sqrt{\frac{kT}{2\pi m}}. \tag{8}$$

分子撞击率和气体压强的关系可由式(2)推导出:

$$\phi = p(2\pi mkT)^{-\frac{1}{2}} \tag{9}$$

$$= 2.64 \times 10^{20} \left(\frac{p}{\sqrt{MT}}\right). \tag{9a}$$

其中 p 为压强(单位 Pa), M 为分子质量数.

附录 L

各章部分习题的参考答案

第 1 章

1. (a) 2.35Å; (b) 6.78×10^{14}(100)个原子/平方厘米, 9.6×10^{15}(110)个原子/平方厘米, 7.83×10^{14}(111)个原子/平方厘米.
3. 52%(简单立方), 74%(面心立方), 34%(金刚石结构).
5. (643) 面.
7. E_{gSi}(100K, 600K) = 1.163, 1.032eV, E_{gGaAs}(100K, 600K) = 1.501, 1.277eV.
9. $m_{pSi}=1.03m_0$, $m_{pGaAs}=0.43m_0$.
11. $KE = \frac{3}{2}kT$.
17. $p_0 = 9.3\times10^2 \text{cm}^{-3}$; $E_F - E_i = 0.42\text{eV}$.
19. $N_D = 2N_A$; $2N_A$.
21. $N_D^0/N_D^+ = 0.876$.

第 2 章

1. $3.31\times10^5 \Omega\cdot\text{cm}$(Si), $2.92\times10^8 \Omega\cdot\text{cm}$(GaAs).
3. $167\text{cm}^2/(\text{V}\cdot\text{s})$.
5. $3.5\times10^7 \text{cm}^{-3}$, $400\text{cm}^2/(\text{V}\cdot\text{s})$.
7. $0.226\Omega\cdot\text{cm}$.
9. $N_A = 50N_D$.
11. (a)(b) 259V/cm.
13. $\Delta n = 10^{11}\text{cm}^{-3}$, $n = 10^{15}\text{cm}^{-3}$, $p = 10^{11}\text{cm}^{-3}$.
19. $p(x) = 10^{14}(1 - 0.9e^{-x/L_p})\mu\text{m}$.
25. 0.403, 7.8×10^{-9}.
26. $1.35\times10^5 \text{cm/s} < 9.5\times10^6\text{cm/s}$(100V/cm), $1.35\times10^7\text{cm/s} \approx 9.5\times10^6\text{cm/s}$($10^4$V/cm).

第 3 章

1. $1.867\mu\text{m}$, 0.52V, $4.86\times10^3\text{V/cm}$.
4. (c) 300K 时, $V_{bi} = 0.52\text{V}$, $W = 0.97\mu\text{m}$, $E_m = 1.47\times10^4\text{V/cm}$.
7. 对于 $N_D = 10^{15}\text{cm}^{-3}$, $\frac{1}{C_j^2} = 1.187\times10^{16}(0.834 - V)$.
9. $N_D = 3.43\times10^{15}\text{cm}^{-3}$.
16. 0.79V.
17. $8.78\times10^{-3}\text{C/cm}^2$.
19. 截面积是 $8.6\times10^{-5}\text{cm}^2$.
21. (a) 587V; (b) 42.8V.
22. $V = +0.5\text{V}$ 时, $V_{bi} = 1.1\text{V}$, $W = 3.82\times10^{-5}\text{cm}$; $V = -5\text{V}$, $V_{bi} = 3.4\times10^{-4}\text{V}$, $W = 1.27\times10^{-8}\text{cm}$.

第 4 章

1. (a) 0.995, 199; (b) 2×10^{-6}A.
3. (a) $0.904\mu\text{m}$; (b) $2.54\times10^{11}\text{cm}^{-3}$.
6. (a) $I_E = 1.606\times10^{-5}$A, $I_C = 1.596\times10^{-5}$A, $I_B = 1.041\times10^{-7}$A; (b) $\beta_0 = 160$.
15. $D_E = 2.26\text{cm/s}$, $D_B = 30.73\text{cm/s}$, $D_C = 11.75\text{cm/s}$.
17. 131.6.
21. $I_E = 1.715\times10^{-4}$A, $I_C = 1.715\times10^{-4}$A.
27. 0.29.
29. $3.96\times10^{-3}\text{cm}$, 44.4cm^2.

第 5 章

5. $0.15\mu\text{m}$.
8. 0.59V, $1.11\times10^5\text{V/cm}$.
10. 2.32×10^{-2}V.
13. 7.74×10^{-2}V.

16. $3.42V, 2.55\times10^{-2}A$.

18. $3.45\times10^{-4}S$.

20. $8\times10^{11}cm^{-2}$.

23. $1.7\times10^{12}cm^{-2}$.

24. $0.457\mu m$.

25. $0.83V$.

第 6 章

1. (a) $1/2000$. (b) $1mJ$.

9. $0.46\mu m$.

19. $4.34V$.

第 7 章

1. $0.54eV, V_{bi}=0.352V$.

4. $\varphi_{Bn}=0.64V, V_{bi}=0.463V, W=0.142\mu m, E_m=6.54\times10^4 V/cm$.

6. $V_{bi}=0.605V, \varphi_m=4.81V$.

9. $0.108\mu m$.

11. (b) $-2.06V$.

13. $0.152\mu m, 0.0496\mu m$.

15. $5.8nm$.

19. $44.5nm, -0.93V$.

第 8 章

4. (a) 137Ω; (b) $318.5V$.

6. (a) $74.8V, 2.2\times10^5 V/cm$; (c) $19GHz$.

9. (a) $10^{16}cm^{-3}$; (b) $10ps$; (c) $2.02W$.

12. $3meV, 11meV$.

第 9 章

7. $1.6GHz$.

9. $9.5mW$.

12. (a) 8.83%; (b) 5.95%.

13. $0.828nm, 147GHz$.

15. $0.794, 0.998$.

16. $g(84°)=270, g(78°)=217, 50.43\mu m$.

19. $\lambda_B=1.3296mm$ 或 $1.3304mm, \Lambda=0.196\mu m$.

第 10 章

1. (a) $0.645A/W$; (b) 0; (c) $0.645A/W$; (d) 0.

10. $5\mu m$.

15. 最大输出功率 $=1.49W, FF=0.83$.

18. 对于非晶硅，$0.23\mu m$，CIGS，$2.3\mu m$.

第 11 章

1. 在 $x=0$ 处，$C_s=3\times10^{16}cm^{-3}$；当 $x=0.9$ 处，$C_s=1.5\times10^{17}cm^{-3}$.

3. $0.75g$.

5. $6.56m$.

10. $24cm$.

17. $2.14\times10^{14}cm^{-3}$ ($900℃$).

18. $4.68\times10^4 cm/s$.

21. 5.27×10^{14} 个原子/平方厘米.

第 12 章

1. $44min$.

6. (a) $x=0.83, y=0.46$; (b) $2\times10^{11}\Omega\cdot cm$.

9. 0.0093.

11. $757℃$.

16. 7×10^{14} 个分子/平方厘米.

18. 对于 $TiSi_2$，$71.1nm$.

21. (a) $0.93ns$; (b) $0.42ns$; (c) 0.45.

22. $72\Omega, 0.18V$.

第 13 章

1. (a) 2765 个; (b) 578 个; (c) 157 个.

11. (a) $W_b=1.22\mu m$; (b) $0.93\mu m$; (c) $0.65\mu m$.

14. $224.7nm/min$.

18. $433.3nm$.

第 14 章

1. $0.15\mu m, 5.54\times10^{14}$ 个原子/平方厘米.

4. $25min, 3.4\times10^{13}$ 个原子/平方厘米.

7. 16.9%.

8. $x_j=32.3nm$.

13. $0.53\mu m$.

14. $6.7s$.

24. $0.927\mu m$.

第 15 章

1. $781M\Omega$.

2. 13 道.

6. (a) $0.91V$; (b) 峰值浓度 $=2.2\times10^{21}cm^{-3}$.

9. (a) $0.565V$; (b) $9.98V$.

16. $1.84nm$.

20. $1.38ns; 207ns$.

23. $17.3Å, 16.7Å$.

索 引

⟨100⟩、(100)　22,39,70,71,159,160,344,356,
　357,373,382,384,409,430,447,471,482,491,
　494,498,519,520,539
⟨111⟩、(111)　22,39,159,160,329,343,356,357,
　382,430,432,447,468,491,498,539

A

AlGaAs　135,236—239,243,261,297—299,307,
　321,322,328
$Al_xGa_{1-x}As$　19,136,148,278,288,289,296,297,
　304,307,320,342,366,369
$Al_xGa_{1-x}N$　281
Al_2O_3　164,191,213,356,393,396,397,401,
　404,410
爱因斯坦关系　Einstein relation　52,78,146
氨气　Ammonia(NH_3)　390
按比例缩小规范　Scaling rule　189

B

BiCMOS　144,183,198,504,505
半导体激光器　Semiconductor lasers　27,267,
　269,288,290,294,307
半高宽　Full width at half maximum (FWHM)
　257,274
半绝缘衬底　Semiinsulating substrate　228—
　230,233,243,510,513
饱和电流　Saturation current　93,94,98,111,
　115,118,147,173,192,224,225,230,239,242,
　243,277,324—326,328,341
饱和电流密度　Saturation current density　93,
　98,192,224,242,326
饱和电压　Saturation voltage　229,232
饱和沟道电流　Saturation channel current　235

饱和速度　Saturation velocity　67,68,70,72,90,
　228,234,235,250,265,313,317,523
饱和区　Saturation region　129,170,172—174,
　186,215,231—233,239
曝光响应曲线　Exposure response curve　419
背散射　Back scattering　426—428
本体穿通　Bulk punch-through　187,188,516
本征半导体　Intrinsic semiconductor　30—32,
　35,48
本征堆垛层错　Intrinsic stacking fault　358
本征费米能级　Intrinsic Fermi level　32,35,36,
　40,47,56,95,110,150,151,457
本征基区　Intrinsic base region　495
本征空位浓度　Intrinsic vacancy density　457
本征扩散　Intrinsic diffusion　456,458,479
本征扩散系数　Intrinsic diffusivity　456,458,479
本征跃迁　Intrinsic transition　270,272
本征载流子浓度　Intrinsic carrier density　16,
　29,32,35—37,40,80,98,456,523,529
比接触电阻　Specific contact resistance　218,
　225—227
变容器　Varactor (Variable reactor)　89,90
表面复合　Surface recombination　58,60,61,74,
　136,274,276,329,330
表面复合速率　Surface recombination velocity
　58,61,74
表面耗尽区　Surface depletion region (layer)
　151—154,156,171,172,181,184
表面势　Surface potential　152,153,156,160,
　162,167,171,172,174,178
表面态　Surface state　58,159,219
波长　Wavelength　40,245,246,267,268,271,
　272,274,275,277,278,281,286,288,290,292,

293,298—304,306—313,315—317,320,321,
323,332,336,340,341,387,415—417,420,422,
426—428,441,446,447,523,527,530,532

玻璃上硅 Silicon-on-glass 490

剥离浮脱 Lift-off 421,422,511

泊松方程 Poisson's equation 59,66,79,81,83,
84,86,90,103,107,153,161,253

铂 Platinum (Pt) 20,227,334,458,495

薄层电荷、电荷薄层 Charge sheet, Sheet charge 181,237,239

薄层电阻 Sheet resistance 192,329,395,410,
456,479,487,491,498,499,515,519

薄膜晶体管 Thin film transistor (TFT) 199

薄膜厚度 Film thickness 388,390,397,421,
432,433,441

布理吉曼技术 Bridgman technique 354,355

步进重复投影法 Step-and-repeat projection 415

步进扫描投影光刻 Step-and-scan projection lithography 415

C

CIGS 332,333,338,341,540

CIS (CuInSe$_2$) 199,332,333

侧壁钝化 Sidewall passivation 435,443

层间介质 Interlayer dielectric (ILD) 10,391,
404,408,410

柴可拉斯基法 Czochralski technique 7,343,
345,346,349,351,354,361,362,373,375

柴可拉斯基晶体 Czochralski crystal 6

掺氟二氧化硅 F-doped oxide 515

掺杂分布 Doping distribution, Dopant profile
88,89,110,111,136,138,140,148,190,214,
248,304,317,348,351,355,368,369,375,456,
475,479,493,494,497,501,502,519

产率 Throughput 414,420,424,425,427,428,
440,444,446,473

产生-复合率 Generation-recombination rate 156

产生-复合中心 Generation-recombination center 58,95,96,107,110,129,132

产生时间 Generation lifetime 95

常压化学气相淀积 Atmospheric-pressure CVD 385

场晶体管 Field transistor 178,182

场效应晶体管 Field-effect transistor (FET) 2,
3,5—7,22,68,72,76,149,169,184,189,217,
218,228,235,236,239—241,243,262,368,505

场氧化层 Field oxide 178,377,382,408,409,
447,477,495,498,500,520

超薄氧化层 Ultra-thin oxide 484,515

超变结 Hyperabrupt junction 89,90

超高真空腔(系统) Ultrahigh-vacuum chamber (system) 366

超晶格 Superlattice 303,304,320,321,368,
370—372

超晶格雪崩光电二极管 Superlattice APD 320

沉淀(析出) Precipitate 359,361

衬底掺杂 Substrate doping 103,151,157,169,
174,176,180,181,185,455,456,461,516

衬底电压 Substrate bias 179,499

衬底-源极反向偏压 Reverse substrate source bias 176,178

畴渡越时间模式 Transist time domain mode 245,253,255

臭氧 Ozone (O$_3$) 387,422

触发器 Flip-flop 8,204,507

穿通 Punch-through 105,135,187,188,190,
209,214,502,504,516

传感器 Sensor 167,197—199,309,343,436,444

串联电阻 Series resistance 97,109,118,191—
193,196,225,228,234,274,276,277,316,327—
330,335,369,476,488,491,505,510,517

垂直腔表面发射激光器 Vertical cavity surface-emitting laser (VCSEL) 302,303

磁增强反应离子刻蚀 Magnetically enhanced RIE (MERIE) 433

次标志面 Secondary flat 356,357

存储单元 Storage cell 8,203,204,207—209,
215,425,507,508,513,517

存储电容 Storage capacitor 149,215,520

存储时间延迟 Storage time delay 129,148

D

D-MOSFET 211

大气"窗口" Atmospheric "window" 245

大气污染监测 Atmospheric-pollution monitoring 288

大注入 High injection 95,97,98,109,132,290

带至带复合 Band-to-band recombination 273,274

带中(情况) Midgap (condition) 153,176
单胞 Unit cell 19—21,39
单边突变结 One-sided abrupt junction 82—84,
    87—90,102—106,111,249
单电子存储单元 Single-electron memory cell
    (SEMC) 208,209,517
单片集成电路 monolithic IC 7,8,321,485
单片微波集成电路 Monolithic microwave integrated
    circuit(MMIC) 5,241,489,513
单元投影 Cell projection 425
弹道集电区晶体管 Ballistic collector transistor
    (BCT) 136
弹道输运 Ballistic transport 244,261,263
氮化硅 Silicon nitride (Si_3N_4) 199,204,209,
    378,384,390,407,409,431,432,443,449,488,
    492,495,498,508,509,515,516,520,521
氮化钛 Titanium nitride 384,401
氮氧化硅 Nitrided oxide 503
导带 Conduction band 25—36,38,40,41,43,
    47,53,57,63,70,73,77,90,101,107,130,134—
    136,150,151,164,205,207,218,219,223,233,
    237,243,251,256,258,261,270,273,278,280,
    281,283,290,291,299,303,304,313,320,321,
    334,457,458,522,523,529,530,534
导带不连续 Conduction band discontinuity
    237,243,256
导体 Conductor 16,17,29,38
倒退沟道掺杂分布 Retrograde channel profile
    190,214
倒退阱 Retrograde well 196,501,502
德布罗意波长 De Broglie wavelength 40,301,336
等电子中心 Isoelectronic center 278
等离子体(辅助)刻蚀 Plasma (-assisted) etching
    412,433—440,443,447
等离子体喷涂 Plasma spray deposition 398
等离子体损伤 Plasma damage 199,405,
    422,444
等离子体增强化学气相淀积 Plasma enhanced
    chemical vapor deposition (PECVD) 199,385
等效电路 Equivalent circuit 100,126,127,196,
    319,324,327,328,489,490
低电阻率金属 Low-resistivity metals 490
低功耗 Low power dissipation 1,113,149,174,
    194,198,202,203,212,213,233,282,484,500,
    501,508
低介电常数材料 Low dielectric constant materials,
    Low-k materials 384,390—392,490,515,517
低压化学气相淀积 Low-pressure chemical vapor
    deposition (LPCVD) 200,385,408
点接触晶体管 Point-contact transistor 4
点缺陷 Point defect 357,358,373,460,469,473
电磁光谱 Electromagnetic spectrum 267,268
电导率 Conductivity 16,17,28,38,47,55,68,
    74,164,172,261,282,310,333,404,413,
    436,529
电感 Inductor 90,436,438,439,484,489,490,
    519,524
电感耦合等离子体刻蚀机 Inductively coupled
    plasma etcher 438,439
电荷分布 Charge distribution 79,81—83,86,
    87,104,151,152,155,166,180,181,184,221,
    317,318
电荷俘获器件 Charge-trapping device 205,209
电荷共享模型 Charge sharing model 185
电荷密度 Charge density 59,66,79,99,115,
    153,161—163,181,190,191,221,253,317,523
电荷耦合器件 Charge-coupled device (CCD) 3,
    5,149,165,166
电化学方法 Electrochemical method 404
电化学阳极氧化 Electrochemical anodization 378
电可擦除可编程只读存储器 Electrically erasable
    programmable read-only memory (EEPROM)
    204
电离率(离化率) Ionization rate 71,103,201,
    248,249,317,433
电离能(离化能) Ionization energy 33,34,70,
    335,398
电流-电压特性 Current voltage characteristics
    76,77,90,91,93—95,98,109,110,118,119,
    122—124,138—144,172,201,218,230,239,
    246,256,259,260,276,325,328
电流密度 Current density 42,47,50—53,60,
    71,74,75,78,79,93,95—98,111,132,164,192,
    207,215,223—225,242,253,265,284,294—
    296,299,300,302,305,308,326,337,341,404,
    411,424,520,522
电流输运 Current transport 223,240
电流拥挤 Current crowding 132,211

电流增益　Current gain　113,116—118,120—122,124,127,128,130,132—136,139,144,146—148,196,309,311,317—319,340

电偶极层　Dipole layer　255

电容　Capacitance　8,9,76,86—90,99,100,107,109,110,126,127,149—152,154—160,162—165,169,171,180—182,185,190,191,201,203,204,208,210,213,215,218,221,222,228,234,239,242,258,263,265,274,313,318,390—394,398,401,407,408,410,433,434,436—439,442,456,478,484,485,487,488,490,491,494,499,507—509,515—517,520,522,524

电容-电压特性　Capacitance voltage technique (characteristic)　87,88,156

电致发光　Electroluminescent　3,282—284

电(致)迁移　Electromigration　10,400,401,404,411,443,515

电中性　Charge neutrality　36,54,57,86,91,92,253,433

电子轰击　Electron bombardment　161

电子回旋共振　Electron cyclotron resonance (ECR)　439

电子级硅　Electronic-grade silicon　343

电子-空穴对产生　Electron-hole pair generation　71

电子迁移率　Electron mobility　44,45,73,74,136,217,228,234,235,237,240,241,251,282,340,371,437,510,523

电子枪　Electron gun　424

电子亲和势　Electron affinity　63,64,107,150,176,529

电子束光刻　Electron-beam lithography　417,425,426,444,506

电子束光刻胶　Electron resist　417,426

电子束蒸发　E-beam evaporation　398,410

电子温度　Electron temperature　260,262,434

电子阻滞　Electronic stopping　464—466

电阻　Resistance　3,8,29,73,97,109,118,126,127,132,135,147,148,151,170,172,191—193,196,204,218,225—229,234,247,251,261—263,265,274,276,277,286,310,311,313,316,324,327—330,335,338,340,343,369,378,385,390,391,393,395,398,400,401,403,406—408,410,411,455,456,462,476,477,479,484—491,494,498,499,504,505,508,510,511,513,515,517,519,523,524

电阻率　Resistivity　16,42,46,48,49,73,147,191,192,327,329,333,349,352,360—362,373,375,390—392,400,401,404,406,407,409—411,443,456,482,485,488,490,502,511,519,523,529

动能　Kinetic energy　26,29,40,43,47,65,70—72,102,103,198,200,260,263,317,320,433,504,530

动态随机存储器　Dynamic random access memory (DRAM)　7,8,11,13,203,392,485,507

渡越时间　Transit time　3,5,101,128,135,136,244,245,248—251,253—255,263,265,266,311,313,319,341,484

短沟道效应　Short-channel effects　183,184,189—193,212,214,478,502,505,515,516

对比度　Contrast ratio　281,419

对准精度(套刻精度)　Registration　414

多层金属化　Multilevel metallization　10,378,400,484

多次注入　Multiple implantation　474,479

多晶硅　Polysilicon, Polycrystalline silicon　7,9,157,158,162,167,169,174,176,177,179,181,182,191,199—201,204,207,208,214—216,343,344,348,373,377,378,384,387,389,393—395,400,403,406—408,410,429,431,441—443,447,468,478,485,494—499,501—505,508,519—521

多晶硅TFT　Polysilicon TFT　200,201,204

多晶硅化物　Polycide　406,407,442,443,499

多量子阱　Multiple-quantum-well (MQW)　281,300,301,303,304

多数载流子电流　Majority carrier current　225

多子浓度　Majority carrier concentration　42

E

厄雷电压　Early voltage　125

厄雷效应　Early effect　125

二次离子质谱　Secondary-ion-mass spectroscope (SIMS)　456

二氯硅烷　Dichlorosilane　363

二氧化硅　Silicon dioxide(SiO_2)　17,29,149,159,161,169,180—182,199,201,205,211,331,

342,354,378—381,383,384,386—389,392,
401,404,406,407,410,411,420,430—432,437,
442,443,447,461,462,477,478,482,483,488,
491,494,497,499,501,503,509,515,521
二乙基锌　Diethylzinc Zn(C_2H_5)　365
二元化合物　Binary compound　18,19,21,528

F

FinFET　14,202,213,505,506,518,520
FP发射　Frenkel-Poole emission　163,164
发光二极管　Light emitting diode (LED)　3,27,
267,268,272,277,282,304,306
发射极　Emitter　115,117,119,120—124,128—
133,135,136,145—148,196,211,259,319,329,
487,494,495,523
发射极效率　Emitter efficiency　117,121,122,
132,133,135,136,145,146,319
反射率(反射系数)　Reflectivity　276,292,296,
297,303,306—308,313,314,323,333,340,
428,442
反向击穿电压　Revese-breakdown voltage
111,140
反向击穿区　Revese-breakdown region　138
反向阻断　Reverse-blocking state　138,140,148
反相畴　Antiphase domain (APD)　371,372
反型(层)　Inversion (layer)　149,151—157,170—
176,178,180,181,188,190—192,211,237,
493,508
反应离子刻蚀　Reactive ion etching (RIE)　404,
407,433—437,441,447,494
反应离子刻蚀机　Reactive ion etcher　436,437
芳香二胺　Aromatic diamine　283
放大模式　Active mode　113,115,116,118—
123,125,129,131,132,135,145,146,319
非本征半导体　Extrinsic semiconductor　35,48
非本征堆垛层错　Extrinsic stacking fault　358
非本征基区　Extrinsic base region　495
非本征扩散　Extrinsic diffusion　448,456,
458,481
非本征跃迁　Extrinsic transition　270
非挥发半导体存储器　Nonvolatile semiconductor
memory (NVSM)　3,5,11
非挥发存储器　Nonvolatile memory　11,13,213
非晶表面层　Amorphous surface layer　469,475

非晶硅　Amorphous silicon (a-Si)　199,200,
271,331,332,341,379,468,471,506,540
非晶硅TFT　a-Si TFT　199
非平衡状态　Nonequilibrium situation (state)
53,56,72,534
费克扩散方程　Fick's diffusion equation　451
费米分布　Fermi distribution　30,31,40,533
费米能级　Fermi level　16,30,31,32,34—37,
40,41,47,56,63,73,77—80,95,107,110,115,
150,151,157,158,160,199,200,218,219,221,
233,237,247,258,290,334,457,458,522,533
分辨率　Resolution　10,245,288,412,414—417,
419,421—423,425—428,432,433,444,446
分辨率增强技术　Resolution enhancement technique
(RET)　412,416,422,423,444
分布反转　population inversion　269,290—292
分布式布喇格反射器　Distributed Bragg reflector
303
分布式反馈激光器　Distributed freedback (DFB)
laser　298
分凝系数　Segregation coefficient　345—347,
349,354,355,373,375,461,482
分子束外延　Molecular beam epitaxy (MBE)　7,
9,258,266,362,366,368,373
分子撞击率　Molecular impingement rate　367,
368,537,538
弗兰克尔缺陷　Frenkel defect　358,376
俘获截面　Capture cross section　57,275
浮栅　Floating gate　5,6,204—208,210,215,
509,520
辐射复合　Radiative recombination　53,275
辐射损伤　Radiation damage　201,213
辐射跃迁　Radative transition　267,268,278,
304,306
腐蚀溶液　Etch solution　429
负微分电阻　Negative differential resistance
(NDR)　247,251,261—263,265
负微分迁移率　Negative differential mobility
68,251,254
负性光刻胶　Negative photoresist　418—420,426
复合　Recombination　42,53—55,57—61,63,
71,72,74,76,91,93,95—99,101,107,109,110,
115—118,129,132,136,156,169,204,211,
272—278,280,281,283,284,287,291,299,304,

310—312,327—330,334—336,400,401,403,
407,442,460,498,499,509,525,533,534

复合电流　Recombination current　60,91,96—
98,110,115,116,118,132,136,276,327,328

复合率　Recombination rate　53,54,57,58,74,
156,275,310,533,534

复合中心　Recombination center　53,57,58,63,
74,95,96,107,110,129,132,275,278,284,328,
533,534

G

GaN　18,280,281

GaP　18,19,39,109,276,278,330,528

GaSb　18,247,278,528

Ge_xSi_{1-x}　370

GRIN-SCH 结构　GRIN-SCH structure　300

干法刻蚀　Dry etching　7,9,404,412,421,432,
433,436,441,443,444,447,495

干氧氧化　Dry oxidation　381

感光化合物　Photosensitive compound　418,419

高-低(掺杂)结构　Hi-lo structure　248—250

高电子迁移率晶体管　High electron mobility
transistor (HEMT)　235

高介电常数材料　High dielectric constant
(high-k) material　204,384,392,393,408,
516,520

高宽比　Aspect ratio　396,399,400,438,442—444

高密度等离子体　High-density plasma (HDP)
433,438,443,444,447

高能注入　High energy implantation　477,480

高频等效电路　High-frequency equivalent circuit
126,127

高斯分布　Gaussian distribution　453,454,456,
463,468,474,479,481,482,493

高斯型束斑　Gaussian spot beam　425

高压汞灯(汞灯)　Mercury-arc lamp　416

锆钛酸铅　Lead zirconium titanate (PZT)　392

各向异性刻蚀　Anisotropic etching　329,433,
434,435,440,442,443

铬　Chromium　96,242,355,365,417

耿氏二极管　Gunn diode　5

功函数　Work function　63,74,75,107,150,151,
157—159,161,162,171,176,177,179,180,191,
218,219,223,242,502,523

功函数差　Work function difference　151,155,
157—159,161,162,171,176,179,180,502

功耗　Power consumption　1,8,113,149,174,
189,190,194,195,198,202,203,212,213,233,
282,391,484,497,500,501,504,507,508,
515,516

共基电流增益　Common-base current gain　117,
118,120,121,124,127,139,146,147

共基截止频率　Common-base cutoff frequency
127

共基组态　Common-base configuration　115,
117,122,123

共价键　Covalent bond (bonding)　16,23,27,33,
282,334

共射电流增益　Common-emitter current gain
124,127,132—136,146—148

共射组态　Common-emitter configuration　122—
126,135,144,259

共形(保形)的台阶覆盖　Conformal step coverage
388

共振隧穿二极管　Resonant tunneling diode
(RTD)　3,6,244,245,256,263,266,535

沟槽　Trench　7,10,197,211,215,298,356,357,
378,385,392,404,430,442,443,455,494,495,
501,508,517,519,520

沟槽隔离　Trench isolation　7,10,197,495,520

沟槽式电容　Trench (type) capacitor　517

沟道掺杂分布　Channel doping profile　190,214

沟道电导　Channel conductance　170,172,174,
175,182,207

沟道电阻　Channel resistance　172,191,229

沟道长度　Channel length　4,169,183—187,
191,211,214,234,460,503,513—515,517

沟道宽度　Channel width　169,211,237,243,505

固定电荷　Fixed charge　159—161,176,177,
181,182,216

固定氧化层电荷　Fixed-oxide charge　162,171

固溶度　Solid solubility　359,360,401,403

固相外延　Solid-phase epitaxy　471

关断时间　Turn-off time　100,101

关断瞬态　Turn-off transient　129

关键尺寸　Critical dimension　444

光电二极管　Photodiode　197,198,286,311—
315,317,318,320,338,340,341

光电晶体管 Phototransistor 318—320,338
光电流增益 Photocurrent gain 311,318, 319,340
光电探测器 Photodetector 101,167,198,309, 310,312,313,338,340
光隔离器 Opto-isolator 272,277,286,304, 309,320
光刻 Optical lithography 6—8,10,13,77,211, 218,356,412—429,431—433,436,438,444, 446,447,475,476,483,485—487,489,492— 494,498,506,511,520
光刻胶 Photoresist,Resist 6,7,13,412—422, 424—428,431—433,436,438,444,446,447, 475,476,483,492,493,498,511,520
光敏电阻(光电导体) Photoconductor 310,311, 338,340
光谱分离 Spectrum splitting 327
光酸产生剂 Photo-acid generator 420
光吸收 Optical absorption 267,270—272,306, 314,332
光纤 Optical fiber 5,272,286—288,294,298, 303—305,309,338
光纤通信 Optical fiber communication 5,272, 287,294,298,309,338
光学发射光谱仪 Optical emission spectroscopy (OES) 441
光学共振腔 Optical resonant cavity 269
光学邻近修正 Optical proximity correction (OPC) 423,444
光增益 Optical gain 292,293,301,302
光子能量 Photon energy 268,270,272,274, 277,308,310,312,315,330,331,522
光子器件 Photonic device 9,267,271,304
硅 Silicon (Si) 4,7,9,17—19,21—29,31—35, 37—41,43—46,48—50,52,53,55,57,63,67, 68,71,73—75,77,80,83,85,86,88,94—99, 101,103,104,106,110—113,123,128,130,131, 136,138,145—148,154,157—161,167,169, 176,180—183,191,192,195,199—202,205, 210,212,215,217,219,220,222,224,225,227, 239—243,248,250,265,266,272,306,309,312, 313,315—318,323,324,327—329,331—335, 337,338,340—343,345—347,349,352—357, 359—364,366,368—373,375,376,378—384, 390—392,396,398,400—403,406,408—410, 414,420,421,426—430,435,437,442—444, 447—452,454—456,458—462,465—471,473— 475,477—479,481,482,486,487,489,490— 492,494,498,501,503—506,508,510,513,515, 516,519,521,529

硅的激光结晶 laser crystallization of Si 200
硅的局部氧化 LOCOS 492
硅化铂 Platinum silicide(PtSi) 227,495
硅化钴 Cobalt silicide 406,407,515
硅化钛 Titanium silicide (TiSi$_2$) 406,515
硅化物 Silicide 167,169,190—192,202,316, 378,387,392,403,406—408,410,441—443, 473,499,515,517
硅烷 Silane 331,343,363,365,386—388,390, 394,395,400,401,410
硅/锗硅 HBT Si/SiGe HBT 136
硅中的扩散 Diffusion in silicon 361,458,460

H

HF 387,400,401,429—431,455,482
HfO$_2$ 191,393,397,401,515
HMDS 420
HNO$_3$ 429,431,432,455
H$_3$PO$_4$ 431,432
海恩-肖克莱实验 Haynes-Shockley experiment 61,62
耗尽层(耗尽区) Depletion layer 76,78—88, 90—93,95—97,99,102,103,105,107—111, 114—116,118,119,122,132,135,138,140, 151—156,166,167,171,172,176,181,184— 187,190,191,201,202,211,221,222,225,226, 229,230,234,242,247,251,258,259,265,274, 311—314,317,319,320,323,328,341,511
耗尽电容 Depletion capacitance 76,86,87,89, 100,109,110,126,258
耗尽近似 Depletion approximation 107,110, 153,156,188
耗尽区宽度 Depletion layer width 82—86,90, 95,105,107—111,115,140,152,154,156,185— 187,201,202,211,221,225,226,229,230,234, 317,320,340,511
耗尽型 Depletion mode 175,201,202,233,237, 238,241,243,498,513

耗尽型器件　Depletion mode device　243
核碰撞　nuclear collision　468
核阻滞　Nuclear stopping　464－466,470
恒定表面浓度扩散　Constant-surface-concentration diffusion　452,457,460
恒定杂质总量扩散、限定源扩散　Constant-total-dopant diffusion, Limited-source diffusion　463
横向电场　Transverse electric field　171,184,205
横向扩散　Lateral diffusion　448,460,461,479,499,502
横向偏差　Lateral straggle　463,466,467,499
红外 LED　Infrared LED　272,277,286
红外传感器　Infrared sensors　309
互补金氧半场效应晶体管　Complementary MOSFET (CMOS)　7
互连　Interconnection　7,8,10,170,218,303,378,390,391,398,400,401,404－406,408,410,440,441,443,444,484,485,489,505,508,515,517
化合物半导体　Compound semiconductor　7,9,18,19,21,217,228,241,309,328,371,528
化学放大光刻胶　Chemical amplified resist (CAR)　420
化学腐蚀　Chemical etching　356,412,429,432,433,441,446
化学机械抛光　Chemical-mechanical polishing (CMP)　7,10,404－406,408,443
化学键断裂　Chain scission　426
化学气相淀积　Chemical vapor deposition (CVD)　6,7,9,199,200,362,363,365,373,377,378,384－388,391,393,396,400,401,408－410,473,495
环形振荡器　Ring oscillator　516
缓变层　graded layer　136,137
缓变分布　graded profile　136
缓变沟道近似　Gradual-channel approximation　171,184,239
缓变基区　graded base　136,137
缓冲氢氟酸溶液　Buffered HF solution (BHF)　430
缓冲氧化层腐蚀液　Buffered-oxide-etch (BOE)　430
挥发性存储器　Volatile memory　203－205,213,215,509,520
霍尔电场　Hall field　50
霍尔电压　Hall voltage　50,73
霍尔系数　Hall coefficient　50,73
霍尔效应　Hall effect　49,50

I

IGFET　169,213

J

积累　Accumulation　151,153,156,180,192,258,259,319,400,437
基尔霍夫电路定律　Kichhoff's circuit law　113
基区　Base (region)　113－115,117－123,125,127－132,134－137,139,144－148,174,196,211,259－261,263,319,490,491,493－495,504,523
基区渡越时间　Base transit time　128,135
基区宽度调制　Base width modulation　125,127
基区输运系数　Base transport factor　117,118,132,134,146,147
激光干涉仪　Laser interferometry　441
激活能　Activation energy　98,382,387,390,394,404,410,411,447,451,452,460,471
激射模式　Lasing mode　292
集成电路　Integrated circuit　2,4－8,10,11,13,77,144,149,176,183,194,204,211,212,218,240,241,321,342,343,358,360,362,373,377,378,382,384,398,400,401,412,421,433,448,455,473,484－489,494,504,513,515,517
集电区　Collector　113－115,117,119,120,122,127,135,136,139,145,146,148,259,262,490,491,493,494,504
集电区渡越时间　Collector transit time　128,136
集群式设备　Clustered tool　440,441
计算机辅助设计　Computer-aided design (CAD)　417,490
夹断点　Pinch-off point　170,173,230
夹断电压　Pinch-off voltage　231,233,243
价带　Valence band　25,27－29,31－35,38,40,44,53,57,73,77,90,101,107,130,134,135,223,225,242,270,273,278,280,282,283,290,291,299,321,334,522,523,529,530,534
价带不连续　Valence band discontinuity　135
价电子　Valence electrons　23,25,29,33,53,70,101

尖晶石上硅　Silicon on spinel　201
简并半导体　Degenerate semiconductor　34,38,
　　40,107,290
简并能级　Degenerate energy level　24,25
间接带隙半导体　Indirect semiconductor　27,57,
　　272,275,278,280,289
间接复合　Indirect recombination　53,57,58,533
渐变折射率光纤　Graded-index fiber　286
溅射　Sputtering　331,333,368,388,398—401,
　　407,431,433—437,456,501
交流开关二极管　Diac (diode ac switch)　142
焦深　Depth of focus (DOF)　416,422,425,446
校正因数　Correction factor　48
阶跃折射率光纤　Step index fiber　286
接触插栓　Contact plug　400
接触窗　Contact window　399,400,401,412,499
接触电阻　Contact resistance　3,191,192,218,
　　225—227,329,403,406,407,462,479,510
接触孔　Contact hole　4,443,444,495
接触式曝光　Contact printing　414,415
接触影像传感器　Contact imaging sensors (CIS)
　　199
接近式曝光　Proximity printing　414,415,446
洁净室　Clean room　413
结的曲面效应　Junction curvature effect　106
结击穿　Junction breakdown　76,77,101,102,
　　109,111
结尖锲　Junction spiking　401
结深　Junction depth　169,185,190—193,327,
　　455—457,459,460,476,479,481,487,513,515
截止模式　Cutoff mode　122,128,129,137
截止频率　Cutoff frequency　113,127,128,135,
　　136,144,146,147,189,217,228,234,235,239—
　　241,243,258,262,263,307
解离效应　Dissociation effect　479
介电常数　Dielectric constant, Dielectric permittivity
　　33,59,103,107,108,110,111,147,153,154,157,204,
　　215,221,233,237,238,243,253,265,266,371,384,
　　390—393,399,404,408,410,411,488—491,508,
　　515—517,520,521,523,527—529
介电强度　Dielectric strength　387,390
介质层(介电层)　Dielectric layers　10,199,209,
　　210,291,377,378,391,443,485,487—489,494,
　　508,515,521
介质弛豫时间　Dielectric relaxation time
　　253,255
介质隔离　Dielectric isolation　494
界面　Interface　2,105,107,135,151,157,159,
　　160,162—164,177,180—182,187,191,199,
　　200,209,210,212,221,236,237,241,258,266,
　　275,283,291,293,307,316,322,334—336,343,
　　345,347,348,355,368—370,372,379,381,391,
　　406,408,426,427,434,441,461,462,478,482,
　　503,509,520
界面陷阱　Interface trap　159,160,162,171,
　　210,288,377,498,523
界面陷阱密度　Interface trap density　159,210,
　　377,498
金　Gold　20,96,101,428,458
金半场效应晶体管　MESFET　2,3,5,217,
　　228,243
金刚石结构　Diamond structure　16,21,26,27,
　　39,469,529,539
金属-半导体光电二极管　Metal-semiconductor
　　photodiode　312,315
金属-半导体接触　Metal-semiconductor contact
　　3,13,64,217—219,221,223—226,240,242,510
金属-半导体界面　Metal-semiconductor interface
　　316
金属薄膜　Metal film　315,377,378,398,408,
　　431,485
金属化　Metallization　8,10,77,292,377,378,
　　390,398,400,401,402,404—406,408,410,484,
　　487,493,497,499,504
金属有机分子束外延　Metalorganic molecular-
　　beam epitaxy (MOMBE)　368
金属有机化合物　Metalorganic compound　365,
　　366,368,373
金属有机化学气相淀积　Metalorganic chemical
　　vapor deposition (MOCVD)　7,9,365
浸没式光刻　Immersion lithography　7,10,
　　423,424
禁带宽度　Bandgap　25,27,29,32,33,37,38,40,
　　71,73,94,98,101,103,107,111,130,131,134—
　　136,148,289,301,371,515,522,528,529
禁带宽度(带隙)变窄效应　Bandgap narrowing
　　effect　38,130
晶格　Crystal Lattice (Lattice)　7,19—21,23,

27,33,39,43—45,47,53,57,70,72,77,102,107,159,200,219,240,251,258,260,261,272,273,275,277,278,281,288,289,300,303,304,306,320,321,328,330,331,342,357—359,361,364,368—373,376,430,432,448,450,456,459,460,463,468,470,471,479,510,522,528,529

晶格常数 Lattice constant 20—22,39,107,288,289,320,330,369,370,376,460,522,528,529

晶格匹配 Lattice-matched 7,107,240,261,281,288,300,328,342,369,373,510

晶格散射 Lattice scattering 44,45

晶格失配 Lattice mismatch 107,288,371,372

晶粒间界（晶界） Grain boundary 200,327,333,358,404,431

晶面 Crystal plane 16,21,22,38,329,344,358,382,384,429,430,432,447,470,471,482

晶体结构 Crystal structure 16,19,21,38,39,58,218,342,379,380,529

晶体缺陷 Crystal defect 357,510

晶体生长技术 Crystal growth techniques 7,19,351,354

晶圆 Wafer 7,9,10,241,328,329,342,343,345,351,352,356,357,360—363,368,371,373,375,376,378,380,382,385,386,390,394,398,400,405,408,409,412—418,420—423,425,427—431,436,438,440—442,444,446—449,452,463,466,469,471—474,476,478,479,481,482,484—486,490—493,498,499,504—506,508,513,517,519,520

静态随机存储器 Static random access memory (SRAM) 203,507

聚光度 Optical concentration 337,338,341

聚合物 Polymers 7,282,335,336,392,404,410,419,420,426,434,435,437,443

聚合物发光二极管 Polymer LED (PLED) 282

聚合物联结 Polymer linking 426

聚酰亚胺 Polyimide 392,515,520

绝缘层上硅 Silicon-on-insulator (SOI) 183,199,201,478

绝缘体 Insulator 16,17,28,29,169,282,354,412,431,444,488,523

K

KOH 211,430,432,447

开关 Switching 2,4,8,11,76,100,101,109,112,113,122,125,128—130,137,142—144,147,148,174,197,198,203,204,211,213,214,217,274,351,424,484,492,493,500,504,507,513,515,549

抗反射涂层 Antireflection coating 333

可变形状束流 Variable-shaped beam 425

可动离子电荷 Mobile ionic charge 159,161,162

可靠性 Reliability 9,165,210,281,293,309,310,328,393,416,423,510

可控硅 Thyristor 2—4,76,112,113,137—142,144,148,196,351,484

刻蚀各向异性 Etching anisotropy 434

刻蚀速率 Etch rate 329,429—432,435,437,438,440—443,447

刻蚀选择比 Etch selectivity 437,442—444,447

空间电荷 Space charge 42,59,65—67,71,72,77,79—83,86,87,89,104,111,125,151,162,164,187,188,218,221,251,253,254,265,311,317,318,428,437,444

空间电荷密度 Space charge density 59,66,79,221,253,317

空间电荷区 Space charge region 77,80,111,125,221

空间电荷限制电流 Space-charge-limited current 66,67,72,164,187,188,437

空间电荷效应 Space charge effect 42,65,66,71,428

空位 Vacancy 23,357,358,450,452,456—460

空位扩散 Vacancy diffusion 450,452

空穴 Hole 23,25—27,29—36,40,42,44,45,47,49,50,52—61,67,68,70—74,77—79,90—93,95,96,98,99,102,103,111,112,114—118,120,123,128,129,131,132,135,137,145,146,151—153,156,167,192,201,209,210,224,225,242,249,270,273,278,280,282—284,291,294,299,304,309—317,319,320,323,335,336,338,340,450,470,487,522,523,529,530,534

空穴的离化率 Hole ionization rates 71

空穴迁移率 Hole mobility 44,74,282,487,523

库仑力 Coulomb force 44

库仑相互作用 Coulombic interation 72

跨导 Transconductance 127,172,174,182,191,

211,232—235,239,262,263
快闪存储器 Flash memory 207,208
快速热退火 Rapid thermal annealing（RTA）
471,472,479,495,503
扩散 Diffusion 6,7,42,45,46,50—52,58,60,
61,71—75,77,78,81,87,90—93,95,97—101,
104,106,109—111,113,115,118—120,125—
128,131,132,138,144,146—148,164,174,178,
192,195,200,211,225,236,243,253,261,276,
277,284,311,313,314,316,319,329,333—335,
347,348,358,361,368,378,380—382,384,386,
390,393—395,401—404,407,409,411,429,
438,447—464,471,473,474,476—482,486,
487,492,493,495,498,499,501—503,506,508,
516,522
扩散长度 Diffusion length 60,74,92,93,99,
111,113,118,119,144,146,311,314,319,335,
401,452,454,455,481
扩散电流 Diffusion current 50—52,60,74,77,
78,90,93,95,97—99,109,111,125,131,132,
225,276
扩散电容 Diffusion capacitance 87,99,100,
109,126,127
扩散方程 Diffusion equation 91,450—452,454,
457,460,479
扩散系数、扩散率 Diffusion coefficient,
Diffusivity 45,46,51,52,61,73—75,118,
120,146—148,211,253,348,361,380,384,
401,403,409,448,450—452,454,456—462,
473,479,481,492,493,522
扩散阻挡层 Diffusion barrier 106,390,404,407

L

拉晶仪 Crystal puller 343,344,373
蓝宝石衬底 Sapphire substrate 281
蓝宝石上硅 Silicon-on-sapphire(SOS) 201,490
雷达系统 Radar system 245
冷壁反应器 Cold-wall reactor 365
离化积分 Ionization integrand 248
离子电导 Ionic conduction 164
离子分布 Ion distribution 448,462,463,468
离子束 Ion beam 368,428,433,434,444,448,
456,463,466,468,469,475—478,482
离子束光刻 Ion-beam lithography 444

离子注入 Ion implantation 6,7,77,81,131,
146,176,190,202,316,361,368,378,386,395,
407,412,420,428,448,462,463,468—471,473,
475—479,482,487,492,493,495,498,501—
504,510,513,515,519
离子注入沟道效应 Ion channeling 468
理想MOS曲线 Ideal MOS curves 155
理想二极管电流 Ideal diode current 327
理想二极管方程 Ideal diode equation 93,95,98
理想系数 Ideality factor 97
立方晶格 Cubic lattice 20,21,358,359
连续性方程式 Continuity equation 348
良率 Yield 149,167,418,423,441,446
量子点激光器 Quantum dot laser 301,302
量子点太阳能电池 Quantum dot solar cells 336
量子级联激光器 Quantum-cascade laser
303,304
量子阱红外探测器 Quantum well infrared
Photodector(QWIP) 321
量子阱激光器 Quantum well laser（QW）
299—302
量子隧穿 Quantum tunneling 64,72,245,246
量子线激光器 Quantum wire laser 301
量子效率 Quantum efficiency 274,275,280,
281,294,300,304,307,310—313,315—318,
320,335,340
量子效应器件 Quantum-effect device 6,76,
244,256,260,263,266
邻近效应 Proximity effect 423,426,427,444
临界电场 Critical field (Threshold field) 103—
105,249,253,522
临界角 Critical angle 276,286,291,307,322
磷 Phosphorus（P） 17,40,41,48,50,73,211,
251,278,329,345,346,352,361,375,386,387,
389,394,395,431,449,450,452,458—460,462,
465—467,471,472,475,479,481,482,495,
497—499,506
磷硅玻璃回流 P-glass flow 389,410
磷化铟 Indium phosphine(InP) 18,19,136,217,
251,320
磷烷 Phosphine 363,387
硫化锌 Zinc sulfide 18,315
漏极 Drain 2,4,101,169—175,179,180,182—
184,186—188,192—194,199,201,205,207,

211,215,217,228—234,237,239—241,262,263,377,406,407,499,500,502,504,508,510—512,516,520

漏致势垒降低 Drain-induced barrier lowing (DIBL) 186,502

铝 Aluminum 4,8,10,17,19,20,136,157,158,192,227,283,289,330,331,346,365,385—387,389—394,400—404,410,411,421,429,431,443,472,490,499,515,516,520

氯化镓 Gallium chloride 364,365

洛伦兹力 Lorentz force 49

M

MNOS Metal-nitride-oxide-semiconductor 205,209,210,509

埋层 Buried layer 462,477,478,480,491—494,497,504—506,516

密勒指数 Miller indices 21,22,38,39

面缺陷 Area defect 330,357,358,361,373

摩尔分数 Mole fraction 277,278,307,363

N

NiSi 191,406,515

内建电场 Built-in electric field 73,111,128,131,132,136,323

内建电势 Build-in potential 80,82,83,85,86,91,105,107—110,138,219,222,225,233,237,242,243,249,273,488,523

内量子效率 Internal quantum efficiency 274,275,312

能量-动量图 Energy momentum diagram 26,278

扭结 Kink 201,202

浓度相关的扩散系数 Concentration-dependent diffusivity 461

O

欧姆接触 Ohmic contact 2,4,46,135,150,169,217,218,225,227,228,240,253,254,258,281,310,323,327,333,378,393,408,510

耦合杂质-空位对 Coupled impurity vacancy pair 458

P

p-i-n 光电二极管 p-i-n photodiode 313—315,340

p-n 结 p-n junction 2—4,8,47,53,70,72,76—81,84,86,87,89,90,92,94,95,97,99—102,106,109—115,126,138,144,149,153,155,167,169,192,197,217,218,223,225,240,246,248,258,272,273,276,277,290,293,301,304,305,307,311—313,319,323,324,330,333,340,341,375,403,456,475,482,487,488,490

抛光 Polishing 7,10,321,342,356,357,373,404—406,408,429,432,443,478,485,491,498

喷淋式腐蚀 Spray etching 429

喷射炉 Effusion oven 366,368,376

硼 Boron 17,33,40,48,73,176,177,182,211,345—347,361,375,386,449,450,454,456,458,460,462,465—467,470—477,479,481,482,492,493,495,498,502,503,520

碰撞离化 Impact ionization 42,70—72,101,191,201,202,205,206,244,245,248,265,317,320,336,337,484

碰撞离化雪崩渡越时间二极管 IMPATT diode 101,244,245,248,265,484

漂移电流 Drift current 47,50,52,66,74,78,90,109,118,171,190

漂移区 Drift region 211,249,250,265,266

漂移速度 Drift velocity 43,44,50,53,61,67—72,75,136,235,241,254,266,311,510,513

频率响应 Frequency response 112,125,126,128,136,144,147,274,313,341

品质因子 Quality factor 490

平板显示 Flat-panel display 213,277,282,304

平带电压 Flat-band voltage 158,161—163,176,177,181,410

平带条件 Flat-band condition 151

平衡分凝系数 Equilibrium segregation coefficient 345,346,354,355

平均失效时间 Mean time to failure (MTF) 404,411

平均自由程 Mean free path 43—45,50,51,73,367,376,399,438,447

平均自由时间 Mean free time 43—45,50,51

平面工艺 Planar technology (Planar process) 7,77,140,190,218,299

平坦化 Planarization 10,378,387,391,404—406,408,443

Q

迁移率 Mobility 42—46,48,52,61,66—68,71,73—75,136,146,171,172,190,199,200,213,217,228,229,234—237,239—241,251,253,254,261,262,282,283,331,335,340,364,371,437,456,460,471,479,487,491,501,510,523,528,529

浅沟槽隔离 Shallow trench isolation 520

浅结 Shallow junction 7,378,393,401,403,448,456,471,473,480,482,484,515,516

嵌入式工艺 Damascene process 404,405,443

强电场效应 High-field effects 42,67,75

强反型 Strong inversion 151—154,156,157,178,181

翘曲 Bow 481

鞘层 Sheath 433,434,436,437

轻掺杂漏 Lightly doped drain (LDD) 191,407,476

轻空穴 Light holes 299

氢化 Hydrogenation 199,200,331,365,387,392

氢气 Hydrogen (H_2) 365,400,462

倾斜角注入 Tilt-angle implantation 479

区带提纯技术 Zone-refining technique 351

屈服强度 Yield strength 361,375

去离子水 DI water 430,431

全面平坦化 Global planarization 10,378,405

缺陷 Defect 33,145,161,165,190,200,213,251,253,270,330,331,333,342,357—359,361,362,369,370,372,373,376,405,408,413,415,418,432,446,460,469,473,482,485,510

缺陷密度 Defect density 376,405,418,446

R

RC 时间延迟 RC time delay 390,411,515

染料敏化太阳能电池 dye-sensitized solar cells (DSSC) 334

热电子器件 Hot-electron device (HED) 244,260,263

热离化发射 Thermionic emission 42,63,64,71,72,75,136,163,192,223,224,226,227,240,258,261,263,424

热能 Thermal energy 29,34,43,50,53,75,272,282,306,385,474,522

热平衡状态 Thermal equilibrium condition 16,29,43,46,53,54,56,76,77,107,114,115,118,119,131,138,139,158,219,223,237,247,253,258,261,268,434,533,534

热速度 Thermal velocity 50,57,67,73,75,244,275,533

热氧化 Thermal oxidation 4,17,159,169,329,377—380,386,387,408,409,429,449,461,462,471,485—487,489—492,495,498,501,508,520

热载流子注入 Hot carrier injection 205,207

刃位错 Edge dislocation 358,369,370,373

融熔石英 Fused silica, Fused quartz 16

弱反型 Weak inversion 151,174

S

SiC 18,278,280,343,528

三氯硅烷 Trichlorosilane 343,363

扫描电子显微镜 Scanning electron microscope (SEM) 389

栅极 Gate 2,7,9,140—142,151,158,165,167,169—171,174—184,188—192,194,199,200,202,204,205,207—211,214—217,228—234,236,237,239—241,377,382,384,391,398,403,406—409,431,442,477,482,497—500,502,503,508—515,517,519—521

栅极电流 Gate current 140—142,233

栅极电容 Gate capacitance 191,234

栅氧化层(栅氧) Gate oxide 4,169,177,178,185,207,211,214,371,377,407,413,442,443,447,506,508,509

闪锌矿晶格 Zineblende lattice 27

少数载流子(少子) Minority carrier 36,42,52—56,59—62,72,74,75,90—93,97,99—101,111—114,118—123,128—132,134,136,144—148,151,156,166,192,196,211,223—225,273,275,311,319,329,330,340,360,361,491,510,529

少数载流子存储 Mninority-carrier storage 99,225

少数载流子电流 Minority-carrier current 225

少子寿命 Minority-carrier lifetime 42,120,147

射程 Range 463—468,470,471,474—479,482

射频 Radio frequency (rf) 244,331,349,366,

385,398—400,433,434,437,438,440,489

砷 Arsenic 17—19,33,35,39,40,48,73,74, 277,342,346,352—355,361,364—366,368, 373,375,386,432,449,450,452,455,456,458, 459,465—467,470,471,474—479,481,483, 491—493,495,498,499,519

砷化镓 Gallium arsenide (GaAs) 2,7,9,18,19, 23,27—29,31—34,37,39,40,43,45,46,48,49, 52,53,55,56,68,70—73,75,80,85,86,95—97, 101,103,104,111,135,136,154,217,219,220, 222,224,228,233,242,243,247,251,254,274— 276,278,286,288,292,293,295,306—308,320, 323,342,352—355,357,362,364—366,368— 370,373,375,376,432,444,449,451,452,456, 459,460,465—468,474,475,479,482,510,511, 513,529

深紫外光刻 Extremeultraviolet (EUV) lithography 420

甚大规模集成电路 Ultralarge scale integration (ULSI) 360,384,421,433

渗流理论 Percolation theory 165

施主 Donor 16,33—41,43—45,48,73,77,79, 89,108,110,118,160,219,222,229,236,242, 248,249,253,261,335,336,361,362,392,456, 457,478,523

施主浓度 Donor concentration 34,35,37,38, 41,43—45,118,222,229,242,253

施主态 Donor states 160

湿法化学腐蚀 Wet chemical etching 412,429, 432,433,441,446

石英 Quartz 4,16,199,200,207,286,343,344, 349,353—355,361,365,378—380,382,385, 417,438,449,472,490

实空间转移晶体管 Real Space Transfer Transistor (RSTT) 260—263

势垒高度 Barrier height 64,65,72,74,163, 164,186,192,205,207,219—227,233,237,238, 240,242,243,256,258,284,315,316,321, 523,536

势垒厚度 Energy barrier thickness 75

寿命 Lifetime 42,54,55,62,74,75,96,99,101, 118,121,129,146—148,196,225,273—275, 280,283,285,307,310,311,319,321,340,360, 361,385,386,390,471,510,523,529

受激发射 Stimulated emission 267—269,290, 292,305

受主 Acceptor 16,33—37,39,40,44,48,73, 77,79,108,110,160,177,219,335,336,392, 456,458,482,523

受主态 Acceptor states 160

树脂 Resin 418,420

树状无序区 Tree of disorder 470

数值孔径 Numerical aperture 416,423,446

闩锁 Latch-up 192,195—197,201,478,501,502

双极型工艺 Bipolar technology 198

双极型晶体管 Bipolar transistor (Bipolar junction transistor,BJT) 2—4,6,11,13,76,101,112— 114,118,121,125,126,131—135,137,140, 144—148,171,174,196,211,230,260,261,263, 319,484,485,488,490—495,497,498,501,504, 517,519,520

双阱 Twin well (Twin tub) 195,448,501,504, 505,520

双漂移IMPATT二极管 Double-drift IMPATT diode 249

双嵌入式工艺 Dual damascene process 404,405

双区阴极接触 Two-zone cathode contact 254

双势垒结构 Double barrier structure 256, 257,536

双向可控硅 Bidirectional thyristor 142,144

双异质结 Double heterojunction 273,275,281, 290,291,293,305

双异质结激光器 Double heterostructure (DH) laser 290,291

水汽氧化 Wet oxidation 381

顺序扫描 Raster scan 425

瞬态时间 Transient time 100,101,195

瞬态响应 Transient response 54,76,99,100, 111,510

瞬态行为 Transient behavior 109,129

四面体价键 Tetrahedron bond 23

四探针法 Four-point probe method 48,456

四乙氧基硅烷 Tetraethylorthosilicate (TEOS) 386

速度饱和区 Velocity saturation region 239

随机存储器 Random access memory (RAM) 7, 8,11,13,198,203,392,485,507

隧穿电流 Tunneling current 163—165,210,

226,246,247,258,513

隧穿几率　Tunneling probability　75,226,258,263

隧穿系数(透射系数)　Transmission coefficient　65,75,256,257,535

隧穿现象　Tunneling phenomenon　4,72,245,246

隧道二极管　Tunnel diode　3,4,65,244－247,258,263,265,330

隧道效应　Tunneling effect　209

T

Ta_2O_5　191,393,401,410,488,515

TiN　179,191,397,398,401,403,409,411,443

TiO_2　191,334,393,397,515

台阶覆盖　Step coverage　386－388,390,393,400,401,408

抬升型源(漏)　Raised source (drain)　193

太阳能电池　Solar cells　3,4,267,268,271,309,322－338,341

态密度　Density of state　30－32,34,38,40,63,134,160,223,242,299,301,331,408,523,529－532

钛酸锶钡　Barium strontium titanate (BST)　392

弹性力　Elastic force　369

弹性碰撞　Elastic collision　465

碳　Carbon　17,282,343,346,355,360,361,384,386,391,392,435,443

提纯晶体　Crystal purification　349,351

体心立方　Body-centered cubic　20,21,39

替位位置　Substitutional site　357,471

填隙扩散　Interstitial diffusion　450,452

填隙位置　interstitial sites　450

填隙原子　interstitials　450,460,473

调制掺杂场效应晶体管　Modulation doped field-effect transistor (MODFET)　3,6,76,217,235,243

调制带宽　Modulation bandwidth　274,298

调制频率　Modulation frequency　298,313,341

通孔　Via　398,400,404,407,443,489,517

同步辐射　Synchrotron radiation　427

"同"逻辑　Exclusive NOR　260

同质外延　Homoepitaxy (growth)　342,369,373

铜　Copper　3,7,10,20,29,96,242,346,378,384,391,404,405,408,410,411,431,443,452,482,490,504,508,515,517

铜互连　Cu interconnect　7,404,443

铜金属化　Cu metallization　404,405,408,504

桶状等离子体刻蚀机　Barrel plasma etcher　438

投影曝光　Projection printing　416

投影偏差　Projected straggle　463,466－468,479,482

投影射程　Projected range　463,464,466－468,470,471,476－479,482

突变结　Abrupt junction　79－85,87－90,98,99,102－106,110,111,214,249,265

图形曝光(光刻)　Lithography　6－8,10,13,77,211,218,356,404,408,412－429,431－433,436,438,444,446,447,475,476,483,485－487,489,492－495,498,506,511,520

推进扩散　Drive-in　455,481

退火　Annealing　159－161,191,316,368,387,389,393,395,401,403,407,448,460,463,469,471－474,477－479,482,495,503,513

U

U-MOSFET　211

V

V-MOSFET　211

W

外量子效率　External quantum efficiency　275,312

外延　Epitaxy　6,7,9,90,107,125,131,193,196,224,228,233,243,253,258,266,273,275,301,320,342,362－373,376,385,387,413,429,471,492－494,504,505,510,511

外延层　Epitaxial layer　9,193,196,228,233,243,253,342,362,366－371,373,376,413,492－494,504,505,511

外延技术　Epitaxial technique　253,371

外延生长　Epitaxial growth　6,7,9,90,273,320,342,362－366,369,370,372,373,376,387,429,471,492,510

位错　Dislocation　358,359,361,362,369－373,375,376,413,473

钨　Tungsten　20,75,222,224,225,242,384,

400,401,424,443,444,472,473,499,513
无缺陷区　Denuded zone　361,362
物理刻蚀　Physical etching　438
物理气相淀积　Physical vapor deposition（PVD）388,398,400,401,408
误差函数　Error function　452,453,458,461,476,479

X

吸收　Absorption　74,167,200,245,267—272,275,283,285—287,296,306,307,309,311—317,319—323,330—336,338,340,341,418,419,427,428,462,482
吸收系数　Absorption coefficient　270—272,275,306,307,312,315,320,321,332,333,340,341
吸杂　Gettering　361,362,389,497
显影液（显影剂）　Developer　418—420,426
线缺陷　Line defect　357,358,373
线性缓变结　Linearly graded junction　81,84—86,88—90,103,104,110
线性区　Linear region　170—172,184,215,231,232,239,241,381
线性氧化速率常数　linear rate constant　381,382
陷阱　Trap　107,136,145,159,160—164,171,181,199,200,210,274,275,278,280,288,362,377,395,498,523
相图　Phase diagram　352,353,401,402
相移模版　Phase-shift mask（PSM）　422
响应度　Responsivity　312—315,332,340,523
响应速度　Response speed　309,311,313,314,320
向量扫描　Vector scan　425
肖特基二极管　Schottky diode　219,222—225,242,315,316
肖特基势垒　Schottky barrier　192,193,218,223,225,229,237,238,240,242,243,315,456,523
肖特基源（漏）　Schottky source (drain)　192
悬浮区熔工艺　Floating-zone process　342,349—352,373,375
悬挂键　Dangling bond　63,199,331
选择比　Selectivity　437,438,441—444,447
雪崩倍增　Avalanche multiplication　77,101—103,109,248,249,317,320
雪崩光电二极管　Avalanche photodiode　317,318,320,338
雪崩击穿电压　Avalanche breakdown voltage　103,104,461
雪崩噪声　Avalanche noise　317,320

Y

亚阈值摆幅　Subthreshold swing　174,182,188,189,200
亚阈值电流　Subthreshold current　174,175,186,188
亚阈值特性　Subthreshold characteristic　175,186—189,199,200
氩气　Argon（Ar）　343,398
衍射　Diffraction　293,298,415,416,419,422,423,426,444,446
掩蔽（掩模版）　Mask　4,6,7,378,386,407,412—425,427—432,442,444,446—448,460,461,464,474—476,479,483,485,487,492,495,499,504,519,520
掩模版（光刻版）　Photomask　4,412—425,427—429,444,446,485,487,495,504,519,520
阳极　Anode　138,142,252,253,255,283,334,378,400,433,434,437
氧化　Oxidation　2,4,6—8,17,18,22,29,77,113,149—151,155—163,165,169,171,174,176—178,180—182,185,191,192,199,201,204,205,207,209—211,215,216,218,283,284,293,329,330,331,333,334,342,354,356,358,368,377—384,386—390,392—394,397,401,404,406—411,413,420,421,429—432,437,438,442,443,447—449,461,462,469,471,473,477—479,482—495,497—501,503,506,508—510,513—517,519—521
氧化层　Oxide layer　4,7,8,17,113,150,151,155—163,165,169,171,174,176—178,180—182,185,191,192,205,207,209,210,215,216,218,293,329,330,368,377—382,384,386—389,393,394,401,406—410,413,429—431,442,443,447,461,462,469,477,478,482,484—495,497—501,503,506,508—510,513—517,519—521
氧化层厚度　Oxide thickness　150,163,165,169,

177,178,180—182,191,205,209,210,215,216,380—382,384,393,394,410,482,498,513—517,520,521

氧化层陷阱电荷　Oxide trapped charge　159,161—163,181

氧化铟锡　indium tinoxide (ITO)　283

氧注入隔绝　Separation by implantation of oxygen (SIMOX)　478

冶金级硅　Metallurgical-grade silicon　343

液相线　Liquidus　352,353

乙硼烷　Diborane　363,387

异丙醇　Isopropyl alcohol　430

异质结　Heterojunction　2—6,76,77,107—109,111—113,117,133—136,144,148,235—238,241,243,256,258,260,261,263,267,273—275,281,283,287,288,290,291,293,297,300,304,305,319—321,330,333,335,336,340,366,368,370,372

异质结场效应晶体管　Heterojunction field effect transistor　236

异质结构　Heterostructure　136,235,236,261,263,274,288,297,304,366,370,372

异质结激光器　Heterostructure laser　3,5,267,291

异质结双极型晶体管　Heterojunction bipolar transistor (HBT)　3,4,112,113,133,144,148,260,261,263

异质外延　Heteroepitaxy　342,365,369,371—373

阴极　Cathode　138,142,251—255,283,284,398,399,424,433,434,436,437

阴影效应　Shadow effect　476

应变层　Strained layer　107,342,369—373

应变层超晶格　Strained-layer superlattice　370,371

应变层处延　Strained-layer epitaxy　369,370,373

有机半导体　Organic semiconductor　282—284,304,335

有机发光二极管　Organic LED (OLED)　267,282

有机溶剂　Organic solvent　418,420,421

有机太阳能电池　Organic solar cells　335

有效分凝系数　Effective segregation coefficient　347,349,375

有效理查逊常数　Effective Richardson constant　224

有效态密度　Effective density of states　31,32,34,38,40,63,223,523,529

有效质量　Effective mass　26—28,30,33,40,43—45,65,68,70,73,207,224,226,227,247,251,266,299,522,529,531,535,536

余误差函数　Complementary error function　452,458,461,476,479

预淀积　Predeposition　455,477,480,481,491

阈值电压　Threshold voltage　149,156,172,174—180,182,184—186,189,190,192,200—202,205,207,209—211,214—216,233,237,238,241,243,255,462,477,479,482,498,500,502,509,513,519,520

阈值电压漂移　Threshold voltage shift　185,214,215,520

阈值电压调整　Threshold voltage adjustment　462,477,480,482,502

阈值能量　Threshold energy　419

元素半导体　Element semiconductor　17—19,21

原子层淀积　Atomic layer deposition (ALD)　7,10,377,378,396,401,408,410

源极　Source　2,4,169—172,176,178,180,182—184,186,187,192—194,196,199,201,207,211,217,228—230,234,237,240,241,262,406,499,500,502,510—512,519,520

约束因子　Confinement factor　291,296,307

Z

Zn　17,29,449

杂质掺杂　Impurity doping　394,448,463,479,485

杂质(再)分布　Impurity (re)distribution　81,84,87—90,130,131,222,349,448,454—457,461—463,468,471,474,476,479,493

杂质散射　Impurity scattering　44,190,236

载流子产生　Carrier generation　53,310,317,336

载流子漂移　Carrier drift　42,43,71,73,311,314

载流子寿命　Carrier lifetime　54,55,74,75,99,101,118,129,146,148,274,311,319,321,340,361,390,510,529

载流子输运　Carrier transport　4,42,44,50,63,149,151,163,235,240,256,309,331,510

载流子注入　Carrier injection　53,90,118,164,205,207,230,274,284,520
再结晶　Recrystallization　471
噪声因子　Noise factor　317
增强型　Enhancement mode　169,175,179,194,233,237—239,241,243,372,498,500,513
占据的几率　Probability of occupying　30,31,40,533
张应力　Tensile stress　390,460
遮蔽式曝光　Shadow printing　414,415
折射率　Refractive index　10,276,286,289—292,298,300,301,307,308,313,329,387,416,417,422,423,441,522,529
锗　Germanium (Ge)　4,8,17,18,21,95,112,247,272,286,312,320,330,355,469
真空能级　Vacuum level　63,64,72,107,150,157,158,218,219
振荡器　Oscillator　133,246,251,258,261,263,504,516
蒸发　Evaporation　4,333,353,364,366,368,373,376,386,388,398,403,410,449
蒸汽压　Vapor pressure　449
整流接触　Rectifying contact　2,217,240
整流-金属半导体势垒　Rectifying metal semiconductor barrier　378
正向转折　Forward breakover　138,140
正向阻断　Forward-blocking　138—140
正性光刻胶（正胶）　Positive resist　418—421
直接带隙　Direct bandgap　27,53,272,275,278,280,281,288,289,320,321,332
直接复合　Direct recombination　53,57
直写　Direct writing　425
质量作用定律　Mass action law　35,91
智能剥离　Smart cut　478,479,494

中子　Neutron　196,352
中子辐照　Neutron irradiation　352
终点控制　End-point control　441
重空穴　heavy holes　299
主标志面　Primary flat　356,357
主量子数　Principal quantum number　24
注入损伤　Implant damage　448,469—471,473,477,479,482
转换效率　Conversion efficiency　250,275,324,326,330,332,335,336
转移电子二极管　Transferred-electron diode (TED)　3,5
转移电子器件　Transferred-electron device　70,244,245,251,266
准费米能级　Quasi-Fermi level　56
籽晶　Seed crystal　343,349,355,356,362,373,375,471,478
紫外　Ultraviolet　205,207,267,268,272,277,312,315,322,335,336,412,414,415,420,422,427,440,441,509
自对准　Self-aligned　7,9,190—192,200,202,406,407,410,494—496,499,504,505,512,513,519,520
自对准硅化物　Salicide　190,202,406
自发发射　Spontaneous emission　267—269,292,293,295,304
自发辐射　Spontaneous radiation　268,272,277
纵向电场　Longitudinal field　171,234,239
纵向隔离　Vertical isolation　490,491,497
阻挡金属层　Barrier metal layer　401
最大击穿时间　Maximum time to breakdown　394
最小特征长度　Minimum feature length　497,513,515